超超临界火电机组培训系列教材

电气分册

高　亮　江玉蓉　陈季权
胡　荣　杨军保　洪建华　编著

中国电力出版社
CHINA ELECTRIC POWER PRESS

内容提要

本书是《超超临界火电机组培训系列教材》的《电气分册》。全书共十四章，详细介绍了发电机的氢、油、水系统，同步发电机，变压器，厂用电动机，电力系统的基础知识，电气主接线，厂用电系统，高压电器设备，直流系统、互感器及二次回路，发电机的继电保护，变压器的继电保护及线路的继电保护基础，电动机的继电保护及厂用电源的快速切换，同步发电机的自动并列控制及同步发电机的励磁控制。

本书可作为火力发电厂生产人员的培训教材，亦可供有关专业人员和高等学校相关专业的师生参考。

图书在版编目(CIP)数据

超超临界火电机组培训系列教材. 电气分册/高亮等编著. —北京：中国电力出版社，2013.1(2025.1重印)

ISBN 978-7-5123-3267-6

Ⅰ. ①超… Ⅱ. ①高… Ⅲ. ①火力发电-发电机组-技术培训-教材 ②火力发电-电气设备-技术培训-教材 Ⅳ. ①TM621

中国版本图书馆CIP数据核字（2012）第151676号

中国电力出版社出版、发行

（北京市东城区北京站西街19号 100005 http://www.cepp.sgcc.com.cn）

北京世纪东方数印科技有限公司印刷

各地新华书店经售

*

2013年1月第一版 2025年1月北京第五次印刷

787毫米×1092毫米 16开本 23. 印张 556千字 1插页

印数5301—5800册 定价**68.00**元

《超超临界火电机组培训系列教材》

编　委　会

《锅炉分册》编写人员

主　编　章德龙

副主编　王云刚　缪加庆

《汽轮机分册》编写人员

主　编　丁家峰

副主编　陆建峰　王亚军　戴　欣

《电气分册》编写人员

高　亮　江玉蓉　陈季权　胡　荣　杨军保　洪建华　编著

《热控分册》编写人员

主　编　钱　虹

副主编　黄　伟　刘训策　汪　容

《燃料与环保分册》编写人员

主　编　徐宏建

副主编　辛志玲　谈　仪　李中存　许　斌

前　言

进入21世纪，我国经济飞速发展，电力需求急速增长，电力工业进入了快速发展的新时期。截至2011年底，全国发电装机容量达10.56亿kW，首次超过美国（10.3亿kW），成为世界电力装机第一大国。其中，火电7.65亿kW。目前，全国范围内已投产的单机容量1000MW超超临界火电机组共有47台，投运、在建、拟建的百万千瓦超超临界机组数量居全球之首。华能玉环电厂、华电邹县电厂、外高桥第三发电厂、国电泰州电厂等一大批百万千瓦级超超临界机组的相继投产，标志着我国已经成功掌握世界先进的火力发电技术，电力工业已经开始进入“超超临界”时代。根据电力需求和发展的需要，未来几年，我国还将有大量大容量、高参数的超超临界机组相继投入生产运行。因此，编写一套专门用于1000MW超超临界机组的培训教材有着现实需求的积极意义。

上海电力学院作为一所建校六十余年的电力院校，一直以来依托自身电力特色，利用学校的行业优势，发挥高校服务社会的功能，依托丰富的电力专业师资资源，大力开展针对发电企业生产人员的各类型、各层次、各工种的技术培训。从20世纪70年代至今，学校已先后为全国近百家电厂，从125MW到600MW的超临界机组，以及我国第一台1000MW超超临界火力发电机组——华能玉环电厂等培养了大批技术人才，成为最早开始培训同时接受培训厂家最多、机组类型最丰富的院校之一。2012年11月，学校以1000MW火电机组培训代表的面向发电企业技术项目正式被上海市评为2006～2012年市级培训品牌项目。

本套丛书包括《锅炉分册》、《汽轮机分册》、《电气分册》、《热控分册》、《电厂化学分册》与《燃料与环保分册》6个分册，是学校基于多年以来的培训经历累积而成，并融合多家在学校培训的厂家资料，由上海电力学院和皖能铜陵发电有限公司合作完成的。

丛书在编写过程中，力求反映我国超超临界1000MW等级机组的发展状况和最新技术，重点突出1000MW超超临界火电机组的工作原理、设备系统、运行特点和事故分析，包含国内主要四大发电设备制造企业——上海电气、哈尔滨电气、东方电气、北京巴威的技术资料，以及大量国内外最新的百万机组资料，并经过华能玉环电厂、国电泰州电厂、皖能铜陵电厂、国华绥中电厂、华润广西贺州电厂、国华徐州电厂、国电谏壁电厂、浙能台州电厂、江苏新海电厂、浙能嘉兴电厂、浙能舟山六横电厂、华电句容电厂、华能南通电厂等十几家百万千瓦发电机组企业培训使用，最终逐步修改、完善而成。本套丛书注重理论联系实际，紧密围绕设备型号进行讲解，是超超临界火电机组上岗、在岗、转岗、技能鉴定、继续教育通用培训的优秀教材。

本套丛书由上海电力学院副院长姚秀平教授担任编委会主任，现皖能集团总工程师倪鹏（原皖能铜陵发电有限公司总经理）、皖能铜陵发电有限公司总经理刘长生担任编委会副主任，上海电力学院华东电力继续教育中心和皖能铜陵发电有限公司负责组织校内18位长期从事培训工作的教师和10位专工联合编写，历时近3年，历经多次修改而成。

本套丛书在编写过程中，中国上海电气集团公司、华东电力设计院、国华宁海发电有限公司、国电北仑发电有限公司、中电投上海漕泾发电有限公司、外高桥第三发电有限公司、浙能嘉兴发电有限公司、国电泰州发电有限公司、浙能舟山六横煤电有限公司等提供了大量的技术资料并给予了大力的支持和热情帮助；上海电力学院成教院杨俊保副院长、培训科肖勇科长、司磊磊老师以及多位研究生为本丛书的出版做出了大量细致工作，在此表示诚挚的感谢。

本册为《电气分册》，全书共十四章，其中第一～四章由陈季权编写，第五～七章由胡荣编写，第十、十一章由江玉蓉编写，其他章节由高亮编写，杨军保、洪建华为本书提供了相关资料，全书由高亮负责统稿。

由于知识和经验有限，书中难免有不妥之处，恳请广大读者提出宝贵意见，以利不断完善。

编者

2012年11月

目录

第一篇

电机部分

第一章

发电机的氢、油、水系统

发电机在运行中会发生能量损耗，包括铁芯和绕组的发热、转子转动时气体与转子之间的鼓风摩擦发热，以及励磁损耗、轴承摩擦损耗等。这些损耗最终都将转化为热量，致使发电机发热，因此必须及时将这些热量排离发电机。也就是说，发电机运行中，必须配备良好的冷却系统。发电机氢、油、水系统现场布置图见图 1-1。

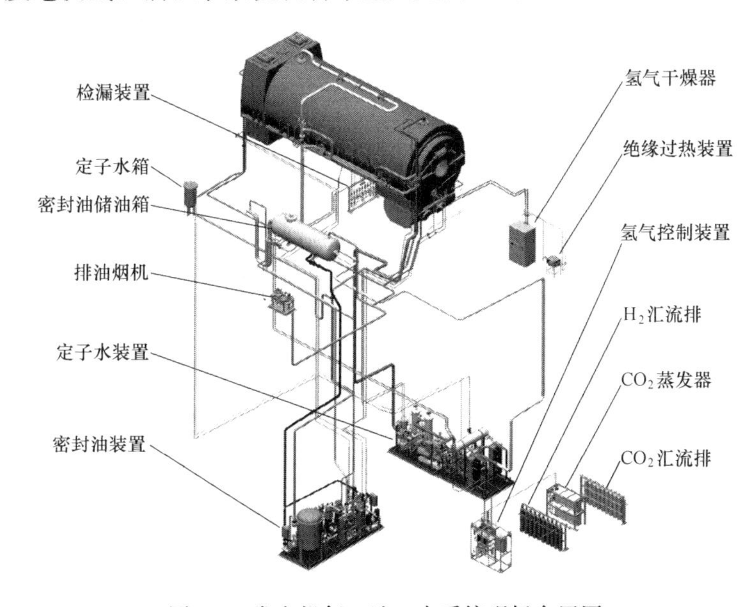

图 1-1　发电机氢、油、水系统现场布置图

发电机定子绕组、铁芯、转子绕组的冷却方式，可采用水氢氢的冷却方式，也可采用水水氢的冷却方式，近年来还有采用空气冷却的方式。

本章将介绍水氢氢的冷却方式，即发电机定子绕组用水进行冷却，而发电机的铁芯和转子绕组用氢气进行冷却。

第一节　发电机的氢气控制系统

发电机氢冷系统的功能是用于冷却发电机的定子铁芯和转子，并采用二氧化碳作为置换介质。发电机氢冷系统采用闭式氢气循环系统，热氢通过发电机的氢气冷却器由冷却水冷却。运行经验表明，发电机通风损耗的大小取决于冷却介质的质量，质量越轻，损耗越小，氢气在气体中密度最小，有利于降低损耗；另外氢气的传热系数是空气的 5 倍，换热能力好；氢气的绝缘性能好，控制技术相对较为成熟。但是最大的缺点是一旦与空气混合后在一定比例内（4%～74%）具有强烈的爆炸特性，所以发电机外壳都设计成防爆型，气体置换采用 CO_2 作为中间介质。

对发电机氢冷系统的基本性能要求是：①氢冷却器冷却水直接冷却的冷氢温度一般不超过 46℃。氢冷却器冷却水进水设计温度为 38℃。②氢气纯度不低于 95%时，应能在额定条件下发出额定功率。但计算和测定效率时的基准氢气的纯度应为 98%。③机壳和端盖，应能承受压力为 0.8MPa 历时 15min 的水压试验，以保证运行时内部氢爆不危及人身安全。④氢气冷却器工作水压为 0.35MPa 以上时，试验水压不低于工作水压的 2 倍。⑤冷却器应按单边承受 0.8MPa 的压力设计。⑥发电机氢冷系统及氢气控制装置的所有管道、阀门、有关的设备装置及其正反法兰附件材质均为 1Cr18Ni9Ti，氢系统密封阀均为无填料密封阀。

一、氢系统的概况

1. 氢系统的工作原理

发电机内的空气和氢气不允许直接置换，以免形成具有爆炸浓度的混合气体。通常应采用 CO_2 气体作为中间介质实现机内空气和氢气的置换。发电机内氢气不可避免地会混合到密封油中，并随着密封油回油被带出发电机，有时还可能出现其他泄漏点。因此机内氢压总是呈下降趋势，氢压下降可能引起机内温度上升，故机内氢压必须保持在规定范围之内。控制系统在氢气的控制排中设置有两套氢气减压器，用以实现机内氢气压力的自动调节。氢气中的含水量过高对发电机将造成多方面的影响，通常均在机外设置专用的氢气干燥器，它的进氢管路接至转子风扇的高压侧，它的回氢管路接至风扇的低压侧，从而使机内部分氢气不断地流进干燥器得到干燥。

发电机内的氢气纯度必须维持在 98%左右，若氢气纯度低，一是影响冷却效果，二是增加通风损耗。氢气纯度低于报警值 90%时不能继续正常运行，至少不能满负荷运行。当发电机内氢气纯度低时，可通过氢气控制系统进行排污补氢。采用真空净油型密封油系统的发电机，由于供给的密封油已经过真空净化处理，所含空气和水分甚微，所以机内氢气纯度可以保持在较高的水平。只有在真空净油设备故障的情况下，才会使机内氢气纯度下降较快。

发电机内氢气纯度、压力、温度是必须进行经常性监视的运行参数，机内是否出现油水也是应当定期监视的。氢气系统中针对各运行参数设置有不同的专用表计，用以现场监视，超限时发出报警信号。

2. 氢系统的作用

氢系统也称为气体系统，它的作用为：

（1）提供对发电机安全充、排氢的措施和设备，用二氧化碳作为中间置换介质。

（2）维持机内正常运行时所需的气体压力。

（3）监测补充氢气的流量。

（4）在线监测机内气体的压力、纯度及湿度。

（5）干燥氢气，排去可能从密封油进入机内的水汽。

（6）监测漏入机内的液体（油或水）。

（7）监测机内绝缘部件是否过热。

（8）在线监测发电机的局部漏氢。

3. 氢系统的主要组成设备

氢系统的主要组成设备（见图 1-2）有：①氢气汇流排（供氢系统）和二氧化碳汇流排（供二氧化碳系统）；②二氧化碳蒸发器（加热器）；③氢气控制装置；④氢气干燥器（氢气去湿装置）；⑤发电机绝缘过热监测装置（发电机工况监测装置）；⑥发电机漏液检测装置；⑦发电机漏氢检测装置（气体巡回检测仪）。

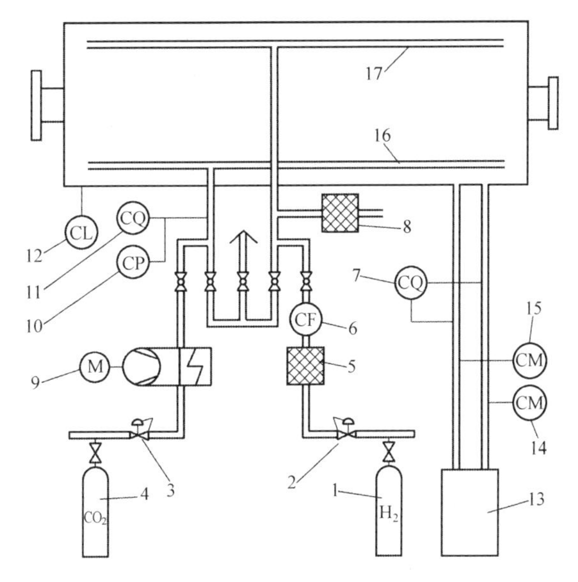

图 1-2　氢系统的结构示意图

1—氢瓶及其汇流排；2—氢气减压阀×2；3—二氧化碳减压阀；4—CO_2 瓶及其汇流排；5—氢气过滤器；6—氢气流量仪；7—绝缘过热监测装置；8—空气过滤器；9—CO_2 蒸发器；10—压力变送器；11—气体纯度分析仪×2；12—漏液检测装置×10；13—双塔吸附式氢气干燥器；14—湿度仪（干燥器出口）；15—湿度仪（干燥器入口）；16—发电机底部 CO_2 分流管；17—发电机顶部氢气分流管

（1）氢气汇流排。发电机产生的热量通过氢气带出，氢气的散热能力相当于空气的 8 倍。为了获得更加有效的冷却效果，发电机中的氢气是加压的。

氢气汇流排由 10 瓶组高压汇流排及 2 级减压阀组成。氢气瓶（发电厂自备）通过软管与汇流排连接。第一级减压阀将瓶内氢压减至 2～3MPa，第二级减压阀再将压力减至 1～1.2MPa。减压后的氢气送到氢气控制装置再减压至发电机所需的压力（0.5MPa）。按 IEC 规范要求，连接在汇流排上向发电机供氢的氢瓶总容积不超过 $20m^3$（标准状态下）。国内常用氢气瓶为 $6m^3$ 容量，连接并打开的气瓶为 3 个。

（2）二氧化碳汇流排。为了防止氢气和空气混合成爆炸性的气体，在向发电机充入氢气之前，必须要用二氧化碳将发电机内的空气置换干净。同理，在发电机停机排氢后，也要用二氧化碳将发电机内的氢气置换干净。

二氧化碳汇流排由 10 瓶组汇流排和 1 个压力表组成。二氧化碳气瓶（发电厂自备）通过软管与汇流排连接。汇流排上压力表显示瓶内气压，当瓶内压力为 1MPa 时即认为是空瓶。二氧化碳气瓶应为虹吸式结构，即从瓶内出来的二氧化碳应是液体状态。液态二氧化碳送入二氧化碳蒸发器，使之吸热成为气体。为了保证进入二氧化碳蒸发器中的二氧化碳为液体形式，可将若干个气瓶并联工作。

（3）二氧化碳蒸发器。由于二氧化碳在大多数情况下是以液体形式储存在气瓶内，二氧化碳蒸发器用于将来自二氧化碳汇流排的二氧化碳加热成气体，所需的气化热来自环境空气。

蒸发器的入口有压力调节阀，将来自气瓶内的二氧化碳压力降到 1.6MPa 左右；在出口处另有压力调节阀，将二氧化碳气体压力降至 0.1MPa 左右供发电机使用。蒸发器的热源来自环境空气中的热量。蒸发器中组合了两套蒸发装置，各有两个风扇、两个热变换器和一个电磁阀。为了防止二氧化碳蒸发时因吸热而在热交换器和管道结霜或冻结，两个蒸发装置每工作 8～10min 相互切换一次，具体切换时间根据环境温度和实际流量来设置。切换工作由电磁阀来完成。

为了保证二氧化碳蒸发器的工作效率，蒸发器的工作环境温度最低为+5℃。

(4) 氢气控制装置。氢气控制装置是一个集装装置主要包含：

1) 气体置换系统。由气体过滤器、氢气压力减压阀、置换阀门、氢气质量流量仪、补充氢气压力变送器、发电机机内压力变送器等组成。

2) 气体监测系统。由两台并联的三范围气体纯度分析仪和一台机内压力分析仪组成。

(5) 氢气干燥器。氢气干燥器用于干燥发电机内的氢气，以防机内水分过高时，对发电机的高压绝缘件或高应力金属结构件产生危害。干燥器由两个干燥塔组成，塔内装填有高性能干燥剂和加热元件。一个工作时，另一个加热再生。每个塔内都装有一台循环风机，连续工作。工作塔内的风机用以加大气体循环量并使气体在干燥器内分布均匀；再生塔内的风机用以循环再生气体，迫使再生气体经过冷凝器、气水分离器等，使干燥剂内吸附的水分分离出来。氢气干燥器的工作和再生过程由内建 PLC 控制，完全自动进行。由于是闭式循环，所以不消耗氢气，也不会引入空气。为提高可靠性，干燥器从氢气中分离出来的水分需人工排放。

氢气干燥器的入口和出口分别装有一台露点仪。入口湿度仪用以监测干燥器入口即发电机内的氢气湿度，出口湿度仪用以监测股燥器的干燥效果。

(6) 发电机绝缘过热监测装置。发电机绝缘过热监测装置用以监测发电机内部绝缘材料是否有过热现象，以便在早期及时采取必要的措施，防止酿成大事故。在发电机正常工作时，流经装置的干净气体导致装置产生一定的微电流，此电流经处理后，在装置上显示出来。当发电机内绝缘有过热现象时，绝缘材料因过热而挥发出过热粒子，这些粒子随氢气进入到监测装置后，将引起装置的电流减少。当电流减少到一定程度时，装置经自检确认装置本身无误后将发出报警信号，提示发电机内绝缘部件有过热现象。

(7) 发电机漏液检测装置。发电机漏液检测装置用以检测发电机水冷定子线圈或氢气冷却器因泄漏而积累在发电机底部的液体，同时也用以检测渗漏到发电机内的密封油或轴承油。漏液检测装置由数个高可靠性、高灵敏度的防爆音叉开关组成。开关输出为 DPDT（双刀双掷继电器信号）。装置上设有窥流器以观察漏液情况，装置下有排污阀以排除装置中的积液。

(8) 发电机漏氢检测装置。漏氢检测装置为一台可燃气体巡回检测仪。装置上设有 8 个通道，最多可监测 8 个部位的漏氢情况。装置与氢敏传感器之间用电缆连接，传感器为防爆设计。根据工程需要，传感器可配置 1～2 个。漏氢检测装置有三个 SPDT（单刀双掷继电器信号）输出，报警点可人工设定。也可把两个信号设置成同一报警值，其功能相当于 DPDT。

二、氢冷系统的主要参数

1. 主要技术参数

发电机氢冷系统的主要技术参数如下：发电机内的空间容积（标准状态下）：100m^3；氢气的正常压力：500kPa；氢冷系统的泄漏量（标准状态下）：<18+19.6=37.6（m^3/d）。

发电机氢冷器（每个）和励磁机空冷器（每个）的主要技术参数见表 1-1。

表 1-1　　发电机氢冷器（每个）和励磁机空冷器（每个）的主要技术参数

技术参数	氢冷器	空冷器
数量	4×25%	2×50%
热负荷（kW）	6742	500
冷却面积（m^2）	2213	660
气体流量（m^3/s）	33（氢气）	15.5（空气）
气体温度（热/冷）（°C）	76/44	72/43
气侧压降（Pa）	998	500
冷却水流量（m^3/h）	500	110
冷却水压降（kPa）	50	40

2. 氢冷系统的运行控制参数

为了保证发电机能正常运行，其氢冷系统的运行参数必须遵从一定的限额，表 1-2 列出了发电机氢冷系统正常运行时的主要参数及报警整定值。

机组运行时，发现发电机内的氢压降低，应立即查明原因。若属正常降压，则应进行补氢；若属不正常降压，则应查明泄漏原因，待缺陷消除后再补氢。

表 1-2　　发电机氢冷系统正常运行时的主要参数及报警整定值

项目	技术规范
正常运行氢气压力（kPa）	500（正常），470（报警）
发电机的容积（气体容积，m^3）	100
发电机内气体流量（m^3/s）	33
发电机机座内的露点温度（℃）	<−10
发电机 H_2/减压门 1 出口压力（MPa）	0.8～0.95
发电机 H_2/减压门 2 出口压力（MPa）	0.5
油氢差压（kPa）	120（正常），60（报警并关闭发电机/防火门）
氢气纯度（%）	97（正常），95（报警）
最大允许漏氢量（m^3/d）	18+19.6=37.6（0℃，1×10^5Pa）
发电机 CO_2/减压门 1 出口压力（MPa）	1.8
发电机 CO_2/减压门 2 出口压力（kPa）	100
排氢风机进口真空（kPa）	−1.5～−0.5（正常），−0.3（报警，切至备用风机）
冷氢温度（℃）	44（正常），>48 或<5（报警），>53 或<0（汽轮机跳闸）
励磁机热风温度（℃）	43～60（正常），>75（报警），>80（汽轮机跳闸）
励磁机冷风温度（℃）	25～40（正常），>42（报警）

第二节　发电机的密封油系统

由于发电机定子铁芯及其转子部分采用氢气冷却，为了防止运行中氢气沿转子轴向外泄漏，引起火灾或爆炸，在发电机的两个轴端分别配置了密封瓦（环），并向转轴与端盖交接处的密封瓦循环供应略高于氢压的密封油（见图 1-9）。本机组的密封油路只有一路（习惯上称为单流环式），分别进入汽轮机侧和励磁机侧的密封瓦，密封油进入密封瓦后，经密封瓦与发电机轴之间的密封间隙，沿轴向从密封瓦两侧流出，即分为氢气侧回油和空气侧回油，并在该密封间隙处形成密封油膜，既起密封作用，又起润滑和冷却密封瓦的作用。

一、密封油的概况

1. 密封油系统的作用

密封油系统也称为氢气密封油系统，它的作用为：

（1）向密封瓦提供压力油源，防止发电机内压力气体沿转轴逸出。

（2）保证密封油压始终高于机内气体压力某一个规定值，其压差限定在允许变动的范围之内。

（3）通过热交换器冷却密封油，从而带走因密封瓦与轴之间的相对运动而产生的热量，确保瓦温与油温控制在要求的范围之内。

（4）系统配有真空净油装置，去除密封油中的气体，防止油中的气体污染发电机中的氢气。

（5）通过油过滤器，去除油中杂物，保证密封油的清洁度。

（6）密封油路备有多路备用油源，以确保发电机安全、连续运行。

（7）排油烟风机排除轴承室和密封油储油箱中可能存在的氢气。

（8）系统中配置一系列仪器、仪表，监控密封油系统的运行。

（9）密封油系统采用集装式，便于运行操作和维修。

密封油系统的主要组成设备有：①密封油供油装置；②排油烟风机；③密封油储油箱（空侧回油箱）。

2. 密封油系统

由于氢冷汽轮发电机的转子轴伸必须穿出发电机的端盖，因此，这部分成了氢内冷发电机密封的关键。密封环靠置在密封环支座上，而密封环支座通过螺栓连接在支座法兰上并采取绝缘措施，防止轴电流流动。密封环沿轴线分成两半，这样不仅便于安装，而且能保证测量间隙和绝缘要求。密封环在轴颈侧衬有巴氏合金。密封环和转子轴之间的间隙内充有密封用的密封油。密封油系统中的油与汽轮机、发电机轴承使用的润滑油是一样的。

密封油从密封环支座上的密封环室通过环上的径向孔和环形槽注入密封间隙。为获得可靠的密封效果，应保证环形油隙中的密封油压力高于发电机中的气体压力。从密封环的氢侧和空侧排出的油经定子端盖上的油路返回密封油系统。在密封油系统中，油经过真空处理、冷却和过滤后返回密封环。

在空侧，压力油通过环形槽的数个径向孔进入密封环，以保证当机内气体压力较高时，密封环在径向仍能自由活动。在氢侧，密封环的二次密封能够减少氢侧的径向油流量，以保持氢气纯度的稳定。

发电机轴密封（见图 1-3）所用的密封油来自密封油供油装置，密封油供油装置的主要组成设备有：①真空油箱（密封油箱），包括真空泵；②氢侧回油控制箱（氢侧回油箱或中间油箱）；③主密封油泵（2×100%）；④备用密封油泵；⑤油泵下游压力控制阀；⑥密封油冷却器（2×100%）；⑦密封油过滤器（2×100%）；⑧压差调节阀（2×100%）。这些设备均组装在一个集装装置上。

二、发电机密封油系统的主要技术参数及正常运行监视项目

1. 主要技术参数

交流主油泵容量：$25m^3/h$；

直流备用油泵容量：$25m^3/h$；

密封油箱真空泵带有气体平衡器时的最大总压力：0.5Pa；

密封冷油器油流量：$15.9m^3/h$；

密封冷油器热负荷：183kW；

密封冷油器油温（进口/出口）：66.45/41℃；

密封冷油器油侧设计压力：1.6MPa；

密封冷油器油侧压降（平均）：20kPa；

密封冷油器冷却水流量：$53.1m^3/h$；

密封冷油器冷却水进口温度：≤38℃；

密封冷油器水侧设计压力：1.0MPa；

密封冷油器水侧压降（平均）：≤35kPa。

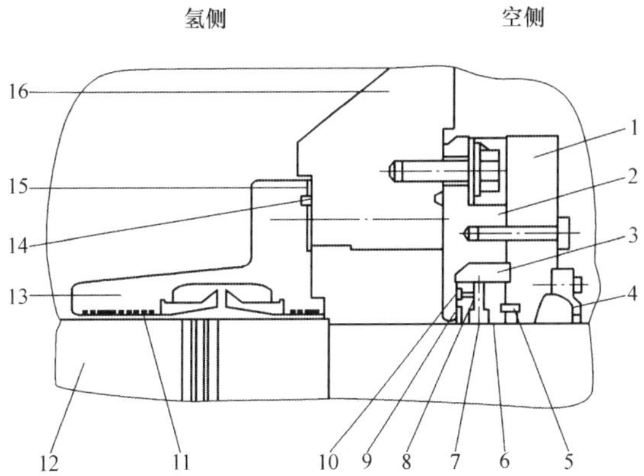

图 1-3　轴密封示意图

1—密封环支架（空侧）；2—密封环支架（氢侧）；3—密封环室；4—挡油环（空侧）；5—浮动油油槽；6—钨金；7—密封油环槽；8—密封油进油孔；9—密封环；10—二次密封；11—迷宫式密封条；12—发电机转子；13—迷宫密封环；14—密封槽；15—绝缘垫片；16—端盖

2. 正常运行监视项目

为了保证发电机能正常运行，发电机密封油系统的运行参数必须遵从一定的限额，表 1-3 列出了发电机密封油系统的正常运行监视项目。

表 1-3　发电机密封油系统的正常运行监视项目

项　目	允许范围
密封油泵出口压力（MPa）	1.35
滤网差压（kPa）	<120
油氢差压（kPa）	120
密封油容积流量（dm^3/s）	<1.4
密封油浮动油容积流量（m^3/s）	<0.3
密封油箱油位	油窗的 1/3～2/3
密封中间油箱油位（cm）	20 左右
密封油箱真空泵油位	上下刻度之间
密封油箱内真空（kPa）	−40
冷油器进口油温（℃）	<64
冷油器出口油温（℃）	40
密封油泵轴承振动（mm）	<0.05
密封油泵电动机内部声音	平稳无杂音
电动机外壳温度（℃）	<75
排烟风机进口真空（kPa）	−1.5～−0.5
排烟风机振动（mm）	<0.05
排烟风机内部声音	平稳无杂音
系统阀门	开关正确无泄漏

第三节 发电机的定子冷却水系统

大容量汽轮发电机常用的冷却介质为氢气和水，这是因为氢气和水具有优良的冷却性能。氢气和空气、水与油之间的冷却性能相互比较如表1-4所示（以空气的各项指标为基准=1.0）。

表1-4　氢气和空气、水与油之间的冷却性能

介质	比热	密度	所需流量	冷却效果
空气	1.0	1.0	1.0	1.0
氢气（0.414MPa）	14.35	0.35	1.0	5.0
油	2.09	0.848	0.012	21.0
水	4.16	1.000	0.012	50.0

一、发电机定子冷却水系统的组成与功能

1. 发电机定子冷却水系统的主要组成设备

发电机定子冷却水系统主要包括一只定冷水箱、两台100%容量的冷却水泵、两台100%容量的水—水冷却器、冷却水泵、过滤器、发电机、定冷水箱和补水过滤器等设备和部件，以及连接各设备、部件的阀门、管道等。见图1-4。

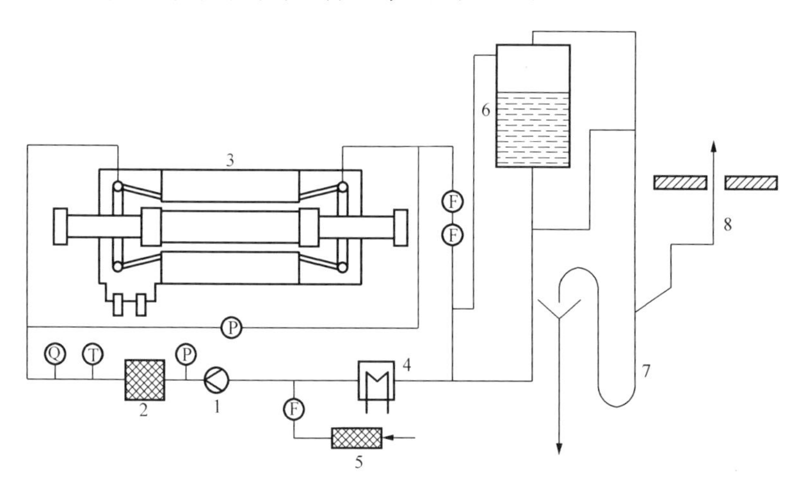

图1-4　发电机定子冷却水系统的简化图

1—冷却水泵×2；2—过滤器×2；3—发电机；4—水—水冷却器×2；5—补水过滤器；6—定冷水箱；7—水封溢水管；8—排气管

从定子冷却水供水装置出来的冷水经发电机入口中设置的过滤器进入发电机定子绕组的进水汇流管，再经过定子绝缘引水管进入定子绕组的不锈钢导水管。热水从定子绕组流出，经绝缘引水管、出水汇流管后，从发电机顶端流出发电机，回到定子水供水装置，从而保证了发电机定子绕组及汇流管等始终充满冷却水。

在发电机入口管道处设有反冲洗管道，可对绕组进行反冲洗或通过旁路对绕组或管道进行清洗。

2. 发电机定子冷却水系统的主要功能

发电机定子冷却水系统的主要功能是保证冷却水（纯水）不间断地流经定子线圈内部，从而将部分由于损耗引起的热量带走，以保证温升（温度）负荷发电机的有关要求。同时，系统还必须控制冷却水进入定子线圈的压力、温度、流量、水的电导率等参数，使之符合相应的规定。水内冷绕组的导体既是导电回路又是通水回路，每个线棒分成若干组，每组内含有一根空心铜管和数根实心铜线，空心铜管内通过冷却水带走线棒产生的热量。到线棒出槽以后的末端，空心铜管与实心铜线分开，空心铜管与其他空心铜管汇集成型后与专用水接头焊好由一根较粗的空心铜管与绝缘引水管连接到总的进（或出）汇流管。冷却水由一端进入线棒，冷却后由另一端流出，循环工作，不断地带走定子线棒产生的热量。

二、发电机定子水冷却系统的监控

发电机定子水冷却系统中主要的监测装置有电导率监测、水位监测、水流量监测、压力监测和温度监测。

1. 电导率监测

在发电机定子水冷却系统中设置了发电机定子冷却水进水口的上游和补充水离子交换器的下游的电导率仪，用以监测水的电导率。

电导率仪可使冷却水主回路和补水回路的电导率得到监测。

2. 水位监测

定子水箱中的液位由一就地液位计显示。另外水箱中还设置液位开关，如果水位降到规定的最低液位以下时，则会触发报警信号。

3. 水流量监测

在发电机冷却水出口设有 3 个涡街流量变送器。如果流量低于规定的低流量以下，就会触发报警信号；而流量继续下降时，采用“三取二”信号方式，发电机的断水保护装置会使发电机解列。

流经定子水箱的水流量由一就地显示流量计显示，另有一就地显示流量计显示补充水流量。

4. 压力监测

在以下位置设置了压力/压差变送器或压力表。

(1) 定子水泵 1 的下游。

(2) 定子水泵 2 的下游。

(1)、(2) 这两个压力测点安装有压力变送器，用于定子水泵出口压力的显示和自动控制。

另外，在两个泵的汇流管上装有压力表，以便观察泵下游的止回阀后的压力。

(3) 定子绕组的上游。此测点配备有一个压力变送器，用以显示和监测定子绕组进水压力。如果定子水的进水压力超过规定的最高压力值时，则会触发报警信号。

(4) 定子绕组两端。定子绕组进、出水两端设有压差变送器以监测定子绕组两端的压降。此压降也反映了定子绕组的冷却水流量。

(5) 主过滤器二端。

(6) 补水过滤器二端。

(5)、(6) 这两个过滤器分别设有压差变送器以监测过滤器的积垢度。当过滤器二端的压差超过了设定的范围后，触发报警。补水过滤器还作为补水流量低报警监测。

5. 温度监测

冷却器的下游设置了电阻检温计（RTD）和就地温度计，用以监控定子冷却水主回路的水温。在发电机定子绕组的下游由一电阻检温计监测定子绕组的出水温度。

三、发电机定子水冷却系统及设备的主要技术参数及正常运行监视项目

1. 发电机定子水冷却系统及设备的主要技术参数

定冷泵容量：135m^3/h；

定冷水主过滤器过滤精度：5μm；

定冷水备用过滤器过滤精度：5μm；

定冷器定冷水流量：120m^3/h；

定冷器热负荷：4637kW；

定冷器定冷水温度（进口/出口）：85/50℃；

定冷器闭冷水流量：154.6m^3/h；

定冷器闭冷水进口温度：≤38℃；

定冷器闭冷水侧设计压力：0.2～1.0MPa；

定冷器闭冷水侧压降：≤50kPa。

2. 发电机定子水冷却系统的正常运行监视项目

为了保证发电机能正常运行，发电机定子冷却水系统的运行参数必须遵从一定的限额，表1-5列出了发电机定子冷却水系统的正常运行监视项目。

表1-5　　发电机定子冷却水系统的正常运行监视项目

项　　目	允 许 范 围
定冷泵出口压力（MPa）	0.8
定子冷却水流量（m^3/h）	120
定冷水补水流量（L/h）	120
通过定冷水箱的流量（L/h）	200
泵体及电动机内部声音	平稳无杂音
定冷水电导率（μs/cm）	<2
泵轴承振动（mm）	0.05
泵轴承温度（℃）	<70
电动机外壳温度（℃）	<75
定冷水温（℃）	48
定冷水箱水位	正常
定冷水主滤网差压（kPa）	<80

第二章

同 步 发 电 机

同步电机是一种交流电机，在稳态运行时其转子的转速正比于定子电压的频率。

同步电机的主要运行方式有三种，即作为发电机、电动机和调相机运行。作为发电机运行是同步电机最主要的运行方式，全世界的发电量几乎全部是由同步发电机发出的。作为电动机运行是同步电机的另一种重要的运行方式。同步电动机通过调节励磁电流可改变功率因数，在不要求调速的场合，应用大型同步电动机可以提高运行效率。近年来，小型同步电动机在变频调速系统中开始得到较多的应用。同步电机还可以接于电网作为同步调相机，这时电机不带任何机械负载，靠调节转子中的励磁电流向电网发出所需的感性无功功率或者容性无功功率，以达到改善电网功率因数或者调节电网电压的目的。

第一节　发电机的工作原理

一、发电机的基本原理

同步电机的电磁结构模型如图 2-1 所示。从原理上讲，一台同步电机既可以作为发电机，也可以作为电动机或调相机，这就是电机的可逆性原理。下面以同步发电机为例来说明同步电机的基本原理。

同步发电机是用来将机械能转变为电能的能量转换机械。它的工作原理基于两条基本电磁定律：其一是关于在磁场中运动的导体产生感应电动势的电磁感应定律，其二是关于载流导体在磁场中受到力的作用的电磁力定律。这两条定律也概括了发电机进行能量转换时应具备的基本条件，即电机必须具有相对运动的定子和转子两个基本部件，如图 2-1。

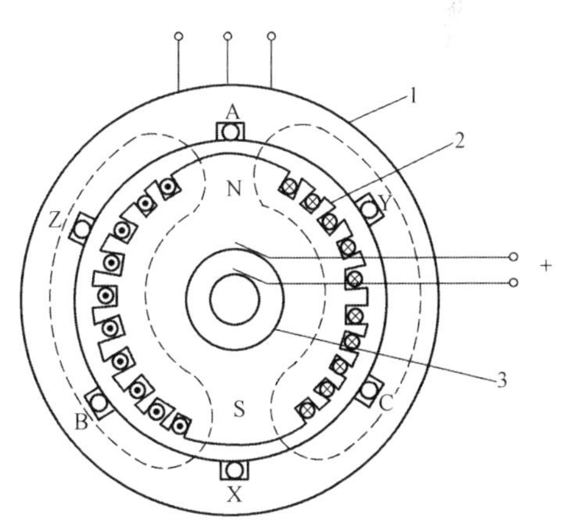

图 2-1　同步电机的电磁结构模型

1—定子铁芯；2—转子；3—集电环

同步电机的定子铁芯由硅钢片叠成，在叠片上开有槽，在槽内放上导体，这些导体按一定的规律连接起来，称为定子绕组。转子铁芯上装有制成一定形状的成对磁极，磁极上绕有励磁绕组，同步发电机在工作时，转子上的励磁绕组通入直流电流产生磁场，将会在电机的气隙中形成极性相间的分布磁场，称为励磁磁场（也称为主磁场、转子磁场）。当原动机拖动电机的转子旋转，转子磁场与定子绕组有相对运动，于是就在定子绕组中感应出交流电动势。同步发电机定子绕组接成三相绕组，这样便得到三相交流电动势。

在电机中既作为磁路，又置放着导体，以产生感应电动势，从而担负机电能量转换的部分称为电枢。因此，图 2-1 中同步电机的定子铁芯和绕组又称为电枢铁芯和电枢绕组。

交流电动势的频率 f 取决于电机的极对数 p 和转子每分钟的转速 n（单位为 r/min）。由于电机每一转对应 p 对磁极，而转子每秒钟的转速为 $n/60$，因此每秒钟有 $pn/60$ 对磁极切割电枢导体，使它的感应电动势交变 $pn/60$ 个周期，而每秒钟变化的周期数称为频率，所以感应电动势的频率应为

$$f = \frac{pn}{60} \tag{2-1}$$

由式（2-1）可以看出，当电机的极对数 p 和转速 n 一定时，定子绕组感应电动势的频率 f 也是一定的。从供电品质考虑，由众多同步发电机并联构成的交流电网的频率应该是一个不变的值，这就要求发电机的频率应该和电网的频率一致。我国电网的频率为 50Hz，故有

$$n = \frac{60f}{p} = \frac{3000}{p} \tag{2-2}$$

要使得发电机供给电网 50Hz 的工频电能，发电机的转速必须为某些固定值，这些固定值称为同步转速。例如 2 极电机的同步转速为 3000r/min，4 极电机的同步转速为 1500r/min，依次类推。只有运行于同步转速，同步电机才能正常运行，这也是同步电机名称的由来。

二、同步发电机的对称运行

（一）空载运行

同步发电机被原动机拖动以同步转速旋转，转子励磁绕组通入直流励磁电流，电枢（定子）绕组开路或电枢电流为零时的运行状态，称为同步发电机的空载运行。

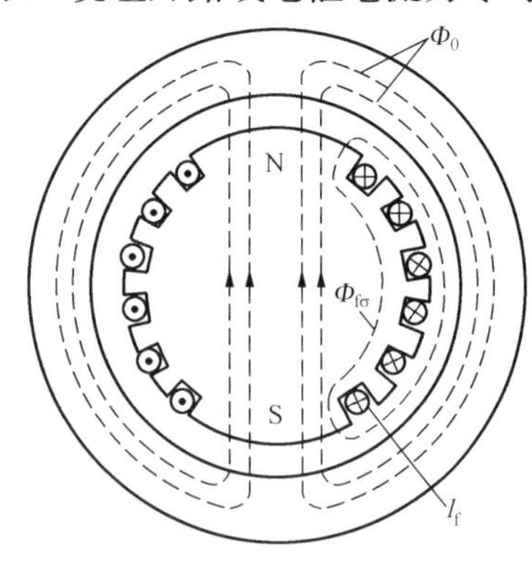

图 2-2 同步发电机空载磁场与其磁路

空载运行时，由于电枢电流为零，发电机内只有由直流励磁电流所建立的主极磁场。发电机励磁电流建立的空载磁场与其磁路如图 2-2 所示。从图 2-2 可见，主极磁通分为主磁通 Φ_0 和主极漏磁通 $\Phi_{f\sigma}$ 两部分，前者穿过气隙并与定子绕组和转子励磁绕组同时相交链，能在定子绕组中感应出三相交流电动势；后者不通过气隙，仅与励磁绕组相交链。主磁通所经过的路径称为主磁路。从图 2-2 可见，主磁路包括空气隙、电枢齿、电枢轭、磁极极身和转子轭五部分。

当转子以同步速度旋转时，主极磁场在气隙中形成一个旋转磁场，它切割对称的三相定子绕组后，在定子绕组内感应出频率为 f 的一组对称三相电动势，称其为励磁电动势，忽略高次谐波时，励磁电动势的有效值 E_0（相电动势）为

$$E_0 = \sqrt{2}\pi f N_1 K_{N1} \Phi_0 \tag{2-3}$$

式中 $N_1 K_{N1}$——定子每相绕组的有效匝数；

Φ_0——每极的主磁通量。

这样，改变直流励磁电流 I_f，便可得到不同的主磁通量 Φ_0 和相应的励磁电动势 E_0，从而得到 E_0 与 I_f 之间的关系曲线 $E_0=f(I_f)$，如图 2-3 所示。将曲线 $E_0=f(I_f)$ 称为同步发电机的空载特性曲线。

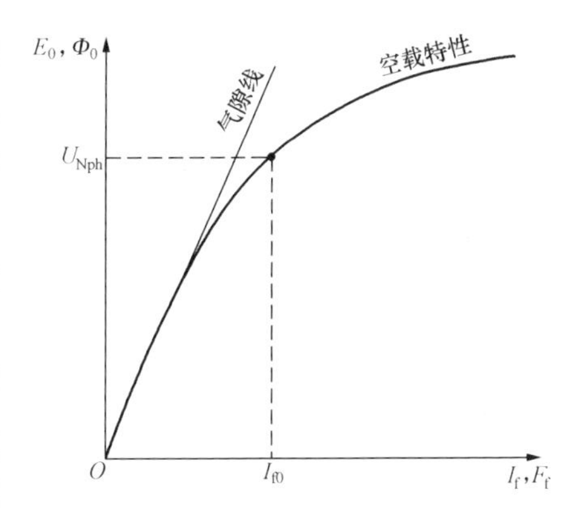

图 2-3 同步发电机的空载特性

由于 $E_0\propto\Phi_0$，$I_f\propto F_f$，所以空载特性曲线实质上就是发电机的磁化特性曲线。

当 I_f 很小时，即磁通 Φ_0 很小，整个磁路处于不饱和状态，绝大部分磁动势消耗于气隙中，所以空载特性曲线下部是一条直线。与空载特性曲线下部相切的直线称为气隙线。随着 I_f 的增大，即 Φ_0 的增大，铁芯逐渐饱和，空载特性曲线就逐渐弯曲。为了合理地利用材料，空载电压等于额定电压的运行点通常设计在空载特性曲线开始弯曲的附近。

空载特性是发电机的基本特性之一。空载特性一方面表征了发电机磁路的饱和情况，另一方面将它和短路特性、零功率因数负载特性配合在一起，还可以确定发电机的同步电抗。利用间接法确定发电机的额定励磁电流、电压变化率等基本运行数据时，都要用到空载特性。

（二）发电机的电枢反应

1. 电枢反应的基本概念

同步发电机空载运行时，气隙中仅有转子励磁磁动势 F_f 所产生的同步旋转的主磁极磁场。

当同步发电机带上三相对称负载以后，电枢绕组中流过三相对称电流，这时电枢绕组就会产生电枢磁动势及相应的电枢磁场；若仅考虑其基波，则电枢磁动势与转子同向、同速旋转。因此，发电机负载运行时，气隙内的磁场由电枢磁动势与励磁磁动势共同作用所产生。通常将电枢磁动势基波 F_a 对励磁磁动势基波 F_{f1} 的影响称为电枢反应。

由于电枢磁场与主磁极磁场是相对静止的，因此电枢反应的结果是不随时间变化的。电枢反应除气隙磁场发生变化，从而直接关系到能量转换之外，还有去磁或增磁作用，对发电机的运行性能产生重要影响。电枢反应的性质（增磁、去磁或交磁）取决于电枢磁动势基波和励磁磁动势基波在空间的相对位置。分析表明，这一相对位置与励磁电动势 $\dot{E}_0$ 和负载电流 $\dot{I}$ 之间的相角差 ψ 有关，ψ 称为内功率因数角。角度 ψ 值不同时，电枢磁场对主磁极磁场的影响就不同。

2. 用时—空矢量图分析电枢反应

(1) 时—空矢量图。电流和电动势是时间函数，磁动势和磁场是空间分布函数。如只考虑它们的基波分量，则可以分别用时间相量和空间矢量表示。

随时间按正弦变化的电动势 $e_0(t)=\sqrt{2}E_0\cos(\omega t+\varphi_0)$ 用时间相量 $\dot{E}_0$ 表示的方法，一般是先选取一个时间参考轴（简称时轴），然后用一个逆时针方向旋转、角速度为 $\omega=2\pi f$ 的旋转相量 $\dot{E}_0$ 来表示电动势的变化，相量 $\dot{E}_0$ 与时轴的夹角即为电动势 e_0 的初始角 φ_0，而任何瞬间 $\sqrt{2}E_0$ 在时轴上的投影，即为交变电动势的瞬时值。

在空间按正弦分布的励磁磁动势基波 $f(\alpha)=F_{f1}\cos(\alpha-\alpha_0)$ 用空间矢量 $\overline{F}_{f1}$ 表示的方法，一般选取绕组的轴线为空间参考轴（简称相轴），α_0 表示转子 N 极中心在空间坐标的位置，用 $\overline{F}_{f1}$ 的长度来表示正弦分布空间磁动势波的波幅，而 $\overline{F}_{f1}$ 所在位置和方向表示励磁磁动势波正波幅所在的地点。空间矢量 $\overline{F}_{f1}$ 也以转子角速度 $\omega=2\pi f$ 旋转。在电机学中为了使时间相量和空间矢量表示上有所区别，以后对时间相量加上“·”，如“$\dot{I}$”；而对空间矢量加上“—”，如“$\overline{F}_a$”。

对于隐极发电机，根据 $\omega t=0$ 时转子的位置，可以找到这一瞬时感应电动势 $\dot{E}_0$ 在时间相量图上的相位。先看转子的两个特殊初始位置。第一个特殊位置如图 2-4（a）所示，即 $\omega t=0$ 时转子 S 极中心在空间坐标上的位置是 $\alpha_0=0°$。图中规定了定子相绕组中电动势的正方向，它与轴线 $+A$ 是符合右手定则的。由于该瞬间 S 极中心与 A 相轴线重合，这时 $\overline{F}_{f1}$ 与 $+A$ 轴重合，如图 2-4（b）所示，这时 A 相绕组的感应电动势瞬时值为 0。将时间相量 $\dot{E}_0$ 表示在图 2-4（c）中，$\dot{E}_0$ 应画在水平位置，这时对时间轴 $+j$ 的投影为零，表示这一瞬间电动势瞬时值为零，其初相角 $\varphi_0=-90°$。转子第二个特殊位置，是 $\omega t=0$ 时 S 极中心在空间坐标上的位置 $\alpha_0=90°$，表示在图 2-5（a）中。这时 $\overline{F}_{f1}$ 超前 $+A$ 轴 90°，如图 2-5（b）所示。由于该瞬间转子 S 极中心在空间超前 $+A$ 轴 90°，A 相线圈边处于磁极中心，A 相绕组感应电动势瞬时值为正最大值。将时间相量 $\dot{E}_0$ 画在图 2-5（c）中，$\dot{E}_0$ 与 $+j$ 轴重合，初相角 $\varphi_0=-90°$。从上述两种情况可以看到，空间矢量 $\overline{F}_{f1}$ 在空间参考轴 $+A$ 上的初相角 α_0 与 A 相时间相量 $\dot{E}_0$ 在时间参考轴 $+j$ 的初相角 φ_0 之间存在一定的关系，即 $\varphi_0=\alpha_0-90°$。这个结论不仅适合于 $\omega t=0$ 时转子处于上述两种位置，也适合于转子在任何位置的情况。因为转子在空间转过某一个电角度，一相电动势相量在时间上也会移过同样的电角度。

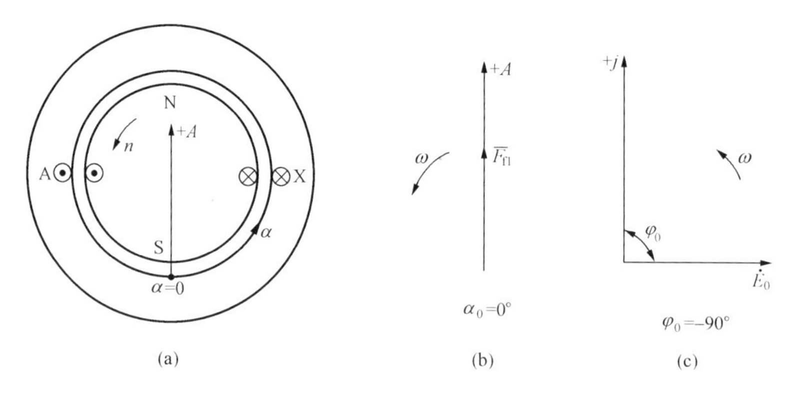

图 2-4　$\alpha_0=0°$的空间矢量图与时间相量图

（a）$\alpha_0=0°$时的特殊位置；（b）空间矢量图；（c）时间相量图

因为空间矢量与时间相量都有相同的同步角频率，所以可以将它们画在同一坐标平面上。这种合并画在同一坐标上的时间相量和空间矢量图简称为时—空矢量图。如果将相绕组轴线（$+A$）作为空间矢量参考轴，并令时间相量参考轴（$+j$）与空间矢量参考轴（$+A$）重合，将对分析同步发电机的电磁关系带来方便。图 2-4 和图 2-5 两种情况下的时—空矢量图分别如图 2-6（a）、（b）所示。从时—空矢量图上可以看到，时间相量 $\dot{E}_0$ 滞后于空间矢量

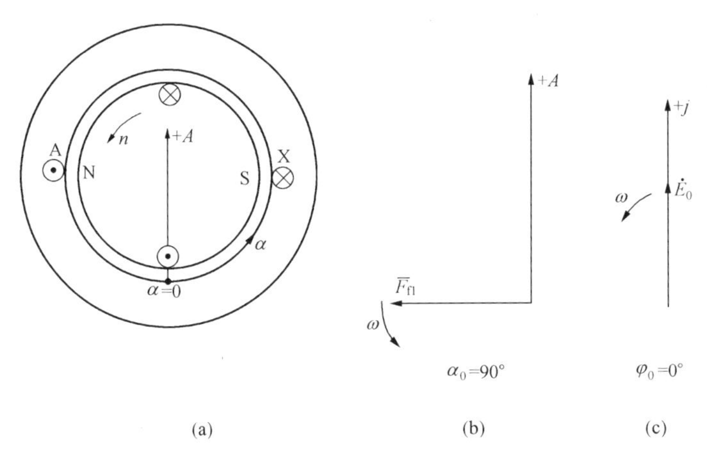

图 2-5　$\alpha_0=90°$的空间矢量图与时间相量图

（a）$\alpha_0=90°$时的特殊位置；（b）空间矢量图；（c）时间相量图

$\overline{F}_{f1}$ 90°电角度。当然，时间相量和空间矢量的物理意义是截然不同的，放在一个图上本来是没有意义的，现在把它们重合在一个图上的目的是为了找矢量方便，为后面画同步发电机时—空矢量图打下基础。如果知道空间矢量可以很快找到时间相量，反之，如果知道时间相量，也可以很快找到空间矢量。至于 $\overline{F}_{f1}$ 与$\dot{E}_0$ 相差 90°电角度，也是没有明确的物理意义的，这是在$+A$ 与$+j$ 轴重合的特定条件下造成的。

（2）用时—空矢量图分析电枢反应。在时—空矢量图中，如果选取时轴$+j$ 与相轴$+A$ 轴重合，则时间相量$\dot{E}_0$ 滞后于空间矢量 $\overline{F}_{f1}$ 90°电角度。在三相发电机中，当某相电流达到最大值时，三相合成磁动势基波正波幅的位置恰好与该相绕组轴线重合，也即当某相电流相量$\dot{I}$ 与其时轴重合时，三相合成磁动势矢量 $\overline{F}_a$ 恰好与该相绕组的轴线重合，所以如果取时间相量的参考轴与相绕组的轴线重合，则时间相量$\dot{I}$ 就和空间矢量 $\overline{F}_a$ 重合。又因为时间相量$\dot{I}$ 和空间矢量 $\overline{F}_a$ 的旋转速度两者均随频率而变化，所以$\dot{I}$ 和 $\overline{F}_a$ 两者保持同步旋转，使相对位置不变。若以图 2-4、图 2-5 和图 2-6 的三种电枢反应为例来说明，当时轴与 A 相的相轴重合时，所得到的时—空矢量图如图 2-7 中（a）、（b）、（c）所示。根据三个图形中任何一个，可以看到：空间矢量 $\overline{F}_a$ 与时间相量$\dot{I}$ 重合，空间矢量 $\overline{F}_{f1}$ 超前时间相量$\dot{E}_0$ 90°。

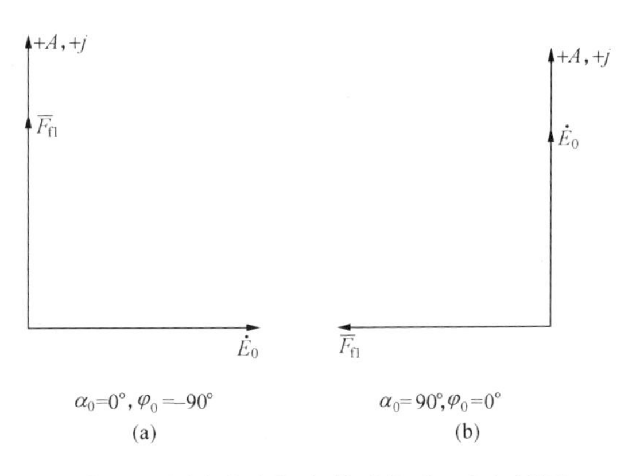

图 2-6　同步发电机空载时的时—空矢量图

（a）图 2-4 情况下；（b）图 2-5 情况下

应用时—空矢量图来分析电枢反应是比较方便的。首先根据负载的性质定出 ψ，再画出和 ψ 相对应的时间相量$\dot{E}_0$ 和$\dot{I}$，根据时轴和相轴重合时的规律，$\overline{F}_{f1}$ 超前$\dot{E}_0$ 90°，$\overline{F}_a$ 与$\dot{I}$ 重合，就可以定出 $\overline{F}_{f1}$ 和 $\overline{F}_a$ 在空间的位置，这样就可以求出电枢反应的结果。时—空矢量图还可以

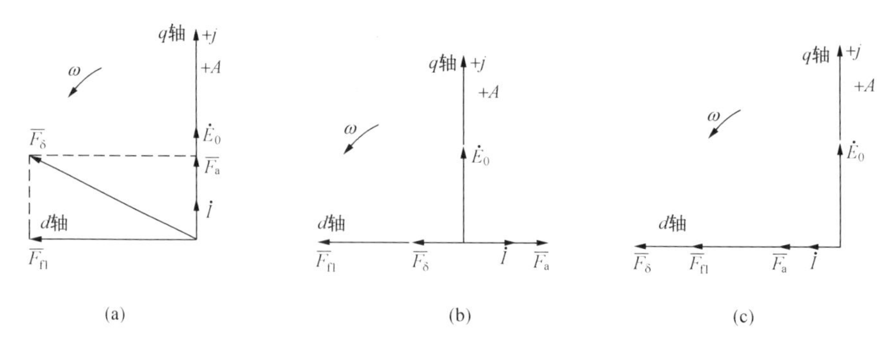

图 2-7 用时—空矢量图分析 $\psi=0°$和 $\psi=\pm90°$时的电枢反应

(a) $\psi=0°$；(b) $\psi=+90°$；(c) $\psi=-90°$

用来分析同步发电机带负载时深入一步的电磁现象。同步发电机带负载后，由于电枢磁动势$\overline{F}_a$的作用，使空气隙中的磁动势由原来的 $\overline{F}_{f1}$ 变为 $\overline{F}_{f1}+\overline{F}_a=\overline{F}_{\delta}$，而 $\overline{F}_{\delta}$在气隙中产生气隙磁通 Φ_{δ}，使定子绕组中的电动势由$\dot{E}_0$ 变为$\dot{E}_{\delta}$，从而使端电压发生变化，决定了发电机的主要运行特性。

3. $\dot{I}$ 滞后$\dot{E}_0$ 一个锐角 ψ 时的电枢反应

在一般负载情况下，发电机的 $0°<\psi<90°$，也就是说电枢电流$\dot{I}$滞后励磁电动势$\dot{E}_0$ 一个锐角 ψ。下面用时—空矢量图来分析这种情况下的电枢反应。

用时—空矢量图来分析电枢反应一般可按下列步骤进行：

(1) 先作出时间相量$\dot{E}_0$，若 $0°<\psi<90°$，则$\dot{I}$应滞后$\dot{E}_0$ 一个锐角 ψ，画出时间相量$\dot{I}$ 。

(2) 根据时—空矢量图的规律，如果选取时轴与相轴重合，则有$\overline{F}_a$ 与$\dot{I}$ 重合，$\overline{F}_{f1}$ 超前$\dot{E}_0$ 90°，由此可画出空间矢量 $\overline{F}_{f1}$ 和 $\overline{F}_a$在空间的位置。

(3) 对于隐极同步发电机，气隙均匀，空间各点的磁阻 R_m 不随位置而变化。根据磁路欧姆定律 $\Phi_{\delta}=\dfrac{F_{\delta}}{R_m}$可得，当 R_m 等于常数时，由气隙磁动势 $\overline{F}_{\delta}$在空间所产生的气隙磁通 Φ_{δ}，它的磁通密度分布波 $\overline{B}_{\delta}$应和磁动势波 $\overline{F}_{\delta}$同相。这样矢量 $\overline{B}_{\delta}$与定子任一相所交链的磁通时间相量$\dot{\Phi}_{\delta}$ 应在同一位置上，所以 $\overline{F}_{\delta}$应与$\dot{\Phi}_{\delta}$ 重合。在这种情况下，可以将 $\overline{F}_a$和 $\overline{F}_{f1}$ 相加求得 $\overline{F}_{\delta}$，再由 $\overline{F}_{\delta}$求得$\dot{\Phi}_{\delta}$，根据$\dot{\Phi}_{\delta}$ 求出其在定子绕组上所感应的对应电动势$\dot{E}_{\delta}$，$\dot{E}_{\delta}$ 称为气隙电动势。图2-8所示为用时—空矢量图分析隐极发电机的电枢反应。

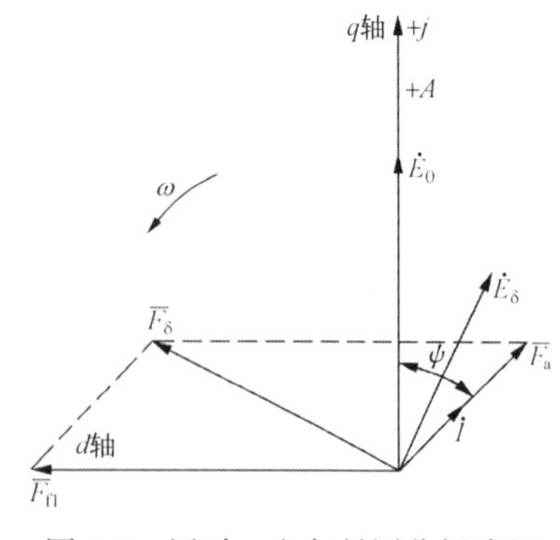

图 2-8 用时—空矢量图分析隐极发电机的电枢反应（$0<\psi<90°$）

4. 电枢反应与同步发电机的能量传递

当同步发电机空载时，负载电流 $I=0$，没有电枢反应，因此也不存在由转子到定子的能量传递。当同步发电机带有负载时，$I\neq0$，将产生电枢反应磁动势$\overline{F}_a$，将 $\overline{F}_a$ 分解为直轴分量 $\overline{F}_{ad}$和交轴分量 $\overline{F}_{aq}$，图 2-9（a）、（b）分别表示了 $\overline{F}_{aq}$、$\overline{F}_{ad}$与转子电流相互作用产生电磁力的情况。在图 2-9（a）中，根据电磁力的左手定则，电枢反应磁动势的交轴分量 $\overline{F}_{aq}$ 产生的磁场与转子电流作用，产生电磁力，并形成和转子转向相反的电磁转矩。发电机要输出有功功率，原动机必须增大驱动转矩，克服 $\overline{F}_{aq}$ 引起的阻力转矩，才能维持发电机的转速保持不变。能量就是这样由原动机输送给同步发电机转子再传递到定子电枢绕组，最后输出的。图 2-9（b）表示直轴分量 $\overline{F}_{ad}$ 产生的磁场与转子电流作用的情况。它们产生的电磁力不形成转矩，因此不需要原动机增加驱动转矩，增大输给同步发电机的能量。但是直轴电枢反应对主磁极磁场起着去磁（或磁化）作用，为维持同步发电机的端电压保持不变，须相应地增加（或减小）同步发电机转子的直流励磁电流。

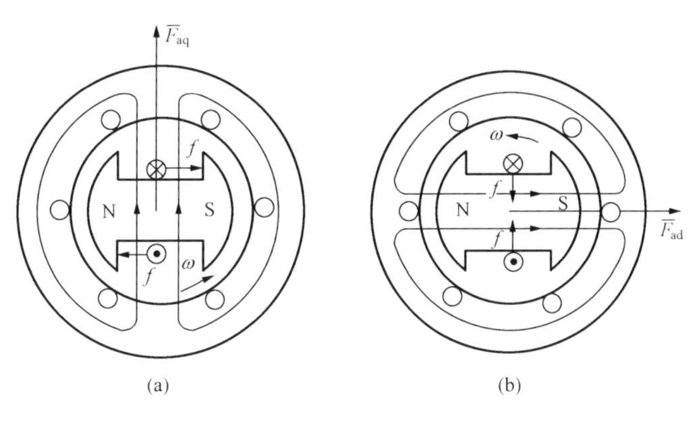

图 2-9 电枢反应磁场与转子电流的相互作用
（a）$\overline{F}_{aq}$ 的作用；（b）$\overline{F}_{ad}$ 的作用

交轴电枢反应磁动势和励磁磁动势的相互作用，发电机转子受到一个电磁转矩，从而实现了发电机内部的能量转换。直轴电枢反应磁动势对励磁磁动势起去磁或增磁作用，使气隙磁场削弱或增强，进而改变发电机的端电压，从而决定了发电机的主要运行特性。为了维持发电机的转速不变，必须随着有功负载的变化调节由原动机输入的功率。为保持发电机的端电压不变，必须随着无功负载的变化相应地调节转子的直流励磁电流。

同理，对同步电动机可作出类似的结论。这时 $\overline{F}_{aq}$ 产生的电磁转矩为驱动转矩。当所驱动的机械负载变化时，$\overline{F}_{aq}$ 及其产生的电磁转矩必须相应地变化，才能维持电动机的转速。当电网电压保持不变，电动机的端电压也就不能变化，调节转子直流励磁电流只能引起无功电流的变化，亦即调节同步电动机与电网交换的无功功率的大小及性质。增大直流励磁电流可以向电网输出感应性无功。

（三）隐极同步发电机的负载运行

运用电磁感应定律和基尔霍夫定律，可写出隐极同步发电机的电压方程，并画出相应的相量图和等效电路。

同步发电机负载运行时，除了主极磁动势 $\overline{F}_{f1}$ 之外，还有电枢磁动势 $\overline{F}_{a}$。如果不计磁饱和（即认为磁路为线性），则可应用叠加原理，把主极磁动势和电枢磁动势的作用分别单独考虑，再把它们的效果叠加起来。设 $\overline{F}_{f1}$ 和 $\overline{F}_{a}$ 各自产生主磁通 $\dot{\Phi}_0$ 和电枢磁通 $\dot{\Phi}_a$，并在定子绕组内感应出相应的励磁电动势 $\dot{E}_0$ 和电枢反应电动势 $\dot{E}_a$，把 $\dot{E}_0$ 和 $\dot{E}_a$ 相加，可得电枢一相绕组的合成电动势 $\dot{E}_\delta$（亦称为气隙电动势）。各磁动势、磁通及电动势的关系可表示如下

$$I_f \rightarrow \overline{F}_{f1} \rightarrow \dot{\Phi}_0 \rightarrow \dot{E}_0$$

$$\dot{I} \rightarrow \overline{F}_a \rightarrow \dot{\Phi}_a \rightarrow \dot{E}_a$$

此外，电枢电流 I 还要形成电枢漏磁场，由此在电枢绕组中产生漏磁电动势 E_σ，即

$$I \rightarrow \dot{\Phi}_\sigma \rightarrow \dot{E}_\sigma$$

采用发电机惯例，以输出电流作为电枢电流的正方向，因此同步发电机各物理量正方向的规定如图 2-10 所示。根据基尔霍夫电压定律，可写出隐极同步发电机电枢绕组任一相的电压方程为

$$\dot{E}_0+\dot{E}_a+\dot{E}_\sigma=\dot{U}+\dot{I}R_a \tag{2-4}$$

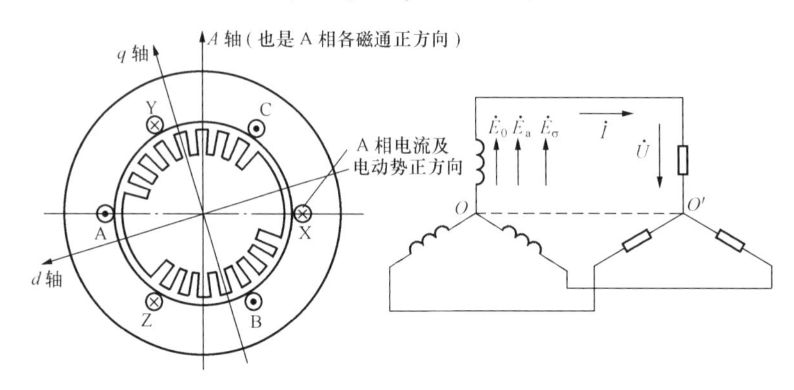

图 2-10　同步发电机各物理量正方向的规定

与变压器一样，电枢绕组漏磁电动势 E_σ 可用电枢电流 I 在电枢绕组漏电抗（即定子漏电抗）X_σ 上的压降表示，在相位上$\dot{E}_\sigma$ 滞后于$\dot{I}$ 90°，即

$$\dot{E}_\sigma=-\mathrm{j}\,\dot{I}X_\sigma \tag{2-5}$$

漏抗 X_σ 的值较小，用标幺值表示时，X_σ^* 在 0.1～0.2，但它仍较电枢绕组电阻要大。

因为电枢反应电动势 E_a 正比于电枢反应磁通 Φ_a，不计磁饱和时，Φ_a 又正比于电枢磁动势 F_a 和电枢电流 I，即

$$E_a\propto\Phi_a\propto F_a\propto I$$

因此 E_a 正比于 I，在时间相位上，$\dot{E}_a$ 滞后$\dot{\Phi}_a$90°电角度；若不计定子铁芯损耗，$\dot{\Phi}_a$ 与$\dot{I}$ 同相位，所以$\dot{E}_a$ 滞后$\dot{I}$ 90°电角度。于是$\dot{E}_a$ 亦可近似地写成负电抗压降的形式，即

$$\dot{E}_a\approx-\mathrm{j}\,\dot{I}X_a \tag{2-6}$$

式中　X_a——与电枢反应磁通相应的电抗，称为电枢反应电抗，$X_a=E_a/I$，即等于单位电枢电流所产生的电枢反应电动势。

将式（2-5）和式（2-6）代入式（2-4），经过整理，可得

$$\dot{E}_0=\dot{U}+\dot{I}R_a+\mathrm{j}\,\dot{I}X_\sigma+\mathrm{j}\,\dot{I}X_a=\dot{U}+\dot{I}R_a+\mathrm{j}\,\dot{I}X_t \tag{2-7}$$

式中　X_t——同步电抗。

$$X_t=X_a+X_\sigma \tag{2-8}$$

同步电抗是表征同步发电机对称稳态运行时电枢反应和电枢漏磁这两个效应的一个综合参数，不计磁饱和时，它是一个常值。

图 2-11（a）为与式（2-4）相对应的相量图，图中既有时间相量（如电动势），又有空间矢量（如磁动势），它是一个时—空矢量图。

图 2-12（a）、（b）分别为与式（2-7）相对应的相量图和等效电路。从图 2-12（b）可以看出，同步发电机的等效电路是一个由励磁电动势 E_0 和同步阻抗 $R_a+\mathrm{j}X_t$ 相串联所组成的

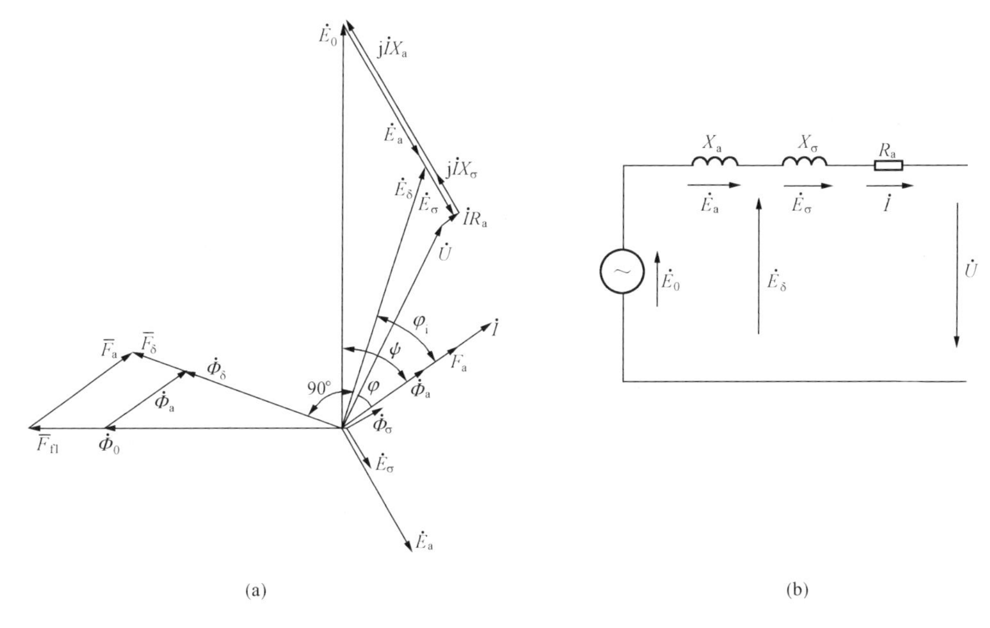

图 2-11　不考虑磁饱和时隐极同步发电机的时—空矢量图和等效电路

(a) 时—空矢量图；(b) 等效电路

电路，其中 E_0 表示主磁极磁场的作用，X_t 表示电枢基波旋转磁场（电枢反应）和电枢漏磁场的作用，R_a 表示电枢绕组的电阻。

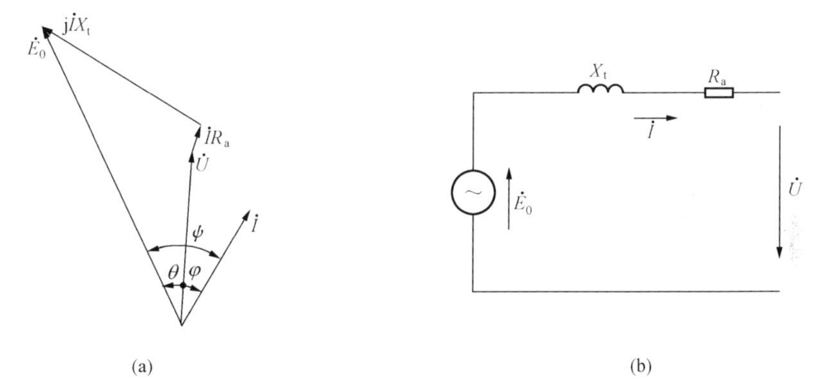

图 2-12　不考虑磁饱和时隐极同步发电机的相量图和等效电路

(a) 相量图；(b) 等效电路

三、同步发电机的运行特性

同步发电机在对称负载下稳定运行时，在转子转速 n 为常数，负载的功率因数 $\cos\varphi$ 为常数的条件下，发电机的励磁电流 I_f、负载电流 I、定子端电压三个量中，保持其中一个量不变，另外两个量之间的函数关系即表示同步发电机的运行特性。它们是：

(1) 空载特性：$I=0$，$U_0=f(I_f)$。

(2) 短路特性：$U=0$，$I_k=f(I_f)$。

(3) 零功率因数负载特性：$\cos\varphi=0$，I 为常数，$U=f(I_f)$。

(4) 外特性：I_f 为常数，$U=f(I)$。

(5) 调整特性：U 为常数，$I_f=f(I)$。

其中空载特性、短路特性及零功率因数负载特性是其基本特性，通过它们可以求出同步发电机稳态运行时的同步电抗和漏抗。而外特性和调整特性等主要用来计算发电机的性能。

1. 空载特性

同步发电机被原动机拖动到同步转速，励磁绕组中通入直流励磁电流，定子绕组开路时的运行，称为空载运行。

空载运行时，由于电枢电流等于零，同步发电机的电枢电压等于空载电动势 E_0，电动势 E_0，决定于空载气隙磁通，磁通取决于励磁绕组的励磁电流 I_f。因此空载时的端电压或电动势是励磁电流的函数，即 $E_0=f(I_f)$，称为同步发电机的空载特性。如图 2-3 所示。

空载特性曲线可以用试验方法测定。

实验时，电枢绕组开路，用原动机将发电机拖动到额定转速，然后调节励磁电流 I_f，使端电压升至 $U_0\approx1.3U_N$，并记录上升时对应的电压 U_0 和励磁电流 I_f 值，然后逐步减小励磁电流，记录下降时对应的 U_0 和 I_f 值。如图 2-13 所示，由于磁滞现象，上升和下降的曲线不重合，一般采用从 $U_0\approx1.3U_N$ 开始直至 $I_f=0$ 的下降曲线，并作适当修正，如图 2-14 所示。当 $I_f=0$ 时，$U_0>0$ 为剩磁电压。延长空载特性与横轴相交，以交点的横坐标绝对值 Δi_{f0} 作为校正量，加在测得的空载特性每一点的横坐标上，得到通过原点的校正曲线，就是发电机实用的空载特性 $E_0=f(I_f)$。在绘制空载特性曲线时，应注意将 U_0 换算成每相值。

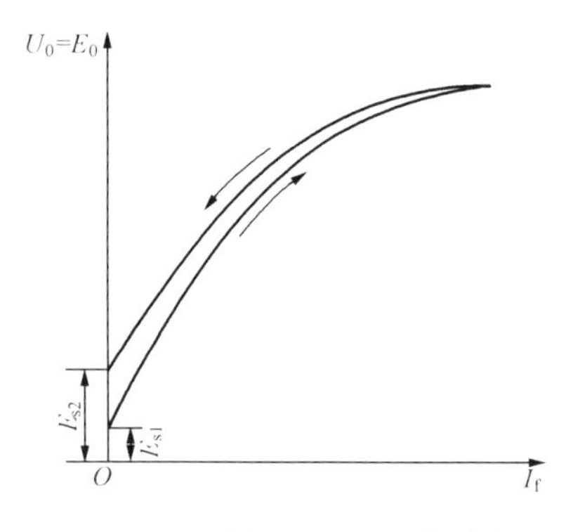

图 2-13　不同剩磁下的空载特性

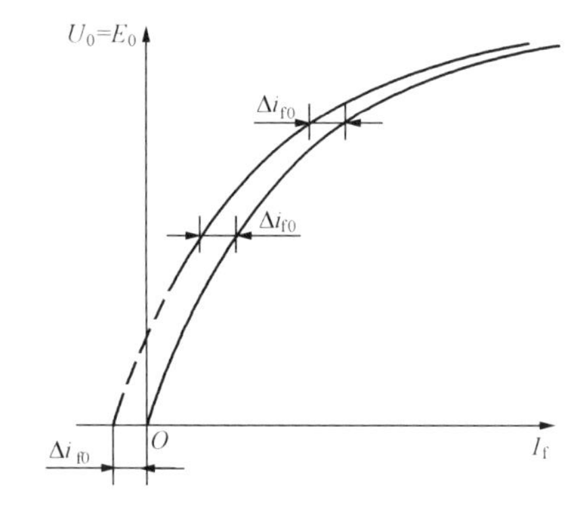

图 2-14　空载特性的校正

空载特性曲线很有实用价值。可以用它判断发电机磁路的饱和情况，铁芯和励磁绕组是否发生短路故障，此外可以求取发电机的电压变化率、未饱和的同步电抗值等参数。

2. 短路特性

短路特性是指发电机在额定转速下，定子三相绕组短路时，定子稳态短路电流 I_k 与励磁电流 I_f 的关系曲线，即 $I_k=f(I_f)$。见图 2-15。

在做短路特性曲线时，要先将发电机定子三相绕组出线端短路，然后维持额定转速不变，增加励磁电流，读取励磁电流及相应的定子电流值，直到定子电流达到额定值为止。

在短路时，发电机端电压为零，由于电枢绕组电阻很小，可略去不计，发电机的电动势仅用来平衡稳态短路电流在同步电抗上的电压降。因为此时发电机相当于一个电感线圈，稳态短路电流是感性的，他所产生的电枢磁动势起去磁作用，所以铁芯不饱和，因此，短路特性曲线是一条直线。

短路特性可以用来求未饱和的同步电抗和短路比，还可以利用它判断励磁绕组有无匝间短路等故障。显然励磁绕组存在匝间短路时，因安匝数减小，短路特性会降低。

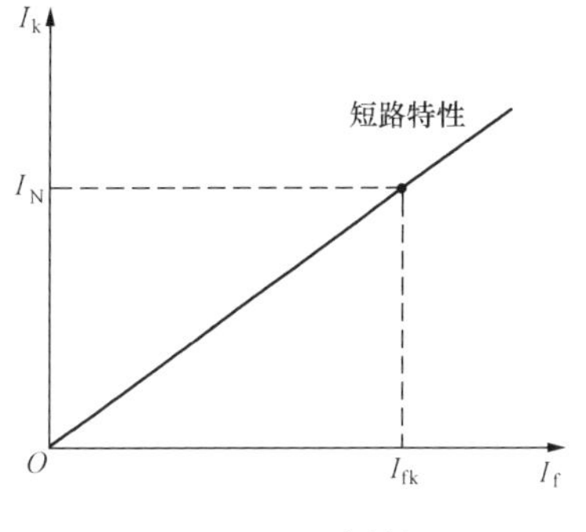

图 2-15 短路特性

3. 外特性

外特性指发电机在 $n=n_N$，I_f 为常数，$\cos\varphi$ 为常数时，端电压 U 随负载电流 I 变化的关系曲线，即 $U=f(I)$。它既可用负载法直接测出，亦可用作图法间接求出。

图 2-16 表示不同功率因数的负载时，同步发电机的外特性。从图可见，在感性负载和纯电阻负载时，外特性是下降的，因为电枢反应的去磁作用，且定子漏抗压降也使端电压降低。在容性负载且 ψ 角达到 $\dot{I}$ 超前 $\dot{E}_0$ 时，由于电枢反应的助磁作用和容性电流的漏抗压降使端电压上升，所以外特性是上升的。

发电机电枢电流 $I=I_N$ 时，在感性负载下要得到 $U=U_N$，应供给较大的励磁电流，此时称发电机在过励状态下运行，而在容性负载下要得到 $U=U_N$，可供给较小的励磁电流，此时称发电机在欠励状态下运行。

从图 2-16 可见，负载变化时将引起发电机端电压的波动，为此引入电压调整率。

从外特性可以求出发电机的电压调整率。发电机在额定负载时（即 $I=I_N$，$\cos\varphi=\cos\varphi_N$）得到额定电压所需的励磁电流称为额定励磁电流 I_{fN}。若保持 I_{fN} 及转速 $n=n_N$ 不变，卸去负载，即得到外特性上 $I=0$ 对应的电压值，此值等于励磁电动势 E_0，见图 2-17。这一过程中端电压升高的百分比，就称为同步发电机的电压调整率，用 ΔU 表示，即

$$\Delta U=\frac{E_0-U_N}{U_N}\times 100\% \tag{2-9}$$

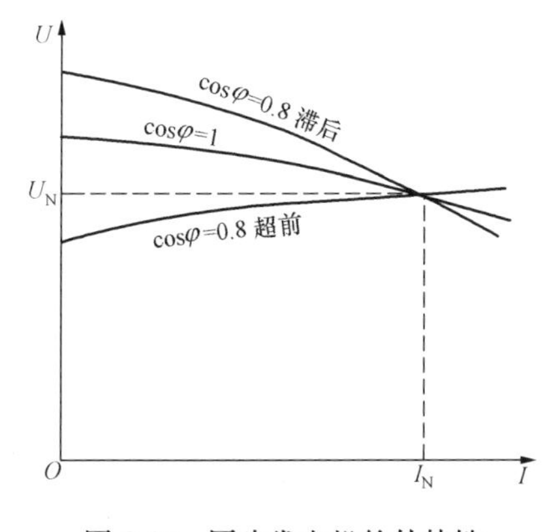

图 2-16 同步发电机的外特性

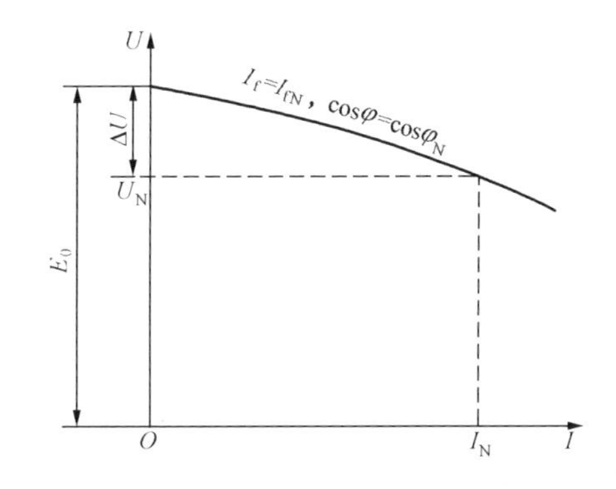

图 2-17 从外特性求电压调整率

ΔU 是表征发电机运行性能的重要数据之一。由于现代同步发电机都装有快速自动调压装置，可随时自动调整励磁以维持电压基本不变，所以对 ΔU 的限制大为放宽，只是为了防

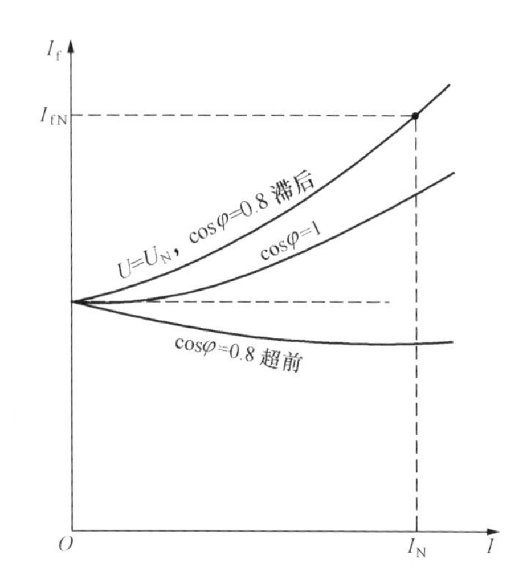

图 2-18　同步发电机的调整特性

止因故障跳闸切断负载时电压上升太多而击穿绝缘，要求 $\Delta U<50\%$。

4. 调整特性

当发电机的负载发生变化时，为了保持端电压不变，必须同时适当地调节发电机的励磁电流。调整特性表示在发电机的转速为同步转速、端电压为额定电压、负载的功率因数保持不变时，励磁电流与电枢电流之间的关系；即 $n=n_N$，$U=U_N$，$\cos\varphi$ 为常数时，$I_f=f(I)$。

图 2-18 表示带有不同功率因数的负载时，同步发电机的调整特性。由图可见，在感性负载和纯电阻负载时，为补偿电枢电流所产生的去磁性电枢反应和漏阻抗压降，随着电枢电流的增加，必须相应地增加励磁电流，故此时的调整特性是上升的。在容性负载时，调整特性亦可能是下降的。

从调整特性也可以确定同步发电机的额定励磁电流 I_{fN}，它是对应于额定电压、额定电流和额定功率因数时的励磁电流（见图 2-18）。

调整特性可以使运行人员了解在某一功率因数时，定子电流到多少而不使励磁电流超过制造厂的规定值，并能维持额定电压。利用这些曲线可使电力系统的无功功率分配更趋合理。

5. 短路比

短路比是同步发电机的一个重要数据，其大小对发电机的设计和运行都有很大的影响。所谓短路比就是发电机在空载额定电压的励磁电流 I_{f0} 下，定子绕组的稳态短路电流 I_k 与额定电流 I_N 的比值，即

$$S.C.R=\frac{I_k}{I_N} \tag{2-10}$$

短路比也可以用励磁电流来表示，因 $I_k/I_N=I_{f0}/I_{fk}$,，于是式（2-10）可以写成

$$S.C.R=\frac{I_{f0(U=U_{Nph})}}{I_{fk(I=I_N)}} \tag{2-11}$$

式中　I_{fk}——短路时产生额定电流所需的励磁电流。因此短路比又等于产生空载额定电压所需的励磁电流 I_{f0} 与产生短路额定电流所需的励磁电流 I_{fk} 之比。

由励磁电流 I_{f0} 按气隙线查出的空载电动势为 E_0'，而由励磁电流 I_{fk} 按气隙线查出的空载电动势为 E_0''。在短路试验时，$E_0''\approx I_N X_{d(n-sat)}$，于是

$$S.C.R=\frac{I_{f0}}{I_{fk}}=\frac{E_0'}{E_0''}=\frac{E_0'}{U_N}\frac{U_N}{E_0''}\approx\frac{E_0'}{U_N}\frac{U_N}{I_N X_{d(n-sat)}}=\frac{E_0'}{U_N}\frac{1}{X_{d(n-sat)}^*} \tag{2-12}$$

式中　$X_{d(n-sat)}^*$——$X_{d(n-sat)}$ 的标幺值，$X_{d(n-sat)}^*=I_N X_{d(n-sat)} U_N$。

从图 2-14 可看到，如果发电机的磁路不饱和，空载时产生 U_N 只需要 I_{fs} 大小的励磁电流就够了。当有饱和时，需要 I_{f0}，比值 I_{f0}/I_{fs} 反映了发电机在空载电压为 U_N 时磁路的饱和程度，该比值称为空载额定电压时的磁路饱和系数，用 k_μ 表示。于是短路比

$$S.C.R=\frac{E_0'}{U_N}\frac{1}{X_{d(n-sat)}^*}=\frac{I_{f0}}{I_{fs}}\frac{1}{X_{d(n-sat)}^*}=k_\mu\frac{1}{X_{d(n-sat)}^*} \tag{2-13}$$

可见，短路比等于用标幺值表示的直轴同步电抗不饱和值的倒数再乘上空载额定电压时主磁路的饱和系数 k_μ（通常 $k_\mu=1.1\sim1.25$），所以它是一个计及饱和影响的参数。

短路比的大小对同步发电机的影响主要表现在如下几个方面：

（1）影响发电机运行的静态稳定度。短路比大，则 X_d 小，静稳定极限就高。

（2）短路比大，则电压随负载的波动幅度就小，励磁电流随负载波动也小。

（3）短路比大，则短路电流较大。

（4）影响发电机的尺寸。短路比大，即发电机的气隙大，转子的额定励磁安匝增多，故要增加发电机的尺寸，增加用铜量和发电机的造价。

近年来，随着单机容量的增大，为了提高材料利用率，短路比有所降低。一般汽轮发电机的短路比为0.4～1.0，而水轮发电机的短路比为0.8～1.8，这是因为水电站输电距离较长，稳定性问题较严重，故要求有较大的短路比。

6. 同步发电机的损耗与效率

（1）损耗。同步发电机在将机械能转变为电能的过程中，发电机内部会产生各种损耗。同步发电机的损耗分电气损耗和机械损耗两类，而电气损耗又包括基本损耗和附加损耗两部分，现将各损耗简述说明如下：

1）定子电枢绕组的基本铜损耗 p_{Cu}。指定子电枢绕组通过电流的电阻损耗，它的大小取决于负载时绕组的电流密度、导线铜的质量及设计计算依据的温度。由于导线截面上电流密度不均所增加的损耗归入附加损耗。

2）定子铁芯的基本铁损耗 p_{Fe}。指定子铁芯齿、轭在交变磁场中引起的磁滞及涡流损耗，它的大小取决于铁芯磁通密度的大小、磁通变化频率、铁芯质量、电工钢片性能及加工工艺等。同步发电机在正常运行时，转子铁芯处于恒定磁场中，故无铁损。

3）励磁损耗 p_f。指转子励磁回路的损耗，包括励磁绕组电阻、电刷与滑环的接触电阻、变阻器内的损耗等。若装有同轴励磁机，还需计入励磁机的损耗。

4）附加损耗 p_{ad}。附加铜损耗，是由于漏磁通、集肤效应引起的定子绕组中的附加损耗。附加铁损耗主要包括：①由定子齿、槽引起的气隙磁通波动而导致转子或磁极表面的发热损耗；②由定、转子齿及槽相对位置的变化引起磁通脉动而在定、转子铁芯产生的涡流损耗；③定子的高次谐波磁通和齿谐波磁通在转子或磁极表面产生的高频涡流损耗；④由转子磁场的高次谐波磁通和齿谐波磁通在定子表面产生的高频涡流损耗；⑤定子绕组端接部分的金属部件由于端部漏磁通而引起的附加损耗等。

附加损耗在总损耗中所占比例不大，但有时在不利条件下会使某项损耗特别大，引起局部过热。可采用一些措施来减小附加损耗，如采用短距、分布电枢绕组，以减小高次谐波的影响；又如电枢绕组导线采用多股并联并进行换位，以减小因漏磁的趋表效应而引起的附加铜损耗；又如合理布置发电机的金属构件，并用非磁性材料作压环及绑线，以减小定子端部漏磁引起的附加铁损耗等。

5）机械损耗 p_{mec}。机械损耗包括通风损耗和摩擦损耗。在机轴上装冷却风扇所引起的风扇和通风系统的损耗；转子旋转时，冷却气体与转子表面的摩擦损耗；电刷与滑环的摩擦损耗；轴承的摩擦损耗等。

（2）效率。效率的定义为

$$\eta=\frac{P_2}{P_1}\times 100\% \tag{2-14}$$

式中 P_1——输入有功功率；

P_2——输出有功功率。

同步发电机效率一般不采用实测法来求取，而是通过损耗及输出功率求取，即

$$\eta=\left(1-\frac{\Sigma p}{P_2+\Sigma p}\right)\times 100\% \tag{2-15}$$

式中 Σp——总损耗，$\Sigma p=p_{Cu}+p_{Fe}+p_f+p_{ad}+p_{mec}$。

随着发电机功率的增大，单位功率的损耗相对减小，因而大功率发电机的效率相对就高，效率亦是同步发电机重要的运行指标之一。一般小容量发电机 η=82%～92%，大中型同步发电机可达 95%～98%。

四、同步发电机的运行

在现代发电厂中，通常将几台同步发电机并联起来接到共同的汇流条上，这种方式称为并联运行。这样一方面可以根据负载的变化来调整投入运行的机组数目，使原动机和发电机在较高的效率下运行；另外，也便于轮流检修，提高供电的可靠性。距离很远的许多发电厂又通过升压变压器和高压输电线彼此再并联起来，形成一个巨大的电力系统。这样，负载变化时电网电压和频率的变化就会很小，可以提高供电的质量及供电的可靠性。此外，电力系统中的火力发电厂和水电站可以相互配合，在枯水期间主要由火力发电厂供电，丰水期间则由水电站发出大量廉价的电力。这样，水电和火电并联可以综合利用能源，降低电能成本，从而使整个电力系统在最经济的条件下运行。

我国电力系统（电网）容量日益扩大，由于电网的容量远远大于某一台发电机组的容量，因而并联在电网上的发电机组有功功率与无功功率的调节对电网的频率和电压影响都很小，可以近似认为电网的频率和电压都是恒定不变的，即 f 为常数，U 为常数。这种情况称为同步发电机与无限大电网并联。下面主要讨论同步发电机并联在“无限大电网”的运行状况。

1. 同步发电机的电磁功率

发电机投入电网的目的在于向电网输出功率，以满足电网上负载变化的需要。为此应首先研究发电机的能量转换过程，分析其内在的基本关系，并找出它的规律性。

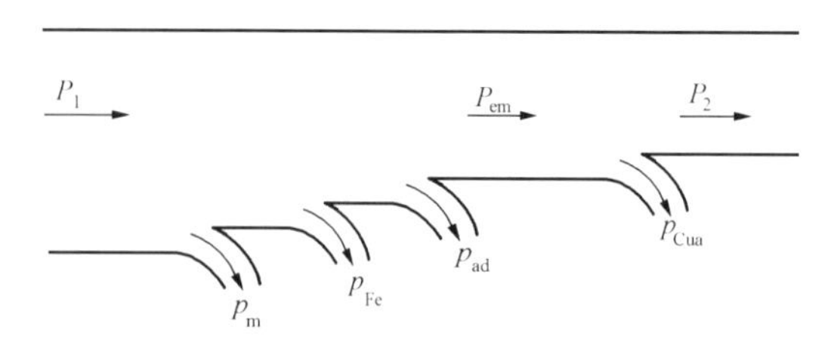

图 2-19 同步发电机的功率流程图

（1）功率与转矩平衡方程式。同步发电机是将转轴上输入的机械功率，通过电磁感应作用，转换成电功率输出。同步发电机的功率流程如图 2-19 所示。

同步发电机在对称负载下稳定运行时，由原动机输入的机械功率 P_1 在扣除发电机的机械损耗 p_m、铁耗 p_{Fe} 和附加损耗 p_{ad} 后，剩下来的就通过电磁感应作用，通过气隙磁场的作用，转换为定子上的电功率 P_{em}。P_{em} 是由电磁感应作用而产生的电功率，因此称它为电磁功率。于是得

$$P_{em}=P_1-(p_m+p_{Fe}+p_{ad}) \tag{2-16}$$

若发电机带有同轴励磁机，则 P_1 中还应减去励磁机的输入功率才是 P_{em}，若由另外的直流电源供给励磁，则励磁损耗与发电机损耗无关。

电磁功率 P_{em}是通过电磁感应作用传递到定子绕组的全部电功率，从其中减去定子绕组的铜耗 p_{Cua}之后，才是发电机定子出线端输出的电功率 P_2，因此有

$$P_2=P_{em}-p_{Cua} \tag{2-17}$$

同步发电机的转矩平衡方程可直接由式（2-16）两侧同除发电机转子机械角速度 $\Omega=2\pi n/60$ 得出，即

$$\frac{P_{em}}{\Omega}=\frac{P_1}{\Omega}-\frac{p_m+p_{Fe}+p_{ad}}{\Omega} \tag{2-18}$$

或

$$T_{em}=T_1-T_0 \tag{2-19}$$

式中 T_{em}——作用于转子的电磁转矩；

T_1——原动机作用于转子的驱动转矩；

T_0——对应于 $p_m+p_{Fe}+p_{ad}$各种损耗所产生的制动力矩，由于上述各种损耗在发电机空载情况下就存在，故 T_0 称为空载制动力矩。

式（2-19）称为转矩平衡方程式。从式（2-19）可得，发电机的输入力矩 T_1 扣除空载制动力矩 T_0 后等于电磁力矩 T_{em}。T_1-T_0 为发电机的有效拖动力矩，它的方向与转子转向一致；T_{em}为发电机的制动力矩，它的方向与转子转向相反。当转子以等速旋转时，有效拖动力矩和制动力矩处于平衡状态，即两者大小相等、方向相反。

电磁功率 P_{em}在机电能量转换过程中是一个十分重要的物理量，通过它来联系机械功率和电功率。下面再分析电磁功率，对于隐极同步发电机，发电机电磁功率为

$$P_{em}=P_2+p_{Cua}=mUI\cos\varphi+mI^2R_a=mE_0I\cos\varphi \tag{2-20}$$

（2）功角特性。在同步发电机中，电磁功率 P_{em}是通过电磁感应作用由机械功率转换而来的全部电功率，因此电磁功率是能量形态变换的基础。下面对电磁功率的特性进行较详细的研究。

现代大中型同步发电机的定子铜损耗与其额定功率相比甚小，通常 $p_{Cua}<1\%P_N$，为了分析简单起见，可以把它略去。从式（2-20）可知，电磁功率 P_{em}就等于输出的电功率 P_2，即

$$P_{em}\approx P_2=mUI\cos\varphi \tag{2-21}$$

式中 U、I 和 $\cos\varphi$——分别为定子绕组一相的电压、电流和功率因数，而 I 和 $\cos\varphi$ 主要由负载的情况来确定。

在研究发电机的能量转换时，需要导出与发电机有关的参数来表达上述电磁功率公式。为此，要将式（2-21）进行适当的变换，使之能够反映发电机运行的状态参数。变换的方法可以通过不饱和的同步发电机电动势相量图得到。

对于隐极同步发电机，最大电磁功率为

$$P_{em,max}=m\frac{E_0U}{X_d}\sin\theta \tag{2-22}$$

对于并联于无限大电网上的同步发电机，发电机的端电压 U 即为电网的电压，因此电压 U 及频率 f 为常数。发电机运行过程中，如果不调节励磁电流 I_f，则 E_0 也为常数。在正

常运行情况下发电机参数也可认为保持不变。于是电磁功率的大小将只取决于 θ 角的大小，故 θ 称为功率角（或功角）。当 U 与 E_0 不变时，由 $P_{em}=f(\theta)$ 画出的曲线称为功角特性曲线，如图 2-20 所示。隐极同步发电机的功角特性曲线是一正弦曲线，当 $\theta=90°$ 时，出现最大电磁功率 $P_{em,max}$。

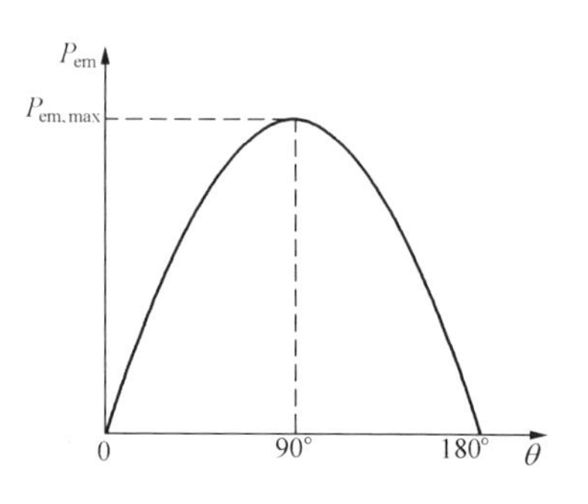

图 2-20 隐极同步发电机的功角特性

下面以隐极同步发电机为例进一步来分析功角 θ。角度 θ 有两重含义，一种是指 $\dot{E}_0$ 与 $\dot{U}$ 的相位角（见图 2-21），即把 θ 理解为时间角。鉴于 $\dot{E}_0$ 和转子励磁磁动势 $\overline{F}_{f1}$ 相对应，在时—空矢量图中，$\overline{F}_{f1}$ 超前 $\dot{E}_0$ 90°；端电压 $\dot{U}$ 与电枢合成磁动势 $\overline{F}_R$ 相对应（见图 2-21），同样 $\overline{F}_R$ 也超前 $\dot{U}$ 90°。这里的 $\overline{F}_R$ 是 $\overline{F}_{f1}$、$\overline{F}_a$ 和 $\overline{F}_\sigma$ 三矢量的合成，而 $\overline{F}_\sigma$ 是和漏磁通 $\dot{\Phi}_\sigma$（或漏电动势 $\dot{E}_\sigma$，见图 2-21）相对应的磁动势，$\overline{F}_\sigma$ 的大小等于相应电流作短路试验时的气隙磁动势；$\overline{F}_R$ 与前述气隙磁动势 $\overline{F}_\delta$ 的区别在于 $\overline{F}_R=\overline{F}_\delta+\overline{F}_\sigma$。这样在图 2-21 中，由时间相量 $\dot{E}_0$、$\dot{U}$ 和 j $\dot{I}X_t$ 所组成的电动势三角形，分别与 $\overline{F}_{f1}$、$\overline{F}_R$ 和（$\overline{F}_a+\overline{F}_\sigma$）所组成的磁动势三角形相对应。因此，从空间矢量来看，功角 θ 也可以理解为 $\overline{F}_{f1}$ 和 $\overline{F}_R$ 之间的空间相位角，即转子磁极中心线与电枢合成等效磁极（以下简称电枢磁极）中心线在空间相差的电角度，如图 2-22 所示，$\overline{F}_{f1}$ 和 $\overline{F}_R$ 两者都以同步转速旋转。所以并联在电网上运行的同步发电机，其工作过程可以理解为两个磁场的相互作用，由这两个磁场在空间的相对位置来确定发电机输向电网的有功功率。当转子磁场超前电枢合成磁场 θ 角时（见图 2-22），转子磁极上受到电枢磁极的电磁拉力，此电磁拉力的切线分量使转子受到一电磁力矩 T_{em}，电磁力矩的方向与转子旋转方向相反，属于制动力矩性质。由于发电机轴上有输入力矩 T_1 的作用，转子仍以同步速旋转，在减去空载制动力矩 T_0 后，（T_1-T_0）必然与 T_{em} 相平衡。这样，发电机将输入的机械功率 $T_1\Omega_1$ 扣除转换过程中的损耗 $T_0\Omega_1$ 后，通过气隙磁场的作用转换为定子绕组上的电磁功率输向电网，即

$$P_{em}=T_{em}\Omega_1=3\frac{E_0U}{X_t}\sin\theta \tag{2-23}$$

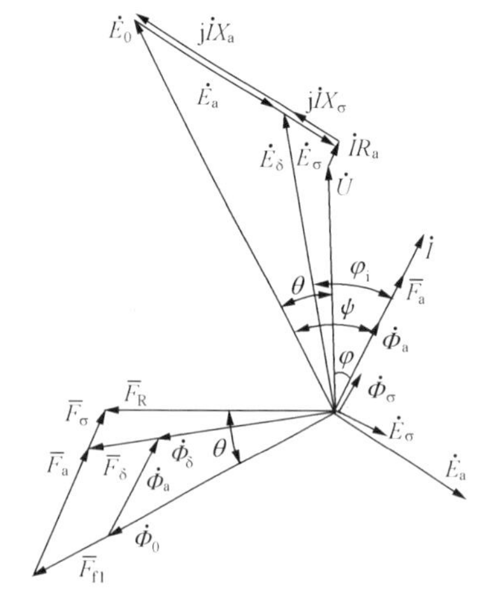

图 2-21 隐极同步发电机的时—空矢量图

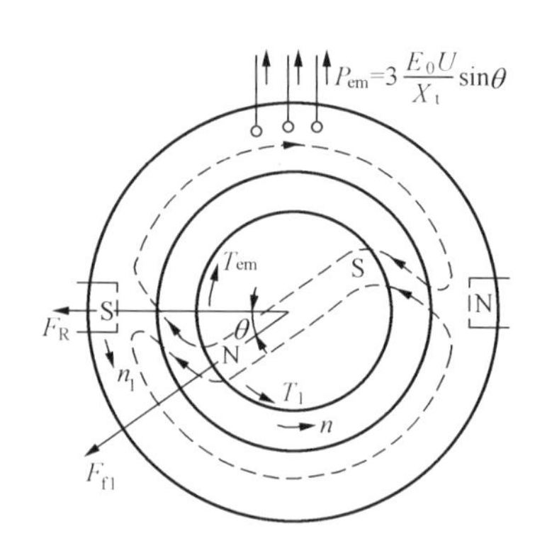

图 2-22 同步发电机工作时的物理模拟

综合以上所述可知，发电机中通过电磁力矩 T_{em}所吸收的一部分机械功率，根据电磁感应原理转化为电功率，这部分功率就是电磁功率。在电动机中则反之。

2. 同步发电机有功功率的调节与静态稳定

以下以隐极发电机为例来分析同步发电机有功功率的调节方法以及与之有关的稳定问题。

(1) 有功功率的调节。当发电机并入电网后，该发电机尚处于空载状态（$E_0=U$，$I=0$），这时原动机输入的机械功率 P_1 与发电机的空载损耗 $p_0=p_m+p_{Fe}+p_{ad}$相平衡，没有多余部分可以转化为电磁功率，因此 $\theta=0$，$P_{em}=0$。如果加大励磁电流，使 $E_0>U$，发电机有电流输出，但它是无功电流，即只有直轴分量 I_d，而没有交轴分量 I_q，仍然有 $\theta=0$，$P_{em}=0$，如图 2-23 (a) 所示。

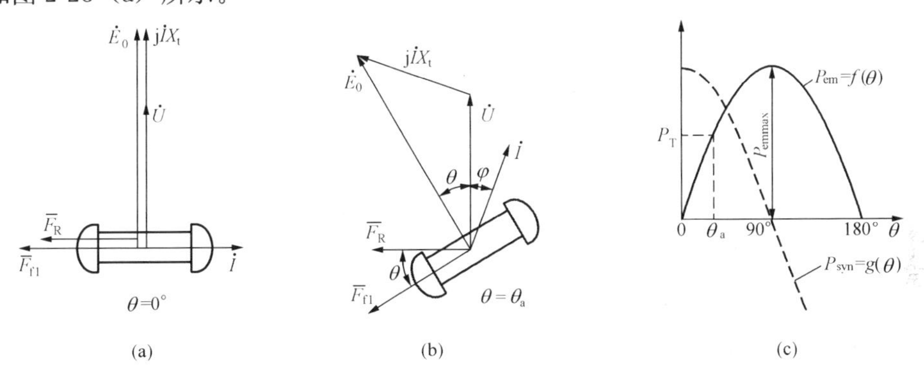

图 2-23 与无穷大电网并联时同步发电机有功功率的调节

(a) $\theta=0°$时的时—空矢量图；(b) $\theta=\theta_a$ 时的时—空矢量图；(c) 有功功率的调节曲线

从功率平衡的观点来看，要发电机输出有功功率，必须增大原动机输入的机械功率 P_1 及相应的输入转矩。当 T_1 增大后，由于 $T_1>T_0$，就出现剩余转矩（T_1-T_0）使转子瞬时加速，转子直轴或励磁磁动势 F_{f1}开始超前电枢合成磁动势 F_R，相应地使$\dot{E}_0$ 超前于$\dot{U}$一个 θ 角，如图 2-23 (b) 所示。$P_{em}>0$，发电机开始向电网输出有功电流，即出现交轴分量 I_q，从而转子会受到相应的电磁转矩 T_{em}的制动作用；当 θ 增大到某一数值以使电磁转矩 T_{em}正好与剩余转矩（T_1-T_0）相等时，发电机转子就不再加速，而在此 θ_a 处稳定运行，如图 2-23 (b)、(c)中所示。此时，原动机输入的有效机械功率与发电机输出的电磁功率平衡，即功率平衡关系为

$$P_T=P_1-p_0=P_{em}=m\frac{E_0U}{X_t}\sin\theta_a \tag{2-24}$$

由此可见，要增加发电机输出的有功功率，必须增加原动机的输入功率，使 θ 角增大，从而改变 P_{em}，以达到新的平衡关系。

(2) 静态稳定。并联在电网上运行的同步发电机，在电网或原动机发生微小扰动时，运行状态将发生变化，当扰动消失后，发电机能回复到原先的状态下稳定运行，则称发电机是静态稳定的，反之，就是不稳定的。

在图 2-23 (c) 中，如果逐步增加输入力矩 T_1 使 $\theta=90°$，那么电磁功率 P_{em}就达到最大值。此时如继续增大输入力矩而使 $\theta>90°$，从图中可以看出，电磁功率 P_{em}反而减小。于是

作用在发电机转子上的电磁力矩也减小，使转子轴上的有效拖动力矩与制动力矩之间不能保持平衡，$(T_1-T_0)>T_{em}$，转子继续加速，θ继续增大。如此下去，使发电机的转速大大超过同步转速，这相当于电枢磁极和转子磁极的电磁联系超过极限而遭到破坏，这种现象称为失去同步简称失步。同步发电机在失去同步时，如不采取保护措施，转子转速将会达到很高，从而导致破坏。另外，由于发电机的电动势频率与电网的频率不同，在定子绕组上将出现一个很大的电流，使定子破坏。在这种情况下，发电机就不可能继续与电网并联运行了。

因此，在图 2-23（c）所示的功角特性中，$\theta<90°$区域是发电机稳定工作范围，而$\theta>90°$区域是发电机不稳定工作范围。发电机稳定工作的极限是$\theta=90°$时，即$P_{em}=P_{em,max}=mE_0U/X_t$时。对于发电机在$U$、$f$均保持不变，而$T_1$逐步增大所达到的稳定极限，称为静态稳定极限，相应所取得的稳定称为静态稳定。

综上所述可知，判断同步发电机能否保持静态稳定的标志是θ角增大后，电磁功率P_{em}是否增大。如以数学形式来表示，可写为$\frac{dP_{em}}{d\theta}>0$或$\frac{dP_{em}}{d\theta}<0$。导数$\frac{dP_{em}}{d\theta}$是同步发电机保持稳定运行能力的一个客观衡量，故称为整步功率系数或比整步功率，用符号P_{syn}来表示。其值越大，表明保持同步的能力越强，发电机的稳定性越好。对于隐极发电机，对式（2-24）求导得

$$P_{syn}=\frac{dP_{em}}{d\theta}=m\frac{E_0U}{X_t}\cos\theta \tag{2-25}$$

如$P_{syn}>0$，则能保持静态稳定；如$P_{syn}<0$，则不能保持静态稳定。图 2-23（c）中的虚线即为隐极同步发电机的$P_{syn}=g(\theta)$曲线。由曲线看出，当$\theta>90°$时，P_{syn}为负值，即不能保持静态稳定。

发电机在运行过程中，如果考虑到电网电压、电网频率以及输入力矩T_1有时会发生突然变化，为了保证供电的可靠性，发电机额定运行时的功角θ_N应比90°要小得多，即应使发电机的额定运行点距其稳定极限一定距离。为此，同步发电机中最大电磁功率与额定功率之比定义为静态过载倍数或过载能力，用符号k_M表示，即

$$k_M=\frac{P_{em,max}}{P_N} \tag{2-26}$$

由于忽略电枢电阻后有$P_N\approx P_{em,N}$，故对于隐极发电机有

$$k_M=\frac{P_{em,max}}{P_N}=\frac{1}{\sin\theta_N} \tag{2-27}$$

一般要求$k_M>1.7$，所以同步发电机运行时θ_N一般不大于36°。

为了提高同步发电机的过载能力，必须减小功角θ_N。在输出功率$P_{em,N}$一定时，减小θ_N的方法有：①增大发电机的空载电动势E_0；②减小发电机的同步电抗X_t。因此，增大励磁电流（即增大E_0）和减小同步电抗（即增大短路比）对提高同步发电机的极限功率，从而提高过载能力和静态稳定性是有利的，因而可作为发电机设计和运行的基本准则之一。

3. 同步发电机无功功率的调节与 V 形曲线

接在电网上运行的负载类型很多，多数负载除了消耗有功功率外，还要消耗电感性无功功率，如接在电网上运行的异步发电机、变压器、电抗器等。所以电网除了供应有功功率外，还要供应大量滞后性的无功功率。电网所供给的全部无功功率一般由并网的发电机分

担。本节所研究的问题是无功功率按照什么规律来分配，或者说无功功率与什么因素有关，目的是掌握调节一台发电机输出的无功功率大小的方法。

(1) 调节有功功率时对无功功率的影响。当发电机的励磁电流 I_f 不变时，调节原动机输入的力矩 T_1 能够改变发电机输向电网的有功功率。实际上，从图 2-23 (b) 可以看到，若不改变励磁电流 I_f，在调节有功功率的过程中，功角 θ 的变化也将引起功率因数角的变化，进而导致无功功率的变化。这可以从下面简单的分析中看出。隐极同步发电机输向电网的无功功率 Q 为

$$Q = mUI\sin\varphi \tag{2-28}$$

由图 2-23 (b) 可得

$$E_0\cos\theta = U + X_t I\sin\varphi$$

即

$$I\sin\varphi = (E_0\cos\theta - U)/X_t$$

代入式 (2-28) 并整理得

$$Q = m\frac{E_0U}{X_t}\cos\theta - m\frac{U^2}{X_t} \tag{2-29}$$

式 (2-29) 说明，当 E_0、U、X_t 为常数时，无功功率 Q 与功率角 θ 之间为余弦关系，$Q=f(\theta)$ 称为隐极同步发电机的无功功率功角特性，相应曲线如图 2-24所示。由图 2-23 (b) 所示相量图可知，当 $Q>0$ 时，$\dot{I}$ 滞后 $\dot{U}$ 角，这时发电机输向电网的无功功率属于感性。同理，可以推知当 $Q<0$ 时，功率角应为负值，即 $\dot{I}$ 超前于 $\dot{U}$，这时发电机输向电网的无功功率属于容性。应当指出：超前无功电流的相位与滞后无功电流相反，发电机向电网输出超前无功电流就是从电网吸取滞后无功电流。

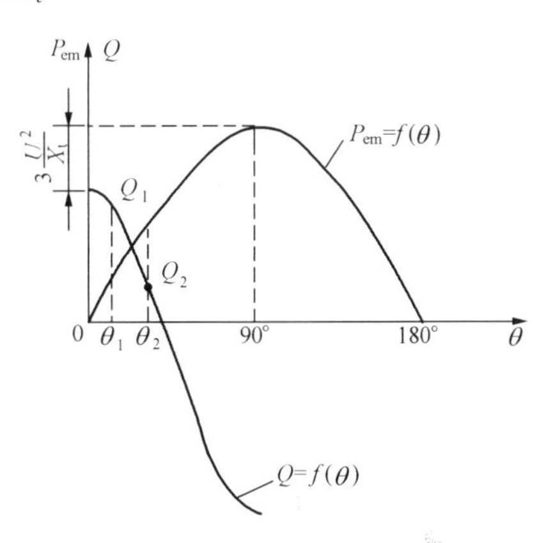

图 2-24　隐极同步发电机的有功功角特性和无功功角特性

从图 2-24 可见，若不改变励磁电流 I_f，无功功率随着有功功率（或 θ 角）的增加而减少，甚至可能导致无功功率改变符号，这是应当避免的。因此如果只要求改变发电机所承担的有功功率时，应该在调节发电机有功功率的同时适当调节发电机的无功功率。

(2) 无功功率的调节方法。同步发电机与电网并联运行时，调节发电机的励磁电流，就可以调节其无功功率。

为了分析简单考虑，假定调节发电机励磁时原动机提供的输入功率保持不变，于是根据功率平衡关系可知，在调节励磁电流的前后，发电机的电磁功率及输出的有功功率也应该近似不变，即

$$\left.\begin{aligned} P_2 &= mUI\cos\varphi = 常数 \\ P_{em} &= m\frac{E_0U}{X_t}\sin\theta = 常数 \end{aligned}\right\} \tag{2-30}$$

由于电网电压 U 和发电机的同步电抗 X_t 均为定值，所以

$$\left.\begin{aligned} I\cos\varphi &= 常数 \\ E_0\sin\theta &= 常数 \end{aligned}\right\} \tag{2-31}$$

图 2-25 中，E_0 为发电机在功率因数等于 1 时的励磁电动势。在 $\cos\varphi=1$ 时，发电机的全部输出均为有功功率，此时的励磁称为正常励磁。

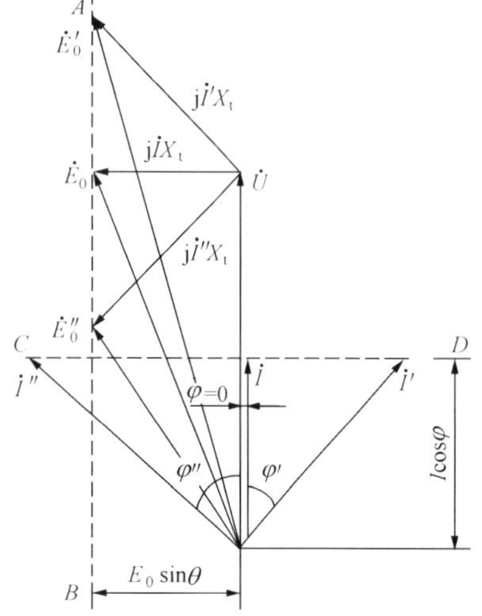

图 2-25 同步发电机无功功率的调节

调节发电机的励磁，E_0 将随之变化。由于 $E_0\sin\theta=$ 常数，$I\cos\varphi=$ 常数，所以 $\dot{E}_0$ 的端点只能落在铅垂线 $\overline{AB}$ 上，$\dot{I}$ 的端点只能落在水平线 $\overline{CD}$ 上。

增加发电机的励磁电流，使它超过正常励磁（这种情况称为过励），则励磁电动势将从 $\dot{E}_0$ 变为 $\dot{E}'_0$，$E'_0>E_0$，而其端点仍落在铅垂线 $\overline{AB}$ 上，相应地，电枢电流将从 $\dot{I}$ 变为 $\dot{I}'$，而其端点仍落在水平线 $\overline{CD}$ 上。此时，电枢电流将滞后于电网电压；换言之，除有功功率外，发电机还将向电网送出一定的滞后无功功率。

如果减小发电机的励磁电流，使其小于正常励磁（这种情况称为欠励），则励磁电动势将从 $\dot{E}_0$ 变为 $\dot{E}''_0$，相应地，电枢电流将从 $\dot{I}$ 变为 $\dot{I}''$，此时电枢电流将超前于电网电压；换言之，除有功功率外，发电机还将向电网送出一定的超前无功功率。

调节励磁电流就可以调节无功功率这一现象，也可以用电枢电流的相位与电枢反应的性质（增磁、去磁）之间的联系来解释。

因为隐极同步发电机并联在无限大容量电网上，其端电压恒定不变，故定子绕组的合成磁通应基本不变。当增加励磁电流并达到过励时，主极磁通增多，为了维持电枢绕组的合成磁通不变，发电机应输出滞后电流，使去磁性的电枢反应增加，以补偿过多的主极磁通。反之，减少励磁电流而变为欠励时，主极磁通减弱，为了维持合成磁通不变，发电机必须输出超前电流，以减少去磁性的电枢反应，甚至使电枢反应变为增磁性，以补偿不足的主极磁通。所以，调节励磁电流就可以调节无功功率。

综上所述，当发电机与无限大容量电网并联运行时，调节励磁电流的大小就可以改变发电机输出无功功率，不仅能改变无功功率的大小，而且还能改变无功功率的性质。当过励时，电枢电流是滞后电流，发电机输出感性无功功率；当欠励时，电枢电流是超前电流，发电机输出电容性无功功率。单独调节励磁电流时只能调节无功功率，而不能调节有功功率，这是隐极同步发电机与电网并联运行时的特点。

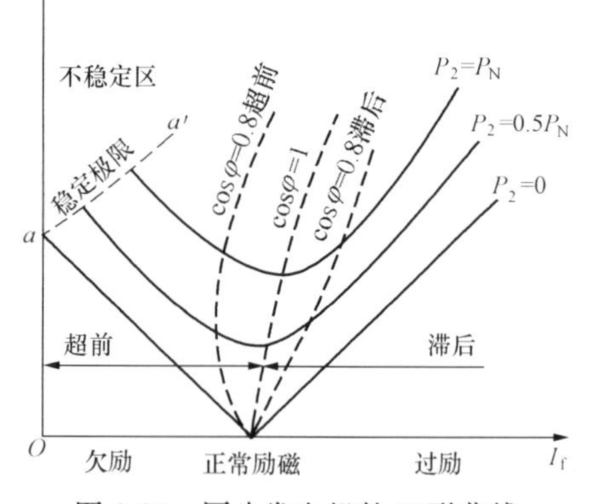

图 2-26 同步发电机的 V 形曲线

（3）V 形曲线。在向电网输送一定的有功功率的情况下，发电机电枢电流 I 和励磁电流 I_f 之间的关系 $I=f(I_f)$，相应的曲线如图 2-26 所示，因其形状而被称为发电机的 V 形曲线。在输出不同的有功功率时，电流的有功分量不同，V 形曲线也不同，形成一组曲线。每一曲线都有一个最小电流值，此时 $\cos\varphi=1$，把曲线中所有最低点连起来，就得到与 $\cos\varphi=1$ 对应的线，这条线微微向右倾斜，即说明输出功率增大时必须相应增加一些励磁电流才能保持 $\cos\varphi$ 不变。在 $\cos\varphi=1$ 的左边为欠励状态，功率因数是超前的，表示发电机输出的无功功率为容性；在 $\cos\varphi=1$ 的右边为过励状态，功率因数是滞后的，表示发出的无功为感性。

在 V 形曲线上的左侧有一个不稳定区。虚线 aa' 表示发电机的静态稳定极限。当发电机输出某一有功功率而励磁电流小于 aa' 上对应的数值时，发电机将不能稳定运行。对应于虚线上的点，发电机的功率角 $\theta=90°$，此时，励磁电动势 $\dot{E}_0$ 超前电网电压 $\dot{U}90°$，发电机产生的最大电磁功率与驱动功率相平衡。由于发电机的输入功率不变，如果再减小励磁电流，则由于发电机所产生的最大电磁功率减小，驱动转矩将大于电磁转矩与空载转矩之和，使发电机加速以致失去同步。

V 形曲线有助于发电厂运行管理人员了解电枢电流与励磁电流之间的关系，从而控制发电机的运行状况。根据负载大小，给定励磁电流，就能知道电枢电流的大小，以及功率因数的数值；反之，也可以在励磁电流不变时，了解负载变化对电枢电流和功率因数的影响；若要维持功率因数不变，当负载变化后，可根据 V 形曲线正确地调节发电机的励磁电流。

4. 同步电机的额定值与发电机安全运行极限

（1）额定值。每台同步电机都装有一块铭牌，铭牌上标明同步电机的额定值。额定值是由制造厂对电机的每一个电量或机械量做出的规定。同步电机的额定值有：

1）额定电压 U_N。指在额定运行时电机定子绕组出线端的线电压，单位为 V 或 kV。

2）额定电流 I_N。指电机在额定运行时流过定子绕组的线电流，单位为 A。

3）额定功率因数 $\cos\varphi_N$。指电机在额定运行时的功率因数。

4）额定效率 η_N。指电机在额定电压、额定电流、额定功率因数下运行时的效率。

5）额定容量 S_N（或额定功率 P_N）。对同步发电机，S_N 是指发电机出线端的额定视在功率，单位为 VA、kVA 或 MVA；而额定功率 P_N 是指发电机输出的额定有功功率，单位为 W、kW 或 MW。对同步电动机，P_N 是指轴上输出的有效机械功率，单位为 W、kW 或 MW。对同步调相机，则用出线端的额定无功功率表示，单位为 var、kvar 或 Mvar。

对三相同步发电机

$$P_N = S_N\cos\varphi_N = \sqrt{3}U_N I_N\cos\varphi_N$$

对三相同步电动机

$$P_N = \sqrt{3}U_N I_N\cos\varphi_N\eta_N$$

6）额定转速 n_N。指电机在额定运行时对应电网频率的同步转速，单位为 r/min。

7）额定频率 f_N。指电机在额定运行时的频率，单位用 Hz 表示。我国电网的频率为 50Hz。

此外，还有额定励磁电压 U_{fN} 和额定励磁电流 I_{fN} 等。

(2) 发电机安全运行极限。

1) 发电机安全运行极限的条件。在稳定运行条件下，发电机的安全运行极限决定于下列四个条件：

① 原动机输出功率极限。

② 发电机的额定容量，即由定子绕组和铁芯发热决定的安全运行极限。在一定电压下，决定了定子电流的允许值。

③ 发电机的最大励磁电流，通常由转子的发热决定。

④ 进相运行时的稳定度。当发电机功率因数小于零（电流超前于电压）而转入进相运行时，磁动势发电机的有功功率输出受到静稳定条件的限制。此外，对内冷发电机还可能受到端部发热限制。

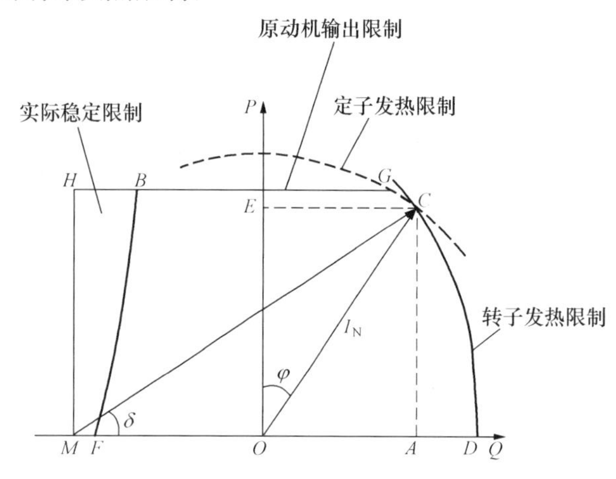

图 2-27　汽轮发电机的运行极限曲线

上述条件，决定了发电机工作的允许范围，见图 2-27。

2) 发电机安全运行极限曲线。在电力系统中运行的发电机，在一定的电压和电流下，当功率因数下降时，发电机的无功功率增大，有功功率相应减小；而当功率因数上升时，则要减少无功功率、增大有功功率，以达到输出容量不超过允许值。发电机运行极限曲线就是表示其在各种功率因数下，允许的有功功率 P 和无功功率 Q 的关系曲线，如图 2-27 所示。

发电机的 P-Q 曲线，是在发电机端电压一定、冷却介质温度一定、不同氢压条件下绘制的，如图 2-27 所示。电压、电动势、功率都以标幺值表示的，其绘制基本步骤：

① 以 O 为圆心，以定子额定电流 I_N 为半径，画出圆弧。

② 在横轴 O 点左侧，取线段$\overline{OM}$等于$\dfrac{U_N}{X_d}$，它近似等于发电机的短路比 $S.C.R$，正比于空载励磁电流。

③ 以 M 点为圆心，以$\dfrac{E_q}{X_d}$为半径（即图 2-27 中的 MC 线段，它正比于额定励磁电流）画出圆弧。

④ 以汽轮机额定功率画一平行于横坐标的水平线 HBG，表示原动机输出限制。

⑤ 从 M 点画一垂直于横坐标的直线 MH，相应 $\delta=90°$，表示理论上的静稳定极限。

考虑到发电机有突然过负荷的可能，实际静稳定限制，应留有适当储备，以便在不改变励磁电流的情况下，能承受突然性的过负荷（图中的 BF 曲线）。由上述各曲线或直线段所围成的 $DCGBFD$ 区域，称为汽轮发电机的安全运行范围或称为安全运行区。发电机的运行点处于这区域或边界上，均能长期安全稳定运行。

实际发电机的运行极限曲线需要做试验来确定。

第二节 发电机的结构

发电机本体主要由一个不动的定子（包括机座、端盖、定子铁芯、定子绕组、隔振结构和端部结构等）和一个可以转动的转子（包括转子铁芯、转子绕组、转子护环、转子阻尼结构、转子风扇等）构成。另外为保证发电机在运行中定子、转子各部分不超温，为此，发电机还设有定子内冷水冷却系统、发电机氢冷系统和为防止氢气从轴封漏出的密封油系统。水氢氢汽轮发电机的主要部件，见图 2-28。

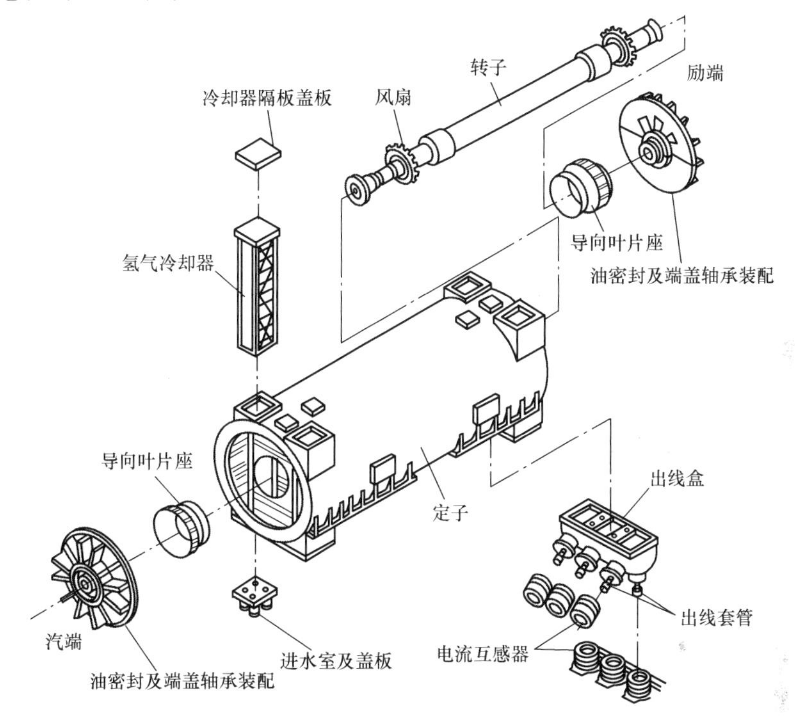

图 2-28 水氢氢汽轮发电机的主要部件

一、发电机定子

发电机定子主要由机座、端盖、定子铁芯、定子绕组、隔振结构和端部结构等部分组成，见图 2-29。

定子机座、定子铁芯与定子绕组分开制造。在绕组下线前，用弹簧板将铁芯与定子机座连接。

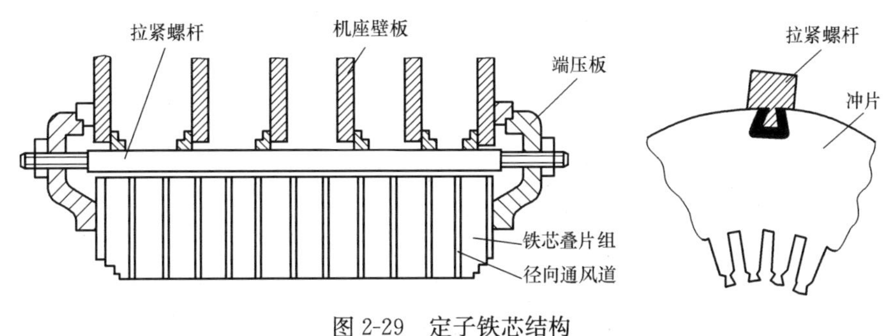

图 2-29 定子铁芯结构

1. 机座（外机座）与端盖

机座是用钢板焊成的壳体结构，它的作用主要是支持和固定定子铁芯和定子绕组。此外，机座可以防止氢气泄漏和承受住氢气的爆炸力。

在机座内，有定子铁芯、定子绕组和氢冷却器；有圆环和轴向筋，确保机壳的刚度。氢冷却器垂直布置在汽端的独立冷却器室内。

在机壳和定子铁芯之间的空间是发电机通风（氢气）系统的一部分。由于发电机定子采用轴向通风，氢气交替地通过铁芯的外侧和内侧，再集中起来通过冷却器，从而有效地防止热应力和局部过热。

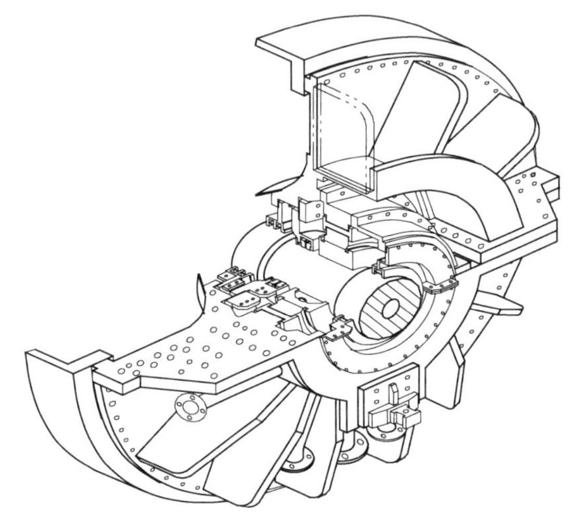

图 2-30　发电机端盖的轴承示意图

端盖包括轴密封和轴承，是发电机密封的一个组成部分，结构如图 2-30 所示。为了安装、检修、拆装方便，端盖由水平分开的上下两半构成，并设有端盖轴承。在端盖的合缝面上还设有密封沟，沟内充以密封胶以保证良好的气密。

轴瓦采用椭圆式水平中分面结构，轴瓦外圆的球面形状保证了轴承有自调心的作用。在转轴穿过端盖处的氢气密封是依靠油密封的油膜来保证的。密封瓦为铜合金制成，内圆与轴间有间隙，装在端盖内圆处的密封座内。密封瓦分成四块，在径向和轴向均有卡紧弹簧箍紧，尽管密封瓦在径向可以随轴一起浮动，但在密封座上下均有销子可以防止它切向转动。密封油经密封座和密封瓦的油腔流入瓦和轴之间的间隙，沿径向形成油膜以防止氢气外泄，在励端油密封设有双层对地绝缘以防止轴电流烧伤转轴。

2. 定子铁芯

定子铁芯是构成发电机磁路和固定定子绕组的重要部件。通过绝缘的鸠尾形支持肋固定在支持环上。藉压齿、压板用绝缘的非磁性穿心螺杆将定子铁芯轴向压紧。

为了减少铁芯的磁滞和涡流损耗，定子铁芯采用磁导率高、损耗小、厚度为 0.5mm 的优质冷轧硅钢片冲制而成。每层硅钢片由数张扇形片组成一个圆形，每张扇形片都涂了耐高温的水溶性无机绝缘漆。定子铁芯轴向固定结构采用绝缘非磁性穿心螺杆，分块齿压板和整体压板压紧结构；自振频率避开基频和倍频的±10%以上，振幅小于 50μm；铁芯端部压指、压板为无磁性材料；压板外侧设有磁屏蔽，有效地屏蔽了杂散磁场对压板和定子铁芯端部的影响。

3. 定子绕组

定子绕组是由条形线棒构成的短节距双层式绕组，条形线棒嵌装在沿整个定子铁芯圆周均匀分布的矩形槽中。一根线棒分为直线部分和两个端接部分，直线部分放在槽内，它是切割磁力线感应电动势的有效边，端线按绕组接线形式有规律地连接起来。

定子线棒有 84 根，由不锈钢通水管和实心铜线编织组成；实心用无氧铜线，包绝缘；

上、下层线棒等截面；线棒双排结构，每排按5实1空间隔叠5组；为减少在负载运行条件下，定子绕组产生的自感应涡流损耗，定子线棒直线部分导线进行540°换位编织。所谓换位，就是在线棒编织时，让每根线棒沿轴向长度，分别处于槽内不同高度的位置，这样每根线棒的漏电抗相等，使每根导体内电流均匀，减少直线及端部的横向漏磁通在各股导体内产生的环流及附加损耗。定子线棒端部的所有股线均焊接到水电接头上，通过铜带将两根线棒水电接头焊在一起形成电气连接，构成一匝线圈；而所有空心股线中的冷却水通过水电接头的水路接至靠励端的汇流母管，并经绝缘引水管进入线圈。在发电机端设有一条进水母管；在汽轮机端部设有一条出水母管。冷却水流通道为单向型，即从发电机端流向汽轮机端。

定子主绝缘厚度6.5mm（27kV）；F级绝缘，B级考核；VPI绝缘工艺制造，Micalastic绝缘体系；直线部分为低阻防晕层，端部为非线性高阻防晕漆。

定子采用整段槽楔；径向固定：楔下设双滑移层，并设双波纹板；切向固定：侧面插入半导体垫条；层间、底部用适形材；采用热压涨管工艺。

4. 隔振结构

为了减小由于转子磁通对定子铁芯的磁拉力引起的双频振动，以及短路等其他因素引起的定子铁芯振动对机座和基础的影响，在定子铁芯和机座之间沿圆周切向布置弹簧板作为隔振结构，即采用铁芯两侧各一个立式支撑弹簧板，铁芯下部一个水平弹簧板。

5. 定子绕组端部固定

随着发电机容量的增大，作用在定子绕组端部的电磁力也急剧增强。因此，定子绕组端部固定的强度问题，在突然短路的强大过渡电磁力下和在正常运行时较小的交变电磁振动下都显得更为突出。端部的固定在径向、切向既要具有承受突然短路时电磁力的足够强度，也要防止倍频振动引起共振造成的绝缘磨损。另外，考虑到铁芯和线棒热膨胀系数不一样，所以在轴向要有伸缩的弹性固定结构。大容量发电机绕组端部热胀冷缩之差可达0.5～1.5mm，如果端头固定死，就会产生4.00～12.00MPa的压应力。近年来，在大容量发电机端部绕组固定措施中，主要倾向是尽可能将垫料及紧固件均由高强度绝缘材料压制而成，以避免使用金属材料。早期的发电机端部采用刚性结构，现已发展到用刚柔相结合的结构。

发电机定子端部线圈固定采用西门子公司成熟的刚—柔固定结构，该结构在径向、切向的刚度很大，而在轴向能自由伸缩。当运行温度变化，铜铁膨胀不同时，绕组端部可轴向自由伸缩，有效减缓绕组绝缘中产生的机械应力。端部固定特点如下：

（1）定子线圈端部固定采用大锥环、弧形压板结构，整个端部线圈间浇垫成整体。

（2）定子端部线圈渐伸线采用变节距设计，增大线圈隔相距离。

（3）径向采用具有目锁弹性自调整支紧结构，轴向用定位件支撑加以轴向定位，整个定子线圈端部在运行时能伸缩。

（4）定子线圈端部外包保护层，便于今后维修。

二、发电机转子

发电机转子主要由转子铁芯、转子绕组、转子护环、转子阻尼结构、转子风扇等部分构成。见图2-31。

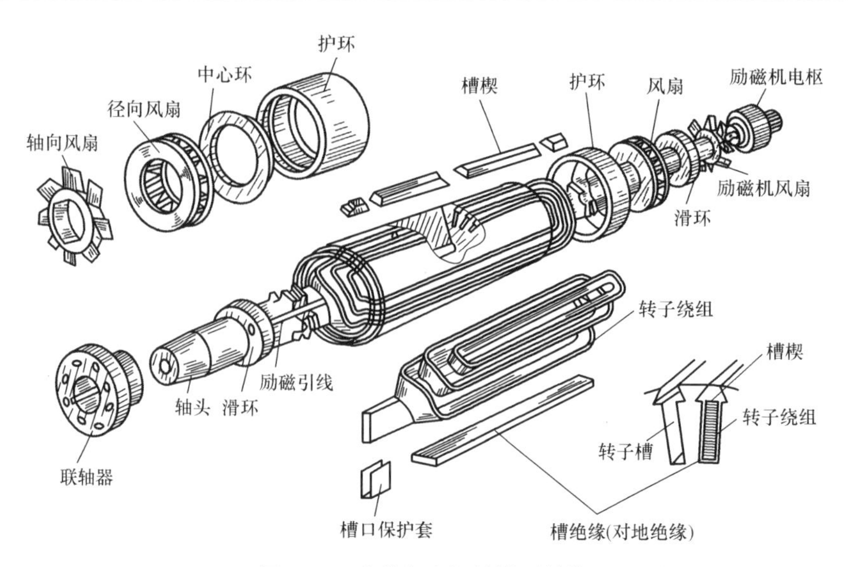

图 2-31 汽轮发电机的转子结构

1. 转子铁芯

转子铁芯采用高强度合金钢整体锻造而成，具有良好的磁导性能和机械性能。在转子本体上加工有用于嵌入励磁绕组的平行槽。纵向槽沿转轴圆周分布，从而获得两个实心磁极。转轴的磁极均设计有横向槽，以降低由于磁极和中轴线方向挠曲所引起的双倍频率的转子振动。转轴采用优质合金钢制造，经真空浇注、锻造、热处理和全面试验检查，确保了转轴的机械性能、磁导性能要求，和转轴材料的均匀性，以承受在发电机运行中，转子离心力和发电机短路力矩所产生的巨大机械应力。转轴由一个电气上的有效部分（转子本体）和两处轴颈组成。在发电机轴承外侧，与转轴整体锻造的靠背轮法兰，分别将发电机转子与汽轮机和励磁机转子相联。转子本体圆周上约有 2/3 开有轴向槽，用于嵌放转子绕组。转子本体的两个磁极相隔 180°。转轴外形结构见图 2-32。

图 2-32 转轴外形结构

1—转子槽；2—转子齿；3—磁极横向槽；4—磁极；5—阻尼绕组槽；6—励侧轴颈

转子本体圆周上的轴向槽分布不均匀，使直轴与横轴的惯性矩不同，将导致转子以双倍系统频率振动。为了消除此振动，转子大齿上设有横向槽，以平衡直轴与横轴的刚度差。转子大齿上开有嵌放阻尼槽楔的轴向槽。在转子线圈槽中，转子槽楔起阻尼绕组作用。

2. 转子绕组

转子绕组由嵌入槽中的多个串联线圈组成，两个线圈组构成一个极。每个线圈则由若干个串联的线匝组成，而每个线匝则由两个纵向线匝和横向线匝构成，各线匝在端截面钎焊在一起。转子绕组由带有冷却风道的含银脱氧铜空心导线构成。线圈的各线匝之间通过隔层相互绝缘。带有 Nomex（间位芳纶纤维）填料的 L 形环氧玻璃纤维织物被用作槽绝缘材料。槽楔由高电导率材料制成并延伸至护环的收缩座下面。护环座经镀银处理，以保证槽楔和转子护环之间的良好电气接触。

转子铜线采用含银约 0.1%的铜线制造，与普通电解铜相比，含银铜线在高温下具有较高的强度，减小了由热应力导致的线圈变形。

线圈匝间绝缘采用高强度环氧玻璃层压板制成。槽绝缘采用 L 形的玻璃纤维布和 Nomex纤维层制成。楔下垫条由一定厚度的高强度环氧玻璃布板加工而成，使线圈与本体之间有足够的爬电距离。端部各组线圈之间互相用绝缘垫块垫紧，以防止线圈移动。

3. 转子护环

采用整体式转子护环来抑制转子端部绕组的离心力。转子护环由非磁性高强度钢质材料制成，以降低杂散损耗。每个护环悬空热套在转子本体上。采用一开口环对护环进行轴向固定。

护环承受转子端部绕组产生的离心力。护环一端热套在转子本体上，另一端悬挂在转子端部绕组上，不与转轴接触。这种悬挂式护环的结构，与转轴的挠曲无相互影响。

中心环热套在护环的自由端内圆，圆周方向支撑了护环，提高了护环的刚度，同时在轴向支撑转子端部线圈。环键防止护环的轴向位移。

为了降低杂散损耗，达到足够强度，护环采用高强度反磁钢冷加工制造。

护环热套面在阻尼系统中起到短路环作用。为了降低接触电阻，热套面经镀银处理。

4. 转子槽楔和阻尼结构

转子槽楔由强度高、电导率好的铜合金材料制成，槽楔中间开有径向通风孔，外伸到护环的搭接面下，并确保槽楔和转子护环间良好的电接触。发电机转子每一磁极上开有 4 个阻尼槽，阻尼槽楔材料为导电优良的银铜材料，槽楔表面镀银处理。从而与转子齿接触得更好。阻尼槽楔承受负序电流在本体表面产生的涡流。与护环一起构成回路，本系统经长期运行验证为非常好的阻尼绕组系统，完全能满足负序能力。

转子线圈在槽中用槽楔固定，以承受离心力的作用。槽楔一直延伸到护环下面，护环兼起了阻尼绕组的短路环作用。另外，在磁极表面设有放置阻尼槽楔的阻尼槽。

5. 轴承与轴承油系统

（1）轴承。转子支撑在动压润滑的滑动轴承上。轴承为端盖式轴承。轴承润滑和冷却所用油是由汽轮机油系统提供，通过固定在下半端盖上的油管轴瓦座和下半轴瓦实现供油。

下半轴瓦安装在上，其接触面为可自调心的外球面。轴瓦座与端盖是绝缘的，可以防止轴电流通过，该绝缘还是发电机轴承的对地绝缘。径向定位块通过螺栓连接固定在上半端盖上，用于轴瓦垂直方向的定位。定位块应进行调节，使轴瓦和径向绝缘定位块之间维持 0.2mm 的间隙。

中分面处设有定位块，防止在轴瓦座内动。

(2) 轴承油系统。发电机轴承、励磁机或滑环轴轴承均与汽轮机润滑油供应系统相连。

轴瓦铸件的内表面有燕尾槽，使巴氏合金与轴瓦本体牢固地结合成一体。下半轴瓦上有一道沟槽，供轴承油可流到轴瓦表面。上半轴瓦上有一周向槽，使润滑油流遍轴颈，进入润滑间隙内。油从润滑间隙中横向泄出，经挡油板，在承座内汇集，通过管道返回到汽轮机油箱。

所有的发电机轴承都配备高压油顶油系统，高压油顶起转油轴，在轴瓦表面和轴颈之间形成润滑油膜减小汽轮发电机组启动阶段轴承的摩擦。

轴瓦的温度通过位于最大油膜压力处的热电偶来监测。热电偶用螺钉从外侧固定在下半轴瓦两侧，其探头伸至巴氏合金层。

在发电机启动和盘车期间，套筒轴承采用高压顶轴油系统。为消除轴电流，所有轴承都分别与定子和底板绝缘。轴承温度由埋入下轴瓦的热电偶进行测量，测量点直接布置在巴氏合金下面。温度测量及所有要求的温度记录与汽轮机的监测一起进行。轴承安装振动传感器，监视轴承振动。

第三节 发电机的运行及事故处理

一、1000MW 发电机运行方式

1. 额定运行方式

发电机在额定铭牌参数下运行的方式，称为额定运行方式。发电机的载荷能力主要受其各部分温度限额的限制，发电机在满足规定的有关技术数据及技术要求，同时又得到正确维护的条件下，能够长期连续运行。发电机长期连续运行的额定功率为 1000MW，最大连续功率为 1170.539MW。

2. 发电机进风温度变动时的运行方式

当进风温度超过额定值时，如果定子绕组、转子绕组及定子铁芯的温度经过试验未超过其绝缘等级和制造厂允许的温度，可以不降低发电机的容量。当温度超过允许值，则应减少定子电流和转子电流，直到允许温度为止。

发电机额定氢压运行，当冷氢温度为额定值时，其负载应不高于额定值的 1.1 倍。当发电机冷氢温度高于额定值时，每升高 1℃时，定子电流应减少 2%。

发电机最低进风温度以气体冷却器不出现凝结水珠为标准，一般气体冷却器温度不低于 20℃。为防止发电机内结露，定子内冷水温度高于进风温度。发电机运行时，机内氢压必须高于定冷水压力。

发电机冷却介质的进、出口温差显著增大时，表明发电机冷却系统已不正常或发电机内部的损失有所增加，应分析原因，采取措施，予以解决。

3. 电压、频率、功率因素变动时的运行方式

发电机运行电压的变动范围在额定电压的±5%内而功率因数为额定值时，其额定容量不变。

发电机连续运行的最高允许电压不得大于额定值的 110%，发电机的最低运行电压应根据稳定运行的要求确定，不应低于额定值的 90%。

发电机额定频率为 50Hz，其正常变动范围在 48.5～51.0Hz 以内时，发电机的额定功率可保持不变连续运行。

电压升高同时频率降低工况可导致发电机和变压器过磁通量，电压降低同时频率升高工况可导致发电机旋转部件所承受的应力增大。这些因素将引起发电机温升增高和寿命的缩短，应尽快降低负荷或限制这些工况运行。

发电机在运行中功率因数变动时，应使其定子电流和转子电流不超过在当时进风温度下所允许的数值。当降低功率因数时，转子电流不允许大于额定值，且视在功率应减少。当功率因数增大时，发电机的视在功率不能大于其额定值。发电机功率因数一般不超过迟相的 0.95。

4. 进相运行方式

发电机进相运行应遵守制造厂的规定或通过试验确定，其最大进相深度不超过静态稳定的极限。进相运行的允许范围主要受发电机静态稳定和定子铁芯端部结构件发热两个因素的限制，发电机在结构上能满足在超前功率因数 0.95 和额定功率 1000MW 的情况下稳定运行。

5. 调峰的运行方式

当电网需要时，发电机允许调峰运行，采用变负荷调峰方式。发电机每年启、停机允许 330 次，即在整个发电机使用寿命内，启、停机次数不超过 10 000 次。发电机负荷的增减率，一般每分钟为额定负荷的 5%，但紧急状态下取决于汽轮机。2×1000MW 机组调峰能力为可调节范围不低于机组额定容量的 60%。

6. 发电机短时过负载运行

在系统故障状态下，为了避免破坏电网系统的静态稳定，允许发电机短时过负载运行。但此时发电机的氢气参数、定子绕组内冷水参数、定子电压均为额定值。

定子电流为 $1.5I_N$ 时，允许运行 30s。

转子过电压：208%，允许运行 10s；146%，允许运行 30s；125%，允许运行 60s；112%，允许运行 120s。

7. 发电机失磁时的异步运行

在未进行应有的试验，并将试验结果与制造厂商定之前，不规定发电机异步运行能力。但在事故条件下，发电机允许短时失磁异步运行。当励磁系统故障，且电网条件允许时，失磁运行的持续时间不得超过 15min，此时允许的负荷在额定值的 40%以内，而且发生失磁时，在最初的 30s 时间内将负荷降至额定值的 60%，在其后的 90s 时间内降至额定值的 40%。转子电流不大于 1.0～1.1 倍额定值。

8. 不平衡负载运行

当发电机运行负载不平衡时，如果持续负序电流不超过额定电流的 6%，且每相电流不大于额定电流，允许发电机长期运行。

9. 发电机以空气冷却方式运行

除了上述运行模式外，在特定情况下发电机有可能运行在没有氢气的条件下（即发电机初始启动时），以对轴承和振动情况进行检查以及对发电机进行清扫。考虑到在空气中运行风磨耗较大，引起空气温升较大，这种空气运行工况只允许短时运行，并且只能在发电机无励磁的情况下进行。

冷却器出口的空气温度不超过 40℃，如冷空气温度较高，氢气冷却器必须投入运行。

发电机采用空气冷却的方式运行时，必须确保至轴封的密封油供油充足。

二、发电机异常运行

1. 发电机过负荷运行

发电机正常运行时不允许过负荷运行，只有在事故情况下允许短时间过负荷，但为防止发电机损伤，每年过负荷不得超过两次。其持续时间见表 2-1。

表 2-1　允许事故过负荷时间

定子电流/定子额定电流	1.27	1.32	1.39	1.50	1.69	2.17
允许事故过负荷时间（s）	60	50	40	30	20	10

现象　定子电流超过额定值。

处理

（1）当发电机定子电流超过正常允许值时，首先应检查发电机功率因数和电压，并注意过负荷运行时间，做好详细记录。

（2）如系统电压正常，应减少无功负荷，使定子电流降低到允许值，但功率因素和定子电压不得超过允许范围。

（3）如减少励磁仍无效时，应报告值长，降低有功负荷。

（4）加强对发电机各测点温度的监视，当定子绕组温度或转子绕组温度偏高时应适当限制其短时过负荷的倍数和时间。

（5）若发电机过负荷倍数和允许时间达到或超过规定的数值，则保护动作使发电机跳闸，电气按跳闸后的规定处理。

2. 发电机三相电流不平衡

现象　发电机三相电流不平衡，负序电流超过正常值。

处理

（1）发电机三相电流发生不平衡时，应检查厂用电系统、励磁系统有否缺相运行。负序电流超过 5%时，应向调度汇报，并采取相应措施。

（2）若发电机不平衡是由于系统故障引起的，立即向调度汇报，询问是否是线路不对称短路或其他原因引起，或降低机组负荷，使不平衡值降到允许值以下，待三相电流平衡后，根据调度命令增加负荷。

（3）若不平衡是由于机组内部故障引起的，则应停机灭磁处理。

（4）当负序电流小于 6%额定值时，最大定子电流小于额定值情况下，允许连续运行。

（5）当负序电流大于 6%额定值，最大定子电流大于或等于额定值情况下，应降低有功负荷和无功负荷，尽力设法使负序电流、定子电流降至许可值之内，检查原因并消除。

（6）发电机在带不平衡电流运行时，应加强对发电机转子发热温度和机组振动的监视和检查。

3. 发电机温度异常

现象 发电机温度巡测仪、CRT（使用阴极射线管的显示器）显示温度异常报警。

处理

(1) 稳定负荷，打印全部温度测点读数，并记录当时的发电机有功功率、无功功率、电压、电流、氢压、冷氢温度。

(2) 调出 CRT 画面，连续监视报警次数。

(3) 检查三相电流是否超过允许值，不平衡度是否超过允许值。

(4) 检查发电机三相电压是否平衡，功率因数是否在正常范围内，保持功率因数稳定。

(5) 如发电机进风风温超过规定值，应调整氢冷器水量和水温来降低风温。

(6) 如发电机氢气压力低时，应查明原因并补氢。

(7) 如发电机定子冷却水支路水温高，应调整闭式冷却水水量和水温。

(8) 适当降低发电机无功负荷，但功率因数和定子电压不得超过允许范围。

(9) 查看相对应的出水温度及其他温度测点指示，进行核对，分析判断检测元件是否故障。

(10) 并查看绝缘过热监测装置是否报警。

(11) 检查发电机测温元件接线端子板上的接线柱有无腐蚀、松动现象，以确定是否由其引起。

(12) 降低发电机负荷，并加以稳定，观察其变化趋势，如在不同负荷工况下某元件始终显示异常，说明该热电偶及电阻元件可能损坏。若发现温度随负荷电流的减少而显著降低，应考虑到定子冷却水路可能有阻塞情况，当判明温度升高是由水路阻塞引起的，则应申请停机处理。

(13) 经上述处理无效后表明发电机内部异常时，应降低有功负荷，使温度或温差低于限额。并汇报值长，要求检修人员进行进一步检查。当发电机定子线圈温度超过允许值时，应立即汇报值长，请示停机处理。

4. 发电机的电压互感器（TV）的熔断器熔断

现象

(1) 发电机的 TV 的熔断器熔断报警。

(2) 发电机电压表指示可能降低或为 0。

(3) 发电机有功功率表、无功功率表指示可能降低或为 0。

(4) 发电机频率表指示可能异常。

(5) 发电机电能表脉冲闪耀可能变慢或停闪。

(6) 电压调节器（AVR）可能自动切至手动方式。

处理

(1) 按继电保护运行规程退出相关保护。

(2) 若测量回路未能切换，造成发电机有功功率表、无功功率表指示异常，应尽量减少对有功功率、无功功率的调节，并根据汽轮机主蒸汽流量、发电机定子电流、转子电流等其他表计数值进行监视，保持发电机的稳定运行。

(3) 查出何只 TV 的熔断器熔断，如二次侧熔断器熔断，应检查 TV 二次回路及所接负载；如为一次侧熔断器熔断，则应检查 TV 及其二次回路。并会同有关人员查明原因，消除故障。

(4) 将故障消除后，调换熔断器。若是一次侧熔断器熔断，需将 TV 小车拉出，才能更换高压熔断器。更换时应注意安全距离。

(5) 发电机电压互感器恢复正常后，检查定子电压表、有功功率表、无功功率表指示是否正常；投入停用的保护，并检查有关保护是否正常；将电压调节器（AVR）恢复自动方式运行。

(6) 记录影响发电机有功功率、无功功率的电量及时间。

5. 发电机低频率运行

(1) 当系统发生功率缺额，电网频率降至 49.8Hz 以下时，应协助电网调频。

(2) 在低频率运行时，应注意定子电流、励磁电流有否过负荷，机组的振动情况及发电机和厂用母线电压情况，辅机的运行工况。

(3) 在低频率运行时，应注意汽轮机的安全运行，防止汽轮机叶片发生共振。

三、发电机的事故处理

1. 发电机—变压器组（简称发变组）保护动作跳闸

现象

(1) 发出事故音响信号、“发变组保护动作”等中央信号。

(2) 发电机励磁系统开关跳闸。

(3) 500kV 断路器跳闸，发电机出口断路器跳闸，6kV 系统工作电源开关跳闸，备用电源开关联动合闸；或者只跳发电机出口断路器。

(4) 发电机各表计全部到零。

(5) 汽轮机主汽门关闭，锅炉灭火。

处理

(1) 如 500kV 断路器跳闸，则应检查厂用电切换是否成功，并作相应处理，若发现 6kV 厂用电工作电源开关未跳闸，应迅速手动将其拉开，完成厂用电的自动切换。尽量保证厂用电源的正常运行，如只有发电机出口断路器跳闸，厂用电源不用切换。

(2) 检查保护动作情况，判断跳闸原因，汇报值长。

(3) 若由于外部故障，引起母差、后备保护动作跳闸或发电机保护误动跳闸，在确认故障排除后，应立即隔绝故障点或解除误动保护，迅速将机组并网。

(4) 若为内部故障，则应进行如下检查：

1) 应对发电机及其保护范围内的所有设备进行详细的外部检查，查明有无外部象征，以判明发电机有无损伤，也可询问电网有无故障象征，加以判别，弄清跳闸原因。

2) 若跳闸原因不明，应测量发电机定、转子绝缘；检测点的温度是否正常。

3) 经上述检查及测量无问题后，可经公司主管生产批准后，对发电机手动零起升压，继续进行检查，升压时若发现有不正常现象，应立即停机处理。如升压试验正常，可将发电机并入系统运行。

(5) 如发现确实属于人员误动，可不经检查立即联系调度将发电机并网。

(6) 如发现故障点，应做好措施通知检修处理。

2. 发电机发生振荡或失步

实际运行中，造成发电机失步而引起振荡的主要原因有：

(1) 系统发生短路故障。

(2) 静态稳定的破坏。

(3) 电力系统功率突然发生不平衡。

(4) 大机组失磁或跳闸。

(5) 原动机调速系统失灵。

(6) 电源间非同期并列未能拉入同步。

现象

(1) 发电机定子电流剧烈变化，有可能超过正常值。

(2) 发电机定子电压降低并剧烈变化。

(3) 发电机的无功功率在全范围内摆动。

(4) 发电机转子电流、电压在正常值附近摆动。

(5) 发电机发出轰鸣声，其节奏与摆动合拍。

(6) 可能发出发电机失步、失磁信号。

单机失步引起振荡时，失步发电机的表计晃动幅度比其他发电机激烈，无功负荷晃动幅度很大，其他发电机在正常负荷值的附近摆动，而失步发电机无功负荷摆动方向与其他正常机组相反。

处理

(1) 若振荡是由于发电机误并列引起，应立即将发电机解列。

(2) 发电机由于进相或某种干扰原因发生失步时，应立即减少发电机有功功率，增加励磁，以使发电机拖入同步。采取措施后仍不能拖入同步运行时，应将发电机解列后重新并入电网。

(3) 若因系统故障引起发电机振荡，应尽可能地增加发电机的无功功率，提高系统电压，并适当降低发电机的有功负荷，创造恢复同期的条件。在 AVR 自动方式运行时，严禁干扰 AVR 工作，在 AVR 手动方式运行时，应尽可能地增加转子电流，直到允许过负荷值，此时，按发电机事故过负荷规定执行。

(4) 采取上述措施 1～2min 不能恢复时，经值长同意后，将机组解列。

3. 发电机失磁

发电机失磁后，转子磁场消失，发电机从电网吸收大量无功功率，定子合成磁场与转子磁场间的“拉力”变小，即发电机的电磁力矩减小，而此时汽轮机的输入力矩没有改变，过剩力矩将使转子转速加快，超出同步转速而产生相对速度，使发电机失步而进入异步运行状态。此时，定子磁场以转差速度切割转子，在转子绕组和铁芯上感应出交变电流，这个电流又与定子磁场作用产生力矩，即异步力矩。发电机转子在克服这个力矩的过程中，继续向系统送出有功功率。

引起发电机失磁运行的原因：

(1) 转子绕组或励磁回路开路。

(2) 转子绕组短路。

(3) 灭磁开关误跳。

(4) 自动励磁调节器故障。

(5) 人为误操作。

现象

(1) 转子电流等于零或接近于零。

(2) 定子电流升高并摆动。

(3) 有功功率读数下降并摆动。

(4) 定子电压下降并摆动。

(5) 无功功率读数为负值。

(6) 转子转速超过额定转速。

(7) 转子各部分温度升高。

(8) *P-Q* 图上发电机工作点进入第二象限。

处理

(1) 如因灭磁开关掉闸而失磁，则主断路器联跳，按事故跳闸进行处理。

(2) 如失磁保护动作，按事故跳闸进行处理。

(3) 若保护未动作，在热工保护和电调的配合下，应在失磁起的30s内将发电机的负荷降至60%的额定负荷，在90s内将发电机的负荷降至40%的额定负荷，总的失磁异步运行时间不得超过15min。

(4) 若15min内不能恢复励磁应请示值长将机组与电网解列。

(5) 若本机失磁后引起邻机和系统震荡，应立即紧急停发电机。

4. 发电机逆功率

现象

(1) 发电机有功功率读数为负值。

(2) 有“汽轮机脱扣”信号。

(3) 发电机无功功率读数升高，电流表读数降低。

(4) 定子电压和励磁回路参数正常。

处理

(1) 运行中机组保护未动作而主汽门或调汽门误关，应立即强行开启。

(2) 发电机逆功率保护动作跳闸，按事故跳闸进行处理。

(3) 若逆功率保护在设定时间内不动作，应立即紧急停发电机。

5. 发电机着火

现象

(1) 发电机内部有强烈异常爆炸声，两侧端部处冒烟，有焦臭味。

(2) 发电机内部冷却气体压力升高或大幅度下降，出口风温升高。

（3）氢气纯度下降，随着爆炸氢压波动较大。

处理

（1）立即紧停发电机，拉开主断路器和灭磁开关。

（2）切断氢源，用 CO_2 气体进行灭火。

（3）保持定子水冷泵继续运行。

（4）转速到零时启动盘车，直至救火结束。

6. 发电机非全相运行

现象

（1）发电机负序电流增大，负序保护可能动作报警，发电机断路器非全相保护动作出口，有关光字牌亮。

（2）发电机三相电流极不平衡。

（3）“发电机断路器故障”光字牌亮。

原因

（1）发电机断路器控制回路故障，引起断路器非全相运行。

（2）发电机断路器机构故障，引起断路器非全相运行。

（3）发电机出口隔离开关三相状态不一致。

处理

（1）若发电机断路器非全相保护或负序过电流保护动作，跳发电机出口断路器，若未跳开则启动发电机断路器失灵保护，跳开主变压器500kV侧断路器。

（2）发电机断路器非全相保护或负序过电流保护未动作时：

1）手动断开一次发电机出口断路器。若断不开，应降低有功、无功负荷，使发电机定子电流的不平衡电流降至最小（有功功率为零，无功功率接近于零），应就地手动断开。

2）严密监视发电机定子电流，并根据电流指示相应调节励磁，使三相定子电流均接近于零。采取措施尽快排除或隔离故障，若故障一时无法排除，可通过拉开主变压器500kV两侧断路器进行隔离。

处理过程中应严密监视发电机各部温度不超过允许值。

（3）确认6kV厂用备用电源进线断路器自投成功，若不成功手动切换。

（4）确认汽轮机确已脱扣，转速下降。

（5）查明事故原因，故障排除后汇报值长重新开机将发电机并入电网。

7. 发电机非同期并列

现象

（1）发电机并列时产生较大的冲击电流。

（2）发电机发生强烈振动。

原因

（1）发电机并列时，同期条件不满足。

（2）同期回路存在问题。

处理

（1）发电机无显著影响和振动，且逐渐衰减，可以不停机。

（2）若发电机产生很大的冲击和引起强烈的振动，显示摆动剧烈且不衰减，则需立即解列停机。

（3）非同期并列引起发电机跳闸，应立即检查保护动作情况，汇报值长，对发电机进行全面检查及试验，再决定是否重新并网。

8. 发电机应立即紧急停机的情况

（1）必须停机才能避免的人身和设备事故。

（2）发电机振动大大超过允许值。

（3）发电机内部冒烟、着火或爆炸者。

（4）发电机大量漏水漏油，且伴有定子、转子接地。

（5）发电机励磁回路两点接地。

（6）发电机有明显故障特征，保护该动作跳闸而拒动者。

（7）发电机密封油系统故障，油氢压差维持不住，发电机大量漏氢。

（8）发电机断水，保护未动。

发电机紧急停机步骤：同时按下4个紧急停机按钮，检查发电机出口断路器及励磁开关断开。

9. 定子绕组各相间的定子槽内温度差异

处理 当定子三相电流相同，而定子槽内的温度显示不同时，应该检查埋入的电阻测温计（RTD）。发电机停机且无励磁时，才能进行此项检查。检查包括电阻测量、元件引线测试、测点切换开关及指示器的检查。在测量埋入电阻测温计（RTD）的电阻时，应注意不能使其受热，以免数据不准确。很多情况下，通过重新校正电阻测温计（RTD）可排除故障。

10. 热氢气温度偏高和/或冷氢气温度偏高

原因

（1）氢气温度变化。

（2）流经某一组氢气冷却器的冷却水流量不足。

注意：如果冷氢气温度继续上升，机械保护系统将跳闸。

处理

（1）检查相应的指示器（所有冷却器中的温度均匀上升），确定故障原因。

（2）检查相应冷却器的阀门位置，检查并确认冷却水入口阀门全开。调节冷却水出口阀门，改变冷却水流量，降低有故障的冷却器的冷氢气温度。确保所有氢气冷却器出口冷氢气温度相等。

11. 系统不平衡负荷导致发电机负载不平衡

处理 由于特殊的系统条件，发电机带不平衡负荷运行，必须注意不能超过允许的连续不平衡负荷。不平衡负荷是负序电流与额定电流之比。任何一相的定子电流不能超过允许的额定电流。当不平衡负载高于连续允许不平衡负荷时，应采取措施使系统负载均匀。如果不能使三相的负荷更均匀一些，发电机应解列。

第三章

变　压　器

第一节　概　　述

一、变压器的基本原理及分类

1. 变压器的基本原理

变压器是通过电磁感应关系，把一种等级的交流电压与电流转变为相同频率的另外一种等级的交流电压与电流，从而实现电能转换的静止电器。

变压器结构的主要部分是两个（或两个以上）互相绝缘的绕组，套在一个共同的铁芯上，见图 3-1。两个绕组通过磁场耦合，但在电的方面没有直接联系，能量的转换以磁场作为媒介。通常两个绕组中接到电源的一个称为一次侧绕组，接到负载的一个称为二次侧绕组。

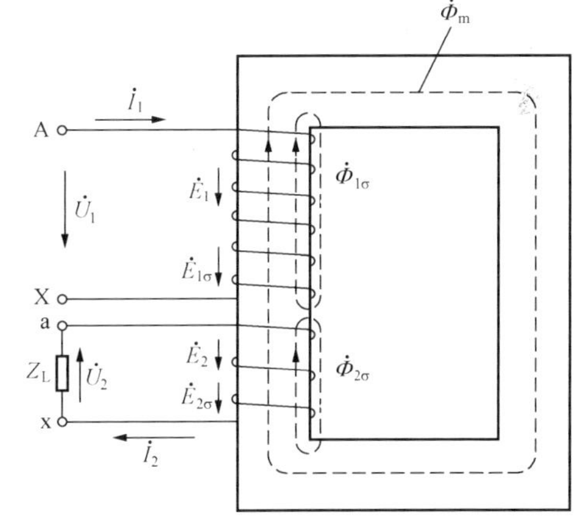

图 3-1　变压器负载运行的示意图

当一次侧绕组接上电压为 u_1 的交流电源时，一次侧绕组内就有交流电流通过，从而在铁芯中建立交变磁通 Φ。该磁通同时交链一、二次绕组，根据电磁感应定律，在一、二次绕组中产生的感应电动势分别为

$$e_1 = -N_1 \frac{d\Phi}{dt} \tag{3-1}$$

$$e_2 = -N_2 \frac{d\Phi}{dt} \tag{3-2}$$

式中　N_1——一次绕组的匝数；

　　　N_2——二次绕组的匝数。

由于一般变压器的一、二次绕组匝数不等，即 $N_1 \neq N_2$，因此 $e_1 \neq e_2$。一、二次绕组具有不等的电动势，也即一、二次绕组的电压不等，起到了变压的作用。但其频率还是相同的。

如果在变压器的二次侧接上负载 Z_L，则在 e_2 的作用下二次侧将有电流通过，因此二次侧输出电功率，达到了传递电能的作用。

由上述可知，一、二次绕组的匝数不等是变压器改变电压的关键。另外，在变压器一、二次绕组之间没有电的直接联系，只有磁的耦合。而交链一、二次绕组的磁通起到了联系一、二次绕组的桥梁作用。

以后所述的各种变压器，尽管其用途和结构可能差异很大，但变压器的基本原理则是一样的。其结构的核心部分都是绕组和铁芯。

利用一、二次绕组匝数的不同及不同的绕组连接法，可使一、二次侧具有不同的电压、电流和相数。

2. 变压器的分类

为了适应不同的使用目的和工作条件，变压器在结构上、性能上差异很大，因此变压器的形式和种类是很多的。

用来升高电压的变压器称为升压变压器，用来降低电压的变压器称为降压变压器。升压变压器和降压变压器仅是应用上的区别名词，除了为和电网电压相适应而有略为不同的额定电压以外，在原理和结构方面两者并无差别。

按照单台变压器的相数来区分，它们可以分为三相变压器和单相变压器。在三相系统中，一般应用三相变压器。当容量过大且受运输条件限制时，在三相系统中也可应用三台单相变压器联成三相变压器组。

大部分的变压器都为两绕组变压器，即在铁芯上每相有两个绕组，一为一次侧绕组，一为二次侧绕组。升压变压器的一次侧绕组是低压绕组，二次侧绕组是高压绕组，而降压变压器则相反。容量较大的变压器（在5600kVA以上），有时也可能每相有三个绕组，用以连接三种不同电压的输电线，此种变压器称为三绕组变压器。在特殊情况下，也有应用更多绕组的变压器。近来，大容量发电厂中用作厂用变压器的分裂绕组变压器，是一种特殊的多绕组变压器。

为了加强绝缘和冷却，变压器的铁芯和绕组都一起浸入灌满了变压器油的油箱中，故称为油浸式变压器。在特殊情况下，例如用于矿山照明时，也用干式变压器。

如把一、二次绕组合为一个绕组，则称为自耦变压器。自耦变压器常用于电压等级相差较小的场合。它的应用范围很广，除电力系统外，它常见于交流电动机的降压启动线路中。

此外，尚有各种专门用途的特殊变压器。例如，试验用高压变压器、电炉用变压器、电焊用变压器、供整流器和晶闸管线路中用的变压器、用于测量仪表的电压互感器与电流互感器等。

二、变压器的额定数据

变压器制造厂按照国家标准，根据设计和试验数据而规定的每台变压器的正常运行状态和条件，称为额定运行情况。表征变压器额定运行情况的各种数值如容量、电压、电流、频率等，称为变压器的额定值。额定值一般标记在变压器的铭牌或产品说明书上。

1. 额定容量 S_N

额定容量是变压器的额定视在功率，以伏安、千伏安或兆伏安表示。由于变压器的效率高，两绕组变压器一、二次侧的额定容量通常都设计得相等。为了生产和使用上的方便，GB 1094.1—1996《电力变压器 第1部分：总则》规定，我国自行设计的系列变压器其容量等级为10、20、30、40、50、63、80、100、125、160、200、250、315、400、500、630、800、1000、1250、1600、2000、2500、3150、4000、5000、6300、8000、10 000、12 500、16 000、20 000、25 000、31 500、40 000、50 000、63 000、90 000、120 000、150 000、180 000、260 000、360 000、400 000kVA等。容量的增长是以40kVA为基数，按$\sqrt[10]{10}$系数递增的，称为R10系列。以前曾用过以75kVA为基数，按$\sqrt[8]{10}$系数递增的R8系列。

2. 额定一次侧电压U_{1N}及二次侧电压U_{2N}

按规定二次侧额定电压U_{2N}是当变压器一次侧施加额定电压U_{1N}时，二次侧的开路电压。对于三相变压器，额定电压是指线电压。

由于变压器绕组接于电网上运行，一、二次侧的额定电压必须与电网的电压等级一致，我国所用的标准电压等级为0.22、0.38、3、6、10、（15）、（20）、35、60、110、154、220、(330)、500kV。以上数字是电网受电端的电压，电源端的电压将比这些数字高，因此变压器的额定值可能比以上数字高5％或10％。

3. 额定一次侧电流I_{1N}及二次侧电流I_{2N}

根据额定容量和额定电压算出的线电流，称为额定电流。单位以安表示。

对单相变压器

$$I_{1N}=\frac{S_N}{U_{1N}} \text{ 及 } I_{2N}=\frac{S_N}{U_{2N}} \tag{3-3}$$

对三相变压器

$$I_{1N}=\frac{S_N}{\sqrt{3}U_{1N}} \text{ 及 } I_{2N}=\frac{S_N}{\sqrt{3}U_{2N}} \tag{3-4}$$

4. 额定频率

频率以赫兹表示，我国标准工业频率为50Hz。

此外，额定运行时的效率、温升等数据也是额定值。

5. 联结组别

在变压器的铭牌上，除标有以上诸额定值外，还标出联结组别。

变压器在额定运行时，高、低压绕组规定的接线方式，以及随之出现的高、低压绕组对应线电压间的相位移称为联结组别。联结组别的表示方法以前曾以接线符号来代表高、低压绕组的接线方式，如Y/Y_0-12，Y/△-11等。其中斜线前的Y表示高压绕组接成星形、斜线后的Y_0或△表示低压绕组接成中性点引出的星形或三角形接法；至于12或11是指高压绕组的线电压与对应低压绕组线电压间的相位移，该相位移用时钟数表示。例如12表示高、低压绕组的对应线电压同相位，形如时钟12点；而11则表示，低压线电压相量超前对应高压线电压30°，形如时钟的11点。

GB 1094.1—1996规定，用字母符号表示高、低压绕组的接线方式。

表3-1列出新、老联结组别表示法。

表 3-1　　新、老联结组别表示法

接线方式		原表示法	新表示法	
			高压侧	低压侧
星形接法	无中性线	Y	Y	y
	有中性线	Y_0	YN	yn
三角接法		△	D	d

示例：原 Y/Y_0-12 改为 Yyn0，原 Y_0/△-11 改为 YNd11，原△/Y-1 改为 Dy1。

铭牌上还标有变压器的型号、相数、接线图、阻抗电压、运行方式和冷却方式等，其中型号的含义按国家标准（GB 1094.1—1996）规定，列于表 3-2 中。

表 3-2　　变压器型号含义

分类项目	代表符号	分类项目	代表符号	分类项目	代表符号
单相变压器	D	水冷式	S	三绕组变压器	S
三相变压器	S	油自然循环	不表示	自耦变压器	O
油浸自冷	不表示	强迫油循环	P	无励磁调压	不表示
空气自冷	不表示	强迫油导向循环	D	有载调压	有载调压
风冷式	F	双绕组变压器	不表示	铝线变压器	L

按表 3-2 符号顺序书写，就组成基本型号，用一横线分开，加注额定容量（单位为 kVA）/高压绕组额定电压等级（单位为 kV）。例如三相油浸自冷两绕组铝线 500kVA、10kV 电力变压器的型号为 SL-500/10。如用冷轧硅钢片全斜接缝，损耗较低的则为 SL_7-500/10，其中下标 7 为设计序号，代表低损耗系列。又如三相强迫油循环风冷两绕组铝线 63 000kVA、110kV 电力变压器的型号为 SFPL-63000/110。

第二节　变压器的结构

变压器的结构主要包括铁芯、带有绝缘的绕组、变压器油、油箱及附件、绝缘套管。铁芯和绕组是变压器进行电磁感应的基本部分称为器身；油箱作为变压器的外壳，起着冷却、散热和保护作用；变压器油是器身的冷却介质，起着冷却和绝缘作用；绝缘套管主要起绝缘作用。下面分别介绍这几部分的结构形式。

一、铁芯

铁芯是变压器的磁路部分。为了提高磁路的磁导系数和降低铁芯的涡流损耗，目前大部分铁芯采用厚度为 0.35mm 或小于 0.35mm、表面涂有绝缘物的晶粒取向硅钢片制成。铁芯分为铁芯柱和铁轭两部分。铁芯柱上套绕组，铁轭将铁芯柱连接起来，使之形成闭合磁路。

铁芯又分成心式和壳式两种。图 3-2 和图 3-3 分别是单相、三相心式变压器的铁芯。为了清楚起见图中同时画出了线圈，这种铁芯结构的特点是，铁轭靠着绕组的顶端和底面，而不包围绕组的侧面。图 3-4 是单相和三相壳式变压器的铁芯，其特点是铁轭不仅包围绕组的顶端和底面，而且包围绕组的部分侧面。由于心式铁芯结构比较简单，绕组的布置和绝缘比较容易，因此电力变压器主要采用心式铁芯结构。

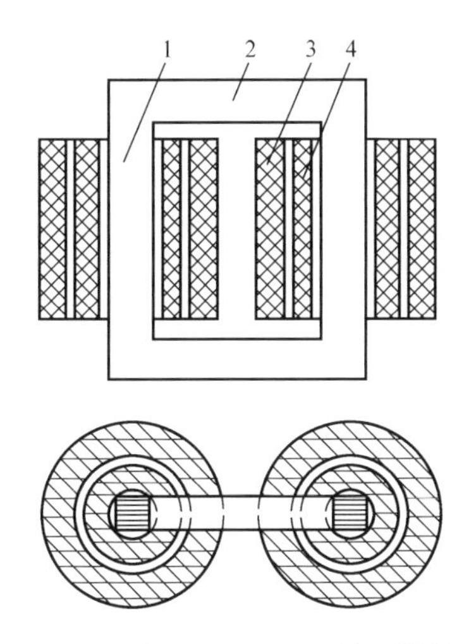

图 3-2 单相心式变压器铁芯结构

1—铁芯柱；2—铁轭；

3—高压绕组；4—低压绕组

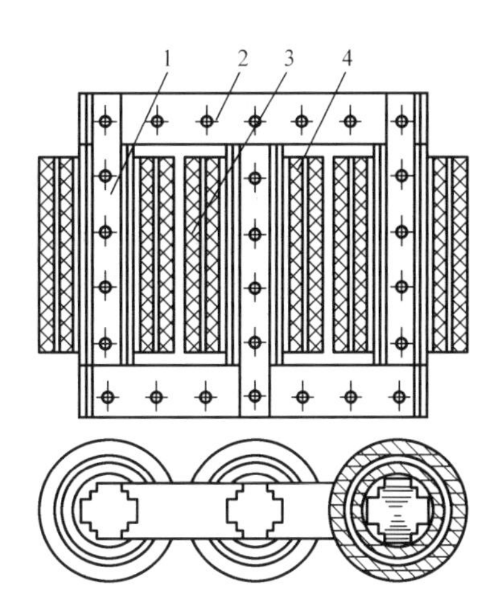

图 3-3 三相心式变压器铁芯结构

1—铁芯柱；2—铁轭；

3—高压绕组；4—低压绕组

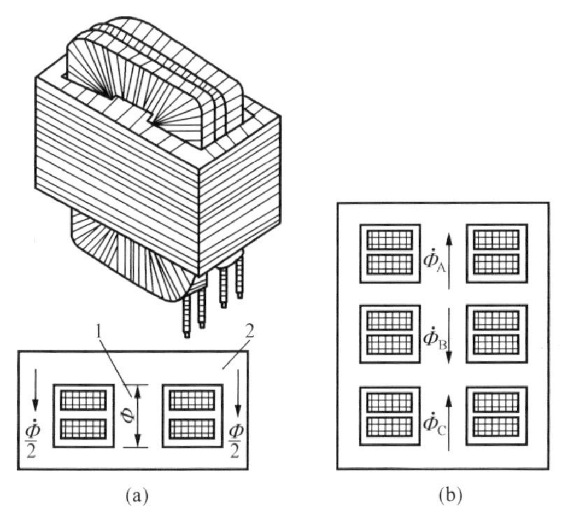

图 3-4 壳式变压器的铁芯结构

(a) 单相；(b) 三相

1—铁柱；2—铁轭

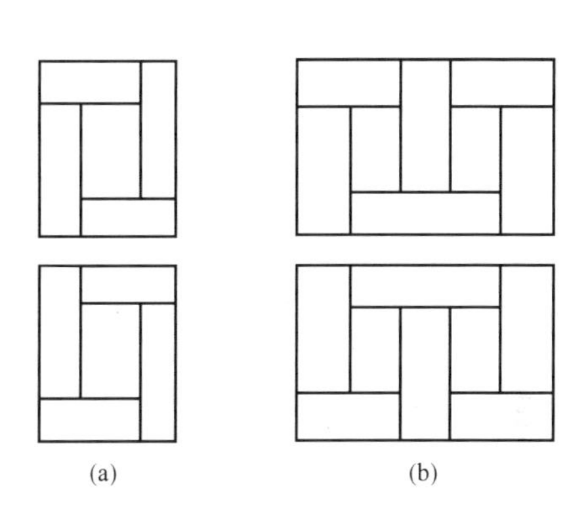

图 3-5 变压器铁芯的交叠装配

(a) 单相；(b) 三相

叠片式铁芯是由剪成一定形状的硅钢片叠装而成。图 3-5 是用热轧硅钢片直接缝时，铁芯的叠装方法，一般采用交错式叠法，相邻层的接缝要错开。现在制造的变压器大部分已使用晶粒取向的冷轧硅钢片作铁芯。这种钢片沿着碾轧方向有较小的损耗和较高的磁导系数，如按图 3-5 下料和叠装，则在磁路转角处，由于磁通方向和碾轧方向成 90°，将引起铁芯损耗增加。因此，为了使磁通方向与碾轧方向基本一致，必须采用图 3-6 所示的全斜接缝叠装法。

为了提高绕组的机械强度和便于绕制，一般都把绕组作成圆形。这时，为了充分利用绕组内的圆柱形空间，铁芯柱的截面一般作成阶梯形，如图 3-7 所示。阶梯数越多，截面越接近于圆形，空间利用情况就越好，但制造工艺也越复杂。在实际生产中，铁芯柱截面的阶梯数随变压器容量的增大而增多。

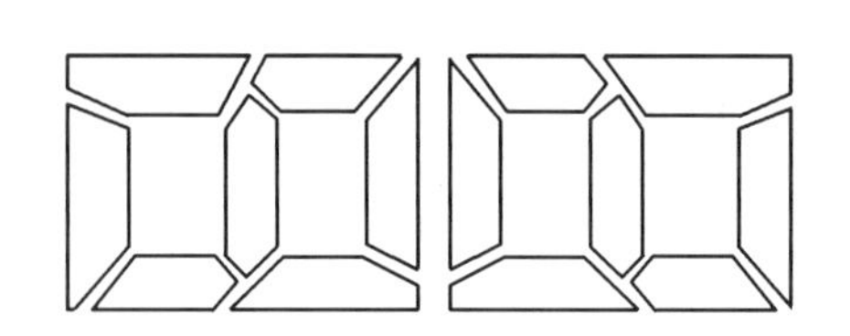

图 3-6　用冷轧硅钢片时的全斜接缝叠装法

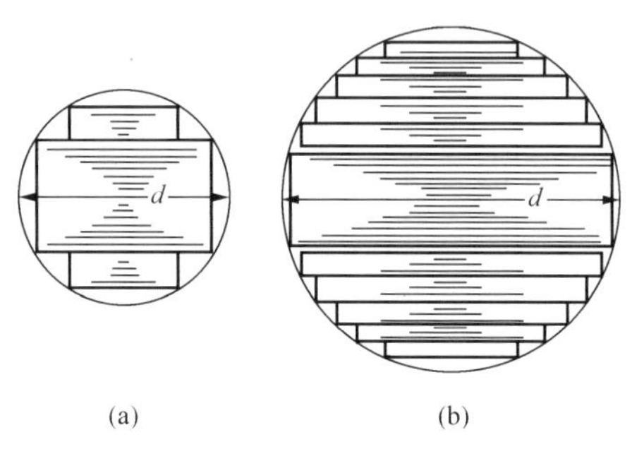

图 3-7　铁芯柱的截面为阶梯形
(a) 阶梯数少；(b) 阶梯数多

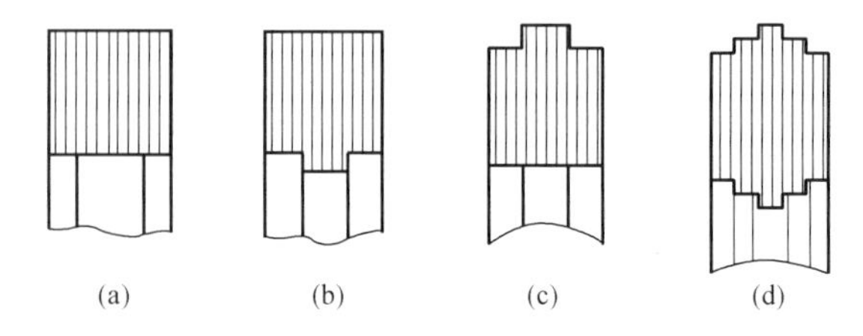

图 3-8　铁轭截面的形状
(a) 矩形；(b) 内 T 形；(c) 外 T 形；(d) 多级阶梯形

变压器铁轭的截面有矩形、T 形，也有阶梯形，如图 3-8 所示。在使用热轧硅钢片时，为了减少变压器的空载电流和铁芯损耗，铁轭截面一般比心柱截面大 5%～10%。若用冷轧硅钢片全斜接缝时，铁轭截面与心柱截面相等。

在容量较大的变压器中，为了改善铁芯的冷却条件，在叠片间设置油道，以利散热。

二、绕组

绕组是变压器的电路部分，它由铜或铝的绝缘导线（圆的或扁的）绕制而成。一台变压器中，电压高的绕组称为高压绕组，电压低的绕组称为低压绕组。高、低绕组同心地套在铁芯柱上，为了减小绕组和铁芯间的绝缘距离，通常低压绕组靠近铁芯柱，高、低压绕组间以及低压绕组与铁芯柱之间留有绝缘间隙和散热通道，并用绝缘纸柏筒隔开，见图 3-9。

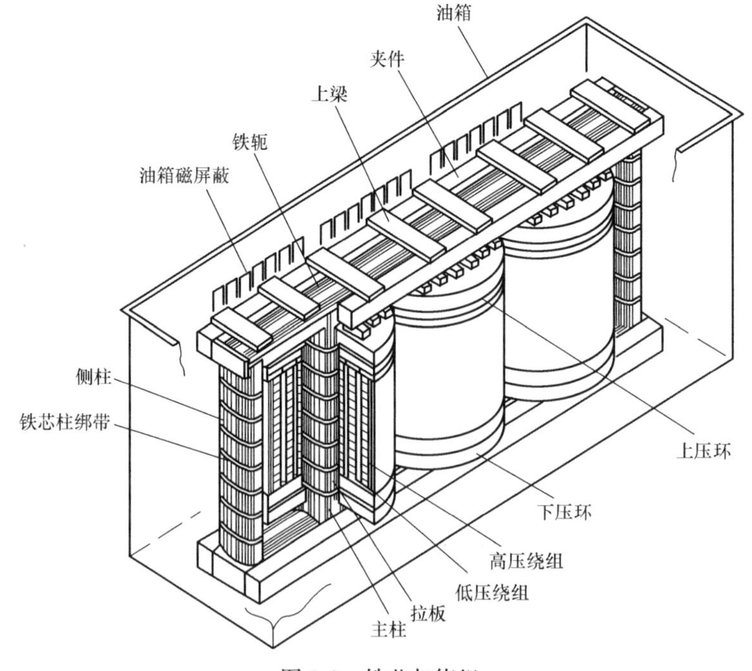

图 3-9　铁芯与绕组

交叠式绕组排列方式见图 3-10。根据绕制的特点，绕组可分为圆筒式、连续式、纠结式和螺旋式几种型式。

1. 圆筒式绕组

圆筒式绕组是最简单的一种绕组。它是用绝缘导线沿铁芯柱高度方向连续绕制，如图 3-11 所示。在绕完第一层后，垫上层间绝缘纸再绕第二层。当层数较多时，可在层间设置 1～2个轴向油道，以利散热。这种绕组一般用于三相容量在 1600kVA 以下，电压不超过 15kV 的变压器的高、低压绕组。

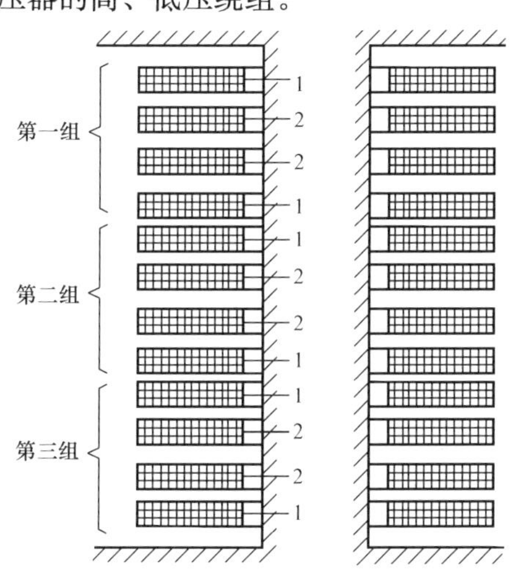

图 3-10 交叠式绕组排列方式

1—低压绕组；2—高压绕组

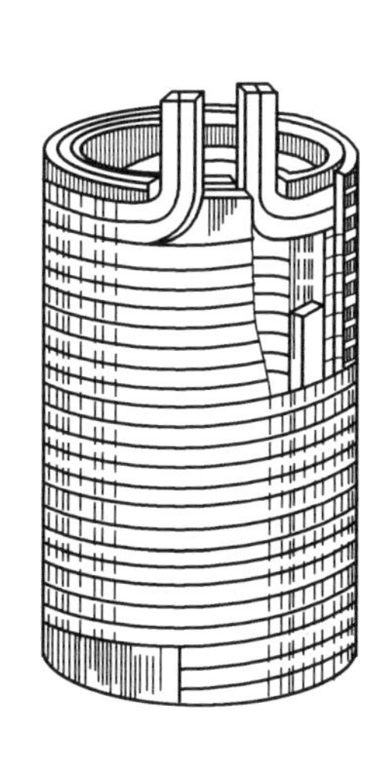

图 3-11 圆筒式绕组

2. 连续式绕组

连续式绕组是由扁导线连续绕制的若干线盘（又称为线饼）组成，如图 3-12（a）所示。每个线盘是由导线沿圆周方向连续绕成。线盘之间依靠绝缘纸作成的垫块，形成油道。由于线盘之间没有焊接头，而是用“翻盘”的方法连续绕制，所以称为连续式绕组，图 3-12（b）是各匝连接顺序。连续式绕组应用范围较大，它的机械强度高，散热条件好，因此一般适用于三相容量为 630kVA 及以上，电压为 3～110kV 的绕组。

3. 纠结式绕组

纠结式绕组的外形与连续式相似。连续式绕组每个线盘中电气上相邻的线匝是依次排列的，而纠结式绕组电气上相邻的线匝之间插入了另一线匝，好似很多线匝纠结在一起。图 3-13 是纠结式绕组线盘间连接顺序的示意图。采用纠结式绕组的目的是为了增加绕组的纵向电容，以便在过电压时，起始电压比较均匀地分布于各线

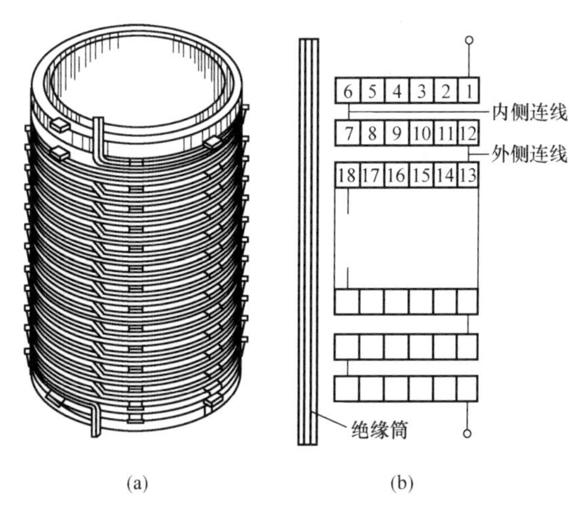

图 3-12 连续式绕组

（a）连续式绕组的外接；（b）线盘间的连接法

匝之间，避免匝间绝缘击穿。但纠结式绕组焊头多，绕制费时，一般用于三相容量在6300kVA以上的变压器，电压在110kV以上的绕组。

4. 螺旋式绕组

圆筒式绕组实际上也是螺旋式的，不过这里所讲的螺旋式绕组，每匝并联的导线数较多，是由多根绝缘扁导线沿着径向并联排列（一根压一根），然后沿铁芯柱轴向高度像螺纹一样一匝跟着一匝地绕制而成，一匝就像一个线盘。图3-14所示为螺旋式绕组导线匝间排列的一部分（只表示出其中4匝），每匝有6根扁导线并联，各匝不像圆筒式绕组那样彼此紧靠着，而是各匝之间隔一个空的沟道或垫以绝缘纸板，可构成绕组的盘间（匝间）散热油道。

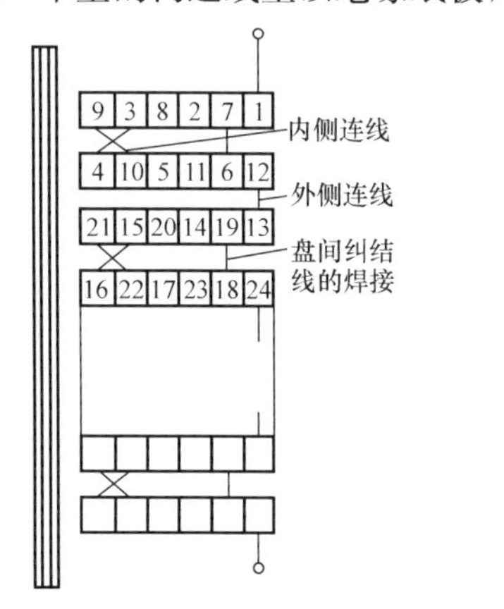

图3-13 纠结式绕组线盘间连接顺序的示意图

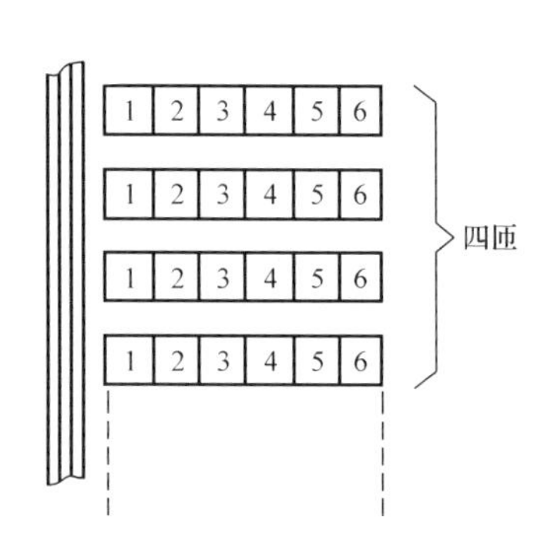

图3-14 螺旋式绕组

螺旋式绕组当并联导线太多时，就把并联导线分成两排，绕成双螺旋式绕组。为了减小导线中的附加损耗，绕制螺旋式绕组时，并联导线要进行换位。这种绕组一般为三相容量在800kVA以上、电压在35kV以下的大电流绕组。

为了减少大型电力变压器在采用多股导线并绕时所产生的附加损耗，绕组往往需要作换位处理，通常采用换位导线。所谓换位导线，就是将多股分散的并绕导线，在绕制前，先按照一定的规律，360°连续地进行换位。在应用时，把换位导线当作一根导线来绕制。换位导线被广泛使用于大容量电力变压器。

三、油箱及主要附件

油浸式变压器中使用的变压器油，是从石油中提炼出来的矿物油，其介质强度高、黏度低、闪燃点高、酸碱度低、杂质与水分极少。工程中用的净化的变压器油的耐电压强度一般可达200～250kV/cm。它在变压器中既作绝缘介质又是冷却介质，在使用中要防止潮气侵入油中，即使进入少量水分，也会使变压器的绝缘性能大为降低。

1. 油箱

油箱是油浸式变压器的外壳，是用钢板焊成的，器身就放置在油箱内。按变压器容量的大小，油箱结构上有吊器身式和吊箱壳式两种。由于大容量变压器体积大、质量大，都毫无例外地做成吊箱壳式，这种箱壳犹如一只钟罩，故又称为钟罩式油箱。当器身需要进行检修时，吊去外面钟罩形状的箱壳，即上节油箱，器身便全部暴露在外，可进行检修。显然吊箱壳比吊器身容易得多，不需要特别重型的起重设备。

吊箱壳式变压器由上节油箱（钟罩式箱壳）、下节油箱、器身组成。箱壳上装有储油柜。油浸式变压器的油箱内充满了变压器油，变压器油既起冷却作用，又起绝缘作用。油中含杂质或水分将降低油的绝缘性能，故要求盛在油箱内的变压器油最好不与外界空气接触，为此需将油箱盖紧，但当油温变化时，油的体积会膨胀或收缩，因而引起油面升高或降低，对小型变压器，一般采用预留空间的办法，即箱壳内的油不充满到油箱盖，但对大中型变压器，如仍用小型变压器预留空间的办法，则因其油箱截面积较大，油面将与空气大面积地接触，使油质变坏，尤其是大中型电力变压器的高压侧电压较高，当油的绝缘强度下降时，会立即威胁变压器的安全运行，储油柜可解决这个问题。

2. 储油柜

储油柜是一个圆筒形的容器，如图 3-15 所示。储油柜底部有管道与油箱连通，柜内油面高度随油箱中的油热胀冷缩而变动，储油柜一侧端面装有油位表。通过油位表可观察储油柜内的油位，当储油柜内油位低于5%或高于95%时，会输出报警信号。

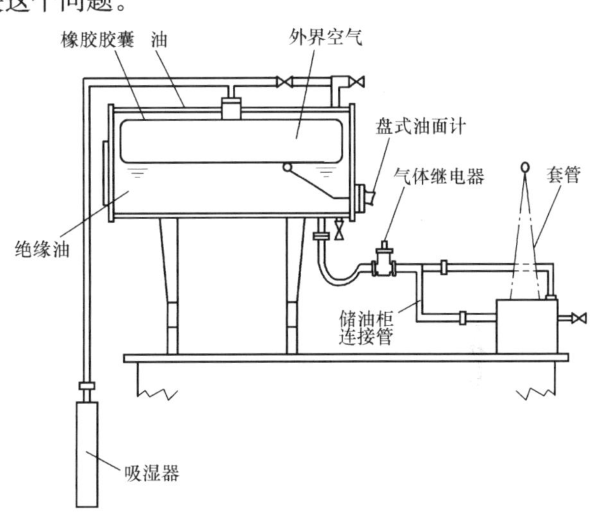

图 3-15　储油柜的结构

为防止空气中的水分进入储油柜内的油中，储油柜经过一个呼吸器（又称为吸湿器）与外界空气连通，呼吸器中盛有能吸潮气的物质，通常为硅胶，大型变压器为了加强绝缘油的保护，不使油与空气中的氧相接触，以免氧化，采用在储油柜内增加隔膜或充氮等措施。

中小型变压器如果用波纹油箱，则可省去储油柜，这时密闭油箱中油的热胀冷缩，由波纹板的变形来承受。

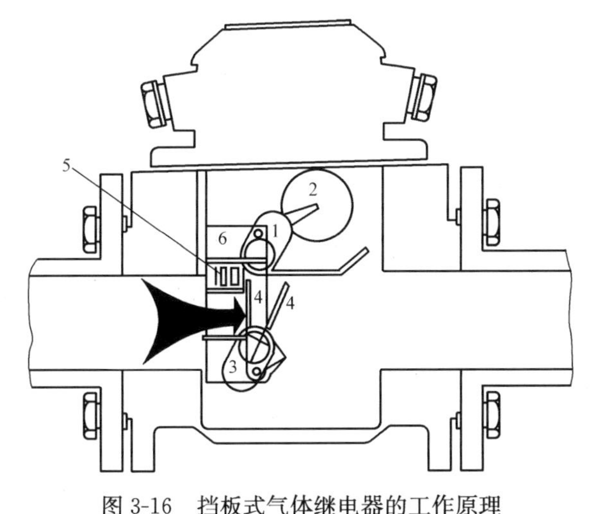

图 3-16　挡板式气体继电器的工作原理

1、3—磁性开关；2—浮球；4—挡板；5—磁铁；6—支架

3. 气体继电器

气体继电器是油浸式变压器及油浸式有载分接开关所用的一种保护装置。气体继电器安装在变压器箱盖与储油柜的连接管上，在变压器内部故障而使油分解产生气体或造成油流冲动时，使气体继电器的触点动作，以接通指定的控制回路，并及时发出信号或自动切除变压器。

挡板式气体继电器，也称为浮子式气体继电器，是目前使用最多的一类气体继电器。其中一种原理结构如图 3-16 所示，在继电器内装有由浮球和浮球与挡板带动的上、下两个开关系统：上部开关系统包括磁性开关1、支架6及浮球2，而磁性开关是由永久磁铁和一对干簧触点（磁性触点）组成；下部开关系统包括磁性开关3、支架6、挡板4和磁铁5。其工作原理如下：

变压器正常运行时，气体继电器中完全充满变压器油，浮力使浮球处于最高的正常位置，挡板处于垂直向上位置，挡住主油道。

当变压器内发生轻微故障时，产生的气体向上途经继电器，会聚在其壳内的上部空腔，迫使壳内油位下降，导致上浮球也下降，引起跟浮球连在一起的永久磁铁（在1内）接近干簧触点，当接近到一定限度时，便吸动干簧触点使其闭合，发出报警信号。此时，下浮球和挡板并不改变位置，因为油位降到一定程度后，产生的气体能够沿着管壁的上部排到储油柜。

当变压器内部发生严重故障时，产生大量气泡，急速的油流涌向气体继电器，当流速超过一定值，油流的冲力大于磁铁5吸住挡板的吸力时，便迫使挡板倒向油流动的方向（如图3-16所示），使相应的开关触点闭合，发出跳闸命令。

气体继电器应每年进行一次外观检查及信号回路的可靠性和跳闸回路的可靠性检查；已运行的继电器应每两年开盖一次，进行内部结构和动作可靠性检查，每5年进行一次工频耐压试验。

4. 油位计

指针式油位计（以下简称油位计）适用于油浸式电力变压器储油柜和有载分接开关储油柜油面的显示以及最低和最高极限油位的报警。也适用于各种敞开式或内压力小于245kPa的压力容器液位的显示和报警。

当变压器储油柜的油面升高或下降时，油位计的浮球或储油柜的隔膜随之上下浮动，使摆杆作上下摆动运动，从而带动传动部分转动，通过耦合磁钢使报警部分的磁钢（或凸轮）和显示部分的指针旋转，指针指到相应位置，当油位上升到最高油位或下降到最低油位时，磁铁吸合（或凸轮拨动）相应干簧触点（或微动开关）发出警报信号。

油位计使用时应该注意以下几个方面的问题。变压器设计在选用储油柜的同时，应选用相应的油位计，特别是摆杆长度（浮球中心至油位计铰链点中心距），以保证油位计显示值与油面位置的正确性。油位计所测液面不得有剧烈波动，摆杆不得快速猛烈摇动。油位计在运行中应每年检查一次。检查引线和开关绝缘性能是否良好，密封垫圈是否需要更换。本体油位计运行中应每年检查。油位在1%～5%低油位报警，油位在95%～99%高油位报警。

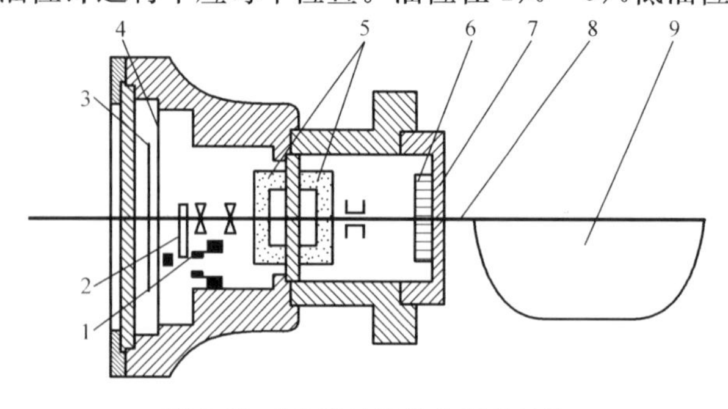

图3-17 YJ型油流继电器的结构

1—微动开关；2—凸轮；3—指针；4—表盘；5—耦合磁钢；6—复位涡卷弹簧；7—调整盘；8—传动轴；9—动板

5. 油流继电器

油流继电器是显示变压器强迫油循环冷却系统内油流量变化的装置，用来监视强迫油循环冷却系统的油泵运行情况，如油泵转向是否正确，阀门是否开启，管路是否有堵塞等情况，当油流量达到动作或减少到返回油流量时均能发出警报信号。油流继电器结构见图3-17。

YJ型油流继电器的工作原理：当变

压器冷却系统的油泵启动后就有油流循环，油流量达到动作油流量以上时，冲动继电器的动板旋转到最终位置，通过磁钢的耦合作用带动指示部分同步转动，指针指到流动位置，微动开关动合触点闭合发出正常工作信号；当油流量减少到返回油流量（或达不到动作油流量）时，动板借助复位涡卷弹簧的作用返回，使微动开关的动合触点打开，动断触点闭合发出故障信号。

运行中应每年检查：① 指针是否有不正常的抖动；② 运行时，指针要指在 RUN（运行）的位置；③ 注意检查是否漏油，玻璃内表面是否有水气冷凝。

油流继电器在运行中应每年检查一次引线和微动开关的绝缘性能是否良好，密封垫圈是否需要更换。

6. 压力释放阀和突发压力继电器

充有变压器油的电力变压器，如果内部出现故障或短路，电弧放电就会在瞬间使油汽化，导致油箱内压力极快升高。如果不能极快释放该压力，油箱就会破裂，将易燃油喷射到很大的区域内，可能引起火灾，造成更大破坏，压力释放阀可以避免油箱变形或爆裂，并可实现定向喷油及远程控制。

压力释放器装在变压器油箱顶盖上，它类似锅炉上的安全阀。当油箱内压力超过规定值时，压力释放器的密封门（阀门）被顶开，气体排出，压力减小后，密封门靠弹簧压力又自行关闭。压力释放器的动作压力，可在投入前或检修时将其拆下来测定和校正。

压力释放器动作压力的调整，必须与气体继电器动作流速的整定相协调。如压力释放器的动作压力过低，可能会使油箱内压力释放过快而导致气体继电器拒动，扩大变压器的故障范围。

图 3-18 所示为一种快速动作的压力释放器。它利用一个可调节的弹簧压往阀盘（盘状门），当油箱内部压力高于弹簧压力时，阀盘被顶起，即排气阀打开。正常状态下，油箱内压力作用到阀盘上的总推力是阀盘内密封环（直径较小）以内的总面积上的压力。一旦阀盘起座（顶起），作用在阀盘上的总推力是阀盘外密封环（直径较大）以内的总面积上的压力，阀盘起座力更大。因此，一旦阀盘起座，就能在几毫秒之内达到全开。

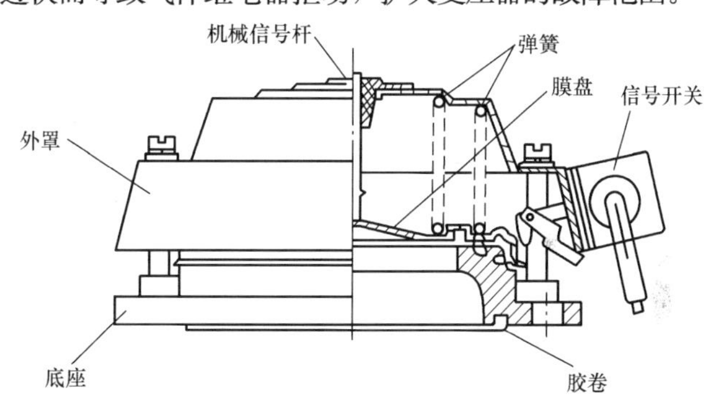

图 3-18 压力释放阀的结构

罩盖中装有鲜明颜色编码的动作指示器，阀盘打开时，将动作指示器上端推至露出罩外，并利用指示器套管的 O 形环将其保持在开启位置，在较远处仍清晰可见，表示它已动作过。该指示器不会自动复位，但可手动复位，方法是将其下推至落在阀盘上。压力释放器动作后，其触点动作，此触点可以与气体继电器跳闸触点并联，以防止压力释放器动作将压力释放以后使气体继电器拒动而发不出跳闸命令。

压力释放器安装在油箱盖上部，一般还接有一段升高管使释放器的高度等于储油柜的高度，以消除正常情况下的油压静压差。

使用中应注意以下几点：

(1) 压力释放阀的开启压力应等于或略小于 0.6～0.7（安全程度）的油箱安全压力。

(2) 运行中的压力释放阀动作后，应将释放阀的机械电气信号手动复位。

(3) 压力释放阀的胶圈自阀出厂之日算起，每十年必须更换一次以免因胶圈老化后导致释放阀漏油甚至失效。

突发压力继电器是用于保护变压器、电力电容器、电抗器等油箱安全的一种压力保护继电器，见图 3-19。它可以实现突发压力超值报警和静压力超值报警。它分别以油箱压力变化速度和油箱静油压作为测量信号源。当油箱压力升高速度大于 (2±2) kPa/s 时，突发压力继电器动作，发出电信号，其动作响应时间随压力升高速度加大而缩短；突发压力继电器动作时其静压增加值一般不超过 25kPa，从而使油箱在突发恶性事故时处于低压力区即可报警 (压力变化达到 0.1MPa/s)。

压力释放阀是通过可靠释放压力来达到避免变压器内部事故扩大，突发压力继电器是通过快速从线路上切除来达到保护变压器的目的。

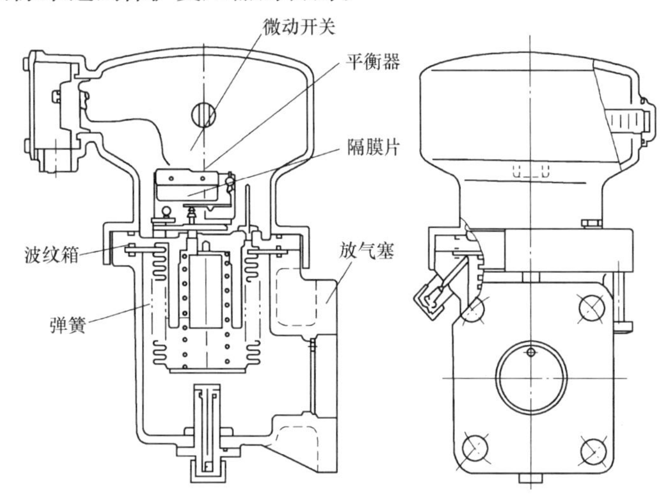

图 3-19 突发压力继电器的结构

7. 绕组温度计

由于变压器绕组带有高电压，其温度不便于直接测量，所以通常采用间接模拟的办法实现。测量方法有温包式和电阻式两种。其原理依据是变压器绕组的最热点温度 (或平均温度) 与上层油温有一个温差，该温差和变压器的负荷电流 (绕组电流) 的平方成正比，因此，利用变压器上层油温加上一个与绕组电流平方成比例的温差，就可间接测出绕组的温度。

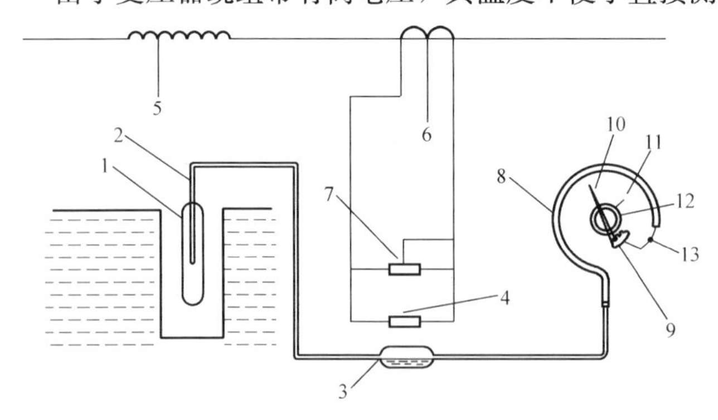

图 3-20 传统的温包型温度计构造示意图

1—感温包；2—毛细管；3—附加感温包；4—加热器；5—一次绕组；6—电流互感器；7—匹配电阻；8—布尔登管；9—齿轮传动机构；10—指针 (带动触点)；11、12—静触点；13—拉杆

(1) 温包型温度计也称为压力式温度计，传统的温包型温度计构造示意图如图 3-20 所示。其工作原理是以在密闭的测温系统中，感温

包内低挥发液体的饱和蒸汽压力与温度之间的对应关系为依据。在图中感温包1接一根细长的毛细管2连通到布尔登管（不到一圈的弹簧管）8，组成一个密闭的测量系统，在系统内充有低挥发液体。测量时，将感温包插在变压器油中（通常是将它插在变压器箱盖上的测温管内），当油温变化时，感温包内的液体便会产生与油温相对应的饱和蒸汽压力，经毛细管传递给布尔登管，使其产生形变。形变的大小与系统内的饱和蒸汽压力有关，布尔登管的形变经拉杆13传带动齿轮传动机构9，使指针10转动，指示相应的温度值。温度计带有电触点，其动触点装在转动的指针10上，两个静触点11和12的位置可调，电触点可用于发出超温信号。

用于绕组温度测量时，在通用的温包型测温装置的基础上，串联一只反映绕组电流、并随绕组电流大小变化而变化的附加感温包（充液器）3。附加感温包3感受发热电阻元件（加热器4）传来的热量，而发热电阻元件通过的电流是变压器上套管式电流互感器6的二次侧电流，以模拟变压器的负荷电流引起的绕组温度与上层油温之间的差。由于附加感温包3与反映变压器顶层油温的感温包1是串联的，故感温包中所充液体的压力间接地反映了该油温下变压器负荷对应的绕组温度。

（2）电阻式测温装置的温度传感元件不是感温包，而是电导率随温度变化而变化的显著的铂电阻或铜电阻元件。传感元件插在变压器箱盖上的测量管内，利用电桥检测电阻值的变化。电桥输出接有磁电式的仪表，指示温度值。同样利用电流互感器二次侧的电流值加热探测元件，以反映绕组温度与油温之间的差值。

变压器的每个绕组都供有一个绕组温度适配器，温度适配器对中心相的负荷做出反映。适配器相关联的设备包括电流互感器、探测组件、温度检测器、必要的接线和毛细管、刻度盘式（指针式）温度指示器（在150℃的满刻度内，精度在2%以内）。变压器配备绕组测温和油温测量装置；绕组测温能反映绕组的平均温升，油温测量有三个监测点。上述温度变量除在变压器本体上可观测外，还能将该信号送出。

8. 分接开关

（1）无载调压分接开关。这里叙述适用于单相无励磁调压的DWP-220/1000型楔形分接开关，简称为楔形分接开关。楔形分接开关由安装在变压器油箱盖上的操动机构来操作，用以改变变压器线圈匝数，以实现电压调整。当需要调整电压时，首先必须将变压器从网络上切除，使变压器处于完全无电压的情况下才能操作分接开关。这种分接开关又称为无载调压分接开关。楔形分接开关与变压器绕组的接线图如图3-21所示。

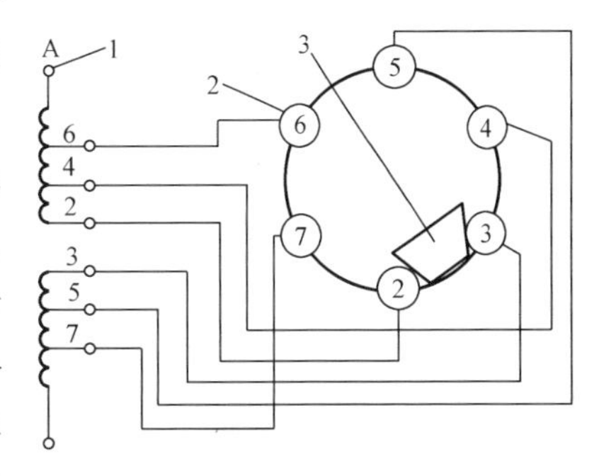

图3-21 楔形分接开关与变压器绕组的接线图

1—变压器绕组；2—定触柱；3—触头

楔形分接开关安装在变压器器身的两柱件中间。必须确认楔形分接开关的安装正确之后，方可进行操作。注意楔形分接开关只能按座上的轴转向标记（箭头方向）转动。手柄杆顺时针转动300°，即触头调换一个分接位置。操作方法是：先拧下M6螺钉，取下罩，将手柄杆向一端拉出，再提起定位销钉并旋转约45°，使销钉搁住，然后按座上轴转向标记（箭头方向）转动手柄杆，此时偏心转轴随之转动，并带动支持件及触头向逆时针方向转动。

当定位件缺口对准运行所需要的位置后，再反向慢慢地转一下，到转不动时，即确认开关已正位。放下定位销钉固定在定位孔内，即完成了一个分接位置变换的操作。

为了保证接触良好，不论变压器是否需要改变电压，每年必须对开关至少转动一次，以清除接触表面上的氧化膜及油污等，每次应连续转动 2 周。如果变压器不需要改变电压，在转动后应返回到原来位置上。分接开关操作完毕后，为判断其接触是否良好，应测量绕组的直流电阻。

对变压器进行检修时，必须对分接开关进行检查。

(2) 有载调压分接开关。有载调压分接开关也称为带负荷调压分接开关，其基本原理是在变压器的绕组中引出若干分接头，通过有载调压分接开关，在保证不切断负荷电流的情况下，由一个分接头切换到另一个分接头，以达到变换绕组的有效匝数，即改变变压器变比的目的。在切换过程中需要过渡电路。切换开关装在油箱内，切换在油中进行。

有载调压分接开关的工作原理如图 3-22 所示。假设变压器每相绕组有三个分接头 1、2、3，负载电流 I 开始由分接头 1 输出，若要从分接头 1 调到由分接头 2 输出，对于无载调压，可以在停电后切换分接头。有载调压时，分接头 1 与分接头 2 之间必须接入一个过渡电路（又称为限流电阻），即将一个阻抗跨接在分接头 1 与分接头 2 之间。有了过渡阻抗，分接头 1 与分接头 2 之间不会造成短路，起着限流作用。

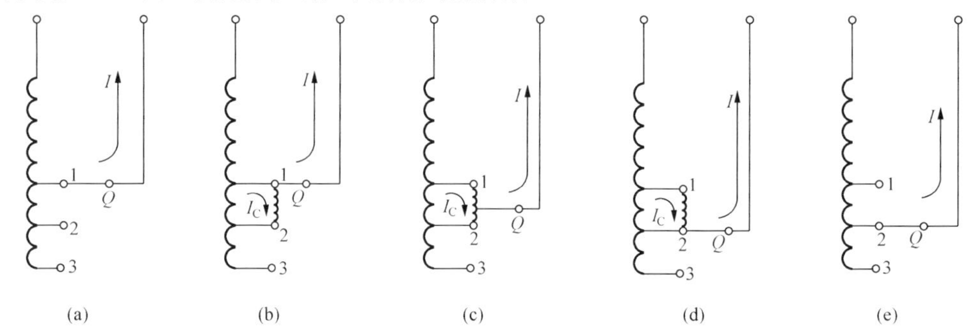

图 3-22 有载调压分接开关的工作原理

(a) 过渡开始时；(b) 过渡的分接头接上电抗；(c) 动触头在电抗上滑动；
(d) 动触头已经滑到需要的分接头；(e) 过渡用的电抗切除

有载调压分接开关主要由选择开关、切换开关、限流电阻以及机械传动部分组成。现分述如下：

1) 选择开关。选择变压器分接头的开关称为选择开关。选择开关在切换分接头过程中是不带负载电流的，因此，带有负载电流的切换开关的动触头在工作中只是滑动而并不切换分接头。由于选择开关在工作时不带负载电流，因此对提高开关的容量来讲是可取的。

2) 切换开关。带负载切换分接头位置的开关称为切换开关，或称调换开关。切换开关一般采用扇形滚动式结构，三个相的动触头分别装在扇形滚动件上，扇形滚动件分别装在星形主转轴臂上，主转轴可以往复旋转，带动滚动件转动，通过齿轮组的导向，使扇形滚动件按照滚转的方式，有规则地往复动作，于是动触头依既定的程序与定触头接触和分离，完成电路的切换。

3）限流电阻。切换开关的弧触头之间并联着限流电阻，目的是使切换开关在带负荷切换过程中，有效地限制开断时的电弧电流。限流电阻值由级间电压和变压器额定负载电流决定。

4）机械传动部分。调压分接开关机械传动部分主要由电动传动机构和快速机构组成。电动机轴的转动经蜗轮、螺杆降速之后，通过一对锥齿轮传递到垂直轴，再经过齿轮盒引入变压器油箱，与选择开关的水平轴相递接。在水平轴锥齿轮的转动下，使垂直主轴转动，主弹簧储能，在摆杆的作用下过死点，弹簧收缩，释放能量，从而带动切换开关主轴，达到快速切换的目的。

四、绝缘结构和绝缘套管

变压器的绝缘分主绝缘和纵向绝缘两大部分。主绝缘是指绕组对地之间、相间和同一相而不同电压等级的绕组之间的绝缘；纵向绝缘是指同一电压等级的一个绕组，其不同部位之间，例如层间、匝间、绕组对静电屏之间的绝缘。主绝缘应承受工频试验电压和全波冲击试验电压的作用，因此，主绝缘结构应保证在相应电压级试验电压作用下，具有足够的绝缘强度并保持一定的裕度。

变压器内部的主绝缘结构主要为油-隔板绝缘结构，目前广泛采用薄纸筒小油隙结构。绕组之间设置多层厚度一般为3～4mm的纸筒。铁芯包括芯柱和铁轭（接地），靠近芯柱的绕组与芯柱之间，为绕组对地的主绝缘，用绝缘纸板围着圆柱形的铁芯构成，根据电压的高低决定纸板的张数。纸筒的外径与绕组的内径之间，用撑条垫开，以形成一定厚度的油隙绝缘。电压较高时可以采用纸筒—撑条重复使用的办法构成。油隙同时又是绕组与芯柱之间、不同电压的绕组与绕组之间的散热油道。每相绕组的上、下两端，绕组与上部的钢压板、下部铁轭，存在着绕组端部的主绝缘，又称为铁轭绝缘，采用纸圈－垫块交叉地放置数层构成。

为改善绕组端部电场的分布，在110kV以上的绕组端部，都放置静电屏。同一相不同电压的绕组之间或不同相的各电压绕组之间的主绝缘采用薄纸筒小油隙结构，这种结构具有击穿电压值高的优点。最外层的绕组与油箱之间的主绝缘，电压在110kV及以下时依靠绝缘油的厚度为主绝缘；电压在220kV及以上时，增加纸板围屏来加强对地之间的主绝缘。

变压器的绝缘套管将变压器内部的高、低压引线引到油箱的外部，不但作为引线对地的绝缘，而且担负着固定引线的作用。绝缘套管一般是瓷质的，它的结构主要取决于电压等级，1kV以下的采用实心瓷套管，10～35kV采用空心充气或充油式套管，电压110kV及以上时采用电容式套管。为了增加外表面放电距离，套管外形做成多级伞状裙边，电压越高，级数越多。

第三节　变压器的发热与传热及冷却方式

一、变压器的发热与传热及各部分的温升限度

1. 变压器的发热与传热

变压器运行时，由于自身的损耗转变成热量，使铁芯、绕组等有关部分温度升高。于

是，有关各部分与周围介质之间存在着温差，热量就散发到周围介质中去。当产生的热量与散发的热量相等时，变压器各部分的温度就达到了稳定值。这时变压器中某部分温度与周围冷却介质温度之差称为该部分的温升。

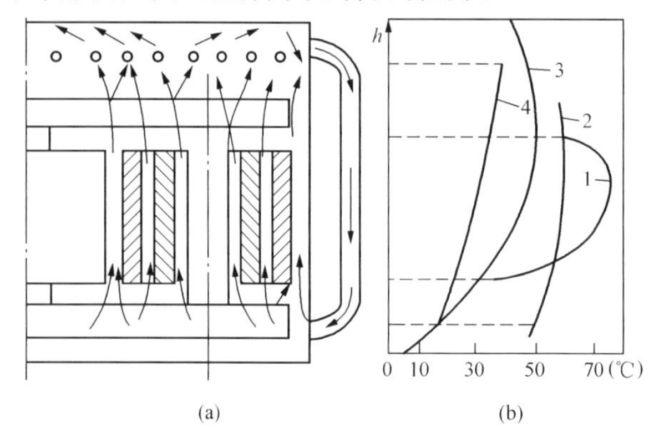

图 3-23　油箱内油的对流和各部分温度分布曲线

(a) 油箱内油的对流；(b) 各部分温度分布曲线

1—绕组；2—铁芯；3—油；4—油管

变压器的油箱和散热管表面主要靠辐射和对流两种方式散热，但热量从绕组或铁芯内部传到表面则依靠传导方式传热。通常油浸式变压器的散热过程如下：首先靠传导作用将绕组和铁芯内部的热量传到表面，然后通过变压器油的自然对流不断将热量带到油箱壁和散热管壁，再通过油箱壁和散热管壁的传导作用把热量从它们内表面传到外表面，之后通过辐射和对流作用将热量散发到周围空气中。变压器油在箱内自然流动（对流）的情况如图 3-23（a）所示。图 3-23（b）是油浸式变压器各部分沿油箱高度的温升分布曲线。

2. 变压器各部分的温升限度

变压器各部分的允许温升取决于绝缘材料。我国油浸电力变压器一般采用 A 级绝缘材料，最高允许温度为 105℃。高于 105℃时绝缘材料很快老化，根据我国电力变压器标准 GB 1094.1—1996的规定，为保证变压器具有正常的使用年限（20～30 年），油浸电力变压器温升限度如表 3-3 所示（周围冷却空气的最高温度规定为 40℃）。

表 3-3　　油浸电力变压器温升限度

变压器的部分		温升限度（℃）	测量方法
绕　组	自然油循环	65	电阻法
	强迫油循环		
铁芯表面		75	温度计法
与变压器油接触（非导电部分）的结构件表面		80	
油　面		55	

二、变压器的冷却方式

为了保证变压器散热良好，必须采用一定的冷却方式将变压器中产生的热量带走。常用的冷却介质是变压器油和空气两种。前者称为油浸式，后者称为干式。油浸式变压器又分为油浸自冷式、油浸风冷式及强迫油循环式等三种。油浸自冷式依靠油的自然对流带走热量，没有其他冷却设备。油浸风冷式是在油浸自冷式的基础上，另加风扇给油箱壁和散热管吹风，以加强散热作用。强迫油循环式是用油泵将变压器中的热油抽到变压器外的冷却器中冷却后再送入变压器。冷却器可以用循环水冷却或循环风冷却。

1. 油浸自冷式

油浸自冷式冷却系统没有特殊的冷却设备，油在变压器内自然循环，铁芯和绕组所发出的热量依靠油的对流作用传至油箱壁或散热器。这种冷却系统的外部结构又与变压器容量有关，容量很小的变压器采用结构最简单的、具有平滑表面的油箱；容量稍大的变压器采用具有散热管的油箱，即在油箱周围焊有许多与油箱连通的油管（散热管）；容量更大些的变压器，为了增大油箱的冷却表面，则在油箱外加装若干散热器，散热器就是具有上、下联箱的一组散热管，散热器通过法兰与油箱连接，是可拆部件。

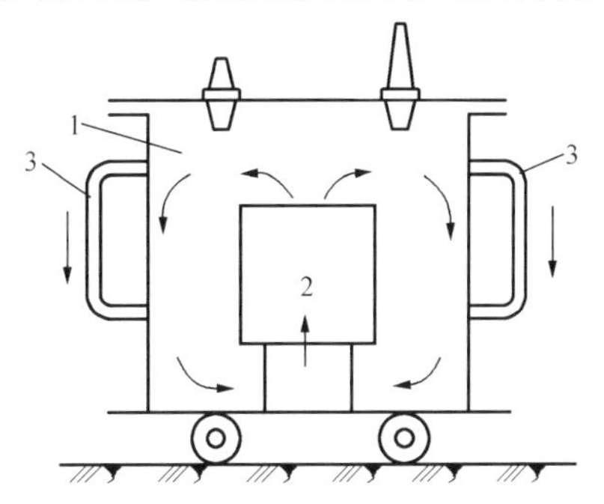

图 3-24 带有散热管的油浸自冷式变压器的油流路径
1—油箱；2—铁芯与绕组；3—散热管

图 3-24 所示为带有散热管的油浸自冷式变压器的油流路径。变压器运行时，油箱内的油因铁芯和绕组发热而受热，热油会上升至油箱顶部，然后从散热管的上端入口进入散热管内，散热管的外表面与外界冷空气相接触，使油得到冷却。冷油在散热管内下降，由管的下端再流入变压器油箱下部，自动进行油流循环，使变压器铁芯和绕组得到有效冷却。

油浸自冷式冷却系统结构简单、可靠性高，广泛用于容量 10 000kVA 以下的变压器。

2. 油浸风冷式

油浸风冷式冷却系统，也称为油自然循环、强制风冷式冷却系统。它是在变压器油箱的各个散热器旁安装一个至几个风扇，把空气的自然对流作用改变为强制对流作用，以增强散热器的散热能力。它与自冷式系统相比，冷却效果可提高 150%～200%，相当于变压器输出能力提高 20%～40%，以提高运行效率。

当负载较小时，可停止风扇而使变压器以自冷方式运行，当负载超过某一规定值，例如 70%额定负载时，可使风扇自动投入运行。这种冷却方式广泛应用于 10 000kVA 以上的中等容量的变压器。

3. 强迫油循环风冷式

强迫油循环风冷式冷却系统用于大容量变压器。这种冷却系统是在油浸风冷式的基础上，在油箱主壳体与带风扇的散热器（也称为冷却器）的连接管道上装有潜油泵。油泵运转时，强制油箱体内的油从上部吸入散热器，再从变压器的下部进入油箱体内，实现强迫油循环。冷却的效果与油的循环速度有关。如图 3-25 所示为大型变压器使用的强迫油循环风冷式冷却系统的结构。

4. 强迫油循环水冷式

强迫油循环水冷却系统由潜油泵、冷油器、油管道、冷却水管道等组成。工作时，变压器上部的油被油泵吸入后增压，迫使油通过冷油器时，利用冷却水冷却油。因此，这种冷却系统中，铁芯和绕组的热先传给油，油中的热再传给冷却水。如图 3-26 所示为强迫油循环水冷式冷却系统的结构。

主变压器采用的是强迫油循环风冷却方式。变压器上部的热油经过油泵从变压器油箱上部导入冷却器的冷却管内，在流动时被空气冷却，再从下部经油泵压入变压器油箱内。冷却

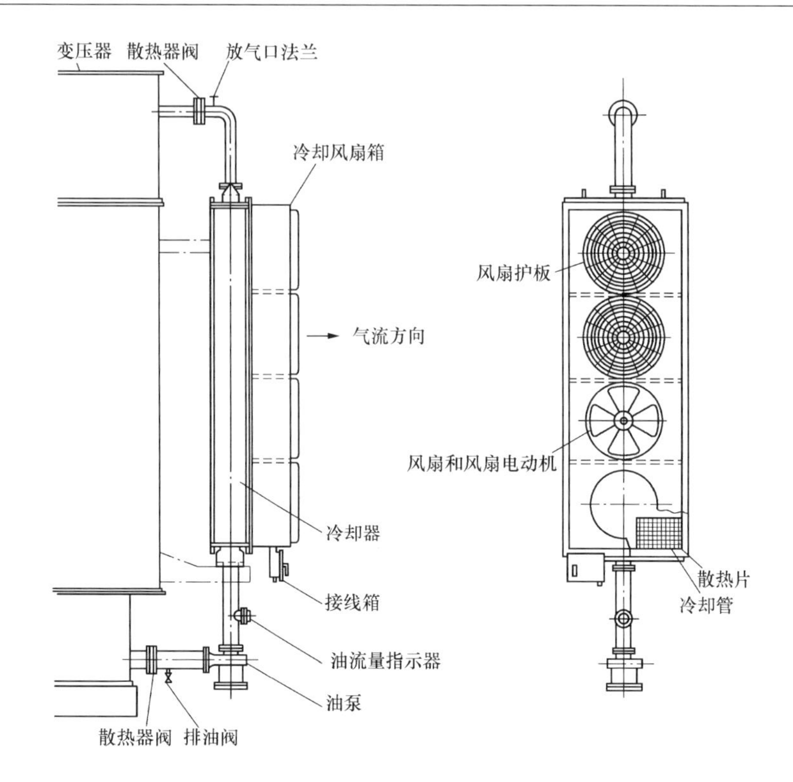

图 3-25　大型变压器使用的强迫油循环风冷式冷却系统的结构图

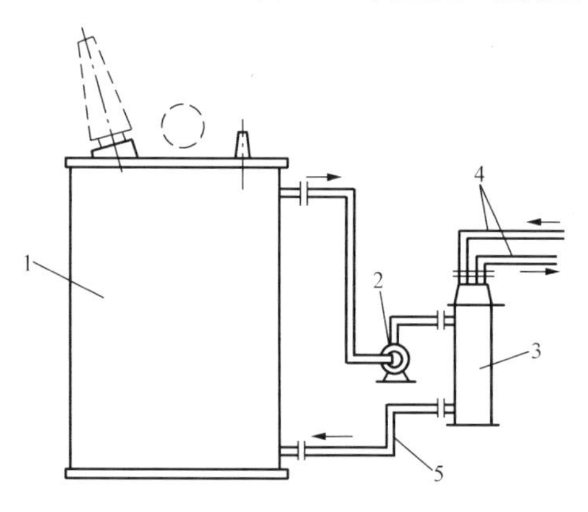

图 3-26　强迫油循环水冷式冷却系统的结构图

1—变压器；2—潜油泵；3—冷油器；4—冷却水管；5—油管道

用空气由风机从冷却器本体送至风扇箱一侧，吸取变压器油的热量从冷却器前面释放。强迫油循环冷却器由冷却器本体和风机组成。冷却器是通过将镀锌翘片插在冷却管上，通过扩管机拉动圆锥形扩管头，使冷却管与翘片紧密的结合在一起，保证了良好的导热性。

冷却器运行时需要达到以下标准：变压器投入或退出运行时，工作冷却器均可通过控制开关投入与停止；当运行中的变压器顶层油温或变压器负荷达到规定值时，辅助冷却器应自动投入运行；冷却器冷却系统按负荷情况自动或手动投入或切除相应数量的冷却器。

变压器冷却器因长期使用，空气入口处表面会附着昆虫或灰尘，这样会导致冷却器性能降低，因此必须定期清扫。

第四节　分裂绕组变压器

一、分裂绕组变压器的用途

随着变压器容量的不断增大，当变压器二次侧发生短路时，短路电流数值很大，为了能有效地切除故障，必须在二次侧安装具有很大开断能力的断路器，从而增加了配电装置的投资。如果采用分裂绕组变压器，则能有效地限制短路电流，降低短路容量，从而可以采用轻型断路器以节省投资。现在大型发电厂的启动变压器和高压厂用变压器一般均采用分裂绕组变压器，高压厂用变压器采用分裂绕组变压器后，采用的接线如图 3-27（a）所示。若两机一变扩大单元制的升压变压器采用分裂绕组变压器后，采用的接线如图 3-27（b）所示。

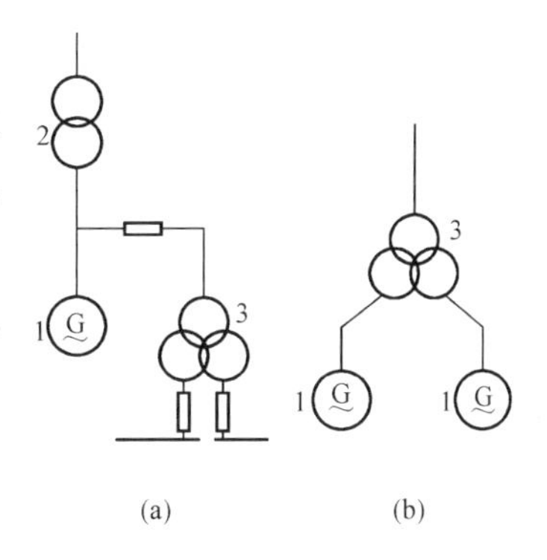

图 3-27 分裂绕组变压器接线图
（a）高压厂用变压器；（b）两机一变扩大单元制的升压变压器
1—发电机；2—升压变压器；3—分裂绕组变压器

二、分裂绕组变压器的结构原理

分裂绕组变压器是将普通双绕组变压器的低压绕组在电磁参数上分裂成额定容量相等的两个完全对称的绕组，这两个绕组间仅有磁的联系，没有电的联系，为了获得良好的分裂效果，这种磁的联系是弱联系。由于低压侧两个绕组完全对称，所以它们与高压绕组之间所具有的短路电抗应相等。两个分裂绕组是相互独立供电的，但两个分裂绕组的容量相等，且为变压器额定容量的1/2，或稍大于 1/2。

三相分裂绕组的结构布置形式有轴向式和径向式两种。在轴向式布置中，被分裂的两个绕组布置在同一个铁芯柱内侧的上、下部，不分裂的高压绕组也分成两个相等的并联绕组，并布置在同一铁芯柱外侧的上、下部。绕组排列和原理接线如图 3-28 所示。

在径向式布置中，分裂的两个低压绕组和不分裂的高压绕组都以同心圆的方式布置在同一铁芯柱上，且高压绕组布置在中间，绕组排列和原理接线如图 3-29 所示。两种布置的共同特点是两个低压分裂绕组在磁的方面是弱联系，这是双绕组分裂变压器与三绕组普通变压器的主要区别。

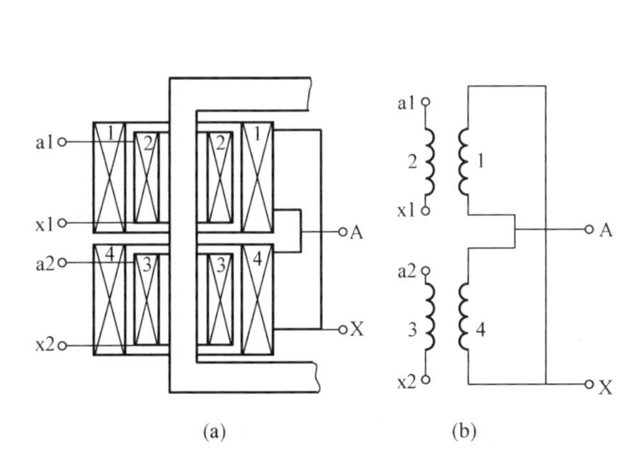

图 3-28 三相铁芯柱轴向布置
（a）绕组排列情况；（b）绕组原理接线图

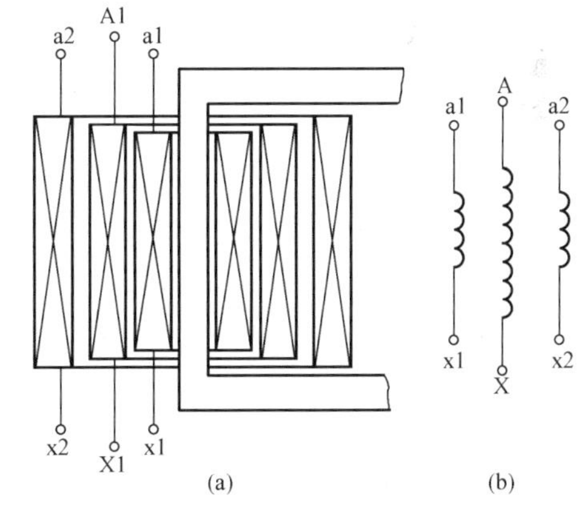

图 3-29 三相铁芯柱径向布置
（a）绕组排列情况；（b）绕组原理接线图

三、分裂绕组变压器的运行方式

1. 分裂运行

两个低压分裂绕组运行，低压绕组间有穿越功率，高压绕组开路，高低压绕组间无穿越功率。在这种运行方式下，两个低压分裂绕组间的阻抗称为分裂阻抗。由于两个低压绕组之间没有电的联系，而绕组在空间的位置，又布置得使它们之间有较弱的磁的耦合，所以在分裂运行时，漏磁通几乎都有各自的路径，互相干扰很少，这样它们都具有较大的等效阻抗。

2. 穿越运行

两个低压绕组并联，高、低压绕组运行，高、低压绕组间有穿越功率，在这种运行方式下，高低压绕组间的阻抗称为穿越阻抗。穿越阻抗的物理现象是当该变压器不作分裂绕组运行，而改作为普通的双绕组运行时，一、二次绕组之间所存在的等效阻抗。这个等效阻抗的百分比是比较小的。

3. 半穿越运行

当任一低压绕组开路，另一低压绕组和高压绕组运行时，高低压绕组之间的阻抗称为半穿越阻抗，这一运行方式，是分裂绕组变压器的主要运行方式。由于分裂绕组 2 和 3 的等值阻抗与不分裂运行时，即普通双绕组变压器运行时相比大得多，所以半穿越阻抗的百分比也是比较大的，因此工程上用来有效地限制短路电流。

根据上面的分析可得分裂绕组变压器的特点如下：

(1) 能有效地限制低压侧的短路电流，因而可选用轻型开关设备，节省投资。

(2) 在降压变电站，应用分裂变压器对两段母线供电时，当一段母线发生短路时，除能有效地限制短路电流外，另一段母线电压仍能保持一定的水平，不致影响供电。

(3) 当分裂绕组变压器对两段低压母线供电时，若两段负荷不相等，则母线上的电压不等，损耗增大，所以分裂变压器适用于两段负荷均衡又需限制短路电流的场所。

(4) 分裂变压器在制造上比较复杂，例如当低压绕组发生接地故障时，很大的电流流向一侧绕组，在分裂变压器铁芯中失去磁的平衡，在轴向上由于强大的电流产生巨大的机械应力，必须采取结实的支撑机构，因此在相同容量下，分裂变压器约比普通变压器贵 20%。

第四章

厂用电动机

第一节 异步电动机的结构和工作原理

一、结构

厂用电动机主要采用异步电动机。笼型异步电动机的结构图见图4-1。

三相异步电动机的基本结构可分为定子和转子两大部分。定子槽内置有三相对称绕组；转子槽中则嵌有笼条或线圈，它自成闭路不和定子绕组相连接。在定子和转子之间有气隙，定子、转子的铁芯以及气隙组成了电动机的主磁路。为了减小磁路的磁阻，也即减小电动机的励磁电流，异步电动机的气隙长度应在机械安全允许的条件下尽可能地缩小。异步电动机的定子固定在机座内，转子则承托在电动机两侧端盖的轴承座上。端盖有封闭式和不封闭式两种。以下就异步电动机的主要结构部件作一简单介绍。

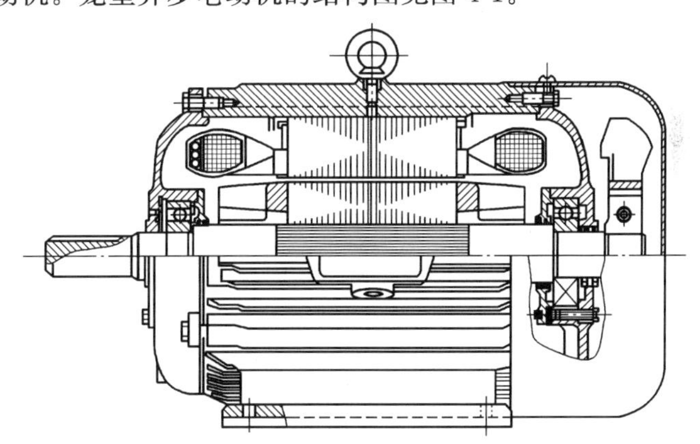

图4-1 笼型异步电动机的结构图

（一）异步电动机的定子

定子在结构上和同步发电机的定子没有区别。也包括铁芯、绕组及机座等部分。

定子铁芯是异步电动机磁路的一部分。由于气隙磁场以同步转速相对定子而旋转，为减少由此而在定子铁芯中引起的损耗，铁芯采用0.5mm厚的高磁导率硅钢片叠成。对于中小型异步电动机，当铁芯外径小于1m时，硅钢片为整张冲制的圆环形。在铁芯的内圆上，有齿、槽相隔，以便在叠成圆环形的定子铁芯槽内嵌置定子绕组。当定子铁芯外径大于1m时，则采用多张扇形冲片叠成铁芯。硅钢片两面都涂有绝缘漆，以减小铁芯的涡流损耗。中小型异步电动机定子铁芯的冷却，一般用同轴风扇进行表面通风，但有些也兼有槽底轴向通风。容量较大的电动机，则还用径向通风，即在铁芯叠片时，沿钢片的径向安置每叠4～5cm厚度的辐射形的垫条，使片与片之间留有相当于垫条厚度的径向通风道。

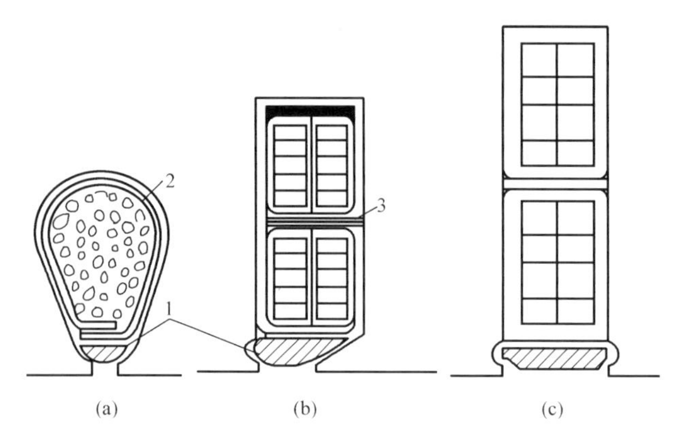

图 4-2 异步电动机的定子槽的形状
(a) 半闭口槽；(b) 半开口槽；(c) 开口槽
1—槽楔；2—槽绝缘；3—层间绝缘

定子槽的形状，如图 4-2 所示。对于中小型的异步电动机，如电压低于 500V，则常采用半闭口槽。而对于高压、大容量的异步电动机，通常采用开口槽。半闭口槽的优点在于主磁路的磁阻较小，从而减小励磁电流，有利于改善电动机的功率因数，同时也可以降低气隙磁场的脉振程度，相应降低电动机的杂散损耗。开口槽由于槽口宽度和槽宽相等，因此能把预制成形的线圈整个放入，所以多用于 6000V 电压等级，绝缘要求较高的大中型高压异步电机。

定子绕组是电动机的电路部分。小容量的异步电动机多采用单层绕组，而容量较大的异步电动机一般均采用双层短距绕组，异步电动机定子绕组的结构与同步电动机的定子绕组基本上类同。

定子绕组嵌在槽内，对铁芯应有可靠的绝缘（即对地绝缘），低压电动机的槽绝缘一般采用聚酯薄膜青壳纸，即所谓 E 级绝缘。对于高压、大容量的电动机除槽绝缘外，线圈采用云母带多层包扎的 B 级绝缘，甚至采用热压成形预制的绝缘线圈。双层绕组还应在上、下层之间加隔相绝缘。槽内线圈嵌置绝缘妥善后，在槽口用槽楔固定封闭。

机座或称机壳，它的作用主要是支撑定子铁芯，同时也承受整个电动机负载运行时产生的反作用力。它不是电动机的磁路部分。中小型电动机的机座通常采用铸铁成形，运行时内部所产生的热量，通过机座的传导作用向外散发，使电动机冷却。大型电动机的机身较大，浇铸不方便，常用钢板焊接成形。而在机座与铁芯之间留出空隙作为风道，以便通风冷却之用。总之，机座要有足够的机械强度和刚度，并具有一定的散热能力。

（二）异步电动机的转子

异步电动机的转子由转子铁芯、转子绕组和转轴等部件组成。

转子铁芯也是异步电动机主磁路的一部分，常用定子铁芯冲剪下来的同型号同规格的圆形硅钢片加工叠成，并用热套或用键将它固定在转轴上。大型异步电动机的转子铁芯叠装后套在转子支架上，再使之紧固于转轴。冲剪好的转子钢片，在其外圆上同样也开有槽，以便嵌放转子线圈或转子导条之用。

转子绕组是转子的电路部分，它自成闭路，不与定子绕组相连。按转子绕组结构的不同，异步电动机的转子可分为笼型和绕线式两种。

1. 笼型转子绕组

笼型转子绕组结构简单，将导条放置在转子铁芯槽内后，两端伸出部分各自用端环短接，所以整个转子绕组形状似一个笼子，因而得名。转子的导条、端环可用铜材并焊接使之成一整体。一般中小型电动机，为了节约铜材和简化工艺，常以铝代铜，采用压铸法将熔化的铝铸入，这样导条、端环以及风叶一次浇铸成形。见图 4-3。

笼型转子绕组由于感应电动势不大且又自成闭路，所以它与转子铁芯之间无需绝缘。小型异步电动机对启动性能要求不高，因此转子结构大多采用上述的单笼型。大中型异步电动机如要求有较大的启动力矩或较好的启动特性，则可以采用双笼型或深槽式。为了改善电动机的启动性能，有时在转子铁芯叠片装配时，把转子的槽口扭斜一定的角度，即采用所谓的斜槽。

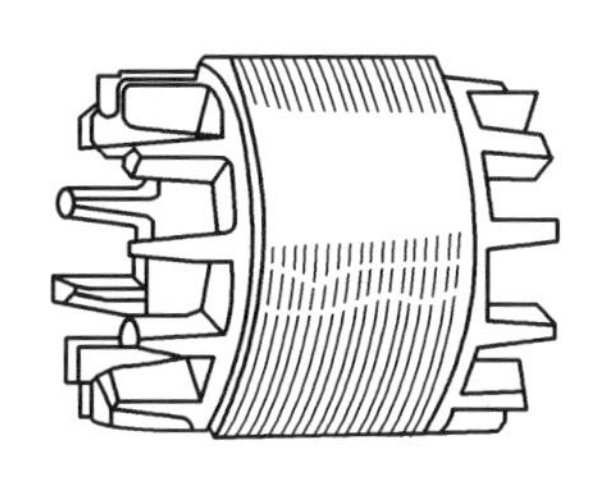
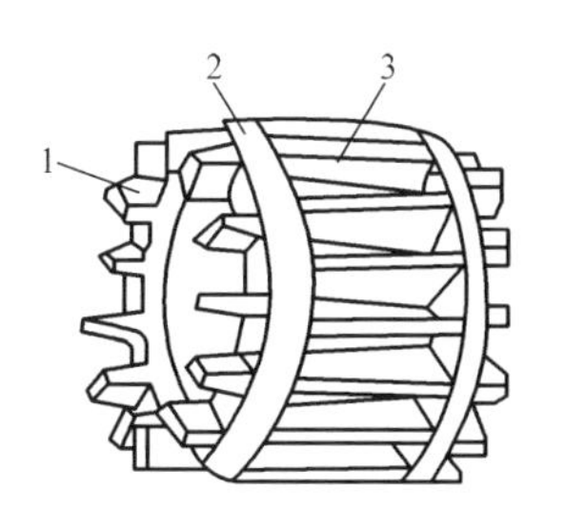

图 4-3 笼型铸铝转子

1—风扇叶片；2—端环；3—导条

2. 绕线式转子绕组

绕线式转子绕组和定子绕组相似，它是将线圈嵌放在槽内并连接成三相对称绕组。一般为星形接法。它的三个出线端分别焊接在三个同轴旋转，且与轴绝缘的滑环上，然后通过电刷把三相电流从滑环处引出，分别串联在附加电阻箱上，三相附加电阻箱是一个三相可同时调节的电阻。图 4-4 是它的接线示意图。

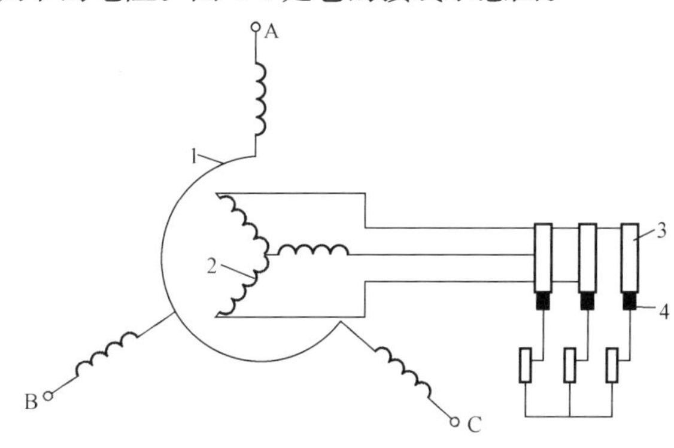

图 4-4 绕线式异步电动机的接线示意图

1—定子绕组；2—转子绕组；3—滑环；4—电刷

绕线式异步电动机的最大优点在于转子绕组启动时可外接启动电阻，使电动机获得较大的启动力矩，并降低启动电流，从而改善电动机的启动性能。选用适当的附加电阻，还可以使启动力矩达到最大力矩。常见的附加电阻仅作启动之用，在转速接近额定值时，通过机械装置将三个滑环短接，使转子绕组自行闭路，同时将刷握举起并使电刷离开滑环。绕线式电动机通常用在中等容量的电动机中，但是因为制造复杂，成本高，也由于现代电网容量增大，允许单机直接启动容量增大。一般电动机大多数采用直接启动，故除非调速需要，绕线式电动机的应用已渐趋减少。

二、异步电动机的工作原理

定子绕组中通入三相电流后，三相电流产生的合成磁场是随电流的交变而在空间不断地旋转着，这就是旋转磁场。异步电动机所以能够转动起来，其必要条件就是定子绕组产生旋转磁场。旋转磁场的方向决定于定子三相绕组电流的相序；旋转磁场的速度决定于外加电源频率 f 和定子绕组的磁极对数 p，即

$$n_1 = \frac{60f}{p} \tag{4-1}$$

式中 n_1——同步转速，r/min。

由于定子旋转磁场与静止的转子之间有相对运动，所以转子上的绕组导体便切割定子旋转磁场的磁力线而产生感应电流，其方向用右手定则确定。带电流的转子绕组与定子旋转磁场相互作用将产生电磁力，其方向用左手定则确定。这些电磁力对转轴形成一个与旋转磁场

同方向的电磁转矩，驱使转子沿旋转磁场的方向以转速 n 旋转，这就是异步电动机的工作原理，见图 4-5。

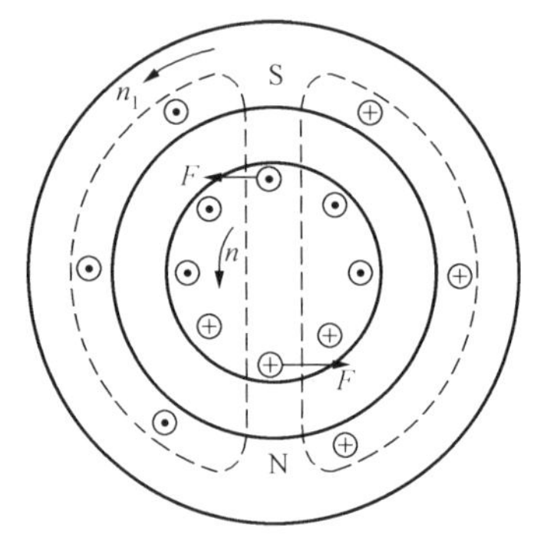

图 4-5 异步电动机的工作原理图

很明显，转子的转速 n 不可能达到旋转磁场 n_1 的转速，否则，两者之间没有相对运动，转子绕组内就不会产生感应电流及产生电磁力而使转子旋转。所以，转子的转速总是小于同步转速，故称这种电动机为异步电动机。又因为这种电动机的转子电流是由电磁感应产生的，故又称为感应电动机。

一般用转差率 s 表示转子转速 n 与同步转速 n_1 的相差程度，即

$$s=\frac{n_1-n}{n_1} \tag{4-2}$$

当电动机的定子绕组与电源接通时，而转子轴上未带机械负载，电动机输出的机械功率为零，称为空载运行。电动机在空载运行时，轴上的制动转矩是由轴与轴承之间的摩擦以及转动部分受到的风阻力等所产生的，其值很小。因而此时所需要的电磁转矩也很小，转子的转速接近于同步转速。如果在空载运行的电动机轴上加上机械负载，则轴上产生机械制动转矩，在机械负载加入的瞬时，转矩平衡状态被破坏，引起电动机的转速减慢。随着转子转速的逐渐下降，转子绕组导体切割旋转磁场的速度相应增大，于是，转子绕组内的感应电动势增大，电流也随着增大，即电磁转矩增大。直到电磁转矩与制动转矩达到平衡状态时，电动机在某一恒定转速下旋转。反之，当负载减小时，电动机转速上升，其过程与上述情况相反。异步电动机在不同负载下，其转速变化是很小的。

三、异步电动机的额定值

(1) 额定电压 U_N。额定电压为加在定子绕组上的线电压。

(2) 额定电流 I_N。额定电流为定子绕组的线电流。

(3) 额定频率 f_N。

(4) 额定转速 n_N。额定转速为电动机在额定电压 U_N、额定频率 f_N、转轴上有额定输出时的转子转速。

(5) 额定功率因数 $\cos\varphi_N$。

(6) 额定功率 P_N。电动机指轴上输出的机械功率。

第二节 异步电动机的功率及力矩

一、异步电动机的等效电路

异步电动机的功率传递也是借助于电磁感应原理将定子的能量传递到转子。从原理上看，和变压器有相似之处。一般定子绕组相当于变压器的一次侧绕组，转子绕组相当于变压器的二次侧绕组。

异步电动机在转子不动时的电磁现象和变压器最为接近；异步电动机在转子不动时所得到的基本电磁关系，包括电动势平衡和磁动势平衡关系，绕组折算法等，在转子旋转时也可

以适用，因为转子的旋转并不改变上述电磁过程的本质，只要补充考虑转子旋转因素的影响即可，所以转子不动时异步电动机的分析带有基础性质。

异步电动机在正常工作时转子总是旋转的，异步电动机的气隙旋转磁场，总是以同步转速 n_1 相对于定子旋转，所以当转子旋转时，旋转的主磁通将不再以同步转速切割转子绕组，因而导致转子各物理量的大小发生变化，主要是转子电动势及其频率、转子绕组的漏抗将发生变化，从而使转子电流发生相应的变化。

当异步电动机轴上不带机械负载时，即属空载运行。此时只需很小的转子电流，产生不大的电磁力矩，克服它自身不大的机械损耗（由摩擦和风阻产生）和空载杂散损耗所引起的空载制动力矩，所以转差率很小，转速 n 接近于同步转速 n_1。实际上，这时气隙旋转磁场以很低的相对转速（n_1-n）切割转子绕组，使转子产生很小的电流和相应的电磁力矩，维持转子空转。这时的定子电流称为空载电流，以 $\dot{I}_0$ 表示。

当异步电动机加上机械负载时，轴上电磁力矩暂时小于负载制动力矩，因而使转速降低，s 增大，气隙旋转磁场便以较大的相对转速（n_1-n）切割转子绕组，感应出较大的转子电动势，产生较大的转子电流和相应的电磁力与电磁力矩，以便与负载力矩相平衡，电动机即在比空载转速稍低的情况下稳定运行。随着转子电流的增加，通过磁动势平衡关系，定子电流相应增大，输入有功功率也相应增加，定子功率因数 $\cos\varphi_1$ 也相应提高。所以异步电动机负载的变化，通过电动机内部的电磁作用，引起它的定子电流和输入功率发生相应变化。

异步电动机负载运行时，相当于变压器在纯电阻负载下运行，其等效负载电阻为 $\frac{1-s}{s}r'_2$。这种相似性是不难理解的，因为异步电动机转子对定子的作用和变压器二次侧对一次侧的作用相同，而电动机输出的是机械功率（纯有功功率），即相当于带纯电阻负载的变压器，所以应该用纯电阻来模拟负载。

由此可得异步电动机的 T 形等效电路如图 4-6 所示。

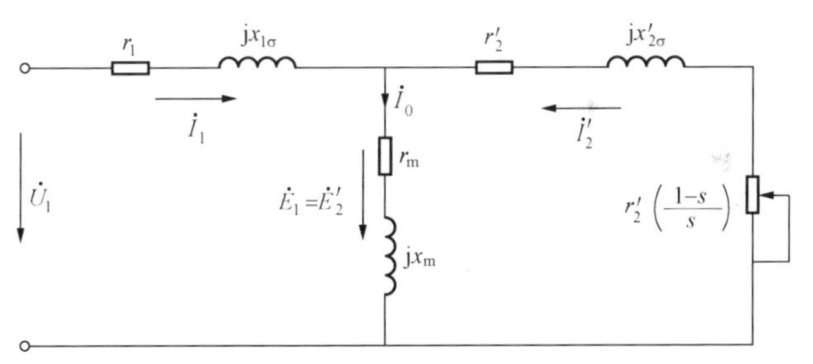

图 4-6 异步电动机的 T 形等效电路

二、异步电动机的功率及力矩

（一）功率平衡方程式

不可避免的，异步电动机运行时会产生各种损耗。下面说明电动机在能量转换过程中的各种功率和损耗，及有功功率平衡关系。

由 T 形等效电路可知：

输入电功率

$$P_1=m_1U_1I_1\cos\varphi_1 \tag{4-3}$$

定子绕组铜耗

$$p_{Cu1}=m_1I_1^2r \tag{4-4}$$

定子铁耗

$$p_{\mathrm{Fe}} = m_1 I_0^2 r_{\mathrm{m}} \tag{4-5}$$

传递到转子的电磁功率

$$P_{\mathrm{em}} = P_1 - p_{\mathrm{Cu1}} - p_{\mathrm{Fe}} \tag{4-6}$$

转子铜耗

$$p_{\mathrm{Cu2}} = m_1 I'^2_2 r'_2 \tag{4-7}$$

电磁功率减去转子铜耗 p_{Cu2} 之后剩下的称为全机械功率 P_{mec}，即

$$P_{\mathrm{mec}} = P_{\mathrm{em}} - p_{\mathrm{Cu2}} = m_1 I'^2_2 \frac{1-s}{s} r'_2 \tag{4-8}$$

而

$$P_{\mathrm{em}} = P_{\mathrm{mec}} + p_{\mathrm{Cu2}} = m_1 I'^2_2 \frac{r'_2}{s} \tag{4-9}$$

电磁功率 P_{em}、全机械功率 P_{mec}及转子铜耗 p_{Cu2}之间的数量关系为

$$P_{\mathrm{mec}} = (1-s)P_{\mathrm{em}} \tag{4-10}$$

$$p_{\mathrm{Cu2}} = sP_{\mathrm{em}} \tag{4-11}$$

异步电动机正常运行时 s 很小。由式 $p_{\mathrm{Cu2}}=sP_{\mathrm{em}}$可知 s 小则转子铜耗小，电动机的效率高。

在 T 形等效电路外，电动机旋转时还有机械损耗 p_{mec}和附加损耗 p_{ad}。机械损耗是由于轴上的摩擦及风扇造成的；附加损耗主要是由于定子、转子有齿及槽，当电动机旋转时使气隙磁通发生脉振，因此在定子、转子铁芯中产生附加损耗。这种损耗在电动机的转子上会产生制动力矩，因而消耗了电动机转子上的一部分机械功率。

全机械功率减去机械摩擦损耗和附加损耗后才是轴上输出的机械功率 P_2。

$$P_2 = P_{\mathrm{mec}} - (p_{\mathrm{mec}} + p_{\mathrm{ad}}) = P_{\mathrm{mec}} - p_0 \tag{4-12}$$

$$p_0 = p_{\mathrm{mec}} + p_{\mathrm{ad}} \tag{4-13}$$

式中 p_0——空载损耗。

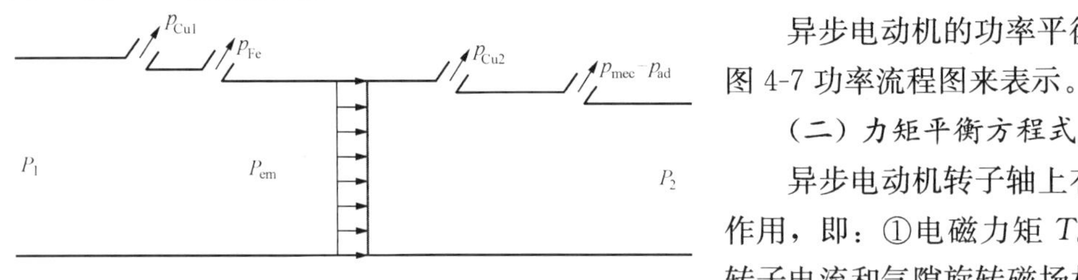

图 4-7 异步电动机的功率流程图

异步电动机的功率平衡关系可用图 4-7 功率流程图来表示。

（二）力矩平衡方程式

异步电动机转子轴上有三个力矩作用，即：①电磁力矩 T_{em}，它是由转子电流和气隙旋转磁场相互作用所产生的力矩，也就是由定子经电动机气隙传递给转子的总机械功率 P_{mec}转化而来的力矩；②空载制动力矩 T_0，它是由电动机的机械损耗和附加损耗 p_0 所引起的制动力矩；③负载力矩 T_2，是转子所拖动的机械负载反作用于转子轴上的力矩。

在动力学上，功率和力矩的关系为 $T=\frac{P}{\Omega}$，其中 Ω 为旋转的机械角速度。根据功率平衡方程式 $P_{\mathrm{mec}}=p_0+P_2$，两边除以 $\Omega=\frac{2\pi n}{60}$，得

$$\frac{P_{\mathrm{mec}}}{\Omega} = \frac{p_0}{\Omega} + \frac{P_2}{\Omega} \tag{4-14}$$

即
$$T_{em}=T_0+T_2 \tag{4-15}$$
这就是电动机稳定运行时的力矩平衡方程式。

（三）异步电动机的电磁力矩

电磁力矩
$$T_{em}=\frac{P_{mec}}{\Omega}=\frac{(1-s)P_{em}}{\frac{2\pi(1-s)n_1}{60}}=\frac{P}{2\pi f_1}P_{em} \tag{4-16}$$

1. 电磁力矩的分析式
$$T_{em}=\frac{P}{2\pi f_1}P_{em}=\frac{P}{2\pi f_1}m_1E'_2I'_2\cos\psi_2$$
$$=\frac{P}{2\pi f_1}m_1 4.44 f_1N_1K_{N1}\Phi_1I'_2\cos\psi_2 \tag{4-17}$$
$$T_{em}=C'_T\Phi_1I'_2\cos\psi_2 \tag{4-18}$$

可知，电磁力矩的大小和转子电流的有功分量成正比，并非和转子电流成正比。虽然启动时启动电流很大，由于启动电流主要是无功电流，所以启动力矩并不大。

2. 电磁力矩的参数表达式

已知：
$$T_{em}=\frac{P}{2\pi f_1}P_{em}=\frac{P}{2\pi f_1}m_1I'^2_2\frac{r'_2}{s}$$

忽略励磁电流，由异步电动机的T形等效电路得
$$I'_2=\frac{U_1}{\sqrt{\left(r_1+\frac{r'_2}{s}\right)^2+(x_{1\sigma}+x'_{2\sigma})^2}} \tag{4-19}$$

电磁力矩的参数表达式为
$$T_{em}=\frac{Pm_1}{2\pi f_1}\frac{U_1^2\frac{r'_2}{s}}{\left(r_1+\frac{r'_2}{s}\right)^2+(x_{1\sigma}+x'_{2\sigma})^2} \tag{4-20}$$

式中　U_1——相电压。当电压单位用V，电阻和漏抗用Ω时，计算出的电磁力矩单位为N·m。

对于一台已经制造好的电机来说，它的阻抗可认为近似不变；另外在运行过程中电压和频率也可作为常数，因此T_{em}仅随转差率s而变化。异步电机的电磁力矩随转差率而变化的曲线称为异步电机的$T_{em}=f(s)$特性，如图4-8所示。

从图4-8中可以看到，当异步电机作电动机运行时，转差率在0～1范围内。当$s=0$时，$T_{em}=0$。从物理概念来分析，此时转子转速等于同步转速，转子电动势、转子电流都等于零，电磁力矩也为零。当s从零变大，开始时$\left(r_1+\frac{r'_2}{s}\right)^2$这一项数值比$(x_{1\sigma}+x'_{2\sigma})^2$大得多，$(x_{1\sigma}+x'_{2\sigma})^2$可忽略不计，因此$s$增大时，$T_{em}$成

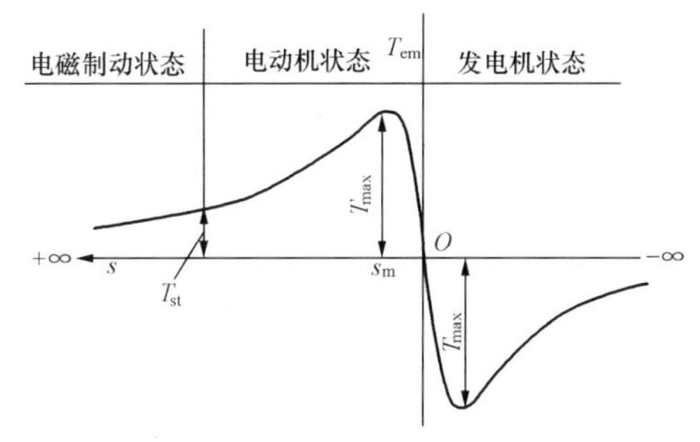

图4-8　异步电机的$T_{em}=f$（s）曲线

正比增加。

但 s 较大时，$\left(r_1+\frac{r'_2}{s}\right)^2$ 相对地变小，漏电抗 $(x_{1\sigma}+x'_{2\sigma})^2$ 开始成为分母中的主要部分，因此 s 增大时，T_{em} 增加不多。达到最大值 T_{max} 之后，s 继续增大时，T_{em} 就反而减小了。一直到 $s=1$ 时，T_{em} 降到启动力矩 T_{st} 。

当异步电机作发电机运行时，$s<0$ 。由于 s 为负值，T_{em} 也变为负值，故电磁力矩对原动机起制动作用。此时 $T_{em}=f(s)$ 曲线在纵坐标右边下面，曲线的形状与电动机运行方式时的 $T_{em}=f(s)$ 曲线大致相似。

当电机在电磁制动状态下运行时，$s>1$ ，其 $T_{em}=f(s)$ 曲线是电动机 $T_{em}=f(s)$ 曲线的延长。

3. 最大电磁力矩

由 $T_{em}=f(s)$ 曲线可见，异步电机在电动机或发电机运行时都各有一个最大电磁力矩。为了求得此最大电磁力矩，可认为电机参数不变，将式 $T_{em}=f(s)$ 对 s 求导，并令 $\frac{dT_{em}}{ds}=0$。

整理得

$$s_m=\pm\frac{\sigma r'_2}{\sqrt{r_1^2+(x_{1\sigma}+\sigma x'_{2\sigma})^2}} \tag{4-21}$$

式中“+”号是电动机运行时的情况，而“−”号是发电机运行时的情况。通常异步电动机的 s_m 值在 0.12 ~ 0.2 范围内。

将 $s_m=\pm\frac{r'_2}{\sqrt{r_1^2+(x_{1\sigma}+x'_{2\sigma})^2}}$ 代入 T_{em} 的表达式，得到最大电磁力矩的表达式为

$$T_{max}=\pm\frac{Pm_1}{4\pi f_1}\frac{U_1^2}{\left[\pm r_1+\sqrt{r_1^2+(x_{1\sigma}+x'_{2\sigma})^2}\right]} \tag{4-22}$$

从以上 T_{max} 和 s_m 的两公式中，可以看到异步电动机最大电磁力矩的一些基本关系。

(1) 当电源频率和电动机参数不变时，最大电磁力矩与电源电压的平方成正比，即 $T_{max}\propto U_1^2$ 。可见电压下降对异步电动机最大电磁力矩的影响是非常敏感的，若电压下降过多，以致使最大电磁力矩 T_{max} 小于负载的制动力矩 T_0+T_2 ，将迫使电动机无法转动。

(2) 最大电磁力矩的大小与转子回路电阻 r'_2 无关。但出现最大电磁力矩时的临界转差率 s_m 与 r'_2 成正比，故当转子回路电阻增加（如绕线式转子串入附加电阻）时，虽然 T_{max} 不变，但 s_m 增大，使整个 $T_{em}=f(s)$ 曲线向左移动，如图 4-9 所示。

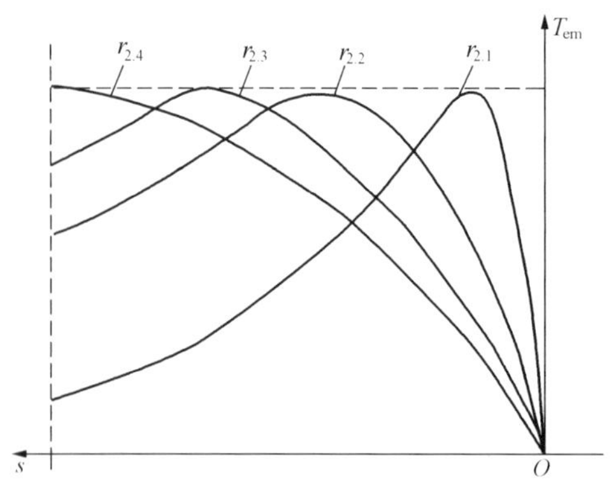

图 4-9 转子回路串入电阻对 $T_{em}=f(s)$ 曲线的影响

(3) 一般电动机中，由于 r_1 比 $(x_{1\sigma}+x'_{2\sigma})$ 小得多，故当电源电压和频率为定值时，最大电磁力矩近似地与 $(x_{1\sigma}+x'_{2\sigma})$ 成反比，即定子、转子漏抗越大，T_{max} 越小。

(4) 当电源电压和电动机参数一定时，异步电动机的最大电磁力矩将随电源频率的升高而降低。

异步电动机的最大电磁力矩对其运行的稳定性有很大的影响，当电动机负载运行时，若负载短时突然增大，随后又恢复正常，只要总制动力矩 $T_0 + T_2$ 小于该电动机的最大电磁力矩，电动机总是能够适应突变而保持稳定运行的。因此电动机最大电磁力矩越大，它的短时过载能力越大。电动机最大电磁力矩与额定力矩之比称为电动机的过载能力，即

$$k_m = \frac{T_{max}}{T_N} \tag{4-23}$$

一般用作拖动机械负载的异步电动机 k_m 值在 1.8 ～ 2.5 之间，冲击性负载等特殊性用途的电动机，则要求 k_m 在 2.7～3.7 之间。k_m 是电动机运行性能的一项重要指标。

4. 启动力矩

所谓启动是指定子绕组已接上电源，但转子由于机械惯性而尚未达到稳定转速的这一过程。显然，启动之初，$n = 0$，$s = 1$。异步电动机的启动力矩为

$$T_{st} = \frac{Pm_1}{2\pi f_1} \frac{U_1^2 r'_2}{(r_1 + r'_2)^2 + (x_{1\sigma} + x'_{2\sigma})^2} \tag{4-24}$$

可得异步电动机启动力矩的变化规律如下：

（1）当电源频率和电动机参数均不变时，启动力矩与电源电压的平方成正比。

（2）当电源电压和电动机参数均不变时，启动力矩随电源频率的提高而减少。

（3）在一定的电源电压和频率下，电动机的漏电抗越大，则启动力矩越小。

（4）转子电阻 r'_2 值直接影响启动力矩。对于绕线式电动机，如在转子回路串入适当附加电阻 r'_{st}，则可提高启动力矩。

启动力矩也是电动机的一项重要性能指标。因为如果启动力矩太小，在一定的机械负载下电动机就无法启动，而不能满足生产机械的要求。通常用启动力矩与额定力矩的比值 k_{st} 表示异步电动机启动力矩的倍数，k_{st} 是衡量电动机启动性能的一个指标。

$$k_{st} = \frac{T_{st}}{T_N} \tag{4-25}$$

一般异步电动机的 k_{st} 在 1.0～2.0 之间，特殊性用途的电动机，k_{st} 可达到 2.8～4.0。

5. 稳定运行区和稳定运行的概念

图 4-10 所示为一台异步电动机的 $T_{em} = f(s)$ 曲线。电动机拖动的机械负载通常有两种：一种为恒力矩负载，如起重设备、切削机床等，它不论电动机的转速如何，对电动机的阻力矩恒定不变；另一种负载力矩随电动机转速升高而迅速增大，如水泵、风机等，其力矩大致与速度成平方关系变化。图 4-10 是以恒力矩负载为例来说明 $T_{em} = f(s)$ 曲线的稳定运行区域，负载力矩与电动机电磁力矩在 a 点取得平衡，于是电动机即在 a 点运行。

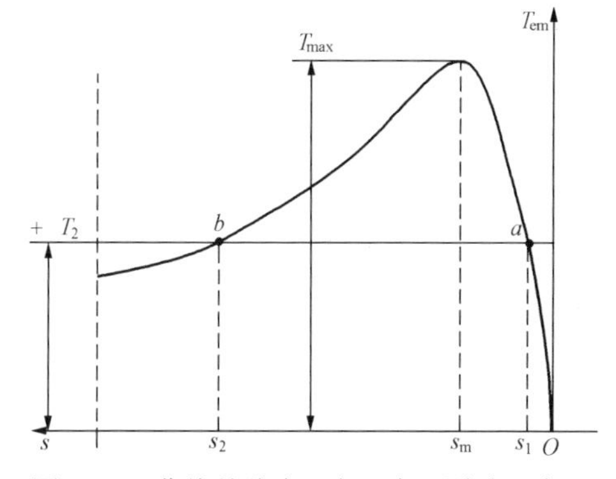

图 4-10　曲线的稳定运行区与不稳定运行区

如负载力矩由于外界的原因有所增加，将引起电动机转速下降，s 值上升，运行点向左移动，电动机的电磁力矩随之增加，从而取得新的平衡。又如负载减小，上述反应将相反，同样也取得新

的运行点稳定运行。但是在 b 点运行的情况就不一样。当负载略有增加时，转差率便上升，电动机的电磁力矩却降低，于是电动机的转速更加下降直至被迫停机；当负载减少时，转差率下降，电动机的电磁力矩上升，电磁力矩与负载力矩的差值使电动机继续加速，一直到 a 点才能重新取得平衡。由此可见，对于恒力矩负载，异步电动机的稳定运行区域是在曲线中横坐标 s 处于 $s_m > s > 0$ 区间，当 $s > s_m$ 时将不稳定。但对于风机类负载，$s > s_m$ 区域未必不稳定。实质上，稳定与否，决定于相交的工作点上两条曲线的变化率。由图 4-10 可见，若负载的总力矩为 T_L，即 $T_L = T_0 + T_2$，则在 a 点的变化率为

$$\frac{dT_{em}}{ds} < \frac{dT_L}{ds} \tag{4-26}$$

由此可知异步电动机能否稳定运行的关键是能否满足式（4-26），满足式（4-26）的能稳定运行，不满足式（4-26）的不能稳定运行。

第三节　异步电动机的启动与调速

一、三相异步电动机的启动

异步电动机投入运行，首先遇到的是启动问题。当电动机定子接上电源，转子从静止开始直到达到稳定转速的这一过程，称为启动过程，简称启动。异步电动机的启动过程虽然时间不长（从几秒到几十秒），但其内部的电磁过程与正常运行时相比颇不相同。如果启动方法不当、启动次数频繁，不但容易损坏电动机，而且对电网也有不良影响。

（一）启动性能

电动机刚启动时，由于旋转磁场相对静止的转子有很大的相对速度，磁力线切割转子导体的速度很快，这时转子绕组中感应的电动势和相应的转子电流都很大，势必导致定子电流增大。一般中小型笼型异步电动机的定子启动电流大约为额定的 5～7 倍。电动机不是频繁启动时，启动电流对电动机本身影响不大。因为启动电流虽大，但启动时间很短（1～3s），从发热角度考虑没有问题。并且一经启动后，转速很快升高，电流便很快减小了。但当启动频繁时由于热量的积累，可以使电动机过热。因此在实际操作时，应尽可能避免电动机频繁启动。在刚启动时，虽然转子电流较大，但转子的功率因数很低，所以启动转矩实际上是不大的。由上述可知，异步电动机启动时的主要缺点是启动电流较大。为了减小启动电流，必须采用适当的启动方法。

对电动机启动的基本要求是：

（1）有足够大的启动力矩，以克服电动机和所带机械负载的阻力矩，同时保证机组必须有一定的加速能力。

（2）启动电流不要太大，以免使供电给电动机的线路上产生过大的电压降，从而影响供电线路上其他电气设备的正常运行，也避免电动机由于启动电流大而受到电磁力的冲击和绕组的过热。

（3）启动时间要短，使得电动机转速尽快达到稳定，也使启动时所消耗的能量小。

（4）启动设备简单、可靠、经济。

（二）启动方法

1. 笼型电动机的启动

笼型电动机的启动方法有直接启动和降压启动。

（1）直接启动。直接启动就是把笼型电动机的定子绕组直接接到额定电压的电网上进行启动。这种启动方法所用的启动设备简单，只需一个电源开关，不需附加启动设备，启动操作也很简单。但是，直接启动时，启动电流很大。为了利用直接启动的优点，现代设计的笼型异步电动机都按直接启动时的电磁力和发热来考虑它的机械强度和热稳定性。因此从电动机本身来看，笼型异步电动机都允许直接启动。这样，直接启动方法的应用主要受电网容量的限制。若供电系统的变压器容量不够大，则电动机的启动电流可能使电网电压显著下降，影响同一供电线路上其他电气设备的正常工作。在一般情况下，只要直接启动时的启动电流在电网上引起的电压降落不超过10%～15%（对于经常启动的取10%，对于不经常启动的取15%），就允许直接启动。按GB 755—2008《旋转电机　定额和性能》规定，三相异步电动机的最大力矩不低于1.6倍的额定力矩。当电网电压降低15%时，最大电磁力矩至少应有$1.6\times0.85^2T_N=1.156T_N$，因此接在同一供电线路上的其他异步电动机仍能拖动额定负载不致停转。

一般笼型电动机直接启动时的启动电流倍数$\frac{I_{st}}{I_N}=4\sim7$，启动力矩倍数$\frac{T_{st}}{T_N}=1\sim2$。随着供电系统变压器容量的不断增大，直接启动方法的应用范围日益扩大，因为电网容量越大，电动机启动电流占电网额定电流的百分数就越小，这样启动对电网所造成的影响也越小。

（2）降压启动。当采用直接启动法使电网电压下降超过规定数值时，启动时降低定子电压可以降低启动电流。但是随着启动电压的降低，电动机的启动力矩将按电压平方的倍数下降。因此降压启动法大多用于空载启动或负载阻力矩随转速上升而逐步增大的异步电动机。

1）自耦变压器降压启动。用这种方法启动的接线图如图4-11所示。启动时经自耦变压器的二次侧将电网电压降低并接入电动机，待转速上升基本平稳后，用开关把电动机直接接到电网上。通常自耦变压器有电压分接抽头，使二次侧电压为一次侧电压的65%及80%等以便按需选用。

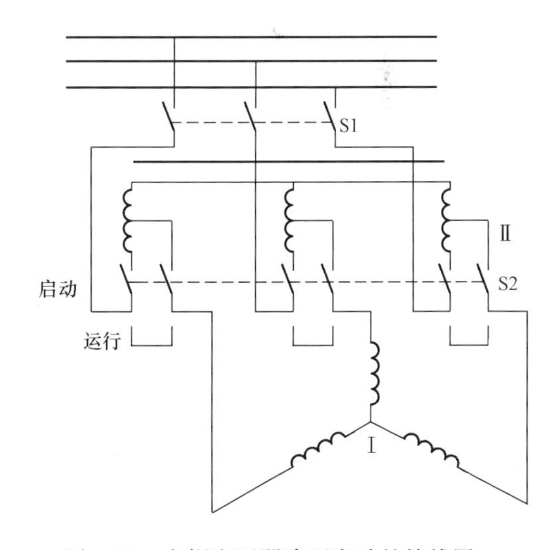

图4-11　自耦变压器降压启动的接线图

设自耦变压器的变比为k_a（$k_a>1$）。启动时电动机的电压为

$$U_{st}=\frac{U_N}{k_a} \tag{4-27}$$

启动力矩与电压平方成正比，即启动力矩

$$T_{st}=\frac{1}{k_a^2}T_{stN} \tag{4-28}$$

电动机的启动电流即自耦变压器的二次侧电流为

$$I_{st2}=\frac{1}{k_a}I_{stN} \tag{4-29}$$

折算到自耦变压器的一次侧，即流经电网的启动电流为

$$I_{st} = I_{st1} = \frac{1}{k_a^2} I_{stN} \tag{4-30}$$

以上分析表明，用自耦变压器降压启动有较大的优点。例如对照电抗器降压启动，同样使电压降到原值的 80%，两种方法的启动力矩均为原值的 64%，没有区别。但电抗器方法的启动电流是原值的 80%，自耦变压器方法的启动电流仅为原值的 64%。

2）Y—△启动器启动。此法只适用于正常运行时定子绕组为三角形接法的电动机。启动时定子三相绕组接成星形，待转速达到稳定后，再换接为三角形投入正常运行，其接线如图 4-12 所示。Y 启动时：

启动电压为

$$U_{stY} = \frac{1}{\sqrt{3}} U_N \tag{4-31}$$

启动力矩分别为

$$T_{stY} = \left(\frac{1}{\sqrt{3}}\right)^2 T_{stN} = \frac{1}{3} T_{stN} \tag{4-32}$$

启动电流为

$$I_{stY} = \frac{1}{\sqrt{3}} I_{st\triangle ph} = \frac{1}{\sqrt{3}} \frac{1}{\sqrt{3}} I_{st\triangle} = \frac{1}{3} I_{st\triangle} = \frac{1}{3} I_{stN} \tag{4-33}$$

采用 Y—△启动器启动之后，可使电动机的启动电流降到原值的 $\frac{1}{3}$，启动力矩也只有原值的 $\frac{1}{3}$。所以 Y—△换接启动相当于变比为$\sqrt{3}$的自耦变压器降压启动。

值得注意的是，用 Y—△启动器启动只需将电动机定子三相绕组的端子引出，使用切换开关进行启动操作，这比用自耦变压器启动要简单，而且还节能，因此这种启动方法得到广泛的应用。

2. 绕线式异步电动机的启动

（1）转子串变阻器启动。绕线式异步电动机启动时的接线图如图 4-13 所示。

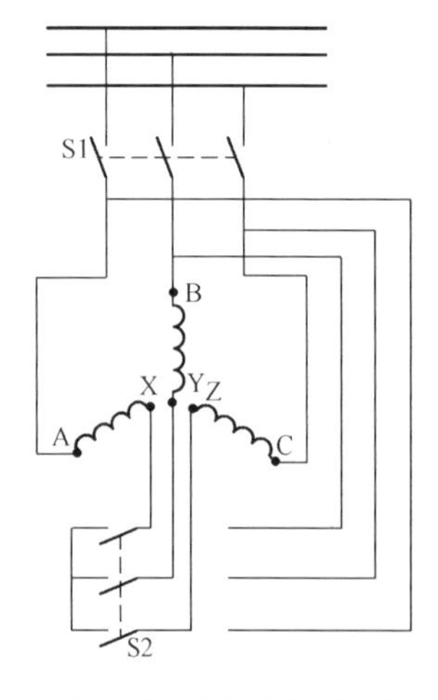

图 4-12　Y—△换接启动接线图

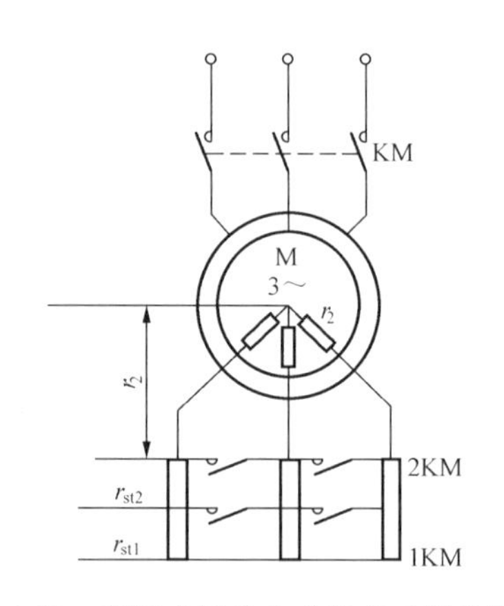

图 4-13　绕线式异步电动机启动的接线图

串入电阻后的电动机的 $T=f(s)$ 曲线如图4-14中曲线1所示。电动机转动后，随着转速的升高，电磁力矩沿着曲线1逐渐减小。为了缩短启动时间，可把串的启动电阻逐段切除以提高启动过程中的电磁力矩。例如当转速上升到 n' 时，切除部分电阻，使曲线 $T=f(s)$ 由曲线1变为曲线2，电磁力矩又上升到接近最大值，而沿曲线2变化，如图4-14所示。以后继续将串入电阻逐段切除，直到最后全部切除，电磁力矩沿曲线3达到平衡点 A。此时，$T_{em}=T_0+T_2$，电动机以转速 n 稳定运行，启动过程结束。

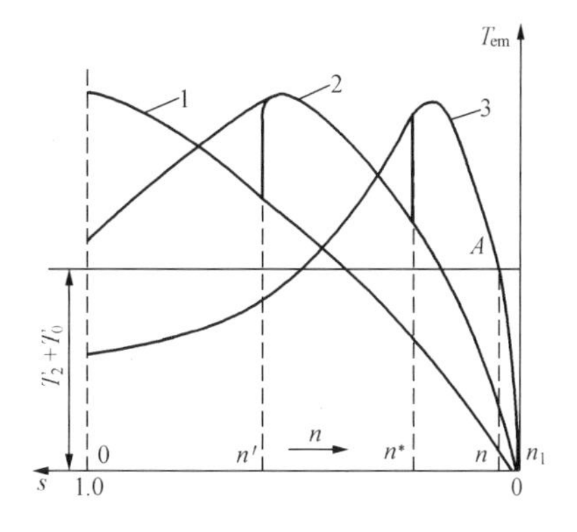

图4-14 转子回路串入启动电阻时的启动过程

启动电阻通常用金属电阻丝（小容量电动机）或铸铁电阻片（大容量电动机）制成，根据预先确定的电阻值分段抽头。一般说，启动电阻是按短时运行设计，如果长期流过较大电流，就会过热而损坏，所以启动完毕时，应将电阻全部切除。

（2）转子串频敏变阻器启动。绕线式异步电动机串入变阻器启动时，当切除电阻时启动力矩发生突变，对电动机和机械负载都不利。因此可用频敏变阻器代替变阻器，以达到无级启动。

频敏变阻器实际上是一个三铁芯的三相电感线圈，铁芯由较厚的钢板或铁板叠成，因而具有较大的涡流损耗。频敏变阻器的等效阻抗相当于变压器的励磁阻抗和一次侧绕组漏阻抗之和，其电阻为 r_1+r_m，r_m 为反映铁芯中涡流损耗的等效电阻，当频率改变时 r_m 发生显著变化，频敏变阻器因而得名。

应用频敏变阻器作为绕线式异步电动机的启动时，由于转子电流的频率随转差率 s 而变化，启动时 $s=1$，$f_2=f_1$，频敏变阻器铁芯中涡流损耗较大，因而它的等效电阻 r_m 较大，所以限制了启动电流，并提高了启动力矩。启动后，随着转子转速升高 s 变小，f_2 降低，于是频敏变阻器的涡流损耗减小，等效电阻 r_m 也减小，从而起到了自行逐渐切除电阻的作用。由此可见，采用频敏变阻器能自动减小转子回路的电阻，使电动机平稳地启动起来。必须指出，串频敏变阻器时功率因数较低，而串变电阻时功率因数接近于1，所以在相同的启动力矩下，电动机采用频敏变阻器启动时的启动电流要比采用启动变阻器启动时来得大。另外，采用启动变阻器时，启动力矩可以达到电动机的最大力矩，而采用频敏变阻器时，由于功率因数比较低，启动力矩只能达到最大力矩的50%～60%，这是频敏变阻器的最大缺点。通常采用适当的频敏变阻器，可使启动电流限制在额定电流的2.5倍以内，启动力矩为额定力矩的1.2倍左右。

绕线式异步电动机虽然具有良好的启动特性和调速性能，但其结构及辅助设备比较复杂，价格较高，一般只用在需要带恒定负荷反复启动或需要均匀无级调速的机械设备上，如吊车、抓斗机、起重机等。

3. 深槽式及双笼型异步电动机

从以上分析中可以知道笼型电动机具有结构简单、运行可靠、维护方便等优点，但它的启动性能较差。相比之下，绕线式电动机有良好的启动性能，但它的结构复杂、维护不便。

因此人们曾经设想，是否能设计出一种电动机，既具有笼型电动机的结构，又具有绕线式电动机的启动性能，集两种电动机的优点于一身？双笼型及深槽式电动机就是按上述设想设计的特种笼型电动机，它们的特点是：都有与一般笼型电动机相似的结构，但利用“集肤效应”的原理，使启动时转子回路电阻增大，而在运行转速时转子电阻自行减小。这两种电动机的定子结构与一般笼型异步电动机的定子完全一样，只是转子的鼠笼部分和一般笼型电动机有些不同。目前功率大于100kW的笼型电动机大多制成双笼型或深槽式。火力发电厂中一些重要的辅机都应用这类电动机拖动。

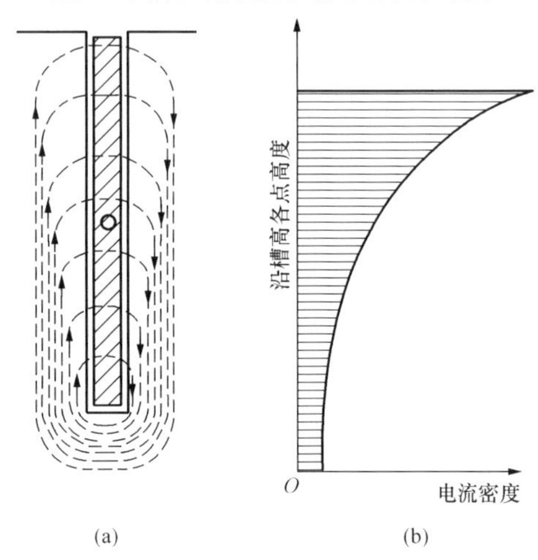

图4-15 深槽式转子导条的漏磁通和电流密度沿槽高的分布

(a) 槽中漏磁通的分布；(b) 电流密度沿槽高的分布

(1) 深槽式电动机。深槽式电动机的结构特点是转子槽做得窄而深，一般其深度与宽度之比达到10～12，鼠笼导条因而也是狭长形嵌装或浇铸在槽内。当转子导条中有电流时，槽中漏磁通的分布如图4-15 (a) 所示。从图中可以看到，与转子导条底部交链的漏磁通，比其上部槽口部分交链的漏磁通要多得多。因此，如果将转子导条看成是由很多沿槽高划分的小导体并联组成，则靠近槽底的小导体交链磁通多，漏抗大；靠近槽口的小导体交链磁通少，漏抗小。启动时$s=1, f_2=sf_1=f_1$，转子电流频率较高。漏抗较大，与转子电阻相比较，漏抗起主导作用。转子导条中电流的分布主要取决于漏抗的大小，槽底的小导体漏抗大，电流小；越近槽口，小导体的电流越大。电流密度沿槽高的分布如图4-15 (b) 所示，这种现象即为集肤效应。电流被排挤到槽口后，其效果相当于减小了转子导条的截面，因而转子回路电阻增大，好像串入了附加电阻，使启动电流降低。同时集肤效应也减小了转子漏抗，这是因为越近槽口的小导体，由于交链的漏磁通较少，故其漏电抗也小。启动时集肤效应使电流密集槽口，故从整个导条来说，电流所遇到的转子漏抗就减小了。以上两个因素都促使启动力矩增大，从而改善了电动机的启动性能。

启动结束进入正常运行时，槽底与槽口虽仍有差别，但由于转子电流频率很低（仅1～3Hz)，此时转子漏抗大为减小，电阻与漏抗相比，电阻起主导作用，因而小导体中电流分配主要取决于电阻，转子导条中的电流将均匀分布。此时集肤效应消失，相当于转子导条截面又自动增大，转子电阻自动减小。这样，正常运行时转子铜损耗也不会增加。

深槽式电动机与同容量的一般笼型电动机相比，具有较大的启动力矩和较小的启动电流。但是由于转子槽窄而深，其槽漏磁通也相应增大，故转子漏电抗较大。由此该类电动机的功率因数、过载能力均比一般笼型电动机要低。

(2) 双笼型电动机。双笼型电动机也是利用其转子参数可以改变$T=f(s)$特性的原理。它的结构特点是转子具有上下两层鼠笼，每层鼠笼各有自己的端环。转子的槽形和上下鼠笼导条的布置如图4-16所示。上层导条截面小，用电阻系数较大的黄铜或铝青铜材料制成。下层导条截面大，而且用电导率高的紫铜条，因此上笼电阻大于下笼。在上下笼之间有一条狭窄的缝隙，以迫使漏磁通必须经过转子槽底铁芯形成磁路，如图 4-16（a）所示。这样上笼导条交链的漏磁通便大大少于下笼，所以上笼的漏电抗小于下笼。

启动时转子电流频率较高 $f_2=sf_1=f$，转子漏抗大于电阻，上下笼电流的分配主要取决于漏抗。由于上笼的漏抗比下笼小得多，电流便主要经电阻较大的上笼通过，于是产生较大的启动力矩，所以上笼又称为启动笼。

启动结束进入正常运行时，转子电流频率很低，转子漏抗小于转子电阻，上下笼电流的分配主要取决于电阻。由于下笼电阻小，电流大部分从下笼通过，这相当于转子电路的电阻能自动减小，产生正常运行的电磁力矩，所以下笼又称为运行笼。

双笼型异步电动机的 $T=f(s)$ 曲线，也可以看成由上笼的 $T=f(s)$ 曲线（见图 4-17 曲线 1）和下笼的 $T=f(s)$ 曲线（见图 4-17 曲线 2）相加而得，这两条曲线叠加的结果如图 4-17 曲线 3 所示。从图中可以看到双笼型异步电动机既具有较大的启动力矩，而在额定负载下运行时也有较高的转速，转差率 s_N 值较小。所以从启动到运行都有较好的性能。

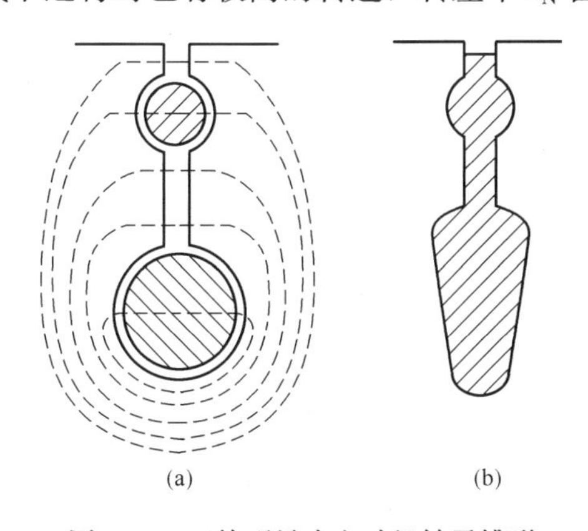

图 4-16 双笼型异步电动机转子槽形
（a）铜条；（b）铸铜

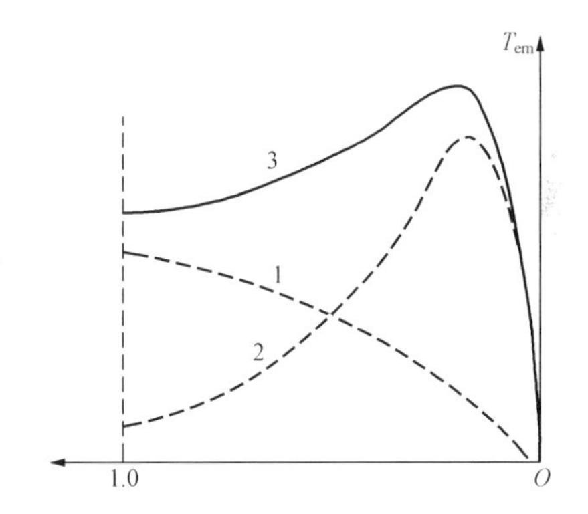

图 4-17 双笼型异步电动机 $T=f(s)$曲线

如改变上下笼的几何形状或尺寸，改变上下笼间的槽形或改变它们所用导条的材料，便可以改变上下笼的阻抗以获得不同的启动和运行特性，从而适应对电动机特殊运行的需要。另外，从转子结构来看，双笼型转子的机械强度高，可用于高速或较大容量的电动机。只是由于双笼型异步电动机的转子漏抗较大，因而功率因数和过载能力均较一般笼型异步电动机低。

二、三相异步电动机的调速

异步电动机调速性能的好坏，是衡量其运行性能的重要指标。

异步电动机投入运行后，为适应生产过程的需要，有时要人为地改变电动机的转速，称为调速。调速不是指电动机由于负载变化而引起的转速变化，这是必须加以区别的。

在现代工业生产中，为了提高生产效率和保证产品质量，常要求生产机械能在不同的转速下进行工作。三相异步电动机由于结构简单、运行可靠、价格便宜，在工业上得到了广泛的应用；但是它的调速性能则不如直流电动机，所以对调速性能要求较高的若干工业部门，例如交通运输、轧钢以及起重机械等，仍不得不采用昂贵而可靠性稍差的直流电动机。近年来，由于变频调速的发展，异步电动机的调速性能有了很大的提高，在工业生产中得到广泛

的应用。根据异步电动机的转速公式

$$n=(1-s)\frac{60f_1}{p} \tag{4-34}$$

可知，异步电动机的调速方法：

(1) 改变电动机的转差率 s。对于绕线式转子，可在转子回路串入附加电阻；对于笼型转子，可改变定子绕组的端电压。

(2) 改变电源频率。

(3) 改变电动机定子绕组的极对数 p 。

以下介绍异步电动机的调速方法。

1. 绕线式转子的变阻调速

这种调速的工作原理是依据在转子每相电路中串入附加电阻后，$T=f(s)$ 曲线随之发生变化，即产生最大电磁力矩的转差率随转子电阻的增大而变大，但最大电磁力矩数值不变，曲线变化情况如图 4-18 所示。

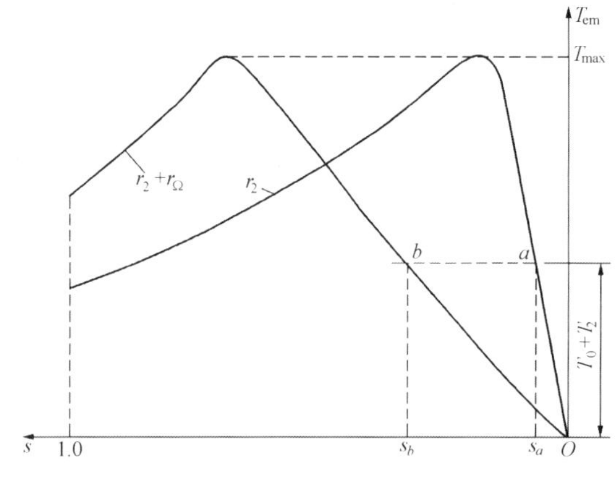

图 4-18　变阻调速特性

假设负载为恒力矩负载，则因 $T=f(s)$ 曲线的变化导致工作转差率不同，如图 4-18 中，由 s_a 变为 s_b 时，转子有不同的工作转速。

这种调速的优点是调速平滑性好，附加设备简单，操作也比较方便。缺点是人为地串入调速电阻后增大了转子铜损耗，使效率降低，即调速的经济性差。通常在中小型异步电动机中用得较多。

2. 变频调速

变频调速是一种改变定子磁场转速 n_1 来达到改变转子转速的调速方法。一般情况下，转差率 s 很小，可以近似认为 $n\propto n_1\propto f_1$ 。

变频调速时，通常希望气隙磁通 Φ_1 保持不变。因为如果 Φ_1 过大，将引起磁路过度饱和而励磁电流增加，功率因数降低；如果 Φ_1 太小，将使电动机容量不能得到充分利用，电磁力矩也将随之降低。所以实际的变频调速是恒磁通变频。若定子绕组的漏阻抗压降可予以忽略，则

$$U_1\approx E_1=4.44f_1N_1K_{N1}\Phi_1$$

即

$$\frac{U_1}{f_1}=4.44N_1K_{N1}\Phi_1 \tag{4-35}$$

在恒磁通变频调速时，频率和电压必须同时改变，使 $\frac{U_1}{f_1}$ 不变，才能保证 Φ_1 为常数。即所谓的变频变压调速，简称 VVVF 调速。

现在来分析变频调速时机械特性所发生的变化。根据电动机最大电磁力矩的公式可知，$T_{max}\propto\left(\frac{U_1}{f_1}\right)^2$ ，由于调速过程中 $\frac{U_1}{f_1}$ 保持不变，所以最大电磁力矩保持不变，电动机过载能

力不变。

在 $\frac{U_1}{f_1}$ 为定值时，考虑定子电阻对最大力矩的影响，变频调速特性如图 4-19 所示，频率越低曲线越向下移，当频率很低时，T_{max} 降了很多。为了保证低速时有足够大的最大电磁力矩，$\frac{U_1}{f_1}$ 的比值应随着频率 f_1 降低而增加，如图中虚线所示。

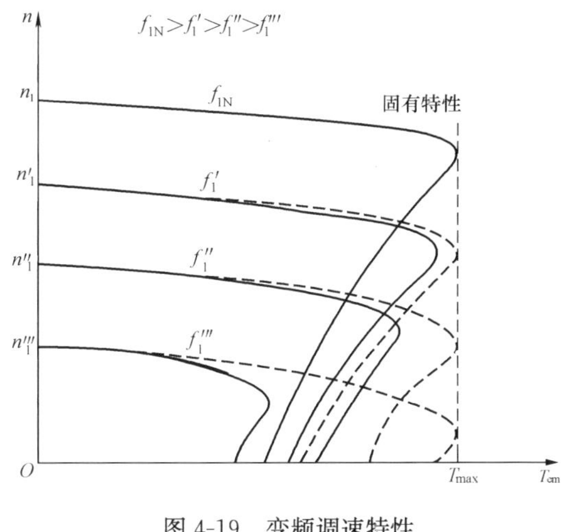

图 4-19　变频调速特性

变频调速的调速性能是比较好的，它的调速范围大，平滑性好，特性硬度不变。但必须有一套专用的变频电源，设备投资费用较高，随着晶闸管技术的发展，为获得变频电源提供了新途径，大大促进了变频调速的应用。

异步电动机调速的几种方法中，变频调速在各种异步电动机调速系统中效率最高，性能也最好，是交流调速的主要发展方向。它采用电源电压随频率成正比变化的控制方法，可实现恒转矩调速，且保持电动机过载能力不变，调速范围广，低速特性曲线硬，可实现无级调速。

第四节　异步电动机的运行维护

异步电动机在发电厂的厂用电气设备中占重要地位，它能否正常运行对安全发供电具有直接影响。为此，对于运行中的异步电动机和其他设备一样，要认真进行检查和维护。对异常状态要做到及时发现，并认真分析和正确处理。这里就异步电动机运行中应注意的几个主要问题说明如下。

一、对电动机负载电流和温度的监视

异步电动机的大部分故障都会引起定子电流增大和电动机温度升高，所以电流和温度的变化基本反映出电动机运行是否正常。因此，值班人员应随时监视和检查电动机的定子电流和电动机的温度是否超过其额定值。

电动机在运行中如果长期过热，会加速绝缘老化和降低绝缘的机械强度及绝缘性能，缩短电动机的寿命。根据电动机使用的绝缘等级，规定了电动机的允许温升，它表示电动机的允许温度与规定的环境温度的差值。采用 A 级绝缘材料，这种电动机在规定环境温度为 35℃时，其允许温升为 60℃。采用 E 级绝缘材料，这种电动机规定环境温度为 40℃时，其允许温升为 65℃。如果环境温度高于或低于规定值，电动机可以根据实际环境温度减少而增加其负荷。

二、电压的许可变动范围

电动机的电磁转矩与外加电压的平方成正比。因此，电动机外加电压的变动直接影响电动机的转矩。若电源电压降低，则电动机转矩减小，转速下降，使定子电流增大；同时，转

速下降又引起冷却条件变坏，这样，会引起电动机温度升高。若电源电压稍高时，可使磁通增大，使电动机转速提高，导致转子和定子电流减小；同时冷却条件改善，结果电动机温度略有下降。倘若电源电压过高，由于磁路高度饱和，励磁电流将急剧上升，发热情况反而恶化；而且过高的电压将影响电动机的绝缘。所以，一般电动机外加电压的变动范围不得超过其额定电压的－5%～＋10%。

另外还需注意三相电压是否平衡。如果三相电压不平衡，则三相电流也不平衡，电流大的一相定子绕组发热量也大。按规定，相间电压的差值不应大于额定电压的5%。在各相电流都未超过其额定值的情况下，各相电流的差值不应大于额定电流的10%。

三、防止三相电动机的单相运行

三相异步电动机如果电源一相断线或一相熔丝熔断，则造成断开一相运行。三相电动机变成单相运行时，假若电动机的负载未变，即两相绕组要担负原三相绕组所担负的工作，则这两相绕组电流必然增大。电动机所用熔丝的额定电流是按电动机额定电流的1.5～2.5倍来选择的，而熔丝的熔断电流又是它自己额定电流的1.3～2.1倍，因此电动机所用熔丝的最小熔断电流是电动机额定电流的1.3×1.5＝1.95倍。很显然，单相运行时电流小于熔丝的最小熔断电流，所以电动机的熔丝不会因单相运行而熔断。长期单相运行必使电动机过热而烧毁。三相电动机发生单相运行时，不仅电流发生变化，而且也会产生异常的声音。值班人员发现上述异常状态时，应及时断开电源。

四、异步电动机启动时应注意的事项

(1) 新装、新修或停止时间较长的电动机，在启动前应进行绝缘电阻检查。对500V以下的电动机用500V绝缘电阻表测定，其绝缘电阻值不应小于0.5MΩ。对3kV及以上的电动机用1000～2500V绝缘电阻表测定，其绝缘电阻值每1kV工作电压不应小于1MΩ。

异步电动机启动前，还应对电源电压、启动设备、电动机所带动的机械、电动机接线以及周围是否有障碍物等方面进行认真检查，经检查一切正常方能启动。

(2) 启动时应先试启动一下，观察电动机能否启动和转动方向。如发现不能启动，应检查电路和机械部分。如转动方向不对，可把三相电源引线中的任意两根的接头互相调换一下位置。

(3) 合闸后，如无故障，电动机应能很快地进入正常运行状态。如果发现转速不正常或声音不正常，应立即断开电源进行检查。若电动机启动后立即跳闸或熔丝熔断，此时电动机不应再启动，应进行详细检查。

(4) 电动机在冷状态下，连续启动次数不应超过2次，在热状态下，连续启动次数不应超过1次。如再需启动一次，必须使电动机适当冷却后（约1h以后）才能重新启动。

五、异步电动机故障的检查步骤

异步电动机故障的形成也有一个从发生、发展到损坏电动机的过程，在这个过程中必然会出现一些异常现象，因此，值班人员应加强对运行中的电动机的监视和检查，温度有无变化，声音是否正常，发现问题，认真分析，及时处理，是非常重要的。当电动机发生故障原因不明时，可按下列步骤进行检查：

(1) 检查电动机的电源电压是否正常。

(2) 如电源电压正常，应检查开关和启动设备是否正常。

（3）如果开关和启动设备都完好，应检查电动机所带动的负载是否正常，必要时可卸下皮带或联轴器，让电动机空载运转。如电动机本身发生故障，可卸下接线盒检查接线有无断裂和焦痕。

（4）如果接线良好，应检查轴承是否损坏，润滑油是否干涸、变质或缺油。

（5）如果轴承和润滑油都正常，这时需要打开电动机检查定子绕组有无焦痕和匝间短路，并检查转子是否断条，气隙是否均匀，有无扫膛现象。

六、异步电动机的事故处理

电动机在运行过程中，由于维护和使用不当，如启动次数频繁、长期过负荷、电动机受潮、机械性碰伤等，都有可能使电动机发生故障。

电动机的故障可分为三类：

（1）由于机械原因引起的绝缘损坏，如轴承磨损或轴承熔化，电动机尘埃过多，剧烈振动，润滑油落到定子绕组上引起绝缘腐蚀而使绝缘击穿造成故障等。

（2）由于绝缘的电气强度不够而引起绝缘击穿，如电动机的相间短路、匝间短路、一相与外壳短路接地等故障。

（3）由于不允许的过负荷而造成的绕组故障，如电动机的单相运行，电动机的频繁启动和自启动，电动机所拖动的机械负荷过重，电动机所拖动的机械损坏或转子被卡住等，都会造成电动机的绕组故障。

1. 电动机启动时的故障

电动机启动时，当合上断路器或自动开关后，电动机不转，只听见嗡嗡的响声或者不能转到全速，这时故障的原因可能是：

（1）定子回路中一相断线，如低压电动机熔断器一相熔断，或高压电动机断路器及隔离开关的一相接触不良，不能形成三相旋转磁场，电动机就不转。

（2）转子回路中断线或接触不良，使转子绕组内无电流或电流减小，因而电动机就不转或转得很慢。

（3）在电动机中或传动机械中，有机械上的卡住现象，严重时电动机就不转，且嗡嗡声较大。

（4）电压过低。电压过低时电动机转矩小，启动困难或不能启动。

（5）电动机转子与定子铁芯相摩擦，等于增加了负载，使启动困难 。

值班人员发现上述故障时，应立即拉开该电动机的断路器及隔离开关，启动备用电动机并用绝缘电阻表检查故障电动机的定子和转子回路。

2. 电动机定子绕组单相接地故障

发电厂的厂用电动机分布在锅炉、汽轮机、化学及运煤等车间，而这些地方容易受到蒸汽、水、化学药品、煤灰、尘土等的侵蚀，使得电动机绕组的绝缘水平降低。此外，电动机长期过负荷，会使绕组的绝缘因长期过热而变得焦脆或脱落，这都会造成电动机定子绕组的单相接地。在中性点不接地系统中，若一相全接地，则接地相的对地电压为零，未接地两相的对地电压升高 1.73 倍，同时在接地点有三倍的正常运行时的对地电容电流流过，因此，在接地点可能产生间歇性电弧（电弧周期性地熄灭和重燃）。由于电弧对相间绝缘的热作用，使定子绕组绝缘温度升高，绝缘过早损坏。若长期使电动机单相接地运行，则电动机会因过热而烧坏。

当电动机发生单相接地时，因各相之间的相间电压不变，所以允许短时间运行一段时间后切断电源，用相应电压等级的绝缘电阻表进行检查。检查时，如测得相对地（外壳）的绝缘电阻值很低时，说明绝缘已经受潮。若绝缘电阻为零，则说明这一相与外壳相碰，已经接地，不能再继续运行，应进行吹灰及清理工作。运行现场若不能消除时，应由检修人员进行修理，将转子抽出后，用红外线灯泡干燥或将电动机置于干燥室内烘干，一直到绝缘电阻合格为止。

3. 电动机的自动跳闸和故障停运

当运行中的电动机发生定子回路一相断线、绕组层间短路、绕组相间短路等故障以及电力系统电压下降时，在继电保护的作用下，该电动机的断路器便自动跳闸。电动机跳闸后，应立即启动备用电动机，断开故障电动机的电源，以保证整个系统的正常运行。待备用电动机启动正常后，应对故障电动机进行检查。检查的项目包括拖动的机械有无卡住；电动机定子绕组、转子绕组、电缆、断路器、熔断器等有无短路的痕迹；保护装置是否误动作等，必要时需对电动机进行绝缘电阻的测量。

有些电动机没有备用电动机，因此对于重要的厂用电动机，若跳闸后没有明显的短路象征，为了保证供电，允许将已跳闸的电动机进行强送电一次。

电动机的故障停运时可采用以下操作。

（1）应先启动备用电动机，然后再将故障的电动机停止运行。

（2）立即停运，然后启动备用电动机。

（3）故障电动机停止运行后，不得强送电。

第二篇
电 气 主 系 统

第五章

电力系统的基础知识

第一节　电力系统的组成和技术特点

一、电力系统的组成

在电力工业发展的初期，发电厂都建在用户附近，规模很小，而且是孤立运行的。生产的发展和科学技术的进步使得用户的用电量和发电厂的容量与数目不断增加，现代发电厂多数建设在能源产地附近或能源便于输送的地方，以便减少发电厂所需燃料的巨额运输费用，这样发电厂与电能用户之间就往往隔有一定的距离，为此就必须建设升压变电站和架设高压输电线路，而当电能输送到负荷中心后，则必须经过降压变电站降压，再经过配电线路，才能向各类用户供电。这样一来，一个个发电厂孤立运行的状态再也不能继续下去了。当一个个地理上分散在各处，孤立运行的发电厂通过输电线路、变电站等连接形成一个“电”的整体以供给用户用电时，就形成了现代的电力系统。换句话说，电力系统就是由发电厂、变电站、输电线路以及用户组成的统一整体。如果把发电厂的动力部分（如火力发电厂的锅炉、汽轮机，水电站的水库、水轮机以及核电站的反应堆等）也包含在内时，则称为动力系统。与电力系统相关联的电力网络，它是指电力系统中除发电机和用电设备以外的一部分。所以电力网络是电力系统的一个组成部分，而电力系统又是动力系统的一个组成部分。

在电力系统中，由于各种电气设备大都是三相设备，它们的参数是对称的，所以可将三相电力系统用单线图来表示。用单线图表示的动力系统、电力系统及电力网示意图如图 5-1 所示。

电力系统随着电力工业的发展，逐步地扩大，这是因为电力系统在技术与经济上具有下述几方面的优越性：

（1）提高了供电的可靠性和电能质量。

（2）减少总备用容量的比重，提高设备利用率。

（3）可以采用高效率的大容量机组，提高经济效率。

（4）可以减少系统的负荷峰谷差值。

（5）充分利用水电站的水能资源。

二、电力系统的运行特点

电能的生产、输送、分配和使用与其他工业部门产品相比具有下列明显的特点。

1. 电能不能大量储存

电能的生产、输送、分配和使用，可以说是在同一时刻完成的。发电厂在任何时刻生产

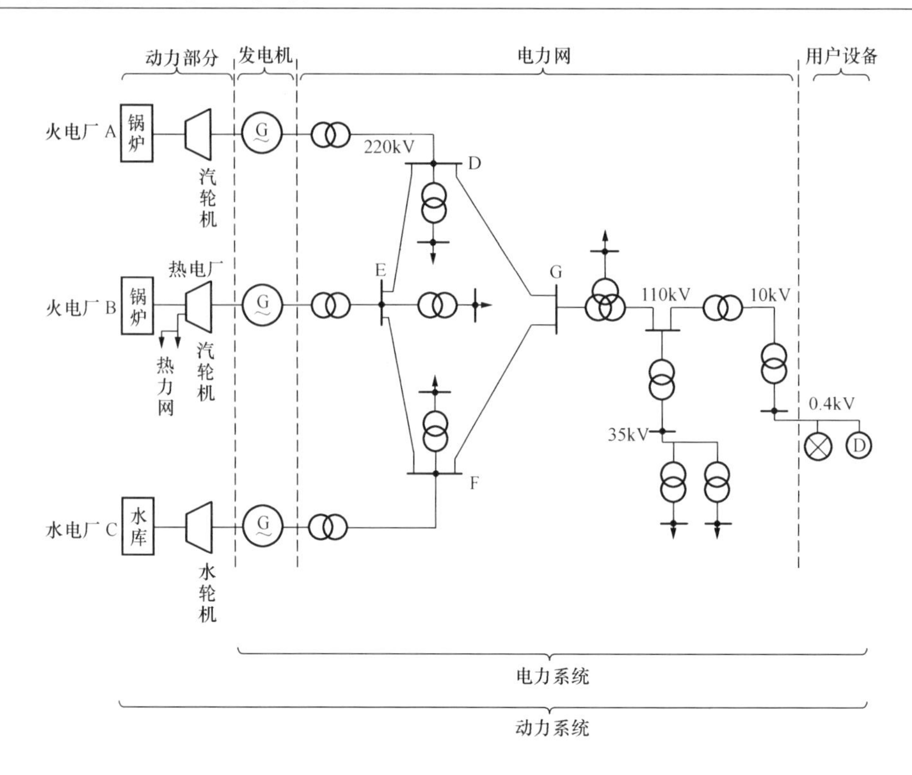

图 5-1 动力系统、电力系统及电力网示意图

的电能恰好等于该时刻用户所消耗的电能，即电力系统中的功率，在每时、每刻都必须保持平衡。

2. 暂态过程非常迅速

电能是以电磁波速度（300km/ms）传送的，电力系统中任何一处的变化，都会迅速影响到其他部分的工作。在电力系统中，由于运行情况改变或发生事故而引起的电磁、机电暂态过程是非常短暂的。因此，要求电力系统中必须采用自动化程度高、动作快、工作可靠的继电保护与自动装置等设备。

3. 电力生产和国民经济各部门之间的关系密切

由于电能具有传输距离远、使用方便、控制灵活等优点，目前已成为国民经济的各个部门的主要动力，随着人民生活水平的提高，生活用电也日益增加。电能供应不足或突然停电都将给国民经济各部门造成巨大损失，给人民生产带来极大不方便。

三、对电力系统的基本要求

1. 保证供电可靠

中断向用户供电，会使生产停顿、生活混乱，甚至于危及人身和设备的安全，会给国民经济造成极大损失。停电给国民经济造成的损失，远远超出电力系统因少售电所造成的电费损失。为此，电力系统运行的首要任务是对用户保证安全可靠地连续供电。

提高电力系统供电可靠性的措施大致有：

（1）每个电网都要留有适当的备用容量，设计时一般按 15%～20%考虑。

（2）对重要用户，采用双电源供电。

（3）改善电网结构，合理分配负荷，提高抗拒外部影响和干扰的能力。

(4) 采用自动装置，例如对高压架空输电线路采用自动重合闸。

(5) 在系统容量不足的情况下，安装按频率自动减负荷装置，一旦系统出力不够，可自动切除某些次要线路负荷，保证对重要用户的供电。

2. 保证电能质量

电能质量应满足以下三项指标：电压、频率和波形。

(1) 电压质量是电能质量的主要指标之一，电压偏移超过允许范围时，对用电设备的运行具有很大的影响。电网电压随着负荷大小的不断变化而上下波动，特别是某些大容量冲击负荷（如电弧炉、轧钢机等）所造成的大幅度电压波动，将会严重干扰电力系统的稳定运行和电能质量。目前用电设备中日趋增多的电子设备，对电压的稳定提出了更高的要求。因此，保证电压质量，即保证端电压的波动和偏移在允许范围之内，是电力系统运行的主要任务之一。电力系统电压允许偏差一般为额定电压的±5%。

(2) 频率是电能质量的另一主要指标。

我国电力（除台湾省外）采用交流50Hz，规定频率允许偏差为±0.5Hz，对装机容量达到3000MW及以上的电力系统其频率允许偏差控制在±0.2Hz以内。

系统频率变化较大时，对电力系统的稳定运行和用户的正常工作都将产生严重影响。例如低频率运行可造成发电厂设备出力下降，汽轮机叶片断裂，汽耗、煤耗、厂用电升高；系统稳定受到破坏，用电设备如电动机转速和出力降低，影响产品质量，废品率上升，自动化设备误动作。

电力系统高频率运行同样会对系统和用户造成重大危害，高频率运行可使发电机、电动机转速上升，功率增加，从而使设备由于超过设计应力而最终损坏；汽轮机因高频率运行可能出现危急保安器动作而导致机组突然甩负荷运行。

因此，保证频率偏差不超过规定值，维持电力系统的有功平衡，是保证电能质量的一项重要工作。

(3) 电能质量的另一个指标是：交流电压和电流的波形必须是严格的正弦波。不得包含有谐波。

电力系统中的谐波来源于两个方面：

1) 发电机发出的电能中存在一定数量的三次谐波，因此在设计中通常将变压器的一侧绕组接成三角形接线，以滤去三次谐波，使之不能输送到高压电网中去。

2) 随着科学技术进步和自动化水平提高，电力设备中出现大量的新工艺新设备，其中如工业、交通等部门大量采用的电弧炉、整流器、逆变器、变频器、弧焊机、感应加热设备、气体放电灯以及有磁饱和现象的机电设备、电气机车等，在使用时均会向电网注入大量的谐波电流，引起供电电压正弦波形的畸变。

谐波被称为电网的“公害”或“污染”，其对电力系统可能造成的危害主要有以下几个方面：

1) 由于谐波使电力系统距离、高频、复合电压启动等继电保护误动作，造成电网解列、大面积停电。

2) 引发系统谐振。

3) 使中小型发电机转子损坏、寿命缩短。

4）对旋转电机（包括发电机和电动机）产生附加功率损耗和发热，并可能引起振动，降低设备出力。

5）增加线路、变压器损耗；加速介质老化，降低设备寿命，并使照明灯具闪烁。

6）高压架空线中流过谐波电流还将对邮电通信、载波信号、无线电广播、电视等产生噪声和干扰。

7）谐波还将造成电能计量时的误差等。

因此，必须采取措施消除谐波，除了将受电变压器采用 Yd 或 Dy 接线外，还可采用如多相整流、滤波、用电容吸收、保持三相负荷平衡等方法，来尽量消除谐波的影响。

3. 提高电力系统运行的经济性

节约能源是当今世界上普遍关注的一个大问题。电能生产的规模很大，消耗能源很多。在电能生产、输送过程中应尽力节约、减少损耗，同时降低成本也成为电力部门的一项重要任务。为提高经济效益，就要采用高效、节能的大容量的发电机组；降低发电过程中的能源消耗；合理发展电力系统，减少电能输送、分配过程中的损耗；电力系统选用最经济的运行方式，合理分配各发电厂的负荷，使发电机组处于最经济状态下运行。

第二节 电力系统的电压等级

一、电力系统的额定电压

电力系统中的电器和用电设备都规定有额定电压，只有在额定电压下运行时，其技术经济性能才最好，也才能保证安全可靠运行。此外，为了使电力工业和电工制造业的生产标准化、系列化和统一化，世界上的许多国家和有关国际组织都制定有关额定电压等级的标准。我国所制定的 1000V 以上电压的额定电压标准如表 5-1 所示。

表 5-1 **额定电压标准** kV

用电设备额定电压	交流发电机额定电压	变压器额定电压	
		一次绕组	二次绕组
3	3.15	3 及 3.15	3.15 及 3.3
6	6.3	6 及 6.3	6.3 及 6.6
10	10.5	10 及 10.5	10.5 及 11.0
—	15.75、18、20 等	15.75、18、20 等	—
35	—	35	38.5
(60)	—	60	66
110	—	110	121
(154)	—	154	169
220	—	220	242
330	—	330	363
500	—	500	525
750	—	750	—

注 1. 变压器的一次绕组栏内的 3.15、6.3、10.5、15.75kV 等电压适用于发电机端直接连接的升压变压器。

2. 变压器二次绕组栏内的 3.3、6.6、11kV 电压适用于阻抗值在 7.5%以上的降压变压器。

对表 5-1 进行分析，可以发现存在下列特点：

（1）发电机的额定电压较用电设备的电压高出 5%。

（2）变压器的一次绕组是接受电能的，可以看成是用电设备，其额定电压与用电设备的额定电压相等，而直接与发电机相连接的升压变压器的一次侧电压应与发电机电压相配合。

（3）变压器的二次绕组相当于一个供电电源，从表上可以看出，它的空载额定电压要比用电设备的额定电压高出 10%。但在 3、6、10kV 电压时，如采用短路电压小于 7.5%的配电变压器则二次绕组的额定电压仅高出用电设备电压 5%。

下面简单说明一下为什么发电机，变压器的一、二次绕组的额定电压各不一致以及它们与用电设备的额定电压之间的关系。如前所述，根据保证电能质量标准的要求，用户处的电压波动一般不得超过其额定电压的 ±5%。当传输电能时，在线路、变压器等元件上，总会产生一定的阻抗压降，电网中各部分的电压分布大致情况如图 5-2 所示（图中 U_N 为额定电压）。因此当一般情况下规定线路正常运行时的压降不超过 10% 时，为保证末端用户的电压不低于额定电压的 95%，需要使发电机的额定电压比用电设备的额定电压高 5%。

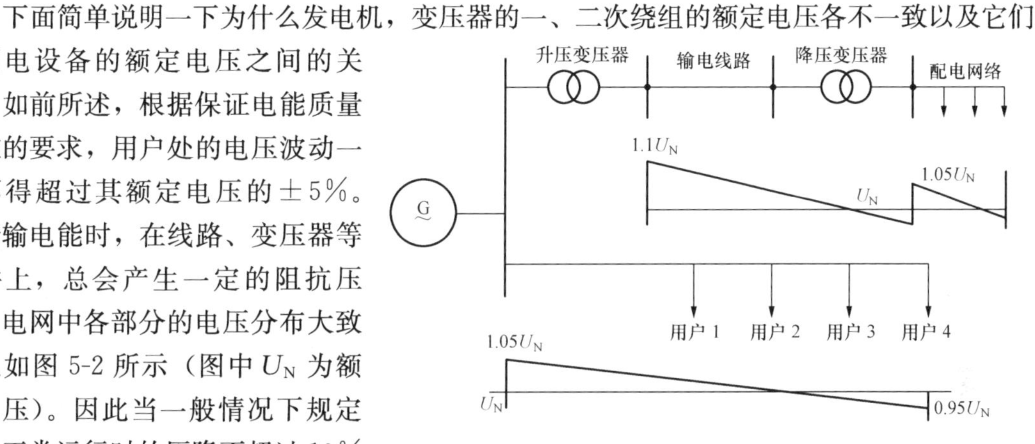

图 5-2　电力网各部分电压分布示意图

对于变压器来说，其一次侧接电源，相当于用电设备，二次侧向负荷供电，又相当于发电机。所以它的一次侧电压应等于用电设备的额定电压；只有当发电机出口与升压变压器连接时，升压变压器的一次侧电压才应与发电机电压相配合，这时它的额定电压应比用电设备高出 5%。由于变压器本身还有阻抗压降，为了保证电能质量，在制造时就规定变压器的二次绕组电压一般应该比用电设备的额定电压高出 10%，只有当内部阻抗较小时，其二次绕组电压才可以较用电设备的额定电压高出 5%。

二、电压等级的选择

输配电网络额定电压的选择在规划设计时又称为电压等级的选择，它是关系到电力系统建设费用的高低、运行是否方便、设备制造是否经济合理的一个综合性问题，因而是较为复杂的。下面只作一简略的介绍。

在输送距离和传输容量一定的条件下，如果所选用的额定电压越高，则线路上的电流越小，相应线路上的功率损耗、电能损耗和电压损耗也就越小。并且可以采用较小截面的导线以节约有色金属。但是电压等级越高，线路的绝缘越要加强，杆塔的几何尺寸也要随导线之间的距离和导线对地之间的距离的增加而增大。这样线路的投资和杆塔的材料消耗就要增加。同样线路两端的升压、降压变电站的变压器以及断路器等设备的投资也要随着电压的增高而增大。因此，采用过高的额定电压并不一定恰当。一般来说，传输功率越大，输送距离越远，则选择较高的电压等级就比较有利。

根据以往的设计和运行经验，电力网的额定电压、输电距离和传输功率之间的大致关系如表 5-2 所示。此表可作为选择电力网额定电压时的参考。

表 5-2　　电力网的额定电压、输电距离与传输功率的大致关系

额定线电压（kV）	传输功率（kW）	输电距离（km）
6	100～1200	4～15
10	200～2000	6～20
35	2000～10 000	20～50
110	10 000～50 000	50～150
220	100 000～500 000	100～300
330	200 000～1 000 000	200～600
500	1 000 000～1 500 000	150～850
750	2 000 000～2 500 000	500 以上

第三节　电力系统的负荷和负荷曲线

一、负荷

通常，把用户的用电设备所取用的功率称为负荷。因此，电力系统的总负荷就是系统中所有用电设备所消耗功率的总和。它们大致分为异步电动机、同步电动机、电热炉、整流设备、照明设备等若干类别，在不同的用电部门与工业企业中，上述各类负荷所占的比重是各不相同的。

另外，把用户所消耗的总用电负荷再加上网络中损耗的功率就是系统中各个发电厂所应供给的功率，把它称为系统的供电负荷。供电负荷再加上发电厂本身所消耗的功率就是系统中各个发电厂所应发出的总功率。

二、负荷曲线

电力系统各用户的负荷功率总是在不断变化的，电力负荷随时间变化的关系一般用负荷曲线来描述。根据负荷的特性，负荷曲线可分为有功功率负荷曲线、无功功率负荷曲线和视在功率负荷曲线等；按所涉及的范围，负荷曲线可分为用户负荷曲线、变电站负荷曲线、发电厂负荷曲线以及电力系统负荷曲线等；根据持续的时间，负荷曲线又可分为日负荷曲线、周负荷曲线和年负荷曲线等。

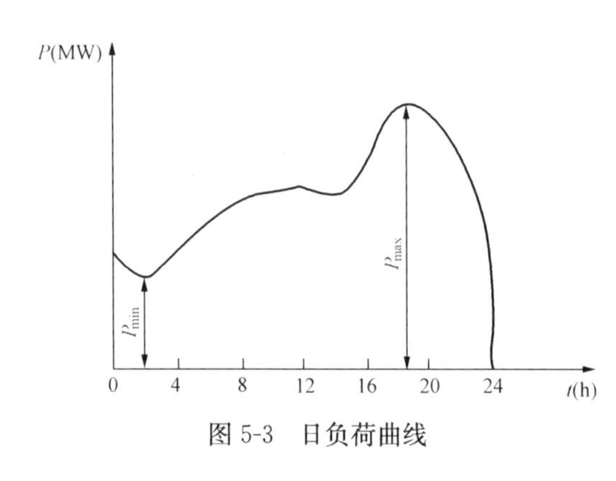

图 5-3　日负荷曲线

在电力系统中经常用到的负荷曲线有以下几种：

（1）日负荷曲线。日负荷曲线反映负荷在一天 24h 内随时间变化的规律。典型的日负荷曲线如图 5-3 所示。不同地区，不同负荷，其负荷曲线也是不相同的。一天之内最大的负荷称为日最大负荷 P_{max}，也称为尖峰负荷；一天之内最小的负荷称为日最小负荷

P_{min}，也称为低谷负荷；最小负荷以下的部分称为基本负荷，简称基荷。

若在一天内用户所消耗的总电能为 A，则全天的日平均负荷为

$$P_V = \frac{A}{24} \tag{5-1}$$

为了反映负荷曲线的起伏情况，系统中常用到负荷率 K_P 的概念

$$K_P = \frac{P_V}{P_{max}} \tag{5-2}$$

K_P 值大则表示日负荷曲线平坦，即每天的负荷变化小，系统运行的经济性较好；K_P 值小则表示日负荷曲线起伏大，发电机的利用率较差。

(2) 年持续负荷曲线。在电力系统的分析计算中，还经常用到年持续负荷曲线，如图 5-4 所示。它是以电力系统全年内每个小时的负荷按其大小及累计持续运行时间的顺序排列而成的。

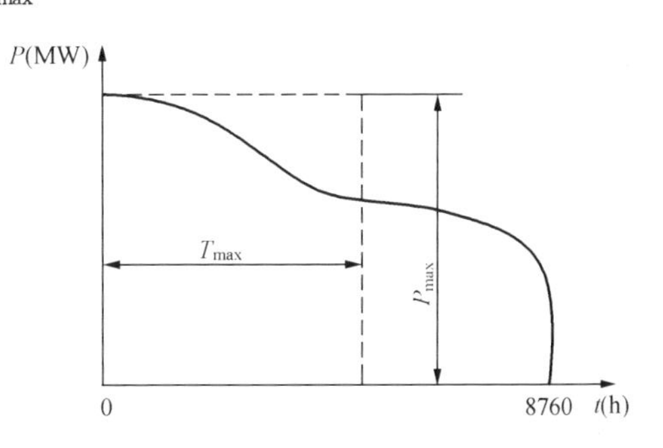

图 5-4　年持续负荷曲线

将全年中负荷所消耗的电能与一年内最大负荷相比，得到的时间 T_{max}称为年最大负荷利用小时数。即

$$T_{max} = \frac{A}{P_{max}} \tag{5-3}$$

T_{max}的物理意义是，如果用户始终保持最大负荷 P_{max}运行，则经过 T_{max}时间后，它所消耗的电能恰好等于其全年的实际耗电量。T_{max}的大小，在一定程度上反映了实际负荷在一年内变化的大小。T_{max}较大，则负荷曲线比较平坦；T_{max}较小，则负荷随时间的变化较大。它在一定程度上反映了负荷用电的特点。对于各种不同类型的负荷，其 T_{max}大体上在一定的范围内。因此，若已知各类用户的性质，则可得到 T_{max}，由 $A = T_{max}P_{max}$ 可以估计出全年的用电量。在导线截面选择和计算电网的电能损耗时均要用到 T_{max}。

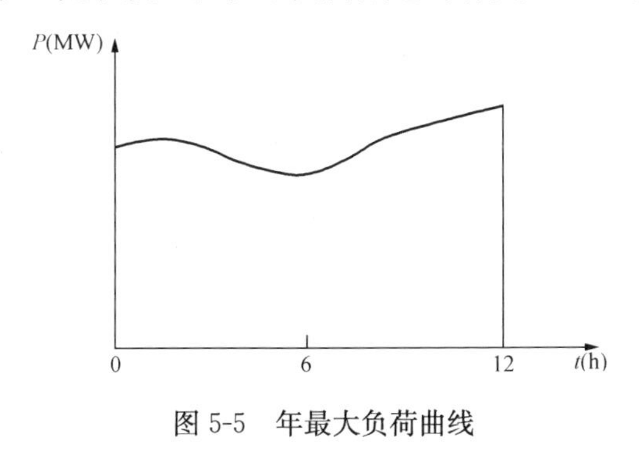

图 5-5　年最大负荷曲线

(3) 年最大负荷曲线。年最大负荷曲线即表示一年内每月的最大负荷随时间变化的曲线，如图 5-5 所示。这曲线常用于制定发电设备的检修计划。机组检修应安排在负荷最小的时间段。

第四节　电力系统中性点的运行方式

电力系统的中性点是指星形连接的变压器或发电机的中性点。

电力系统发展初期，发电机和变压器的中性点是不接地的，这是由于当时供电范围小、

电压低、网络不大。随着电力系统规模的不断扩大，中性点不接地系统在运行中常常发生弧光过电压引起的事故。于是考虑改变中性点的运行方式，以减少此类事故。

运行经验表明，中性点运行方式的正确与否关系到电压等级、绝缘水平、通信干扰、接地保护方式、运行的可靠性等许多方面。

我国电力系统中普遍采用的中性点运行方式有：中性点不接地、中性点经消弧线圈接地、中性点直接接地等三种。前两种接地方式，发生单相接地时的接地电流较小，故称为小电流接地系统；后一种接地方式，当发生单相接地时，其接地电流数值较大，故称为大电流接地系统。此外，我国也开始采用中性点经电阻接地方式。以下对各种接地方式作简要介绍。

一、中性点不接地的电力系统

我国 60kV 及以下的电力系统通常多采用中性点不接地运行方式。其正常运行时的电路图和相量图如图 5-6 所示。现假设三相系统的电压和线路参数都是对称的，把每相导线的对地电容用集中电容 C 来代替，并忽略相间分布电容。由于正常运行时三相电压$\dot{U}_A$、$\dot{U}_B$、$\dot{U}_C$是对称的，所以三相的对地电容电流$\dot{I}_{C0}$也是对称的，三相的电容电流之和为零。

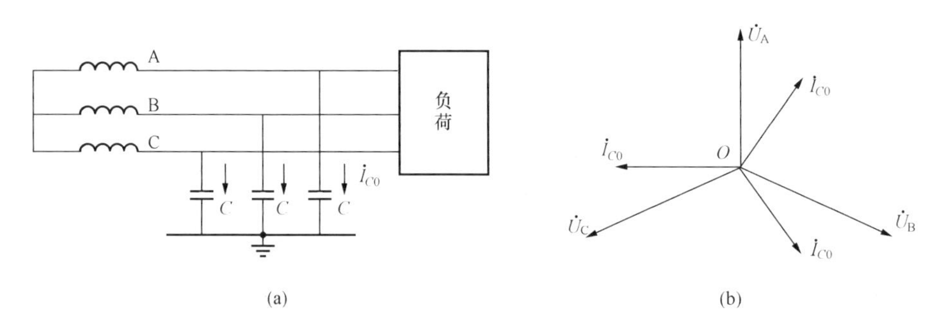

图 5-6　中性点不接地系统正常运行时的电路图和相量图

(a) 电路图；(b) 相量图

图 5-7（a）所示为发生一相（例如 A 相）接地故障的情况，此时 A 相对地电压降为零，而非故障相 B、C 的对地电压在相位和数值上均发生变化，分析如下：

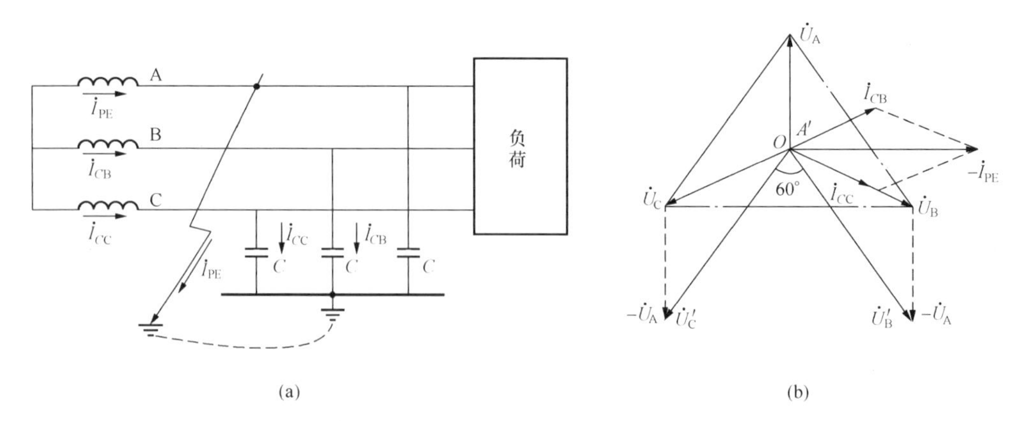

图 5-7　中性点不接地系统单相接地故障示意图和相量图

(a) 示意图；(b) 相量图

由图 5-7（b）相量图可知，当 A 相接地时，B 相和 C 相对地电压变为$\dot{U}'_{B}$、$\dot{U}'_{C}$，其数值等于正常运行时的线电压，升高了$\sqrt{3}$倍，$\dot{U}'_{B}$和$\dot{U}'_{C}$ 的相位差变为 60°。如果单相接地经过一定的接触电阻（亦称为过渡电阻），而不是金属性接地，那么故障相对地电压将大于零而小于相电压，非故障相对地电压将小于线电压而大于相电压。

$$\left.\begin{aligned}\dot{U}'_{A} &= \dot{U}_{A} + (-\dot{U}_{A}) = 0\\ \dot{U}'_{B} &= \dot{U}_{B} + (-\dot{U}_{A}) = \dot{U}_{BA}\\ \dot{U}'_{C} &= \dot{U}_{C} + (-\dot{U}_{A}) = \dot{U}_{CA}\end{aligned}\right\} \tag{5-4}$$

由图 5-7（b）还可看出，在系统发生单相接地故障时，三相之间的线电压仍然对称，因此用户的三相用电设备仍能照常运行，这也是中性点不接地系统的最大优点。在这里要指出，中性点不接地系统在发生单相接地后，是不允许运行很长时间的，因为此时非故障相的对地电压升高了$\sqrt{3}$倍，很容易发生对地闪络，从而造成相间短路。因此，我国有关规程规定，中性点不接地系统发生单相接地故障后，允许继续运行的时间不能超过 2h，在此时间内应设法尽快查出故障，予以排除。否则，就应将故障线路停电检修。

中性点不接地系统发生单相接地故障时，在接地点将流过接地电流（电容电流）。例如，A 相接地时，A 相对地电容被短接，B、C 相对地电压升高了$\sqrt{3}$倍，所以对地电容电流变为

$$\dot{I}'_{CB} = \frac{\dot{U}'_{B}}{-jX_{C}} = \sqrt{3}\omega C\,\dot{U}_{B}e^{j60^{\circ}} \tag{5-5}$$

$$\dot{I}'_{CC} = \frac{\dot{U}'_{C}}{-jX_{C}} = \sqrt{3}\omega C\,\dot{U}_{B} \tag{5-6}$$

接地电流 $\dot{I}_{PE}$ 就是上述电容电流的相量和，即

$$\dot{I}_{PE} = -(\dot{I}'_{CB} + \dot{I}'_{CC}) = -3\omega C\,\dot{U}_{B}e^{j30^{\circ}} \tag{5-7}$$

其绝对值为

$$\dot{I}_{PE} = 3\omega C\,\dot{U}_{ph} = 3\,\dot{I}_{C0} \tag{5-8}$$

$$\dot{I}_{C0} = \omega C\,\dot{U}_{ph} \tag{5-9}$$

式中　$\dot{U}_{ph}$——电网的相电压，V；

ω——电源的角频率，rad/s；

C——每相导线的对地电容，F；

$\dot{I}_{C0}$——每相导线的对地电容电流，A。

由式（5-8）可知，中性点不接地系统单相接地电流等于正常运行时每相对地电容电流的 3 倍。由于线路对地电容电流很难精确计算，所以单相接地电流（电容电流）通常可按下列经验公式计算

$$\dot{I}_{PE} = \frac{(l_{oh} + 35l_{cab})U_{N}}{350} \tag{5-10}$$

式中　U_{N}——电网的额定线电压，kV；

l_{oh}——同级电网具有电的直接联系的架空线路总长度，km；

l_{cab}——同级电网具有电的直接联系的电缆线路总长度，km。

在中性点不接地系统中，当接地的电容电流较大时，在接地处引起的电弧就很难自行熄灭。在接地处还可能出现所谓间歇电弧，即周期地熄灭与重燃的电弧。由于电网是一个具有电感和电容的振荡回路，间歇电弧将引起相对地的过电压，其数值可达（2.5～3）U_{ph}。这种过电压会传输到与接地点有直接电连接的整个电网上，更容易引起另一相对地击穿，从而形成两相接地短路。

在电压为3～10kV的电力网中，一相接地时的电容电流不允许大于30A，否则，电弧便不能自行熄灭，而且由于3～10kV电力网中使用电缆较多，其绝缘比较薄弱，一相接地转变为相间短路的可能性将大大增加。

在20～60kV电压级的电力网中，间歇电弧所引起的过电压，数值更大，对于设备绝缘更为危险，而且由于电压较高，电弧更难自行熄灭。因此，在这些电网中，规定一相接地电流不得大于10A。

在与发电机或调相机有直接电气连接的6～20kV回路中，为防止单相接地时烧坏电动机铁芯，允许的一相接地电容电流会更小，允许值见表5-3。

表5-3　　发电机回路一相接地电容电流的允许值

序号	额定电压（kV）	额定容量（MW）	额定电压下一相接地电流允许值（A）
1	6.3	≤50	4
2	10.5	50～100	3
3	13.8、15.75	125～200	2
4	18、20	≥300	1

二、中性点经消弧线圈接地的电力系统

中性点不接地系统虽具有单相接地时仍可继续供电（一个短时间）的优点，但存在产生间歇性电弧而引起过电压［幅值可达（2.5～3）U_{ph}］的危险，为了克服这一缺点，可将电力系统中的中性点经消弧线圈接地。

所谓消弧线圈，其实就是具有气隙铁芯的电抗器，它装在变压器或发电机中性点与地之间，如图5-8（a）所示。由于装设了消弧线圈，构成了另一回路，接地点接地电流中增加了

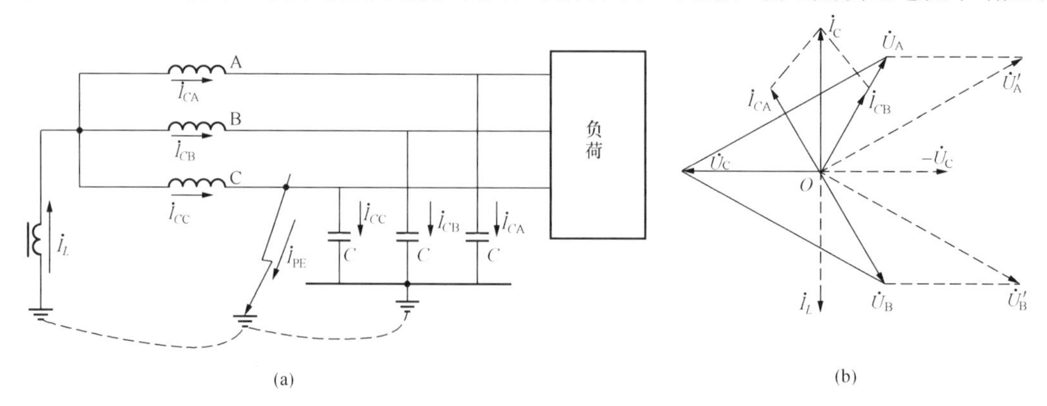

图5-8　中性点经消弧线圈接地的系统单相接地故障示意图和相量图

（a）示意图；（b）相量图

一个电感性电流分量，它和装设消弧线圈前的电容性电流分量相抵消，减小了接地点的电流，使电流易于自行熄灭，从而避免了由此引起的各种危害，提高了供电可靠性。

从图 5-8（b）可看出，例如 C 相接地时，中性点电压$\dot{U}_0$变为$-\dot{U}_C$，消弧线圈在$\dot{U}_0$作用下，产生电感电流$\dot{I}_L$（滞后于$\dot{U}_0$ 90°），其数值为

$$I_L=\frac{U_C}{X_{ar}}=\frac{U_{ph}}{\omega L_{ar}} \tag{5-11}$$

式中 L_{ar}、X_{ar}——消弧线圈的电感和电抗。

由图 5-8（b）可看出，中性点经消弧线圈接地的电力系统发生单相接地故障时，非故障相电压仍可升高$\sqrt{3}$倍，三相导线之间的线电压仍然平衡，电力用户可以继续运行。

中性点经消弧线圈接地时，可以有三种补偿方式。如果选择消弧线圈的电感，使$I_L=I_C$，则接地点电流为零，此即全补偿方式。这种补偿方式并不好，因为感抗等于容抗时，电网将发生谐振，影响系统安全运行。第二种是欠补偿方式，即选择消弧线圈时，使$I_L<I_C$，此时接地点有未被补偿的电容电流流过。采用欠补偿方式时，当电网运行方式改变而切除部分线路时，对地电容电流减少，有可能成为全补偿方式，所以也很少被采用。实践中常采用的是第三种过补偿方式，即选择消弧线圈时，使$I_L>I_C$，此时接地点有剩余的电感电流流过。在过补偿方式下，即使电网运行方式改变而切除部分线路时，也不致成为全补偿方式，而使电网发生谐振。同时，由于消弧线圈有一定的裕度，在今后电网发展线路增加后，原有消弧线圈还可以继续使用。

选择消弧线圈时，通常可按式（5-12）估算其容量

$$S_{ar}=1.35I_C\frac{U_N}{\sqrt{3}} \tag{5-12}$$

式中 S_{ar}——消弧线圈的容量，kVA；

I_C——电网的接地电容电流，A；

U_N——电网的额定电压，kV。

一般认为，对 3～60kV 电网，电容电流超过表 5-4 数值时，中性点应装设消弧线圈。

表 5-4　电容电流允许值

电网电压（kV）	电容电流（A）	电网电压（kV）	电容电流（A）
3～6	30	35	10
10	20		

三、中性点直接接地的电力系统

图 5-9 为中性点直接接地的电力系统示意图。如果该系统发生单相接地故障，就是单相短路，线路上将流过很大的单相短路电流$\dot{I}_k^{(1)}$，从而使线路上的继电保护装置迅速动作，使断路器跳闸切除故障部分。显然，中性点直接接地的电力系统发生单相接地故障时，是不能继续运行的，所以供电可靠性不如前两种中性点接地方式。

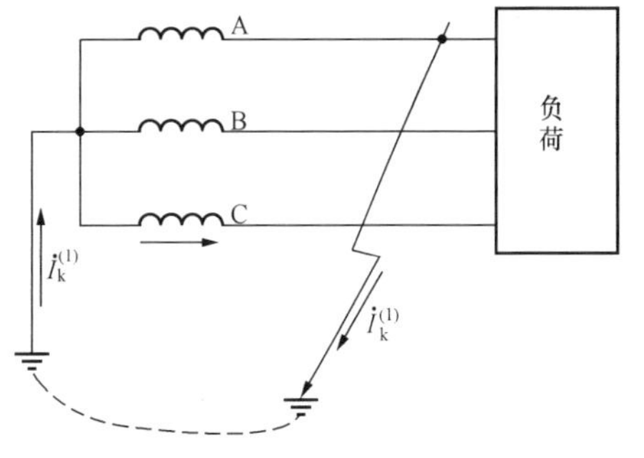

图 5-9　中性点直接接地的电力系统示意图

中性点直接接地电力系统发生单相接地时，中性点电位仍为零，非故障相对地电压也未变，因此输变电设备的绝缘水平只需按电网的相电压考虑，从而降低了工程造价。由于这一点优点，我国110kV及以上的电力系统基本上都采用中性点直接接地的方式。而在电压等值较低的60kV及以下的电力系统中，电网的绝缘水平不是主要矛盾，所以大多采用中性点不接地或经消弧线圈接地的方式。

四、中性点经电阻接地系统

过去我国发电厂中压系统和城市、农村电网一律采用不接地或经消弧线圈接地的方式。这种对于单相接地故障不立即跳闸的接地方式，有利于提高供电连续性和可靠性。这种接地方式在我国的配电网以架空线路为主，电源容量严重不足，负荷过重，供需矛盾尖锐的时期发挥了重要作用。这种方式特别适用于故障几率高，绝缘可自行恢复的以架空线路为主的配电网，例如农村配电网和中小城市城区电网，以及中小型火力发电厂的中压厂用电系统。

随着社会的发展，目前大城市城区配电网、大中型工矿企业配电网、中小型发电机电压配电网、大型火力发电厂的中压厂用电系统等，均以电缆供电为主，大量的电缆馈线，使得配电网内的电容电流不断增大。部分城市达到几十安培至上百安培，个别城市甚至达到一百多安培，大型的火力发电厂中压厂用电系统也达到了几十安培。这样，传统的接地方式就暴露了许多弊病：

（1）内过电压倍数比较高，可达3.5～4倍相电压。特别是间歇性电弧接地过电压和谐振过电压已超过了避雷器允许的承载能力，这对于具有大量高压电动机的工矿企业和火力发电厂，绝缘配合相当困难。

（2）单相接地故障下，在升高的稳态电压下运行时间在2h以上，不仅会导致绝缘早期老化，或在薄弱环节发生闪络，引起多点故障，酿成断路器异相开断，恶化开断条件。

（3）配电网的电容电流大增。这使补偿用消弧线圈容量很大。况且，运行中电容电流随机性的变化范围很大，采用跟踪范围有限的自动调谐，不论在机械寿命、响应时间、调节限位等方面也难以满足这种频繁地、适时地大范围调节的需要。另外，网络的扩展也有个过程，工程初期馈线较少，后期则会逐渐增多，消弧线圈容量也要随之相应扩大。

（4）电缆为非自恢复绝缘，发生单相接地必是永久性故障，不允许继续运行，必须迅速切断电源，避免扩大事故。消弧线圈在这种情况下不能充分发挥作用。

（5）有些配电网大量采用了对地绝缘水平为相电压级的进口电缆和工频试验电压为28kV的进口电气设备（国外配电网中性点多数为电阻接地或直接接地），应用于我国中性点非有效接地系统不够安全。

（6）无间隙氧化锌避雷器应用于中性点非有效接地系统，在单相接地故障状态下的事故率很高。只有给避雷器加设串联间隙或提高其持续运行电压，才能保证其安全运行。

（7）人身触电不立即跳闸，甚至因接触电阻大而发不出信号。长时间触电，人身安全难以保障。

因此，这就提出了改变传统的接地方式的要求，即由原来不立即跳闸改为立即跳闸和由原来中性点非有效接地改为中性点有效接地。单相接地故障，保护立即动作于跳闸。如果电网仍然是中性点不接地方式，由于电容电流较大，将会造成真空断路器或其他开断设备电弧重燃，无法灭弧的情况，同时产生严重的操作过电压，危害设备。这样就要求将中性点改为有效接地的形式，使接地电流由容性向阻性发展，使真空断路器或其他开断设备不至于电弧重燃，迅速开断故障电流。

中性点有效接地方式分为中性点直接接地和电阻接地。采用中性点直接接地，单相接地电流很大，可达到几千安甚至几十千安，虽然保护在较短的时间内跳闸，但接地点仍会因为流过强大的接地电流而严重烧损。采用电阻接地可以限制接地电流在一定的范围内，即达到保护接地点不会因为流过强大的接地电流而严重烧损，又能满足继电保护的灵敏度要求，达到限制单相接地时非故障相产生的瞬时过电压。

在6～10kV以及20kV左右的电网中，目前所采用的中性点经电阻接地有经高电阻、中电阻、低电阻接地3种形式。

1. 经高电阻接地

经高电阻接地方式以限制单相接地故障电流为目的，并可防止阻尼谐振过电压和间歇性电弧接地过电压，但是它要使总的接地电流增大两倍，主要用于200MW以上大型发电机回路和某些6～10kV配电网。

在6～10kV配电系统以及发电厂厂用电系统，当单相接地电容较小，故障不跳闸时，采用高电阻接地可以减少故障点的电压梯度，阻尼谐振过电压。

为了遏制间歇性电弧接地过电压，至少应使$I_R=(1\sim1.5)I_C$。考虑到故障电流宜限制在15A以下，以维持2h的运行条件。因此，故障电容电流I_C大于10A的网络，就不宜采用高电阻接地，从而大大限制了这种接地方式的推广应用。

2. 经低电阻接地

这种中性点采用小于10Ω电阻接地方式的特点是获得一个大的阻性电流叠加在故障点上，其优点是：

(1) 快速切除故障，过电压水平低，谐振过电压发展不起来，可采用绝缘水平较低的电缆和设备。

(2) 减少绝缘老化效应，延长设备寿命，提高网络及设备可靠性。

(3) 把双重接地（异相故障）的几率削减至最低限度。

(4) 为采用简单的、有选择性和足够灵敏度的继电保护提供了可能性。

(5) 可以采用无间隙氧化锌避雷器。

(6) 自动清除故障，运行维护方便。

(7) 人身安全事故及火灾事故几率降低。

但低电阻接地也有其局限性，在运行时必须加以注意。由于低电阻接地方式的接地故障电流达400～1000A甚至更大，目的是提高接地保护的灵敏性和选择性，另一个原因是为了避开高压电动机的启动和线路冲击合闸。这种数百安以至上千安的接地故障电流会带来以下问题：

(1) 电缆一处接地，大的电弧可能会连带烧毁同一电缆沟或电缆隧道的其他相邻电缆，扩大事故，酿成火灾。

(2) 低值电阻中流过的电流过大，电阻的热容量与I^2R成正比，给电阻的制造带来困难。铸铁电阻难以胜任这种大的电流冲击，合金电阻的造价太高，而且体积太大，每台为1.5～2m^3。

(3) 引起的地电位升高达数千伏，大大超过了安全允许值。通信线路要求地电位差不超过 430～650V；低压电器要求不大于（$2U_{ph}$+1000）×0.75=1000V。电子设备不能承受600V 的电位差，人身保安要求的接触电压和跨步电压在 0.2s 切断电源情况下不大于 650V，延长切断电源的时间，将更会有危险。

3. 经中电阻接地

为了克服低电阻接地的弊端而保留其优点，可以采用中电阻接地方式，其要求是：

（1）保证 I_R=（1～1.5）I_C，以限制内过电压不超过 2.6 倍（此 2.6 倍，是高压电动机可以承受的最大过电压，也是当未发生间歇性电弧接地过电压时，网络上出现的较严重的过电压限值）。分析表明，进一步增大 I_R来减小电阻，对降低内过电压收效不大。

（2）保证接地保护的灵敏性和选择性。

（3）保证设备人身安全。按前述通信干扰、人身保安和设备安全的要求，在接地电阻不大于 0.5Ω 的发电厂和变电站，一般不存在问题。但在接地电阻不大于 4Ω 的用户受电配电所，故障电流则不宜超过 150A。这意味着回路中的 I_C和 I_R均宜控制在 100A 左右。当 I_C超过 100A 时，可以采取以下措施：增加变电站的母线段数；减少一段母线上连接的馈线数量；在母线段上或长馈线上加装隔离变压器；给中性点接地电阻串联一个干式小电抗，把 I_C补偿到 100A 以下。

目前我国电力系统的中性点运行方式，大体有：

（1）对于 6～10kV 系统，主要由电缆线路组成的电网，在电容电流超过 10A 时，均采用中性点电阻接地，单相接地故障立即跳闸的接地方式。

（2）对于 110kV 及以上的系统，主要考虑降低设备绝缘水平，简化继电保护装置一般均采用中性点直接接地的方式。并采用送电线路全线架设避雷线和装设自动重合闸装置等措施，以提高供电可靠性。

（3）20～60kV 的系统，是一种中间情况，一般一相接地时电容电流不很大，网络不很复杂，设备绝缘水平的提高或降低对于造价影响不很显著，所以一般均采用中性点经消弧线圈接地的方式。

（4）1kV 以下的电网的中性点采用不接地的方式运行。但电压为 380/220V 的三相四线制电网的中性点，则是为了适应用电设备取得相电压的需要而直接接地。

第六章

电 气 主 接 线

第一节　概　　述

为满足生产的需要，发电厂中安装有各种电气设备。通常将电气设备分为两大类：

(1) 一次设备。直接生产和分配电能的设备。主要包括发电机、变压器、断路器、隔离开关、限流电抗器、避雷器、载流导体等。

(2) 二次设备。对一次设备进行监视、测量、控制和保护的设备。主要包括仪用互感器、测量仪表、继电保护和自动装置等。

上述各种电气设备，在发电厂中必须依照相应的技术要求连接起来。将一次设备按一定顺序连接起来的电路图称为电气主接线。它表明电能送入和分配的关系以及各种运行方式。由于三相交流电路中，三相的设备绝大部分是按照三相对称连接的，所以主接线通常按规定的图形符号画成单线图（即以一条线代表三相电路），使接线图简单、清晰和明了。

电气主接线的确定，对发电厂电气设备选择、配电装置的布置、继电保护和控制方式的拟定都有密切关系。所以它的确定是一个综合性的问题。对电气主接线的基本要求，概括地说大致包括三个方面：可靠性、灵活性和经济性。

主接线设计是否合理，不仅关系到发电厂的安全经济运行，也关系到整个电力系统的安全、灵活和经济运行。发电厂容量越大，在系统中的地位越重要，则影响也越大。因此，发电厂电气主接线的设计应综合考虑发电厂所在电力系统的特点；发电厂的性质、规模和在系统中的地位；发电厂所供负荷的范围、性质和出线回路数等因素，并满足安全可靠、运行灵活、检修方便、运行经济和远景发展等要求。

第二节　主接线的基本形式

1000MW 汽轮发电机组发电厂有关的基本接线形式有：双母线接线、3/2 断路器接线、桥形接线、角形接线、单元接线。

一、双母线接线

1. 一般双母线接线

如图 6-1 所示，它具有两组母线：母线Ⅰ和母线Ⅱ。每回线路都经一台断路器和两组隔离开关分别接至两组母线，母线之间通过母线联络断路器 QFm 连接，称为双母线接线。有

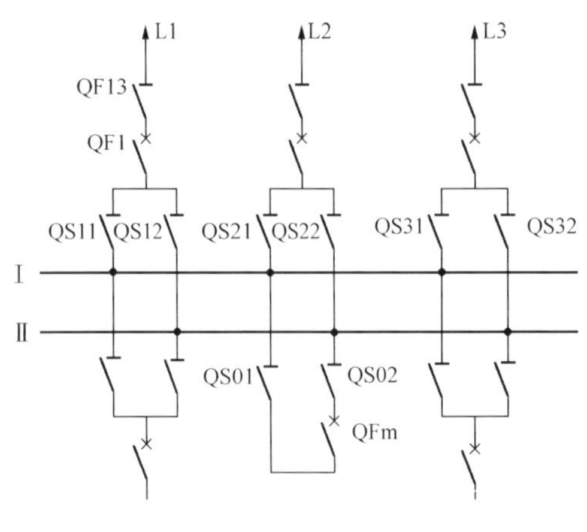

图 6-1 双母线接线

两组母线后，使运行的可靠性和灵活性大为提高，其特点如下：

(1) 供电可靠性较高，具体体现在以下三个方面：

1) 可以轮流检修一组母线而不致使供电中断。如欲检修工作母线Ⅰ，可把全部电源和负荷线路切换到母线Ⅱ上，其操作步骤为：

① 合 QS01、QS02，再合 QFm，向备用母线Ⅱ充电。保护装置已投入，检查备用母线是否完好。

② 若备用母线完好，此时两组母线等电位，按“先通后断”原则，先合与母线Ⅱ相连的隔离开关，再拉与母线Ⅰ相连的隔离开关。

③ 拉 QFm，再拉 QS01、QS02。

④ 验明母线无电后，挂地线即可检修。

上述操作步骤，显然可见，任一回路的运行均未受到影响。

2) 检修任一回路母线侧隔离开关，只需停下该回路和相应母线，其他回路可正常运行。如需检修 L1 回路中 QS11（说明：L1 线路运行在母线Ⅰ上，QS12 断开状态）操作步骤如下：

①拉开 QF1，再拉 QS13、QS11，L1 线路停止运行。

②按上述检修母线Ⅰ操作步骤进行操作，将除 L1 线路以外的所有回路切换到母线Ⅱ上运行，母线Ⅰ停止运行。

③做好安全措施即可检修 QS11。

3) 工作母线发生故障后，所有回路能迅速恢复供电。如工作母线Ⅰ发生短路故障，各电源回路的断路器自动跳闸。随后拉开各出线回路的断路器和工作母线侧隔离开关，合各回路的备用母线侧隔离开关，最后依次合电源、线路回路断路器，迅速恢复供电。

(2) 运行调度灵活，通过倒换操作可以形成不同的运行方式。当母联断路器闭合，进出线适当分配接到两组母线上，形成双母线同时运行的状态。有时为了系统的需要，亦可将母联断路器断开（处于热备用状态），两组母线同时运行。此时这个发电厂相当于分裂为两个发电厂各自向系统送电。显然，两组母线同时运行的供电可靠性比仅用一组母线运行时高。

(3) 在特殊需要时，可以用母线联络断路器与系统进行同期或解列操作。当个别回路需要独立工作或进行试验（如发电机或线路检修后需要试验）时，可将该回路单独接到备用母线上进行。

(4) 扩建方便。可以向左右任何方向扩建，而不影响两组母线上电源和负荷的组合分配，在施工中也不会造成原有回路停电。但这种接线所需设备多，配电装置比较复杂，占地面积较大，投资增多，经济性较差。另外，还存在一些缺点：

1) 隔离开关作为操作电器，容易发生误操作。

2）母线故障，与之相连的回路短时停运。

3）检修出线断路器，该回路停电。

针对存在的缺点，可采取母线分段和加装旁路设施的措施。

2. 双母线分段接线

图 6-2 所示为双母线分段接线。用分段断路器 QF3 把工作母线Ⅰ分段，每段分别用母联断路器 QF1 和 QF2 与备用母线Ⅱ相连。这种接线比一般双母线接线具有更高的供电可靠性和灵活性。但由于断路器较多，投资大，一般在进出线路数较多（如多于 8 回线路）时可能用这种接线。

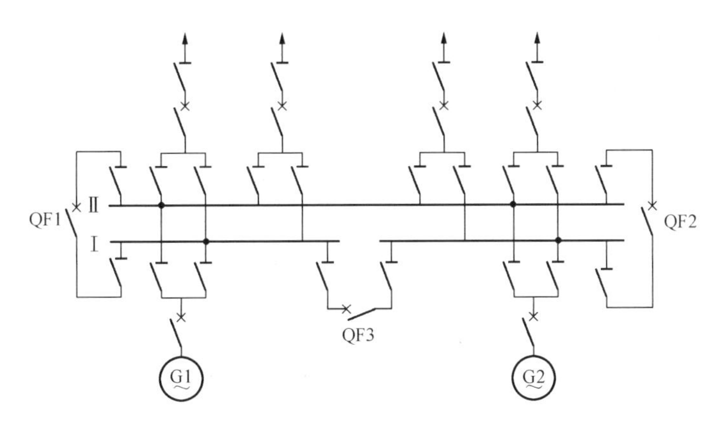

图 6-2　双母线分段接线

双母线接线具有供电可靠、检修方便、调度灵活及便于扩建等优点，在我国大中型发电厂和变电站中广泛采用。但这种接线所用设备多，在运行中隔离开关作为操作电器，较易发生误操作。特别是，当母线系统发生故障时，需短时切除较多电源和线路，这对特别重要的大型发电厂和变电站是不允许的。

3. 双母线带旁路接线

一般双母线接线的主要缺点是：检修线路断路器会造成该回路停电。为了检修线路断路器时不致造成停电，可采用带旁路母线的双母线接线，如图 6-3 所示。在每一回路的线路侧装一组隔离开关（旁路隔离开关）QS，接至旁路母线Ⅲ上，而旁路母线再经旁路断路器及隔离开关接至两组母线上。图 6-3 中设有专用的旁路断路器 QF。要检修某一线路断路器时，基本操作步骤是：先合旁路断路器两侧的隔离开关（母线侧合上一个），再合上旁路断路器 QF 对旁路母线进行充电与检查；若旁路母线正常，则待修断路器回路上的旁路隔离开关两侧已为等电位，可合上该旁路隔离开关；此后可断开待修断路器及其两侧隔离开关，对断路器进行检修。此时该回路已通过旁路断路器、旁路母线及有关旁路隔离开关向其送电。

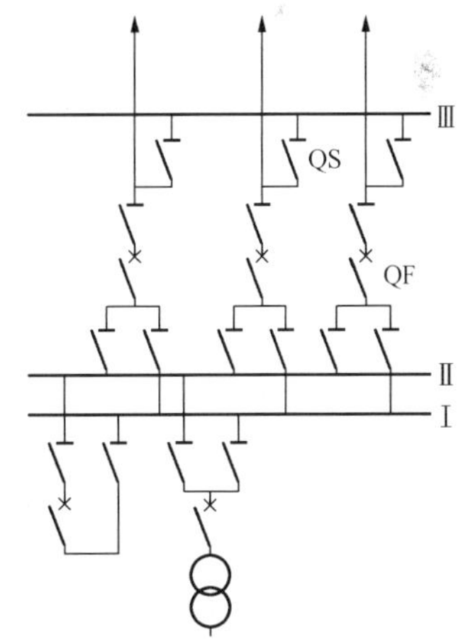

图 6-3　带旁路母线的双母线接线

当引出线数目不多，安装专用的旁路断路器利用率不高时，为节省投资，常采用母线联络断路器兼旁路断路器的接线，具体接线如图 6-4 所示 ，正常运行时，图中 QF 起母线联络断路器作用，当需检修出线断路时，先将所有回路都切换到一组母线上运行；再按操作规程完成 QF 代替出线断路器的操作。

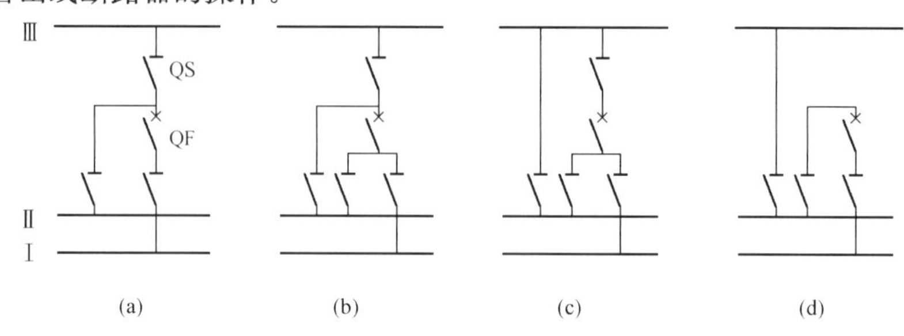

图 6-4 母线联络断路器兼旁路断路器接线

(a)、(d) 一组母线能带旁路；(b)、(c) 两组母线均能带旁路

二、3/2 断路器接线

如图 6-5 所示，每两个回路（出线或电源）用三台断路器构成一串接至两组母线，即两个元件（进线或出线）各自经一台断路器接至不同母线，两回路之间设一台联络断路器，形成一串，故称为 3/2 接线。

运行时，两组母线和同一串的三个断路器都投入工作，称为完整串运行，形成多环路状供电，具有很高的可靠性。其主要特点是：任一母线故障或检修，均不致停电；任一断路器检修也不引起停电；甚至于两组母线同时故障（或一组母线检修另一组母线故障）的极端情况下，功率仍能继续输送。一串中任何一台断路器退出或检修时，这种运行方式称为不完整串运行，此时仍不影响任何一个回路的运行。这种接线运行方便、操作简单，隔离开关只在检修时作为隔离电器。

在 1000MW 机组的大容量发电厂中，广泛采用 3/2 接线。在发电厂第一期工程中，一般是机组和出线较少，例如：只有两台发电机和两回出线，构成只有两串 3/2 接线。在此情况下，电源（进线）和出线的接入点可采用两种方式：一种是交叉接线，如图 6-6(a) 所示，

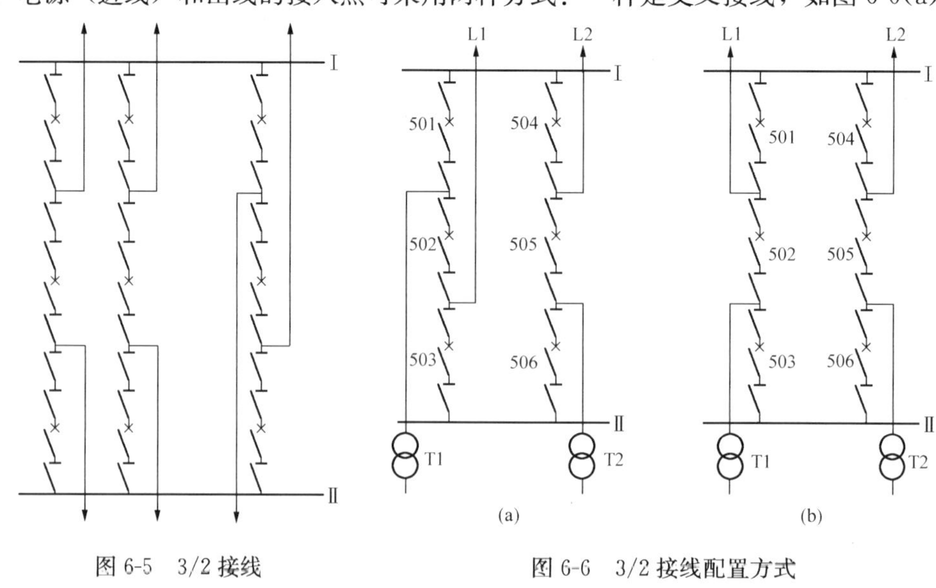

图 6-5 3/2 接线

图 6-6 3/2 接线配置方式

(a) 交叉接线；(b) 非交叉接线

将两个同名元件（电源或出线）分别布置在不同串上，并且分别靠近不同母线接入，即电源（变压器）和出线相互交叉配置；另一种是非交叉接线（或称为常规接线），如图 6-6（b）所示，它也将同名元件分别布置在不同串上，但所有同名元件都靠近某一母线一侧（进线都靠近一组母线，出线都靠近另一组母线）。

通过分析可知，3/2 交叉接线比 3/2 非交叉接线具有更高的运行可靠性，可减少特殊运行方式下事故扩大。例如：一串中的联络断路器（设 502）在检修或停用，当另一串的联络断路器发生异常跳闸或事故跳闸（出线 L2 故障或进线 T2 回路故障）时，对非交叉接线将造成切除两个电源，相应的两台发电机甩负荷至零，发电厂与系统完全解列；而对交叉接线而言，至少还有一个电源（发电机—变压器组）可向系统送电，L2 故障时 T2 向 L1 送电，T2 故障时 T1 向 L2 送电，仅是联络断路器 505 异常跳开时也不破坏两台发电机向系统送电。交叉接线的配电装置的布置比较复杂，需增加一个间隔。

应当指出，当 3/2 接线的串数多于两串时，由于接线本身构成的闭环回路不止一个，一个串中的联络断路器检修或停用时，仍然还有闭环回路，因此可不采用交叉接线。

三、桥形接线

当只有两台变压器和两条输电线路时，采用桥式接线的断路器最少，如图 6-7 所示。依照连接桥对于变压器的位置可分为内桥和外桥。运行时，桥臂上的联络断路器 QF 处于闭合状态。当输电线路较长、故障几率较多、两台变压器又都经常运行时，采用内桥接线较适宜；而在输电线路（以下简称线路）较短、变压器随经济运行要求需经常切换或系统有穿越功率流经本厂（如两回线路均接入环形电网）时，则采用外桥接线更为适宜。

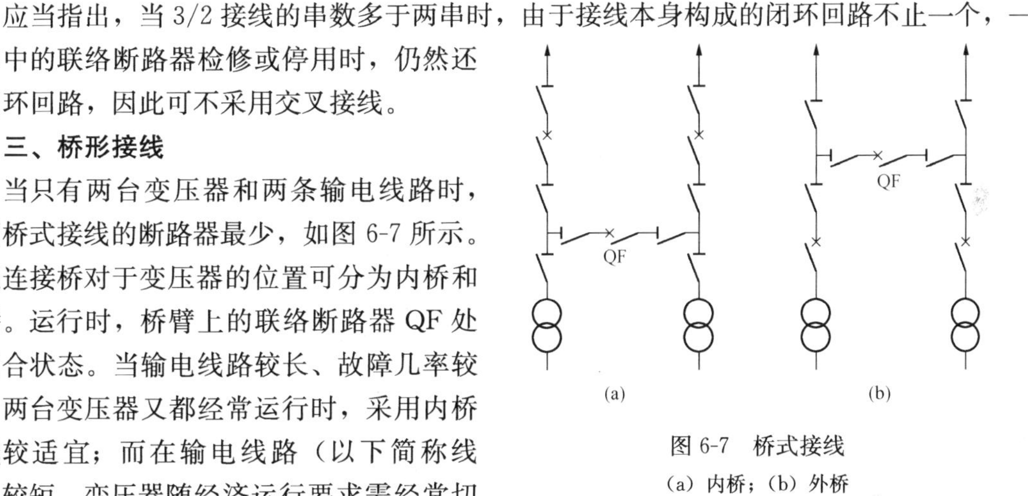

图 6-7 桥式接线
（a）内桥；（b）外桥

在内桥接线中，当变压器故障时，需停相应线路；在外桥接线中，当线路故障时，需停相应的变压器。而且在桥式接线中，隔离开关又作为操作电器，所以桥式接线可靠性较差。但由于这种接线使用的断路器少、布置简单、造价低，往往在 35～220kV 配电装置中得到采用。

在 1000MW 机组的发电厂中，桥式接线只可能在启动备用变压器的高压侧使用，而不会使用于主机系统。

四、角形接线

将几台断路器连接成环状，在每两台断路器的连接点处引出一回进线或出线，即构成角形接线，如三角形接线、四角形接线、五角形接线等，见图 6-8。

（1）角形接线的优点。角形接线使用断路器的数目少，所用的断路器数等于进、出线回路数，比单母分段和双母线都少用一台断路器，经济性较好。

每一回路都可经由两台断路器从两个方向获得供电通路。任一台断路器检修时都不会中断供电。如将电源回路和负荷回路交错布置，将会提高供电可靠性和运行的灵活性。

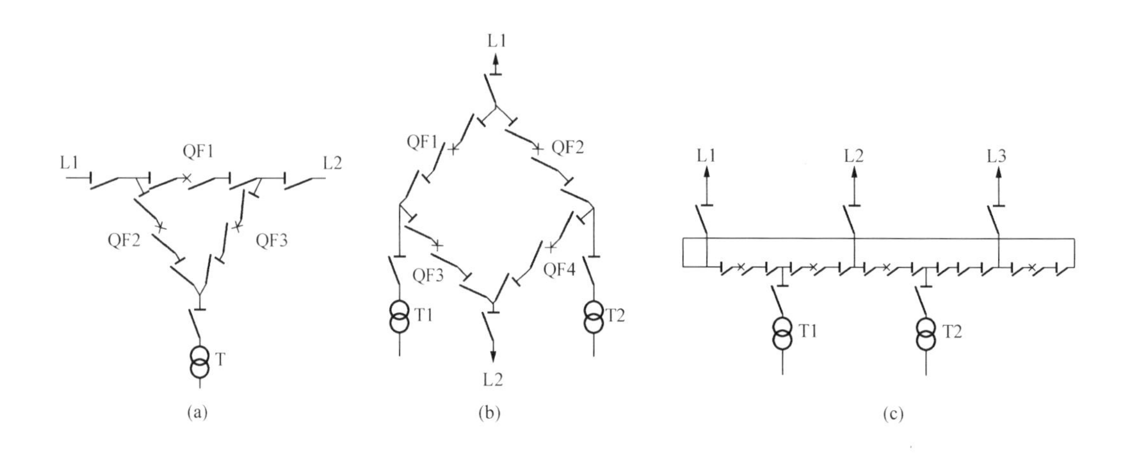

图 6-8 角形接线

(a) 三角形接线；(b) 四角形接线；(c) 五角形接线

隔离开关只用于检修，不作为操作电器，误操作可能性小，也有利于自动化控制。

角形接线比较容易过渡到 3/2 接线，有时可作为 3/2 接线的前期接线形式。

(2) 角形接线的缺点。角形接线开环运行与闭环运行时工作电流相差很大，造成设备选择困难，且每一回路连接两台断路器，每一断路器又连着两个回路，使继电保护整定和控制都比较复杂。

在开环运行时，若某一线路或断路器故障，将造成供电紊乱，使相邻的完好元件不能发挥作用被迫停运，降低了可靠性。

(3) 角形接线的适用范围。角形接线适用于最终进出线回路为 3～5 回的 110kV 及以上的配电装置，角形接线一般不宜超过六角。

五、单元接线

单元接线的特点是几个元件直接串联连接，其间没有任何横向联系，这样不仅减少了电器的数目，简化了配电装置的结构和降低了造价，同时也降低了故障的可能性。大机组发电厂单元接线主要有下列几种基本类型。

1. 发电机—变压器组单元接线

图 6-9 (a) 为发电机与双绕组变压器直接连接为一个单元组，经断路器接至高压电网，向系统输送电能。为了方便发电机检修和实验，发电机出口一般加装隔离开关。当机组容量为 200MW 及以上时，由于发电机出口采用离相封闭母线，不装隔离开关，但应留有可拆连接片，可不装设断路器。

图 6-9 (b)、(c) 分别为发电机与三绕组变压器和自耦变压器直接连接的单元接线。考虑到在发电机停止运行时，能保证变压器高压电网和中压电网之间的联系，发电机出口应装设断路器。

2. 发电机—变压器—线路组单元接线

发电机通过变压器升高后，经断路器由高压输电线路直接将电能送向远处的变压站，这样就构成发电机—变压器—线路组单元接线，如图 6-10 所示。这种接线所需设备最少、造价最低，在发电厂的高压侧无需复杂的升压站，大大简化了配电装置的结构，从而减少了占地和建筑费用。但是，在单元中由于三个元件串联，任一元件故障或检修都将停运，特别是线路故障几率较高，使这种接线的应用受到一定的限制。因此，当线路较短时才选用这种接线。

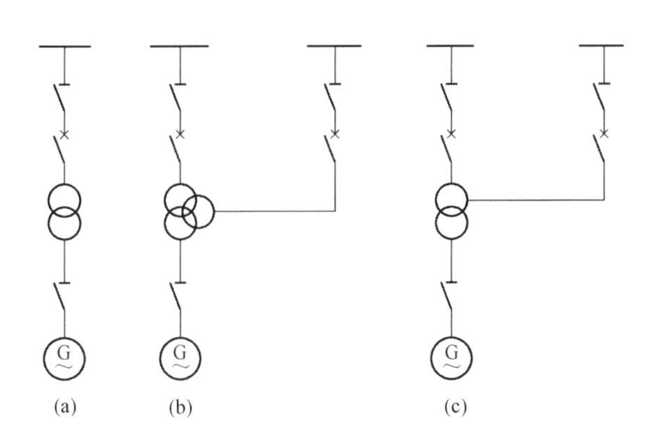

图 6-9 发电机—变压器组单元接线
(a) 发电机与双绕组变压器直接连接；(b) 发电机与三绕组变压器直接连接；(c) 发电机与自耦变压器直接连接

图 6-10 发电机—变压器—线路组单元接线

第三节 2×1000MW 机组的电气主接线

某厂 2×1000MW 机组（5 号和 6 号机）均以发电机一升压变压器组单元接线形式各经过一台 1140MVA、变比为 525±2×2.5%/27kV 的强油风冷无载调压的三相变压器分别接入 500kV 系统，发电机与主变压器之间设置断路器。5 号机采用发电机—变压器—线路组接线（见图 6-11），6 号机上后采用 500kV 配电装置 2 进 2 处，采用四角形接线（见图 6-12），预留远景扩建为 3/2 接线的场地。

发电机至主变压器之间的引线采用分相封闭母线，厂用变压器分支引出线和电压互感器分支引出线也采用分相封闭母线。由于励磁系统采用全静态晶闸管整流的自并励方式，其励磁变压器电源从电压互感器分支封闭母线上支接。

发电机中性点采用经二次侧接电阻的单相变压器接地，即高阻接地，目的一是限制发电机电压系统发生弧光接地时所产生过电压不超过额定电压的 2.6 倍，以保证发电机及其他设备的绝缘不被击穿。二是使发电机电压系统发生单相接地时的接地处电流大于 3A 小于 10～15A，以保证接地保护无时限跳闸停机；另外在电阻上并联接地检测继电器，提供发电机定子绕组接地保护。

500kV 主变压器的高压侧中性点直接接地。

两台机备用/停机电源由老厂公用段 6kV 段经电缆引接。

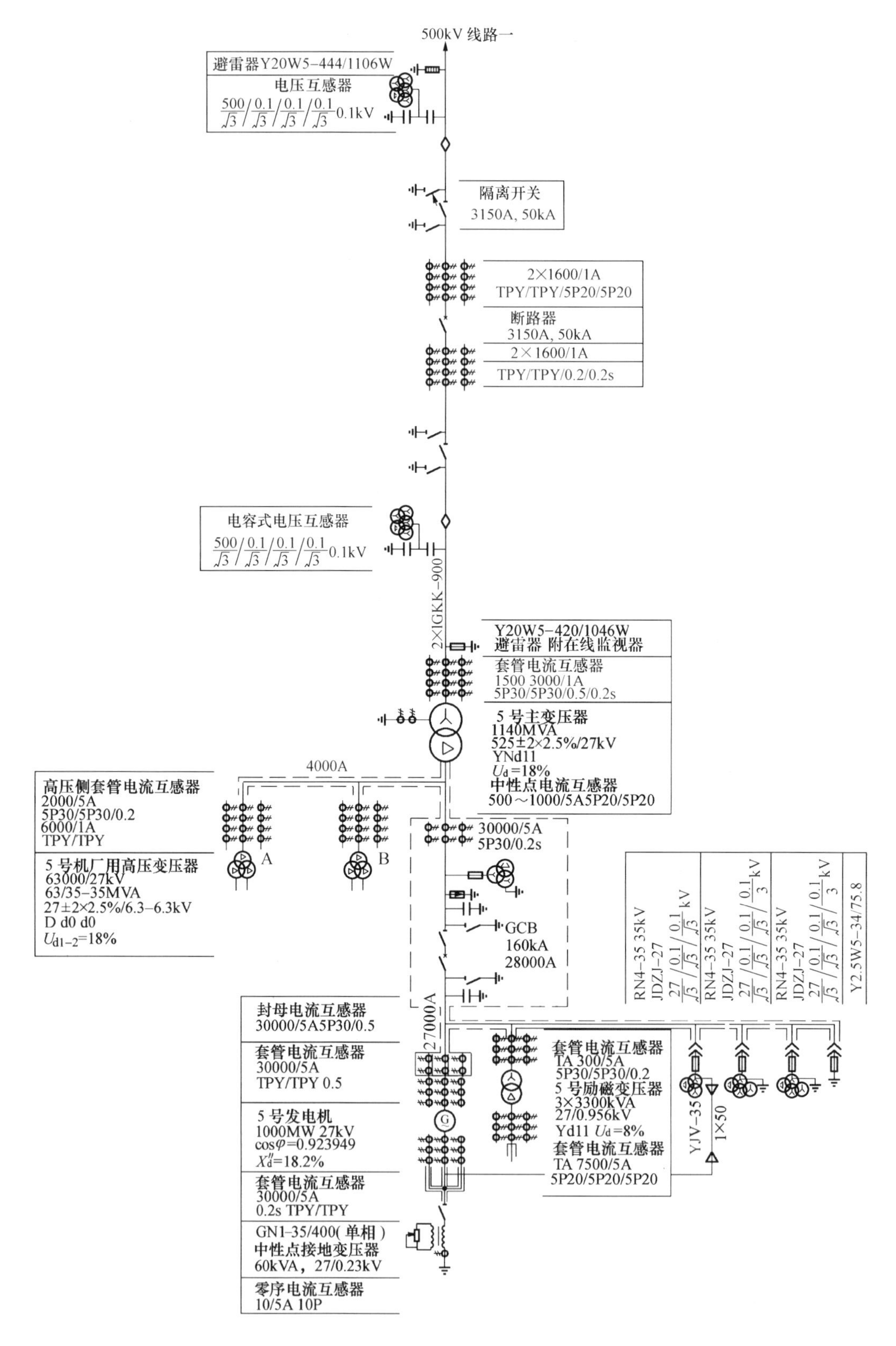

图 6-11 1000MW 机组单元接线

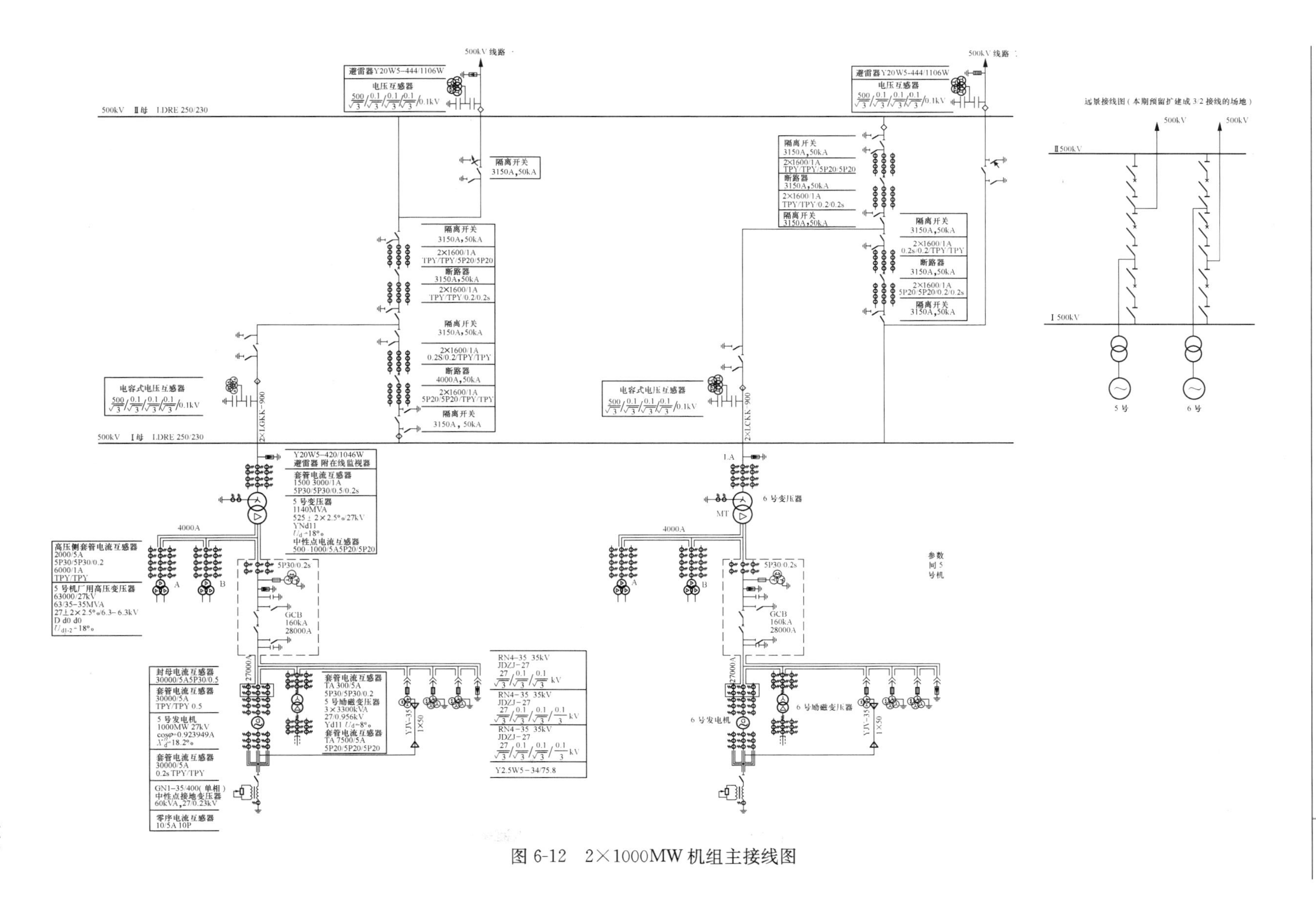

图 6-12 2×1000MW 机组主接线图

第四节　发电机主回路电气接线的特点

大型发电厂一般均是电力系统的主力发电厂，其单机容量占系统容量的比重较大，发生故障时往往会严重地影响电力系统的稳定运行。因此对大型发电厂的发电机主回路电气接线的可靠性要求很高。

一、发电机主回路导体的选择

随着机组容量的增大，发电机主回路的额定电流也明显地增大，因而在发电机和变压器间的连接母线上产生了下列问题：

（1）大电流通过母线时，由于电磁感应影响，将使母线附近的钢构严重发热，如300MW发电机的额定电流在10000A以上，支持母线的钢构件发热达100℃以上，而钢构损耗可达母线损耗的1.5倍，这不仅使发电机出现小室温度过高，影响电气设备的安全运行，而且当钢筋混凝土结构的温度超过100℃时，足以破坏其结构的强度，这对发电厂运行来说是不允许的。

（2）由于机组容量的增大，当发电机引出母线发生短路时，不但发电机本身不允许，而且对系统运行影响更严重。

（3）由于短路电流的增大，将产生巨大的短路电动力，致使一般的母线绝缘子的机械强度难以满足要求，造成选型困难。

为了解决上述问题，我国目前规定单机容量为200MW及以上发电机出口及厂用分支采用分相封闭母线，其主要作用如下：

（1）减少接地故障，避免相间断路。大容量发电机出口短路电流很大，发电机承受不住出口短路电流的冲击。封闭母线因为具有金属外壳保护，所以基本上可消除外界潮气、灰尘和外界异物引起的接地故障。采用封闭母线基本避免了相间短路故障，提高了发电机运行的可靠性。

（2）减少母线周围钢结构发热。裸露大电流母线会使周围钢结构在电磁感应下产生涡流和环流，产生损耗并引起发热。金属封闭母线的外壳起到屏蔽作用，使外壳以外部分的磁场大约降到裸露时的10%以下，大大减少了母线周围钢结构的发热。

（3）减少相间电动力。由于金属外壳的屏蔽作用，使短路电流产生的磁通大大减弱，降低了相间电动力。

（4）母线封闭后，通常采用微正压充气方式运行，可防止绝缘子结露，提高了运行的可靠性，并且为母线强迫通风冷却创造了条件。

（5）封闭母线由工厂成套生产，施工安装简便，简化了对土建结构的要求，运行维护工作量小。

二、发电机出口断路器（GCB）的设置

在大型发电厂中，一般都采用发电机与双绕组变压器组成单元接线，当发电厂具有两种升高电压等级时，亦采用此种接线，而两种升高电压等级间设置联络变压器连接，这样在发电机出口可不装设断路器，避免了由于出口额定电流和短路电流大，选择出口断路器受到制造条件和价格昂贵等原因造成的困难。但600MW及以上机组发电机出口是否装设断路器需

经技术经济比较确定。

发电机出口装设断路器的优越性有：

（1）发电机组解、并列时，可减少主变压器高压侧断路器操作次数，特别是500kV或220kV为3/2断路器接线时，能始终保持一串内的完整性。当发电厂接线串数较少时，保持各串不断开（不致开环），对提高供电的可靠性有明显的作用。

（2）启停机组时，可由系统经主变压器倒送功率，用厂用高压工作变压器供厂用电，不需设置厂用启动电源，减少了厂用高压系统的倒闸操作，从而提高了运行可靠性。

（3）提高发电机及主变压器、高压厂用变压器的保护水平。采用发电机断路器后，不论是在发生操作故障或在系统振荡时，还是在发电机或变压器发生短路故障时，都将提高保护的选择性和清除故障的快速性，从而提高机组运行的安全性、可靠性，对主变压器的故障损伤大大减少，从而也提高了机组的可用率。

（4）简化同期操作，便于检修、调试。采用高压断路器进行同期操作时，断路器将会承受电压应力，在受到污染的情况下，这些电压应力可以造成断路器外部绝缘介质的闪络，当同期操作在发电机电压等级进行时，高压断路器的电压应力便会消失。利用发电机断路器进行同期操作，比较的是发电机断路器两侧的同级电压，因而使得同期操作系统更加简单、可靠。另外，由于发电机断路器安装于室内的封闭金属壳内，环境条件好，其绝缘安全裕度充分保证同期操作更加可靠。

发电机出口装设断路器所带来的问题是：

（1）GCB的价格问题。由于GCB价格昂贵，高压厂用变压器或主变压器有载调压装置价格昂贵，安装高压厂用变压器有载调压开关，需要增加此部分一次投资费用。

（2）厂用变压器有载调压问题。装设GCB后，为满足机组启停时高压厂用母线电压水平的要求，要求厂用高压变压器或主变压器能有载调压。但国内变压器制造厂家未制造过如此大容量和高电压等级的有载变压器，需要从国外进口。

（3）故障点问题。在主变压器与发电机出口间装设GCB，增加了设备本身及运行故障点，运行维护必然带来相应的困难。

第七章

厂用电系统

第一节　概　　述

一、厂用电及厂用电系统

现代大容量火力发电厂要求其生产过程自动化和采用计算机控制，为了实现这一要求，需要有许多厂用机械和自动化监控设备为主要设备（汽轮机、锅炉、发电机等）和辅助设备服务，而其中绝大多数厂用机械采用电动机拖动，这些厂用电动机以及自动化监控、运行操作等设备的用电称为厂用电，厂用设备的供电系统称为厂用电系统。

厂用电系统的接线是否合理，对保证厂用负荷的连续供电和发电厂安全经济运行至关重要。由于厂用电负荷多、分布广、工作环境差和操作频繁等原因，厂用电事故在发电厂事故中占有很大的比例统计表明，不少全厂停电事故是由于厂用电事故引起的。因此，必须把厂用电系统的合理设计及安全运行提到应有的高度来认识。

二、厂用负荷分类

根据厂用设备在发电厂生产过程中的作用以及供电中断对人身、设备、生产的影响，厂用负荷可分为四类：

（1）第Ⅰ类负荷。短时（手动切换恢复供电所需的时间）的停电可能影响人身或设备安全，使生产停顿或发电量大量下降的负荷。如给水泵、凝结水泵、吸风机、送风机等。通常它们都设有两套设备互为备用，分别接到两个独立的母线上。

（2）第Ⅱ类负荷。允许短时停电（几秒至几分钟），恢复供电后，不致造成生产紊乱的厂用负荷。如工业水泵、疏水泵、输煤设备等。对这类负荷，应采用两个电源供电，可采用手动切换。

（3）第Ⅲ类负荷。较长时间停电，不会直接影响生产的负荷。如修配车间、实验室和油处理等处的负荷。这类负荷一般由一个电源供电。

（4）事故保安负荷。在停机过程中及停机后一段时间内仍应保证供电的负荷，否则将引起主要设备的损坏，重要的自动控制失灵或推迟恢复供电，甚至可能危及人身安全的负荷称为事故保安负荷。根据对电源的不同要求，事故保安负荷可分为三类：

1）直流保安负荷，如直流油泵等，由蓄电池供电。

2）交流不停电负荷，如实时控制用的电子计算机等，由交流不停电电源装置（UPS）供电。

3）交流保安负荷，如盘车电动机等，平时由交流厂用电供电，失去厂用工作和备用电源时，交流保安电源应自动投入。交流保安电源通常采用快速自启动的柴油发电机组或由具有可靠的外部独立电源。

第二节 厂 用 电 接 线

一、对厂用电接线的要求

厂用电设计应满足运行、检修和施工的要求，考虑全厂发展规划，妥善解决分期建设引起的问题，积极慎重地采用新技术、新设备，使厂用负荷可靠连续供电和灵活、经济运行，从而保证机组安全、经济、满发。厂用电接线应满足如下要求：

（1）各机组的厂用电系统应是独立的。一台机组的故障停运不应影响到另一台机组的正常运行，并能在短期内恢复供电。

（2）充分考虑正常运行中厂用工作变压器故障和机组启停过程中厂用供电要求。应配备可靠和迅速投入的备用电源或启动/备用电源，并应设法减少机组启停和事故时的切换操作，并且备用电源应能与工作电源短时并列（先投后切，不中断供电）。

（3）便于分期扩建和连续施工，不致中断厂用电的供给，特别注意公用负荷的供电，须结合远景规模，统筹安排，要便于过渡且少改变接线和更换设备。

（4）大型机组应设置足够容量的交流事故保安电源，当全厂停电时，可以快速启动投入，向保安负荷供电。

二、厂用电供电电压等级的确定

发电厂厂用电系统电压等级是根据发电机额定电压、厂用电动机的电压和厂用电网络的可靠运行等诸方面因素，经过技术经济比较后确定的。

厂用电动机容量相差很大，从几瓦到几千千瓦，而电动机的电压与容量有关，见表7-1。因此，只用一种电压等级的电动机是不能满足要求的，必须根据所拖动设备的功率，以及电动机的制造情况来进行电压选择。通常在满足技术要求的前提下，应优先选用较低电压的电动机以获得较高的经济效益，因为高压电动机的制造容量大、绝缘等级高、磁路较长、尺寸较大、价格高、空载和负载损耗均较大、效率较低，所以应优先考虑较低电压等级。但是，对供电系统而言，则电压较高时，可选择截面较小的电缆或导线，不仅节省有色金属，还能降低供电网络的投资。

表 7-1　　电动机制造生产的电压与容量范围

电动机电压（V）	220	380	3000	6000	10 000
生产容量范围（kW）	＜140	＜300	＞75	＞200	＞200

综合考虑上述因素，厂用供电电压一般选用高压和低压两级。我国现行规程规定火力发电厂高压厂用电电压可选 3、6、10kV，低压厂用电电压采用 380V 或 380/220V。

火力发电厂高压厂用电电压一般选用 6kV 等级，当机组容量为 600MW 及以上时，可根据负荷情况采用 6kV 一个等级或 3kV 和 10kV 两个等级。目前，在满足技术条件情况下，推荐采用 6kV 这一个等级，广泛采用 6kV 作为高压厂用电电压等级的理由如下：

（1）6kV 网络的短路电流值较小，对选择电气设备有利。

（2）6kV 电动机的功率可制造得较大，能满足大容量负荷要求。

（3）对大机组采用 6kV 一级电压等级时，供电网络简单可靠，运行管理方便。

三、厂用电源

1. 厂用工作电源

厂用工作电源是保证厂用负荷正常运行的基本电源，不仅要求电源供电可靠，而且应满足各级厂用电压负荷容量的要求。

发电厂的厂用电，一般都由发电机电压回路供电。厂用工作电源的引接方式，决定于电气主接线的形式。当有发电机电压母线时，一般由发电机电压母线引接厂用工作电源。中大容量发电机一般与主变压器接成单元接线，因此高压厂用工作变压器几乎无例外地从发电机与变压器之间的母线上引接。如果发电机出口装有断路器（或负荷开关），则厂用工作电源接自断路器（或负荷开关）与主变压器之间。

2. 厂用启动/备用电源

备用电源指在事故情况下失去工作电源时，可以保证给厂用电供电的电源。要求供电可靠、容量足够大。启动电源指在厂用工作电源完全消失的情况下，保证使机组快速启动，向必需的辅助设备供电的电源，因此实质上也是一个备用电源，不过对可靠性要求更高。

我国目前仅在200MW及以上容量机组的发电厂中，为了机组的安全和厂用电的可靠才设置厂用启动电源，并兼作厂用备用电源，称为启动/备用电源，125MW及以上机组的厂用备用电源，兼作启动电源。

厂用备用或启动/备用电源的引接方式有如下几种：

(1) 当有发电机电压母线时，从发电机电压母线的不同分段上引接，以保证该电源的独立性。

(2) 从高压母线中电源可靠的最低一级电压母线引接。即在保证可靠性前提下，尽量节省投资。

(3) 从联络变压器的低压绕组引接。

(4) 当技术经济合理时，可由外部电网引接专用线路供给。

目前，根据我国电网电压水平，启动/备用变压器大多数都采用了有载调压变压器。

备用电源备用方式有下列两种：

(1) 明备用：是专门设置一个备用电源变压器，如图7-1中T3，正常运行时，断路器QF3、QF4都是断开的，任一台厂用工作电压器T1或T2故障时，QF3或QF4能自动投入，由T3代替工作，保证恢复供电。

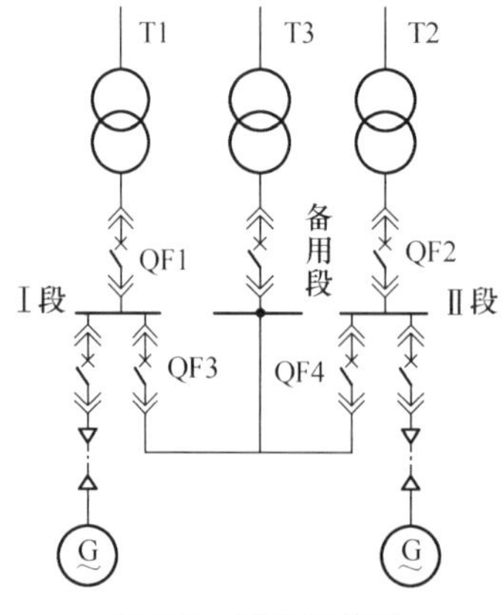

图7-1 明备用接线

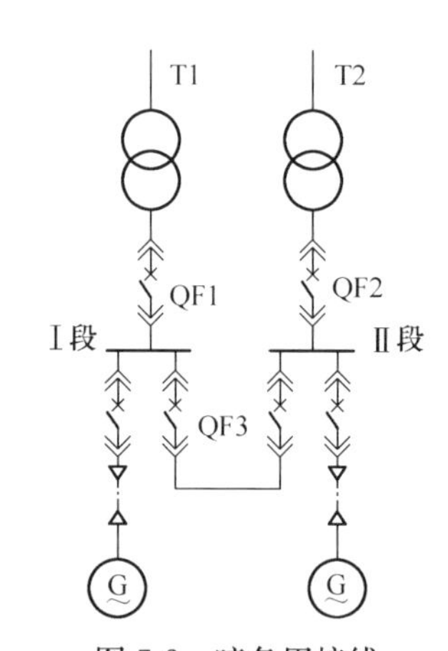

图7-2 暗备用接线

（2）暗备用：不另设专用的备用变压器，两台变压器互为备用，如图7-2所示。即将每台工作变压器容量加大，正常运行时QF3断开，每台变压器都在不满载状态下运行，当任一台工作变压器因故障而被迫停运后，QF3合上，故障电源母线上负荷由完好的厂用工作变压器承担。

3. 事故保安负荷

事故保安负荷，有些正常工作时，与一般负荷一样投入运行，有些负荷，平时并不适用（如盘车电动机），只是在事故情况下，才投入使用。

接入保安段的负荷是事故停机的需要，而不是为了进一步提高供电可靠性的目的，因此，是否属保安负荷，应以保证停电时安全停机需要投入的负荷为原则，慎重考虑。

交流事故保安用电负荷的分类如下：

（1）按重要性分类。

1）1级事故保安负荷。是指在全厂停电事故时，在规定的时间内不供电，可能造成机组和重要设备损坏、设备失去控制，使全厂长时间不能恢复供电，或将影响人身安全，全厂停电时必须保证按规定时间继续对其供电的负荷。

2）2级事故保安负荷。是指在全厂停电事故时，在规定的时间内不供电，不至于造成上述危害性的负荷，这一部分负荷确定比较复杂，而且不同的厂家，其要求也不尽相同，因此，应与工艺相联系，弄清工艺要求，慎重审核。

（2）按投入时间分类。

1）瞬时启动负荷。即全厂停电时，这些保安负荷需要立即投入的负荷。例如润滑油泵、氢密封油泵等。

2）延长启动负荷。即在全厂事故停电时，这些负荷按主机安全停机过程的需要，按照次序依次投入。例如顶轴油泵、盘车电动机等。

（3）保安设备按其性质分类。

1）旋转负荷。其在启动时与连续运行期间特性不同，在选择柴油机发电机组时应考虑其启动容量的影响，并对电压降计算有较大影响，也称其为动力负荷。

2）静止负荷。如充电装置、事故照明等。其启动容量和连续运行容量差别不大，也可称其为变压器负荷。

不同的工程，不同的厂家其保安负荷有较大的差别，只有慎重考虑，弄清负荷性质，才能选出可靠性满足要求，经济性能好的柴油发电机容量。

四、厂用电基本接线方式

1. 高压厂用电接线

高压厂用电系统均采用单母线接线。为了提高供电的可靠性，使高压厂用母线故障限制在仅影响一机一炉或更小的范围内，以及为了限制短路电流，使高压厂用电部分可以采用简单的轻型结构的成套配电装置，通常将高压厂用母线分成相互没有联系的独立的单母线段。各独立母线分别由工作电源和备用电源经断路器接入。母线分段的原则，是按锅炉的台数进行分段。大机组每炉一般设2～4段母线，公用负荷较多时可考虑设置公用段母线。

大型发电机组高压厂用电系统常用的有两种供电方案，如图7-3所示。

方案Ⅰ：不设6kV公用负荷段，将全厂公用负荷（如输煤、除灰、化水等）分别接在各机组 A、B 段母线上，如图 7-3（a）所示。

方案Ⅱ：单独设置两段公用负荷母线，集中供全厂公用负荷用电，该公用负荷段正常由启动备用变压器供电，如图 7-3（b）所示。

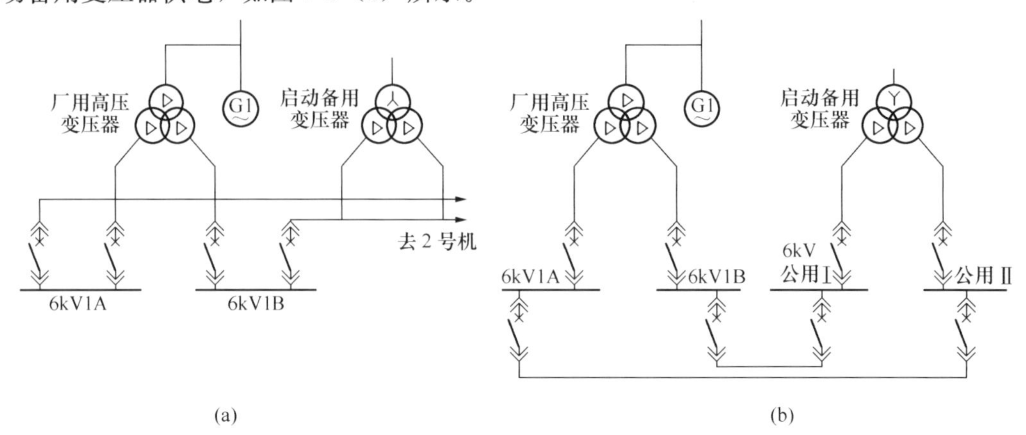

图 7-3 高压厂用电系统供电方案

（a）不设公用负荷母线；（b）设置公用负荷母线

方案Ⅰ的优点是公用负荷分接于不同机组变压器上，供电可靠性高、投资省，但也由于公用负荷分接于各机组工作母线上，机组工作母线清扫时，将影响公用负荷的备用。另外，由于公用负荷分接于两台机组的工作母线上，因此，在 1 号机发电时，必须也安装好 2 号机的 6kV 厂用配电装置，并用启动备用变压器供电。

方案Ⅱ的优点是公用负荷集中，无过渡问题，各单元机组独立性强，便于各机组厂用母线清扫。其缺点是由于公用负荷集中，并因启动备用变压器要用工作变压器作备用（若无第二台启动备用变压器作备用时），故工作变压器也要考虑在启动备用变压器检修或故障时带公用段运行。因此，启动备用变压器和工作变压器均较方案Ⅰ变压器分支的容量大，配电装置也增多，投资较大。

2. 低压厂用电接线

低压厂用母线一般亦采用独立的单母线。每段由 6/0.4kV 厂用低压变压器供电，按工艺系统分别设置厂用低压变压器和相应母线段，大机组发电厂主厂房采用动力与照明和检修分开供电、辅助车间采用动力与照明和检修合并供电模式。为了限制短路电流，厂用低压变压器的容量一般不超过 2500kVA。

大机组的厂用低压部分分为低压动力中心（即中央盘 PC）和电动机控制中心（即车间盘 MCC）两部分，它们的接线方式仍是单母线，动力中心一般采用分段的单母线，正常时两段母线分开运行，分段开关断开，每段上各与一台厂用变压器低压侧相连，因此动力中心的变压器成对出现，互为备用。当一台厂用变压器退出运行时，可以手动合上分段开关，由另一台厂用变压器带两段全部负荷。

这种设计原则表明，在正常工作时，每台厂用低压变压器只带 50%左右负荷。由于低压变压器铜损是铁损的 4 倍，轻载时可以大量减少铜损，节省电能，在经济上是合算的，而且由于放在厂房内部的低压厂用变压器全为干式变压器一般不用检修，即使是放在厂房外的油浸低压变压器，其老化速度也慢，这种设计取消了备用的低压变压器，可使备用线路的电缆大量减少，在经济上也是比较有利的。

五、厂用电系统

某厂厂用电按6、0.4kV两级电压设置，低压厂用变压器和容量大于或等于200kW的电动机负荷由6kV供电，容量小于200kW的电动机、照明等低压负荷由0.4kV供电。厂用电接线见图7-4（见文后插页）。

（一）高压厂用电系统

高压厂用电接线类似于图7-3（a），只不过发电机出口接两台高压厂用工作变压器，考虑2台机组互为启/停机电源，每台机设置两台容量为63/31.5-31.5MVA的高压厂用工作变压器，高压厂用工作变压器采用三相油自然循环风冷无载调压分裂变压器，接线组为Dd0d0，阻抗$U_{d1}-I_1=18\%$，电压变比为27±2×2.5%/6.3-6.3kV。两台变压器的高压侧电源由本机组发电机引出线上支接。每台机组设四段6kV工作母线A、B、C、D段，均采用单母线接线。其中A、B段由第一台高压厂用变压器两个低压分裂绕组经共箱母线引接，C、D段由第二台高压厂用变压器两个低压分裂绕组经共箱母线引接。互为备用及成对出现的高压厂用电动机及低压厂用变压器分别接至两台高压厂用变压器低压分裂绕组上。全厂的公用负荷如输煤等分接在A、B、C、D段。

因输煤系统按照2台机一次建设完成，厂内输煤系统设6kV输煤段，高压电动机及低压变压器直接由6kV输煤段供电。

该厂用电系统考虑脱硫系统的供电。脱硫系统如直接由主厂房厂用高压段供电，相对于在脱硫区域设脱硫厂用高压段，投资更少。因此脱硫高压电动机和低压变压器直接由主厂房厂用高压段供电。

6kV高压厂用变压器采用不接地方式。

（二）低压厂用电系统

1. 主厂房低压厂用电系统

该主厂房低压厂用电系统，设置了汽轮机段、锅炉段、公用段、保安段、照明段、电除尘段，其母线电压为380/220V。主厂房内每台机组成对设置锅炉变压器、汽轮机变压器，每对变压器互为备用。每台机组设一台公用变压器、一台照明变压器，两台机组公用变压器互为备用，两台机组的照明变压器互为备用。每台机组设置3台电除尘变压器，其中一台为专用备用变压器。主厂房各个变压器中性点直接接地。每台机组设检修MCC，检修MCC由公用段供电。

主厂房各个变压器参数如下：

汽轮机变压器：1600kVA，6.3±2×2.5%/0.4～0.23kV，Dyn11，AN，$U_d=8\%$。

锅炉变压器：2500kVA，6.3±2×2.5%/0.4～0.23kV，Dyn11，AN，$U_d=10\%$。

电除尘变压器：2500kVA，6.3±2×2.5%/0.4～0.23kV，Dyn11，AN，$U_d=10\%$。

照明变压器：800kVA，6.3±2×2.5%/0.4～0.23kV，Dyn11，AN，$U_d=4\%$。

公用变压器：2500kVA，6.3±2×2.5%/0.4～0.23kV，Dyn11，AN，$U_d=10\%$。

2. 辅助车间低压厂用电系统

辅助车间根据负荷分布情况设置400/230V动力中心，设置情况如下：

（1）输煤综合楼设输煤动力中心，动力中心设两段母线，以联络开关连接。输煤集控室附近的辅助厂房负荷如煤水处理间、污水泵房、工业废水处理间、灰库、灰库气化风机房等由输煤动力中心引接，输煤变压器：容量 2000kVA，Dyn11，AN，U_d=8%，输煤变压器由主厂房厂用高压段供电。

（2）设供水动力中心，动力中心设两段母线，以联络开关连接，综合水泵房、生产综合楼以及附近的辅助厂房电源由此引接。供水变压器：容量 630kVA，Dyn11，AN，U_d=6%。

（3）除盐间及电气间设化水动力中心，动力中心设两段母线，以联络开关连接。水处理车间、行政办公楼及附近的辅助厂房电源由此引接。化水变压器：容量 1250kVA，Dyn11，AN，U_d=6%。

（4）厂外灰场电源按照从就地引接的方案考虑。灰场附近有一 10kV 架空线路，和当地电力部门协商，T 接一回线路。采用 250kVA，10/0.4kV 的变压器向灰场供电。

（5）补给水泵房供电按照从厂区引接 6kV 电缆供电的方案。

辅助厂房低压变压器均由主厂房厂用高压段供电。各个低压变压器低压中性点直接接地。

以上主厂房及辅助厂房所有低压变压器采用干式变压器。

当 5 号机组建设时，低压公用变压器及辅助厂房低压变压器的电源均从 5 号机 6kV 段引接，当 6 号机组建设时，再改至 6 号机的 6kV 段。当 5 号机组单独上时，主厂房照明变压器只上一台，备用电源暂从低压公用 PC 引接，当 6 号机组上来后，再和 6 号机的照明变压器拉手。

MCC 根据负荷分散成对设置，成对的电动机分别由相应的两段 MCC 供电。容量为 75kW 以下的电动机及 200kW 以下的静止负荷由 MCC 供电，75kW 及以上的低压电动机和 200kW 及以上的静止负荷由动力中心供电。

（三）事故保安电源

每台机组设置一套柴油发电机组，提供机组安全停机所必须的交流电源。柴油发电机直接连接到机组保安段。由机组保安段分别供电给汽轮机保安 MCC、锅炉保安 MCC、脱硫保安 MCC。每段 MCC 设三回进线，一回来自机组保安段，另两回来自汽轮机（锅炉、脱硫）动力中心。

电源的正常切换是利用柴油发电机组的馈线断路器和交流事故保安段上的工作电源进线断路器相互联锁实现。当保安 MCC 段母线电压失电压时，经 3～5s 延时（躲开继电保护和备用电源自动投入时间），通过保安段母线电压监视继电器及辅助继电器联动柴油发电机组自动启动，同时联锁柴油发电机组馈线断路器合闸，柴油发电机组开始向保安段母线供电。当保安段工作电源恢复时，柴油发电机组经同期检测后与工作电源同期并列，将负荷转移至工作电源后自动或手动停机。

机组接受启动信号启动后，8s 内达到额定转速。从接受到启动信号到带至额定负荷的时间应不超过 12s。

（四）交流不停电电源 UPS

每台机组设一套双机并联（UPS）装置，本系统包括两台主机柜（整流器、逆变器、静态转换开关），两套主机共用一套旁路系统，包括旁路隔离变压器柜、旁路稳压柜，一套馈线柜。采用双机并联方式，UPS 的可靠性大大提高，对机组的安全运行有很大的帮助。

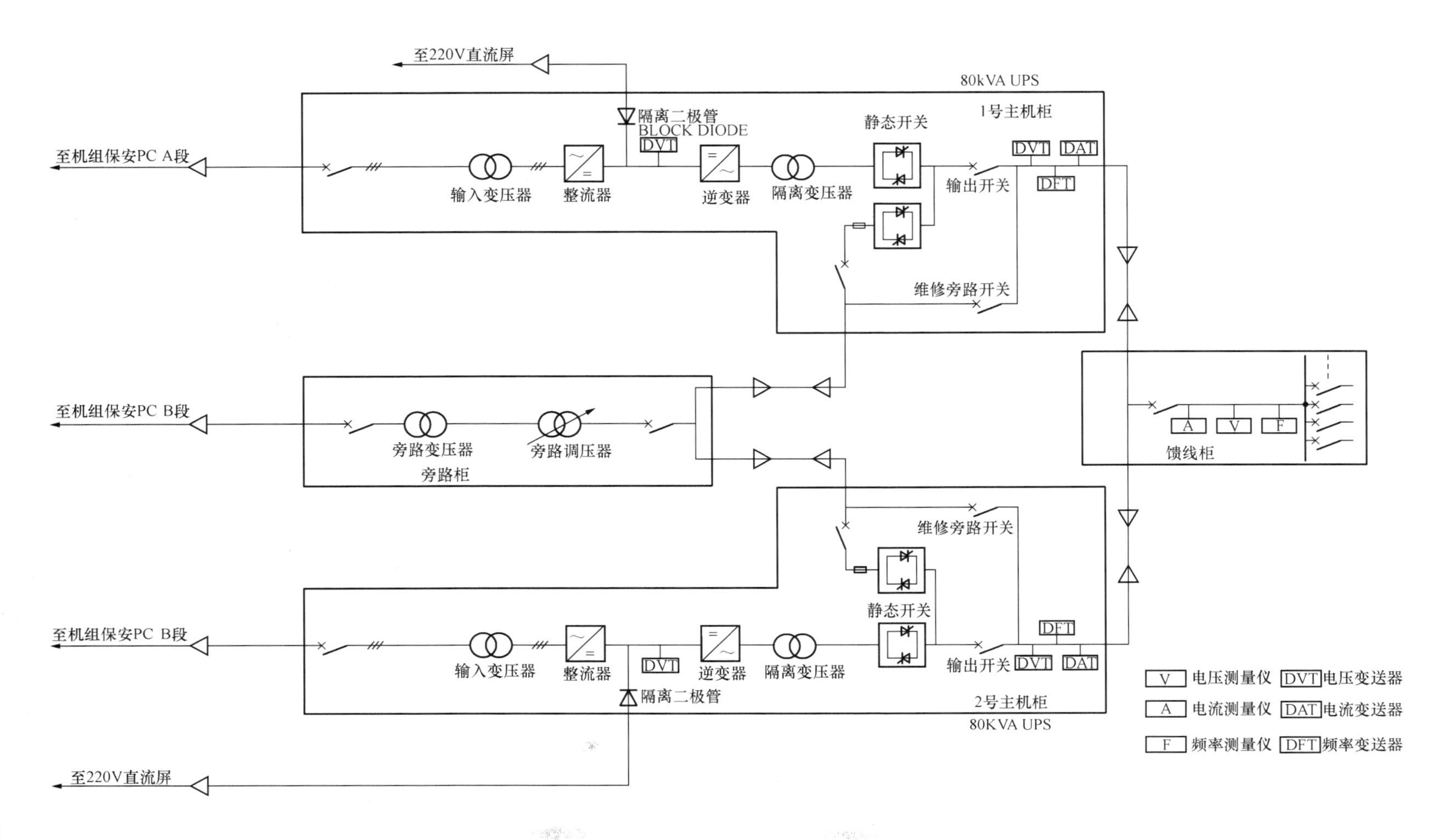

图 7-5 交流不停电电源 UPS 接线图

两台并联交流不停电电源容量均为 80kVA，交流输入电压为三相三线 380V（1±15%），50Hz（1±5%），输出交流电压为单相 220V（1±1%），50Hz（1±0.1%）。切换时间小于或等于 5ms，输出波形失真度不大于 5%。正常工作电源由 380V 保安 A、B 段供电，保安电源失电时，由 220V 直流系统电源供电。旁路电源由 380V 保安段供电。

管理信息系统 MIS 设一套 15kVAUPS。

不停电电源的运行方式是，系统正常由厂用 380V 电源供给整流器，再经逆变器变为单相交流 220V 向馈线柜供电；当厂用 380V 电源消失时，则由蓄电池向逆变器供电；当逆变器故障或检修时，静态开关自动切换至静态旁路电源向馈线柜供电；当静态开关检修时，可手动切换至手动旁路电源向馈线柜供电。厂 UPS 接线实例见图 7-5。

第三节　厂用电系统中性点的接地方式

一、高压厂用电系统的中性点接地方式

高压（3、6、10kV）厂用电系统中性点接地方式的选择，与接地电容电流的大小有关。当接地电容电流小于 10A 时，可采用高电阻接地方式，也可采用不接地方式；当接地电容电流大于 10A 时，可采用中电阻接地方式，也可采用电感补偿（消弧线圈）或电感补偿并联高电阻的接地方式。

高压厂用电系统采用中性点不接地方式的主要特点是：

（1）发生单相接地故障时，流过故障点的电流为较小的电容性电流，且三相线电压仍基本平衡。

（2）当高压厂用电系统的单相接地电容电流小于 10A 时，一般允许继续运行，为处理这种故障争取了时间。

（3）当高压厂用电系统的单相接地电容电流大于 10A 时，接地处的电弧（非金属性接地）不易自动消除，将产生较高的电弧接地过电压（可达额定相电压幅值的 3.5 倍），并容易发展为多相短路。故接地保护应动作于跳闸，中断对厂用设备的供电。

（4）实现有选择性的接地保护比较困难，需要采用灵敏的零序方向保护。以往采用反应零序电压的母线绝缘监视装置，在发现接地故障时，需对馈线逐条拉闸才能判断出故障回路。

（5）无需中性点接地装置。这种中性点不接地方式应用在单相接地电容电流小于 10A 的高压厂用电系统中比较合适。但为了降低间隙性电弧接地过电压水平和便于寻找接地故障点，采用中性点经高电阻或中电阻接地方式更好。

中性点经高电阻或中电阻接地的主要特点是：

（1）选择适当的电阻，可以抑制单相接地故障时非故障相的过电压倍数不超过额定相电压幅值的 2.6 倍，避免故障扩大。

（2）当发生单相接地故障时，故障点流过一固定的电阻性电流，有利于确保馈线的零序保护动作。

（3）接地总电流小于 15A 时（大电阻接地方式，一般按 $I_R \geq I_C$ 原则选择接地电阻），保护动作于信号；接地总电流大于 15A 时，改为中电阻接地方式（增大 I_R），保护动作于

跳闸。

(4) 需增加中性点接地装置。

二、低压厂用电系统中性点接地方式

低压厂用电系统中性点接地方式主要有两种：中性点直接接地方式和中性点经高电阻接地方式。大机组单元厂用400V系统，多采用中性点经高电阻接地的方式，但也有采用中性点直接接地方式的。

低压厂用电系统经高电阻接地的主要特点是：

(1) 当发生单相接地故障时，可以避免开关立即跳闸和电动机停运，也不会使一相的熔断器熔断造成电动机两相运行，提高了低压厂用电系统的运行可靠性。

(2) 当发生单相接地故障时，单相电流值在小范围内变化，可以采用简单的接地保护装置，实现有选择性的动作。

(3) 必须另外设置照明、检修网络，需要增加照明和其他单相负荷的供电变压器，但也消除了动力网络和照明、检修网络相互间的影响。

(4) 不需要为了满足短路保护的灵敏度而放大馈线电缆的截面积。

(5) 接地电阻值的大小以满足所选用的接地指示装置动作为原则，但不应超过电动机带单相接地运行的允许电流值（一般按10A考虑）。

第四节 厂用变压器的选择

厂用变压器的选择主要考虑厂用高压工作变压器和启动兼备用变压器的选择。选择内容一般包括：变压器的额定电压、台数、型式、容量和阻抗。

额定电压，根据厂用电系统的电压等级和电源引接处的电压而确定。

工作变压器的台数与型式，主要与高压厂用母线的段数有关。而母线的段数又与高压厂用母线的电压等级有关。

厂用变压器的容量选择，对于600MW机组大型发电厂，各厂的厂用负荷大小也可能不同，这与机炉类型、燃料种类和供水情况等有关。

1000MW机组发电厂，各单元机组厂用电系统是独立的，当厂用工作变压器和启动备用变压器台数，以及公用负荷正常由谁负担确定后，统计各段母线所接负荷，按照主机满发的要求，便可选出各台高压厂用变压器的容量。

变压器的阻抗是选择厂用工作变压器的一个重要指标。厂用工作变压器的阻抗要求比一般动力变压器的阻抗大，这是因为要限制变压器低压侧的短路容量，否则将影响到开关设备的选择。一般要求阻抗应大于10%。但是，阻抗过大又将影响厂用电动机的自启动。厂用工作变压器如果选用分裂绕组型式，则能在一定程度上缓和上述矛盾，因为分裂绕组变压器在正常工作时具有较小阻抗，而分裂绕组出口短路时则具有较高的电抗。

下面重点介绍厂用变压器容量选择问题。

一、厂用负荷的计算

1. 厂用电负荷的计算原则

计算变压器的容量时，不但要统计变压器连接分段母线上实际所接电动机的台数和容量。还要考虑它们是经常工作的还是备用的，是连续运行的还是断续运行的。为了计及这些不同的情况，选出既能满足负荷要求又不致容量过大的变压器，所以又提出按使用时间对负荷运行方式进行分类。并常用下列名词来加以区分。

经常负荷——每天都要使用的电动机。

不经常负荷——只在检修、事故或机炉启停期间使用的负荷。

连续负荷——每次连续运转2h以上的负荷。

短时负荷——每次仅运转10～120min的负荷。

断续负荷——反复周期性地工作，其每一周期不超过10min的负荷。

变压器母线分段上负荷计算原则如下：

(1) 经常连续运行的负荷应全部计入。如吸风机、送风机、电动给水泵、循环水泵、凝结水泵、真空泵等电动机。

(2) 连续而不经常运行的负荷应计入。如充电机、事故备用油泵、备用电动给水泵等电动机。

(3) 经常而断续运行的负荷亦应计入。如疏水泵、空压机等电动机。

(4) 短时断续而又不经常运行的负荷一般不予计算。如行车、电焊机等。但在选择变压器时，变压器容量应留有适当裕度。

(5) 由同一台变压器供电的互为备用的设备，只计算同时运行的台数。

除了考虑所接的负荷因素外，还应考虑：①自启动时的电压降；②低压侧短路容量；③有一定的备用裕度。

主要厂用负荷见表7-2。

表7-2　　主 要 厂 用 负 荷

名　称	负荷类别	运行方式	备　注
盘车电动机	保安	不经常、连续	
顶轴油泵	保安	不经常、短时	
交流润滑油泵	保安	不经常、连续	
浮充电装置	保安	经常、连续	
机炉自控电源	保安	经常、连续	
吸风机	Ⅰ类	经常、连续	
送风机	Ⅰ	经常、连续	
排粉机	Ⅰ（Ⅱ）	经常、连续	用于送风时为Ⅰ
磨煤机	（Ⅰ）Ⅱ	经常、连续	无煤粉仓时为Ⅰ
给煤机	（Ⅰ）Ⅱ	经常、连续	无煤粉仓时为Ⅰ
给粉机	Ⅰ	经常、连续	
射水泵（或真空泵）	Ⅰ	经常、连续	
凝结水泵	Ⅰ	经常、连续	
循环水泵	Ⅰ	经常、连续	
给水泵	Ⅰ	经常、连续	用汽动给水泵无此项
备用给水泵	Ⅰ	不经常、连续	

续表

名　称	负荷类别	运行方式	备　注
充电机 浮充电装置（硅整流） 空压机 变压器冷却风机 通信电源	Ⅱ Ⅱ Ⅱ Ⅱ Ⅰ	不经常、连续 经常、连续 经常、短时 经常、连续 经常、连续	
输煤皮带 碎煤机 磁铁分离器	Ⅱ	经常、连续	
灰浆泵 碎渣机 电气除尘器	Ⅱ	经常、连续	
中央循环水泵 消防水泵 生活水泵 冷却塔通风机	Ⅰ Ⅰ （Ⅱ）、Ⅲ Ⅱ	经常、连续 不经常、短时 经常、短时 经常、连续	与工业水泵合用时为Ⅱ
化学水处理室 中央修配间 电气试验室 起重机械	（Ⅰ）、Ⅱ Ⅲ Ⅲ Ⅲ	经常（或短时）、连续 经常、连续 不经常、短时 不经常、断续	大于300MW机组为Ⅰ

2. 厂用电负荷的计算方法

厂用电负荷的计算方法常采用换算系数法，按下式计算

$$S=\sum(KP) \tag{7-1}$$

$$K=\frac{K_{\mathrm{m}}K_{\mathrm{L}}}{\eta\cos\varphi} \tag{7-2}$$

式中 S——厂用母线上的计算负荷，kVA；

P——电动机的计算功率，kW；

K——换算系数，可取表7-3所列的数值；

K_{m}——同时系数；

K_{L}——负荷率；

η——效率；

$\cos\varphi$——功率因素。

表7-3　换　算　系　数

机组容量（MW）	≤125	≥200
给水泵及循环水泵电动机	1.0	1.0
凝结水泵电动机	0.8	1.0
其他高压电动机及厂用低压变压器（kVA）	0.8	0.85
其他低压电动机	0.8	0.7

二、厂用变压器的容量

厂用电压器的容量必须满足厂用电负荷从电源获得足够的功率。因此，对厂用高压工作变压器的容量应按厂用电高压计算负荷的110%与厂用电低压计算负荷之和进行选择；而厂用电低压工作变压器的容量应留有10%左右的裕度。

（1）厂用高压工作变压器容量。当为双绕组变压器时按下式选择容量

$$S_T = 1.1S_H + S_L \tag{7-3}$$

式中　S_H——厂用电高压计算负荷之和；

S_L——厂用电低压计算负荷之和。

当选用分裂绕组变压器时，其各绕组容量应满足

高压绕组　$$S_{ts1} \geqslant \sum S_c - S_r$$

分裂绕组　$$S_{ts2} \geqslant S_c$$

式中　S_{ts1}——厂用变压器绕组容量，kVA；

S_{ts2}——厂用变压器分裂绕组容量，kVA；

S_c——厂用变压器分裂绕组计算负荷，kVA，$S_c = 1.1S_h + S_L$；

S_r——分裂绕组两分支重复计算负荷，kVA。

（2）厂用高压设备用变压器容量。厂用高压备用变压器或启动变压器应与最大一台厂用高压工作变压器的容量相同；厂用低压备用变压器的容量与最大一台厂用低压工作变压器容量相同。

（3）厂用低压工作变压器容量。可按下式选择变压器容量

$$K_\theta S \geqslant S_L \tag{7-4}$$

式中　S——厂用低压工作变压器容量，kVA。

K_θ——变压器温度修正系数。一般对装于屋外或由屋外进风小间内的变压器，可取$K_\theta=1$，但宜将小间进出风温差控制在10℃以内；对由主厂房进风小间内的变压器，当温度变化较大时，随地区而异，应当考虑温度进行修正。

厂用变压器容量的选择，除了考虑所接负荷的因素外，还应考虑：①电动机自启动时的电压降；②变压器低压侧短路容量；③留有一定的备用裕度。

第五节　电动机的自启动校验

厂用电系统中运行的电动机，当突然断开电源或厂用电压降低时，电动机转速就会下降，甚至会停止运行，这一转速下降的过程称为惰行。若电动机失去电压以后，不与电源断开，在很短时间（一般在0.5～1.5s）内，厂用电压又恢复或通过自动切换装置将备用电源投入，此时，电动机惰行尚未结束，又自动启动恢复到稳定状态运行，这一过程称为电动机的自启动。若参加自启动的电动机数量多、容量大时，启动电流过大，可能会使厂用母线及厂用电网络电压下降，甚至引起电动机过热，将危及电动机的安全以及厂用电网络的稳定运行，因此必须进行电动机自启动校验。若经校验不能自启动时，应采用相应的措施。

根据运行状态，自启动可分为三类：

（1）失电压自启动。运行中突然出现事故，厂用电压降低，当事故消除、电压恢复时形

成的自启动。

(2) 空载自启动。备用电源处于空载状态时，自动投入失去电源的工作母线段时形成的自启动。

(3) 带负荷自启动。备用电源已带一部分负荷，又自动投入失去电源的工作母线段时形成的自启动。

厂用工作电源一般仅考虑失电压自启动，而厂用备用电源或启动电源则需考虑失电压自启动、空载自启动及带负荷自启动等三种方式。

自启动校验的计算公式如下：

厂用高压母线电压 U_1^*

$$U_1^* = \frac{U_0^*}{1+\dfrac{\left(K_1\dfrac{P_1}{\eta\cos\varphi}S_0\right)x_{t1}^*}{S_{t1}}} = \frac{U_0^*}{1+x_{t1}^*S_H^*} \tag{7-5}$$

式中 U_0^* ——厂用高压变压器电源侧电压的标幺值，采用无励磁调压变压器时取 1.05，采用有载调压变压器时取 1.1；

K_1 ——高压电动机启动电流平均倍数，一般取 5；

P_1 ——高压母线参加自启动的电动机功率；

$\eta\cos\varphi$ ——电动机的效率和功率因数乘积，一般取 0.8；

S_0 ——高压母线已带负荷值；

x_{t1}^* ——厂用高压变压器电抗标幺值；

S_{t1} ——厂用高压变压器容量；

S_H^* ——厂用高压母线的合成负荷标幺值。

当厂用高压变压器采用分裂绕组变压器时，高压绕组额定容量为 S_{1N}，分裂绕组额定容量为 S_{2N}，即

$$S_H^* \frac{K_1\dfrac{P_1}{\eta\cos\varphi}+S_0}{S_{2N}} = \frac{K_1P_1}{\eta S_{2N}\cos\varphi}+\frac{S_0}{S_{2N}} \tag{7-6}$$

$$x_{t1}^* = 1.1\times\frac{U_k(\%)}{100}\times\frac{S_{2N}}{S_{1N}} \tag{7-7}$$

厂用低压母线电压 U_2^*，假设低压母线带有负荷 S_2，厂用低压变压器容量为 S_{t2}，由电压关系可得

$$S_2 = \frac{P_2}{\eta\cos\varphi} \tag{7-8}$$

$$U_2^* = \frac{U_1^*}{1+\dfrac{K_2\dfrac{P_2}{\eta\cos\varphi}\times x_{t2}^*}{S_{t2}}} = \frac{U_1^*}{1+x_{t2}^*S_L^*} \tag{7-9}$$

$$S_L^* = \frac{K_2P_2/(\eta\cos\varphi)}{S_{t2}} = \frac{K_2P_2}{\eta S_{t2}\cos\varphi} \tag{7-10}$$

$$x_{t2}^* = 1.1\times\frac{U_k(\%)}{100} \tag{7-11}$$

式中 S_L^* ——厂用低压母线的合成负荷标幺值；

x_{t2}^* ——厂用低压变压器电抗标幺值；

U_1^* ——厂用高压母线电压标幺值；

U_2^* ——厂用低压母线电压标幺值。

已求得的厂用母线电压 U_1^* 及 U_2^* ，应分别不低于电动机自启动要求的厂用母线电压最低值。如表 7-4 所示。

表 7-4　　电动机自启动要求的厂用母线电压最低值

名　　称	类　　型	自启动电压为额定电压的百分值（%）
厂用高压母线	高温高压发电厂	65～70*
	中压发电厂	60～65*
厂用低压母线	由低压母线单独供电电动机自启动	60
	由低压母线与高压母线串接供电电动机自启动	55

* 对于厂用高压母线，失电压或空载自启动时取上限值，带负荷自启动时取下限值。

第八章

高 压 电 器 设 备

第一节 高压断路器的概述

开关电器主要用来闭合与开断正常电路和故障电路或用来隔离高压电源的，在发电厂和变电站中，开关电器是主系统的重要设备之一。

根据开关电器在电路中担负的任务，可以分为下列几类。

（1）仅用来在正常工作情况下，断开或闭合正常工作电流的开关电器，如高压负荷开关、低压闸刀开关、接触器、磁力启动器等。

（2）仅用来断开故障情况下的过负荷电流或短路电流的开关电器，如高、低压熔断器。电路开断后，熔断器必须更换部件后才能再次使用。

（3）既用来断开或闭合正常工作电流，也用来断开或闭合过负荷电流或短路电流的开关电器，如高压断路器、低压自动空气断路器等。

（4）不要求断开或闭合电流，只用来在检修时隔离电压的开关电器，如隔离开关等。隔离开关可作接地开关用。

其中，高压断路器是电力系统中担负任务最繁重、地位最重要、结构也最复杂的开关电器。对断路器的基本要求是：在各种情况下应具有足够的开断能力、尽可能短的动作时间和高度的工作可靠性。断路器最重要的任务就是熄灭电弧，所以，各种断路器都有不同结构的灭弧装置，它在很大程度上，影响断路器的灭弧性能。

一、高压断路器的类型

高压断路器按照灭弧介质及作用原理可分为 6 种类型：

（1）六氟化硫断路器。采用具有优良灭弧性能和绝缘性能的 SF_6 气体作为灭弧介质的断路器称为 SF_6 断路器。这种断路器具有开断能力强、体积小等特点，但结构较复杂，金属消耗量大，价格较贵。一般用于 220kV 电压等级以上，并与以 SF_6 作为绝缘的全封闭式组合电器（GIS），这样可以大量节省占地面积和减少投资。

（2）油断路器。采用油作为灭弧介质的断路器称为油断路器。断路器中的油除了作为灭弧介质外，还作为触头开断后的弧隙绝缘以及带电部分与接地外壳之间的绝缘介质的，称为多油断路器；油只作灭弧介质和触头开断后的弧隙绝缘介质，而带电部分对地之间的绝缘采用瓷介质的，则称为少油断路器。少油断路器的用油量少，体积也相应的小些，耗钢材也少，所以，目前我国生产的高压油断路器主要是少油断路器。

（3）空气断路器。采用压缩空气作为灭弧介质的断路器称为空气断路器。压缩空气除了作灭弧介质外，还作为触头开断后的弧隙绝缘介质。空气断路器具有灭弧能力强、动作迅速等特点，但其结构较复杂，有色金属消耗量较大，因此它一般用于220kV及以上电压的电力系统中。

(4) 真空断路器。利用真空的高介质强度来灭弧的断路器，称为真空断路器。这种断路器具有灭弧速度快、触头材料不易氧化、寿命长、体积小等特点，但电压等级不高，一般用于35kV以下电路。

6kV厂用电系统就采用了真空断路器以及由熔断器与真空接触器组成的F—C回路开关两个系列开关。

(5) 磁吹断路器。依靠电磁力来吹弧，应用狭缝灭弧原理将电弧吹入狭缝中冷却而熄灭电弧的断路器，称作磁吹断路器。它具有频繁开断性能好、不需要油和空气压缩装置等优点，但结构复杂、费工费料、适用电压不高。磁吹断路器一般用于要求频繁操作、电压不高的场所。

(6) 产气断路器。利用在高温下能分解并产生气体的固体介质（如钢纸、有机玻璃等）与电弧作用产生气体来灭弧的断路器，称为产气断路器。产气断路器结构简单、耗材也少，但开断能力不大，常用于农用电及配电等场所。

目前，高压电器的发展方向是一体化，如GIS。

二、高压断路器的技术参数

下面简单叙述高压断路器的主要而又常用的技术参数。

1. 额定电压 U_N

额定电压 U_N 是指高压电器（包括高压断路器）设计时所采用的标称电压。所谓标称电压是我国国家标准中列入的电压等级。对于三极电器是指其极间电压（线电压）。我国高压电器采用的额定电压等级有3、6、10、15、20、35、63、110、154、220、330、500kV等。

考虑到输电线路始端与末端的电压可能不同，以及电力系统的调压要求，对高压电器又规定了与各级额定电压相应的最高工作电压，高压电器应能长期在此电压下正常工作。对额定电压在3～220kV范围内的断路器，其最高工作电压较额定电压可高15%左右；对330kV以上者，规定其最高工作电压较额定电压高10%。断路器额定电压与最高工作电压对应值见表8-1。

表8-1　断路器额定电压与最高工作电压对应值　kV

额定电压	3	6	10	35	110	220	330	500
最高工作电压	3.5	6.9	11.5	40.5	126	252	363	550

实际上，高压电器的绝缘试验电压及断流试验是由最高工作电压决定的，所以在选用高压电器时，只按额定电压选择即可。

为保证高压电器有足够的绝缘距离，通常高压电器额定电压越高，其外形尺寸越大。对于额定电压在35kV及以下的高压电器，为了减轻其工作条件从而降低其造价，多制成户内式并且是三极式的；对于额定电压在110kV及以上的高压电器，由于其外形尺寸和相间距离较大，多制成户外式并且是单极式的。但是，对于封闭式组合电器，即使额定电压为110kV甚至220kV，也多制成户内式并且是三极式的。

2. 额定电流 I_N

额定电流 I_N 是高压电器（包括高压断路器）在额定频率下能长期通过，而各金属部件和绝缘部分的温升不超过长期工作时最大允许温升的最大标称电流。实际上由于每一类高压电器工作条件的不同，它们具体采用的额定电流等级也不一样。对于高压断路器，我国采用的额定电流的等级为：200、400、630、(1000)、1250、(1500)、1600、2000、3150、4000、5000、6300、8000、10 000、12 500、16 000、20 000A。

额定电流的大小决定了高压断路器导体、触头的尺寸和结构。在相同的允许温升下，额定电流越大，则要求导电部分和触头的截面积越大，以便减小损耗和增大散热面积。

3. 额定开断电流 I_{brN}

高压断路器在进行开断操作时，首先起弧的某相电流称为开断电流，在额定电压下能保证正常开断的最大短路电流称为额定开断电流 I_{brN}。额定开断电流表征高压断路器的开断能力。我国规定高压断路器额定开断电流为：1.6、3.15、6.3、8、10、12.5、16、20、25、31.5、40、50、63、80、100kA 等。

由于开断电流与电压有关，因此当高压断路器有几个额定电压时，它的额定开断电流也可能不同。在低于额定电压下，开断电流可以提高，但由于灭弧装置机械强度的限制，故开断电流仍有一极限值，该极限值称为极限开断电流，即高压断路器开断电流不能超过极限开断电流。

4. 额定断流容量 S_{brN}

由于高压断路器的开断能力不仅与其开断电流有关，而且与开断此电流时的电压有关，因此以往常采用断流容量这一概念，即把额定条件下的开断能力称为额定断流容量。用额定开断电流 I_{brN} 和额定电压 U_N 的乘积表示高压断路器的额定断流容量 S_{brN}，即

$$S_{brN}=\sqrt{3}U_N I_{brN} \tag{8-1}$$

对于一般断路器如未特别注明，当使用电压 U 低于额定电压 U_N 时，其额定开断电流不变，因而断流容量 S_{brN} 就要相应降低，其算式为

$$S_{br}=S_{brN}\frac{U}{U_N} \tag{8-2}$$

例如，额定电压为 10kV 的高压断路器的断流容量为 500MVA，当使用电压为 6kV 时，其断流容量为

$$S_{br}=500\times 6/10=300(\text{MVA})$$

我国采用的高压断路器额定断流容量为：15、30、50、100、150、200、250、300、350、400、500、750、1000、1500、2000、2500、3000、3500、4000、5000、6000、7000、8000、10 000、12 000、15 000、20 000、25 000MVA。

额定断流容量的大小决定了高压断路器灭弧装置的结构和尺寸。

5. 动稳定电流（额定峰值耐受电流）I_{em}

动稳定电流是指高压断路器在闭合位置时所能通过的最大短路电流，又称为极限通过电流。高压断路器通过这一电流时，不会因为电动力的作用而发生任何机械上的损坏。这一电流一般是指短路电流第一个周波的峰值电流。在高压断路器铭牌上动稳定电流有额定峰值耐受电流（冲击电流）和额定有效值耐受电流两种表示法。动稳定电流决定于导体部分及支持

绝缘部分的机械强度，并决定于触头的结构形式。

6. 热稳定电流（额定短时耐受电流）I_{th}

当短路电流通过高压断路器时，不仅会产生很大的电动力，而且还会产生很多的热量。短路电流所产生的热量与电流的平方成正比，而热量的散发与时间成反比。由于短路时电流很大，该电流在短时间内将产生大量的热量不能及时散发，因而高压断路器的温度将显著上升，严重时会使高压断路器的触头焊住，损坏高压断路器，甚至引起高压断路器爆炸。因此，高压断路器铭牌上规定了一定时间（规定标准时间为 2s，需要大于 2s 时可用 4s）的热稳定电流。在 4s 内，能够保证高压断路器不损坏的条件下允许通过的短路电流值，称为 4s 热稳定电流。在铭牌上热稳定电流以额定短时耐受电流（短路电流有效值）表示。

由于热稳定电流通过的时间很短，在计算时一般不考虑散热现象。因此，可利用发热量相等的原则对不同时间的热稳定电流进行换算，计算式为

$$I_{tht} = I_{th}\sqrt{4/t} \tag{8-3}$$

式中 I_{th}——4s 热稳定电流；

I_{tht}——时间 t 的热稳定电流；

t——通过 I_{tht} 电流时允许作用时间。

例如，已知高压断路器 4s 热稳定电流为 21kA，则 2s 热稳定电流为

$$21 \times \sqrt{4/2} = 21 \times 1.414 = 29.69(\text{kA})$$

7. 额定短路关合电流 I_{clh}

当电力系统中存在短路时，高压断路器一合闸就会有短路电流通过，这种故障称为预伏故障。当高压断路器关合有预伏故障的设备或线路时，在动触头和静触头未接触前几毫米就发生预击穿，随之流过短路电流，给高压断路器关合造成阻力，影响动触头合闸速度和触头的接触压力，甚至出现触头弹跳、熔化、焊接以致损坏断路器等事故，这比在合闸状态下经受极限通过电流更为严重。

表征高压断路器关合短路故障能力的参数为额定短路关合电流 I_{clh}，其数值以关合操作时瞬态电流第一个半周波峰值来表示，制造部门对高压断路器关合电流一般取其额定短路开断电流的 $1.8\sqrt{2}$倍，即

$$I_{clh} = 1.8\sqrt{2}I_{brN} \tag{8-4}$$

式中 I_{brN}——额定短路开断电流。

高压断路器关合短路电流的能力除与灭弧装置性能有关外，还与高压断路器操动机构合闸能源的大小有关。因此，在选择高压断路器的同时，应选择合适的操动机构，方能保证足够的关合能力。

8. 分闸时间

分闸时间是表明高压断路器开断过程快慢的参数。高压断路器从得到分闸命令起到触头分开直至电弧熄灭为止的时间称为全分闸时间（全开断时间）。

全分闸时间等于固有分闸时间和燃弧时间之和。固有分闸时间为高压断路器接到分闸命令到触头分离这一段的时间。燃弧时间是从触头分离到各相电弧熄灭的时间。从电力系统对开断短路电流的要求来看，希望分闸速度越快越好，即固有分闸时间和燃弧时间都必须尽量

缩短，这样全分闸时间就短。高压断路器开断电路时的有关时间如图 8-1 所示。

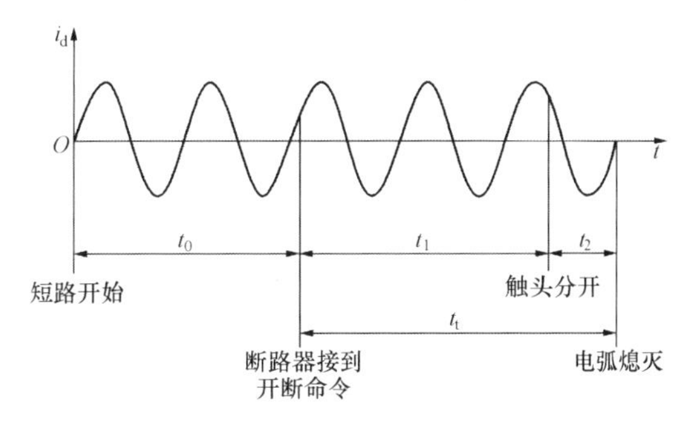

图 8-1　高压断路器开断电路时的有关时间

t_0—继电保护动作时间；t_1—高压断路器固有分闸时间；t_2—燃弧时间；t_t—高压断路器全分闸时间

9. 合闸时间

高压断路器从接收到合闸命令起到主触头刚接触为止的时间称为合闸时间。电力系统对断路器合闸时间一般要求不高，但希望合闸稳定性能好。

10. 自动重合闸性能

架空输电线路的短路故障大多数是雷击、鸟害等暂时性故障，一旦短路故障被切断后，故障原因就会迅速消除。因此，为了提高供电可靠性和保持电力系统的稳定性，输电线路多装有自动重合闸装置。在短路故障发生时，根据继电保护发出的信息，高压断路器立即开断电路，然后，经过很短时间又自动重合。高压断路器重合后，如果故障并未消除，高压断路器必须再次分闸，断开短路故障，这种情况称为不成功自动重合闸。此后，有些情况下，当高压断路器断开一定时间后，由运行人员再行合闸，称为强送电。强送电后，如果故障仍未消除，高压断路器立即再分闸一次。上述动作程序称为自动重合闸操作循环，记为：分—θ—合分—t—合分。

对不要求自动重合闸的高压断路器，应能承受下列操作：分—t—合分—t—合分。

“分”表示高压断路器分闸；“合”表示高压断路器合闸；“θ”表示高压断路器开断故障电路从电弧熄灭起到电路重新接通的时间，称为无电流间隔时间，一般为 0.3～0.5s；“合分”表示高压断路器自开断位置关合电路后，没有人为延时地立即开断；t 表示强送电时间，一般为 180s。

高压断路器自动重合闸操作循环的有关时间见图 8-2。

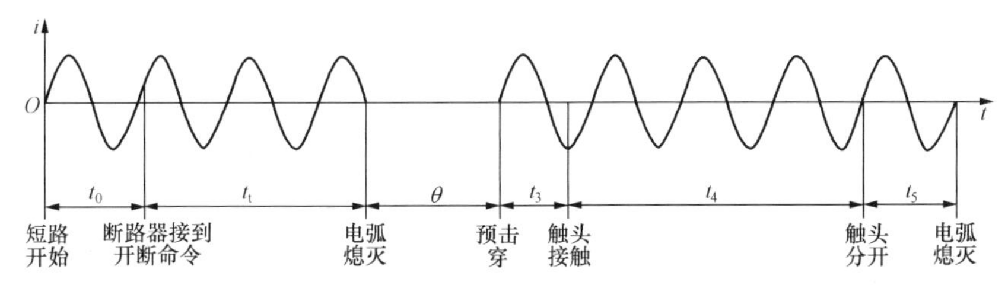

图 8-2　高压断路器自动重合闸操作循环的有关时间

t_0—继电保护动作时间；t_t—断路器全分闸时间；θ—无电流间隔时间；t_3—预击穿时间；t_4—金属短接时间；t_5—燃弧时间

全分闸时间加上无电流间隔时间（$t_t+\theta$）称为自动重合闸时间。从高压断路器重合操作触头闭合到第二次触头分开为止的时间（t_4）称为金属短接时间。因为重合操作是在线路可能仍处于故障情况下的合闸，所以为提高电力系统稳定性，要求所使用的高压断路器具有较高的动作速度，除了缩短全分闸时间外，金属短接时间也必须短。

高压断路器所允许的无电流间隔时间取决于第一次开断后，高压断路器恢复熄弧能力所需要的时间。如果间隔时间太短，则当高压断路器重合后再次分闸时，会因其熄弧能力尚未恢复，而使高压断路器在第二次分闸时的开断能力有所降低。

三、高压断路器的型号

国产高压断路器的型号是由字母和数字两部分组成的，表示如下：

1 2 3-4 5 6-7

其中：1——断路器名称：D—多油断路器；S—少油断路器；K—空气断路器；C—磁吹断路器；Q—产气断路器；L—六氟化硫断路器；Z—真空断路器。

2——使用环境：N—户内式；W—户外式。

3——设计序号。

4——额定电压，kV。

5——派生代号：C—手车式；G—改进型；W—防污型；Q—防震型。

6——额定电流，A。

7——额定短路开断电流，kA。

下面用实例来说明高压断路器的型号。

ZN5-10/1000-20为5型户内式真空高压断路器，其额定电压为10kV，额定电流为1000A，额定短路开断电流为20kA。

DW2-35/1000-16.5为2型户外式多油高压断路器，其额定电压为35kV，额定电流为1000A，额定短路开断电流为16.5kA。

SW3-110G/1200-15.8为改进3型户外式少油高压断路器，其额定电压为110kV，额定电流为1200A，额定短路开断电流为15.8kA。

LW6-220/3150-50为防污6型户外式六氟化硫高压断路器，其额定电压为220kV，额定电流为3150A，额定短路开断电流为50kA。

四、高压断路器在电力系统中的应用

高压断路器（可简称断路器）在电力系统中的使用广泛。按其用途可分为：发电机断路器、线路断路器（输电断路器、配电断路器）、供电断路器及特殊用途断路器等。图8-3说明了各种用途的高压断路器在电力系统中的应用情况。

1. 发电机断路器

发电机断路器在正常工作时将发电机接入电网或从电网中开断发电机，以及在电网中发生短路故障时进行开断，用来保护发电机，图8-3中QF1、QF2即为发电机断路器。电力系统对这种断路器的技术要求如下：

(1) 额定电压。因为发电机的电压一般不超过27kV，故这种断路器的额定电压为

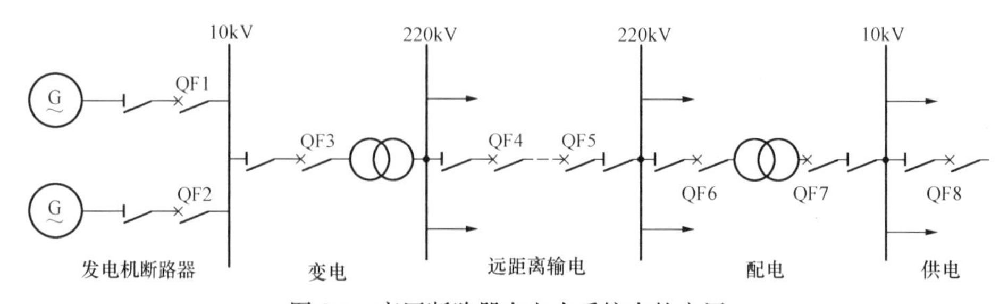

图8-3 高压断路器在电力系统中的应用

6～27kV。

（2）额定电流。断路器的额定电流要与发电机的额定电流和额定容量相适应，一般在5000～10 000A以上，有的可到几万安。

（3）额定短路开断电流。断路器额定短路开断电流与发电机的额定电压、容量以及母线的阻抗等有关。与线路断路器相比较，其额定短路开断电流值较大，可达到几十万安。

（4）固有分闸时间和全分闸时间。这种断路器一般是用来开断母线短路时流过发电机的短路电流，切除时间的快慢对电力系统运行稳定性的影响不如线路断路器那样严重，所以它的固有分闸时间和全分闸时间可允许稍长一点。

2. 线路断路器

线路断路器主要用于变电站内，可分为两类：输电断路器和配电断路器。图8-3中的QF3、QF4、QF5、QF6为输电断路器，QF7为配电断路器，两者均为线路断路器。这种断路器的主要技术参数及特点有：

（1）额定电压。输电断路器的额定电压通常为110～750kV，配电断路器的额定电压为35kV及以下，有时可到110kV。

（2）额定电流。额定电流视输电容量而定，但比发电机断路器的额定电流要小。

（3）额定短路开断电流。一般输电断路器的额定短路开断电流较大，可达63～100kA，而配电断路器的额定短路开断电流较小，约为40kA及其以下。

（4）固有分闸时间和全分闸时间。由于电力系统运行稳定性的要求，输电断路器要求较短的全分闸时间。目前国内外生产的有三周波断路器、二周波断路器以及同步分闸的一周波断路器。这些断路器的全分闸时间分别为（对不同电源频率）三周波、二周波和一周波。

（5）重合闸时间。这类断路器对快速自动重合闸有较高的要求，无电流间隔时间一般规定为0.3s，以及能一次、多次或单相自动重合闸。

（6）操作性能。输电断路器与配电断路器有所不同。输电断路器的动作次数少，但要求动作可靠；配电断路器的动作次数多，要求使用寿命长、维护检修方便。对输电断路器来讲，要求具有开断近区故障、失步故障、开断和闭合空载长线的能力；对配电断路器则要求能开断和闭合电容器组以及能开断空载变压器等。

3. 供电断路器

图8-3中QF8为供电断路器。这类断路器有时直接用于工业企业中，使用量最大，品种类型也最多。供电断路器主要技术参数及特点有：

（1）额定电压。一般为6～15kV，有时可达35kV。

（2）额定电流。一般为100～1250A。

（3）额定短路开断电流。这类断路器因为直接与工业企业用电设备相连，发生短路故障时，短路电流常为其前置变压器的短路阻抗所限制，故短路电流值不大，因此断路器额定短路开断电流一般较小。

（4）固有分闸时间与全分闸时间。要求较低，一般在0.1～0.2s范围内。

（5）重合闸时间。为了不间断供电，仍有重合闸要求，无电流间隔时间为0.3s或0.5s。

（6）开断电动机的能力。用在正常工作时关合、开断电动机，要求能在电动机启动过程中开断电流；在短路故障时开断高压电动机，不产生危害绝缘的过电压。

第二节 真空断路器和真空接触器

一、真空断路器概述

6kV 厂用电系统就采用了真空断路器以及由熔断器与真空接触器组成的 F-C 回路开关。

真空断路器和真空接触器以真空作为灭弧和绝缘介质。所谓真空是相对而言的，指的是绝对压力低于 10^5Pa 的气体稀薄的空间。气体稀薄的程度用真空度表示。真空度就是气体的绝对压力与正常大气压的差值。气体的绝对压力越低，真空度就越高。气体间隙的击穿电压与气体压力有关。击穿电压随着气体压力的提高而降低，当气体压力高于 10^{-2}Pa 以上时，击穿强度迅速降低。所以，真空断路器灭弧室内的气体压力不能高于 10^{-2}Pa。这里所指的真空，是气体压力在 10^{-2}Pa 以下的空间。在这种气体稀薄的空间，其绝缘强度很高，电弧很容易熄灭。

真空间隙的气体稀薄，分子的自由行程大，发生碰撞的几率小，因此碰撞游离不是真空间隙击穿产生电弧的主要因素，真空中的电弧是在触头电极蒸发出来的金属蒸气中形成的。

1. 影响真空间隙击穿的主要因素

（1）电极材料。真空间隙的击穿电压随着电极材料的不同而差别很大。用硬度和机械强度较高的材料作电极，真空间隙的击穿电压一般较高。当采用合金材料作电极时，绝缘破坏的情况复杂，没有一定的规律。

（2）电极表面状况。电极表面状况对真空间隙的击穿电压影响甚大。当表面存在氧化物、杂质、灰尘、金属微粒和毛刺时，击穿电压便可能大大降低。对电极采用火花处理，进行严格清洗，可使间隙的绝缘耐压提高。

（3）真空间隙长度。试验表明，当间隙较小时，击穿电压大小差不多与真空间隙的长度成正比，但当间隙长度增大超过 10mm 时，击穿电压上升陡度减缓，这时击穿电压约与间隙长度的 0.4～0.7 次方成正比。在真空中采用长间隙来提高绝缘耐压值是比较困难的。因此，当额定电压较高时，宜采用两个较短的间隙串联而不宜采用一个较长的间隙。

（4）真空度（或气压）。真空度下降，粒子的自由行程减小，当粒子的自由行程比间隙长度高很多时，真空度或压力则发生变化，绝缘击穿电压不变；如果电子的自由行程与间隙长度处在相同的数量级而可比拟时，则绝缘耐压要受影响。例如，间隙长度为 1mm 时，在 1.33×10^{-6}～1.33×10^{-2}Pa 的气压时，绝缘耐压实质上没有什么变化；在压力为 1.33×10^{-2}～1.33^{-1}Pa 时，绝缘耐压有下降的倾向；在压力为几百帕时，绝缘耐压达到最低值。在压力为 1.33～1.33×10^3Pa 区段内，容易发生辉光放电。在 1.33×10^3 Pa 以上时，压力增加，绝缘耐压又成比例地增加，进入汤生放电区域，真空断路器灭弧管内的气压在 1.33×10^{-2} Pa 以下。图 8-4 表示对不锈钢电极、间隙

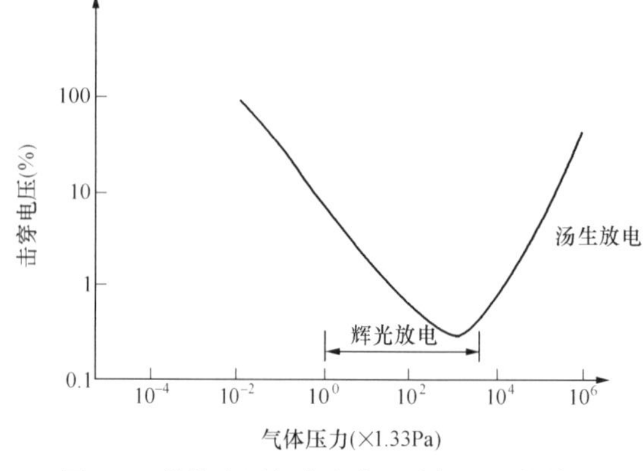

图 8-4 绝缘电压与真空度（或气压）的关系

长度为 1mm 时真空间隙的绝缘耐压与真空度（或气压）的关系。

（5）电压波形。不同波形的电压，由于加压的时间不同，发生绝缘破坏的主要机理亦不相同。在雷电冲击波电压作用时，作用时间短，击穿电压值较高，主要是阴极加热场发射，击穿时延小于 1μs。在操作冲击波电压作用时，作用时间较长，击穿电压较雷电冲击波时为低，绝缘破坏的机理主要是阳极加热，击穿时延在 1μs 以上。在工频电压作用时，因为电压作用时间更长，击穿电压更低，微块破坏的机理起着较大的作用。

2. 真空断路器的特点

与其他类型的断路器相比较，真空断路器具有下列优点：

（1）熄弧过程是在密封的灭弧室中完成的，电弧和炽热的电离气体不会向外界喷溅，不会对周围的绝缘间隙造成闪络或击穿，因此可以在强腐蚀性及可燃性的环境中使用，可以在较高（+200℃）及较低的（−70℃）环境温度下使用。

（2）利用真空灭弧，不需要外界供给气体或液体。真空灭弧室即使开断失败，也不会发生爆炸事故。

（3）燃弧时间短，电弧电压低，电弧能量小，触头的电磨损率低，使用寿命长，不需要维护，适于频繁操作。

（4）真空的灭弧能力强，间隙短，触头的行程短，开断速度很低（额定电压为 10kV 时约为 1m/s）。因此，对操动机构要求的操作功小，对传动机构的强度要求亦低。加上真空灭弧装置的体积较小，就使得整个真空断路器的体积较小，质量较轻，操作时耗能低。

（5）真空断路器的开断能力强，灭弧后介质强度恢复得快，开断近区故障及高频电流能力较其他类型的断路器强。

（6）真空断路器的自动灭弧能力强。在一定的触头间隙下，如果受到过电压的作用而击穿，能自动地开断由于间隙击穿所引起的短路电流，能抗击多次雷电击穿和其他过电压击穿所形成的发展性故障。

二、VD4 系列真空断路器

1. VD4 系列真空断路器介绍

VD4 系列真空断路器适用在以空气为绝缘的户内式开关系统中。只要在正常的使用条件及断路器的技术参数范围内，VD4 系列真空断路器就可满足电网在正常或事故状态下的各种操作，包括关合和开断短路电流。

真空断路器在需进行频繁操作或需要开断短路电流的场合下具有极为优良的性能。VD4 系列真空断路器完全满足自动重合闸的要求，并具有极高的操作可靠性与使用寿命。

VD4 系列真空断路器在开关柜内的安装形式上既可以是固定式，也可以安装于手车底盘上的可抽出式，还可以安装于框架上使用。

对于抽出式 VD4 系列，可根据需要增设电动机驱动装置，实现断路器手车在开关柜内移进/移出的电动操作。

（1）VD4 系列断路器的技术数据如表 8-2 所示。

（2）VD4 系列真空断路器动作时间的规定值：

1）合闸时间为 55～67ms。

2）开断时间小于或等于 60ms，如果是发电机断路器或 63kA 断路器，开断时间小于或等于 90ms。

3）分闸时间为 33～45ms，如果是发电机断路器或 63kA 断路器，分闸时间小于或等于 75ms。

表 8-2 VD4 系列真空断路器技术数据

型号	额定电流（A）	对称短路开断电流（kA）	非对称短路开断电流（kA）	额定短路关合电流（kA）	额定短路电流耐受时间（s）	极间距（mm）
1206-25	630	25	27.3	63	4	150/210
1212-25	1250					150/210
1216-25	1600					210/275
1220-25	2000					210/275
1225-25	2500					275
1231-25	3150					275
1240-25	4000					275
1206-31	630	31.5	34.3	80	4	150/210
1212-31	1250					150/210
1216-31	1600					210/275
1220-31	2000					210/275
1225-31	2500					275
1231-31	3150					275
1240-31	4000					275
1212-40	1250	40	43.6	100	3	210
1216-40	1600					210/275
1220-40	2000					210/275
1225-40	2500					275
1231-40	3150					275
1240-40	4000					275
1212-50	1250	50	54.4	125	3	210/275
1216-50	1600					210/275
1220-50	2000					210/275
1225-50	2500					275
1231-50	3150					275
1240-50	4000					275
1212-63	1250	63	65.5	158	1	275
1216-63	1600					275
1220-63	2000					275

4）在二次回路额定电压下，最小的合闸指令持续时间为 20ms，如果继电器触点不能开断脱扣线圈动作电流，最小的合闸指令持续时间为 120ms。

5）在二次回路额定电压下，最小的分闸指令持续时间为 20ms，如果继电器触点不能开断脱扣线圈动作电流，最小的分闸指令持续时间为80ms。

6）燃弧时间（50Hz）小于或等于15ms。

2. 真空灭弧室灭弧原理

真空灭弧室就像一只大型电子管，所有的灭弧零件都密封在一个绝缘的玻璃外壳内，如图8-5所示。动触杆与动触头的密封靠金属波纹管来实现，波纹管一般采用不锈钢制成。在动触头外面四周装有金属屏蔽罩，此罩通常由无氧铜板制成。屏蔽罩的作用是为了防止触头间隙燃弧时飞出电弧生成物（如金属离子、金属蒸气、炽热的金属液滴等）沾污玻璃外壳内壁而破坏其绝缘性能。屏蔽罩固定在玻璃外壳的腰部，燃弧时，屏蔽罩吸收的热量容易通过传导的方式散发，有利于提高灭弧室的开断能力。

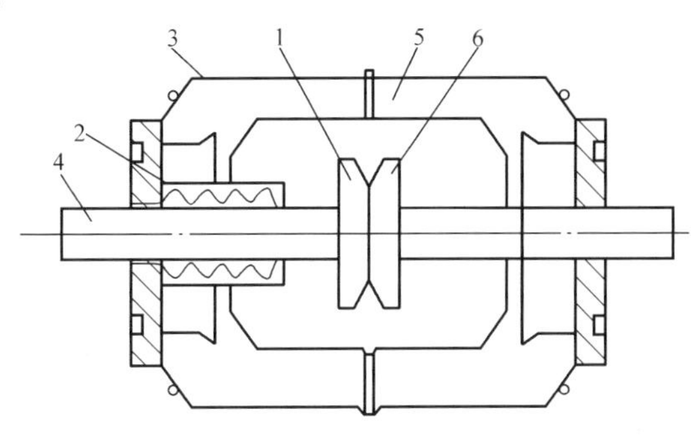

图8-5 真空灭弧室的原理结构图

1—动触杆；2—波纹管；3—外壳；4—动触头；5—屏蔽罩；6—静触头

真空断路器的触头结构示意图如图8-6所示，触头的中部是一圆环状的接触面，接触面的周围是开有螺旋槽的吹弧面，触头闭一合时，只有接触面相接触。当开断电流时，最初在接触面上产生电弧，电流回路呈Ⅱ形，在流过触头中的电流所形成的磁场作用下，电弧沿径向向外缘快速移动，即从位置a位向外移动到b位。电流在触头中的流动路径受螺旋线的限制，因此，通过电极内的电流路径是螺旋形的，如图8-6（b）中的虚线所示。

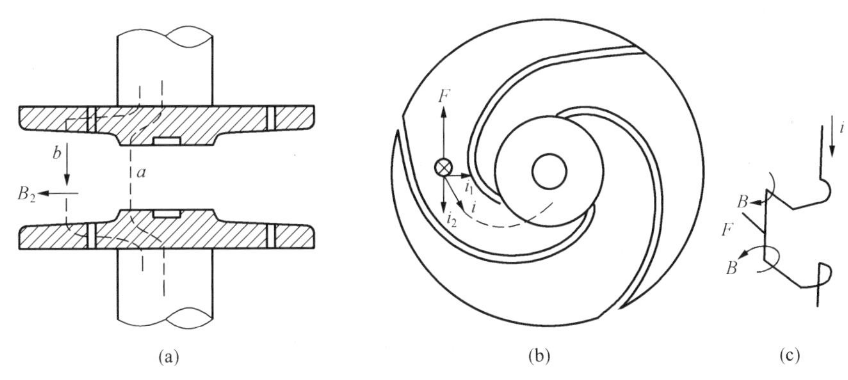

图8-6 真空断路器的触头结构示意图

（a）纵剖面图；（b）下触头顶视图；（c）电流线和磁场

电流可分解为切向分量i_2和径向分量i_1。其中切向分量电流i_2在弧柱上产生沿触头方向的磁感应强度B_2，它与电弧电流形成的电动力是沿切线方向的，在此力的作用下，可使电弧沿触头作圆周运动，在触头的外缘上不断旋转，于是可避免电弧固定在触头某处而烧坏触头，同时能提高真空断路器的开断能力。

由于VD4系列真空断路器灭弧室的静态压力极低（$10^{-5}\sim10^{-3}$Pa），所以只需很小的触头间隙就可达到很高的电介质强度。

分闸过程中的高温产生了金属蒸气离子和电子组成的电弧等离子体，使电流将持续一段很短的时间，由于触头上开有螺旋槽，电流曲折路径效应形成的磁场使电弧产生旋转运动，由于阳极区的电弧收缩，即使切断很大的电流时，也可避免触头表面的局部过热与不均匀的烧烛。

电弧在电流第一次自然过零时就熄灭，残留的离子、电子和金属蒸气只需在几分之一毫秒的时间内就可复合或凝聚在触头表面屏蔽罩上，因此，灭弧室断口的电介质强度恢复极快。对真空灭弧室而言，由于触头间隙小，由金属蒸气形成的电弧等离子体的电导率高，电弧电压低，另外，由于燃弧时间短，伴生的电弧能量极小，综上各点都有利于触头寿命的增加，也有利于真空灭弧室性能的提高。

三、VCF 系列真空接触器及 F-C 回路

1. VCF 系列真空接触器

VCF 系列真空接触器是用于额定电压为 3.6～12kV、频率为 50Hz 的交流系统中需要大量分、合闸操作循环的场合，是特别适合用于频繁操作的理想电器。VCF 系列真空接触器广泛应用于发电厂、供配电系统、大型工矿企业的用电设备的控制。配合适当的熔断器，能在短路容量高达 50kA 的网络中使用。

由于真空灭弧室优越的开断性能，使接触器能在特别恶劣的情况下运行。它们适合控制和保护（配合熔断器）电动机、变压器及电容器组等。

VCF 系列真空接触器主要由真空灭弧室、操动机构、宽电压供电模块以及其他辅助部件构成，这些元件都安装在用 DMC 压制成型的机架中。并可以与熔断器支座组成一体，构成 F-C 组合电器单元，可以方便地与 GZS1（KYN28A）开关柜配合使用，抽出式单元本身具备完善的联锁功能，用户使用起来与 VS1 系列断路器一样方便，无需对柜体结构作重大改变。

接触器及 F-C 组合电器均可用于固定式或作为抽出式单元使用。

VCF 系列真空接触器有电气自保持和机械自保持两种方式供选择，设备额定电压为 3.6～7.2kV 或 12kV 两种结构形式。

固定式安装按要求配置熔断器支座或不配熔断器支座。

抽出式安装的标准配置为 650mm 标准 GZS1（KYN28A）金属铠装柜。

抽出式接触器主要由固定式接触器和底盘手车组成，抽出式熔断器配有标准熔断器座，以便熔断器的安装，并配有标准联锁装置。熔断器支座框架上配有联动脱扣机构，只要其中一相熔断器熔断时也能使接触器联动跳闸。当其中一相熔断器未安装时，该装置也能防止接触器合闸，以此可以避免电器设备缺相运行。

VCF 系列真空接触器能与以下规格的熔断器配合使用：7.2kV，从 6～315A；12kV，从 6～200A。

2. VCF 系列真空接触器开断原理

接触器的触头安装在陶瓷外壳真空灭弧室中操作，正常灭弧室的真空度水平为 1.33×10^{-2}Pa 以上，接触器分闸时，触头之间的真空电弧产生的金属蒸气使电弧持续到电流第一次过零点，并在电流过零时熄弧，金属蒸气迅速凝结，使动静触头之间重新建立起很高的电介质强度，维持很高的瞬态恢复电压值，接触器实现分断。本接触器采用特殊触头材料用于电动机控制，截流值比传统接触器截流值更低（一般小于 2A），所以仅产生很低的截流过电压。

3. 电动机的保护与熔断器的选择

为了可靠实现短路保护，可以选择适当的限流熔断器与接触器配合，能有效地对设备和供电系统提供可靠保护，用户在选择熔断器时，应注意熔断器的开断特性应与接触器的开断特性的合理匹配。

低压电动机功率通常都不是很大，当所需电动机的功率较大时，一般采用中压供电（通常额定电压等级为3.6、7.2、12kV），已达到减少设备体积和降低成本的目的。VCF系列真空接触器配有简单的电磁操动机构，并配有机械锁扣装置、采用长寿命设计以免维护的真空灭弧室。可广泛用于电压等级从3.6～12kV、电动机功率达5000kW的应用场所。

用于电动机保护的熔断器的选择必须依据其使用条件决定，目前国内外均有用于电动机保护的专用熔断器。在选用熔断器时主要应考虑工作电压、启动电流、启动时间、每小时启动次数、电动机满负荷电流、设备的短路电流等因素。

为了保护对接触器、电流互感器、电缆、电动机本身及电路中其他设备可能受到的因长期过载造成的损害，熔断器的额定电流与其他保护继电器的配合也是熔断器的选择准则之一。

短路保护通过熔断器实现，通常选择比电动机更高的额定电流以避免启动电流的影响。但这样不能进行过载保护。熔断器一般不用于过载保护功能，特别是在熔化曲线起始的非连续段。

因此，应安装一个反时限或定时限继电器对过载进行保护。这种保护与协调熔断器保护良好配合，以使继电器曲线与熔断器曲线交于一点，这一点应满足：

（1）因过载、单相运行、转子堵转和重复启动引起过电流的电动机保护，由反时限或定时限继电器作用于接触器实现。

（2）回路中相间、相对地故障电流，其值在接触器允许开断电流范围内，由反时限或定时限继电器提供保护。

（3）故障电流大于接触器开断电流直至最大耐受故障电流的保护，由熔断器提供保护。可通过如下叙述来进行使用条件的确定。

1）额定电压。必须不小于安装现场工作电压。由熔断器引起的操作过电压应小于电网的绝缘水平。

2）额定电流。在启动比较频繁的情况下，必须保证启动电流不大于KI_f，I_f是对应于电动机启动时间的熔断器熔断电流，K是与熔断器额定电流有关的降低系数（小于1）。电动机除了每小时的最初两次可连续启动外，要求启动有相当均匀的时间间隔。

3）电动机满负荷电流。对于电动机全压启动，熔断器额定电流必须大于或等于1.33倍的电动机额定满负载电流。

4）短路电流。由于熔断器短路限流特性，使负载端设备仅承受较小的短路电流。

长时间的过热以致超过绝缘件所能承受的温度十分危险，这可能危及电动机的使用寿命，甚至造成人身或设备事故。

4. 变压器的保护与熔断器的选择

当接触器用于控制和保护变压器时，应该装上合适的限流熔断器，熔断器的选择应与其他的保护装置配合且能承受较高的变压器涌流而不损坏。

与电动机保护不同的是，实际上变压器的高压侧的过电流保护并不一定需要，因为，这一任务通常已由低压侧的保护来承担。高压侧的保护完全可由熔断器独自担当。熔断器的选择必须考虑空载涌流，对于小型变压器和直接结晶的冲压板材制成的变压器，最大涌流可达额定电流的10倍，电流过零时合闸，会产生最大涌流值。

采用接触器和熔断器配合，不但可以及时对变压器低压绕组故障和低压绕组与二次侧断路器之间连接母线故障进行保护，而且可以避免使用额定电流过大的熔断器。通过检查熔断器熔断曲线上的熔断时间，可以知道低压侧出线端和断路器前母线的短路电流。

选用熔断器应考虑以下两点：①选择适当额定电流的熔断器以避免空载变压器的涌流引起熔断器的非正常熔断；②在任何情况下均能确保对低压侧的故障进行有效保护。

VCF系列的F-C组合电器所选用的熔断器直径一般不大于76mm，插入式端头直径为45mm，长度不超过454mm，当熔断器长度小于该数值时可通过连接器安装，母线式熔断器的4个安装孔中心距为44mm（宽度）×555mm（长度）。

5. 抽出式单元的联锁功能

抽出式设备已经配有熔断器与接触器联锁，无需另行安装，同时抽出式单元内部的机械联锁，可以保证接触器处于合闸状态，抽出式单元在试验位置不能摇进，在工作位置不能摇出，在接触器摇进过程中，接触器不能合闸；当接地开关处于闭合状态时，接触器不能从试验位置摇进等联锁功能，这些联锁功能的操作对用户来讲，和VS1系列断路器手车完全相同，便于操作。

当三相熔断器其中的一相未安装，F-C手车不能合闸。

第三节 六氟化硫断路器

六氟化硫（SF_6）断路器是利用SF_6气体作为绝缘介质和灭弧介质的新型高压断路器。SF_6断路器可分为两大类。

第一类，为绝缘子式SF_6断路器。如LW（SFM）系列产品，可用于110～500kV的电力系统中。该系列产品除110kV断路器三相共用一个机构外，其他均三相分装式结构。110～220kV断路器每相一个断口，整体呈I形布置。330～500kV断路器每相两个断口，整体呈T形布置。每个断口由灭弧室、支柱（支持绝缘子）、机构箱组成，其中330～500kV断路器还带有均压电容器、合闸电阻等，其结构示意图如图8-7所示。

第二类，是把断路器装入一个外壳接地的金属罐中，称为落地罐式。如LW13（SFMT）系列罐式高压SF_6断路器。该产品除110kV级及部分220kV级产品的三相分装在一个公用底架上并采用三相联动操作外，其余各电压等级及部分220kV产品均为三相安装结构，每相由接地的金属罐、充气套管、电流互感器、操动机构和底架等部件组成。其结构示意图如图8-8所示。

一、SF_6气体的性能

SF_6气体是无色、无味、无毒、非燃烧性、亦不助燃的非金属化合物，在常温常压下，其密度均为空气的五倍。它具有很高的电气绝缘特性和灭弧能力。

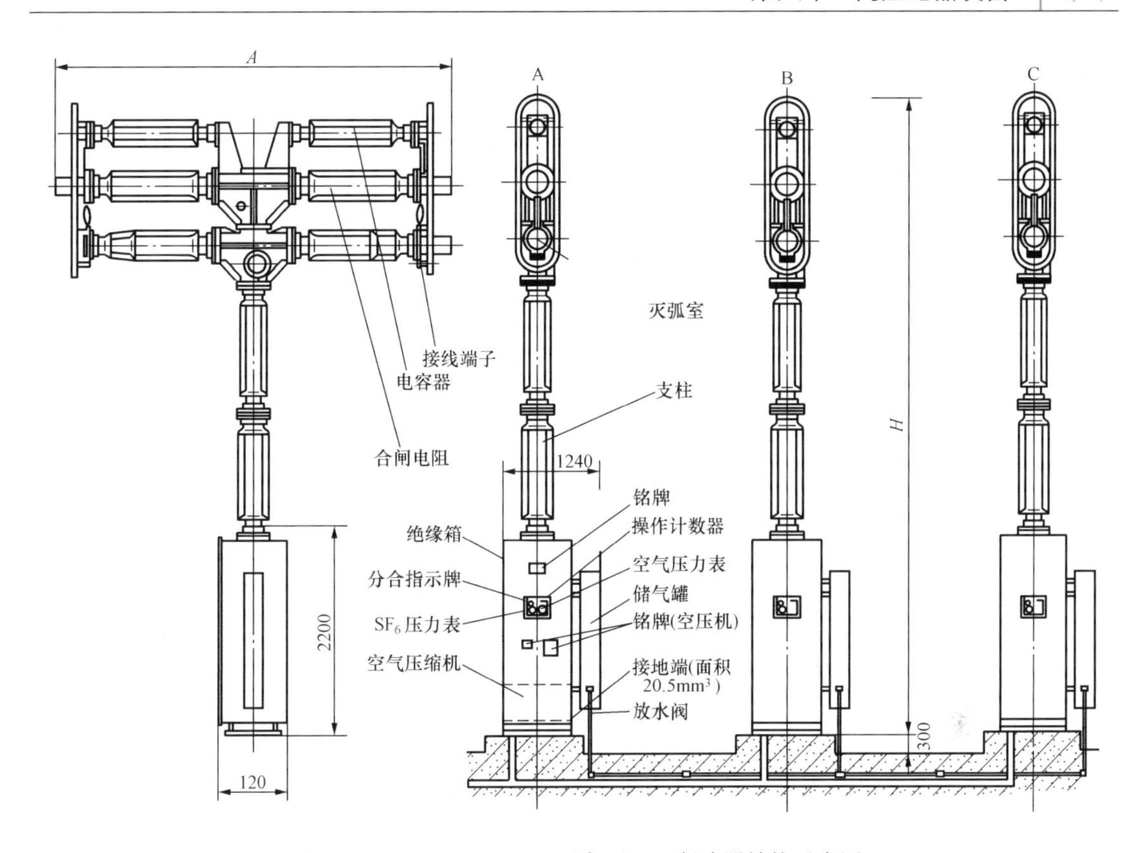

图 8-7　330～500kV SFM 型高压 SF_6 断路器结构示意图

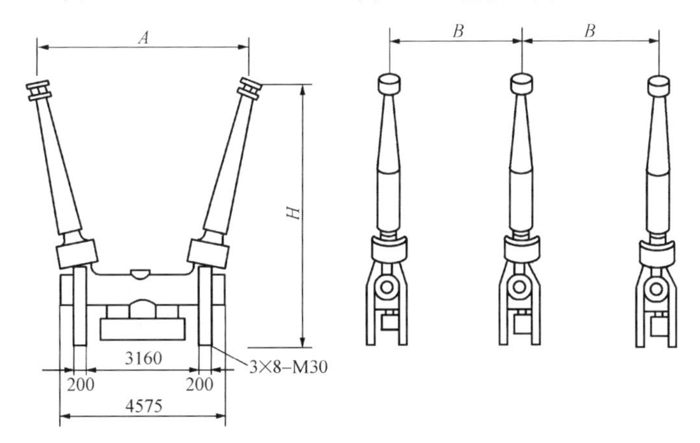

图 8-8　LW13-500 型罐式 SF_6 断路器结构示意图

1. SF_6 气体的绝缘性能

SF_6 的电子结构具有如图 8-9（a）所示的共价键结构；其分子结构如图 8-9（b）所示，呈正八面体，属于完全对称型，硫原子被 6 个氟原子浓密包围，呈强电负性，体积较大。

当电场具有一定能量的散射电子时，它可能导致碰撞游离，但 SF_6 呈强烈的电负性，而且体积较大，对电子捕获较易，并吸收其能量生成低活动性的稳定负离子。这种直径更大的负离子在电场中自由行程很短，难以积累发生碰撞游离的能量；同时，正负离子的质量都较大，行动迟缓，再结合的几率将大为增加。因此，在压力为 10^5Pa 的情况，SF_6 的绝缘能

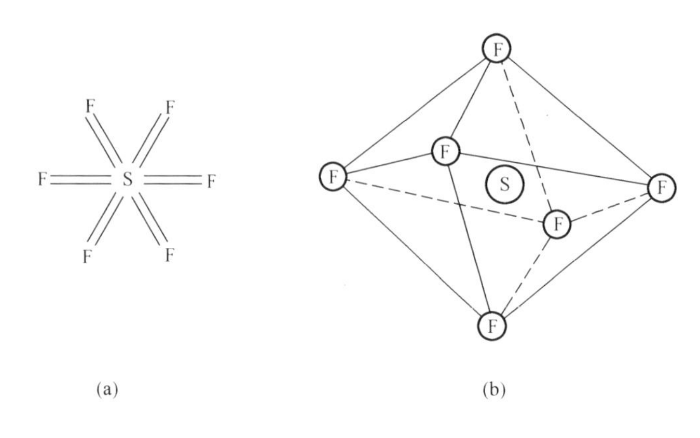

图 8-9 SF_6 气体的电子与分子结构

(a) 电子结构；(b) 分子结构

力超过空气的 2 倍；当压力为 3×10^5 Pa 时，其绝缘能力就和变压器油相当。

2. SF_6 气体的灭弧性能

SF_6 在电弧作用下接受电能而分解成低氟化合物，但电弧电流过零时，低氟化合物则急速再结合成 SF_6，故弧隙介质强度恢复过程极快。所以，SF_6 的灭弧能力相当于同等条件下空气的 100 倍；此外，电弧弧柱的电导率高、燃弧电压低、弧柱能量小。

二、SF_6 断路器的灭弧室结构

SF_6 气体作为灭弧介质时，只需要较小的气压和压差，所以，SF_6 断路器的灭弧室可以按压气活塞原理制成单压式，其气流是直接在开断过程中产生的，其压力一般在（3.5～7）$\times10^5$ Pa 范围内。国产的 SF_6 断路器均为单压式。目前，单压式灭弧室有两种结构，即定开距和变开距结构。

1. 定开距灭弧室

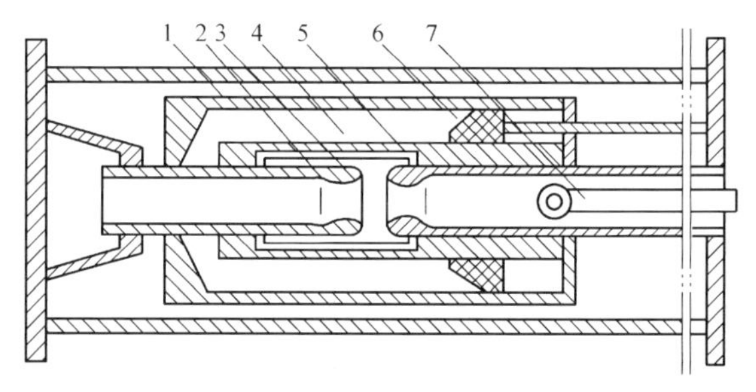

图 8-10 定开距灭弧室的结构示意图

1—压气罩；2—动触头；3、5—静触头；4—压气室；6—固定活塞；7—拉杆

图 8-10 所示为定开距灭弧室的结构示意图。断路器的触头由两个带喷嘴的空心静触头 3、5 和动触头 2 组成。断路器的弧隙由两个静触头保持固定的开距，故称为定开距。在关合位置时，动触头跨接于两个静触头之间，构成电流通路。由绝缘材料制成的固定活塞 6 和与动触头连成整体的压气罩 1 之间围成压气室 4。分闸操作时，压气罩随动触头向右移动，使压力室内的 SF_6 气体压缩并提高压力，当喷口打开后，即形成气流进行吹弧。操动机构通过拉杆 7，带动动触头和压气罩所组成的可动部分。

图 8-11 示出灭弧室的灭弧过程。图 8-11（a）为断路器在合闸位置。分闸时由拉杆 7 带动可动部分向右运动，此时，压气室内的 SF_6 气体被压缩，如图 8-11（b）所示。当动触头离开静触头 3 时，便产生电弧，同时将原来由动触头所封闭的压气室打开而产生气流，向喷口吹弧，如图 8-11（c）所示。气流流向静触头内孔对电弧进行纵吹，熄弧后的开断位置如图 8-11（d）所示。

本结构的特点是：由于利用了 SF_6 气体介质强度高的优点，触头开距设计得比较小，110kV 电压的开距只有 30mm。触头从分离位置到熄弧位置的行程很短，因而弧电能量小，熄弧能力强，燃弧时间短，但压气室的体积比较大。前述 LW13（SFMT）系列罐式高压 SF_6 断路器，均采用此种型式的灭弧室结构。

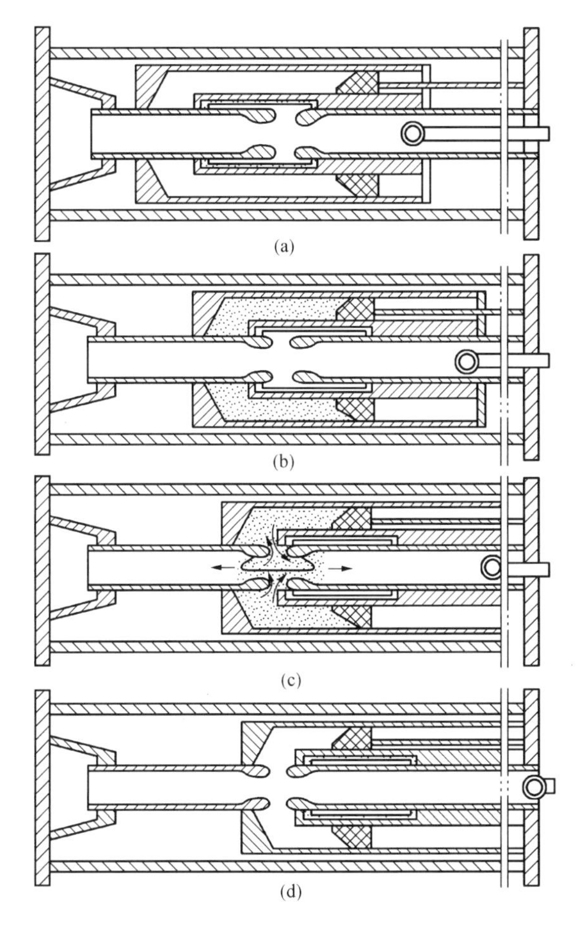

图 8-11　定开距灭弧室的灭弧过程示意图
(a) 断路器在合闸位置；(b) 压气室内的 SF_6 气体被压缩；
(c) 产生的气流向喷口吹弧；(d) 熄弧后的开断位置

2. 变开距灭弧室

变开距灭弧室的结构示意图如图 8-12 所示。其结构与少油断路器相似。触头系统有主触头、弧触头和中间触头。主触头的中间触头放在外侧，以改善散热条件，提高断路器的热稳定性。灭弧室的可动部分由动触头、喷嘴和压气缸组成。为了在分闸过程中使压气室的气体集中向喷嘴吹弧，而在合闸过程中不致在压气室形成真空，故设有逆止阀。合闸时，逆止阀打开，使压气室与活塞内腔相通，SF_6 气体从活塞的小孔充入压气室；分闸时，逆止阀堵住小孔，让 SF_6 气流集中向喷嘴吹弧。

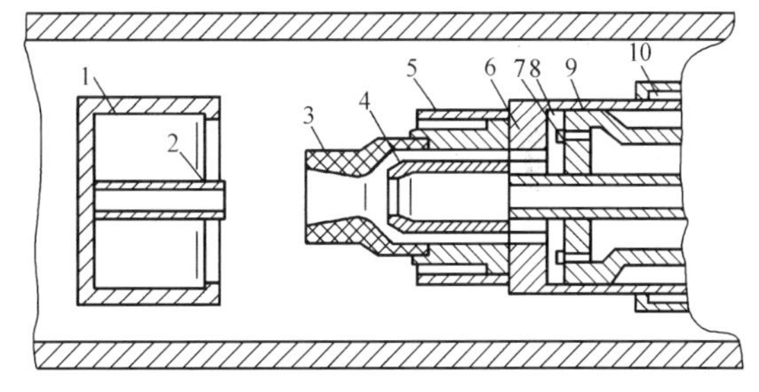

图 8-12　变开距灭弧室的结构示意图
1—主静触头；2—弧静触头；3—喷嘴；
4—弧动触头；5—主动触头；6—压气缸；
7—逆止阀；8—压气室；9—固定活塞；
10—中间触头

变开距灭弧室的灭弧过程示于图 8-13 中。图 8-13（a）为合闸位置。分闸时，可动部分向右运动，此时，压气室内的 SF_6 气体被压缩并提高压力，如图 8-13（b）所示。主触头首先分离，然后，弧触头分离产生电弧，同时也产生气流，向喷嘴吹弧，如图 8-13（c）所示。熄弧后的分闸位置如图 8-13（d）所示。

从上述动作过程可以看出，触头的开距在分闸过程中是变化的，故称为变开距灭弧室。本结构的特点是：触头开距在分闸过程中不断增大，最终开距较大，故断口电压可以做得较高、起始介质强度恢复速度快。喷嘴与触头分开，喷嘴的形状不受限制，可以设计得比较合理，有利于改善吹弧效果，提高开断能力。但绝缘喷嘴易被电弧烧损。

三、SF_6 断路器的特点

（1）断口耐压高。SF_6 断路器的单元断口耐压与同电压级的其他断路器相比要高，所以 SF_6 断路器的串联断口数和绝缘支柱较少，因而零部件也较少、结构简单，使制造、安装、调试和运行都比较方便。

（2）允许断路次数多，检修周期长。由于 SF_6 气体分解后可以复原，且在电弧作用下

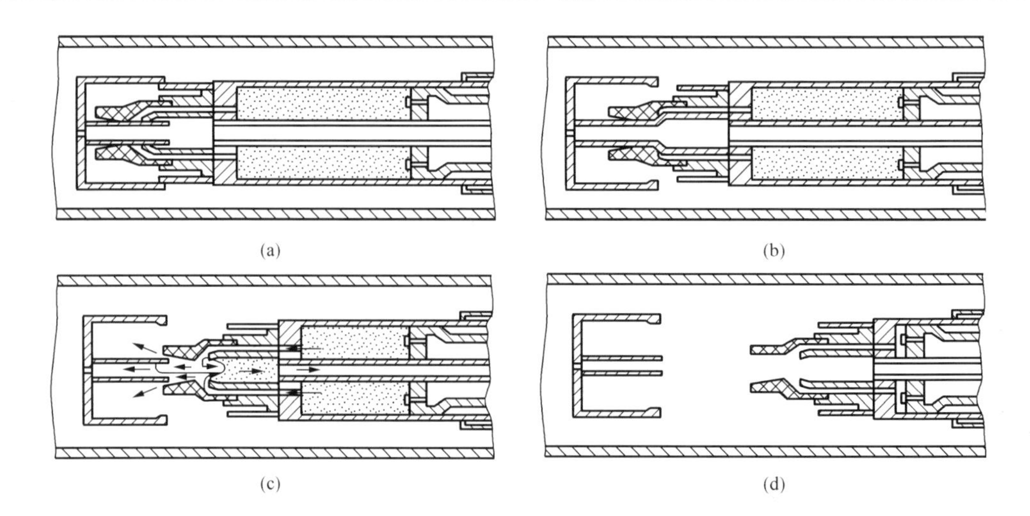

图 8-13 变开距灭弧室的灭弧过程示意图

(a) 合闸位置；(b) 压气室内 SF_6 气体被压缩并提高压力；(c) 触头分离，产生电弧、气流，向喷嘴吹弧；(d) 熄弧后的分闸位置

的分解物不含有碳等影响绝缘能力的物质，在严格控制水分的情况下，生成物没有腐蚀性。因此，断路后 SF_6 气体的绝缘强度不下降，检修周期相应也快。

(3) 开断性能很好。SF_6 断路器的开断电流大、灭弧时间短、无严重的截流和截流过电压。无论开断大电流或小电流，其开断性能均优于空气断路器和油断路器。

(4) 占地少。与其他断路器相比，在电压等级、开断能力及其他性能相近的情况下，SF_6 断路器的断口少、体积小，尤其是 SF_6 全封闭组合电器，可以大大减少变电站的占地面积，对于负荷集中、用电量大的城市变电站和地下变电站更为有利。

(5) 无噪声和无线电干扰。

(6) 要求加工精度高、密封性能良好。

SF_6 气体本身虽无毒，但在电弧作用下，少量分解物（如 SF_4）对人体有害，一般需设置吸附剂来吸收。运行中要求对水分和气体进行严格检测，而且要求在通风良好的条件下进行操作。

虽然 SF_6 断路器的价格较高，但由于其优越的性能和显著的优点，故正得到日益广泛的应用。在我国，SF_6 断路器在高压和超高压系统中将占有主导地位，并且正在向中压级发展，在 10～60kV 电压级系统中也正逐步取代目前广泛使用的少油断路器。

第四节 压缩空气断路器

压缩空气断路器是利用预先储存的压缩空气来灭弧，气流不仅带走弧隙中大量的热量、降低弧隙温度，而且直接带走弧隙中的游离气体，代之以新鲜压缩空气，使弧隙的绝缘性能很快恢复。所以，空气断路器比油断路器有较大的开断能力，动作迅速、开断时间较短，而且在自动重合闸中可以不降低开断能力。

空气断路器的灭弧性能与空气压力有关，空气压力越高，绝缘性能越好，灭弧性能也越好。我国一般选用的空气压力为 2.0MPa。

触头开距对断路器的灭弧性能亦有影响。对于纵吹灭弧室来说经研究表明，各种灭弧结构都存在一最合适的触头开距，即当触头间达一定距离时，可以得到最有利的灭弧条件。这个距离通常很小，不能满足断口的绝缘要求。因此，为要得到最有利的灭弧条件，并又能保证断口的绝缘要求，便出现了不同结构形式的空气断路器。

一种常充气式空气断路器，无论是在闭合位置还是在开断位置，都充有压缩空气，排气孔只在开断过程中打开，形成吹弧。开断前，在灭弧室内已充满压缩空气，触头刚一分离，就能立即强烈地吹弧，所以，开断能力较强。开断以后，灭弧室内也充满压缩空气，用以保证触头间所必要的绝缘强度，故可取消隔离器。这种断路器的结构简单，对空气压力利用得较好，气耗量较少。我国目前生产的空气断路器，如 KW3、KW4 系列和 KW5 系列都属于这种结构。

下面以 KW5 型为例，分析空气断路器的灭弧原理。

图 8-14 为 KW5 系列断路器的灭弧室结构示意图。断路器在合闸位置时，电流经一侧的导电杆 1、静触头座 2、静触指 3、动触头 4、导电板 5，再到另一侧，形成通路。

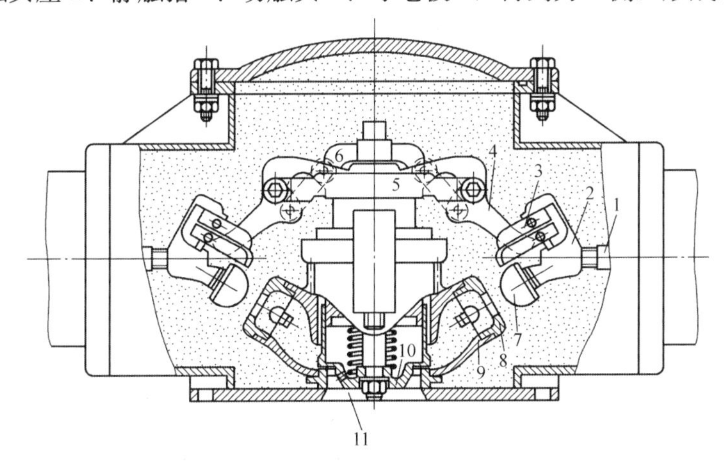

图 8-14　KW5 系列断路器的灭弧室结构示意图

1—导电杆；2—静触头座；3—静触指；4—动触头；5—导电板；6—拉杆；7—静触头；8—喷口；9—定弧触头；10—排气阀；11—排气孔

当分闸时，通过控制系统的作用，使排气阀 10 向上运动，打开排气孔 11，此时，灭弧室内的压缩空气，通过喷口 8 高速喷出，排往大气。在排气孔打开后，拉杆 6 立即向上运动，带动动触头 4 作高速分断运动。因此，电弧开始产生后就立即受到强烈气流的作用，电弧则从动触头和静触指之间，迅速转到动触头与静触头 7 之间，如图8-15(a)、(b)所示。

随后，电弧继续移动到静触头和定弧触头 9 之间。在喷口中燃烧的电弧，在气流的强烈纵吹作用下迅速熄灭。整个灭弧过程，如图 8-15 所示。

电弧熄灭后，排气阀在弹簧力的作用下，自动向下运动复位，关闭排气孔，分闸完成。此时，灭弧室内仍充满压缩空气，以保证触头之间的绝缘强度。

KW5 系列断路器包括有 110、220、330、380kV 电压等级，不同电压等级的断路器由

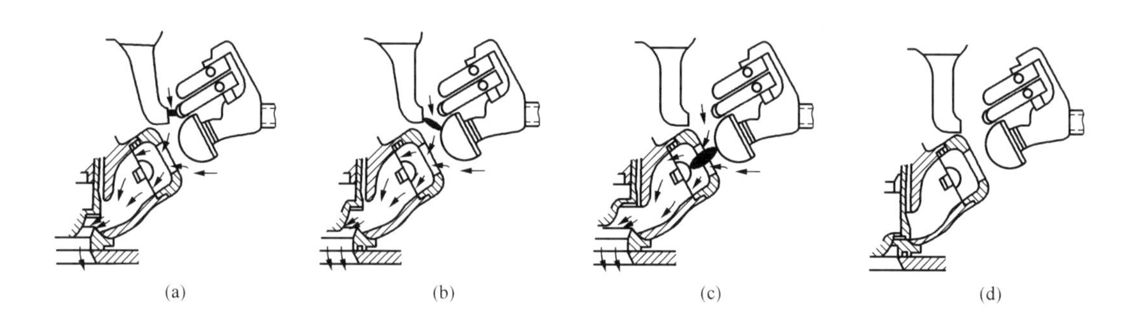

图 8-15 灭弧过程示意图

(a)、(b)、(c) 电弧移动过程；(d) 电弧熄灭

图 8-14 的单元组合而成。如 110kV 级只用 1 个单元、1 个灭弧室、双断口；330(380)kV 级由 3 个灭弧室、6 个断口组成。其单相主回路原理接线图如图 8-16 所示。

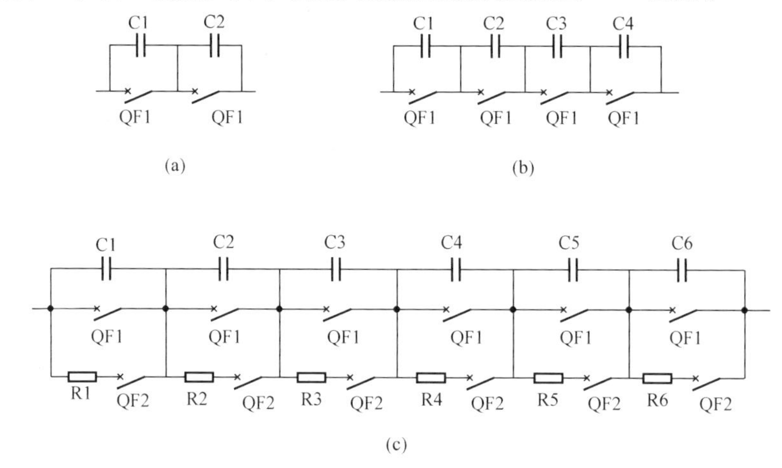

图 8-16 KW5 系列单相主回路原理接线图

(a) KW5-110；(b) KW5-220；(c) KW5-330 (380)

R—并联电阻；C—均压电容；QF1—主触头；QF2—辅助触头

采用并联电阻的原因有两个：第一，空气断路器切断能力受触头恢复电压、恢复速度的影响很大，这样，在单个元件的额定切断电流较大时，有时需要采用控制恢复电压的并联电阻；第二，在气压一定、切断能力一定的情况下，切断小电感电流时，容易产生截流现象导致截流过电压，这就需要在大多数情况下都要采用控制过电压的并联电阻。

第五节 少油断路器

在少油断路器中，油只用作灭弧和触头开断后弧隙的绝缘介质，断路器的导电部分与接地部分之间的绝缘主要用瓷件做成，所以，少油断路器的用油量比多油断路器少得多，且体积小、质量轻、钢材用量少、占地面积小，因而获得大量应用。

按装设地点不同，少油断路器可分为户内式和户外式两种。我国生产的 20kV 及以下的少油断路器为户内式。新型的 10kV 及 35kV 户内式少油断路器，用环氧树脂玻璃钢筒作为油箱，每相灭弧室分别装在 3 个由环氧树脂玻璃钢布卷成的圆筒内。这样既能节省钢材，也可以减少涡流损耗。35kV 及以上的少油断路器多采用户外式（35kV 也有户内式），均采用高强度瓷筒作为油箱。电压在 110kV 及以上的户外式少油断路器，采用串联灭弧室积木式结构，如图 8-17 中呈 Y 形体的结构，两个灭弧室分别装在两侧，组成 V 形排列，构成双断口的结构。1 个 Y 形体构成 1 个单元，根据电压要求，可用几个单元串联起来。如每个单元的电压为 110kV，则用两个单元串联即成 220kV，3 个单元串联即成 330kV，如图 8-18 所示。这种结构的优点是：灭弧室及零部件均可采用标准元件，通用性强，使产品系列化，便于生产和维修；灭弧室研制工作量相对减少，便于向更高电压等级发展。

少油断路器的灭弧室有很多结构形式，但其灭弧方法有纵吹、横吹和压油吹弧等。下面以纵吹灭弧室和横吹灭弧室为例加以分析。

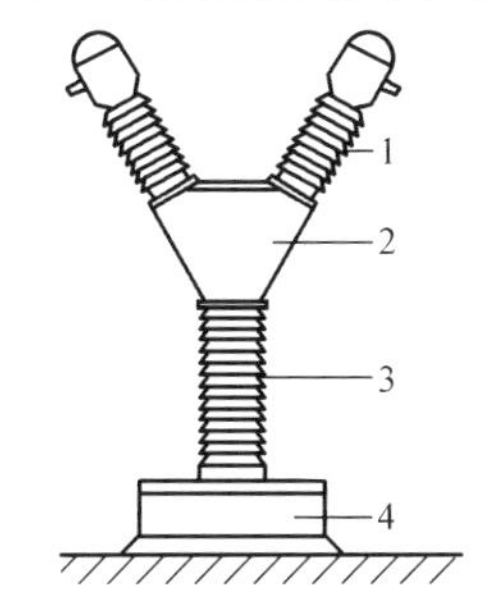

图 8-17　户外少油断路器 Y 形体结构单元

1—灭弧室；2—机构箱；3—支持瓷套；4—底座

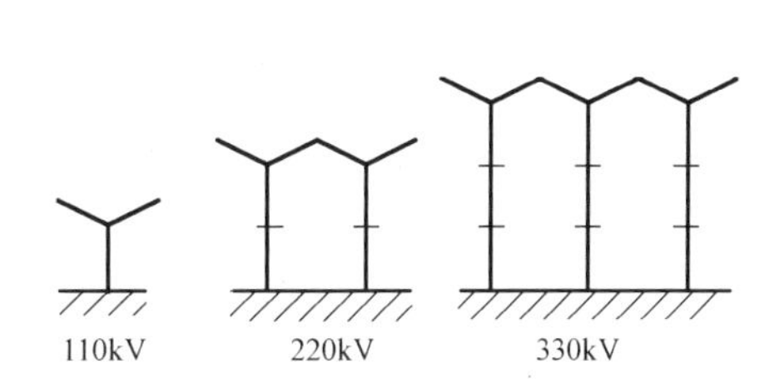

图 8-18　积木式结构示意图

一、纵吹灭弧室

SW6-220 型断路器一臂灭弧室由 6 块灭弧片和 5 块衬环相叠而成，如图 8-19 所示。各灭弧片之间形成油囊，采用逆流原理（即开断时，动触头往下运行，电弧产生的气泡往上运动，动触头端部的弧根总是与下面冷态的新鲜油接触），动触头向下运动产生电弧后，电弧直接接触油囊内的油，油被分解成高压力的气泡，并通过灭弧片中间的圆孔不断对电弧向上纵吹，使电弧冷却并熄灭。

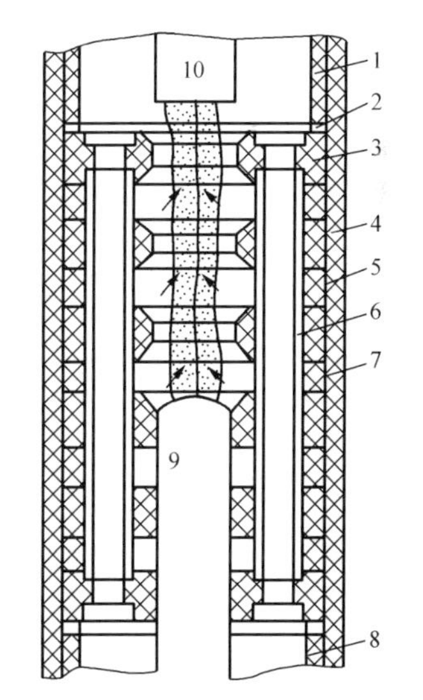

图 8-19　SW6-220 型断路器的灭弧室结构示意图

1—上衬筒；2—调节垫；3、4—灭弧片；5—衬环；6—绝缘管；7—绝缘筒；8—下衬筒；9—动触头；10—静触头

油断路器在开断电流时，是借助于电弧能量使灭弧介质（油）汽化，产生气压来进行灭弧的，这称为自能式灭弧断路器。这种断路器在开断小电流时，往往由于电弧能量较小，产生的气压不足而造成熄弧困难，在开断电容电流时，还可能出现过电压。220kV 以上的少油断路器，常采用压油活塞装置来提高开断电容电流的能力，且可做到不致重燃。图8-20 为 SW6-220 型断路器采用的压油活塞装置的结构示意图。

新的而冷态的变压器油，其耐压是比较高的，如电流过零后，断口间充满新鲜油，则断口间的距离只要几毫米就能保证足够的介质强度，不致出现重燃。但实际上，由于油的惯性，在触头分断过程中动触头 6 向下运动后让出的空间不可能立刻充油，因而出现了短时的“真空”现象，介质强度大大降低。

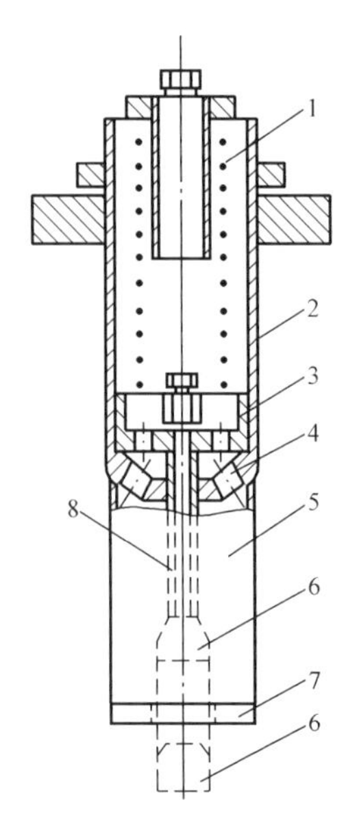

图 8-20　压油活塞装置的结构示意图

1—弹簧；2—油缸；3—活塞；4—油孔；5—静触头座；6—动触头座；7—保护环；8—活塞管

静触头 5 上装有压油活塞 3 后，当触头分断时，弹簧力推动活塞向下运动，将活塞下面的油压入弧隙中，可以消除“真空”现象，从而提高介质强度。此类断路器导电部分装有铜钨合金触头、触指、保护环，以提高开断能力，延长使用周期。

二、横吹灭弧室

图 8-21 所示为 SN10-10/3000-750 型断路器灭弧室的结构示意图，共有 5 块灭弧片重叠组成。第一块的中心孔旁开有一个斜吹口，起预排油和斜吹弧的作用；其下有三块灭弧片组成三个横吹口，最下部的一块构成纵吹室。断路器在关合位置时，横吹口被导电杆堵住。当开断时，导电杆向下运动（见图 8-22）。触头分离后产生电弧，在横吹口未打开之前，电弧在封闭空间内燃烧，因此，气泡压力迅速增加，并开始向斜吹口喷射。一旦横吹口依次被打开，就开始横吹电弧。此外，由于导电杆向下运动，灭弧室下部新鲜油被挤上形成油流，集中向第一横吹口喷射，起到压油吹弧的作用。在斜吹、横吹和压油吹弧作用下，电弧被强烈冷却而熄灭。

在切断小电流时，由于压力很低，吹弧作用较弱，所以，电弧被拉入灭弧室下面纵吹部分，依靠纵吹作用和压油作用吹弧而后熄灭。必须指出，压油吹弧作用对熄灭小电流电弧起很重要作用。由于熄灭大电流电弧依靠横吹，熄灭小电流电弧依靠纵吹，所以，这种灭弧室又称为纵横吹灭弧室。

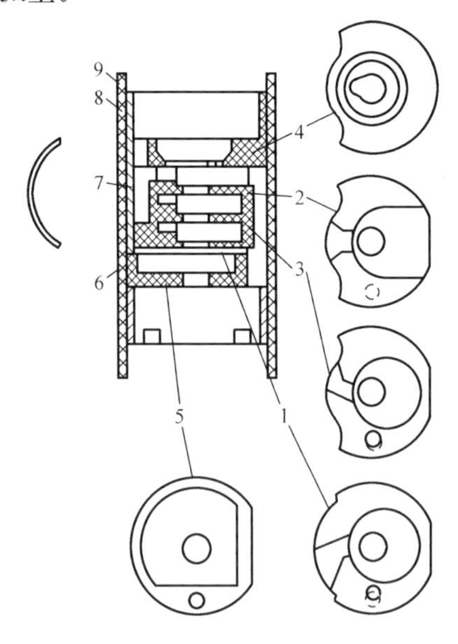

图 8-21　SN10-10/3000-750 型断路器灭弧室的结构示意图

1～5—灭弧片；6—垫圈；7—隔弧板；8—压环；9—绝缘筒

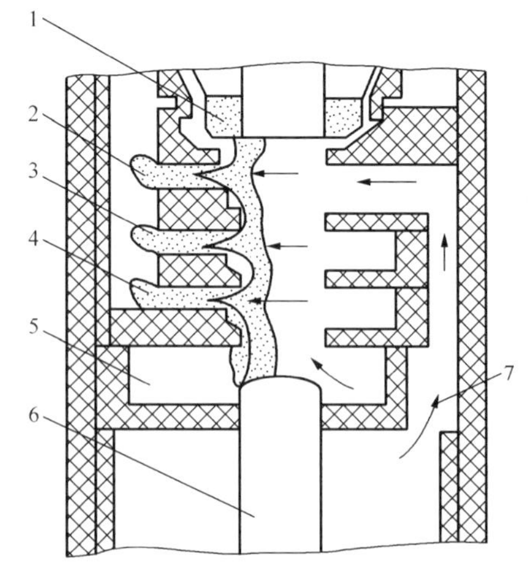

图 8-22　灭弧过程示意图

1—静触头；2—第一横吹口；3—第二横吹口；4—第三横吹口；5—纵吹室；6—导电杆；7—油流

第六节 断路器的操动机构

一、概述

高压断路器都是带触头的电器，通过触头的分、合动作达到开断与关合电路的目的，因此必须依靠一定的机械操动系统才能完成。在断路器本体以外的机械操动装置称为操动机构，而操动机构与断路器动触头之间连接的部分称为传动机构和提升机构。上述关系可用图8-23表示。

断路器操动机构接到分闸（或合闸）命令后，将能源（人力或电力）转变为电磁能（或弹簧位能、重力位能、气体压缩能、液体压缩能等），传动机构将能量传给提升机构。

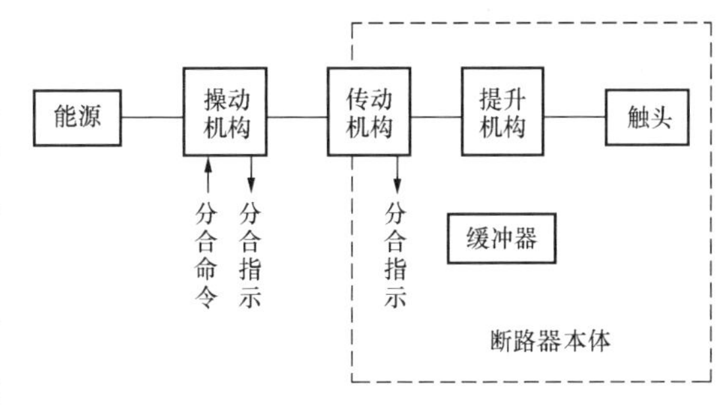

图8-23 断路器操动机构的组成

传动机构将相隔一定距离的操动机构与提升机构连在一起，并可改变两者的运动方向。提升机构是断路器的一个部分，是带动断路器动触头运动的机构，它能使动触头按照一定的轨迹运动，通常为直线运动或近似直线运动。操动机构一般做成独立产品。一种型号的操动机构可以操动几种型号的断路器，而另一种型号的断路器也可配装不同型号的操动机构。根据能量形式的不同，操动机构可分为手动操动机构（CS）、电磁操动机构（CD）、弹簧操动机构（CT）、电动机操动机构（CJ）、气动操动机构（CQ）和液压操动机构（CY）等。

断路器操作时的速度很高。为了减少撞击，避免零部件的损坏，需要装置分、合闸缓冲器，缓冲器大多装在提升机构的近旁。在操动机构及断路器上应具有反映分、合闸位置的机械指示器。

二、操动机构的性能要求

断路器的全部使命，归根结底是体现在触头的分、合动作上，而分、合动作又是通过操动机构来实现的。因此，操动机构的工作性能和质量的优劣，对高压断路器的工作性能和可靠性起着极为重要的作用，对操动机构的主要要求如下：

（1）合闸。不仅能关合正常工作电流，而且在关合故障回路时，能克服短路电动力的阻碍，关合到底。在操作能源（电压、气压或液压）在一定范围内（80％～110％）变化时，仍能正确、可靠的工作。

（2）保持合闸。由于合闸过程中，合闸命令的持续时间很短，而且操动机构的操作力也只在短时内提供，因此操动机构中必须有保持合闸的部分，以保证在合闸命令和操作力消失后，断路器仍能保持在合闸位置。

（3）分闸。操动机构不仅要求能够电动（自动或遥控）分闸，在某些特殊情况下，应该可能在操动机构上进行手动分闸，而且要求断路器的分断速度与操作人员的动作快慢和下达命令的时间长短无关。操动机构应有分闸省力机构。

（4）自由脱扣。在断路器合闸过程中，如操动机构又接到分闸命令，则操动机构不应继续执行合闸命令而应立即分闸。

(5) 防跳跃。断路器关合短路而又自动分闸（关合在故障线路上）后，即使合闸命令尚未解除也不会再次合闸。

(6) 复位。断路器分闸后，操动机构中的每个部件应能自动地恢复到准备合闸的位置。

(7) 连锁。为了保证操动机构的动作可靠，要求操动机构具有一定的联锁装置。常用的联锁装置有：①分合闸位置联锁装置。保证断路器在合闸位置时，操动机构不能进行合闸操作；在分闸位置时，不能进行分闸操作。②低气（液）压与高气（液）压联锁装置。当气体或液体压力低于或高于额定值时，操动机构不能进行分、合闸操作。③弹簧操动机构中的位置连锁装置。弹簧储能达不到规定要求时，操动机构不能进行分、合闸操作。

三、操动机构的种类及其特点

1. 手动操动机构（CS）

靠手力直接合闸的操动机构称为手动操动机构。它主要用来操动电压等级较低、额定开断电流很小的断路器。除工矿企业用户外，电力部门中手动操动机构已很少采用。手动操动机构的优点是结构简单，不要求配备复杂的辅助设备及操作电源；缺点是不能自动重合闸，只能就地操作，不够安全。因此，手动操动机构应逐渐被手力储能的弹簧操动机构所代替。

2. 电磁操动机构（CD）

靠电磁力合闸的操动机构称为电磁操动机构。电磁操动机构的优点是结构简单、工作可靠、制造成本较低，缺点是合闸线圈消耗的功率太大，因而用户需配备价格昂贵的蓄电池组。电磁操动机构的结构笨重、合闸时间长（0.2～0.8s），因此在超高压断路器中很少采用，主要用来操作 110kV 及以下的断路器。

3. 电动机操动机构（CJ）

利用电动机经减速装置带动断路器合闸的操动机构称为电动机操动机构。电动机所需的功率决定于操作功的大小以及合闸作功的时间，由于电动机作功的时间很短（即断路器的固有合闸时间，约在零点几秒左右)，因此要求电动机有较大的功率。电动机操动机构的结构比电磁操动机构复杂，造价也贵，但可用于交流操作。用于断路器的电动机操动机构在我国已很少生产，有些电动机操动机构则用来操动额定电压较高的隔离开关，对合闸时间没有严格要求。

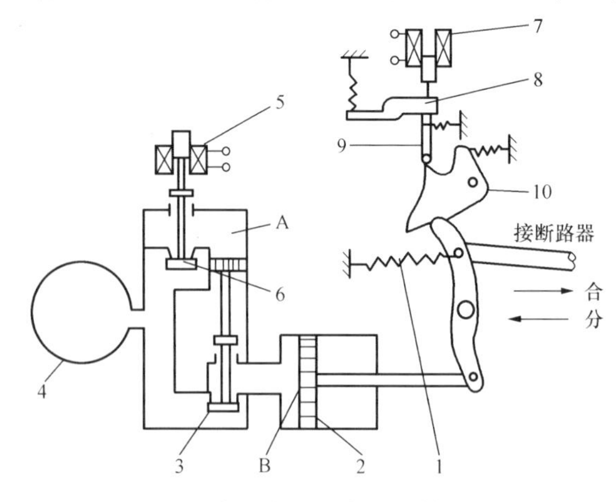

图 8-24 气动操动机构的动作原理图

1—合闸弹簧；2—工作活塞；3—主阀；4—储气筒；5—分闸电磁铁；6—分闸启动阀；7—合闸电磁铁；8、9、10—合闸脱扣（分闸保持）机构

4. 弹簧操动机构（CT）

利用已储能的弹簧为动力使断路器动作的操动机构称为弹簧操动机构。弹簧储能通常由电动机通过减速装置来完成。对于某些操作功不大的弹簧操动机构，为了简化结构、降低成本，也可用手力来储能。

5. 气动操动机构

图 8-24 示出配用压气式 SF_6 断路器的一种气动操动机构的动作原理图。由于这

种断路器的分闸功比合闸功大，所以分闸时由压缩空气工作活塞 2 驱动，并使合闸弹簧 1 储能。合闸时由合闸弹簧驱动。机构的操作程序如下：

(1) 分闸。如图 8-24 所示，分闸电磁铁 5 通电，分闸启动阀 6 动作，压缩空气向 A 室充气，使主阀 3 动作，打开储气筒 4 通向工作活塞 2 的通道，B 室充气，活塞向右运动，一方面压缩合闸弹簧 1 使其储能，另一方面驱动断路器传动机构使之分闸。分闸完毕后，分闸电磁铁断电，分闸启动阀复位，A 室通向大气，主阀 3 复位，B 室通向大气。工作活塞被保持机构保持在分闸位置。

(2) 合闸。合闸电磁铁 7 通电，使合闸脱扣机构 10 动作，在合闸弹簧力的驱动下，断路器合闸。

气动操动机构的压缩空气压力为 0.6～1.0MPa。气动操动机构的主要优点是构造简单、工作可靠、出力大，操作时没有剧烈的冲击；缺点是需要有压缩空气的供给设备。

6. *液压操动机构*

液压操动机构是利用液压传动系统的工作原理，将工作缸以前的部件制成操动机构，与断路器本体配合使用。工作缸可以装在断路器的底部，通过绝缘拉杆及四连杆机构与断路器触头系统相连。图 8-25 为液压操动机构的简图，其动作程序如下：

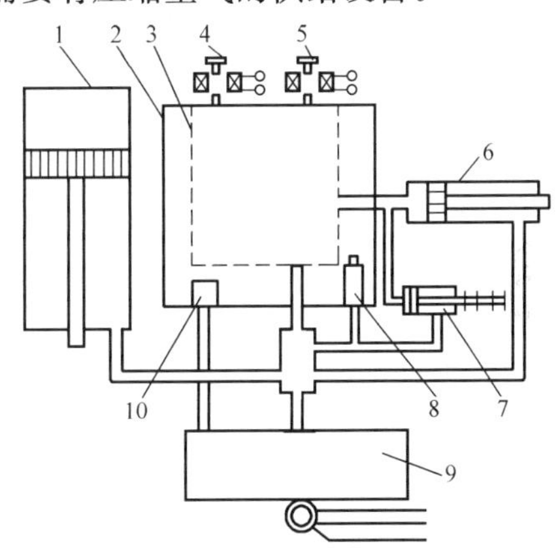

图 8-25　液压操动机构的简图

1—储压筒；2—低压油箱；3—两级控制阀系统；4—合闸电磁铁；5—分闸电磁铁；6—工作缸；7—信号缸及辅助触头；8—安全阀；9—油泵；10—过滤器

(1) 升压。运行时，先开起油泵 9，低压油箱 2 的低压油经过过滤器 10，再经油泵 9 变成高压油后输到储压筒 1 内，使储压筒内活塞上升，压缩上腔氮气储能。

(2) 合闸。合闸电磁铁 4 通电，使高压油通过两级控制阀系统 3 流到工作缸 6 内活塞的左边，活塞向右运动，断路器合闸。

(3) 分闸。分闸电磁铁 5 通电，两级控制阀系统 3 切断通向工作缸 6 内活塞左边的高压油道，并使该腔通向低压油箱 2，工作活塞向左动作，断路器分闸。

(4) 信号指示。信号缸 7 的动作是与工作缸 6 一致的，通过信号缸内活塞的位置，接通或开断辅助触头，显出分、幌位置的指示信号。

(5) 为了保证液压系统内的压力不超过安全运行的范围，在图 8-25 中采用安全阀 8。

我国液压操动机构的工作压力有 20、33MPa 等多种。因为液压油的性能受温度的影响很大，在操动机构箱壳内有的装有电热器，以保证液压油的工作温度不低于规定的数值。

第七节　500kV 全封闭配电装置

一、概述

配电装置是发电厂的重要组成部分，通过它以实现发电厂与主系统的连接，完成电力的输送、接受和分配。500kV 等级 3/2 断路器配电装置发展方向为全封闭式，采用 SF_6 气体作为全封闭式组合电器（GIS）的绝缘介质。

配电装置根据发电厂主接线的要求，由母线、隔离开关、断路器、接地开关、电流互感器、电压互感器、进出线套管、避雷器和必要的辅助设备等组成。

配电装置的作用：

（1）在正常情况下用来安全地接受、分断和分配电能。

（2）故障时，迅速切断故障部分，最大限度地缩小故障范围并确保系统非故障部分正常运行，以提高电力系统运行地可靠性。

（3）在设备检修时，隔离带电部分，确保检修人员和运行设备安全。

二、GIS 的设备布置

1. GIS 的断路器的布置

GIS 断路器采用分相式，每台断路器由 3 台单相断路器组成。采用分相液压操动机构。

500kV 系统采用 3/2 断路器接线方式，每 1 台断路器由 3 台单相断路器组成，电气主接线为 3 串，整个设备平面布置分 3 个间隔，每个间隔布置 3 台三相断路器，同串、同相的 3 台断路器则靠近布置。上述布置方案的优点是结构紧凑、可靠、避免充有 SF_6 气体的管道环绕，利于运行巡视和操作。

单相断路器各拥有自己的分相液压保护机构，通过电气控制回路及各单相断路器动作特性的调整，加上断路器三相保护不一致的设置，确保每一串的任意三相断路器所对应的 3 只断路器都能同步动作。

2. GIS 的结构

GIS 由多个成套组合件组合而成。制造厂已将隔离开关、接地开关、电流互感器、断路器等组装成运输单元。各组件的导电元件用圆锥形隔板绝缘子固定在铝外壳内。各组合件的导体部分连接采用具有梅花触指的插入式结构，外壳间有法兰，用螺钉连接。

3. 隔仓与密度开关

GIS 的各隔仓之间的密封性由实心式的隔板绝缘子的分隔来保证，隔仓的设置对 GIS 运行的可靠性和检修、消缺均带来了一定的方便。

气体密度开关用于检查 GIS 各隔仓内气体密度。高度可靠的密度检测对保持 GIS 中的高度绝缘能力是必需的。

4. 防爆膜

为避免外壳不致因 GIS 内部故障使气压升高造成爆炸，在 GIS 各气室设置了由石墨制成的防爆膜。断路器防爆膜工作压力为 1.3(1±10%)MPa，其他防爆膜压力为 0.7(1±10%)MPa 时，防爆膜动作。

三、由 GIS 构成的室内配电装置的特点

1. 节省占地面积及空间

GIS 是以 SF_6 气体为绝缘和灭弧介质、以优质环氧树脂绝缘子作支撑的一种新型成套配电装置，节省了大量的占地面积和空间。

2. 运行可靠性高

GIS 由于带电部分封闭在金属外壳中，因此不受污秽、潮湿和各种恶劣气候的影响，也不会钻入小动物引起短路或接地事故。

3. 维护工作量小，检修间隔时间长

由于是全封闭断路器，且采用 SF_6 作为灭弧介质，对触头损坏很小。SF_6 全封闭断路器的日常维护量小，仅需定期（1～5 年）进行操动机构检查、故障诊断、SF_6 气体微水量测定，操作回路、油回路及油压小开关的检查。

4. GIS 的铝合金外壳

铝合金外壳的特点是：质量轻；铝合金是非磁性材料，可减少涡流发热；铝合金表面形成一层氧化膜抗腐蚀能力强。

5. 抗震性能好

GIS 装置 SF_6 全封闭电器，很少有瓷套管之类的脆性元件，设备的高度和重心较敞开式电器要低得多，且本身的金属结构具有足够的抗受外力强度，抗震性能好。

6. 抗干扰性能好

由于金属外壳接地的屏蔽作用，能消除无线电干扰、静电感应，同时没有触及带电体的危险，有利于高压配电装置设备和人身安全。

第八节 封 闭 母 线

一、概述

随着电力工业的发展，发电机的单机容量在不断地增大，由最初的几百千瓦到目前的百万千瓦以上，相应地，发电机额定电流由几百安增大到几万安，例如单机容量为 1300MW 时，额定电压为 27kV，$\cos\varphi$ 为 0.9，发电机额定电流为 36 000A。

当单机容量在 12MW 以下时，发电机额定电压为 6.3kV，$\cos\varphi$ 为 0.8，发电机额定电流在 1500A 以下，发电机母线只用一条矩形铝母线即可；当单机容量为 25～50MW 时，发电机额定电压为 10.5kV，$\cos\varphi$ 为 0.8，发电机额定电流由 1720A 增到 3440A，要选用 2～4 条矩形铝母线作为发电机母线；当单机容量为 100MW 时，发电机额定电压为 10.5kV，$\cos\varphi$ 为 0.85，发电机额定电流为 6470A，再选用矩形母线在技术上和结构上便很难满足母线发热和电动力要求，因而要选用槽形铝母线或菱形母线；当单机容量为 200MW 时，发电机额定电压为 15.75kV，$\cos\varphi$ 为 0.85，额定电流为 8625A，即使是槽形母线或菱形母线，也难以满足母线周围钢构件发热以及故障时母线间的巨大短路电动力的要求，因而要选用圆管形母线或封闭母线。

当单机容量为 200MW 以上时，由于发电机额定电流、短路电流以及单机容量在系统中所占的比重都增大，因此对大容量发电机不仅有母线本身的电动力问题、发热问题，还有母线支持、悬吊钢构架以及母线附近混凝土柱、楼板、基础内的钢筋在交变强磁场中感应涡流引起的发热问题。一旦母线短路，不仅一般敞露母线和绝缘子的机械强度很难满足要求，而且发电机本身也遭受损伤，并由此影响系统安全供电以及系统的稳定运行。

为解决上述问题，采用能承受巨大短路电动力的特殊绝缘子；选用槽形、方管、圆管等形状的母线来改善母线材料的有效利用，提高母线机械强度；采用人工冷却方法（如风冷或水冷）解决母线散热问题；在母线附近避免使用钢构件或在钢构件上装设短路环，在混凝土内的钢筋采取屏蔽隔磁以及在楼板上铺设铝板等措施降低感应发热。就是采取了上述措施后，对 200MW 及以上机组，仍不能彻底解决这些问题。国内外实践证明，采用金属外壳的分相封闭母线，是解决上述问题的有效办法。

二、封闭母线的分类

用外壳加以封闭保护的带电母线，称为封闭母线。按外壳结构、所用材料以及冷却方式的不同，封闭母线可进行如下分类。

1. 共箱封闭母线和离相封闭母线

三相共用一个金属外壳，相间没有金属板隔开，或相间有金属隔板的封闭母线称为共箱封闭母线，其示意图如图 8-26(a)、(b)所示。每相都有一个金属外壳的称为离相封闭母线，其示意图见图 8-26(c)。

离相封闭母线又可分为以下四种：

(1) 不全连离相封闭母线。每相外壳相邻段在电气上相互绝缘，以防止轴向电流流过外壳连接处，每段外壳中只有外壳涡流。为了避免短路时在外壳上感应出对人身有危害的电压，把外壳每 3～4m 分成一段，每段一点接地，如图 8-27 所示。

(2) 全连离相封闭母线。除每相外壳各段在电气上相连接外，又在各相外壳两端通过短路板相互连接并接地，如图 8-28 所示。全连离相封闭母线的外壳中，除母线电流在外壳上感应出的大小与母线电流几乎相等、方向相反的轴向环流外，还产生了邻相剩余磁场在外壳上感应出的涡流。由于外壳不是超导体，壳外尚有剩余磁场，不过其强度只有敞露母线的百分之几。该剩余磁场在周围钢构件上感应出的涡流和功率损耗很小，可以忽略不计。

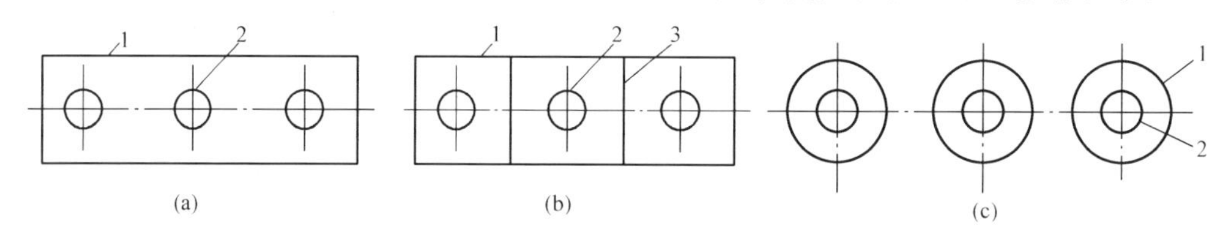

图 8-26 封闭母线示意图

(a) 共箱封闭母线；(b) 有隔板共箱封闭母线；(c) 离相封闭母线

1—外壳；2—母线；3—金属隔板

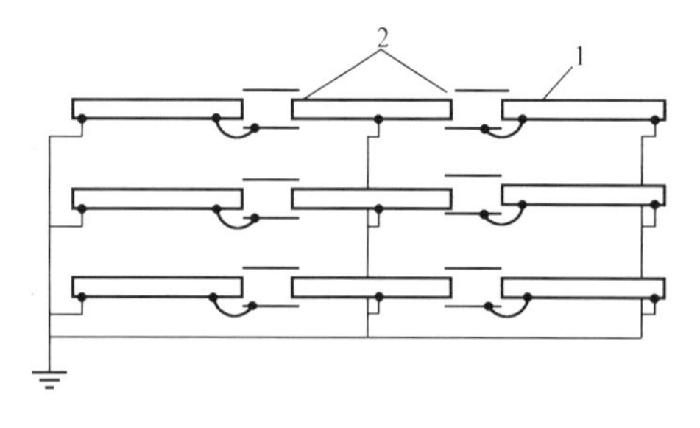

图 8-27 不全连离相封闭母线示意图

1—外壳；2—绝缘

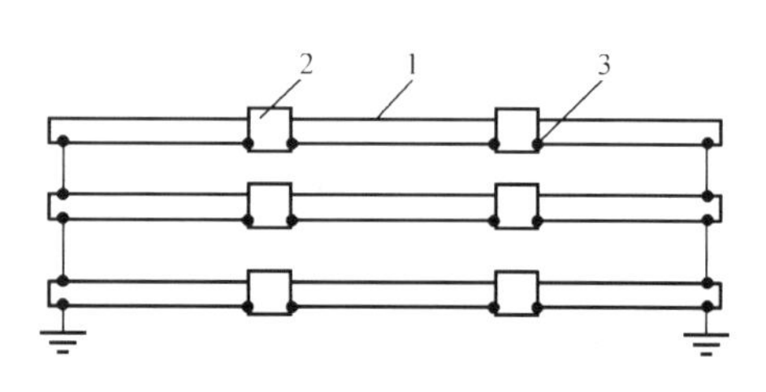

图 8-28 全连离相封闭母线示意图

1—外壳；2—短路板；3—焊接处

(3) 经电抗器接地的全连离相封闭母线。这种封闭母线的外壳是全连外壳，外壳的一端经三相短路板接地，另一端各相均经电抗器接地，如图 8-29 所示。

电抗器的作用是增加外壳回路阻抗，以减少外壳内的感应电流，使外壳损耗降低。在正常情况下，外壳不能完全屏蔽母线的磁场，将会引起邻近钢构件的发热，这点与不全连离相封闭母线相似；但在短路情况下，电抗器铁芯饱和不起作用，相当于短路，这时与全连离相封闭母线一样。

(4) 分段全连离相封闭母线。由于母线回路装设抽插式隔离开关或断路器等的原因，使母线外壳不能从头至尾全连，而在抽插式隔离开关或断路器的两端装设三相短路板，将母线分成两个全连离相封闭母线和抽插式隔离开关或断路器的不全连离相封闭母线的混合式称为分段全连离相封闭母线，如图 8-30 所示。

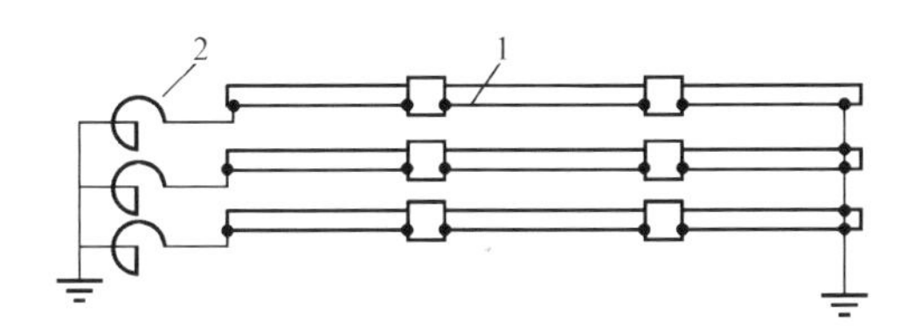

图 8-29　经电抗器接地的全连离相封闭母线示意图
1—外壳；2—电抗器

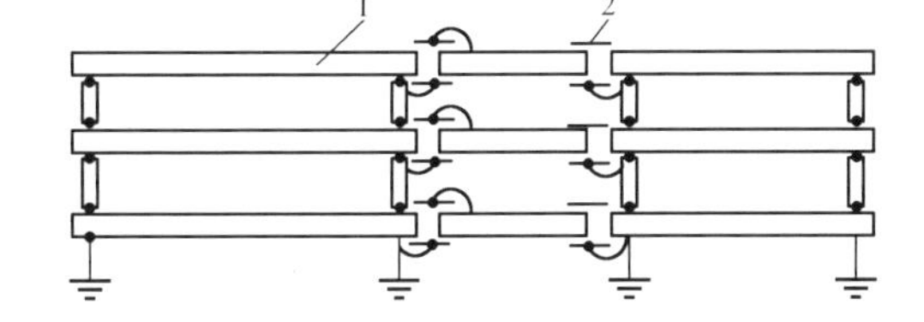

图 8-30　分段全连离相封闭母线示意图
1—外壳；2—绝缘

2. 塑料外壳和金属外壳封闭母线

按封闭母线外壳所用材料的不同，封闭母线分为塑料外壳和金属外壳。塑料外壳对电磁场不起屏蔽作用，故从电磁性能上来说，相当于普通的敞露母线，既不能减少母线短路时产生的电动力，也不能减少母线附近钢构件感应发热问题，只能防止人身触及带电母线及防止金属物落到母线上产生的相间短路，故塑料外壳不适于大容量机组。大容量机组的封闭母线均采用金属铝外壳。

3. 自然冷却和人工冷却封闭母线

按冷却方式的不同封闭母线可分为自然冷却封闭母线和人工冷却封闭母线两种方式。自然冷却封闭母线可分为普通自然冷却封闭母线和微正压充气自然冷却封闭母线两种。人工冷却封闭母线又可分为通风冷却封闭母线和通水冷却封闭母线两种。

(1) 自然冷却封闭母线。母线及外壳的发热完全靠辐射及对流发散至周围环境。这种冷却方式简单、工作可靠、运行维护容易，但金属消耗量大。

(2) 微正压充气封闭母线。微正压充气封闭母线与自然冷却封闭母线的冷却方式相同，不同的是微正压充气封闭母线还在母线外壳内充以微正压气体以提高其绝缘强度。

(3) 通风冷却封闭母线。用母线或封闭母线外壳作风道，以强迫通风的办法将母线及外壳热量带走散出。

(4) 通水冷却封闭母线。在母线内通水将母线热量带走，这种冷却方式结构复杂，附属设备多，造价高。

三、封闭母线的结构

(一) 大电流封闭母线的结构

1. 大电流母线的材料

大电流母线一般用纯度为 99.5%以上的电解铜或电解铝制成。在 20℃时，铜的电阻率为 0.017 24Ω·mm²/m，铝的电阻率为 0.029 5Ω·mm²/m，铝的电阻率大约为铜的 1.7 倍。所以在相同长度和电阻情况下，铝母线比铜母线有较大的尺寸，因而具有较大的断面系数和较低的集肤效应系数。

在相同载流条件下，铝母线的截面积为铜母线的1.65倍，因而抗弯截面模量也较大，但硬铝的允许应力（70N/mm²）约为铜的(140N/mm²)50%，因此可以认为两种材料的母线具有大致相同的机械强度。

在相同载流量条件下，铝母线比铜母线轻一半。加上铝的价格较铜便宜，所以广泛采用铝母线。一般铝母线用99.5%纯铝（其中含有使电导率下降的杂质钛、铬、钒、锰总量不超过0.3%）制成。

2. 大电流母线截面的形状

大电流母线可以由实心或空心导体做成，在相同截面条件下，空心导体比实心导体的集肤效应系数小、交流电阻小、发热小、表面积大、散热条件好等优点，大电流母线一般采用空心导体做成。

母线截面形状可分为矩形、正方形、菱形、槽形、双槽形、八角形、双半圆形和圆形等。从集肤效应来看，圆形最小，八角形次之，正方形最大。从散热条件来看，由于八角形及双半圆形母线均开条缝隙，故散热条件比圆形及方形都好。从机械强度上看，圆形母线抗弯强度比双半圆形及八角形都大。

当母线通过电流在3000A以下时，通常采用矩形、多条矩形或单槽形母线；电流在3000～8000A情况下，通常采用双槽母线，而很少采用方管母线；在8000A以上时，圆形母线与双槽母线相比，前者集肤效应系数小，功率损耗小，故国内外均采用圆管形、双半圆形或八角形母线。

3. 大电流母线的厚度

一般使用的母线厚度（指空心母线内、外径之差的1/2）：圆管铝母线不大于14mm，圆管铜母线不大于10mm。

4. 大电流母线的连接

(1) 硬性焊接。在制造厂内焊接母线时，可采用开坡口直接对焊。考虑到母线运到现场安装时焊接工作条件变坏，可在母线出厂前将母线导体端部焊接一个套筒，到现场再将另一导体插入套筒内进行套筒搭接焊。在现场实行双抱瓦（即双半圆）搭接焊。根据现场安装经验，认为双抱瓦搭接焊易满足母线安装过程中轴向和辐向尺寸的偏差，故宜采用。

(2) 软连接焊接。由于母线热胀冷缩，为补偿母线的膨胀，在母线的适当地方（每隔6～10m，一般不超过20m）要装设伸缩节。伸缩节一端由制造厂用氩弧焊与母线焊接到一起，另一端到现场焊接。这种伸缩节，目前大部分采用0.5～1mm薄铝片叠制而成。

(3) 螺栓固定的软连接。在母线导体与设备（如发电机、变压器或断路器）连接处，考虑到母线的热胀冷缩，不使发电机或变压器的振动传到母线系统以及不同基础（如发电机与主厂房，或主厂房与变压器）的不均匀下沉引起母线应力，需在母线与设备连接处装设伸缩节。该伸缩节一端与母线经氩弧焊焊到一起，另一端经螺栓与设备连接。

此处伸缩节既可用薄铝片叠制而成，也可采用铜编织线，由于铜编织线弯曲性好，施工安装也方便，故在要求挠性大的地方，多采用铜编织线。

5. 大电流母线的测温装置

为测量大电流母线接头处温度，最简单的办法是将酒精温度计埋在大电流母线接头处，通过观察孔或用望远镜观察酒精温度计的刻度。除此之外还可用红外热电视测温装置及便携式红外线测温仪进行测量。

（二）封闭母线外壳的结构

1. 外壳所用材料

封闭母线外壳可以用塑料、铁或铝制成。考虑到塑料外壳只能起到防止金属物落到母线上而造成相间短路的作用，而对电磁场起不到屏蔽作用，也不能减少母线短路时电动力，因而不被采用。铁外壳虽然能在外壳上感应出环流，起到屏蔽作用，但由于电阻大，发热损耗大，散热困难，故工程中也不采用。实际工程中，均采用铝外壳。

封闭母线的铝外壳均用99.5%的铝板卷制成圆筒形，然后用氩弧焊将缝焊起来。一般来讲，外壳厚度δ=5～10mm，外壳直径D=750～1400mm。每段外壳长度受运输、包装等条件限制，一般在6m以内。

2. 外壳段间的连接

外壳段间的连接可分为导电硬性连接、导电软性连接和不导电软连接三种方式。

（1）外壳段间导电硬性连接。外壳导电硬性连接与母线一样，在制造厂采用对焊，而在现场则用搭接焊。

（2）外壳段间导电软性连接。考虑到外壳的热胀冷缩，不同基础的不均匀下沉，在不同基础交接处以及在封闭母线外壳与抽插式隔离开关外壳连接处，要采用导电的软连接，以保证外壳导电全连，具体方法是采用铝波纹管，即用2～3mm厚的铝板，先焊成圆管，将焊好的2～3层圆管放到碾压机上碾压成波纹管。铝波纹管截面与铝外壳截面相同，既保证通过与外壳相同的电流，又能保证外壳的伸缩，还能保证封闭母线的密封性。

（3）外壳段间不导电软连接。在封闭母线外壳与发电机、变压器等设备外壳连接处，考虑到不使振动传到外壳系统，在与设备连接处采用不导电的软连接。连接方法是采用橡胶波纹管，即用橡胶波纹管将封闭母线外壳及设备外壳通过法兰盘连接起来，以保证密封，但电气上不连接。还可采用活动铝外壳，即用比外壳直径大10～20mm，长度为500mm左右的铝圆筒外壳，将两段外壳密封连接起来。为保证密封良好，在接头处加迷宫式橡胶垫块，并用双抱瓦箍压紧。

3. 外壳相间短路板和支撑条

全连分相封闭母线有如1∶1变压器，为使外壳内轴向环流形成回路，最简单的办法是在外壳首、末两端设相间短路板，使正常运行时相差120°角的三相外壳环流在短路板处电流之和为0，此时在发电机出口、主变压器端、厂用变压器端及厂用分支外壳从主母线外壳T接处，均要装设短路板。

短路板截面的大小要满足正常运行时通过母线额定电流时的发热要求，一般来讲，短路板截面与外壳截面相等。为了很好地固定外壳，并增加其间的刚度，在外壳间还可以加装相同支撑条。

4. 检修孔和观察孔

装于封闭母线外壳内的绝缘子、穿墙瓷套管、电流互感器以及伸缩节等设备，不仅需要定期清扫，而且还需进行检修更换，故在封闭母线外壳上适当的地方应装设检修孔。

对于用一个绝缘子支持方式，可在绝缘子旁开一个320mm×380mm的长方形检修孔。

在A排墙内侧开320mm×380mm的长方形检修孔，以便清扫A排穿墙瓷套管时用。为了观察电流互感器及母线伸缩节接头螺栓运行情况，在电流互感器及母线伸缩节处装设ϕ100mm圆形或椭圆形观察孔，并装上有机玻璃，用密封垫圈把有机玻璃与外壳密封好，防止漏气。

5. 接地装置

发电机中性点柜外壳、封闭母线出线柜外壳及封闭母线短路板均应接地。一般采用截面积不小于240mm^2铜绞线与接地网连接。

6. 短路试验装置

由于大容量发电机大电流母线出线全被封闭母线所包围，发电机做短路试验时，很难找到装设三相短路板的合适地方，为此在发电机出口大电流母线A、B、C三相外壳上，装有短路试验用T接段。

此外，还包括外壳的支座、防潮和防结露结构等。

（三）绝缘子及母线支持方式

1. 绝缘子结构

大电流母线所使用的绝缘子和普通母线所使用的绝缘子基本上是相同的，只是由于大电流母线的电动力比较大，因而使用的都是机械强度比较高的绝缘子。

(1) 屋内支柱式绝缘子。支持屋内母线用的屋内支柱式绝缘子一般多为瓷质绝缘子。

(2) 屋外支柱式绝缘子。屋外支柱式绝缘子用于屋外敞露母线，由于运行环境比较恶劣，受大气污染、雨水和气温突变等的影响，因此屋外支持式绝缘子都是具有大伞裙和大泄漏距离的绝缘子。为提高母线运行可靠性，一般选用比母线额定电压高一级或二级的绝缘子。

(3) 封闭母线用支持绝缘子。分相封闭母线的特点是内部比较清洁，空气温度比较高（约80℃），由于外壳不是绝对密封的，运行停机后温度下降，冷却到一定程度时可能结露，因此用于封闭母线的支持绝缘子都是多裙边的具有一定泄漏距离的内浇装绝缘子。封闭母线绝缘子的结构决定于母线支持方式。目前，有单支持用绝缘子和三支持用绝缘子等。

2. 母线支持方式

(1) 敞露母线支持方式。敞露母线支持方式可分为支持式和悬挂式两种：支持式将母线导体用母线固定金具固定于支持绝缘子顶部，并通过绝缘子固定在支持结构上。悬挂式用悬挂式绝缘子和金具将三相母线相互绞接固定起来的，母线与母线间及母线与支持结构之间均用悬式绝缘子绝缘并拉紧，使母线固定于所要求的位置上。

(2) 封闭母线支持方式。即母线在封闭母线外壳内的支持方式，可分为一个绝缘子、两个绝缘子、三个绝缘子和四个绝缘子等四种支持方式。三个绝缘子支持方式有三种形式：①三个绝缘子相互间成120°，而其中一个与地面垂直起支承母线重量作用；②三个绝缘子也是相互间成120°，但与地面垂直的绝缘子不承受母线重量，母线重量由另外两个绝缘子平均承受；③两个绝缘子安装在三相母线平面上而与地面平行，不承受母线重量，但母线故障时承受短路电动力，另外一个绝缘子与地面垂直，只承受母线重量。

四、QLFM型全连式自冷离相封闭母线

发电机至主变压器回路及其厂用分支回路，可采用QLFM型全连式自冷离相封闭母线。

QLFM 型全连式自冷离相封闭母线是一种新型的高压电器产品，其用途是将大量集中的电力从一点输送到另一点。如从发电机出口到主变压器，从变压器到配电装置以及用在开关站中。

QLFM 型全连式自冷离相封闭母线的特点是将各相母线导体分别用绝缘子支撑并封闭于各自的外壳之中，外壳本身在电气上连通，并在首末端用短路板将三项外壳短接，构成三相外壳回路。当母线导体流过电流时，外壳上将感应环流及涡流，对母线电流磁场产生屏蔽作用，使壳外磁场大大减小。

全连式自冷离相封闭母线与以往应用的敞露式母线相比，由于带电的母线导体被封闭在接地的金属外壳内，杜绝了相间短路，因而提高了母线运行的安全可靠性。此外由于外壳环流及涡流的屏蔽作用，大大减小了短路时的电动力及附近钢构件的电能损耗。封闭母线及其配套设备由制造厂成套供货，现场安装方便。载流母线封闭于外壳内部，基本不受灰尘及潮气等影响，维护工作量小。

微正压充气封闭母线在母线外壳内充以微正压气体以提高其绝缘强度，所充气体是经过干燥处理的压缩空气，压力自动维持在 300～2500Pa（30.6～255mmH_2O）之间。

微正压充气封闭母线能防止壳外灰尘、潮气进入外壳内部脏污导体及绝缘子，避免外壳内部产生凝露现象，从而确保母线的绝缘水平不至降低。如果充气设备发生故障，亦可临时退出检修，而不会影响封闭母线的正常运行。

QLFM 型全连式自冷离相封闭母线的主要技术参数见表 8-3。

表 8-3　　QLFM 型全连式自冷离相封闭母线的主要技术参数

基本技术参数		主回路	厂用变压器及 TV 避雷器分支回路	△回路	中性点至接地变压器柜回路
额定电压（kV）		27	27	27	27
最高电压（kV）		31.5	31.5	31.5	31.5
额定电流（A）		26 500	4000	15 500	1000
相数		3	3	3	1
额定频率（Hz）		50	50	50	50
额定雷电冲击耐受电压（峰值，kV）		185	185	185	185
额定短时工频耐受电压（有效值，kV）		80	80	80	80
动稳定电流（峰值，kA）		≥650	≥800	≥650	
4s 热稳定电流（有效值，kA）		≥250	≥315	≥250	
泄漏比距（大于或等于，mm/kV）		25	25	25	25
设计用周围环境温度（℃）		40	40	40	40
母线导体正常运行时的最高温度（℃）		90	90	90	90
相间距离（mm）		2000	1000～1400	1800～2000	
冷却方式		自冷	自冷	自冷	自冷
封闭母线尺寸（直径×厚度，mm×mm）	外壳	1580×10	780×5	1230×8	500×500
	导体	950×17	150×12	600×15	8×80
母线材质	外壳	铝	铝	铝	铝
	导体	铝	铝	铝	铜

封闭母线主要由母线导体、外壳、绝缘子、金具、密封隔断装置、伸缩补偿装置、短路板、穿墙板、外壳支持件、各种设备柜及与发电机、变压器等设备的连接结构等构成。由于母线比较长，一般在制造厂制成若干分段，到现场后将各段母线焊接或用螺栓连接而成。三相母线导体分别密封于各自的铝制外壳内，导体主要采用同一断面三个绝缘子支撑方式，绝缘子顶部开有凹孔或装有附件，内装橡胶弹性块及蘑菇形金具或带有调节螺纹的金具。金具顶端与母线导体接触，导体可在金具上滑动。绝缘子固定于支承板上，支承板用螺板紧固在焊接于外壳外部的绝缘子底座上。

外壳的支持多采用铰销式底座，在支持点处先用槽钢（铝）抱箍将外壳抱紧，抱箍通过铰销与底座连接，底座用螺栓固定于支承横梁上，支承横梁支持或吊装于工地预制的钢构上。各母线分段导体及外壳间的连接采用对接或双半圆抱瓦搭接焊接的方式完成。

封闭母线在一定长度范围内，设置有焊接的不可拆卸的伸缩补偿装置，用以补偿沿母线轴向或径向产生的位移。母线导体采用多层薄铝片制成的伸缩节与两侧母线搭焊连接，外壳采用多层铝制波纹管与两侧外壳焊接连接。

封闭母线与设备连接处或需要拆卸断开的部位设置可拆卸的螺栓连接补偿装置，母线导体与设备端子连接的导电接触面皆镀银处理，其间用铜编织伸缩节或薄铜片伸缩节连接，外壳则采用橡胶伸缩套连接，同时起到密封作用。外壳间需要全连导电时，伸缩套两端外壳间加装可伸缩的导电外壳伸缩节，构成外壳回路。

母线靠近发电机端及穿越 A 列墙处采用大口径瓷套管（或密封套）作为密封隔断装置，套管以螺栓固定，并用橡胶圈密封。外壳穿墙处设置穿墙隔板。与汽轮发电机配套的封闭母线设有发电机出线端子保护箱，600MW 及以上机组根据需要可在保护箱上装设冷却风机，用以对局部进行强迫冷却或排出发电机可能泄漏的氢气。对于氢冷发电机，保护箱的适当位置还装设有测氢用的氢敏探头，将氢气浓度转换为电信号，用电缆传送到主控制室或就地安装的漏氢检测仪。

封闭母线外壳的适当部位还装有输水阀和干燥通风接口。输水阀用来排除外壳内由于空气结露而产生的积水，干燥通风接口用来对外壳进行通风干燥。

封闭母线外壳可采用多点或一点接地方式。采用多点接地时，支吊底座与钢横梁处不作绝缘处理，封闭母线与发电机、主变压器、厂用变压器、电压互感器柜等连接处母线外壳端部设外壳短路板，并进行可靠接地。采用一点接地时，每一支吊点底座与钢横梁间必须绝缘，封闭母线与发电机、主变压器、厂用变压器、电压互感器柜等连接处的短路板也只允许且必须使其中的一块短路板可靠接地。

封闭母线配套用的电压互感器、避雷器、中性点消弧线圈或变压器等设备分别装设于设备柜内。电压互感器柜采用抽屉式结构，电流互感器则视情况吊装于发电机出线套管上，或套装于母线导体和外壳间，隔离开关和断路器则采用封闭式，其外壳要求能承受环流或短路电流流过而不受损坏。

为了进一步提高封闭母线的绝缘水平，封闭母线还可采用微正压充气运行方式或配置空气处理装置，即将空气经干燥处理或加热后充入母线外壳内（此部分设备为选用设备）。为此需另外配置干燥或加热装置。包括主设备及管道、接头等安装附件，供现场安装使用。

五、运行及维护

1. 封闭母线的运行

封闭母线投入运行后，运行人员可按下列要求进行一般的巡视和检测。

（1）按GB/T 8349—2000《金属封闭母线》规定，对运行中的封闭母线进行温度检测。其导体和外壳最热点的温度和温升不应超过允许值。

根据用户需求一般母线导体的接头处或其他容易过热部位装设温度计，运行人员只要定期巡视，即可从外壳窥视孔中视察和记录到导体和接头的温度。当外壳某部位的温度（间接反应其导体温度）超过上述标准时，运行人员应迅速查明原因，及时采取措施，以确保安全运行。

（2）对定子氢冷发电机组，为防止氢气从出线套管漏入端子保护箱，进而渗入封闭母线外壳内部造成事故，保护箱和封闭母线连接处装有密封套管隔断装置用以隔氢；保护箱上设有排氢孔可以排氢；为安全可靠设在保护箱内的氢敏探头还可测氢。当保护箱内氢气浓度达到危险值（通常为1%）时，反应氢气浓度的电信号传到漏氢检测仪，发出报警信号，提醒运行人员及时采取措施，确保运行安全。

（3）对于600MW及以上机组母线设在发电机出线端子保护箱上的风机是用来冷却发电机出线端子连接线及排氢的，运行人员应定期巡视，通过耳听手摸体察风机的运行情况，如风机运行是否平稳、有无异常声音、轴承和机壳是否过热等，发现问题应及早采取措施。

2. 封闭母线的维护

封闭母线本身不需要进行定期的维护和检查，运行一段时间后，可利用发电机的检修间隔做下列维护工作。

（1）检查封闭母线所有紧固部分（如绝缘子支承，外壳底座及支、吊件，导体及外壳接头，与设备连接等处）的紧固螺栓有无松动，如有松动应进行紧固。特别是导体和外壳导电部分螺栓连接，必须按有关规定进行紧固。

（2）运行时间长或安装不当也可能造成外壳个别地方密封不良，导致绝缘子及导体等表面积灰脏污，检查时应将母线与其他设备相连的伸缩节拆开，测量母线导体和外壳之间的绝缘电阻，如果测得的阻值与以前所测值相比有显著降低时，可能是绝缘子有脏污或损伤，需进行清扫或更换之后再测量，其阻值应与以前所测值接近。

（3）发现有漏水的痕迹，应检查该部分的安装情况和外壳的密封性能，找出漏水的原因并进行修理，修理后进行淋水试验，合格后方可投入运行。

（4）检查各设备柜内有无异常、设备及绝缘件是否脏污、接线是否松动、触头是否接触良好，发现问题及时修理。

（5）检查密封件是否老化、漆层是否脱落、接地线是否可靠等。

（6）有关漏氢检测及探头的维护按厂家规定进行。

（7）风机运行时间长也要进行维护，如对风机内部进行清扫、轴承加油润滑等。

（8）发电机停机检修后，离相封闭母线在重新投运前，绝缘电阻一般较低，尤其在潮湿地区更是这样。这是由于停机后封闭母线外壳内空气结露，绝缘子、金具、导体受潮所致。因此在机组再次启动前，应提前测量封闭母线的绝缘电阻，如阻值很低，应临时拆除部分绝缘子及其支撑板，使壳内潮湿空气流出，必要时可向壳内通风干燥，等绝缘电阻达到要求后方可投运。

六、微正压装置

为了提高设备运行的安全和可靠性，杜绝封闭母线内绝缘子结露，发电机封闭母线采用了微正压的运行方式。配备了一套独立的微正压装置，在封闭罩内充有一定的干燥空气。

母线自动充气机由气路系统和电控系统组成，两部分均安装于机柜中。空气压缩机、储气罐置于柜外，通过管路与机柜右侧下部的输入气口相联。干燥气输出口和母线气压采样输入口均置于机柜顶部。

1. 气路系统

气路系统原理框图如图 8-31 所示。空压机输出的压缩空气通过储气罐接至机柜输入气口，经位于机柜内的气水分离器、减压阀 1，进入分子筛吸附器。在气水分离器前面，并联接于机门内侧气路盘上的电接点三针压力表，其下限压力指针调于 0.4MPa，上限压力指针调于 0.6MPa。在设备运行时，当储气罐压力低于 0.4MPa 启动空压机，当压力高于

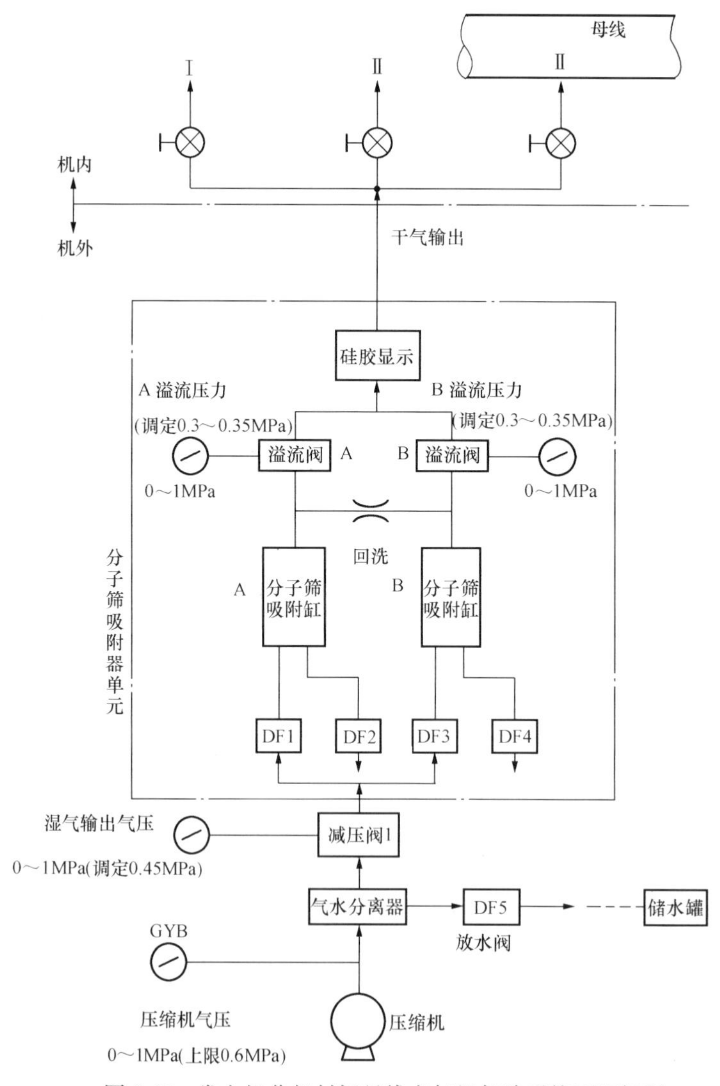

图 8-31 发电机分相封闭母线充气机气路系统原理框图

0.6MPa 停止空压机运行。减压阀 1 的作用是将分子筛吸附器入口气压调于 0.4～0.45MPa，以保证分子筛吸附器保持良好的工作状态。

分子筛吸附器是气路系统的核心部分，其原理是利用分子筛干燥剂的特性，即对分子筛加压可吸附水分，减压时释放水分的特性。分子筛吸附器安装于机柜的中下部，其主体为两个装有分子筛干燥剂的钢罐，两个罐的入口分别接有电磁阀 DF1、DF3，回洗口接有 DF2、DF4。当一个罐处于加压吸附状态时，另一个罐则处于减压释放吸附状态，两个罐循环工作从而将干燥气体经溢流阀 A（B）送出。设 A 罐处于吸附状态，此时 DF1、DF4 吸合，减压阀 1 送来的压缩空气经 DF1 至 A 罐，气体中的水分经分子筛吸附剂吸附后通过溢流阀 A 送出。同时利用一小部分干燥气经回洗孔反向送至 B 罐，对 B 罐内的分子筛吸附剂进行吹洗，使其吸附的水分经 DF4 排放。下一周期则 DF2、DF3 吸合，B 罐处于吸附状态并输出干燥气，同时利用一小部分干燥气经回洗孔反向送至 A 罐，对 A 罐内的分子筛吸附剂进行吹洗，使其吸附的水分经 DF2 排放。如此循环工作，两个罐每间隔 30s 倒换一次，由脉冲数字电路控制 DF1、DF4 和 DF2、DF3 的电源相互切换。

溢流阀 A、B 调定压力在 0.3～0.35MPa 之间，应尽量使两者保持相同。分子筛吸附器输出的干燥气体经硅胶显示罐送出。硅胶显示罐用于监视分子筛吸附器输出气体的干燥程度，若硅胶是蓝色时，说明气体干燥度良好，若硅胶呈粉白色时，说明送出的气体干燥度已达不到要求，此时需及时检查分子筛吸附剂的工作情况，必要时应更换分子筛吸附剂。

由母线采样口送来的微正压接于 QYJ-10kPa 微压表输入口，通过表上的拨码开关调整压力，可以调整母线气压保压范围（下限压力：1000Pa，上限压力：2500Pa）。

设备每次启动时，电磁放水阀放水一次，时间约为 3s，以将气水分离器的存水排放掉。

2. 电控系统

采用 CMOS 双列直插式集成电路组成的控制系统，电源采用稳压提供的 24V，并经二次稳压提供 12V，而晶体管驱动的中间继电器或固态继电器采用强电控制。

空压机启动、停止：当受储气罐压力控制的压力表 GYB 中的指针与下限压力指针接通时，或人工按下启动按钮时，将启动空压机，空压机启动后，自动完成 3s 的放水功能，空压机计数器计数一次。当 GYB 的指针与上限压力指针接通时，或人工按下停止按钮时，将停止空压机的运行。

分子筛吸附器的启动和停止：分子筛吸附剂系统的工作状态，受微压表电接点控制，当微压表指针到达下限位置时，微压表内的继电器下限接点接通或人工按下启动按钮时，分子筛吸附器工作，指示灯亮，两只电磁阀开始交替工作，每个电磁阀的工作周期可通过调整电位器的阻值来改变。当微压表指针达到上限位置，微压表内的继电器上限接点接通或按下停机按钮时，分子筛停止工作，灯灭。

报警电路：分为超时报警、超载报警、告警复原。

当空压机的工作时间超过预定时间，就会产生超时告警信号。空压机工作时间的长短可根据实际工作环境调整电位器的阻值设定告警门限（调整范围在 20～30min）。

当空压机由于某种原因，电动机电流超过允许电流即超载时，热继电器将动作，停止空压机工作并告警。

设备发生告警后，当故障处理完毕后需人工复原，没有告警复原按钮。

第九章

直流系统、互感器及二次回路

发电厂和变电站的电气设备分为两类：一次设备和二次设备。发电机、变压器、电动机、断路器、隔离开关等属于一次设备。为了安全、经济发电，需对一次设备及其电路进行测量、操作和保护，因而需装设辅助设备，如各种测量仪表、控制开关、信号装置、继电保护等，这些辅助设备称为二次设备。二次设备互相连接而成的电路称为二次回路，向二次回路中的控制、信号、继电保护和自动装置供电的电源称为操作电源，操作电源一般采用直流电源。

第一节　直流电源的设置

发电厂的直流系统，主要用于对开关电器的远距离操作、信号设备、继电保护、自动装置及其他一些重要的直流负荷（如事故油泵、事故照明和不停电电源等）的供电。直流系统是发电厂厂用电中最重要的一部分，它应保证在任何事故情况下都能可靠和不间断地向其用电设备供电。

在大型发电厂直流系统中，采用蓄电池组作为直流电源。蓄电池组是一种独立可靠的电源，它在发电厂内发生任何事故，甚至在全厂交流电源都停电的情况下，仍能保证直流系统中的用电设备可靠而连续的工作。

在有大机组的发电厂中设有多个彼此独立的直流系统。例如单元控制室直流系统、网络控制室直流系统（又称为升压所或升压站直流系统）和输煤直流系统等。

对大型机组的发电厂，单元控制室和升压所直流系统的设置，应满足继电保护装置主保护和后备保护由两套独立直流系统供电的双重化配置原则。

1. 单元控制室直流系统

发电厂单元控制室直流系统，一般每台发电机组设置两套110V（或115V）直流电源系统，统称为110V直流系统，为继电保护、控制操作、信号设备及自动装置等直流负荷供电。其主要负荷是控制操作回路设备，故发电厂中又常称这种直流电源为操作电源。除设置110V直流系统外，每一台机组另设一套220V（或230V）直流系统，为发电机组事故润滑油泵、事故氢密封油泵、汽动给水泵的事故润滑油泵、不停电电源系统（UPS）及控制室的事故照明等直流动力负荷供电。220V直流系统的特点是：平时运行负荷很小，而机组事故时负荷很大。

两套110V直流系统和一套220V直流系统均采用单母线、两线制、不接地系统。每套直流系统均设有相应电压的一组铅酸蓄电池。两套110V直流系统各配置一套蓄电池、一套充电器，另设一套可切换的公共备用充电器，跨接在两直流系统的母线上。如图9-1(a)所示，220V直流系统，设一组蓄电池，配置一套工作充电器，另设一套备用充电器，如图9-1(b)所示。

上述各直流系统中，工作充电器的电源均从相应机组的400V交流保安母线引接；备用充电器的电源，一般也从400V交流保安母线引接，有的则从其他厂用低压母线上引接，以防保安母线故障造成所有充电器失去电源。

如图9-1(c)所示保安电源系统典型接线图。两组115V蓄电池组，每组由54个蓄电池串联而成，容量为1874Ah；230V蓄电池组由108个蓄电池串联而成，容量为2500Ah。115V和230V直流系统的工作充电器和备用充电器的交流电源均从400V保安母线引接，正常工作由厂用电供电，一旦厂用电失去时由保安柴油发电机供电，以确保直流系统供电的可靠性。

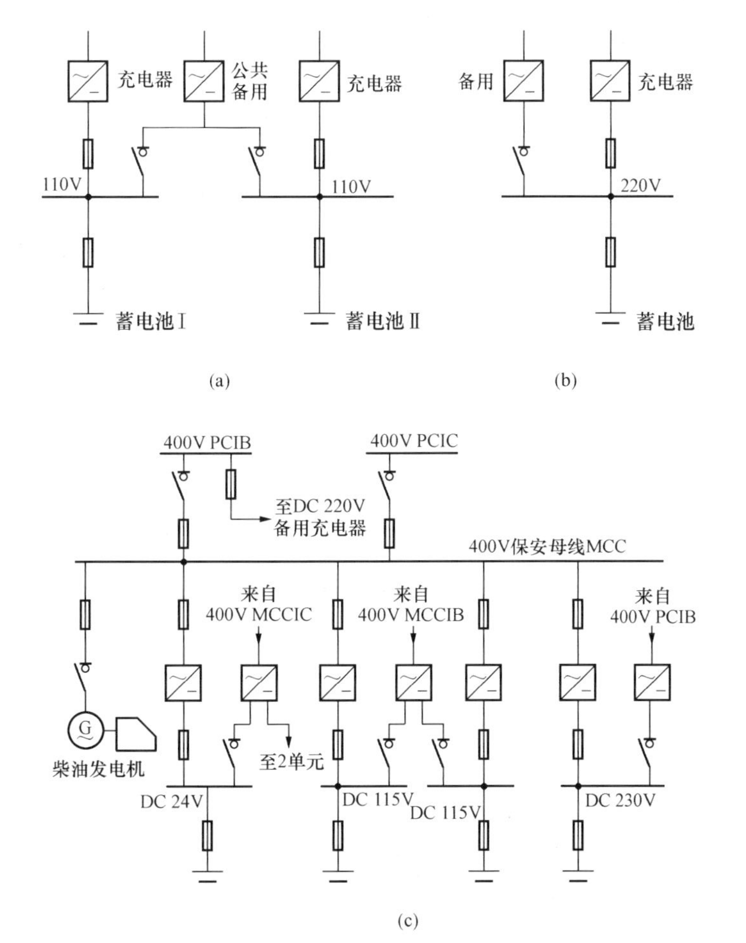

图9-1　大型机组单元控制室直流系统原理接线图

(a) 110V直流系统；(b) 220V直流系统；(c) 保安电源系统典型接线

蓄电池组为无端电池设置方式，也就是不用设置端电压调节器，采用恒压充电。正常工作时，蓄电池处于浮充电运行方式，每只蓄电池浮充电电压为2.12～2.17V；事故放电后，采用均衡充电恢复蓄电池的容量，均衡充电电压每只为2.3～2.35V。蓄电池的最终放电电压为1.82V。115V蓄电池组电压变化范围为95～125V，230V蓄电池组电压变化范围为190～250V。每段直流母线装设一套接地检测装置，当任一极（正、负极）发生接地故障时即发出报警信号

图9-1(c)中，还有一套24V直流电源系统，是供单元机组的仪控设备用的。

2. 网络控制室直流系统

网络控制室直流系统，又常称为升压所直流系统。当发电厂升压所的控制对象有500kV的设备时，根据保护与控制双重化配置要求，一般设置两套110V（或220V）直流系统，两套直流系统均采用单母线、二线制、不接地的接线方式。每套直流系统配置一组铅酸蓄电池、一套工作充电器，另设一套可切换的跨接在两套直流系统母线上的公共备用充电器。两套独立的直流系统一起用于向网络控制室的控制、保护、信号等直流负荷供电。

对于升压所的110V直流系统，通常其接线形式及有关的技术条件等参数与单元控制室的110V直流系统相同；所不同之处在于升压所110V直流系统的充电电源，接自升压所的低压厂用母线。

3. 输煤直流系统

输煤系统一般有交流配电装置，为便于对其集中管理、提高可靠性并与其他直流电源不相干扰，相应地设置了输煤直流系统。

输煤直流系统一般为110V单母线、两线制不接地系统，设置一组蓄电池配置两套充电器（一套工作，另一套备用）。输煤系统对防酸要求较高，因此多采用封闭式铅酸蓄电池或镍镉蓄电池。

例如：某发电厂的输煤系统中，设有110V直流系统，由90只镍镉蓄电池组成，容量为60Ah，每只蓄电池放电终止电压不小于1.1V；蓄电池组未设端电池，采用恒压充电，浮充电运行电压每只电池为1.42V，均衡充电电压每只电池为1.52V，直流母线电压波动范围为12.5%～15%。又如：某发电厂运煤系统设置了115V直流系统，由90只镍镉蓄电池组成，并配置两套充电器，蓄电池容量为50Ah(5h率)。

近年来，引进大机组的发电厂和超高压变电所的直流系统，大多数都是无端电池，国内最近设计的一些发电厂也采用无端电池的直流系统。多年来运行经验证明：无端电池的直流系统接线简单、运行维护工作量较小、能满足可靠性要求。

无端电池的蓄电池组，其蓄电池的个数有如下规定：

(1) 若为铅酸蓄电池组，110V直流系统蓄电池个数一般为52～53个，220V直流系统蓄电池个数一般为104～107个。

(2) 若为中倍率镍镉电池组，110V直流系统蓄电池个数一般为83～88个；220V直流系统蓄电池个数一般为158～168个。

第二节 蓄电池组的运行方式

蓄电池组的运行方式一般有两种：充放电方式与浮充电方式。发电厂中的蓄电池组普遍采用浮充电方式运行。

一、充放电方式运行的特点

在蓄电池组的充放电方式运行中，对每个蓄电池都要进行周期性的充电和放电。蓄电池组充足电以后，就与充电装置断开，由蓄电池组单独向经常性的直流负荷供电，并在厂用电事故停电时向事故照明和直流电动机等供电。为了保证厂用电在任何时刻故障都不致失去直流电源，就要求蓄电池组在任何时候都必须留有一定的储备容量，决不能让其完全放完电。通常，蓄电池放电到约为60%～70%额定容量时，即需进行充电。

按充放电方式运行的蓄电池组，必须周期地、频繁地进行充电。通常，在经常性负荷下，每隔24h就需充电一次，一般充至额定容量。充电末期，每个蓄电池的电压达2.7～2.75V，蓄电池组的总电压（直流系统母线电压）将超过用电设备的允许值。因此，对无端电池的蓄电池组，在充电期间必须退出工作，但这对只接一组蓄电池组的单母线接线的直流系统是不允许的。同时，频繁地充电，会使蓄电池组的运行更趋复杂。

二、浮充电方式运行的特点

蓄电池组的浮充电方式运行的特点是：充电器经常与蓄电池组并列运行，充电器除供给经常性直流负荷外，还以较小的电流——浮充电电流向蓄电池组进行浮充电，以补偿蓄电池的自放电损耗，使蓄电池经常处于完全充足电的状态；当出现短时大负荷时，例如：当断路器合闸、许多断路器同时跳闸、直流电动机、直流事故照明等，则主要由蓄电池组以大电流放电来供电的，而硅整流充电器一般只能提供略大于其额定输出的电流值（由其自身的限流特性决定）。

在充电器的交流电源消失时，充电器便停止工作，所有直流负荷完全由蓄电池组供电。浮充电电流的大小取决于蓄电池的自放电率，浮充电的结果，应刚好补偿蓄电池的自放电。如果浮充电的电流过小，则蓄电池的自放电就长期得不到足够的补偿，将导致极板硫化（极板有效物质失效）。相反，如果浮充电的电流过大，蓄电池就会长期过充电，引起极板有效物质脱落，缩短电池的使用寿命，同时还多余地消耗了电能。

浮充电电流值根据蓄电池类型和型号而不同，一般为$(0.1\sim0.2)C_N/100$A，其中C_N为该型号蓄电池的额定容量(单位为Ah)。旧蓄电池的浮充电电流要比新蓄电池大2～3倍。

为了便于掌握蓄电池的浮充电状态，通常以测量单个蓄电池的端电压来判断。如对于铅酸蓄电池，若其单个的电压在2.15～2.2V，则为正常浮充电状态；若其单个的电压在2.25V及以上，则为过充电；若其单个的电压在2.1V以下，则为放电状态。因此，实际中的浮充电就采用恒压充电。标准蓄电池的浮充电电压如下：

(1) 每只铅酸蓄电池（电解液密度为1.215g/cm^3），其浮充电电压一般取2.15～2.17V。

(2) 每只中倍率镍镉蓄电池，其浮充电电压一般取1.42～1.45V。

(3) 每只高倍率镍镉蓄电池，其浮充电电压一般取1.35～1.39V。

按浮充电方式运行的蓄电池组，每运行一段时间（2～3个月）应进行一次均衡充电，即用比浮充电电压更高一些的电压充电一段时间。其目的是为了消除由于控制的浮充电电流可能偏小而造成极板出现硫化的危险。也可以说，定期进行均衡充电，是为了保持极板有效物质的活性。

三、蓄电池的均衡充电

均衡充电是对蓄电池的特殊充电。在蓄电池长期使用期间，可能由于充电装置调整不合理产生低浮充电电压或使用表盘电压表读数不正确（偏高）等原因造成蓄电池自放电未得到充分补偿，也可能由于各个蓄电池的自放电率不同和电解液密度有差别使它们的内阻和端电压不一致，这些都将影响蓄电池的效率和寿命。为此，必须进行均衡充电（也称为过充电），使全部蓄电池恢复到完全充电状态。

均衡充电，通常采用恒压充电，就是用较正常浮充电电压更高的电压进行充电，充电的持续时间与采用的均衡充电有关。对标准蓄电池，均衡充电电压的一般范围是：

（1）每个铅酸蓄电池，其均衡充电电压一般取 2.25～2.35V，最高不超 2.4V。

（2）每个中倍率镍镉蓄电池，其均衡充电电压一般取 1.52～1.55V。

（3）每个高倍率镍镉蓄电池，其均衡充电电压一般取 1.47～1.50V。

均衡充电一次的持续时间，既与均充电电压大小有关，也与蓄电池的类型有关。例如铅酸蓄电池，在浮充电方式运行下，一般每季进行一次均衡充电。当每只蓄电池均衡充电电压为 2.26V 时，充电时间为 48h；当均衡充电电压为 2.3V 时，充电时间为 24h；当均衡充电电压为 2.4V 时，充电时间为 8～10h。

有的蓄电池均衡充电一次的持续时间则比上述长得多。如美国 NAX 铅锑型铅酸蓄电池（电解液密度为 $1.215g/cm^3$）：当均衡充电电压为 2.27V 时，充电时间大于 60h；当均衡充电电压为 2.3V 时，充电时间大于 48h；当均衡充电电压为 2.39V 时，充电时间大于 24h。而另一种 NCX 铅钙型铅酸蓄电池，均衡充电一次的持续时间又比 NAX 型的长得多。总之，充电方法要按生产厂家说明而定。

以浮充电方式运行的蓄电池组，每隔一季度进行一次均衡充电时，其中一种方法是将充电器停役 10min，让蓄电池充分地放电，然后再自动地加上均衡充电电压。

第三节　铅酸蓄电池的构造与特性

铅酸蓄电池分固定式和移动式两种。移动式铅酸蓄电池主要用于车辆和船舶，设计时着重考虑使其体积小、质量轻、耐振动和移动方便；固定式铅酸蓄电池在设计时则可少考虑移动的要求，而着重考虑容量大、寿命长，可制成大容量蓄电池。目前，发电厂中普遍采用固定式铅酸蓄电池。

一、铅酸蓄电池的基本构造

铅酸蓄电池的主要组成部分为正极板、负极板、电解液和容器。

正极板一般做成玻璃丝管式结构，增大极板与电解液的接触面积，以减小内电阻和增大单位体积的蓄电容量。玻璃丝管内部充填有多孔性的有效物质，通常为铅的氧化物；玻璃丝管可以防止多孔性有效物质的脱落。

负极板为涂膏式结构，即将铅粉用稀硫酸及少量的硫酸钡、松香等调制成糊状混合物，填在铅质（或铅合金）栅格骨架上。为了增大极板与电解液的接触面积，表面有棱纹凸起。极板经过特殊处理加工后，正极板的有效物质为褐色的二氧化铅（PbO_2），负极板的有效物为灰色的铅棉（海绵状铅 Pb）。

为了防止极板之间发生短路，在正、负极板之间用微孔材料隔板隔开。而正、负极板浸没于电解液中，上缘比电解液面低 10mm 以上。

电解液是由纯硫酸（H_2SO_4）和蒸馏水配制而成的稀硫酸。电解液密度的高低，影响着蓄电池容量的大小。电解液密度过小，产生的离子少，蓄电池的内阻相应加大，使放电时消耗的电能加大，容量减小。电解液密度越大，蓄电池容量越大。但如果电解液密度越高，蓄电池极板受腐蚀和隔离物损坏也就越快，缩短了蓄电池的寿命。实验表明，采用温度为 15℃、密度为 1.215g/cm³ 的电解液最合适。固定式铅酸蓄电池电解液的密度为 1.2～1.25g/cm³，指定温度为 15℃ 或 20℃ 不等。国产固定铅酸蓄电池电解液的密度多为 1.215g/cm³。

电解液的密度与温度有关，温度升高密度减小，温度降低密度增大。若温度以 15℃ 为标准，则电解液温度每升高 1℃ 或降低 1℃，电解液密度将下降或升高约 0.000 7g/cm³。电解液密度可按经验公式计算，即

$$R_c = R_t + 0.0007(T - 15)$$

将温度为 T 时实测的密度 R_t 化成 15℃ 时的密度。例如：某电解液温度为 35℃ 时，测得其密度为 1.201g/cm³，那么该电解液 15℃ 时的密度 $R_c = 1.201 + 0.0007(35 - 15) = 1.215(g/cm^3)$。

固定式铅酸蓄电池的容器，目前普遍采用透明塑料制成，以便于观察电解液液面高度。图 9-2 所示为发电厂中使用的一种 GGF 型固定式铅酸蓄电池的结构，外壳与上盖之间用封口剂密封，构成封闭状态。盖上装有防爆排气装置（防电解液酸帽），可防止充电过程中酸雾析出蓄电池外部，减少酸雾对蓄电池室及设备的腐蚀。

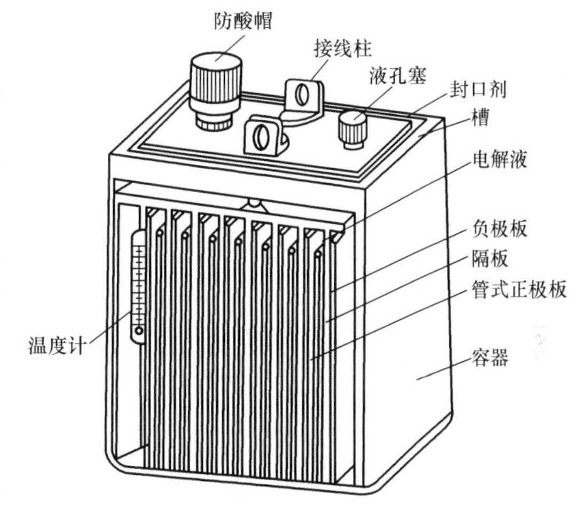

图 9-2　GGF 型固定式铅酸蓄电池的结构图

二、蓄电池的电动势

不同导电材料制成的两极板放入同一电解液中时，由于它们的电化次序不同，产生不同的电位。两极板在外电路断开时的电位差就是蓄电池的电动势。在正、负极板材料一定时，电动势的大小主要与电解液的密度有关。电动势的大小也受电解液温度的影响，但在允许温度范围内其影响很小。因此，蓄电池的电动势 E（单位为 V）可近似地用以下经验公式决定

$$E = 0.85 + d \tag{9-1}$$

式中　d——电解液的密度。

一般固定式铅酸蓄电池的电解液密度（充足电时）为 1.215g/cm³，故其电动势为

$$E = 0.85 + 1.215 = 2.065\ (V)$$

三、蓄电池的放电特性与蓄电池的容量

1. 蓄电池的放电特性

完全充电的蓄电池，当正、负两极板用外电阻接成通路时，则在其电动势作用下产生放电电流，如图 9-3 所示。

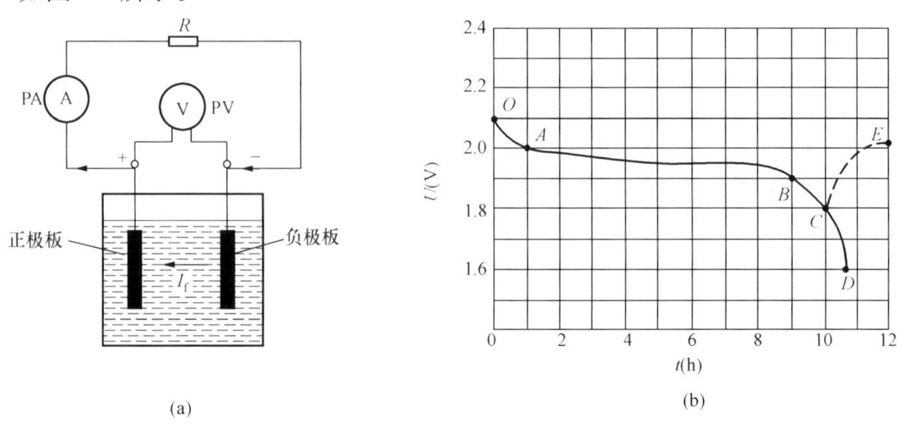

图 9-3 铅酸蓄电池的放电

(a) 放电电路；(b) 恒流放电时端电压随时间的变化曲线

蓄电池放电时的一般化学反应方程可写成

$$\underset{\text{负极板}}{Pb} + \underset{\text{正极板}}{PbO_2} + 2H_2SO_4 \xrightarrow{\text{放电}} \underset{\text{负极饭}}{PbSO_4} + \underset{\text{正极板}}{PbSO_4} + 2H_2O$$

从化学反应式可知，铅酸蓄电池在放电时，正、负极板都变成了硫酸铅 $PbSO_4$，消耗了电解液中的硫酸 H_2SO_4，同时析出水 H_2O，使电解液的密度减小。

蓄电池放电时的回路方程为

$$U_f = E - I_f R_n \tag{9-2}$$

式中 U_f——蓄电池放电时的端电压，V；

E——蓄电池的电动势，V；

I_f——放电电流，A；

R_n——蓄电池的内阻，Ω。

如果蓄电池以恒定电流进行连续放电，例如以 10h 放电电流（经 10h 将蓄电池容量全部放电完的电流）放电，则端电压随放电时间的变化曲线如图 9-3(b)所示。

开始放电时，由于极板表面和有效物质细孔内的电解液密度骤减，使蓄电池电动势减小得很快，因而蓄电池端电压下降很快（曲线 *OA* 段）。在放电中期，极板细孔中生成的水量与从极板外渗入的电解液量，取得了动态平衡，从而使细孔内的电解液密度下降速度大为减慢，故电动势下降缓慢，端电压主要随着内阻的增大而减小（曲线 *AB* 段）。到放电末期，极板上的有效物质大部分已变成硫酸铅，由于硫酸铅的体积较大，在极板表面和细孔中形成的硫酸铅堵塞了细孔，使极板外面的电解液渗入困难，因此在细孔中已稀释的电解液很难和容器中密度较大的电解液相互混合，同时内阻也迅速增大，所以蓄电池的电动势下降很快，于是端电压也迅速下降（曲线 *BC* 段）。至 *C* 点，电压为 1.8V 左右，放电结束。

如果放电到 *C* 点后继续放电，此时极板外面的电解液几乎停止渗入有效物质内部，

细孔中的电解液也几乎变成了水，因此电动势急剧下降，内电阻迅速增大，于是端电压骤降（曲线 CD 段）。但是，如果在 C 点停止放电，则蓄电池的电动势将会立即上升，并随着容器中的电解液向极板有效物质细孔中渗透，电动势可能回升至 2.0V 左右（曲线 CE 段）。

可见，曲线上的 C 点，为蓄电池电压急剧下降的临界点，称为蓄电池的放电终止电压。如果继续放电，将在极板表面和有效物质细孔内部形成硫酸铅的晶块，影响蓄电池的使用寿命。如过度放电，极板将发生不可恢复的翘曲，使蓄电池极板报废。

以上所述，是以 10h 放电电流放电的过程。如果蓄电池以更大的电流放电时，则到达终止电压的时间将缩短。同时，蓄电池放电时的电压的变化与放电电流的大小有关，放电电流越大，蓄电池的端电压下降越快。这是因为电解液向极板细孔内渗入的速度受到限制，以及蓄电池内电阻压降随放电电流的增加而增加。所以，以不同的电流放电时，蓄电池的初始电压、平均电压和终止电压均不相同，放电电流越大，终止电压越低。

放电电流的大小，常用蓄电池额定容量的倍数表示，则

$$I_f = K_m C_{10} \tag{9-3}$$

式中 K_m——放电倍数（也称为放电率或放电速率）；

C_{10}——蓄电池额定容量，Ah，铅酸蓄电池一般以 10h 放电容量为额定容量。

图 9-4 所示为一般固定式铅酸蓄电池以不同放电率 K_m 放电时的放电特性曲线 $U_f = f(t)$。最上一条曲线标明放电率 $K_m = 0.1$，表示放电电流 $I_f = 0.1C_{10}$ A，亦即为 10h 放电电流下的放电曲线。

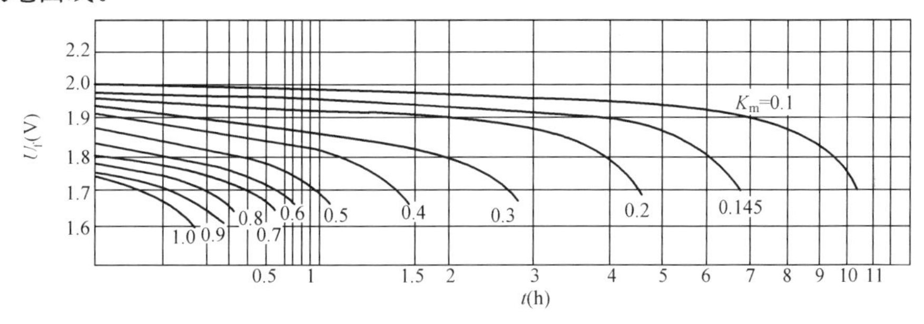

图 9-4 固定式铅酸蓄电池的放电特性曲线

2. 蓄电池的容量

蓄电池的容量是指蓄电池以某一恒定的电流放电到终止电压时所能放出的电量，即放电电流安培数与放电时间小时数的乘积，可用式（9-4）计算

$$C = I_f t_f \tag{9-4}$$

式中 C——蓄电池的容量，Ah；

t_f——放电至终止电压（1.75～1.8V）的时间，h。

蓄电池的容量决定于起化学反应的有效物质和数量，它和许多因素有关，如极板的类型、面积的大小和极板数目、电解液密度和数量、放电电流的大小、最终放电电压的数值以及温度等。

在正常工作温度范围内，蓄电池的容量随放电电流的增大而减小。蓄电池的容量与放电电流的关系曲线如图 9-5 所示。这是因为蓄电池以较小电流放电时，有效物质细孔内电解液

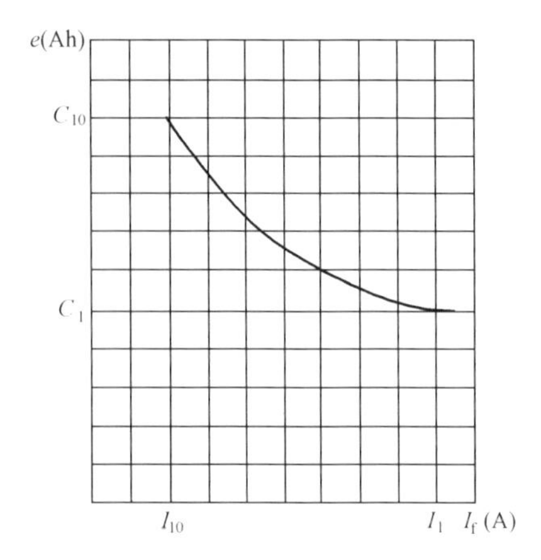

图 9-5 蓄电池容量与放电电流的关系曲线

I_1—1h 放电电流；C_1—1h 放电容量；I_{10}—10h 放电电流；C_{10}—10h 放电容量

的密度下降缓慢，有效物质能充分参加放电反应。与此相反，当放电电流较大时，细孔内电解液密度下降较快，细孔中的硫酸铅的形成也较快，而迅速堵塞有效物质的细孔，使电解液难以渗入极板内部，有效物质难以参加放电反应。因此，放电电流越大，蓄电池所能放出的电量就越少，即蓄电池容量越小。

铅酸蓄电池的额定容量，一般以 10h 放电容量作为额定容量（也有以 8h 放电电流下的放电容量定为额定容量的）。

蓄电池的容量还与电解液的温度有关。因为温度改变时，电解液的黏度就会改变，影响电解液的渗透和扩散作用，从而影响到蓄电池的电动势和容量。温度的降低引起蓄电池容量有所减小，运行中蓄电池室的温度不得低于 10℃ 。

四、蓄电池的充电与充电特性

蓄电池充电时的一般化学反应式为

$$\underset{\text{负极板}}{PbSO_4} + \underset{\text{正极板}}{PbSO_4} + 2H_2O \xrightarrow{\text{充电}} \underset{\text{负极板}}{Pb} + \underset{\text{正极板}}{PbO_2} + 2H_2SO_4$$

化学反应式表明，蓄电池充电后，正极板恢复为原来的二氧化铅 PbO_2，负极板恢复为原来的铅棉 Pb，并生成硫酸，电解液由稀变浓，即其密度将恢复为原来的数值（规定值）。

从充电和放电的化学反应式可看出，蓄电池的充电和放电过程是一个可逆的化学反应过程，放电时，电解液变稀，密度减小；充电时，电解液变浓，密度增大。

1. 恒流充电特性

当蓄电池以恒定不变的电流（10h 充电电流）进行连续充电时，端电压随充电时间的变化曲线如图 9-6 所示。

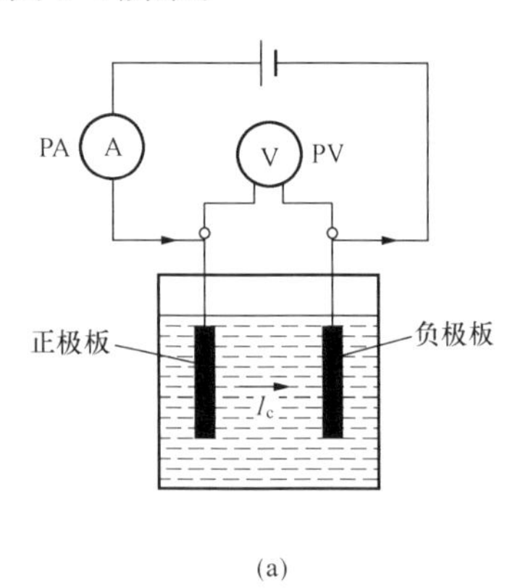

(a)

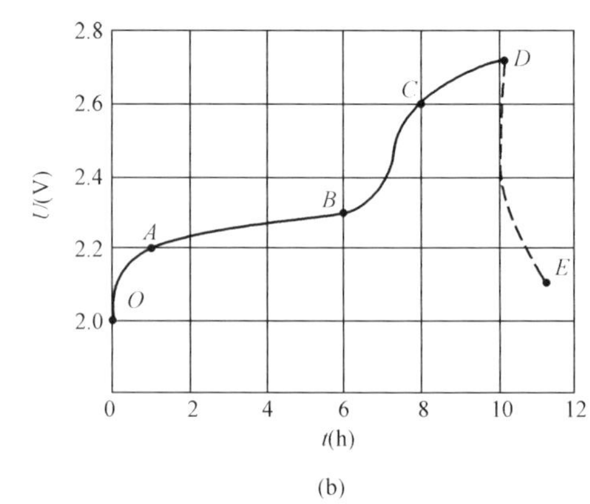

(b)

图 9-6 铅酸蓄电池的充电

(a) 充电电路；(b) 充电时端电压随时间的变化曲线

充电开始时，两极板上立即有硫酸析出，有效物质细孔内的电解液密度骤增，蓄电池电动势很快上升，必须提高外加电压，才能保持恒定的电流充电（曲线 OA 段）。充电中期，电动势增加缓慢，而内电阻逐渐减小，故维持恒定电流，只需缓慢提高电压（曲线 AB 段）。充电至 AB 段末期，正、负极板上的硫酸铅已大部分还原为二氧化铅和铅棉，此时充电电压约为 2.3V。如果继续充电，则使大量的水被电解，在正极板上释出氧气，负极板上释出氢气，吸附在极板表面的气泡使内电阻大大增加。因此为了维持恒定的充电电流，必须急速提高外加电压到 2.5～2.6V（曲线 BC 段）。

此后如果继续充电，到达曲线 CD 段后期，有效物质已全部还原，充电电能将全部用于电解水，析出大量的氢气和氧气，蓄电池的电解液呈现沸腾现象，而电压稳定在 2.7V 左右（D 点），便算充电完毕。

蓄电池停止充电时，其端电压立即降到 2.3V 左右。以后，随着极板细孔中电解液的扩散，密度逐渐下降，容器中的电解液浓度趋于均匀，蓄电池的电动势将慢慢降到 2.06V 左右的稳定状态，即曲线上的 E 点。

上述充电过程，是以 10h 充电电流（$0.1C_{10}$）为例讨论的。如果以较大的电流充电，则极板有效物质的还原速度加快，细孔内电解液密度急剧增大，蓄电池内电压降也增大，所以充电特性曲线将高于 10h 充电特性曲线，而需要的充电时间将缩短。

必须指出：蓄电池的最大允许充电电流不得过大。因充电电流太大时，可能在有效物质还没有全部还原以前，电解液就开始出现沸腾，而被误认为充电已完毕。这不仅消耗大量电能，而且会使极板翘曲、有效物质受气泡冲击而脱落，影响蓄电池寿命。同时，没有完全充电的蓄电池，极板易于硫化（生成白色的硫酸铅结晶体不能再还原）。

为了减少在蓄电池充电时用于电解水阶段的电能消耗，应在电解液开始冒气泡时就减小充电电流，一般不超过额定充电电流（根据产品参数给定）的 50%，使蓄电池的充电更充分和合理。此充电方法亦称为二阶段充电法。

2. 恒压充电与限流恒压充电

恒压充电是蓄电组运行时常用的充电方法，有些蓄电池的初充电也使用这种充电方法。恒压充电的充电电压一般取每只为 2.25～2.35V，比蓄电池的电动势高。充电开始时电流较大，随着蓄电池电动势的升高，充电电流逐渐减小。这种充电方法用于蓄电池初充电或深放电后再充电时，开始阶段的充电电流将大于合理值，但一般不超过允许值。

限流恒压充电，是对恒压充电的改进，但充电设备较复杂，要求有限流功能。对一般固定铅酸蓄电池的充电电压一般仍是每只取 2.25～2.35V，限流值一般宜取（0.07～0.1）C_{10}。有的密封铅酸蓄电池允许承受较大的充电电流，其限流值允许取至 $0.2C_{10}$。

图 9-7 是一种电解液密度为 1.25g/cm^3 的全密封型铅酸蓄电池的限流恒压充电特性曲线。限流恒压充电，是在蓄电池经 100%放电后进行充电的，采用恒压 2.27V、限流最大值为 $0.2C_{10}$。图中的曲线反映了在充电过程中，蓄电池充电参数及其变化。

曲线 1 表明：在充电初始阶段，充电电流处于限流状态，然后，充电电流随着充电时间增加而减小。

曲线 2 表明：蓄电池电压由 2.12V 较快增至 2.27V 并恒定。在限流期间，蓄电池端电压是变化的。

曲线 3 表明：蓄电池的容量随着充电时间增加而逐渐恢复。在恒压 2.27V 下，约经

12h，容量已恢复到100%；充电约经36h，容量可达105%，即可停止充电。

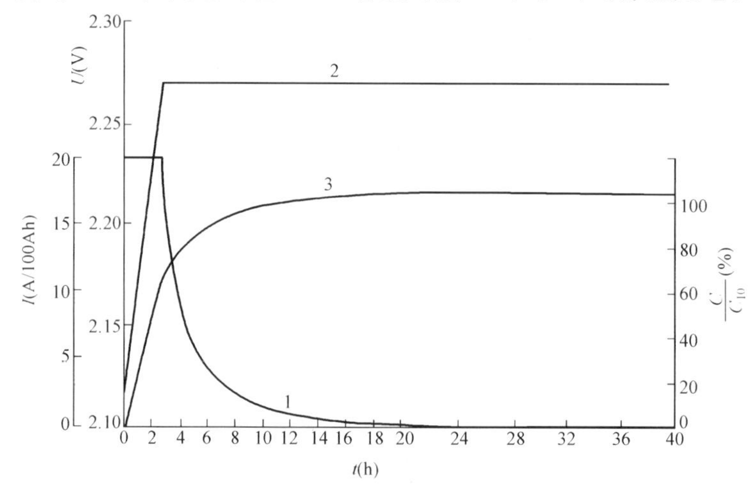

图9-7 限流恒压充电特性曲线（100%放电后进行充电）

1—充电电流特性曲线；2—充电电压特性曲线；3—充电容量特性曲线

这种蓄电池，如果充电的恒压提高到2.35V，则经6h蓄电池的容量可恢复到100%，再经2h（即充电8h），容量可恢复到105% 。

应当指出，不同型号蓄电池的技术参数和充电要求不尽相同，要严格按厂家说明进行充电。

3. 蓄电池的初次充电

新安装的蓄电池，以及极板经过干储藏或将极板抽出大修后，均应进行初次充电。

初次充电的实质，就是使正极板的有效物质变成二氧化铅（PbO_2），负极板的有效物质变成铅棉（Pb）的过程。也就是使正、负极板进行充分的化学反应（又称为活性化）。初次充电操作是否正确，对蓄电池的寿命以及投入运行后的电性能有极大的关系。

蓄电池初次充电时，要严格按照厂家说明书的技术参数和有关规定进行，以保证初次充电的质量。如果初次充电电流过大、中途停顿、电解液温度过高等，都会直接影响到极板上参加化学反应的数量，同时也会使蓄电池的极板受到损坏，并影响投入运行后的容量和寿命。

如无原始资料可查时，初次充电的电流值（恒流充电）可取0.07C_{10}，初次充电的时间一般为20～30h。

初次充电是否完成，可由下列现象来判断：

(1) 每个蓄电池均产生强烈的气泡。

(2) 单个蓄电池的电压上升到2.6V以上。

(3) 电压和电解液的密度升至稳定，在3h内不再继续上升。

还应指出：给蓄电池初次充电时，往往经过一次充电后，尚不能使极板上的全部有效物质变成二氧化铅（PbO_2）和铅棉（Pb），所以蓄电池还达不到额定容量。因此，给蓄电池进行初充电时，必须经过若干次的“充电—放电”循环，并要进行放电容量试验，直到蓄电池达到额定容量之后，初次充电才算完成。

蓄电池初次充电，除了上述恒流充电方法以外，有的蓄电池也采用恒压（定压）充电法。例如：美国GNB公司生产的铅锑型和铅—钙型固定铅酸蓄电池，是采用恒压充电法进行初次充电，其中密度为1.215g/cm^{3}的NAX铅锑型进行初充电的电压和最少充电时间（电池温度在21～32℃范围内）：当电压为2.3V时，充电时间为120h；当电压为2.36V时，充电时间为75h；当电压为2.39V时，充电时间为60h。充电开始后，充电电流逐渐减小并达到稳定（3h内不再降低），初次充电便完成。

蓄电池的型式不同，一般对初次充电的要求也有些不同，要按厂家说明进行初次充电。

五、蓄电池的自放电

充足电的蓄电池，经过一定时期后，失去电量的现象，是由于蓄电池自放电的缘故。

蓄电池自放电现象，是运行维护中应特别注意的问题，也是使运行维护复杂化的原因之一。

蓄电池自放电的主要原因，是由于电解液和极板含有杂质。电解液的杂质，可能形成内部漏电，引起自放电；极板中的杂质，形成局部的小电池，小电池的两极又形成短路回路，引起蓄电池的自放电。其次，由于蓄电池电解液上下密度不同，极板上下电动势不等，因而在极板上下之间的均压电流也引起蓄电池自放电。

蓄电池的自放电会使极板硫化。通常铅酸蓄电池一昼夜内，由于自放电使其容量减小0.5%～1%。因此，为防止运行中蓄电池的硫化，对充足电而搁置不用的蓄电池一般要在每月进行一次补充充电。

六、密封铅酸蓄电池

普通固定式铅酸蓄电池的早期产品为开口玻璃缸式，其结构简单、价格便宜。但其电解液易蒸发，充电时产生的气体大量逸出容器外影响环境卫生，需经常补充、调整电解液浓度，维护工作量大，新建发电厂中已不采用这种蓄电池。

目前发电厂中广泛使用的是防酸隔爆式固定铅酸蓄电池（如GF型、GGF型、GGM型、消氢式GM型、消氢式GGM型等），其容器缸体加盖密封，盖上装有防酸雾帽或防爆排气装置。防爆排气装置有各种型式。例如，烧结式防爆排气装置，装有以氧化铝为主要成分的烧结式过滤帽的结构型式，它能将蓄电池内部产生的气体排到外部，硫酸飞沫被泡沫板和过滤帽凝集回流，故酸雾基本不向外扩散。如果蓄电池室内空气不流通，非消氢式蓄电池产生的可爆气体积聚较多时（氢气浓度超过1%），若遇电火花或明火，混合气体仍有爆炸的危险性。这种蓄电池只能算是半密封式蓄电池。

全密封式铅酸蓄电池，要求内部气体生成和吸收（或复合）要平衡，采用的方式有几种。如用催化剂使氢气和氧气化合成水回到容器（电槽）内，称为催化剂方式；有一种是电极方式，设置了氢气消失电极（第三电极）和氧气消失电极（第四电极），使容器能够完全密封。

目前使用较多的一种全密封铅酸蓄电池，采用了气体重新组合技术，使水的消耗现象不再发生。这种蓄电池，出厂时已加满电解液（其密度一般为1.25g/cm^{3}或1.30g/cm^3），常以充好电的方式向用户提供，用户不用再管理电解液，故又常称为少维护或免维护蓄电池，不必设置专门的蓄电池室，可直接置于需用的地方，正常使用寿命在10年以上。

气体重新组合技术原理如下：

当充电电流通过已充足电的铅酸蓄电池时，电解液中的水将被电解，在负极上产生氢气，正极上产生氧气。这意味着水的消耗，常规的蓄电池必须定期的补充蒸馏水。全密封式蓄电池采用气体重新组合技术，使气体在蓄电池内部重新组合成水，以免水分消耗。

因为蓄电池正极板的再充电效率不如负极板，所以氧气和氢气不是同时析出，在氢气从负极板析出之前，氧气早已从正极板析出。

当氧气从正极板上析出时，在即将析出氢气的负极板上存在着大量的高度活性海棉状铅，如能将氧气移至负极板，则氧气和活性铅将快速反应形成氧化铅，其反应式为

$$2Pb+O_2 \longrightarrow 2PbO$$

全密封式蓄电池采用特制的高孔隙度的微细玻璃纤维间隔板，能使正极板产生的氧气顺利地扩散到负极板，从而导致上述反应发生。

在铅酸蓄电池中，由上所述产生的氧化铅将与电解液中的硫酸起反应生产硫酸铅，其反应式为

$$2PbO+2H_2SO_4 \longrightarrow 2PbSO_4+2H_2O$$

由于硫酸铅沉积在能析出氢气的正极板表面上，它将还原成为铅和硫酸，其反应式为

$$2PbSO_4+2H_2 \longrightarrow 2Pb+2H_2SO_4$$

如果将这些化学方程加在一起，并将方程两侧同类项去掉，便得出如下方程

$$2H_2+O_2 \longrightarrow 2H_2O$$

上述所有的反应式概述了气体复合的意义。蓄电池各组成部分经过精心设计，可以得到高达 99%以上的气体复合率。

利用这种原理的全密封式铅酸蓄电池，仍装有自封型压力释放间，又称为安全间，自动开启压力约在 7kPa 以下，可以阻止空气中的氧侵入。

第四节 镉镍蓄电池的构造与特性

镉镍蓄电池具有体积小、寿命长、产生腐蚀性气体少等优点。按所能承受的放电电流的能力，镉镍蓄电池可分为中倍率型、高倍率型和超高倍率型的三种。其放电持续时间为 0.5s 的冲击负载电流，中倍率型的不小于 0.5～3.5C_5，高倍率型的不小于 7C_5，超高倍率型的大于 7C_5。超高倍率型镉镍蓄电池的内阻小，瞬时放电倍率高达 20～30。某些发电厂输煤直流系统中使用的镉镍蓄电池，一般为中倍率型的。

一、镉镍蓄电池的基本构造

镉镍蓄电池按正、负极板的制造工艺可分为压接式和烧结式等；按使用要求分为开启式（主要是大型电池）和密封式的，但它们的原理相同。压接密封式镉镍蓄电池多为小容量的蓄电池，烧结式或半烧结式镉镍蓄电池多为大容量的。

镉镍蓄电池的正极板材料多为镍的氧化物或氢氧化物，负极板材料主要采用镉加少量铁粉，正、负极板之间的隔膜一般为热塑性材料注射成的栅状板。镉镍蓄电池的外壳（容器）有铁质外壳和塑料外壳两种。铁质外壳由优质钢板经冲压、焊接、镀镍而成。塑料外壳由具有较高机械强度、耐老化、耐腐蚀的透明或半透明的塑料注射而成。镉镍蓄电池的容器盖上设有带自动排气阀的注射孔，为防止锈蚀，极柱、螺母等连接用的金属零件都是镀镍的；电

解液多为氢氧化钾（苛性钾）或氢氧化钠，故镉镍蓄电池是一种碱性蓄电池。

二、镉镍蓄电池的工作原理

镉镍蓄电池充电后，正极板上的有效物质是三氧化二镍（Ni_2O_3）或氢氧化镍[$Ni(OH)_2$]，负极板上的有效物质主要是镉(镉与铁的混合物)。

放电后，正极板上的有效物质是氧化镍(NiO)或氢氧化镍[$Ni(OH)_2$]，负极板上的有效物质是氧化镉(CdO)或氢氧化镉[$Cd(OH)_2$]。

碱性电解液在充、放电过程中，只起传导电流和介质的作用，其成分不变，浓度变化甚微，一般认为浓度是不变的。

镉镍蓄电池充、放电时，其整个过程的化学反应式比较复杂，一般反应式可表示为

$$\underset{\text{负极板}}{Cd} + \underset{\text{正极板}}{Ni_2O_3} + \underset{\text{电解液}}{KOH} \rightleftharpoons \underset{\text{负极板}}{CdO} + \underset{\text{正极板}}{2NiO} + \underset{\text{电解液}}{KOH}$$

或

$$\underset{\text{负极板}}{Cd} + \underset{\text{正极板}}{Ni(OH)_3} + \underset{\text{电解液}}{2KOH} \rightleftharpoons \underset{\text{负极板}}{Cd(OH)_2} + \underset{\text{正极板}}{2Ni(OH)_2} + \underset{\text{电解液}}{2KOH}$$

镉镍蓄电池的电解液有氢氧化钾水溶液和氢氧化钠水溶液两种。氢氧化钾和氢氧化钠都是白色固体，易溶于水。其水溶液呈强碱性，能烧伤皮肤及其他有机物。氢氧化钾和氢氧化钠的固体或水溶液都能吸收二氧化碳而形成碳酸钾，使电解液逐渐失效，故不允许空气中的二氧化碳侵入容器。容器盖上注液孔的自动排气间，平时此孔经常关闭，防止空气进入；充电时，其内部气体压力增加，阀盖自动开启排出气体，而外界的空气却不能进入，这时可听到排气的嘘嘘声或嘟啪声。

电解液的密度，依气温不同而选用。当气温为－15～35℃时，可用密度为1.19～1.21g/cm³ 氢氧化钾溶液(氢氧化钾与纯水的质量比为1∶3)，添加液体氢氧化锂(20±1)g/L组成的混合液。当温度为10～35℃时，也可采用密度为1.17～1.19g/cm³ 的氢氧化钠水溶液；若再加些氢氧化锂配制成混合液，其适用温度可更高。

三、镉镍蓄电池的特性

1. 充、放电特性

镉镍蓄电池的恒流充、放电特性曲线如图9-8所示。

正常恒流充电时（图9-8中曲线1），充电初期端电压上升较缓，然后端电压随蓄电池电动势增高而上升，以维持恒流充电；当正、负极板都大量冒出气泡（正极板析出氧，负极板析出氢）时，说明充电已进入终期阶段。当端电压达到1.8V左右并保持稳定时，则充电完成。

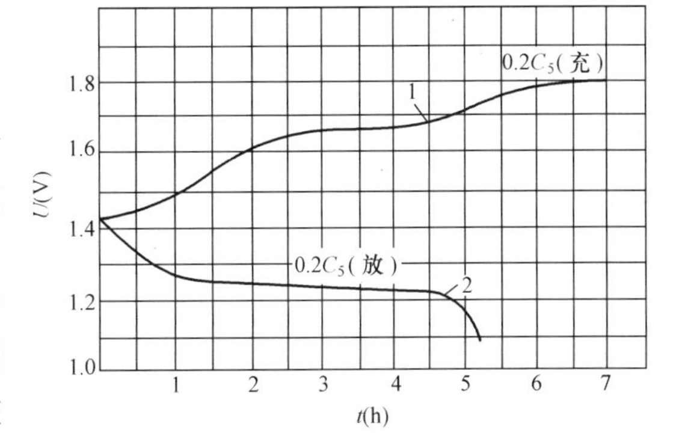

图9-8　GNZ型镉镍蓄电池0℃充、放电特性曲线
1—充电特性曲线；2—放电特性曲线

正常恒流（5h放电率）放电时，起始端电压约在1.4V左右；当端电压下降到1.1V左右时，已到终止放电电压。当以较大的电流放电时，其终止放电电压略低些，一般可放电到1.0V为止。此后必须及时充

电，以免影响蓄电池的容量与寿命。

放电电流的大小，现在常用蓄电池额定容量的倍数表示。则

$$I_f = K_m C_5 \tag{9-5}$$

式中 C_5——蓄电池额定容量，Ah，镉镍蓄电池常将5h放电容量定为额定容量。

目前使用较多的GNZ型中倍率镉镍蓄电池，其不同倍率的放电特性曲线如图9-9所示。

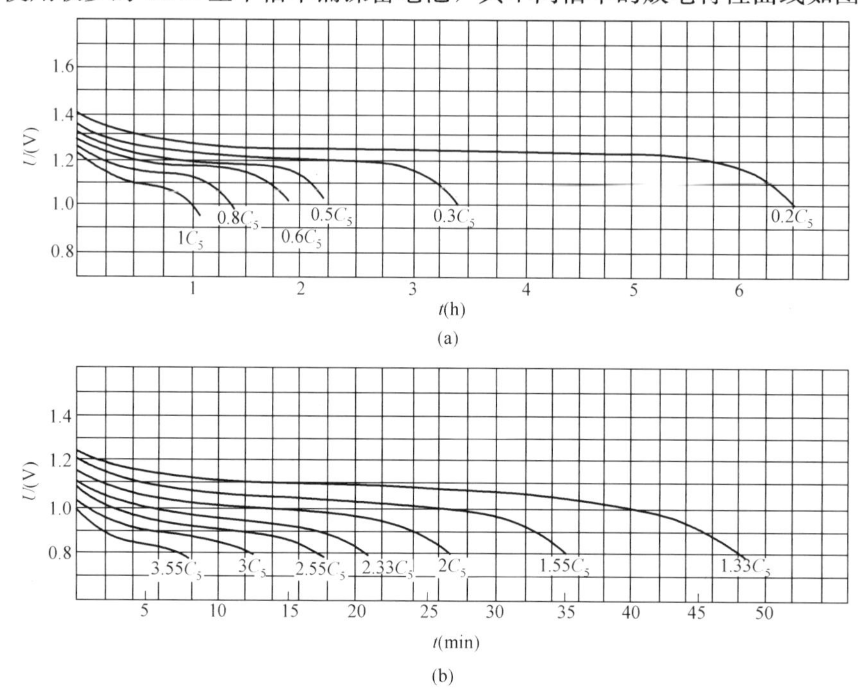

图9-9 GNZ型镉镍电池不同倍率放电特性曲线

(a) 0.2～1C_5 放电特性曲线；(b) 1.3～3.5C_5 放电特性曲线

2. 容量及其影响因素

蓄电池的容量定义为：在一定温度、放电电流值（即放电率）、起始电压和终止电压下，蓄电池能释放出的实际电量，称为蓄电池的容量，通常以 C 表示（单位为Ah）。

镉镍蓄电池，通常以温度为(20±5)℃、终止电压为1V，以5h完成这一恒流放电过程所释放出的电池容量为额定容量，用 C_5 表示，这时期的放电电流为0.2C_5，并以此作为放电电流的额定值。

镉镍碱性蓄电池的自放电较小，其容量有以下特点：

(1) 新电池开始使用时，容量不大。经过若干次充、放电后，其容量明显增加，并超过额定容量。继续使用一个时期才逐渐退到额定容量值。此后，随放电次数增加，容量逐渐减小。

(2) 在氢氧化钾电解液中加适量氢氧化锂，可使容量维持较长时间。

(3) 用高放电率放电时，极板上会生成不易还原的物质，从而使容量降低、寿命缩短。

(4) 电解液中吸收的二氧化碳越多，容量就越小，更换电解液后，容量就能恢复。

此外，蓄电池容量随放电电流的增大而减少，也随温度的降低而减少，但温度过高时易

引起极板中铁的迅速溶解，并有可能和正极板的氧化镍发生反应，生成不易还原的物质，使蓄电池容量降低。

GNZ 型中倍率镉镍蓄电池的寿命，在(20±5)℃下，全充全放电循环次数不少于 900 次。浮充电使用时，使用寿命一般为 15～20 年。

四、镉镍蓄电池的运行方式

镉镍蓄电池（蓄电池组）的运行也有两种方式：充放电（充电—放电）运行方式和浮充电运行方式。发电厂中常使用浮充电运行方式。

1. 正常充电

镉镍蓄电池的正常充电，是以 $0.2C_5$（5h 率）恒流充电 6～8h。

在充电期间，电解液的温度不得超过 30℃。若为加有氢氧化锂的电解液，其温度不得超过 40℃。在温度过高时应停止充电，待冷却后接着再充。

充电时，不要取下注液孔上的自动排气间，以免空气中的二氧化碳进入蓄电池。自动排气阀的橡胶套应保持有良好的弹性，使充电时产生的气体能自动排出，排气时会发出嘘嘘声。

蓄电池充电终了的判断，是测量两极的电压，镉镍蓄电池的电压升至 1.75V 以上，经 1h 后电压无明显变化，且充入电量已达到放出电量的 140%，即认为充电结束。

2. 过充电（加强充电）

由于蓄电池在充放电工作期间，一般不允许全部容量放完后再充电（要留有储备容量），极板上的有效物质不能全部参加化学反应。在长期使用时，也会逐渐发生容量减退现象，但不像铅酸蓄电池那样显著。为了保持蓄电池容量，所以要进行过充电。一般蓄电池经过 10～12 次充放电循环以后，应进行一次过充电。对于经常使用的蓄电池，最好每月进行一次过充电。

过充电的方法是：用正常充电电流（$0.2C_5$）充电 6h，再用正常充电电流值的 1/2 电流继续充电。

过充电的一般定义是：用正常充电方式使蓄电池充至额定容量，然后减小充电电流值仍继续充电。

3. 快速充电

快速充电是用 $0.5C_5$ 恒流对蓄电池充电 2h。这种充电方法对蓄电池寿命有影响，只能在紧急需要时使用，一般不采用此法。

4. 正常放电

镉镍蓄电池的正常放电，是以 $0.2C_5$（5h 率）的电流值进行恒流放电。

判断蓄电池放电是否已终止，应根据在各种放电率电流下的终止电压和放电的容量来确定。正常放电电流下的终止电压为 1V。

5. 恒压浮充充电

浮充充电（简称浮充电）是蓄电池组采用浮充电方式运行时的充电方法。镉镍蓄电池的浮充充电是为了弥补蓄电池的自放电损耗，以 1～5mA 的电流对蓄电池进行持续的恒压充电，使电池保持其容量。浮充电时，每只蓄电池的端电压按电池型号而定，中倍率镉镍蓄电池的浮充电压一般为 1.42～1.49V，高倍率镉镍电池的浮充电压一般为 1.35～1.39V。

6. 恒压均衡充电

恒压均衡充电，简称均衡充电，是过充电（加强充电）的方法之一。均衡充电电压比浮充电电压高，按蓄电池型式而定。中倍率镉镍蓄电池的均衡充电电压一般每只为1.52～1.55V，高倍率镉镍蓄电池的均衡充电电压一般每只为1.47～1.5V 。

第五节 直流系统的运行

一、直流系统运行的一般规定

(1) 直流系统的并列原则：

1) 直流系统两电源的并列原则：待并列的两电源的极性相同电压相等。

2) 直流母线上各分路负荷分支需并列合环时必须在其两组电源母线并列后方可进行。

3) 禁止两组母线发生不同极性接地时并列。

4) 禁止将连于不同分段母线上的控制母线并列合环运行。

5) 两组直流母线都有接地信号时，严禁并列运行。

(2) 充电装置的正常使用条件：

1) 设备运行的周围空气温度不低于－5℃，不高于＋40℃；在设备停用期间，周围空气温度不低于－25℃，不高于＋55℃。

2) 周围空气最大相对湿度不超过90％（相当于周围空气温度为25℃时）。

3) 运行地点无导电或爆炸尘埃，无腐蚀金属和破坏绝缘的气体或蒸汽。

(3) 110V直流系统母线绝缘低报警7kΩ，220V直流系统母线绝缘低报警25kΩ。

(4) 110V直流系统浮充电压为115V，均充电压为120V；220V直流系统浮充电压为245V，均充电压为255V。

(5) 正常运行时，110V直流系统正常工作电压为115V，电压允许波动范围为110～120V；220V直流系统正常工作电压为230V，电压允许波动范围为225～240V。

(6) 正常情况下，不允许充电机单独向直流负荷供电。

(7) 直流母线运行时，其绝缘监测装置应投入。

(8) 当机组正常运行时，直流系统的任何倒闸操作均不应使直流母线停电。

(9) 蓄电池欠电压报警时，表明蓄电池放电已经达到它最小设计电压，发出这种警报时，应切断负荷，避免蓄电池处于危险放电状态。

二、直流系统的检查及维护

(1) 直流柜与充电装置的检查。所有导电部件连接处连接牢固，无松动，焊接头无脱落、开焊现象。各开关应操作灵活，无卡涩，机械闭锁装置完好。直流系统的运行方式与直流屏上各隔离开关的实际位置相符。浮充电装置运行正常，导线连接良好，无松动发热，无异常声音及放电现象。各熔断器接触良好，无熔断现象。电流输出正常，备用浮充电机在良好备用状态。母线电压正常，直流系统绝缘情况良好，无接地现象。

检查直流盘柜内各表计指示正常、直流盘柜内各信号灯指示正常、集中监控器运行正常、绝缘监测仪运行正常。

(2) 蓄电池的检查维护。检查环境温度、湿度及蓄电池外表温度，蓄电池的壳、盖是否有裂纹或变形，连接导线、螺栓是否有松动和污染现象，电解液是否泄漏。蓄电池室应清洁、干燥、阴凉、通风良好，禁止带入火种。

三、直流系统异常及事故处理

（1）直流母线电压异常（过电压/欠电压）。

现象：“控母电压异常”光字牌点亮，集中监控器发声报警并显示相应画面。

处理：了解直流负荷情况，是否有直流电动机自启动现象。检查母线电压表、监察装置所显示电压，判明电压异常报警信号是否正确。检查充电装置已根据其输出电流自动选择合适的充电方式，否则应手动选择。若直流母线电压异常是由于装置故障引起，可停止运行中的充电装置，倒换至备用充电装置运行。

（2）充电模块故障。

现象：“充电装置故障”光字牌点亮，集中监控器发声报警并显示相应画面。

原因：因交流输入电源失电压、缺相或过电压引起的充电模块停机或保护关机。因误操作引起的某个充电模块上的“开机/关机”按钮处于关机状态或“均/浮充”按钮处于均充状态。充电模块的输出电压低或高出设定值。块地址码拨错。某些不明原因引起的充电模块内部故障，无电压输出。

处理：当出现充电机故障时，首先应判定故障类型，通知检修处理。

（3）充电装置故障跳闸。

现象：“充电装置故障”光字牌点亮，集中监控器发声报警并显示相应画面。

处理：查蓄电池带直流负荷供电正常。检查装置信号、保护动作情况，装置外部有无异常。分析查明故障原因，清除故障，恢复正常运行。若工作充电装置故障一时不能投运，应启动备用充电装置代替。注意维护直流工作母线的正常电压。若电压波动引起装置跳闸时，电压正常后装置自动恢复运行。装置交流、直流侧电源熔断器熔断时，应更换。充电装置故障时，应倒至备用充电装置运行，并联系检修处理。

（4）直流系统接地。

现象：“直流绝缘故障”信号发出。绝缘监测装置报警，相应指示灯亮。集中监控器发声报警并显示相应画面。

处理：

1）检查微机绝缘监测装置巡查绝缘低支路情况，判明接地点。

2）通知检修到场。

3）首先对作业设备查找，若因工作引起接地，则应排除故障，并终止其工作。

4）了解有无刚启动的设备。

5）对于掉电后可能造成机组跳闸的回路，机组运行中不得采用瞬断法。

6）对允许瞬时停电的负荷，可采取拉路法，首先判断故障范围，停电拉闸时，应先拉外围设备，后拉室内设备，先拉不重要的，后拉重要的设备。

7）瞬时停电寻找接地时，应得值长命令且电气检修人员在场配合，选拉热工负荷时须有热工人员确认，并遵照边选择边恢复的原则，在恢复原运行方式后，方可进行下一步操作。

8）对不允许瞬时停电的负荷，应用转移法，将负荷切换至另一直流系统，根据接地信号是否转移判断故障所在。

9）对不允许瞬时停电的双电源直流负荷，拉路前必须确认另一路直流电源供电良好，拉路后根据接地信号是否转移到另一条母线判断故障所在。

10）采取上述措施后，接地信号仍未消除，可认为母线或蓄电池组接地，征得值长同意后，先将蓄电池停电判断故障，若母线接地可请示上一级负责人后再作处理。

11）故障点找出后，应通知所辖设备的检修人员处理，绝缘合格后方可恢复送电。

寻找直流接地时的注意事项。

1）拉路时，应得值长命令且电气检修人员和热工人员在场配合。

2）拉路时，应通知有关设备的值班人员注意观察设备运行情况。

3）拉路时，应先拉室外设备，后拉室内设备，先拉次要设备，后拉重要设备。

4）拉路中应尽量缩短设备断电时间。

5）对不允许瞬时停电的双电源直流负荷，拉路前必须确认另一路直流电源供电良好，拉路后根据接地信号是否转移到另一条母线判断故障所在。

6）使用万用表测量母线对地电压时，要注意万用表挡位位置，并防止第二点接地。

7）确定故障点后，应尽快通知检修处理。

第六节 电磁式电流互感器

互感器是电力系统中测量仪表、继电保护和自动装置等二次设备获取相关电气一次设备回路信息的传感器。互感器将高电压、大电流按比例变成低电压（110、$100/\sqrt{3}$、50V）和小电流（5、1、0.5A），其一次侧接一次系统，二次侧接二次系统。通常，测量仪表与继电保护和自动装置工作状态不同，分别接在互感器不同的二次回路中。

互感器的作用是：

（1）使高压装置与测量仪表和继电器在电气方面很好的隔离，保证工作人员的安全。

（2）使测量仪表和继电器标准化和小型化，并可采用小截面电缆进行远距离测量。

（3）当电路上发生短路时，保护测量仪表的电流线圈，使它不受大电流的损害。

（4）能使用简单而经济的标准化仪表和继电器，并使二次回路接线简单。

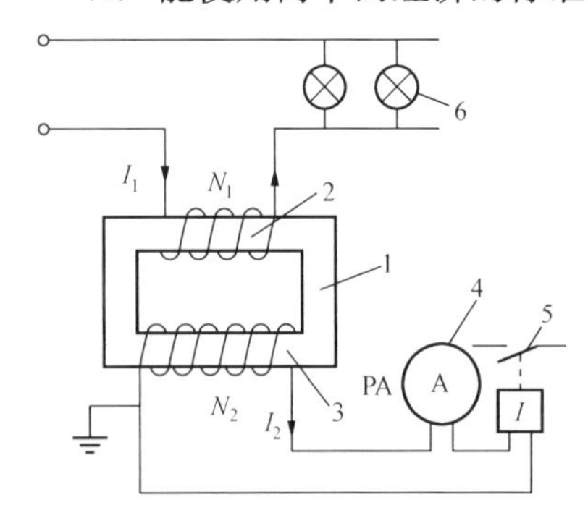

图 9-10 电流互感器原理接线图
1—电流互感器铁芯；2—一次绕组；3—二次绕组；4—电流表；5—电流继电器；6—用电负荷

为了确保工作人员在接触测量仪表和继电器时的安全，互感器的每一个二次绕组必须有一可靠的接地。以防绕组间绝缘损坏而使二次部分长期存在高电压。

互感器包括电流互感器和电压互感器两大类，主要是电磁式的。电容式电压互感器，在超高压系统中被广泛应用。非电磁式的新型互感器，如光电耦合式、电容耦合式及无线电电磁波耦合式电流互感器目前使用不多。

一、电磁式电流互感器的工作原理

电力系统中广泛采用的是电磁式电流互感器（以下简称电流互感器，用 TA 表示）。它的工作原理与变压器相似，其原理接线如图 9-10 所示。其特点有：

（1）一次绕组串联在被测电路中，匝数很少。一次绕组中的电流完全取决于被测电路的电流，而与二次电流无关。

(2) 二次绕组匝数多，且所串联的仪表或继电器的电流线圈阻抗很小，所以正常运行时，电流互感器接近于在短路状况下工作。

二、电流互感器的误差

电流互感器一、二次额定电流之比，称为电流互感器的额定变（流）比 K_i，可表示为

$$K_i = I_{N1}/I_{N2} \approx N_2/N_1 \approx I_1/I_2 \tag{9-6}$$

式中　N_1、N_2——分别为电流互感器一、二次绕组的匝数；

I_1、I_2——分别为电流互感器一次实际电流和二次电流测量值。

电流互感器的等值电路和简化相量图如图 9-11 所示。

根据磁通势平衡原理

$$I_1N_1 + I'_2N_2 = I_0N_1 \tag{9-7}$$

可看出，由于铁芯中产生磁通，铁芯的发热和交变励磁以及二次绕组和二次回路导线的发热，电流变换消耗能量，使一次电流 $\dot{I}_1$ 与 $-\dot{I}'_2$ 在数值和相位上都有差异，即测量结果有误差。这种误差通常用电流误差和相位误差表示。

电流误差，由二次绕组测得的一次电流近似值 K_iI_2 与一次电流实际值 I_1 之差，对一次电流实际值的百分比，称为电流误差，用 f_i 表示，即

$$f_i = [(K_iI_2 - I_1)/I_1] \times 100\% \tag{9-8}$$

并规定 $K_iI_2 > I_1$ 时，电流误差为正，反之为负。

相位误差，二次电流 $\dot{I}_2$ 旋转 180°后与一次电流 $\dot{I}_1$ 的夹角 δ_i 称为角误差，并规定 $-\dot{I}_2$ 超前 $\dot{I}_1$ 时，δ_i 为正值；反之为负值。

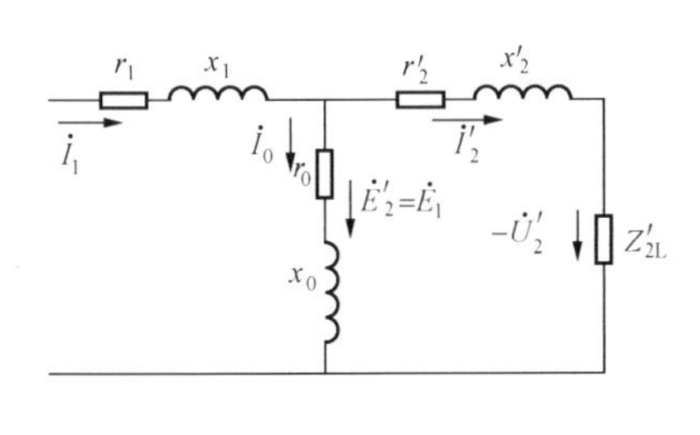

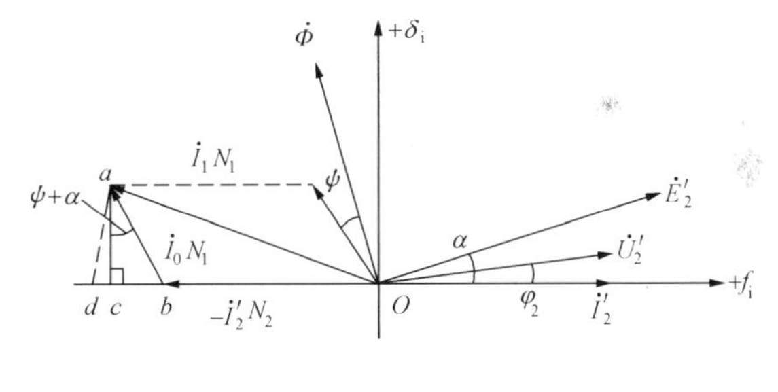

图 9-11　电流互感器

(a) 等值电路；(b) 简化相量图

φ_2—Z'_{2L}功率因数角；α—二次总阻抗角；$\dot{\Phi}$—铁芯合成磁通，超前 $E'_2$90°；

ψ—铁芯损耗角；$\dot{I}_0N_1$—励磁磁通势

将式 (9-6) 代入式 (9-8)，则

$$f_i = [(I_2N_2 - I_1N_1)/I_1N_1] \times 100\% \tag{9-9}$$

式 (9-9) 中 I_2N_2 及 I_1N_1 只表示其绝对值的大小，当 I_1N_1 大于 I_2N_2 时，电流误差为负；反之为正。从图 9-11 (b)可知

$I_2N_2 - I_1N_1 = Ob - Od = -bd$，当 δ_i 很小时，$bd \approx bc$，则

$$f_i \approx (-I_0N_1/I_1N_1)\sin(\psi + \alpha) \times 100\% \tag{9-10}$$

$$\delta_i \approx \sin\delta_i = (I_0N_1/I_1N_1)\cos(\psi+\alpha)\times 3440' \tag{9-11}$$

式（9-10）和式（9-11）表明电流互感器的误差可用励磁磁通势 I_0N_1 表示。I_0N_1 为电流互感器绝对误差，I_0N_1/I_1N_1 表示的是相对误差。当相量图中的 I_0N_1 用 I_0N_1/I_1N_1 表示时，则 I_0N_1/I_1N_1 在横轴上的投影就是电流误差，I_0N_1/I_1N_1 在纵轴上的投影就是相位误差。电流误差和相位误差的正负号可由图 9-11（b）中以 O 点为原点所选择的直角坐标系来确定。

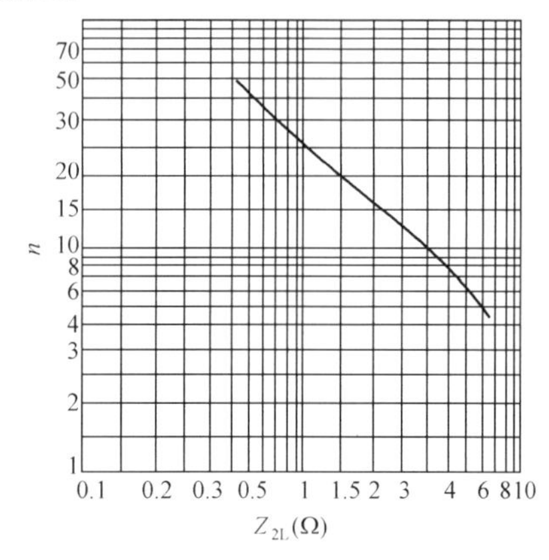

图 9-12 电流互感器误差曲线

三、电流互感器的准确级和额定容量

1. 电流互感器的准确级

电流互感器的误差大小，集中反映在励磁电流 I_0 的大小，而 I_0 的大小除与电流互感器的铁芯材料、结构有关外，还与一次电流及二次负荷有关。电流互感器误差曲线如图 9-12 所示，根据测量时误差的大小，电流互感器划分为不同的准确级。我国电流互感器准确级和误差限值如表 9-1 所示。

2. 电流互感器的额定容量

电流互感器的额定容量 S_{N2} 是指电流互感器在额定二次电流 I_{N2} 和额定二次阻抗 Z_{N2} 下运行时，二次绕组输出的容量

$$S_{N2} = I_{N2}^2 Z_{N2} \tag{9-12}$$

由于电流互感器的二次电流为标准值（5A 或 1A），故其容量常用额定二次阻抗来表示。

表 9-1 我国电流互感器准确级和误差极限

准确级次	一次电流为额定电流的百分数(%)	误差极限		二次负荷变化范围
		电流误差(%)	相位误差(′)	
0.2	10	±0.5	±20	(0.25～1)S_{N2}
	20	±0.35	±15	
	100～120	±0.2	±10	
0.5	10	±1	±60	
	20	±0.75	±45	
	100～120	±0.5	±30	
1	10	±2	±120	
	20	±1.5	±90	
	100～120	±1	±60	
3	50～120	±3	不规定	(0.5～1)S_{N2}

3. 保护型准确级

保护用电流互感器按用途可分为稳态保护用（P）和暂态保护用（TP）两类。稳态保护用电流互感器的准确级常用的有 5P 和 10P。保护级的准确级是以额定准确限值一次电流的最大复合误差来标称的，所谓额定准确限值一次电流是一次电流为额定一次电流的倍数。也称为额定准确限值系数。图 9-12 所示为在保证电流误差不超过－10%的条件下，一次电流的倍数 $n(I_1/I_{N1})$ 与允许最大二次负载阻抗 Z_{2L} 的关系曲线。

四、电流互感器二次侧开路的影响

电流互感器正常工作时二次侧接近于短路状态，当 $Z_{2L}=\infty$，即二次绕组开路，电流互感器由正常短路工作状态变为开路工作状态，$I_2=0$，励磁磁通势由正常为数甚小的 I_0N_1 骤增为 I_1N_1，由于二次绕组感应电动势是与磁通的变化率 $d\Phi/dt$ 成正比的，因此，二次绕组将在磁通过零前后，感应产生很高的尖顶波电动势，如图 9-13 所示，其值可达数千伏甚至上万伏（与电流互感器的额定变比及开路时一次电流值有关）将危及工作人员人身安全、损坏仪表和继电器的绝缘。由于磁感应强度骤增，会引起铁芯和绕组过热。此外，在铁芯中还会产生剩磁，使互感器准确级变低。因此，当电流互感器一次绕组通有（或可能出现）电流时，二次绕组是不允许开路的。

五、电流互感器的分类和结构

1. 电流互感器的分类

（1）按安装地点分为户内式和户外式。35kV 及以下电压等级一般为户内式。

（2）按安装方式可分为穿墙式、支持式和装入式。穿墙式装在墙壁或金属结构的孔中，可节省穿墙套管；支持式安装在平面或支柱上；装入式套在 35kV 及以上变压器或多油断路器油箱内的套管上，故也称为套管式。

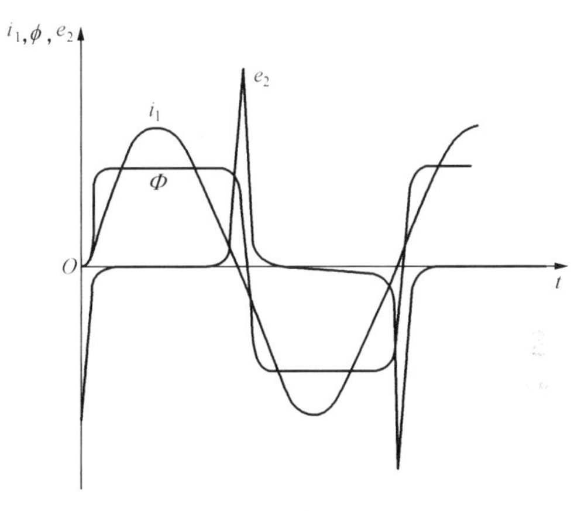

图 9-13 电流互感器二次侧开路时，i_1、ϕ 和 e_2 的变化曲线

（3）按绝缘可分为干式、浇注式、油浸式和气体绝缘式。干式适合于低压户内使用；浇注式用环氧树脂作绝缘，适合于 35kV 及以下电压等级户内用；油浸式多用于户外型设备；气体绝缘式通常用空气、六氟化硫作绝缘，特别是六氟化硫气体绝缘适用于高电压等级。

（4）按一次绕组匝数可分为单匝式和多匝式。单匝式又分为本身没有一次绕组（如母线型、套管型或钳型）和有一次绕组（如一次绕组做成 U 形或杆形）；多匝式可分为线圈型、8 字型等。

2. 电流互感器的结构

电流互感器通常由铁芯，一、二次绕组及相应的绝缘、瓷套、二次接线盒等组成。额定电流在 400A 以下通常采用多匝式；单匝式“U”字形绕组的电流互感器，由于采用圆筒式电容串结构绝缘，电场分布均匀，在 110kV 及以上电压等级得到广泛应用。

有一种电流互感器，它具有多个没有磁联系的独立铁芯，所有铁芯上的一次绕组是公共的，而每个铁芯上都有一个二次绕组，构成一个多绕组电流互感器。多个二次绕组可有相同或不同变比、不同或相同准确级。

对于 110kV 及以上电压等级的电流互感器，为了适应一次电流的变化和减少产品的规格，常将一次绕组分成几组，通过绕组的串、并联，以获得 2～3 种变比。

六、电流互感器的极性及接线方式

1. 电流互感器的极性

电流互感器的极性按减极性原则标准，如图 9-14 所示。当一次侧电流 I_1 由 L1 流向

L2，二次侧电流 I_2，在二次绕组内部从 K2 流向 K1，在二次负荷中从 K1 流向 K2 时，规定 L1 和 K1 为同极性端（L2 和 K2 亦为同极性端）。

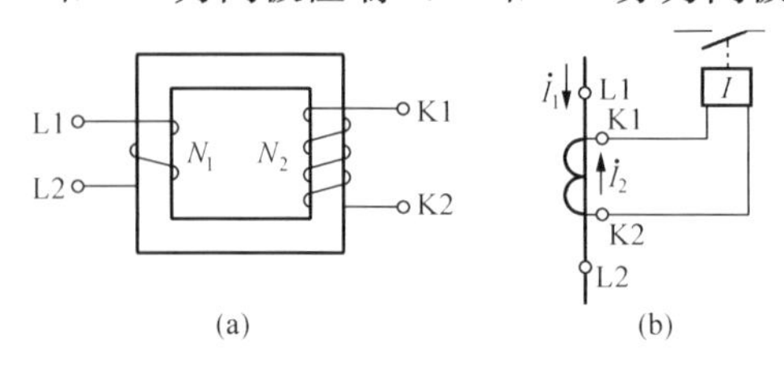

图 9-14 电流互感器同极性端

（a）原理图；（b）接线图

2. 电流互感器的接线方式

电流互感器常用的接线方式如图 9-15 所示。

图 9-15（a）所示为一相式接线方式。电流表通过的电流为一相的电流，通常用于负荷平衡的三相电路中。

图 9-15（b）所示为两相 V 形接线方式，也称为不完全星形接线，公共线中流过的电流为两相电流之和，所以这种接线又称为两相电流和接线，由 $I_a+I_c=-I_b$ 可知，二次侧公共线中的电流，恰为未接互感器的 B 相的二次电流，因此这种接线可接 3 只电流表，分别测量三相电流，所以广泛应用于无论负荷平衡与否的三相三线制中性点不接地系统中，供测量或保护用。

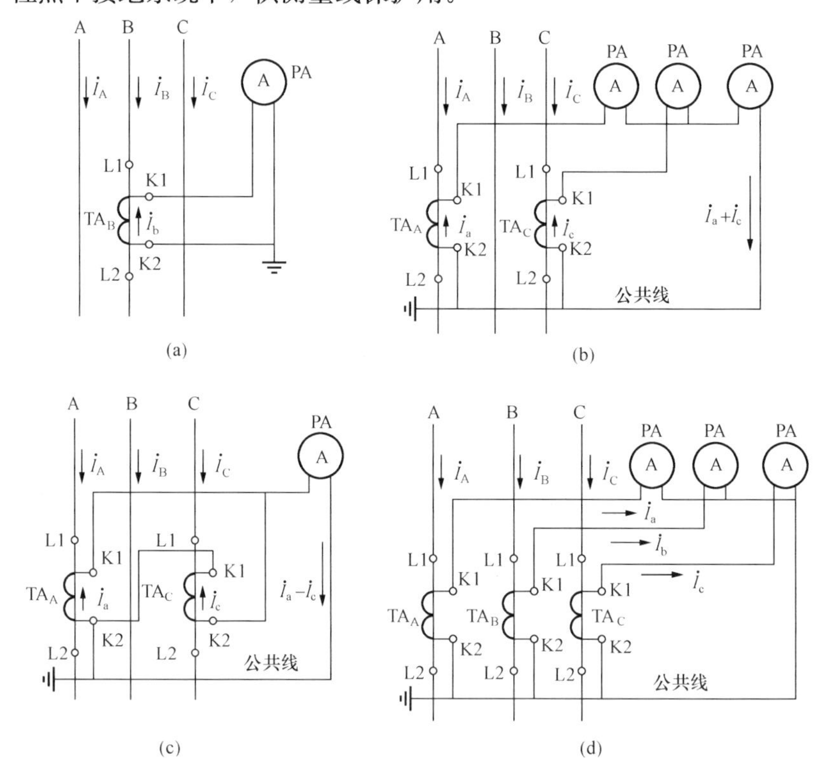

图 9-15 电流互感器的接线方式

（a）一相式；（b）两相 V 形；（c）两相电流差；（d）三相 Y 形

图 9-15（c）所示为两相电流差接线方式。该接线方式二次侧公共线中流过的电流为 I_a、I_c 两个相电流之差（I_a-I_c），其数值等于一相电流的$\sqrt{3}$倍，多用于三相三线制电路的继电保护装置中。

图 9-15（d）所示为三相 Y 形接线方式。三只电流互感器分别反映三相电流和各种类型的短路故障电流。广泛用于负荷不论平衡与否的三相三线制电路和低压三相四线制电路中，

供测量和保护用。

第七节　电 压 互 感 器

目前电力系统广泛应用的电压互感器，用 TV 表示。按其工作原理可分为电磁式和电容式两种。

一、电磁式电压互感器

1. 电磁式电压互感器的工作原理

电磁式电压互感器的工作原理、构造和接线方式都与变压器相似。它与变压器相比有如下特点：

（1）容量很小，通常只有几十伏安到几百伏安。

（2）电压互感器一次电压 U_1 为电网电压，不受互感器二次侧负荷的影响，一次侧电压高，需有足够的绝缘强度。

（3）互感器二次侧负荷主要是测量仪表和继电器的电压线圈，其阻抗很大，通过的电流很小，所以电压互感器的正常工作状态接近于空载状态。

电压互感器一、二次绕组额定电压之比称为电压互感器的额定变（压）比，即

$$K_u = U_{N1}/U_{N2} \approx N_1/N_2 \approx U_1/U_2 \tag{9-13}$$

式中　N_1、N_2——电压互感器一、二次绕组匝数；

U_1、U_2——电压互感器一次实际电压和二次电压测量值。

U_{N1} 等于电网额定电压，U_{N2} 已统一为 100（或 $100/\sqrt{3}$）V，所以 K_u 也标准化了。

2. 电压互感器的误差

电压互感器的等值电路与普通变压器相同，其简化相量图如图 9-16 所示。由于存在励磁电流和内阻抗，使得从二次侧测算的一次电压近似值 K_uU_2 与一次电压实际值 U_1 大小不等，相位差也不等于 180°，产生了电压误差和相位误差，两种误差定义如下。

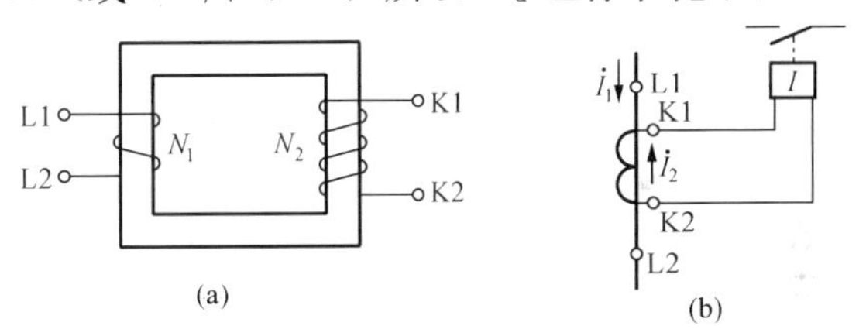

图 9-16　电磁式电压互感器的简化相量图

电压误差为

$$f_u = (K_uU_2 - U_1)/U_1 \times 100\% \tag{9-14}$$

$K_uU_2 - U_1 < 0$ 时，f_u 为负，反之为正。

相位误差为旋转 180°的二次电压 $-\dot{U}_2'$ 与一次电压 $\dot{U}_1$ 之间的夹角 δ_u，并规定 $-\dot{U}_2'$ 超前于 $\dot{U}_1$ 时相位误差为正，反之为负。

这两种误差除受互感器构造影响外，还与二次侧负荷及其功率因数有关，二次侧负荷电流增大，其误差也增大。

电压互感器的准确级，是指在规定的一次电压和二次负荷变化范围内，负荷功率因数为额定值时，电压误差的最大值。我国电压互感器的准确级和误差限值见表 9-2。

表 9-2　　我国电压互感器的准确级和误差限值

<table>
<tr><th rowspan="2">准确级</th><th colspan="2">误差极限</th><th rowspan="2">一次电压误差范围</th><th rowspan="2">频率、功率因数及二次负荷变化范围</th></tr>
<tr><th>电压误差(%)</th><th>相位误差(′)</th></tr>
<tr><td>0.2
0.5
1
3</td><td>±0.2
±0.5
±1.0
±3.0</td><td>±10
±20
±40
不规定</td><td>(0.8～1.2)U_{N1}</td><td rowspan="2">(0.25 ～ 1)S_{N2}
$\cos\varphi_2 = 0.8$
$f = f_N$</td></tr>
<tr><td>3P
6P</td><td>±3.0
±6.0</td><td>±120
±240</td><td>(0.05～1)U_{N1}</td></tr>
</table>

由于电压互感器误差与二次负荷有关，所以同一台电压互感器对应于不同的准确级便有不同的容量。通常，额定容量是指对应于最高准确级的容量。电压互感器按照在最高工作电压下长期工作允许发热条件，还规定了最大容量。例如：JSTW-10 型三相五柱式电压互感器的铭牌参数：准确级（0.5、1、3）、最大容量、额定容量（120、200、480、960VA）。

电压互感器二次侧的负荷为测量仪表及继电器等电压线圈所消耗的功率总和 S_2，选用电压互感器时要使其额定容量 $S_{N2} \geqslant S_2$，以保证准确级等级要求。其最大容量是根据持久工作的允许发热决定的，即在任何情况下都不许超过最大容量。

3. 电磁式电压互感器的分类和使用特点

电磁式电压互感器由铁芯和绕组等构成。

根据绕组数不同，电压互感器可分为双绕组式和三绕组式。

按相数分，电压互感器可分为单相式和三相式，20kV 及以下才有三相式，且有三相三柱式和三相五柱式之分。在中性点不接地或经消弧线圈接地的系统中。三相三柱式一次侧只能接成 Y，其中性点不允许接地，这种接线方式不能测量相对地电压。而三相五柱式电压互感器一次绕组可接成 YN。

按绝缘方式分，电压互感器可分为浇注式、油浸式、干式、充气式的。

油浸式电压互感器按其结构型式可分为普通式和串级式的。3～35kV 的电压互感器一般均制成普通式，它与普通小型变压器相似。110kV 及以上的电磁式电压互感器普遍制成串级式结构。其特点是：绕组和铁芯采用分级绝缘，以简化绝缘结构；绕组和铁芯放在瓷套中，可减少质量和体积。图 9-17 所示为 220kV 串级式电压互感器的原理接线图。互感器由两个铁芯（元件）组成，一次绕组分成匝数相等的 4 个部分，分别套在两个铁芯的上、下铁芯柱上，按磁通相加方向顺序串联，接在相与地之间。每一元件上的绕组中点与铁芯相连，二次绕组绕在末级铁芯的下铁芯柱上。当二次绕组开路时，一次绕组电位分布均匀，绕组边缘线匝对铁芯的电位差为 $U_{ph}/4$（U_{ph}为相电压）。因此，绕组对铁芯的绝缘只需按 $U_{ph}/4$ 设计，而普通结构的则需要按 U_{ph}设计，故串级式的可大量节约绝缘材料和降低造价。

当二次绕组接通负荷后，由于负荷电流的去磁作用，末级铁芯内的磁通小于其他铁芯的磁通，从而使各元件感抗不等，磁通势与电压分布不均，准确级下降。为了避免这一现象，在两铁芯相邻的铁芯柱上，绕有匝数相等的连耦绕组（绕向相同，反向对接）。这样，当各个铁芯中的磁通不相等时，连耦绕组内出现电流，使磁通较大的铁芯去磁，磁通较小的铁芯增磁，从而达到各级铁芯内磁通大致相等和各元件绕组电压均匀分布的目的。在同一铁芯的上、下铁芯柱上，还设有平衡绕组（绕向相同，反向对接），借平衡绕组内的电流，使两铁芯柱上的安匝分别平衡。

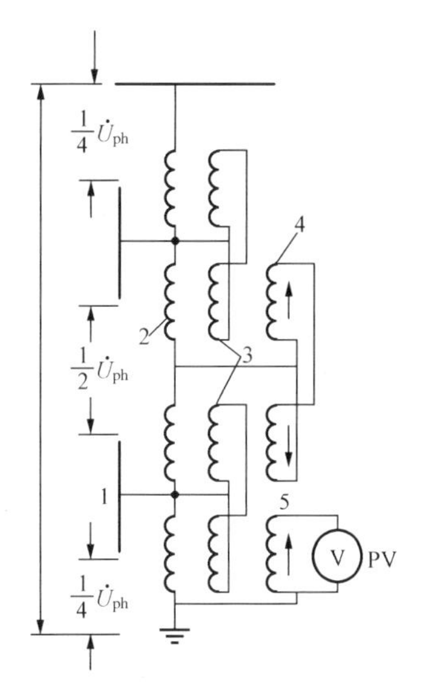

图 9-17　220kV 串级式电压互感器的原理接线图

1—铁芯；2—一次绕组；3—平衡绕组；4—连耦绕组；5—二次绕组

电压互感器接线方式一般为：单相接线方式、Vv 接线方式、三台单相的接线方式（YN/YN/C），三相三柱式的接线方式为 Yy。

电磁式电压互感器安装在中性点非直接接地系统中，且当系统运行状态发生突变时，有可能发生并联铁磁谐振。为防止此类铁磁谐振的发生，可在电压互感器上装设消谐器，亦可在开口三角端子上接入电阻或白炽灯。

电压互感器与电力变压器一样，严禁短路。若发生短路，则应采用熔断器保护。110～500kV 电压级一次侧没有熔断器，直接接入电力系统（一次侧无保护）。35kV 及以下电压级一次侧通过带或不带限流电阻的熔断器接入电力系统。电压互感器的一次电流很小，熔断器的熔件截面积只能按机械强度选取最小截面积，它只能保护高压侧，也就是说只有一次绕组短路才熔断，而当二次绕组短路和过负荷时，高压侧熔断器不可能可靠动作，所以二次侧仍需装熔断器，以实现二次侧过负荷和过电流保护。

但需注意在以下几种情况下，不能装熔断器：

（1）中性线、接地线不准装熔断器。

（2）辅助绕组接成开口三角形的一般不装熔断器。

（3）V 形接线中，b 相接地，b 相不准装熔断器。

用于线路侧的电磁式电压互感器，可兼作释放线路上残余电荷的作用。如线路断路器无合闸电阻，为了降低重合闸时的过电压，可在互感器二次绕组中接电阻，以释放线路上残余电荷，并且此电阻还可以消除断路器断口电容与该电压互感器的谐振。

二、电容式电压互感器

随着电力系统输电电压的增高，电磁式电压互感器的体积越来越大，成本随之增高，因此研制了电容式电压互感器，用 CVT 表示。目前我国 500kV 电压互感器只生产电容式的。

1. 电容式电压互感器的工作原理

电容式电压互感器采用电容分压原理，如图 9-18 所示。在图中，U_1 为电网电压；Z_2 表示仪表、继电器等电压线圈负荷。$U_2 = U_{C2}$，因此

$$U_2 = U_{C2} = U_1 C_1/(C_1 + C_2) = K'_u U_1 \tag{9-15}$$

式中　K'_u——分压比，$K_u = C_1/(C_1 + C_2)$。

由于 U_2 与一次电压 U_1 成比例变化，故可以 U_2 代表 U_1，即可测出相对地电压。

为了分析电压互感器带上负荷 Z_2 后的误差，可利用等效电源原理，将图 9-18 画成图 9-19所示的电容式电压互感器等值电路。

从图 9-19 可看出，内阻抗为

$$Z = 1/[j\omega(C_1 + C_2)] \tag{9-16}$$

当有负荷电流流过时，在内阻抗上将产生电压降，从而使 $\dot{U}_2$ 与 $\dot{U}_1 C_1/(C_1+C_2)$ 不仅在数值上而且在相位上有误差，负荷越大，误差越大。要获得一定的准确级，必须采用大容量的电容，这是很不经济的。合理的解决措施是在图 9-19 中串联一个电感如图 9-20 所示。电感 L 应按产生串联谐振的条件选择，即

$$2\pi fL = 1/[2\pi f(C_1 + C_2)] \tag{9-17}$$

f=50Hz，所以

$$L = 1/[4\pi^2 f^2(C_1 + C_2)] \tag{9-18}$$

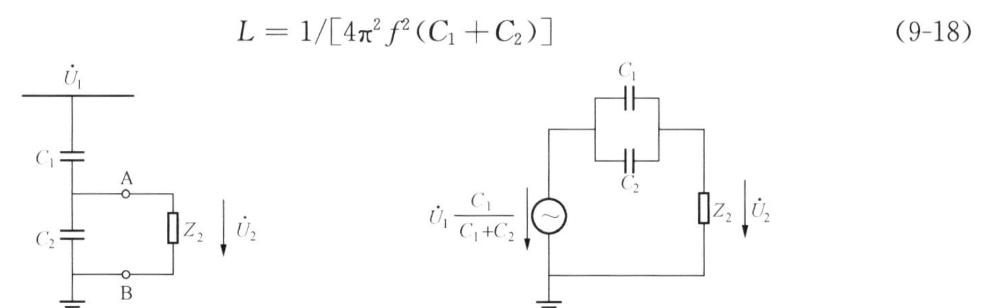

图 9-18 电容式电压互感器电容分压原理

图 9-19 电容式电压互感器的等值电路

理想情况下，$Z'_2 = j\omega L - j1/\omega(C_1+C_2) = 0$，输出电压 U_2 与负荷无关，误差最小，但实际上 $Z'_2 = 0$ 是不可能的，因为电容器有损耗，电感线圈也有电阻，$Z'_2 \neq 0$，负荷变大，误差也将增加，而且将会出现谐振现象，谐振过电压将会造成严重的危害，应力争设法完全避免。

为了进一步减小负荷电流所产生误差的影响，将测量电器仪表经中间电磁式电压互感器（TV）升压后与分压器相连。

2. 电容式电压互感器的基本结构

电容式电压互感器的结构原理图如图 9-21 所示。其主要元件是：电容（C_1、C_2），非线性电感（补偿电感线圈 L_2），中间电磁式电压互感器（TV）。为了减少杂散电容和电感的有害影响，增设一个高频阻断线圈（L_1），它和 L_2 及中间电压互感器一次绕组串联在一起，L_1、L_2 上并联放电间隙 E1、E2，以资保护。

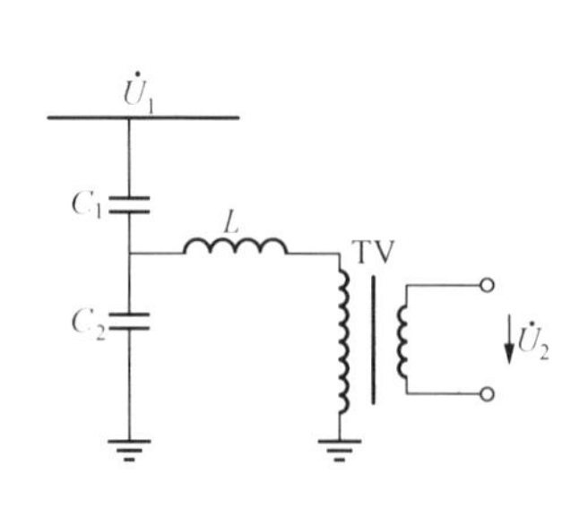

图 9-20 电容式电压互感器串联电感电路

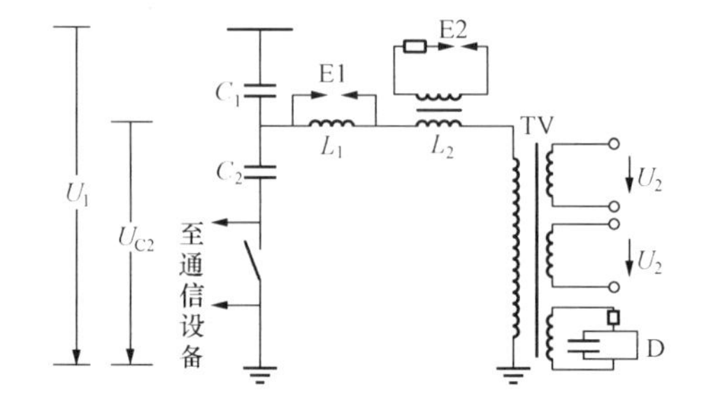

图 9-21 电容式电压互感器的结构原理图

电容（C_1、C_2）和非线性电感 L_2 与 TV 的一次绕组组成的回路，当受到二次侧短路或断路等冲击时，由于非线性电抗的饱和，可能激发产生高次谐波铁磁谐振过电压，对互感器、仪表和继电器造成危害，并可能导致保护装置误动作。为了抑制高次谐波的产生，在互感器二次绕组上装设阻尼器 D，阻尼器 D 具有一个电感和一个电容并联，一只阻尼电阻被安插在这个偶极振子中。阻尼电阻有经常接入和谐振时自动接入两种方式。

3. 电容式电压互感器的误差

电容式电压互感器的误差是由空载电流、负载电流以及阻尼器的电流流经互感器绕组产生压降而引起的，其误差由空载误差 f_0 和 δ_0，负载误差 f_L 和 δ_L，阻尼器负载电流产生的误差 f_D 和 δ_D 等几部分组成，即

$$f_u = f_0 + f_L + f_D \tag{9-19}$$

$$\delta_u = \delta_0 + \delta_L + \delta_D \tag{9-20}$$

当采用谐振时自动投入阻尼器的，其 f_D 和 δ_D 可略而不计。

电容式电压互感器的误差除受一次电压、二次负荷和功率因数的影响外，还与电源频率有关，由式（9-17）可知，当系统频率与互感器设计的额定频率有偏差时，由于 $\omega L \neq 1/[\omega(C_1+C_2)]$，因而会产生附加误差。

电容式电压互感器由于结构简单、质量轻、体积小、占地少、成本低，且电压越高效果越显著，分压电容还可兼作载波通信耦合电容。因此它广泛应用于 110～500kV 中性点直接接地系统。电容式电压互感器的缺点是输出容量较小、误差较大，暂态特性不如电磁式电互感器。

4. 电容式电压互感器的典型结构

图 9-22 所示为法国 ENERTEC 生产的 CCV 系列电容式电压互感器的结构图。图中电容器每一电容元件由高纯度纤维纸张——优质的 VOLTAM 和铝膜卷制而成，组装成一个电容单元，经真空、加热、干燥，予以除气和去湿。然后装入套管内，浸入绝缘油中。

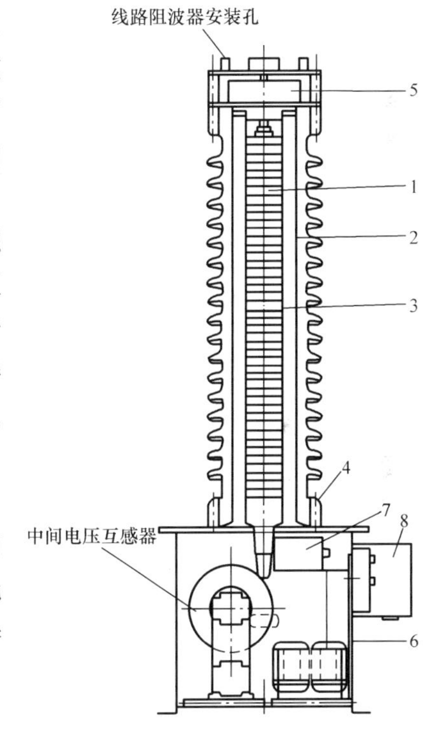

图 9-22　CCV 系列电容式电压互感器的结构图

1—电容器；2—瓷套管；3—高介电强度的绝缘油；4—密封设施；5—膜盒；6—密封金属箱；7—阻尼器；8—低压接线盒

在高压电网中，电容部分由若干个叠装的单元构成，可拆卸运输。互感器最上部（首部）有一帽盖，是由铝合金制成，上有阻波器的安装孔。电压连接端也直接安置于帽盖的顶部，是一种圆柱状或扁板状的连接端子，可供选择。

帽盖内含有一个弹性的腰鼓形膨胀膜盒，用以补偿运行时随温度变化而改变的油的容积。侧面的油位指示器可观察油面的变化。整个膨胀膜盒均与外界隔绝，密封面不与气室相接触。

第八节 直流电流互感器

直流电流互感器利用被测直流改变带有铁芯上扼制线圈的感抗，间接地改变辅助交流电路的电流，从而来反映被测电流的大小。

直流电流互感器通常是由两个相同的闭合铁芯所组成，在每一个铁芯上有两个绕组，即一次绕组和二次绕组。一次绕组串联接入被测电路，二次绕组则连接到辅助的交流电路里。其连接方式有串联和并联两种，前者称为二次绕组串联直流互感器，后者称为二次绕组并联直流互感器。由于二次绕组接法不同，这两种互感器的静态特性和动态特性有很大差别，用途也各不相同。其中二次绕组串联直流互感器用来测量电流，二次绕组并联直流互感器则多用来测量电压。直流互感器也有一次绕组为一匝的母线型互感器。

在直流互感器里，当使用的铁芯材料具有理想的磁化特性时，如果忽略辅助交流电路的阻抗，从理论上可以证明，交流电路电流的平均值正比于被测直流。实际上这种理想情况是不可能实现的，因此直流互感器存在比较大的误差，特别是当被测电流相对互感器的额定电流来说较小时，误差更大。这是直流互感器难以克服的缺点。

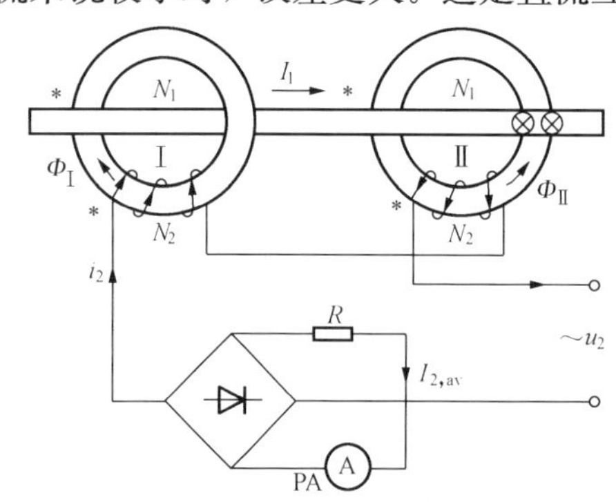

图 9-23　二次绕组串联的直流电流互感器的接线图

直流互感器的准确级不高（一般在 50%～120%额定电流下，误差为 0.2%～0.5%），同时也易受外磁场影响。尽管这样，由于它稳定可靠，功率消耗比分流器小，同时又能承担一定负载（指仪表），所以目前应用仍然比较普遍。图 9-23 所示为二次绕组串联的直流电流互感器的接线图。在图中两个二次绕组应反向串联，否则这种双铁芯直流互感器与单铁芯直流互感器一样，在性能上不会有任何改善。可以证明，当铁芯具有理想磁化特性时，$i_2(t)$ 为矩形曲线，并在任何瞬时都存在如下关系

$$i_2 = I_1 N_1 / N_2 \tag{9-21}$$

如果一次侧直流 I_1 增大，相应的二次侧交流瞬时值 i_2 也必然增大。因此一次侧直流电流的变化在二次侧交流电路中可以再现。在这种理想条件下，二次侧交流电路中电流的平均值 $I_{2,av}$ 为

$$I_{2,av} = I_1 N_1 / N_2 \text{ 或 } I_1 = K I_{2,av} \tag{9-22}$$

式中　K——直流互感器的变比。因此二次侧电流经整流后，用磁电系仪表测量其平均值，便可以确定一次侧电流 I_1。

在发电厂使用的直流互感器的二次绕组一般由 UPS 供电，以保证互感器的正确性。

第九节 发电厂的控制方式

发电厂大型机组的控制方式可分为单元控制室兼网络控制室、单元集中控制室与网络相互独立的两种类型。

一、单元控制室兼网络控制室的控制方式

600MW及1000MW发电机组，通常将一个单元的机、炉、电的所有设备和系统集中在一个单元控制室控制。大型发电厂，为了提高热效率，趋向采用亚临界或超临界高压、高温的机组，其热力系统和电气主接线都是单元制，各机组之间的横向联系较少，在进行启动、停机和事故处理时，单元机组内部的纵向联系较多，因而采用单元控制室，便于机、炉、电协调控制。

在单元控制室电气部分控制的设备和元件主要有：汽轮发电机及其励磁系统、主变压器、高压厂用工作变压器、高压厂用备用变压器或启动备用变压器、高压厂用电源线、主厂房内采用专用备用电源的低压厂用变压器以及该单元其他必要集中控制的设备和元件。对全厂共用的设备，集中在第一单元控制室控制，其他单元控制室有必要的信号及调节手段。

采用单元制方式的发电厂，当高压网络出线较少或远景规划明确时，电力网的控制部分可设在第一单元控制室内，各操作控制在网控屏上进行，当高压网络出线较多或配电装置离主厂房较远时，一般另设网络控制室。在单元控制室网控屏或网络控制室内控制的设备和元件有：联络变压器或自耦变压器、高压母线设备、110kV及以上线路、高压或低压并联电抗器等，此外，还有各单元发电机-变压器组以及高压厂用备用变压器或启动备用变压器高压侧断路器的信号和必要的表计。

高压网络采用3/2断路器接线时，发电机—变压器组设备较重要，为防止误操作，与此有关的两台断路器在单元控制室控制，而在单元控制室的网控屏或网络控制室内，有上述断路器的位置信号，以使网控人员掌握发电机—变压器组的运行状态，尤其是出口断路器的运行状态。

二、单元控制室的布置

大型发电厂单元控制室通常设计成单机一控或两机一控，布置在主厂房机炉间的适中位置，以热控专业为主。当技术经济比较合理时，单元控制室也可布置在汽轮机房A排柱外侧，使电气控制离开关站较近。

控制室内的布置，对两机一控单元控制室，炉机电屏（BTG）的布置多采用U形布置；两台机组控制屏的布置，按相同的炉、机、电顺序排列，整体协调一致。当在单元控制室布置网控屏时，一般将网控屏布置在第一单元控制室两台机组控制屏的中间。由于单元控制室受面积的限制以及技术经济条件等因素的影响，网络部分的继电保护、自动装置和变压器屏布置在靠近高压配电装置的继电器室内，发电机组的调节器、保护设备、自动装置及计算机等电子设备屏均布置在主厂房内的电子设备室内。

600MW或1000MW机组的大型发电厂，均采用分布式微机控制系统（亦称集散系统），其CRT显示操作器是人机联系的主要手段，因而，通常将集散系统的CRT布置在BTG屏的前面，以便通过CRT实现全厂的控制监视。

三、网控屏屏面布置

控制屏通常选用制造厂的定型产品，BTG屏应统一配套。控制屏上一般有开关控制手柄或按钮、指示灯、光字牌、仪表、调节手柄等设备。操作设备与安装单位的模拟接线相对应，功能相同的操作设备，布置在相对应的位置上，为避免运行人员误操作，操作方向全厂一致。

第十节 断 路 器 的 控 制

一、断路器的控制方式

断路器的控制方式，按其操作电源可分为强电控制与弱电控制，前者一般为110V或220V电压；后者为48V及以下电压；按操作方式可分为一对一控制和选线控制两种。根据不同特点，强电控制一般分为下列三类：

(1) 根据控制地点分为集中控制与就地控制两种。

(2) 按跳、合闸回路监视方式可分为灯光监视和音响监视两种。

(3) 按控制回路接线可分为控制开关具有固定位置的不对应接线与控制开关触点自动复位的接线。

弱电控制方式有以下几种类型：

(1) 一对一控制。重要的电力设备，如发电机—变压器组、高压厂用工作变压器及启动备用变压器等，其重要性较高，但操作几率较低，宜采用一对一控制。

(2) 弱电选线控制。常用的选线方式有按钮选线控制、开关选线控制和编码选线控制等方式。

大型发电厂高压断路器多采用弱电一对一控制方式，断路器跳、合闸线圈仍为强电，两者之间增加转换环节。这样设计，控制屏能采用小型化弱电控制设备、操动机构强电化、控制距离与单纯的强电控制一样。

以下主要介绍500kV断路器控制回路的接线。

二、对500kV断路器控制回路的要求

500kV断路器的重要性极高，在对其控制回路进行设计时，应满足以下各项要求。

(1) 满足双重化的要求。要准确可靠地切除电力系统中的故障，除了继电保护装置要准确、可靠的动作外，作为继电保护的执行元件——断路器是否能可靠地动作，这对于切除故障是至关重要的。显然，在电力系统发生故障时，即使继电保护装置正确动作，但如断路器失灵而拒动时，故障仍不能被切除，势必酿成严重的后果。断路器的可靠工作，与消弧机构(断口部分)、操动机构、控制回路和控制电源有关。其中，消弧机构和操动机构的可靠性取决于断路器的制造技术水平，而控制回路和控制电源这两部分的可靠性的提高主要取决于断路器二次回路的设计。在187kV以上系统中，断路器的拒动率为1.8×10^{-3}，其中72%是由控制回路不良引起的。控制电缆和断路器的跳闸线圈采用双重化措施以后，拒动率降低到5×10^{-4}，即采用双重化后拒动率降到原来的1/3.6。所以，为了保证可靠地切除故障，500kV断路器采用双重化的跳闸回路是非常必要的。通常500kV断路器的操动机构都配有两个独立的跳闸回路，两跳闸回路的控制电缆也分开。

(2) 跳、合闸命令应保持足够长的时间。为确保断路器可靠地跳、合闸，即一旦操作命令发出，就应保证整个跳闸或合闸过程执行完成。所以，在跳、合闸回路中应设有命令的保持环节。在合闸回路中，一般可利用合闸继电器的电流自保持线圈来保持合闸脉冲，直到三相全部合好后才由断路器的辅助触点来断开合闸回路。在跳闸回路中，保持跳闸脉冲的方式和“防跳”接线有关。当采用串联“防跳”接线时，可利用“防跳”继电器的电流线圈和其动合触点来保持跳闸脉冲；在采用并联“防跳”接线时，一般在保护的出口继电器和跳闸继

电器的触点回路中加电流自保持。跳闸回路也是由断路器的辅助触点，在完全跳开后断开。

（3）有防止多次跳合闸的闭锁措施。这就是所谓的断路器“防跳”措施，在500kV断路器的控制接线中，常用的“防跳”接线有两种：一种是采用串联“防跳”，另一种是并联“防跳”。如图9-24、图9-26中KNAX（KNBX，KNCX）的作用就是“防跳”，请注意它与上述（2）中两种防跳方法的区别。

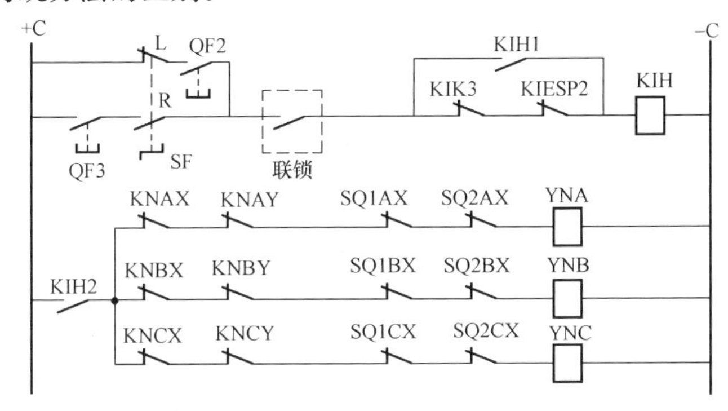

图9-24　强电一对一控制合闸回路接线

（4）对跳合闸回路的完好性要能经常监视。在500kV断路器的控制回路中，一般用跳闸和合闸位置继电器来监视跳合闸回路的完好性。

（5）能实现液压、气压和SF_6浓度低等状态的闭锁。在空气断路器、SF_6气体绝缘断路器以及其他采用液压机构的断路器中，这些工作的气体及液压的压力只有在规定的范围内时，断路器才能正常运行。否则，应闭锁断路器的控制回路，禁止操作。

通常，断路器的跳闸、合闸和重合闸所规定的气压或液压的允许限度是不同的。所以，闭锁断路器跳闸、合闸或重合闸的压力值也不同。在设计断路器的压力闭锁回路时，应按断路器制造厂的要求进行。

反应气体或液体压力的电触点压力表或压力继电器的触点容量一般较小，不能直接接到断路器的跳、合闸回路中，需经中间继电器去控制断路器的跳、合闸。断路器在操作过程中必然要引起气压或液压的降低，此时闭锁触点不应断开跳闸或合闸回路，否则会导致断路器的损坏。一般可采用带延时返回或带有电流自保持的中间继电器作为闭锁继电器，以确保在断路器的操作过程中闭锁触点不断开。

此外，SF_6断路器当SF_6气体密度低到一定值时，应闭锁跳、合闸回路。

（6）应设有断路器的非全相运行保护。在500kV系统中断路器出现非全相运行的情况下，因出现零序电流，有可能引起网络相邻段零序过电流保护的后备段动作，而导致网络的无选择性跳闸。所以，当断路器出现非全相状态时，应使断路器三相跳开。

（7）断路器两端隔离开关拉合操作时应闭锁操作回路。

三、500kV断路器的合闸回路

1. 全强电控制

图9-24所示为强电一对一控制合闸回路接线。KIH为合闸继电器，它有两个触点，KIH1自保持，KIH2接通合闸回路，使YNA、YNB、YNC三个合闸线圈励磁，分别合上A、B、C三相开关。

SF为近控/遥控选择开关，R为遥控触点，L为近控触点，QF2为近控按钮，QF3为遥控带灯按钮；联锁触点代表一组合触点，当断路器两端6只隔离开关分、合操作时此触点即打开，静止不动时（不管是合或分），此触点闭合；KIK3为SF_6气体密度闭锁触点，气体密度低时，此触点打开；KIESP2为液压操动机构油压力闭锁触点。KNA（B、C）X、KNA（B、C）Y触点是A相开关的两个防跳继电器（与分闸线圈并联，见图9-26中KNAX）的动断触点：当防跳继电器未动作时，该触点闭合，允许合闸；当开关合在故障线路上，保护动作跳闸时，该继电器动作，闭锁合闸回路（在开关合闸按钮未返回时）。SQ1A（B、C）X为断路器的辅助动断触点，断路器正确合闸后，切断合闸回路。SQ2AX为断路器手动分闸时辅助触点，切断合闸回路。

500kV断路器合闸动作情况：

（1）当近控/遥控选择开关放遥控位置时，SF开关R接通。

（2）回路+C→QF3→R（已闭合）→联锁触点→KIK3→KIESP2→KIH线圈→−C，当转动开关QF3合闸时，触点接通，则KIH线圈励磁，KIH1、KIH2闭合。

（3）+C→KIH2(已闭合)→三相开关同时合闸，动作情况如下：

1）KNAX→KNAY→SQ1AX→SQ2AX→YNA→−C，A相开关合闸。

2）KNBX→KNBY→SQ1BX→SQ2BX→YNB→−C，B相开关合闸。

3）KNCX→KNCY→SQ1CX→SQ2CX→YNC→−C，C相开关合闸。

在上述过程中，各闭锁触点接在相应的回路中，一旦条件满足，就会切换，闭锁合闸回路，其动作过程这里不再详述。

2. 弱电选择、强弱转换控制回路

图9-25所示为弱电选择、强弱转换控制回路接线示意图。

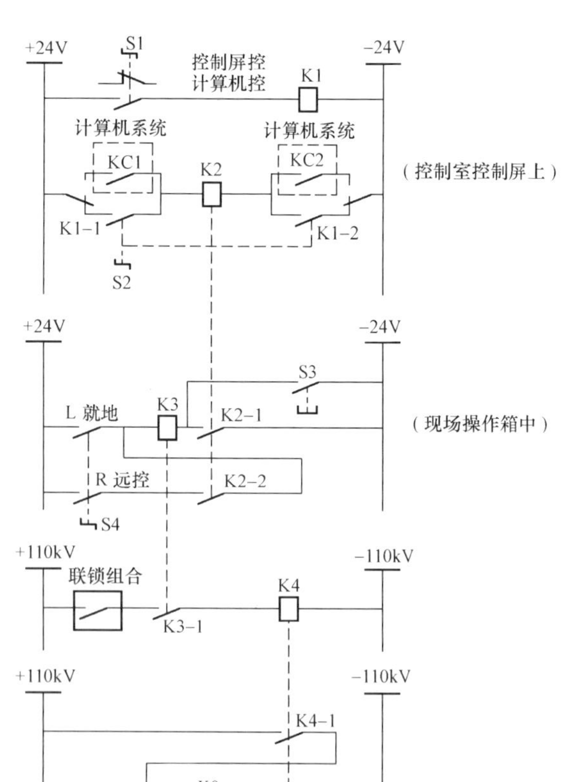

图9-25 弱电选择、强弱转换控制回路接线示意图

断路器既可在控制室内操作旋转开关S2或通过计算机控制系统（KC1、KC2）远方控制，也可在开关操作箱上，由合闸按钮S3控制合闸。

现就手动合闸、计算机合闸、就地合闸分别说明如下：

（1）手动合闸。S1放在控制屏控状态，K1断开，则K1-1、K1-2均处于动断位置，回路+24V→K1-1→S2→K2→S2→K1-2→−24V，转动S2，使其触点闭合，则K2励磁，其K2-1、K2-2合上；S4转在“远控”位置，则+24V→R→K2-2→K3→K2-1→−24V接通，K3励磁，K3-1闭合，接着+110V→联锁触点

→K3-1→K4→－110V 接通，K4 励磁，K4-1、K4-2 闭合，＋110V→K4-1→K0→K4-2→－110V接通，K0 为合闸线圈，断路器合闸。

(2) 计算机合闸。S1 放在计算机控位置，K1 励磁，K1-1、K1-2 切换，使动合触点闭合，回路＋24V→K1-1（动合闭合）→KC1→K2→KC2→K1-2（同 K1-1）→－24V。当计算机系统经选择控制后，KC1、KC2 闭合，则上述回路接通，K2 励磁，以下同（1），断路器合闸。

(3) 就地合闸。S4 转在“就地”位置，L 触点接通，操作按钮 S3，则使＋24V→L→K3→S3→－24V 接通，K3 励磁，其触点 K3-1 闭合，余下同（1）。

本接线有如下特点：

1) 正确地引入了计算机操作的控制触点 KC1、KC2。

2) 强、弱电转换。K3 起了转换作用。

3) 所有的联锁组合起来，接到合闸继电器 K4 回路，将起到很好的作用，至于联锁触点如何组合，不同的设计可能有不同的方法，可具体分析。

四、500kV 断路器的分闸回路

图 9-26 所示为 500kV 断路器分相跳闸及三相跳闸回路。图中 YOAX 为 A 相跳闸线圈，B 相和 C 相的跳闸线圈及有关回路未画出。

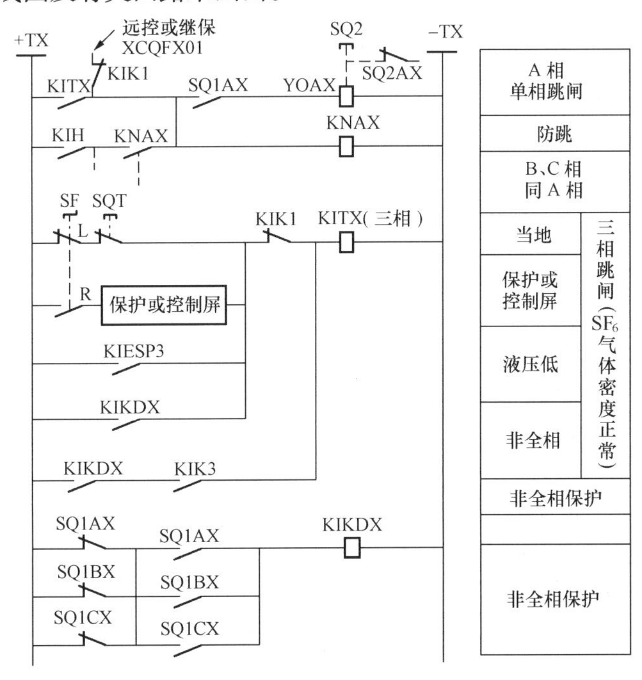

图 9-26　500kV 断路器分相跳闸及三相跳闸回路

500kV 断路器有两个跳闸回路，第一套跳闸回路为 X 回路，第二套跳闸回路为 Y 回路，两套回路动作情况相同，以下以 X 回路为例加以说明。

（一）分相跳闸回路

分相跳闸回路有三种方式使断路器跳闸：

(1) 遥控拉闸或保护动作。保护动作或控制屏上操作，使 XCQFX01 端带正电。XCQFX01→KIK1（SF_6 气体密度正常时动断）→SQ1AX 触点（断路器动合辅助触点，断路器合上时，此触点闭合）→YOAX线圈→TX。YOAX线圈励磁，A相断路器跳闸。

（2）手动近控操作。当手动跳闸开关SQ2向“跳闸”位置按下时，YOAX线圈直接动作于跳闸，不经任何闭锁。

（3）三相跳闸继电器动作。+TX→KITX（KITX三相跳闸继电器的动合触点，KITX启动后其触点接通）→SQ1AX→YOAX线圈→−TX。A相跳闸，同时B、C相也跳闸。

（二）三相跳闸回路

三相跳闸分为人工控制和自动装置动作两种情况。

1. 人工控制

（1）当近控/遥控开关放遥控位置时，SF开关R接通，+TX→R（已闭合）→保护或控制屏接通→KIK1（SF_6气体密度正常时动断）→KITX线圈→−TX，使KITX线圈励磁，相应触点接通，去接通三相断路器的分相跳闸线圈使三相断路器同时跳闸。

（2）当近控/遥控开关放近控位置时，SF开关L接通。按按钮SQT就可跳三相断路器，跳闸回路可自行分析。

2. 自动装置动作

（1）保护动作跳三相断路器。同上述1-(1)。

（2）液压装置压力低强行跳三相断路器。当液压装置压力低于一定值时（250Pa）压力开关KIESP3触点闭合，启动三相跳闸回路。

（3）断路器非全相运行时，强行跳三相断路器。非全相运行时，以A相没合上，BC相合上为例：

+TX→SQ1AX(动断触点闭合)→SQ1BX动合触点、SQ1CX动合触点同时闭合→KIKDX线圈→−TX，此时KIKDX线圈励磁，相应触点接通，则有如下几种情况。

1）当气体密度正常时：+TX→KIKDX触点（已接通）→KIK1触点→KITX线圈→−TX，跳三相断路器。

2）当气体密度低时：+TX→KIKDX触点（已接通）→KIK3触点（已接通）→KITX线圈→−TX，跳三相断路器。

综上所述，单相断路器跳闸，必须符合以下条件：

1）保护或遥控跳单相断路器时，气体密度必须正常。

2）单相手动跳闸，可不经任何条件闭锁。

三相断路器跳闸，必须符合以下条件：

1）保护跳闸、近控或遥控拉闸时，气体密度必须正常。

2）液压装置压力低到一定时（250Pa）强跳三相断路器时，气体密度必须正常。

3）非全相运行时，三相跳闸可以经气体密度闭锁，也可以不经气体密度闭锁。

第十一节 信 号 系 统

一、信号系统

1. 信号系统的分类及要求

在发电厂中设置信号装置，其用途是供值班人员经常监视各电气设备和系统的运行状态。按信号的性质可分为以下几种：

（1）事故信号。表示发生事故，断路器跳闸的信号。

（2）预告信号。反映机组及设备运行时的不正常状态。

（3）位置信号。指示开关电器、控制电器及设备的位置状态。

（4）继电保护和自动装置的动作信号。

（5）全厂事故信号。当发生重大事故时，通知各值班人员坚守岗位、加强监视，并通知有关人员深入现场进行紧急处理。

按信号的表示方式，可分为光信号和声音信号。光信号又分为平光信号和闪光信号以及不同颜色和不同闪光频率的光信号。声音信号又分为不同音调或语音的声音信号。计算机集散系统的应用，使信号系统发生了很大变化。

信号装置是值班人员与各设备的信息传感器，对发电厂的可靠运行影响甚大，故对发电厂的信号装置提出以下要求：

（1）信号装置的动作要准确可靠。

（2）声、光信号要明显。不同性质的信号之间有明显的区别；动作的和没动作的应有明显区别；在较多信号中，动作的信号属于哪个安装单位，应有明显的标记。

（3）信号装置的反应速度要快。

2. 事故信号和预告信号

事故信号和预告信号合称为中央信号。引进国外技术的发电厂大多采用新型中央信号装置。这些装置除具有常用的中央信号装置的功能外，信号系统由单个元件构成积木式结构，接受信号数量没有限制。以下举例简单介绍某发电厂采用的信号装置。

信号装置采用微机闪光报警器，除具有普通报警功能外，还具备对报警信号的追忆、记忆信号的掉电保护、报警方式的双音双色、报警音响的自动消音等特殊功能。装置的控制部分由微处理器、程序存储器、数据存储器、时钟源、输入输出接口等组成微机专用系统。装置的显示部分（光字牌）采用新型固体发光平面管（冷光源）。

该装置的特殊功能分述如下：

（1）双音双色。光字牌的两种颜色分别对应两种报警音响，从视觉、听觉上可明显区别事故信号与预告信号。报警时，灯光闪光，同时音响发声；确认后，灯光平光，音响停；正常运行为暗屏运行。

（2）动合、动断触点可选择。可对64点输入信号的动合、动断触点状态以8的倍数进行设定，由控制器内的主控板上拨码器控制。

（3）自动确认。信号报警若不按确认键，能自动确认，光字牌由闪光转平光，音响停止，自动消音时间可控制。

（4）通信功能。控制器具有通信口，可与计算机进行通信，将断路器动作情况通过报文形式报告给计算机。当使用多个信号装置时，通信口可并网运行，由一台控制器作主机，其他控制器分别做子机，且子机计算机地址各不相同。其连接示意图如图9-27所示。

（5）追忆功能。报警信号可追忆，按下追忆键，已报警的信号按其报警先后顺序在光字牌上逐个闪亮（1个/s，最多可记忆2000个信号），追忆中报警优先。

（6）清除功能。若需清除报警器内记忆信号，操作清除键即可。

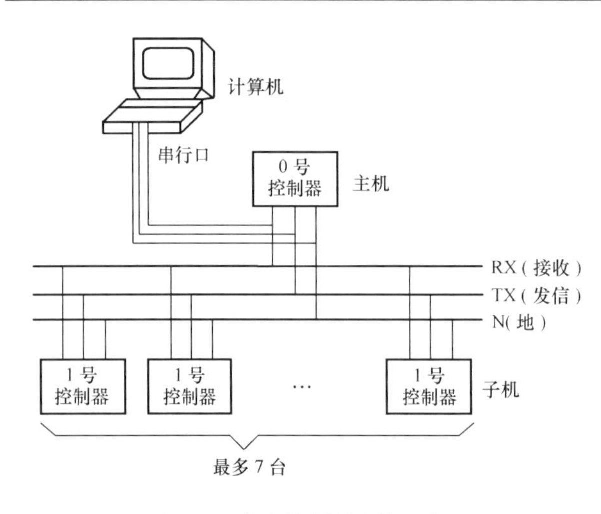

图 9-27 多台控制器连接示意图

(7) 掉电保护功能。报警器若在使用过程中断电，记忆信号可保存60天。

(8) 触点输出功能。在报警信号输入的同时，对应输出一动合触点，可起辅助控制的作用。

二、测量系统

大型发电厂，一般设有远动装置或采用计算机、微处理机实现监控，其模拟输入量都为弱电系列。在同一安装单位的相同被测量可以共用一套变送器，这样不仅简化了测量回路，同时也有利于减轻电流互感器的二次负担和提高测量的准确度。测量表计直接接在变送器的输出端，变送器将被测量变换成辅助量，一般为4～20mA或0～5mV，经弱电电缆送到控制室的毫安表或毫伏表上（表的刻度按一次回路的电流互感器变比折算到一次电流）。

第三篇

继电保护及自动装置

第十章

发电机的继电保护

第一节　继电保护的基本概念

一、电力系统的故障和不正常运行状态

1. 电力系统故障

电力系统在运行中，不可避免地会发生各种故障和不正常运行状态。故障是指各种类型的短路故障、断线故障、复合故障等。最常见最危险的故障是短路。

短路是指相与相之间或在中性点直接接地系统中一相或多相接地。短路的主要原因是电气设备载流部分的相间绝缘或相对地的绝缘被破坏，如元件损坏（如元件绝缘材料的自然老化引起绝缘性能下降）、恶劣天气（如雷击引起过电压而发生闪络、大风覆冰引起电杆倒塌）、违规操作（如运行人员带负荷拉隔离开关）、其他原因如鸟兽跨接裸导线等。

短路一旦发生，可能造成严重的后果：

（1）通过故障点的很大的短路电流和所燃起的电弧，使故障元件损坏。

（2）短路电流通过非故障元件，由于发热和电动力的作用，引起它们的损坏或缩短它们的使用寿命。

（3）电力系统中部分地区的电压大大降低，破坏用户工作的稳定性或影响工厂产品质量。

（4）破坏电力系统并列运行的稳定性，引起系统振荡，甚至使整个系统瓦解。

2. 不正常运行状态

电力系统中设备的工作状态偏离其额定值较多，正常工作遭到破坏，但没有发生故障，这种情况属于不正常运行状态。例如，因负荷超过电气设备的额定值（又称为过负荷），就是一种最常见的不正常运行状态，元件载流部分和绝缘材料的温度不断升高，加速绝缘的老化和损坏，就可能发展成故障。此外，系统中出现功率缺额而引起的频率降低，发电机突然甩负荷而产生的过电压，以及电力系统发生振荡等，都属于不正常运行状态。

二、继电保护的作用

故障和不正常运行状态，都可能在电力系统中引起事故。事故就是指系统或其中一部分的正常工作遭到破坏，并造成对用户少送电或电能质量变坏到不能允许的地步，甚至造成人身伤亡和电气设备的损坏。

在电力系统中，除应采取各项积极措施消除或减少发生故障的可能性以外，故障一旦发生，必须迅速而有选择性地切除故障元件，这是保证电力系统安全运行的最有效方法之一。

切除故障的时间常常要求小到十分之几秒甚至百分之几秒，这么短的时间靠人工反应去迅速处理是不可能的，只有装设继电保护装置才有可能满足这个要求。

继电保护装置输入所需的模拟量和设备状态量值，根据判断条件（与整定值比较大小、各量之间的逻辑关系等），确定是否输出一个控制断路器打开的控制信号。具有这种继电工作形态的装置称为继电保护装置或继电保护系统。

继电保护装置，即是指能反应电力系统中电气元件发生故障或不正常运行状态，并动作于断路器跳闸或发出信号的一种自动装置。它的基本任务是：

（1）自动、迅速、有选择性地将故障元件从电力系统中切除，使故障元件免于继续受到破坏，保证其他无故障部分迅速恢复正常运行。

（2）反应电气元件的不正常运行状态，发出信号、减负荷或跳闸。此时一般不要求保护迅速动作，而是根据对电力系统及其元件的危害程度规定一定的延时，以免不必要的动作和由于干扰而引起的误动作。

三、继电保护的基本原理

继电保护的基本原理是利用被保护线路或设备故障前后某些突变的物理量为信息量，当突变量达到一定值时，启动逻辑控制环节，发出相应的跳闸脉冲或信号。

1. 利用基本电气参数的变化

一般情况下，发生短路后，总是伴随有电流的增大、电压的降低、线路始端测量阻抗的减小以及电压与电流之间相位角的变化。因此，利用正常运行与故障时这些基本参数的变化，可以构成如下保护。

（1）过电流保护。反应电流的增大而动作。

（2）低电压保护。反应电压的降低而动作。

（3）距离保护（或低阻抗保护）。反应短路点到保护安装地点之间的距离（或测量阻抗的减小）而动作。

2. 利用内部故障和外部故障时被保护元件两侧电流相位（或功率方向）的差别

如图10-1所示为双侧电源网络。规定电流的正方向是从母线流向线路。正常运行和线路AB外部故障时，A、B两侧电流的大小相等，相位相差180°；当线路AB内部短路时，A、B两侧电流一般大小不相等，相位相等，从而可以利用两侧电流相位或功率方向的差别来构成各种差动原理的保护（内部故障时保护动作），如纵联差动保护、相差高频保护、方向高频保护等。

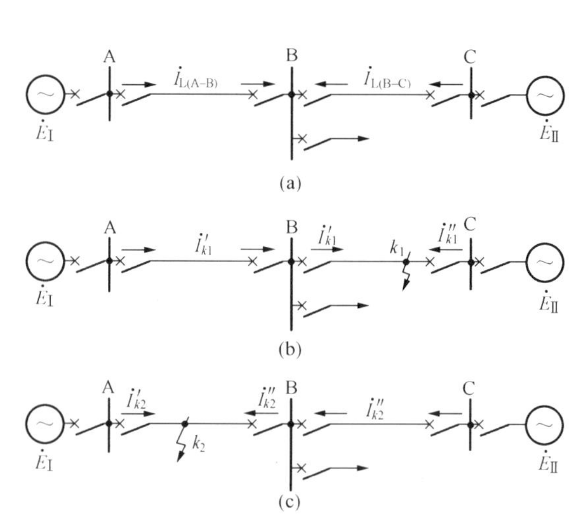

图10-1　双侧电源网络

（a）正常运行情况；（b）线路AB外部短路情况；（c）线路AB内部短路情况

3. 利用对称分量

电气元件在正常运行（或发生对称短路）时，负序分量和零序分量为零；在发生不对称短路时，一般负序和零序都较大。因此，根据这些分量的是否存在可以构成零序保护和负序保护。此种保护装置一般都具有良好的选择性和灵敏性。

4. 反应非电气量的保护

如反应变压器油箱内部故障时所产生的气体而构成的瓦斯保护，反应电动机绕组的温度升高而构成的过热保护等。

四、继电保护装置的构成

继电保护装置基本由三大部分构成，即测量部分、逻辑部分和执行部分，其原理结构如图 10-2 所示。

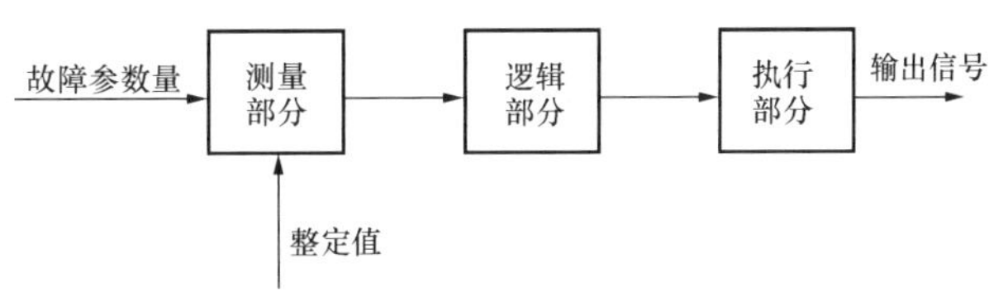

图 10-2　继电保护装置的原理结构图

1. 测量部分

测量部分是测量被保护元件工作状态（正常工作、非正常工作或故障状态）的一个或几个物理量，并和已给的整定值进行比较，从而判断保护是否应该启动。

2. 逻辑部分

逻辑部分的作用是根据测量部分各输出量的大小、性质、出现的顺序或它们的组合，使保护装置按一定的逻辑程序工作，最后传到执行部分。

3. 执行部分

执行部分的作用是根据逻辑部分传送的信号，最后完成保护装置所担负的任务。如发出信号、跳闸或不动作等。

继电保护的运用原理及装置发展到目前可以分为三个阶段：继电器方式、集成电子电路、微型计算机式。继电器方式采用多个依据原理制成的电磁型、感应型或电动型继电器组成一个继电保护系统，满足对电力元件的保护要求。集成电子电路的发展使原来分别由多个继电器完成的工作用电子电路集成到一起，体积小、功能更完善。微型计算机式继电保护（简称微机保护）具有巨大的计算、分析和逻辑判断能力，有存储记忆功能，因而可用以实现任何性能完善且复杂的保护原理。微机保护可连续不断地对装置本身的工作情况进行自检，其工作可靠性很高。此外，微机保护可用同一硬件通过软件的配置与选用实现不同的保护原理，这使保护装置的制造大为简化，也容易实行保护装置的标准化。微机保护除了保护功能外，还可兼有故障录波、故障测距、事件顺序记录和其他数字式装置通信交换信息等辅助功能，这对简化保护、功能综合、事故分析和事故后的处理等都有重大意义。

五、对继电保护的基本要求

动作于断路器跳闸的继电保护，在技术上一般应满足四个基本要求，即选择性、速动性、灵敏性和可靠性。动作于发信号的继电保护在速动性上的要求可以降低。

1. 选择性

电力系统从发电、输电到供电给负荷需经过多个电气设备串联、并联或构成网络来完成。继电保护动作的选择性是指保护装置具有判断故障发生的位置的能力，动作时仅将故障元件从电力系统中切除，使停电范围尽量缩小，以保证系统中的无故障部分仍能继续安全运行。

例如在图 10-3 所示的网络接线中，当 k 点短路时，应该由 QF3 和 QF4 断路器跳开故障线路。但是，k 点发生短路时，QF1、QF2、QF3 断路器旁的电流互感器中将流过同样大小的短路电流，因此，这三个断路器对应安装的继电保护装置应具有判断故障发生在 k 点所在的线路上的能力，并且最后的结果只有 QF3 和 QF4 跳开，切除故障。

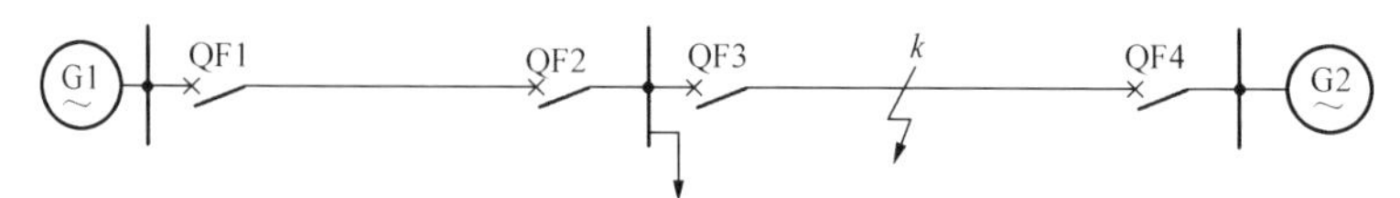

图 10-3　线路继电保护示意图

2. 速动性

指保护装置应快速切除故障。快速切除发生故障的设备元件，可以减轻设备的损坏程度，防止故障的扩散，提高电力系统并列运行的稳定性，减少电压降低对用户工作的影响。

由于设备的限制，到目前为止，我们不可能做到在故障发生后瞬时地切除，这是因为继电保护装置在判断故障发生后，需要把小信号放大为大信号，而且断路器在接到跳闸信号到断路器触头分离、电弧熄灭有一定的时间。因此，故障切除的时间等于继电保护装置动作时间与断路器跳闸时间之和。对不同电压等级和不同结构的电力网络，切除故障的最小时间有不同的要求。一般对 220～500kV 的电力网络为 0.04～0.1s，对 110kV 电力网络为 0.1～0.7s，对 35kV 及以下配电为 0.5～1.0s。

仅动作于信号的保护，例如过负荷保护，对速动性不要求，一般均有若干秒的延时发信。

3. 灵敏性

继电保护的灵敏性，是指对于其保护范围内发生故障或不正常运行状态的反应能力。满足灵敏性要求的保护装置应该是在事先规定的保护范围内部故障时，不论短路点的位置、短路的类型如何，以及短路点是否有过渡电阻，都能够敏锐且正确反应。

保护装置的灵敏性，通常用灵敏系数 K_{sen} 来衡量，用保护范围内发生最不利动作的故障测量值与保护的动作值的比值来表达。对不同作用的保护装置和被保护对象，对灵敏系数的要求是不同的，在 GB/T 14285—2006《继电保护和安全自动装置技术规程》中都作了具体规定。

4. 可靠性

保护装置的可靠性是指在该保护装置规定的保护范围内发生了各种故障或不正常运行状态而应该动作时，它不应该拒绝动作，而在任何其他该保护不应该动作的情况下，则不应该误动作。在实际的运行中，可靠性用动作准确率来描述。

在要求继电保护动作有选择性的同时，还必须考虑继电保护或断路器有拒绝动作的可能，因而就需要考虑后备保护的问题。如图 10-3 所示，当 k 点短路时，距短路点最近的 QF3 应动作切除故障，但由于某种原因，该处的继电保护或断路器拒绝动作，故障线路便不能切除。如果前面一段线路（靠近电源侧）的 QF1 能动作，故障也可切除。能为相邻元件起后备作用的保护称为远后备保护。

在电力系统中，对发电机、变压器、线路等发输配电设备，出于速动性的考虑，一般都设置了尽快动作切除故障的继电保护，称为主保护，即满足系统稳定性和设备安全要求，能以最快速度有选择性地切除被保护设备和全线路故障的保护。为防止本元件的主保护拒绝动作时设备失去保护，相应在同一设备上配置另外的一套保护作为后备保护。这种保护形式称为近后备保护。对大型发电厂中的发电机、大型变电站的变压器为从可靠性考虑，一般对重要电气设备装设两套或多套主保护，即称为主保护的双重化或多重化，另外再配置一定的后备保护，以可靠地把故障元件从系统中切除，保证非故障设备的运行安全。

六、保护范围的划分

每一套保护都有预先严格划定的保护范围也称为保护区，只有在保护范围内发生故障，该保护才动作。保护区划分的基本原则是任一元件故障都能可靠的切除，并使停电范围最小。一般借助断路器划分。如图 10-4 所示为一个简单电力系统的元件保护范围划分示意图。

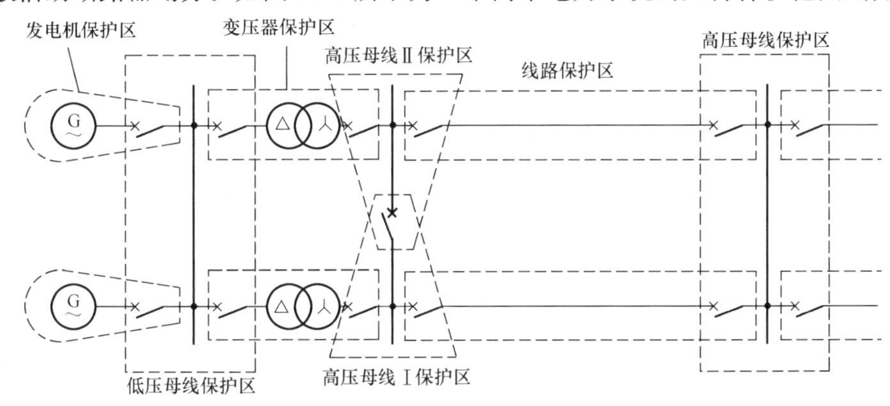

图 10-4　一个简单电力系统的元件保护范围划分示意图

为保证任意处发生故障都有保护动作，保护范围必须重叠，但重叠区越小越好，防止扩大停电范围。

第二节　发电机的故障类型、不正常运行状态及其保护配置

发电机的安全运行对保证电力系统的正常工作和电能质量起着决定性的作用，同时大型发电机本身也是十分昂贵的电气设备，保障发电机在电力系统中的安全运行非常重要。因此，应该针对发电机各种不同的故障和不正常运行状态，装设性能完善的继电保护装置。

一、发电机的故障

发电机正常运行时发生的故障类型主要有如下几种：

（1）定子绕组的相间短路。发电机定子绕组发生相间短路若不及时切除，将烧毁整个发电机组，引起极为严重的后果，必须有两套或两套以上的快速保护反应此类故障。

（2）定子一相绕组内的匝间短路。发电机定子绕组发生匝间短路会在短路环内产生很大电流，因此发生定子绕组匝间短路时也应快速将发电机切除。

（3）定子单相接地。定子绕组的单相接地（定子绕组与铁芯间的绝缘破坏）是发电机最常见的一种故障，它并不属于严重的短路性故障，但由于以下几方面的原因，对单相接地故障却要求灵敏而又可靠地反应：①很多大型机组中性点都经高阻接地；②接地电容电流会灼伤故障点的铁芯；③绝大部分短路都是首先由于单相接地没有及时处理发展而成；④接地时

非接地相电压升高，影响绝缘。

（4）转子励磁回路励磁电流消失（失磁）。由于励磁设备故障、励磁绕组短路等会引发失磁（全失磁或部分失磁），使发电机进入异步运行，对系统和发电机的安全运行都有很大影响。发电机组要求及时准确地监测出失磁故障。

（5）转子绕组一点接地或两点接地故障。转子一点接地对汽轮发电机组的影响不大，一般都允许继续运行一段时间；水轮发电机发生一点接地后会引起机组的振动，一般要求切除发电机组。发生两点接地时，部分转子绕组被短路，气隙磁场不对称，从而引起转子烧伤和振动，要求两点接地时尽快将发电机切除。

二、发电机的不正常运行状态

由于发电机是旋转设备，一般发电机在设计制造时，考虑的过载能力都比较弱，一些不正常的运行状态将会严重威胁发电机的安全运行，因此必须及时、准确的处理。发电机不正常运行状态主要有：

（1）定子绕组负序过电流。由外部不对称短路或不对称负荷（如单相负荷、非全相运行等）而引起的发电机负序过电流。发电机承受负序过电流能力非常弱，很小的负序电流流经定子绕组，就可能会引起转子铁芯的严重过热，甚至烧损发电机的铁芯、槽楔和护环。大型发电机上一般都配置有两套反应负序过电流的保护。

（2）定子对称过电流。当外部发生对称三相短路时，会引起发电机定子过热，因此应有反应对称过电流的保护。

（3）过负荷。由于负荷超过发电机额定容量而引起的三相对称过负荷。当发电机过负荷时，应及时告警。

（4）过电压。由于突然甩负荷而引起的定子绕组过电压。会影响发电机的绝缘寿命，因此必须有反应过电压的保护。

（5）过励磁。当电压升高、频率降低时，可引起发电机和主变压器过励磁，从而使发电机过热而损坏，需装设反应过励磁的保护。

（6）频率异常。发电机在非额定频率下运行，可能会引起共振，使发电机疲劳损伤，应配置频率异常保护。

（7）发电机与系统之间失步。当发电机与系统之间失步时，巨大的交换功率使发电机无法承受而损坏，应配有监测失步的保护装置。

（8）误上电。大型发电机—变压器组出线一般为 3/2 断路器接线，在发电机并网前有误合发电机断路器的可能，有可能导致发电机损伤。

（9）启停机故障。发电机组在没有给励磁前，有可能发生了绝缘破坏的故障，若能在并网前及时检测，就可以避免大的事故发生。对于大型发电机组，具有启停机故障检测功能对发电机组的安全将十分有利。

（10）逆功率。发电机组在运行中，由于汽轮机主汽门突然关闭而引起发电机逆功率，会引起汽轮机的鼓风损失而导致汽轮机发热损坏。

三、发电机的保护配置

发电机的保护配置原则是在发电机故障时应能将损失减小到最小，在非正常状况时应在充分利用发电机自身能力的前提下确保机组本身的安全。发电机通常应配置的保护有：

（1）发电机纵差动保护。发电机纵差动保护作为发电机定子绕组及引线相间短路故障的主保护，瞬时跳开机组。

（2）发电机匝间保护。传统的纵差动保护不能反应绕组匝间短路故障。一般应配置专门的匝间保护来切除发电机定子绕组匝间的短路故障。

（3）发电机定子接地保护。应能反应发电机定子绕组100%范围内的单相接地故障。

（4）发电机负序过电流保护。当区外发生不对性短路或非全相运行时，保证机组转子不会过热损坏。一般采用反时限特性。

（5）发电机对称过电流保护。当区外发生对称短路时，保证不因定子过电流而引起发电机过热，一般也采用反时限特性。

（6）发电机失磁保护。反应发电机全部失磁或部分失磁。

（7）发电机过负荷保护。发电机过负荷时发告警信号。

（8）转子接地保护。其中一点接地保护反应转子发生一点接地，动作于发信号。两点接地保护反应转子发生两点接地或匝间短路，动作于跳闸。

对大容量发电机保护的配置比较全，一般还包括有：

（1）发电机失步保护。反应发电机和电力系统之间的失步。

（2）发电机过电压保护。反应发电机定子绕组过电压。

（3）发电机过励磁保护。反应发电机过励磁。

（4）发电机阻抗保护、复合电压或低电压过电流保护，作为后备保护。这些保护可根据不同机组灵活配置。

（5）发电机频率保护。反应发电机低频、过频、频率累积的保护。

（6）励磁绕组过负荷保护。反应发电机励磁机（变压器）过负荷，采用反时限特性或定时限特性。

（7）逆功率保护。当发电机组在运行中主汽门关闭产生逆功率时动作断开主断路器。

（8）发电机低功率保护。当主汽门未完全关闭而发电机出口断路器未跳开时，发电机变成低功率输出状态的保护。

（9）发电机断路器失灵保护。当断路器拒动时跳开其他相关断路器。

（10）发电机断路器闪络保护。在高压侧断路器刚跳开不久的一段时间内，两断口之间也可能短时承受高电压而引起闪络，为尽快消除断口闪络故障而装设的保护。

（11）误上电保护。检测发电机在并网前可能出现的误合闸。

（12）启停机保护。在启停机过程中检测发电机绕组的绝缘变化。

发电机保护是电网最后一级后备保护，又是发电机本身的主保护。为了快速消除发电机内部的故障，在保护动作于发电机断路器跳闸的同时，还必须动作于自动灭磁开关，断开发电机励磁回路，使定子绕组中不再感应出电动势，继续供给短路电流。

第三节 发电机相间短路的纵差动保护

发电机内部发生定子绕组的各种相间短路故障时，在发电机被短接的绕组中将会出现很大的短路电流，严重损伤发电机本体，甚至使发电机报废，危害十分严重。

发电机纵差动保护反应发电机定子绕组的两相或三相短路，是发电机保护中最重要的保护之一。目前发电机纵差动保护广泛采用的有比率制动式和标积制动式两种原理。

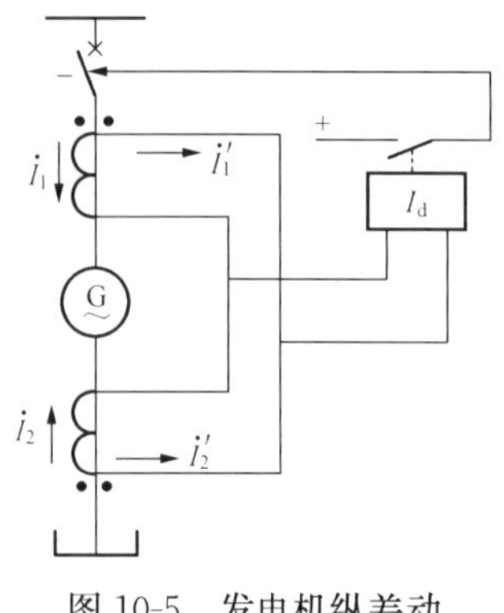

图 10-5　发电机纵差动保护的基本原理图

发电机纵差动保护的基本原理可用图 10-5 来说明。图中以一相为例，规定一次电流 $\dot{I}_1$、$\dot{I}_2$ 以流入发电机为正方向。当正常运行以及发电机保护区外发生短路故障时，$\dot{I}_1$ 与 $\dot{I}_2$ 反相即有 $\dot{I}_1+\dot{I}_2=0$，流入差动元件的差动电流 $I_d=|\dot{I}'_1+\dot{I}'_2|\approx 0$（实际不为 0，称为不平衡电流 I_{unb}），差动元件不会动作。当发生发电机内部短路故障时，在不计各种误差条件下，$\dot{I}_1$ 与 $\dot{I}_2$ 同相位即有 $\dot{I}_1+\dot{I}_2=\dot{I}_k$，流入差动元件的差动电流将会出现较大的数值，当该差动电流超过整定值时，差动元件判为发生了发电机内部故障而作用于跳闸。

一、比率制动式纵差动保护原理

上述基本原理的纵差动保护，为防止差动保护在区外短路时误动，差动元件的动作电流 I_d 应躲过区外短路时产生的最大不平衡电流 $I_{unb,max}$，这样差动元件的动作电流将比较大，降低了内部故障时保护的灵敏度，甚至有可能在发电机内部相间短路时拒动。为了解决区外短路时不误动和区内短路时有较高的灵敏度这一矛盾，考虑到不平衡电流随着流过 TA 电流的增大而增大的因素，提出了比率制动式纵差动保护，使差动保护动作值随着外部短路电流的增大而自动按比率增大。

设 $I_d=|\dot{I}'_1+\dot{I}'_2|$，$I_{res}=|(\dot{I}'_1-\dot{I}'_2)/2|$，比率制动式差动保护的动作方程为

$$\left.\begin{aligned}&I_d\geqslant I_{d,min} && (I_{res}\leqslant I_{res,min})\\&I_d\geqslant I_{d,min}+K(I_{res}-I_{res,min}) && (I_{res}>I_{res,min})\end{aligned}\right\}\tag{10-1}$$

式中　I_d——差动电流，或称为动作电流；

I_{res}——制动电流；

$I_{res,min}$——最小制动电流，或称为拐点电流；

$I_{d,min}$——最小动作电流，或称为启动电流；

K——制动特性直线的斜率。

式（10-1）对应的比率制动特性曲线如图 10-6 所示。比率制动线 BC 的斜率是 $K(K=\tan\alpha)$。

根据比率制动特性曲线分析。当发电机正常运行，或区外较远的地方发生短路时，差动电流接近零，差动保护不会误动。而在发电机区内发生短路故障时，$\dot{I}_1$ 与 $\dot{I}_2$ 相位接近相同，差动电流明显增大，减小了制动量，从而可灵敏动作。当发生发电机内部轻微故障时，虽然有负荷电流制动，但制动量比较小，保护一般也能可靠动作。

二、标积制动式发电机纵差动保护

当发生区外故障电流互感器严重饱和时，比率制动原理的纵差动保护可能误动作。为防止这种误动作，利用标积制动原理构成纵差动保护，而且在内部故障时具有更高的灵敏度。

标积制动纵差动保护的动作量为 $|\dot{I}_1+\dot{I}_2|^2$，制动量由两侧二次电流的标积 $|\dot{I}_1||\dot{I}_2|$

$\cos\varphi$ 决定。其动作判据为

$$|\dot{I}_1+\dot{I}_2|^2 \geqslant -K_{res}|\dot{I}_1||\dot{I}_2|\cos\varphi \tag{10-2}$$

式中　φ——电流 $\dot{I}_1$ 和 $\dot{I}_2$ 的相位差角；

K_{res}——标积制动系数。

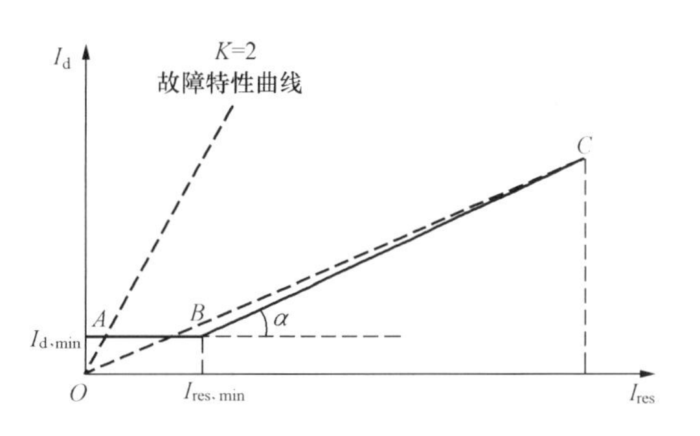

图 10-6　发电机纵差动保护的比率制动特性曲线

在理想情况下，区外短路时，$\varphi=180°$，即 $\dot{I}_1=-\dot{I}_2=\dot{I}$，$\cos\varphi=-1$，动作量为零，而制动量达最大值 $K_{res}I^2$，保护可靠不动作，标积制动式和比率制动式有同等的可靠性。区内短路时，$\varphi\approx0$，$\cos\varphi\approx1$，制动量为负，负值的制动量即为动作量，即此时动作量为 $(I_1+I_2)^2+K_{res}I_1I_2$，制动量为零，大大地提高了保护动作的灵敏度。特别是，当发电机单机送电或空载运行时发生区内故障，因机端电流 $\dot{I}_1=0$，制动量为零，动作量为 I_2^2，保护仍能灵敏动作。而比率制动式差动保护在这种情况下会有较大的制动量，降低了保护的灵敏度。

三、发电机纵差动保护的动作逻辑

分别从发电机机端和发电机中性点引入三相电流实现纵差动保护。其动作逻辑有两种方式即单相差动方式和循环闭锁方式。

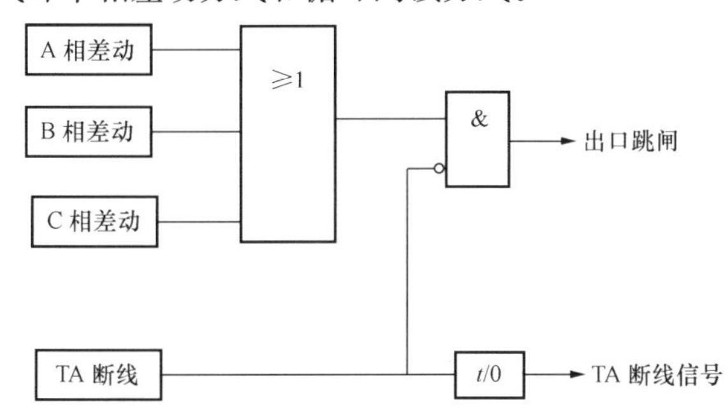

图 10-7　单相差动方式保护跳闸出口逻辑

1. 单相差动方式动作逻辑

任一相差动保护动作即出口跳闸。这种方式另外配有 TA 断线检测功能。在 TA 断线时瞬时闭锁差动保护，且延时发 TA 断线信号。单相差动方式保护跳闸出口逻辑如图 10-7 所示。

2. 循环闭锁方式动作逻辑

由于发电机中性点为非直接接地，当发电机区内发生相间短路时，会有两相或三相的差动元件同时动作。根据这一特点，在保护跳闸逻辑设计时可以作相应的考虑。当两相或两相以上差动元件动作时，可判断为发电机内部发生短路故障；而仅有一相差动元件动作时，则判为 TA 断线。循环闭锁方式保护跳闸出口逻辑如图 10-8 所示。

为了反应发生一点在区内而另外一点在区外的异地两点接地（此时仅有一相差动元件动作）引起的短路故障，当有一相差动元件动作且同时有负序电压时也判定为发电机内部短路故障。若仅一相差动保护动作，而无负序电压时，认为是 TA 断线。这种动作逻辑的特点是单相 TA 断线不会误动，因此可省去专用的 TA 断线闭锁环节，且保护安全可靠。

3. 发电机比率差动保护动作逻辑实例

图 10-9 所示为一典型发电机比率差动保护的动作逻辑。为防止在区外故障时 TA 的暂态与稳态饱和时可能引起的稳态比率差动保护误动作，装置采用各侧相电流的波形判别作为 TA 饱和的判据。故障发生时，保护装置先判出是区内故障还是区外故障，如区外故障，投入 TA 饱和闭锁判据，当判断为 TA 饱和时，闭锁比率差动保护。

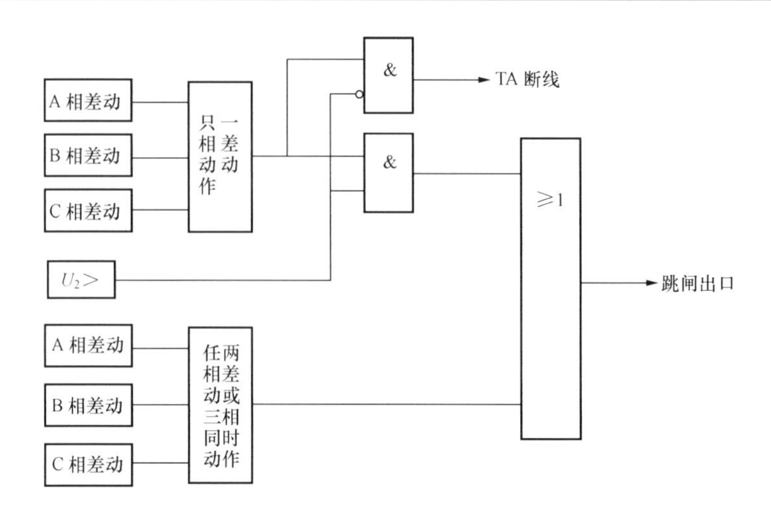

图 10-8　循环闭锁方式保护跳闸出口逻辑

为避免区内严重故障时 TA 饱和等因素引起的比率差动延时动作，装置设有一高比例和高启动值的高值比率差动保护，利用其比率制动特性在区外故障时 TA 的暂态和稳态饱和，而在区内故障 TA 饱和时能可靠正确动作。高值比率差动的各相关参数均由装置内部设定。

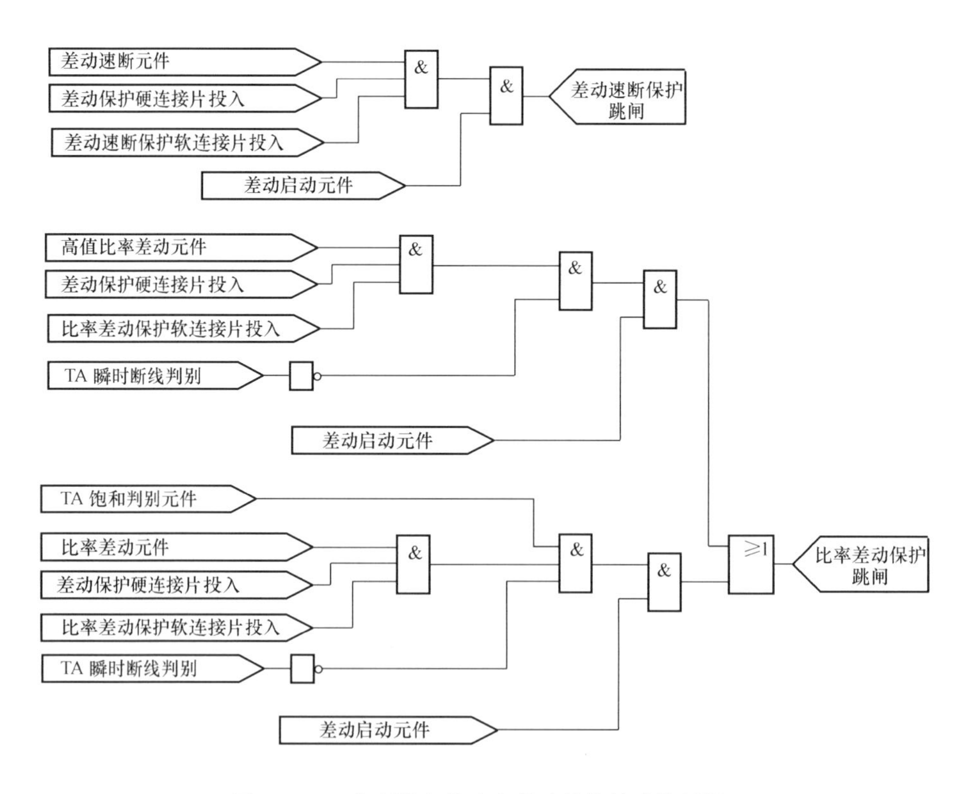

图 10-9　一典型发电机比率差动保护的动作逻辑

设有差动速断保护，当任一相差动电流大于差动速断整定值时瞬时动作于出口。

设有带比率制动的差流异常报警功能，开放式瞬时 TA 断线、短路闭锁功能。通过

“TA 断线闭锁差动控制字”整定选择，瞬时 TA 断线和短路判别动作后可只发报警信号或闭锁全部差动保护。当“TA 断线闭锁比率差动控制字”整定为“1”时，闭锁比率差动保护。

四、发电机不完全纵差动保护

通常大型的汽轮发电机或水轮发电机每相定子绕组均为两个或者多个并联分支，中性点可引出多个分支如图 10-10 所示。在这种情况下若仅引入发电机中性点侧部分分支电流$\dot{I}'_2$，来构成纵差动保护，适当地选择 TA 变比，也可以保证正常运行及区外故障时没有差流。而在发生发电机相间与匝间短路时均会形成差流，当差流超过定值时，保护可动作切除故障。这种纵差动保护被称为不完全纵差动保护，同时可以反应匝间短路故障。

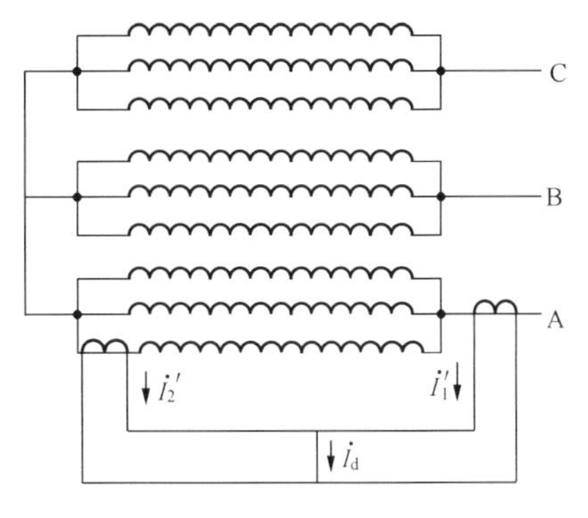

图 10-10 发电机不完全纵差动保护原理接线

五、发电机纵差动保护整定与灵敏度

1. 纵差动保护的整定

由图 10-6 看出，具有比率制动特性的纵差动保护的动作特性可由 A、B、C 三点决定，纵差动保护整定计算即是对 $I_{d,min}$、$I_{res,min}$和 K 的整定计算。

(1) 启动电流 $I_{d,min}$整定。启动电流 $I_{d,min}$的整定原则是躲过发电机正常运行时差动回路中的最大不平衡电流。发电机正常运行时，差动回路中的不平衡电流主要由纵差动保护两侧的电流互感器变比误差、二次回路参数及测量误差（简称为二次误差）引起。因此，启动电流可整定为

$$I_{d,min}=K_{rel}(I_{er1}+I_{er2}) \tag{10-3}$$

式中 K_{rel}——可靠系数，取 1.5～2；

I_{er1}——两侧电流互感器误差产生的差流，取 0.06I_{GN}（I_{GN}为发电机额定电流）；

I_{er2}——两侧的二次误差，包括二次回路引线及输入通道变换系数调整不一致产生的误差，取 0.1I_{GN}。

则 $I_{d,min}=$（0.24～0.32）I_{GN}，通常取 0.3I_{GN}。

对于不完全纵差动保护，需考虑发电机每相绕组各分支电流的差异，应适当提高 $I_{d,min}$的整定值。在数字保护中，可由软件对纵差动保护两侧输入量进行精确地平衡调整，可有效地减小上述稳态误差，因此发电机正常平稳运行时，在数字保护中引起的差电流很小，启动电流的不平衡更多的是指暂态不平衡量。

(2) 拐点电流 $I_{res,min}$的整定。拐点电流 $I_{res,min}$的大小，决定保护开始产生制动作用的电流的大小。由图 10-6 可以看出，在启动电流 $I_{d,min}$及动作特性曲线的斜率 K 保持不变的情况下，$I_{res,min}$越小，差动保护的动作区越小，而制动区增大；反之亦然。因此，拐点电流的大小直接影响差动保护的动作灵敏度。通常拐点电流整定计算式为

$$I_{res,min}=(0.5\sim1.0)I_{GN} \tag{10-4}$$

(3) 比率制动特性的制动系数 K_{res}和制动线斜率 K 的整定。发电机纵差动保护比率制动特性的制动线斜率 K，决定于夹角 α。可以看出，当拐点电流确定后，夹角 α 决定于 C

点。而特性曲线上的 C 点又可近似由发电机外部故障时最大短路电流 $I_{k,max}$ 与差动回路中的最大不平衡电流 $I_{unb,max}$ 确定。由此制动系数 K_{res}（即 OC 连线的斜率）可以表示为

$$K_{res} = \frac{I_{unb,max}}{I_{k,max}} \tag{10-5}$$

而制动线斜率 K 则可表示为

$$K = \frac{I_{unb,max} - I_{d,min}}{I_{k,max} - I_{res,min}} \tag{10-6}$$

差动回路中的最大不平衡电流，除与纵差动保护两侧 TA 的 10%误差、二次回路参数差异及差动保护测量误差（即前述二次误差）有关外，还与纵差动保护两侧 TA 暂态特性有关。考虑到上述情况，外部故障时，为躲过差动回路中的最大不平衡电流，C 点的纵坐标电流应取为

$$I_{d,max} = K_{rel}(0.1 + 0.1 + K_f)I_{k,max} \tag{10-7}$$

式中 K_{rel}——可靠系数，取 1.3～1.5。

K_f——暂态特性系数，当两侧 TA 变比、型号完全相同且二次回路参数相同时，$K_f \approx 0$；当两侧 TA 变比、型号不同时，K_f 可取 0.05～0.1。

$I_{d,max}$——最大动作电流。

则 $I_{d,max} = (0.26 \sim 0.45)I_{k,max}$。令 $I_{d,max} = I_{unb,max}$，可得 $K_{res} \approx (0.26 \sim 0.45)$。

2. 纵差动保护灵敏度校验

根据规程规定，发电机纵差动保护的灵敏度是在发电机机端发生两相金属性短路情况下差动电流和动作电流的比值，要求 $K_{sen} \geqslant 1.5$。随着对发电机内部短路分析的进一步深入，对发电机内部发生轻微故障的分析成为可能，可以更多地分析内部发生故障时的保护动作行为，从而更好地选择保护原理和方案。

第四节 发电机定子绕组匝间短路保护

在大容量发电机中，由于额定电流很大，其每相一般都是由两个或两个以上并联分支绕组组成的，且采用双层绕组。定子绕组的匝间短路故障主要是指同属一分支的位于同槽上下层线棒发生的短路或同相但不同分支的位于同槽上下层线棒间发生的短路。匝间短路回路的阻抗较小，短路电流很大，会使局部绕组和铁芯遭到严重损伤。因此，发电机应专门装设高灵敏度的定子绕组匝间短路保护，并兼顾反应定子绕组开焊故障，瞬时动作于停机。

根据发电机中性点引出分支线的不同，匝间短路保护的方式主要有以下两种。

一、发电机横差动保护

1. 发电机裂相横差动保护的原理

在大容量发电机中，由于额定电流很大，每相绕组都是由两个或两个以上并联分支绕组组成，在正常运行时，各绕组中的电动势相等，流过相等的负荷电流。当同相内非等电位点发生匝间短路时，各绕组中的电动势就不再相等，因而会出现因电动势差而在各绕组间产生的环流。利用这个环流，可以实现对发电机定子绕组匝间短路的保护，构成裂相横差动保护。以一个每相绕组具有两个并联分支绕组的发电机为例，发生不同性质的同相内部短路

时，裂相横差动保护的原理可用图 10-11 说明。

图 10-11（a）所示一个分支绕组内部发生匝间短路时，两个分支绕组的电动势将不等，出现环流 I_d，这时在差动回路中将会有 $I_{d,r}=2I_d/K_i$（K_i 为 TA 变比），当此电流大于启动电流时，保护可靠动作。但是当短路匝数 α 较小时，环流也较小，有可能小于启动电流，所以保护有死区。

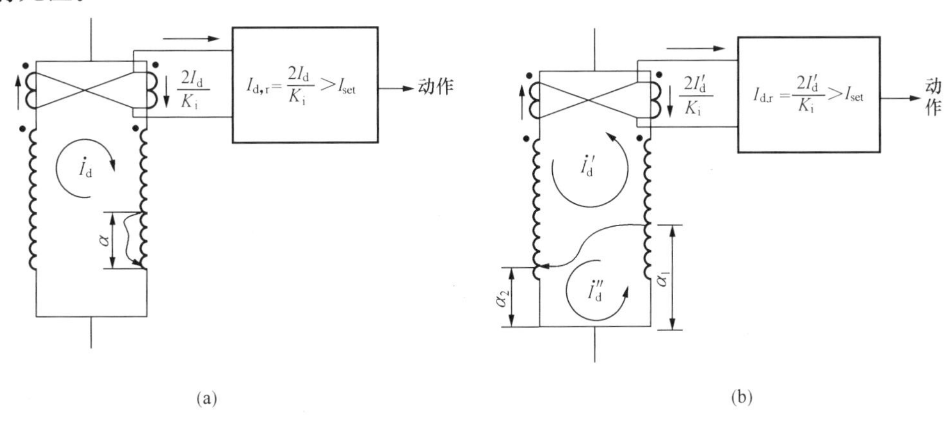

图 10-11　裂相横差动保护的原理图

（a）某一绕组内部匝间短路；（b）同相绕组不同分支内部匝间短路

图 10-11（b）所示为同相绕组的两个并联分支绕组间发生匝间短路时，这两个分支绕组短路点存在电动势差，譬如可简单地理解为当 $\alpha_1\neq\alpha_2$ 时，分别产生两个环流 I'_d 与 I''_d，此时，差动电流为 $I_{d,r}=2I'_d/K_i$。

2. 完全裂相横差动保护和不完全裂相横差动保护

若发电机定子绕组每相为 5 分支结构，完全裂相横差动保护的构成如图 10-12（a）所示，将每相 5 个并联分支中的 2 个分支（“相邻连接”或“相隔连接”）与该相其余 3 个分支之间构成横差动，内部短路时比较一相两部分之间的不平衡。由于完全裂相横差动保护两侧 TA 不同型，其二次不平衡电流比较大；当然也可以将两侧 TA 的变比取得一致，由微机保护的软件来实现平衡，这样做同样也会增大二次不平衡电流。

不完全裂相横差动保护则是将每相绕组的 2 个分支（例如 1 、2 分支）与该相绕组的另外两个分支（例如 4 、5 分支）构成横差动保护（3 分支不引入），如图 10-12（b）所示。

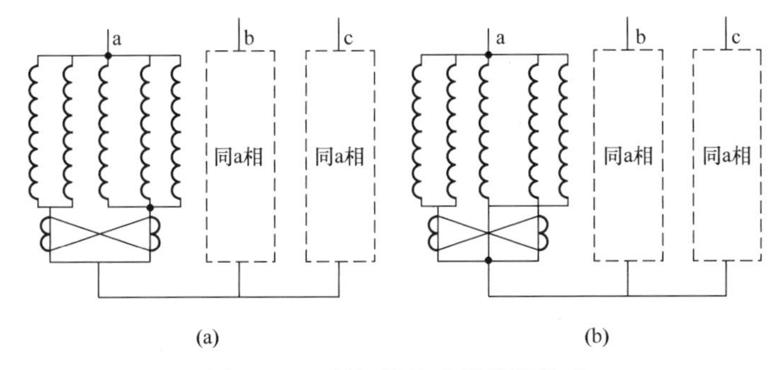

图 10-12　裂相横差动保护的构成

（a）完全裂相横差动保护；（b）不完全裂相横差动保护

这样构成不完全裂相横差动保护的两侧 TA 完全同型，且具有切除外部故障时两侧 TA 剩磁相同等一系列优点。

由于两种裂相横差动保护构成的不同，使得完全裂相横差动保护两侧电流的对称性比不完全裂相横差动保护差，前者的定值应该高于后者。

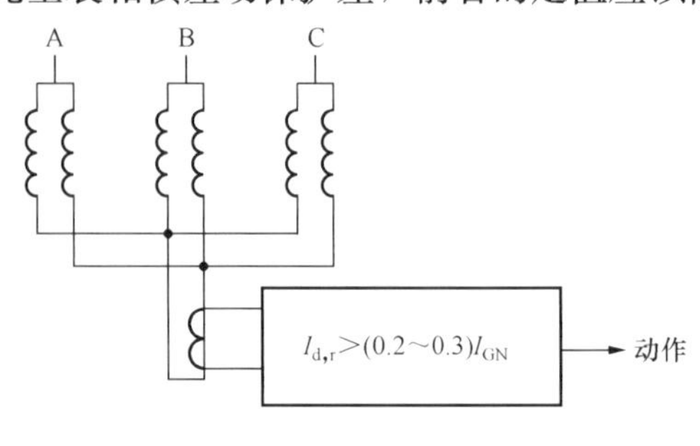

图 10-13　单元件横差动保护的原理接线

3. 发电机单元件横差动保护

对于定子绕组每相具有两个并联分支绕组，采用双星形接线，中性点有 6 或 4 个引出端的发电机，单元件横差动保护的原理可由图 10-13 来说明。在正常运行时，各绕组中的电动势相等，且三相对称，两个星形接线中性点等电位，中性点连线中无电流流过。当同相内非等电位点发生匝间短路等不对称故障时，各短路绕组中的电动势就不再相等。由于两星形绕组间电动势平衡遭到破坏，在中性点连线上将引起故障环流。中性点连线中会有电流流过，利用测量这种环流可构成反应匝间短路故障的单元件横差动保护。

单元件横差动保护具有接线简单、灵敏度较高，能反应匝间短路、绕组相间短路及分支开焊故障等优点。但大型机组由于一些技术上和经济上的考虑，发电机中性点侧通常只引出三个端子，更大的机组甚至只引出一个中性点，这就不可能装设单元件横差动保护。对此应考虑下述纵向零序电压匝间短路保护。

二、纵向零序电压匝间短路保护

1. 纵向零序电压匝间短路保护的基本原理

发电机定子绕组在其同一分支匝间或同相不同分支间发生匝间短路故障或开焊时，由于三相电动势出现纵向不对称（即机端相对于中性点出现不对称），从而产生所谓的纵向零序电压。该电压由专用电压互感器（互感器一次中性点与发电机中性点通过高压电缆连接起来，而不允许接地）的开口三角形绕组两端取得。利用反应纵向零序电压超过定值时保护动作可构成纵向零序电压匝间短路保护。

为取得纵向零序电压，而不受单相接地产生的零序电压影响，专用电压互感器的一次侧中性点直接与发电机中性点相连接，并与地绝缘，如图 10-14 所示。

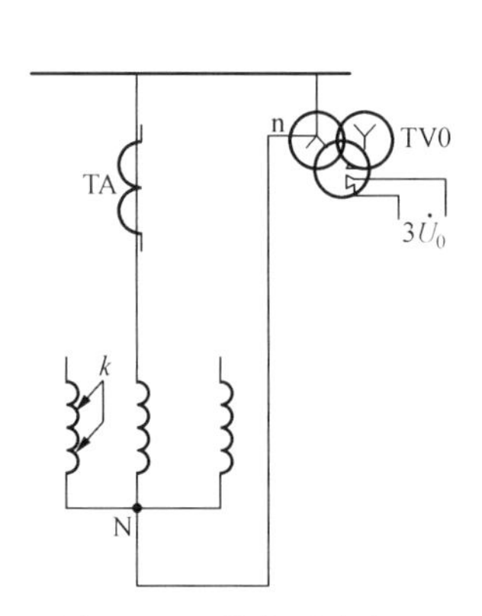

图 10-14　纵向零序电压匝间短路保护专用电压互感器的原理接线图

当发电机定子绕组一相发生匝间短路（设 A 相），且短路匝数比 α 不大时，可认为三相电动势仍存在 120°相位差，此时机端三相电压为

$$\left.\begin{aligned}\dot{U}_{AN}&=\dot{E}_{A}=(1-\alpha)\dot{E}\\\dot{U}_{BN}&=\dot{E}_{B}=\dot{E}e^{-j120^\circ}\\\dot{U}_{CN}&=\dot{E}_{C}=Ee^{j120^\circ}\end{aligned}\right\}\tag{10-8}$$

式中　$\dot{E}$——故障前 A 相电动势。

发电机三相对中性点 N 出现纵向零序电压

$$3\dot{U}_0 = \dot{U}_{AN} + \dot{U}_{BN} + \dot{U}_{CN} = -\alpha\dot{E} \tag{10-9}$$

由于电压互感器一次绕组中性点 n 与发电机中性点 N 直接相连，故电压互感器开口三角形绕组输出的零序电压为

$$3U_0 = -\frac{\alpha E}{n_{TV}} \tag{10-10}$$

当发电机一相定子绕组开焊时，发电机三相绕组对中性点也将出现纵向零序电压。同理，电压互感器开口三角形绕组亦有零序电压输出。

当发电机定子绕组单相接地时，虽然发电机定子三相绕组对地出现零序电压，但由于发电机中性点不直接接地，其定子三相对中性点 N 仍保持对称。因此，一次侧与发电机三相绕组并联的电压互感器开口三角形绕组无零序电压输出。

显然，当发电机正常运行或外部发生相间短路时，电压互感器开口三角形绕组也无零序电压输出。

2. 负序功率方向闭锁

当发电机区外短路电流较大时，往往滤除三次谐波后，仍有较大的不平衡电压值。为防止匝间短路保护误动，且不增大保护的动作值，可设置负序功率方向元件用以测量机端负序功率方向。

用图 10-15 分析不同故障情况下机端的负序功率方向。图中 Z_{S2} 为系统负序阻抗，其阻抗角为 φ_{S2}。当定子绕组匝间短路或开焊以及区内不对称短路时均有 $\arg\frac{\dot{U}_2}{\dot{I}_2} = \varphi_{S2} < 90°$；而区外不对称短路时，$\arg\frac{\dot{U}_2}{\dot{I}_2} = 180° + \varphi_{S2}$。

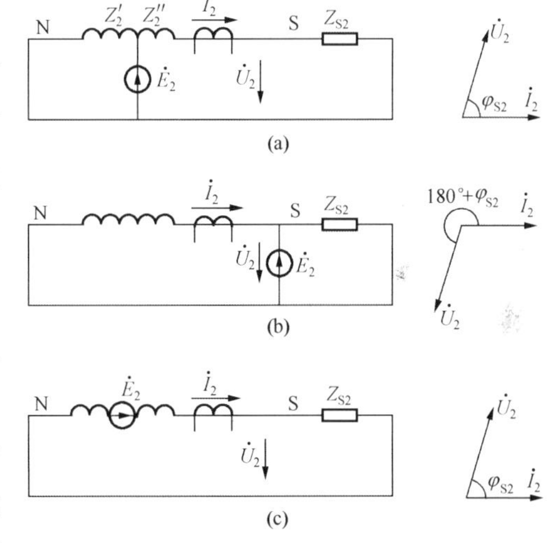

图 10-15　定子回路的负序等值电路及分析

(a) 区内故障；(b) 区外故障；(c) 匝间短路

可见，利用负序功率方向元件可正确区分匝间短路和区外短路，在区外短时闭锁保护。这样，保护的动作值可仅按躲过正常运行时的不平衡电压整定。当三次谐波过滤器的过滤比大于 80 时，保护的动作电压可取额定电压的 0.03～0.04。若电压互感器开口三角形侧额定电压为 100V，则电压元件的动作电压为 3～4V。负序功率方向闭锁零序电压匝间短路保护的灵敏度较高，死区较小，在大型发电机中得到广泛应用。

3. 纵向零序电压匝间短路保护动作逻辑

微机型匝间短路保护常采用零序电压原理构成，为提高保护灵敏度，引入三次谐波电压变化量进行制动即构成三次谐波电压变化量制动的零序电压匝间短路保护。

三次谐波电压变化量制动的零序电压匝间短路保护程序逻辑框图如图 10-16 所示，保护分为Ⅰ、Ⅱ两段。

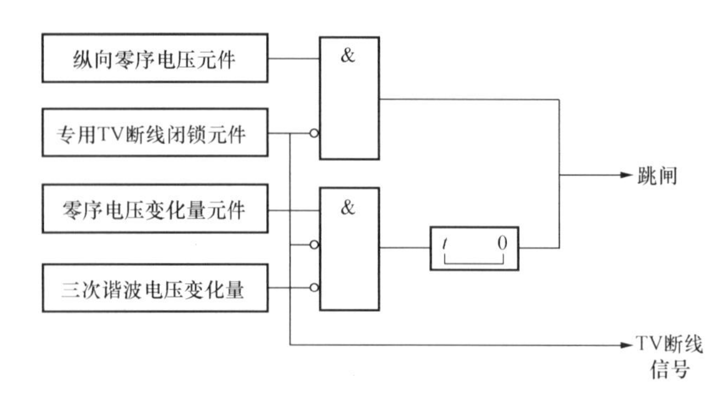

图 10-16　三次谐波电压变化量制动的零序电压匝间短路保护程序逻辑框图

Ⅰ段为次灵敏段，由纵向零序电压元件构成，其动作判据为 $3U_0 > U_{set}$，动作电压按躲过区外故障时出现的最大基波不平衡电压整定，保护瞬时动作出口。

Ⅱ段为灵敏段，由零序电压变化量元件实现，灵敏段的动作电压应可靠躲过正常运行时出现的最大基波不平衡电压，并引入三次谐波电压变化量进行制动，以防止区外故障时出现的最大基波不平衡电压引起保护的误动。其动作判据为

$$3U_0 - U_{unb} > K(U_{3\omega} - U_{3\omega N}) \tag{10-11}$$

式中　$3U_0$——专用 TV 开口绕组输出电压；

U_{unb}——正常运行时出现的最大不平衡电压；

$U_{3\omega}$——专用 TV 开口绕组输出电压的三次谐波分量；

$U_{3\omega N}$——发电机额定运行时，专用 TV 开口绕组输出电压的三次谐波分量；

K——制动特性曲线的斜率。

令 $3U_0 - U_{unb} = \Delta U_\omega, U_{3\omega} - U_{3\omega N} = \Delta U_{3\omega}$，则式（10-11）表示为

$$\Delta U_\omega > K\Delta U_{3\omega} \tag{10-12}$$

灵敏段可带 0.1～0.5s 延时动作出口，以躲过外部故障暂态过程的影响。

用零序电压中的三次谐波分量来闭锁匝间保护，使得匝间保护的安全性得以大大提高。需要说明，600MW 发电机定子绕组都是单匝线棒，不存在匝间绝缘。同相同一槽内的上下线棒之间绝缘则是两倍对地主绝缘，匝间短路故障几率极小。

第五节　发电机定子绕组单相接地保护

发电机定子绕组中性点一般不直接接地，而是通过高阻（接地变压器）接地、消弧线圈接地或不接地，故发电机的定子绕组都设计为全绝缘。尽管如此，发电机定子绕组仍可能由于绝缘老化、过电压冲击或者机械振动等原因发生单相接地故障。由于发电机定子单相接地并不会引起大的短路电流，不属于严重的短路性故障。

尽管发电机的中性点不直接接地，单相接地电流很小，但若不能及时发现，接地点电弧将进一步损坏绕组绝缘，扩大故障范围。电弧还可能烧伤定子铁芯，给修复带来很大困难。由于大型发电机组定子绕组对地电容较大，当发电机机端附近发生接地故障时，故障点的电容电流比较大，影响发电机的安全运行；同时由于接地故障的存在，会引起接地弧光过电压，可能导致发电机其他位置绝缘的破坏，形成危害严重的相间或匝间短路故障。

当单相接地故障电流大于表 10-1 规定的允许值时，应装设有选择性的接地保护装置。

表 10-1　　　　发电机定子绕组单相接地故障电流的允许值

<table>
<tr><th>发电机额定电压
(kV)</th><th colspan="2">发电机额定容量
(MW)</th><th>接地电容电流允许值
(A)</th></tr>
<tr><td>6.3</td><td colspan="2"><50</td><td>4</td></tr>
<tr><td rowspan="2">10.5</td><td>汽轮发电机</td><td>50～100</td><td rowspan="2">3</td></tr>
<tr><td>水轮发电机</td><td>10～100</td></tr>
<tr><td rowspan="2">13.8～15.75</td><td>汽轮发电机</td><td>125～200</td><td rowspan="2">2*</td></tr>
<tr><td>水轮发电机</td><td>40～225</td></tr>
<tr><td>18～20</td><td colspan="2">300～600</td><td>1</td></tr>
</table>

*　对氢冷发电机为 2.5。

发电机的中性点接地方式与定子接地保护的构成密切相关，同时中性点接地方式与单相接地故障电流、定子绕组过电压等问题有关。大型发电机中性点接地方式和定子接地保护应该满足三个基本要求，即：

(1) 故障点电流不应超过安全电流，否则保护应动作于跳闸。

(2) 保护动作区覆盖整个定子绕组，有 100%保护区，保护区内任一点接地故障应有足够高的灵敏度。

(3) 暂态过电压数值较小，不威胁发电机的安全运行。

大型发电机中性点采用何种接地方式，国内一直存在着是采用消弧线圈还是采用高阻接地争议。建议采用消弧线圈接地者，认为可以将接地电流限制在安全接地电流以下，熄灭电弧防止故障发展，从而可以争取时间使发电机负荷平稳转移后停机，减小对电网的冲击。而实际上我国就曾有过发电机接地电流虽小于安全电流，长时间运行最终还是发展成相间短路的教训。

中性点经配电变压器高阻接地方式是国际上与变压器接成单元的大中型发电机中性点最广泛采用的一种接地方式，设计发电机中性点经配电变压器接地，主要是为了降低发电机定子绕组的过电压（不超过 2.6 倍的额定相电压），极大地减少发生谐振的可能性，保护发电机的绝缘不受损。但是发电机单相容量的增大，一般使三相定子绕组对地电容增加，相应的单相接地电容电流也增大，另外，发电机中性点经配电变压器高阻接地必然导致单相接地故障电流的增大，其数值一般控制在 15A 以下，并认为在此电流下持续 5～10min，定子铁芯只受轻微损伤。为保证大型发电机的安全，中性点经配电变压器高阻接地的 1000MW 机组必须使定子接地保护动作于发电机故障停机。

一、发电机定子绕组单相接地时的基波零序电压和电流

发电机正常运行时三相电压及三相负荷对称，无零序电压和零序电流分量。假设 A 相绕组离中性点 α 处发生金属性接地故障，如图 10-17 (a) 所示，机端各相对地电动势为

$$\left.\begin{aligned}\dot{U}_{AD} &= (1-\alpha)\dot{E}_A \\ \dot{U}_{BD} &= \dot{E}_B - \alpha\dot{E}_A \\ \dot{U}_{CD} &= \dot{E}_C - \alpha\dot{E}_A\end{aligned}\right\} \tag{10-13}$$

式中　α——中性点到故障点的绕组占全部绕组的百分数。

由图 10-17（b）可以求得故障零序电压为

$$\dot{U}_{k0\alpha}=\frac{1}{3}(\dot{U}_{AD}+\dot{U}_{BD}+\dot{U}_{CD})=-\alpha\dot{E}_{A} \tag{10-14}$$

式（10-14）表明，零序电压将随着故障点位置 α 的不同而改变。当 $\alpha=1$ 时，即机端接地，故障的零序电压 $\dot{U}_{k0\alpha}$ 最大，等于额定相电压。

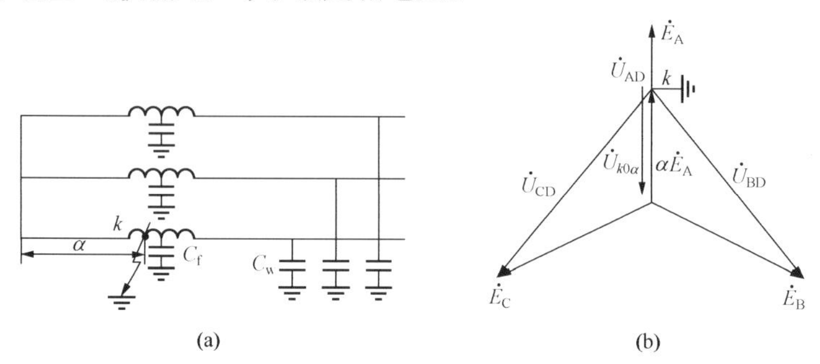

图 10-17　发电机定子绕组单相接地时的电路图和相量图

（a）电路图；（b）相量图

当中性点不接地时，故障点的接地电流为

$$\dot{I}_{k\alpha}=-\mathrm{j}3\omega(C_f+C_w)\alpha\dot{E}_{A} \tag{10-15}$$

当中性点经消弧线圈接地时，故障点的接地电流为

$$\dot{I}_{k\alpha}=\mathrm{j}\left[\frac{1}{\omega L}-3\omega(C_f+C_w)\right]\alpha\dot{E}_{A} \tag{10-16}$$

式中　C_f——发电机各相的对地电容；

C_w——发电机外部各元件对地电容；

L——中性点消弧线圈的电感。

由式（10-16）可知，经消弧线圈接地可以补偿故障接地的容性电流。在大型发电机—变压器组单元接线的情况下，由于总电容为定值，一般采用欠补偿运行方式，即补偿的感性电流小于接地容性电流，这样有利于减小电力变压器耦合电容传递的过电压。

当发电机电压网络的接地电容电流大于允许值时，不论该网络是否装有消弧线圈，接地保护动作于跳闸；当接地电流小于允许值时，接地保护动作于信号，即可以不立即跳闸，值班人员请示调度中心，转移故障发电机的负荷，然后平稳停机进行检修。

二、利用零序电压构成的发电机定子绕组单相接地保护

根据式（10-14）可以画出零序电压 $3U_0$ 随故障点位置 α 变化的曲线图，如图 10-18 所示。故障点越靠近机端，零序电压就越高，可以利用基波零序电压构成定子单相接地保护。图中 U_{op} 为零序电压定子接地保护的动作电压。

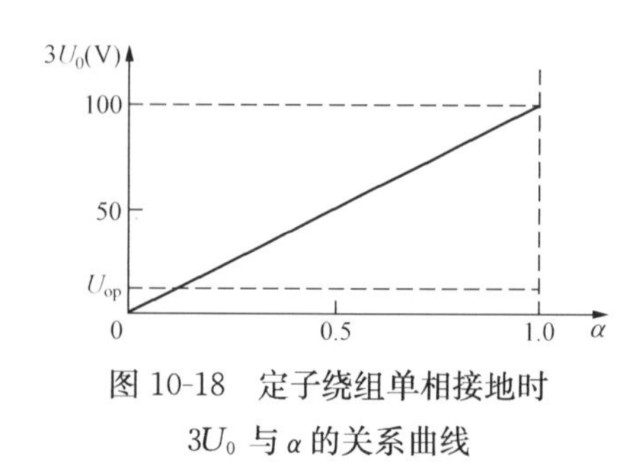

图 10-18　定子绕组单相接地时 $3U_0$ 与 α 的关系曲线

零序电压保护常用于发电机—变压器组的接地保护。由于有零序不平衡电压 $3U_0$ 输出，当中性点附近发生接地时，保护不能动作，因而出现死区。

三、利用三次谐波电压构成的发电机定子绕组单相接地保护

1. 三次谐波电压保护原理

在正常运行时，发电机中性点侧的三次谐波电压 U_{N3} 总是大于发电机端的三次谐波电压 U_{S3}。当发电机孤立运行时，即发电机出线端开路，$C_w=0$ 时，$U_{N3}=U_{S3}$。接入消弧线圈后，中性点的三次谐波电压 U_{N3} 在正常运行时比机端三次谐波电压 U_{S3} 更大。

当发电机定子绕组发生金属性单相接地时，设接地发生在距中性点 α 处，其等值电路如图 10-19 所示，此时不管发电机中性点是否接有消弧线圈，总是有 $U_{N3}=\alpha E_3$ 和 $U_{S3}=(1-\alpha)E_3$，两者相比，得

$$\frac{U_{S3}}{U_{N3}}=\frac{1-\alpha}{\alpha} \tag{10-17}$$

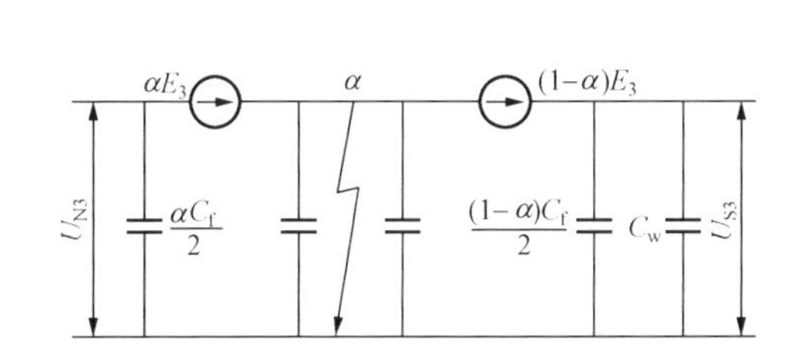

图 10-19　发电机单相接地时三次谐波电动势分布的等值电路图

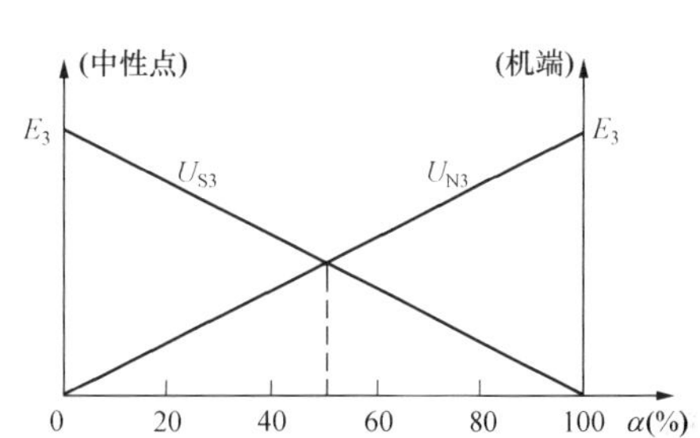

图 10-20　中性点电压 U_{N3} 和机端电压 U_{S3} 随故障点 α 的变化曲线

中性点电压 U_{N3} 和机端电压 U_{S3} 随故障点 α 的变化曲线如图 10-20 所示。因此，如果利用机端三次谐波电压 U_{S3} 作为动作量，而用中性点三次谐波电压 U_{N3} 作为制动量来构成接地保护，且当 $U_{S3}\geqslant U_{N3}$ 时作为保护的动作条件，则在正常运行时保护不可能动作，而当中性点附近发生接地时，则具有很高的灵敏性。利用此原理构成的接地保护，可以反应距中性点约 50%范围内的接地故障。

2. 反应三次谐波电压比值的定子绕组单相接地保护

利用反应三次谐波电压比值 U_{S3}/U_{N3} 和基波零序电压可以构成 100%定子绕组单相接地保护。反应三次谐波电压比值的定子绕组接地保护的动作判据为

$$|U_{S3}/U_{N3}|>\beta \tag{10-18}$$

式中　β——整定比值。

3. 改进的反应三次谐波电压比值的定子绕组单相接地保护

动作判据 $|U_{S3}/U_{N3}|>\beta$ 可以改写为 $|U_{S3}|>\beta|U_{N3}|$，即 U_{S3} 为动作量，U_{N3} 为制动量。该动作判据的三次谐波电压保护灵敏度不够高，尤其是当中性点经过渡电阻发生接地故障时，容易发生拒动。为提高大型机组三次谐波电压保护的灵敏度，改进的措施是增加调整系数 K_p，进一步减小动作量，这样也就能进一步减小制动量，即可减小制动系数 β，使 $\beta\ll 1.0$，从而可获得更高灵敏度和防误动能力。

改进的动作判据为

$$|U_{S3}-K_pU_{N3}|>\beta|U_{N3}| \tag{10-19}$$

当发电机发生单相接地时，若故障点在机端附近，U_{S3}减小而U_{N3}增大；若故障点在中性点附近，U_{S3}增大而U_{N3}减小。其结果是：故障点在中性点附近时组合动作量$|U_{S3}-K_pU_{N3}|$显著增大，而此时制动量$\beta|U_{N3}|$却比较小，保护可灵敏动作；即使在机端发生金属性接地故障，U_{N3}虽会显著增大，但制动量$\beta|U_{N3}|$因为$\beta \ll 1.0$不会很大，而此时动作量$|U_{S3}-K_pU_{N3}|=|K_pU_{N3}|$，由于$K_p$接近1.0，所以动作量$|K_pU_{N3}|$很大，于是保护仍可灵敏动作。如果此动作判据调试合理，三次谐波电压式定子绕组单相接地保护的灵敏度可得到大幅提高。

四、100%定子接地保护

目前100%定子接地保护一般由两部分组成：一部分是上述零序电压保护，能保护定子绕组的85%以上；另一部分由其他原理（如三次谐波原理或叠加电源方式原理）的保护共同构成100%定子接地保护。

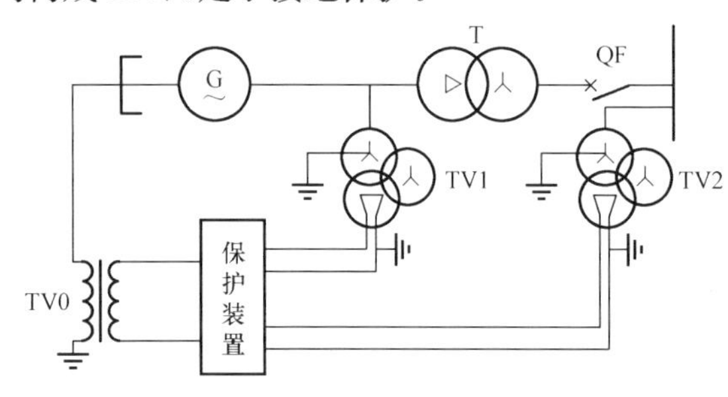

图10-21　发电机100%定子绕组接地保护一次接线示意图

目前广泛采用三次谐波电压比值与基波零序电压共同构成的100%定子绕组单相接地保护。三次谐波电压保护可采用式(10-18)作为判据，将机端三次谐波电压U_{S3}作为动作量，中性点三次谐波电压U_{N3}作为制动量进行比较。可以反应发电机定子绕组中$\alpha<0.5$范围内的单相接地故障，并且当故障点越靠近中性点时，保护的灵敏性就越高；利用前述的基波零序电压接地保护，可以反应$\alpha>0.15$范围内的单相接地故障，且当故障点越靠近发电机机端时，保护的灵敏性就越高。两部分共同构成了保护区为100%的定子接地保护，其保护原理一次接线示意图如图10-21所示，构成框图如图10-22所示。

若发电机接地电流小于允许值，保护延时动作于信号；若大于允许值，保护延时动作于跳闸。一般在中性点附近接地，产生的接地电流小于允许值，故通常三次谐波电压元件出口发信号，仅将基波零序电压元件出口投跳闸。

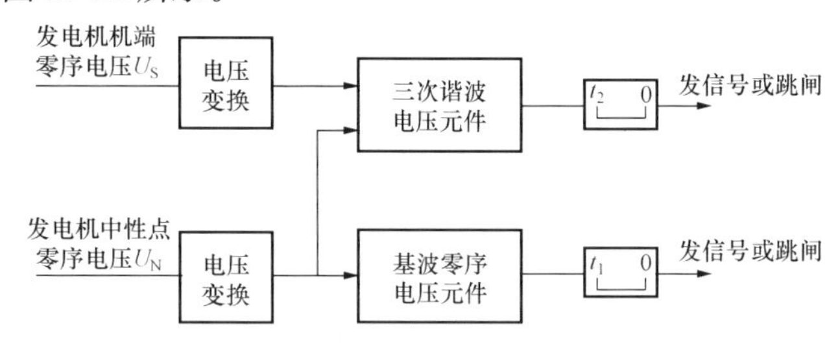

图10-22　发电机100%定子绕组接地保护构成框图

第六节　发电机励磁回路接地保护

发电机励磁回路（包括转子绕组）绝缘破坏会引起转子绕组匝间短路和励磁回路一点接地故障以及两点接地故障。发电机励磁回路一点接地故障很常见，而两点接地故障也时有发生。励磁回路一点接地故障，对发电机并未造成危害，如果发生两点接地故障，则将严重威胁发电机的安全。

当发电机励磁回路发生两点接地故障时，由于故障点流过相当大的故障电流而烧伤转子本体；由于部分绕组被短接，励磁电流增加，可能因过热而烧伤励磁绕组；同时，部分绕组被短接后，使得气隙磁通失去平衡，从而引起转子振动，特别是多极发电机会引起严重的振动，甚至会造成灾难性的后果。此外，汽轮发电机励磁回路两点接地，还可能使轴系和汽轮机磁化。因此，应该避免励磁回路的两点接地故障。

大型汽轮发电机均装设一点接地保护，一般一点接地保护动作于信号，装设两点接地保护动作于跳闸。也有采用一点接地保护动作于停机。最常用的转子接地保护有切换采样式转子一点接地保护和定子二次谐波电压转子两点接地保护。

一、切换采样式转子一点接地保护

切换采样式转子一点接地保护是利用轮流对不同采样点分别进行独立采样测量的原理构成的，微机型转子一点接地保护切换采样原理如图 10-23 所示。图中，S1、S2 是两个由微机控制的电子开关，保护工作时按一定的时钟脉冲频率轮流开、合，即 S1 闭合时，S2 断开，S1 断开时，S2 闭合。两者交替开、合，如同打乒乓球，故该保护简称为乒乓式转子一点接地保护。

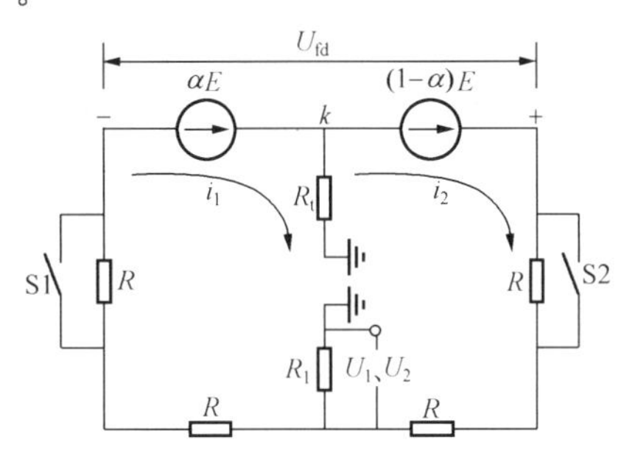

图 10-23　微机型转子一点接地保护切换采样原理

设发电机转子绕组在 k 点经过渡电阻 R_t 接地，负极至接地点 k 的绕组匝数与总匝数的比值为 α。U_{fd} 为励磁电压，则转子负极与 k 点之间的励磁电压为 αU_{fd}，k 点与转子正极之间的电压为 $(1-\alpha)U_{fd}$。保护装置中的 4 个分压电阻的电阻值均为 R。R_1 为测量电阻，保护装置通过测量不同状态 R_1 两端的电压可计算出接地电阻 R_t 的大小和 α 值，将 R_t 与整定值比较来判断转子绕组的接地程度。

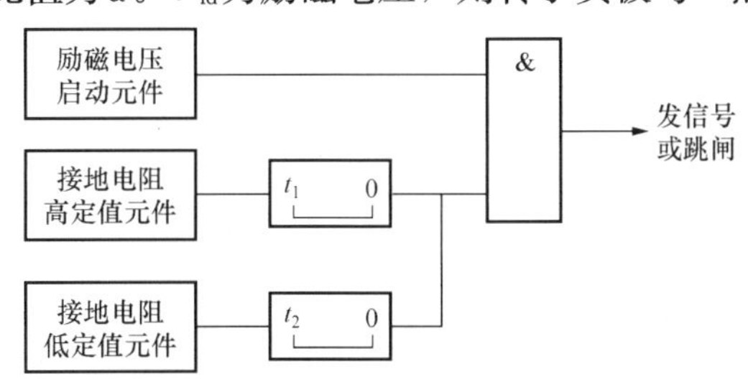

图 10-24　切换采样一点接地保护的程序逻辑框图

转子一点接地保护的程序逻辑框图如图 10-24 所示。保护由两段组成，高定值Ⅰ段和低定值Ⅱ段。

Ⅰ段的动作判据为

$$R_t < R_{set,h} \tag{10-20}$$

式中　$R_{set,h}$——高接地电阻整定值，一般 $R_{set,h} \geqslant 10\text{k}\Omega$。高定值段延时动作发信号，动作时限 $t_1=4\sim10\text{s}$。

Ⅱ段的动作判据为

$$R_t < R_{set,l} \tag{10-21}$$

式中　$R_{set,l}$——低接地电阻整定值，一般 $R_{set,h} < 10\text{k}\Omega$。低定值段延时动作发信号，动作时限 $t_1=1\sim4\text{s}$。

为防止励磁电压下降及计算溢出引起保护误动作，装置设置了启动元件，动作判据为

$$U_{fd} > 50\text{V} \tag{10-22}$$

保护装置将实时计算出的 R_t 和 α 值记忆储存，并在单元管理机上实时显示出来，供值班人员掌握发电机转子绝缘状况和一点接地位置。同时还将 α 值提供给转子两点接地保护，

方便地实现转子两点接地故障的识别。

切换采样原理构成的转子绕组一点接地保护具有灵敏度高、误差小、动作无死区，动作特性不受励磁电压波动及转子绕组对地电容的影响，灵敏度不因故障点位置的变化而变化。同时在启、停机时也能够实施保护，并且原理简单、调试方便、易于实现。目前，国产大型机组的微机型发电机—变压器组保护广泛采用这一算法。

二、外加电源转子接地保护

大机组励磁电压很高，引入发电机—变压器组保护装置比较危险，转子接地保护宜采用单装置，直接安装在励磁系统屏柜内。

百万千瓦超超临界机组转子接地保护通常采用注入式原理，在未加励磁电压的情况下，也能监测转子绝缘情况。根据转子绕组引出方式，在转子绕组的正负两端或其中一端与大轴间注入电压，如图 10-25 所示，注入电压的频率可根据转子对地电容的大小进行调整。

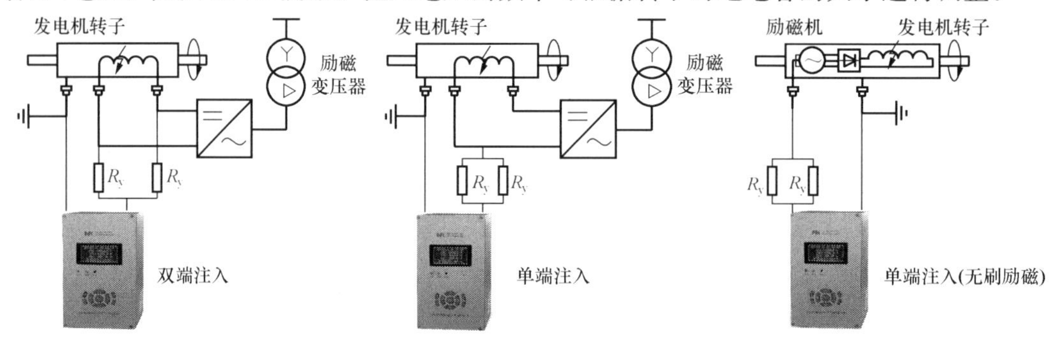

图 10-25 注入式转子接地保护

在转子绕组的一端（或两端）与大轴之间注入偏移方波电源，通过计算接地电阻的阻值，即构成转子一点接地保护。注入电源配置在保护装置内，可选择从转子绕组单端注入或双端注入，能够在未加励磁电压的情况下监视转子绝缘，在转子绕组上任一点接地时，灵敏度高且一致，并能满足无刷励磁机组转子接地保护的要求。

在双端注入的情况下，能计算出转子接地位置 α。双端注入式和单端注入式转子接地保护的工作电路如图 10-26 所示，图中 R_x 为测量回路电阻，R_y 为注入大功率电阻，U_s 为注入电源模块，R_g 为转子绕组对大轴的绝缘电阻。一点接地设有两段动作值，灵敏段动作于报警，普通段可动作于信号也可动作于跳闸。

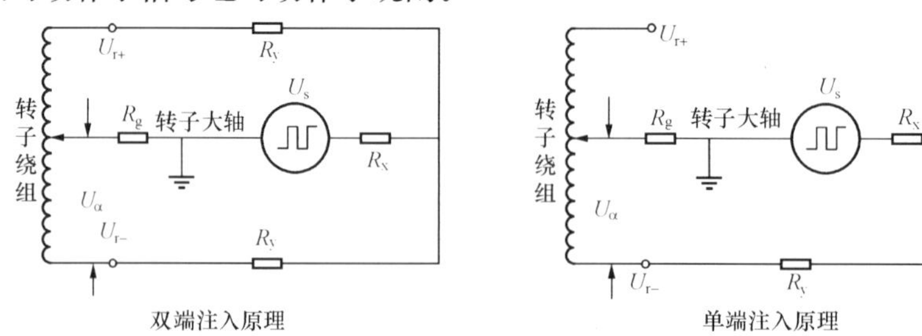

图 10-26 注入式转子接地保护原理

三、反应发电机定子电压二次谐波分量的转子两点接地保护

这种发电机转子两点接地或匝间短路保护基于反应发电机定子电压二次谐波分量的原

理。当发电机转子绕组两点接地或匝间短路故障时，气隙磁通分布的对称性遭到破坏，出现偶次谐波，发电机定子绕组每相感应电动势也就出现了偶次谐波分量。因此利用定子电压的二次谐波分量，就可以实现转子两点接地及匝间短路保护。

通过分析可以发现转子侧发生两点接地或匝间短路故障在定子侧形成的二次谐波电压的相序和发电机外部不对称短路产生的负序电流所形成的定子二次谐波电压相序相反。利用此特征可以实现灵敏度更高的转子两点接地保护。二次谐波电压转子两点接地保护的程序逻辑框图如图 10-27 所示。

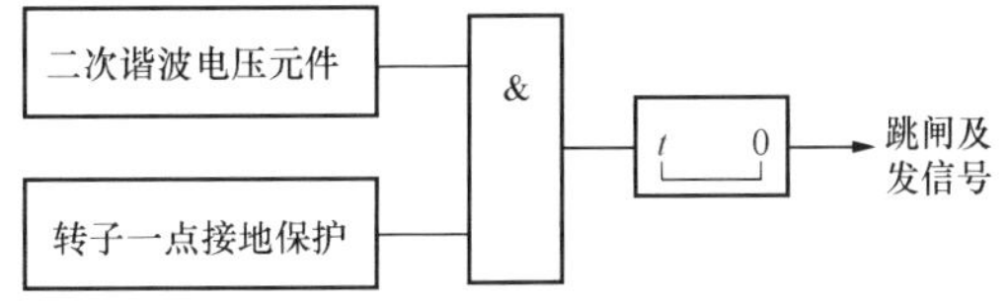

图 10-27 定子二次谐波电压转子两点接地保护的程序逻辑框图

保护从发电机机端电压互感器取三相电压，由软件滤取二次谐波电压分量，将其与整定值比较来判别转子两点接地故障。保护的动作判据为

$$U_{2\omega} > U_{set} \tag{10-23}$$

动作电压按躲过额定运行情况下机端二次谐波电压值整定，即

$$U_{set} = K_{rel} U_{2\omega,unb,N} \tag{10-24}$$

式中 K_{rel}——可靠系数，一般取 2.5～3；

$U_{2\omega,unb,N}$——发电机额定负荷时，机端二次谐波电压实测值。

为防止误动作，保护受转子一点接地保护闭锁，当转子绕组发生一点接地后，自动将转子两点接地保护投入工作。

保护经一定延时后动作于跳闸，以躲过外部短路暂态过程的影响和瞬时转子绕组两点接地短路，延时时间 t 一般取 0.5～1.0s。

四、反应接地位置变化的转子绕组两点接地保护

发电机转子绕组出现一点接地后，当另一点又发生接地时，改变了转子绕组的电压分布，即转子负极至接地点的有效匝数与全绕组有效匝数的比值 α 发生了变化，如图 10-28 所示。k_1 点接地时，$\alpha_1 = \dfrac{N_1}{N_1 + N_2}$；当 k_2 点再接地时，$\alpha_2 = \dfrac{N'_1}{N'_1 + N_2}$。显然有 $\Delta\alpha = |\alpha_2 - \alpha_1| > 0$，被短接的匝数越多，$\Delta\alpha$ 越大。利用测量 $\Delta\alpha$ 大小即可构成反应接地位置变化的转子绕组两点接地保护。

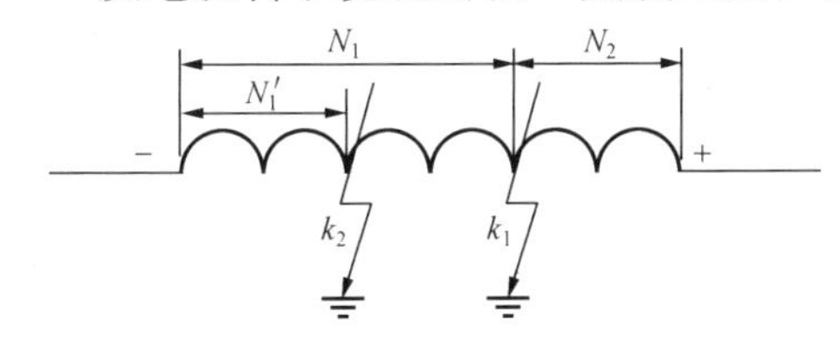

图 10-28 转子绕组两点先后接地匝数变化示意图

该保护与切换采样式转子一点接地保护配合使用，可共享一点接地保护测得的接地位置数据 α。两点接地保护由连续测得的即时值 α_2 与前一次测得并记忆的值 α_1 计算出变化量 $\Delta\alpha = \alpha_2 - \alpha_1$，并与整定值比较，以确定保护是否动作。保护的动作判据为

$$|\Delta\alpha| > \alpha_{set} \tag{10-25}$$

式中 α_{set}——转子绕组两点接地位置变化整定值。

反应接地位置变化的转子两点接地保护的动作时限按躲过瞬时出现的两点接地故障整定，一般取 t=0.5～1.0s。

五、转子接地保护逻辑图

图 10-29 所示为一典型发电机转子接地保护的动作逻辑图。若转子一点接地保护动作于报警方式，当转子接地电阻 R_g 小于普通段整定值，转子一点接地保护动作后，经延时自动投入转子两点接地保护，当接地位置 α 改变达一定值时判为转子两点接地，动作于跳闸。为提高转子两点接地保护的可靠性，转子两点接地保护可经控制字选择“经定子侧二次谐波电压闭锁”。

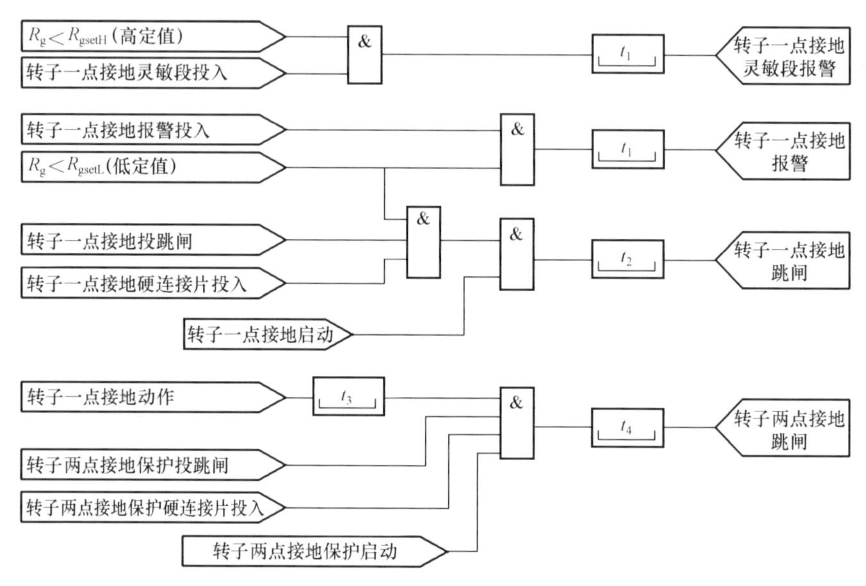

图 10-29　典型发电机转子接地保护的动作逻辑图

第七节　发电机负序电流保护

一、负序电流保护的作用

电力系统中发生不对称短路，或三相负荷不对称（如有电气机车、电弧炉等单相负荷）时，将有负序电流流过发电机的定子绕组，并在发电机中产生对转子以两倍同步转速的磁场，从而在转子中产生倍频电流。

汽轮发电机转子由整块钢锻压而成，绕组置于槽中，倍频电流由于集肤效应的作用，主要在转子表面流通，并经转子本体槽楔和阻尼条，在转子的端部附近 10%～30%的区域内沿周向构成闭合回路。这一周向电流，有很大的数值。例如，一台 1000MW 机组，可达 250～300kA。这样大的倍频电流流过转子表层时，将在护环与转子本体之间和槽楔与槽壁之间等接触上形成热点，将转子烧伤。倍频电流还将使转子的平均温度升高，使转子挠性槽附近断面较小的部位和槽楔、阻尼环与阻尼条等分流较大的部位，形成局部高温，从而导致转子表层金属材料的强度下降，危及机组的安全。此外，转子本体与护环的温差超过允许限度，将导致护环松脱，造成严重的破坏。

此外，负序气隙旋转磁场与转子电流之间以及正序气隙旋转磁场与定子负序电流之间所产生的 100Hz 交变电磁转矩，将同时作用在转子大轴和定子机座上，从而引起 100Hz 的振动，威胁发电机安全。

为防止发电机的转子遭受负序电流的损伤，大型汽轮发电机都要求装设比较完善的负序电流保护，保护的对象是发电机转子，是转子表层负序发热的唯一主保护，因此，习惯上称它为发电机转子表层负序过负荷保护，同时可作为区外不对称短路的后备保护。它由定时限和反时限两部分组成。发电机转子长期承受负序电流的能力和短时承受负序电流发热的能力I_2^2t，是整定负序电流保护的依据。

负序电流在转子中所引起的发热量，正比于负序电流的平方与所持续的时间的乘积。在最严重的情况下，假设发电机转子为绝热体（即不向周围散热），则不使转子过热所允许的负序电流和时间的关系，可表示为

$$\int_0^t i_2^{*2}\mathrm{d}t = I_2^{*2}t = A \tag{10-26}$$

式中 i_2^*——流经发电机的负序电流（以发电机额定电流为基准的标幺值）；

t——电流 i_2^* 所持续的时间；

I_2^{*2}——在时间 t 内 i_2^{*2} 的平均值（以发电机额定电流为基准的标幺值）；

A——与发电机型式和冷却方式有关的常数。

式（10-26）说明，在确保发电机安全运行情况下，I 越大则允许其持续时间越短，呈反时限特性。A 值较大的发电机，其耐受负序电流影响的能力强。

由于大机组的 A 值都比较小，承受负序电流的能力很小。因此，为防止发电机转子遭受负序电流的损坏，在 100MW 及以上，$A<10$ 的发电机上应装设能够模拟发电机允许负序电流曲线的反时限负序过电流保护。微机型的发电机保护均采用完善的反时限负序过电流保护，以保证发电机运行的安全。

二、反时限负序过电流保护

反时限负序过电流保护反映发电机定子的负序电流大小，防止发电机转子表面过热。该保护电流取自发电机中性点 TA 三相电流，这样可以兼作发电机并网前的内部短路故障的后备保护。

负序过电流保护由定时限负序过负荷和反时限负序过电流两部分组成。前者用以反应发电机负序过负荷，后者作为发电机转子表层过热的主保护及发电机区内、区外不对称短路的后备保护。

负序过电流保护动作特性曲线如图 10-30 所示。定时限负序过负荷定值为 I_{2ms}，动作于较长延时 t_s 发信号。反时限过流由上限定时限、反时限、下限定时限三部分组成。当发电机负序电流大于上限整定值 I_{2up} 时，则按上限定时限 t_{up} 动作；如果负序电流高于下限整定值 I_{2m}，但又不足以使反时限部分动作，或反时限部分动作时间太长时，则按下限定时限 t_1 动作；负序电流在上、下限整定值之间，则按反时限动作。

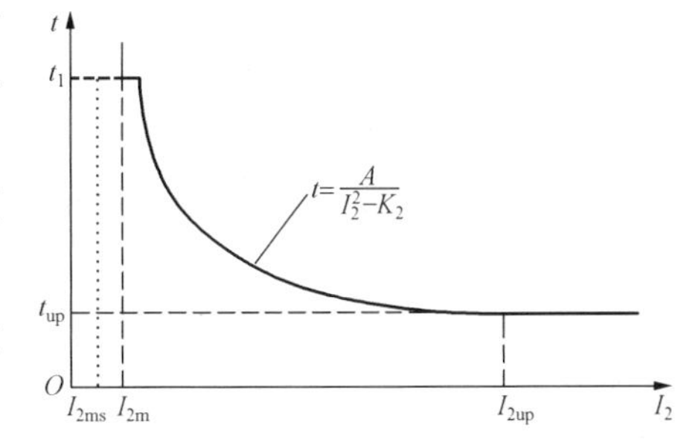

图 10-30 发电机反时限负序过电流保护动作特性曲线

负序反时限特性能真实地模拟转子的热积累过程，并能模拟散热，即发电机发热后若负序电流消

失，热积累并不立即消失，而是慢慢地散热，如此时负序电流再次增大，则上一次的热积累将成为该次的初值。

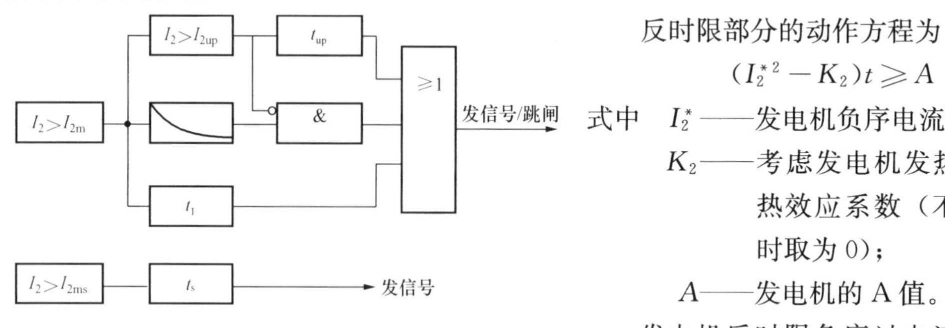

图 10-31 发电机反时限负序过电流保护逻辑图

反时限部分的动作方程为

$$(I_2^{*2}-K_2)t \geqslant A \tag{10-27}$$

式中 I_2^*——发电机负序电流标幺值；

K_2——考虑发电机发热同时的散热效应系数（不考虑散热时取为 0）；

A——发电机的 A 值。

发电机反时限负序过电流保护逻辑图如图 10-31 所示。

第八节 发电机失磁保护

一、发电机失磁运行及后果

发电机失磁故障是指发电机的励磁突然全部消失或部分消失。引起失磁的原因有转子绕组故障、励磁机（变压器）故障、自动灭磁开关误跳闸、半导体励磁系统中某些元件损坏或回路发生故障以及误操作等。

当发电机完全失去励磁时，励磁电流将逐渐衰减至零。由于发电机的感应电动势 E_d 随着励磁电流的减小而减小，因此，其电磁转矩也将小于原动机的转矩，因而引起转子加速，使发电机的功角 δ 增大。当 δ 超过静态稳定极限角时，发电机与系统失去同步。发电机失磁后将从电力系统中吸取感性无功功率。在发电机超过同步转速后，转子回路中将感应出频率为 f_g-f_s（其中，f_g 为对应发电机转速的频率，f_s 为系统的频率）的电流，此电流产生异步转矩。当异步转矩与原动机转矩达到新的平衡时，即进入稳定的异步运行。

当发电机失磁进入异步运行时，将对电力系统和发电机产生以下影响：

(1) 需要从电力系统中吸收很大的无功功率以建立发电机的磁场。所需无功功率的大小，主要取决于发电机的参数（X_1、X_2、X_{ad}）以及实际运行时的转差率。汽轮发电机与水轮发电机相比，前者的同步电抗 X_d（$=X_1+X_{ad}$）较大，所需无功功率较小。假设失磁前发电机向系统送出无功功率 Q_1，而在失磁后从系统吸收无功功率 Q_2。则系统中将出现 Q_1+Q_2 的无功功率缺额。失磁前带的有功功率越大，失磁后转差率就越大，所吸收的无功功率也就越大，因此，在重负荷下失磁进入异步运行后，如不采取措施，发电机将因过电流使定子过热。

(2) 由于从电力系统中吸收无功功率将引起电力系统的电压下降，如果电力系统的容量较小或无功功率储备不足，则可能使失磁发电机的机端电压、升压变压器高压侧的母线电压或其他邻近的电压低于允许值，从而破坏了负荷与各电源间的稳定运行，甚至可能因电压崩溃而使系统瓦解。

(3) 失磁后发电机的转速超过同步转速，因此，在转子及励磁回路中将产生频率为 f_g-f_s 的交流电流，即差频电流。差频电流在转子回路中产生的损耗，如果超出允许值，将使转子过热。特别是直接冷却的大型机组，其热容量的裕度相对降低，转子更易过热。而流过转子表层的差频电流还可能使转子本体与槽楔、护环的接触面上发生严重的局部过热。

（4）对于直接冷却的大型汽轮发电机，其平均异步转矩的最大值较小，惯性常数也相对较低，转子在纵轴和横轴方向呈现较明显的不对称，使得在重负荷下失磁后，这种发电机的转矩、有功功率要发生周期性摆动。在这种情况下，将有很大的电磁转矩周期性地作用在发电机轴系上，并通过定子传到机座上，引起机组振动，直接威胁机组的安全。

（5）低励磁或失磁运行时，定子端部漏磁增加，将使端部和边段铁芯过热。实际上，这一情况通常是限制发电机失磁异步运行能力的主要条件。

由于发电机低励磁或失磁对电力系统和发电机本身的上述危害，在发电机上，尤其是在大型发电机上应装设失磁保护，以便及时发现失磁故障，并采取必要的措施，如发出信号、自动减负荷、动作于跳闸等，以保证发电机和系统的安全。

失磁保护反映出失磁故障后，可采取的措施之一，就是迅速把失磁的发电机从电力系统中切除，这是最简单的办法。但是，失磁对电力系统和发电机本身的危害，并不像发电机内部短路那样迅速地表现出来。另一方面，大型汽轮发电机组，突然跳闸会给机组本身及其辅机造成很大的冲击，对电力系统也会加重扰动。

汽轮发电机组有一定的异步运行能力，1000MW 汽轮机组在失磁后允许 40％负荷持续运行 15min。因此，对于汽轮发电机，失磁后还可以采取另一种措施，即监视母线电压，当电压低于允许值时，为防止电力系统发生振荡或造成电压崩溃，迅速将发电机切除；当电压高于允许值时，则不应当立即把发电机切除，而是首先采取降低原动机出力等措施，并随即检查造成失磁的原因，予以消除，使机组恢复正常运行，以避免不必要的事故停机。如果在发电机允许的时间内，不能消除造成失磁的原因，则再由保护装置或由操作人员手动停机。在我国电力系统中，就有过多次 10～300MW 机组失磁之后用上述方法避免事故停机的事例。通过大量研究并试验，证明容量不超过 1000MW 的二极汽轮发电机若失磁机组快速减载到允许水平，只要电网有相应无功储备，可确保电网电压，失磁机组的厂用电保持正常工作的情况，失磁机组可不跳闸，尽快恢复励磁。

应当明白一点，发电机低励磁产生的危害比完全失磁更严重，原因是低励磁时尚有一部分励磁电压，将继续产生剩余同步功率和转矩，在功角 0°～360°的整个变化周期中，该剩余功率和转矩时正时负地作用在转轴上，使机组产生强烈的振动，功率振荡幅度加大，对机组和电力系统的影响更严重。

二、失磁过程中主要电量的变化特点

发电机与无限大系统并列运行，等值电路和相量图如图 10-32 所示。图中 $\dot{E}_d$ 为发电机的同步电动势；$\dot{U}_g$ 为发电机端的相电压；$\dot{U}_s$ 为无穷大系统的相电压；$\dot{I}$ 为发电机的定子电流；X_d 为发电机的同步电抗；X_s 为发电机与系统之间的联系电抗，$X_\Sigma = X_d + X_s$；φ 为受端的功率因数角；δ 为 $\dot{E}_d$ 和 $\dot{U}_s$ 之间的夹角（即功角）。根据电机学，发电机送到受端的功率 $S = P - jQ$（规定发电机送出感性无功功率时表示为 $P - jQ$）分别为

$$P = \frac{E_d U_s}{X_\Sigma} \sin\delta \tag{10-28}$$

$$Q=\frac{E_{\mathrm{d}}U_{\mathrm{s}}}{X_{\Sigma}}\cos\delta-\frac{U_{\mathrm{s}}^{2}}{X_{\Sigma}} \tag{10-29}$$

在正常运行时，$\delta<90°$；一般当不考虑励磁调节器的影响时，$\delta=90°$为稳定运行的极限；$\delta>90°$后发电机失步。

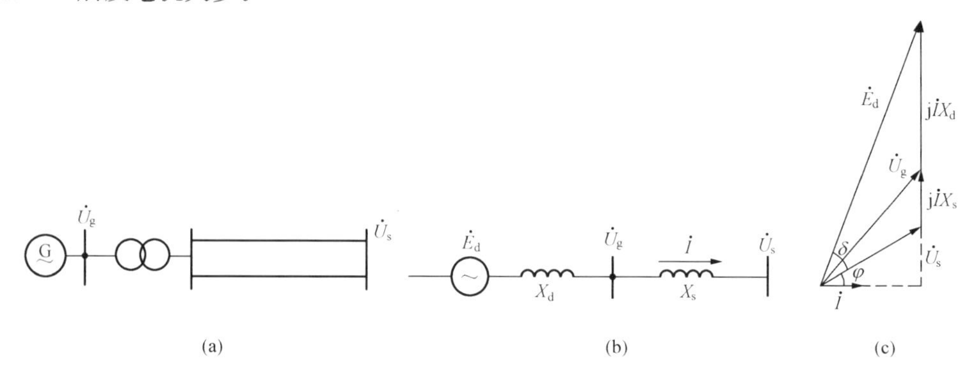

图 10-32　发电机与无限大系统并列运行

(a) 接线图；(b) 等值电路图；(c) 相量图

1. 发电机有功功率特性

设励磁绕组短接引起完全失磁，发电机有功功率特性变化可分为三个阶段：

(1) 失磁到临界失步阶段（$\delta<90°$）。发生失磁后，随着励磁电流的减小，发电机电动势 E 随之按指数规律减小，电磁功率 P（E，δ）曲线逐渐变低，如图 10-33 所示。这期间，由于调速器来不及动作，原动机功率 P_{T} 维持不变。为了维持 P_{T} 和 P 之间的功率平衡，运行点发生改变（$a\to b\to c$），功角 δ 则逐渐增加（$\delta_1>\delta_2>\delta_3$），使发电机输出有功功率基本保持不变。所以这个阶段称为“等有功过程”。

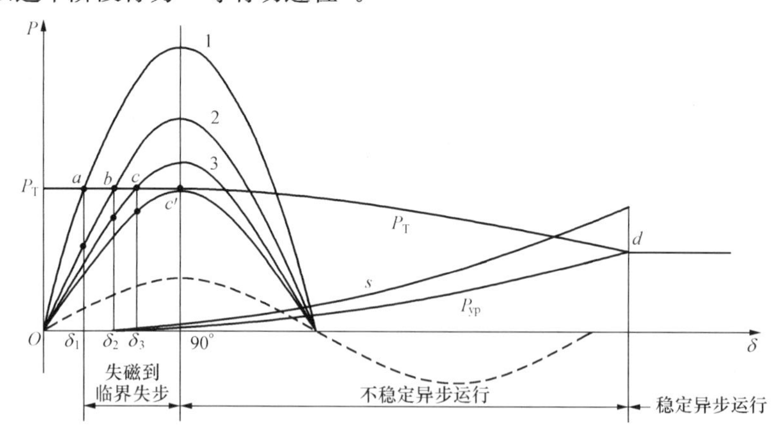

图 10-33　失磁过程发电机功角特性

此过程一直持续到临界失步点 c'，这时 $\delta=90°$。这一阶段所经历的时间与励磁电流，亦即电动势 E 的衰减时间常数成正比，这表明该时间随失磁故障方式不同而不同；同时发电机正常运行时静稳储备系数越大，此时间越长，即失磁前发电机所带负荷越轻，该时间越长。这期间，因滑差 s 很小，异步功率极小，可忽略不计。

(2) 不稳定运行阶段。$\delta>90°$之后，机械功率 P_{T} 无法与同步功率 P 相平衡，而是随着

E 的衰减及 δ 的增大，P_T 与 P 的差值越来越大，于是转子加速，滑差 s 不断增大，异步功率（转矩）P_{yp} 也随之增大。特别是当 $\delta>180°$ 后，随着励磁电流及 P 完全衰减，P_{yp} 及 s 增大得更多更快。另一方面，调速系统开始反应，作用于减少机械输入功率 P_T。这一阶段 P、P_{yp}、s 及 P_T 都是变化的，属于不稳定异步运行阶段。

（3）稳定异步运行阶段。当滑差 s 达到一定数值，使 P_{yp} 达到能与减少了的 P_T 相平衡，即达到了图中的 d 点，转子停止加速，s 不再增大，发电机便转入稳定异步运行阶段。注意这里所谈的“稳定”，是指 s 的平均值，实际上由于异步功率中有交流分量，因此 s 瞬时值是在不断变动的。

以上分析是就完全失磁而言的，当发电机部分失磁时，励磁电流并不会衰减至零，即尚有剩余的同步功率，若此时已因部分失磁而转入异步运行，由于同步功率是以转差率而交变的分量，加剧了有功功率的摆动，对发电机非常不利。

2. 其他基本电量的变化

从发电机失磁到临界失步阶段，虽然有功功率基本不变，而无功功率则发生很大变化，由送出无功功率迅速改变为从系统吸收无功功率。

失磁发生后，发电机内电动势 E 不断减小，定子电流 $\dot{I}$ 则先短时略为减小，在 $\dot{I}$ 超前于机端电压 $\dot{U}_g$ 后则一直维持不断增大趋势。

进入异步运行后，s 逐渐增大，异步功率逐渐增强，失磁前发电机所带有功负荷越大，失磁后稳态异步运行时的滑差 s 越大，异步无功功率也就越大。这时无功功率中含有 $2s$ 交变分量，也会发生摆动，但其摆动程度远小于有功功率的摆动。失磁异步运行后，伴随着吸收无功功率的增大，定子电流也逐渐增加，在达到稳态异步运行时才稳定。这时定子电压是因含有标幺值为 1 及（$1+2s$）频率分量，亦呈现 $2s$ 频率的摆动。由于失磁发电机吸收无功功率，同时定子电压增大，此时发电机端电压将要显著降低，同时主变压器高压母线电压也要降低，严重时会威胁系统和厂用电的安全运行。

3. 失磁过程中机端测量阻抗变化特性

阻抗定义为从发电机机端向系统看所测量的阻抗，通常由端线电压（如 $\dot{U}_{AB}$）与相应的线电流（如 $\dot{I}_{AB}=\dot{I}_A-\dot{I}_B$）来测量。

（1）失磁后到失步前（等有功阻抗圆）。在此阶段中，转子电流逐渐减小，发电机的电磁功率 P 开始减小，由于原动机所供给的机械功率还来不及减小，于是转子逐渐加速，使 $\dot{E}_d$ 和 $\dot{U}_s$ 之间的功角 δ 随之增大，P 又要回升。在这一阶段中，$\sin\delta$ 的增大与 $\dot{E}_d$ 的减小相互补偿，基本上保持了电磁功率 P 不变。

与此同时，无功功率 Q 将随着 $\dot{E}_d$ 的减小和 δ 的增大而迅速减小，按式（10-29）计算的 Q 值将由正变为负，即发电机变为吸收感性的无功功率。

在这一阶段中，发电机端的测量阻抗为

$$Z_g=\frac{\dot{U}_g}{\dot{I}}=\frac{\dot{U}_s+j\dot{I}X_s}{\dot{I}}=\frac{\dot{U}_s\hat{\dot{U}}_s}{\dot{I}\hat{\dot{U}}_s}+jX_s=\frac{U_s^2}{s}+jX_s$$

$$=\frac{U_s^2}{2P}\times\frac{P-jQ+P+jQ}{P-jQ}+jX_s=\frac{U_s^2}{2P}\left(1+\frac{P+jQ}{P-jQ}\right)+jX_s$$

$$=\left(\frac{U_s^2}{2P}+jX_s\right)+\frac{U_s^2}{2P}e^{j2\varphi} \tag{10-30}$$

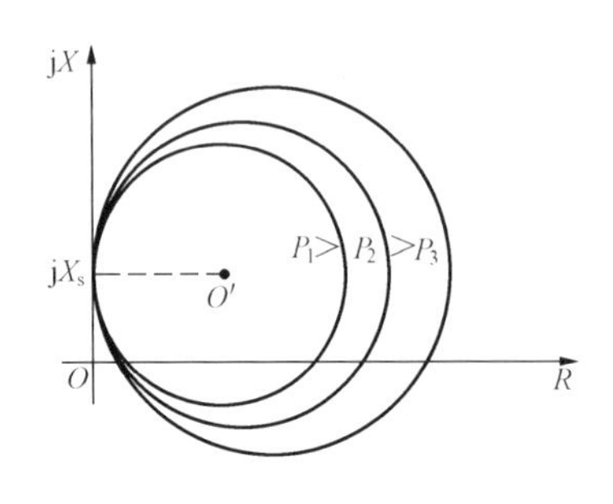

图 10-34　等有功阻抗圆

如上所述，式（10-30）中的U_s、X_s和P为常数，而Q和φ为变数，因此它是一个圆的方程式，表示在复阻抗平面上如图 10-34 所示。其圆心O'的坐标为$\left(\frac{U_s^2}{2P},\ X_s\right)$，半径为$\frac{U_s^2}{2P}$。

由于这个圆是在有功功率P不变的条件下做出的，因此称为等有功阻抗圆。由式（10-30）可见，机端测量阻抗的轨迹与P有密切关系，对应不同的P值有不同的阻抗圆且P越大时圆的直径越小。

发电机失磁以前，向系统送出无功功率，φ角为正，测量阻抗位于第一象限，失磁以后随着无功功率的变化，φ角由正值变为负值，因此测量阻抗也沿着圆周随之由第一象限过渡到第四象限。

（2）临界失步点（静稳阻抗边界圆）。对汽轮发电机组，当$\delta=90°$时，发电机处于失去静态稳定的临界状态，故称为临界失步点。此时由式（10-29）可得输送到受端的无功功率为

$$Q=-\frac{U_s^2}{X_\Sigma} \tag{10-31}$$

式中Q为负值，表明临界失步时，发电机自系统吸收无功功率，且为一常数，故临界失步点也称为等无功点。此时机端的测量阻抗为

$$Z_g=\frac{X_d+X_s}{j2}(1-e^{j2\varphi})+jX_s=-j\,\frac{X_d+X_s}{2}+j\,\frac{X_d+X_s}{2}e^{j2\varphi}+jX_s$$

$$=-j\,\frac{X_d-X_s}{2}+j\,\frac{X_d+X_s}{2}e^{j2\varphi} \tag{10-32}$$

由式（10-32）可知，发电机在输出不同的有功功率P而临界失稳时，其无功功率Q恒为常数。φ为变量，也是一个圆的方程，为以jX_s和$-jX_d$两点为直径的圆，如图 10-35 所示。其圆心O'的坐标为$\left(0,\ -\frac{X_d-X_s}{2}\right)$，半径为$\frac{X_d-X_s}{2}$。这个圆称为临界失步圆，也称为静稳阻抗圆或等无功圆。其圆周为发电机以不同的有功功率P而临界失稳时，机端测量阻抗的轨迹，圆内为静稳破坏区。

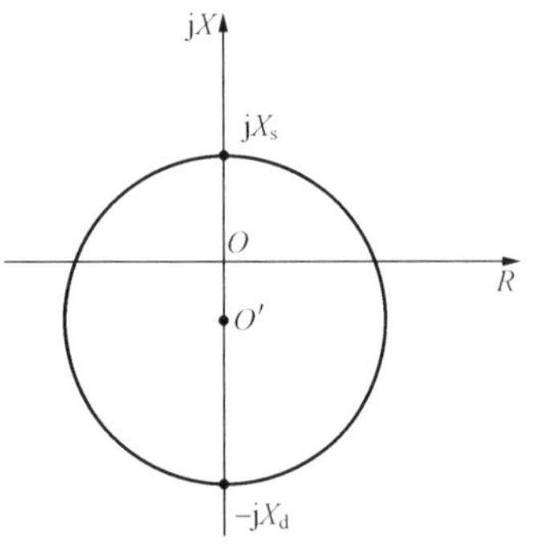

图 10-35　临界失步阻抗圆

（3）静稳破坏后的异步运行阶段（异步阻抗圆）。静稳破坏后的异步运行阶段可用图 10-36 所示的等值电路来表

示，按图 10-36 的电流正方向，机端测量阻抗应为

$$Z_g = -\left[jX_1 + \frac{jX_{ad}\left(\frac{R_2}{s} + jX_2\right)}{\frac{R_2}{s} + j(X_{ad} + X_2)} \right] \quad (10\text{-}33)$$

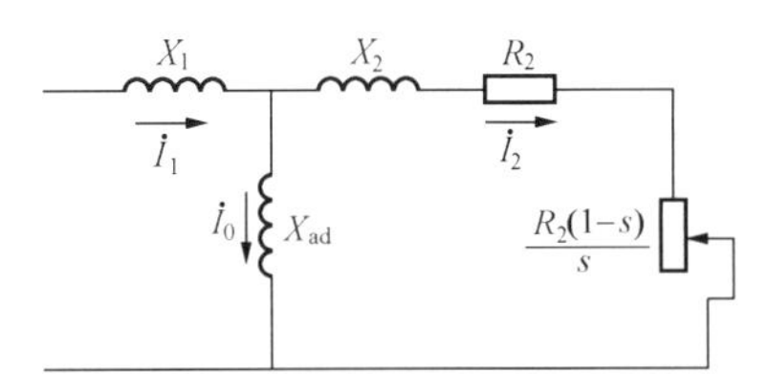

图 10-36　异步发电机等值电路

当发电机空载运行失磁时，转差率 $s \approx 0$，$R_2/s \approx \infty$，此时机端测量阻抗为最大，即

$$Z_g = -jX_1 - jX_{ad} = -jX_d \quad (10\text{-}34)$$

当发电机在其他运行方式下失磁时，Z_g 将随转差率增大而减小，并位于第四象限。极限情况是当 $f_g \to \infty$ 时，$s \to -\infty$，$R_2/s \to 0$，Z_g 的数值为最小。此时，有

$$Z_g = -j\left(X_1 + \frac{X_2 X_{ad}}{X_2 + X_{ad}}\right) = -jX'_d \quad (10\text{-}35)$$

综上所述，发电机失磁前在过激状态下运行时，其机端测量阻抗位于第一象限（如图 10-37 中的 a 或 a' 点），失磁以后，测量阻抗沿等有功圆向第四象限移动。当它与静稳阻抗圆（等无功阻抗圆）相交时（b 或 b' 点），表示机组运行处于静稳定的极限。越过 b（或 b'）点以后，转入异步运行，最后稳定运行于 c（或 c'）点，此时平均异步功率与调节后的原动机输入功率相平衡。

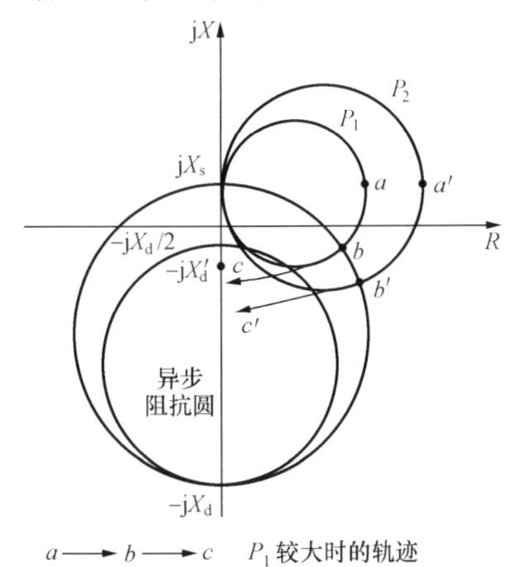

图 10-37　发电机失磁后机端测量阻抗的变化轨迹

异步边界阻抗特性圆是以 $-jX'_d/2$ 和 $-jX_d$ 两点为直径的圆，如图 10-37 所示，进入圆内表明发电机已进入异步运行。异步边界阻抗圆小于静稳极限阻抗圆，完全落在第三、四象限。所以在同一工况的系统中运行，若失磁保护采用静稳极限阻抗元件，在失磁故障时一定比采用异步边界阻抗元件动作的更早。由于异步边界阻抗特性圆没有一、二象限的动作区，采用异步边界阻抗元件有利于减少非失磁故障时的误动几率。

三、失磁保护转子判据

由各种原因引起的发电机失磁，其转子励磁绕组电压 u_f 都会出现降低，降低的幅度随失磁方式而不同。失磁保护的转子判据，便是根据失磁后 u_f 初期下降（以至到负）的特点来判别失磁故障。转子判据有整定值固定的转子判据和整定值随有功功率改变的转子判据两种整定方式。

整定值随有功功率改变的转子励磁电压判据的整定值自动随发电机的有功功率而变化。其表达式为

$$U_{fd} \leqslant K_{set}(P - P_t) \quad (10\text{-}36)$$

式中　K_{set}——整定系数；

P——发电机有功功率；

P_t——发电机凸极功率。

上述变励磁电压判据能在导致发电机失步的初始阶段动作，与静稳边界阻抗元件相比具有提前预测失磁失步的功能，显著提高机组减出力的效果。

整定值固定的转子判据能在机组空载运行或 $P<P_t$ 轻载运行时出现全失磁情况下可靠动作，其表达式为

$$U_{fd}<U_{fd,set} \tag{10-37}$$

式中 $U_{fd,set}$——给定励磁电压整定值。

以上两判据构成“或”门，输出发“失磁”信号和“切换励磁”命令。

四、失磁保护构成的逻辑

大型发电机失磁后，当电力系统或发电机本身的安全运行遭到威胁时，应将故障的发电机切除，以防止故障的扩大。完整的失磁保护通常由发电机机端测量阻抗判据、转子低电压判据、变压器高压侧低电压判据、定子过电流判据构成。一种比较典型的发电机失磁保护构成的逻辑图如图 10-38 所示。

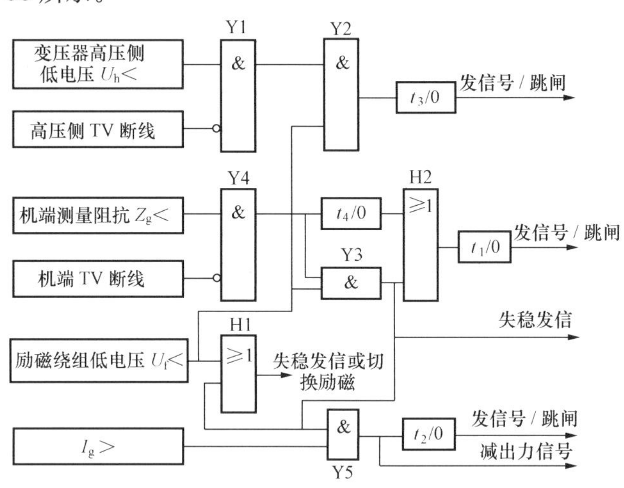

图 10-38 发电机失磁保护构成的逻辑图

通常取机端阻抗判据作为失磁保护的主判据。一般情况下阻抗整定边界为静稳边界圆，故也称为静稳边界判据，但也可以为其他形状。当定子静稳判据和转子低电压判据同时满足时，判定发电机已失磁失稳，经与门“Y3”和延时 t_1 后出口切除发电机。若因某种原因，造成失磁时转子低电压判据拒动，定子静稳判据也可单独出口切除发电机，此时为了单个元件动作的可靠性，增加了延时 t_4 才出口。

转子低电压判据满足时发失磁信号，并发出切换励磁命令。此判据可以预测发电机是否因失磁而失去稳定，从而在发电机尚未失去稳定之前及早地采取措施（如切换励磁等），防止事故的扩大。转子低电压判据满足并且静稳边界判据满足，则经与门“Y3”电路也将迅速发出失稳信号。此信号表明发电机由失磁导致失去了静稳，将进入异步运行。

汽轮机在失磁时一般可允许异步运行一段时间，此期间由定子过电流判据进行监测。若定子电流大于 1.05 倍的额定电流，表明平均异步功率超过 1.05 倍的额定功率，发出减出力命令，减小发电机的出力后，允许汽轮机继续稳定异步运行一段时间。稳定异步运行一般允许 2～15min（t_2），经过 t_2 之后再发跳闸命令。这样，在 t_2 期间运行人员可有足够的时间去排除故障，以重新恢复励磁，避免跳闸，这对安全运行具有很大意义。如果出力在 t_2 内不能压下来，而过电流判据又一直满足，则发跳闸命令以保证发电机本身的安全。

对于无功储备不足的系统，当发电机失磁后，有可能在发电机失去静稳之前，高压侧电压就达到了系统崩溃值。所以转子低电压判据满足并且高压侧低电压判据（低电压定值一般取 $0.85U_{N}$）满足时，说明发电机的失磁已造成了对电力系统安全运行的威胁，经与门“Y2”和短延时 t_{3} 发出跳闸命令，迅速切除发电机。

另外，为了防止电压互感器回路断线时造成失磁保护误动作，设有TV断线闭锁元件。TV断线闭锁元件分为变压器高压侧TV断线闭锁元件和机端TV断线闭锁元件，高压侧TV断线闭锁元件输出闭锁高压侧低电压元件，并发高压侧TV断线信号，机端TV断线判别元件输出闭锁机端测量阻抗元件，并发机端TV断线信号。

第九节　发电机失步保护

一、装设失步保护的必要性

对于中小机组，通常都不装设失步保护。当系统发生振荡时，由运行人员来判断，然后利用人工增加励磁电流、增加或减少原动机出力、局部解列等方法来处理。对于大机组，这样处理将不能保证机组的安全，通常需要装设用于反映振荡过程的专门的失步保护。

一般认为失步带来的危害有：

(1) 对于大机组和超高压电力系统，发电机装有快速响应的自动调整励磁装置，并与升压变压器组成单元接线。由于输电网的扩大，系统的等效阻抗值下降，发电机和变压器的阻抗值相对增加，因此振荡中心常落在发电机机端或升压变压器的范围以内。由于振荡中心落在机端附近，使振荡过程对机组的危害加重。机炉的辅机都由接在机端的厂用变压器供电，机端电压周期性地严重下降，将使厂用机械工作的稳定性遭到破坏，甚至使一些重要电动机制动，导致停机、停炉。

(2) 振荡过程中，当发电机的电动势与系统等效电动势的夹角为180°时，振荡电流的幅值将接近机端三相短路时流过的短路电流的幅值。如此大的电流反复出现有可能使定子绕组端部受到机械损伤。

(3) 由于大机组热容量相对下降，对振荡电流引起的热效应的持续时间也有限制，因为时间过长有可能导致发电机定子绕组过热而损坏。

(4) 振荡过程常伴随短路故障出现。发生短路故障和切除故障后，汽轮发电机轴系可能发生扭转振荡。当故障切除后，若随即发生电气参数的振荡过程，则加到轴系上的制动转矩是一脉振转矩，从而可能加剧轴系的扭转振荡，使大轴遭受机械损伤，甚至造成严重事故。

(5) 在短路伴随振荡的情况下，定子绕组端部先遭受短路电流产生的应力，相继又承受振荡电流产生的应力，使定子绕组端部出现机械损伤的可能性增加。

对于电力系统来说，一台发电机与系统之间失步，如不能及时和妥善处理，可能扩大到整个电力系统，导致电力系统的崩溃。

由于上述原因，对于大机组，特别是在单机容量所占比例较大的1000MW汽轮发电机，需要装设失步保护，用以及时检出失步故障，迅速采取措施，以保障机组和电力系统的安全运行，通常要求发电机失步保护在振荡的第一、二个振荡周期内能够可靠动作。

为了防止发电机失步和电力系统的振荡，发电厂端往往采取一系列的安全稳定措施，如超高速继电保护装置、重合闸装置、高起始响应励磁调节器和电力系统稳定器（PSS）等。需要提到的是利用数字电液控制系统（DEH）的 ACC 加速度控制快关中压调节汽门功能，将可能避免由于短路故障诱发的失步，可能将不稳定振荡转化为稳定振荡，这对于在线稳定机组将大有好处。因此，对于稳定振荡，发电机也没有必要跳闸。当振荡中心落于机端附近时，对于从机端取用励磁电源的自并励发电机组将非常不利，失步将导致发电机失磁，使事故来得更为复杂。因此，当检测到振荡中心落在发电机、变压器内部时，失步保护应动作于全停。

二、失步保护原理

要求失步保护只反映发电机的失步情况，能可靠躲过系统短路和同步摇摆，并能在失步开始的摇摆过程中区分加速失步和减速失步。目前，实用的失步保护主要基于反映发电机机端测量阻抗变化轨迹的原理。这里介绍一种数字保护中应用的具有双遮挡器动作特性的失步保护原理。

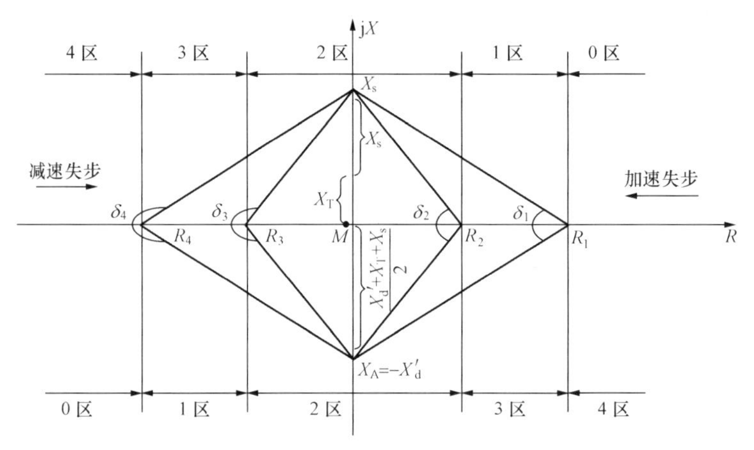

图 10-39　失步阻抗轨迹与失步保护整定图

如图 10-39 所示（图中忽略了电阻），假定振荡中心落在机端保护安装处 M。R_1、R_2、R_3、R_4 将阻抗平面分为 0～4 共 5 个区，加速失步时测量阻抗轨迹从 $+R$ 向 $-R$ 方向变化，0～4 区依次从右到左排列；减速失步时测量阻抗轨迹从 $-R$ 向 $+R$ 方向变化，0～4 区依次从左到右排列。当测量阻抗从右向左穿过 R_1 时判断为加速失步，当测量阻抗从左向右穿过 R_4 时判定为减速失步。然后当测量阻抗穿过 1 区进入 2 区，并在 1 区及 2 区停留的时间分别大于 t_1 和 t_2 后，对于加速过程发加速失步信号，对于减速过程发减速失步信号。加速失步信号或减速失步信号作用于降低或提高原动机出力。若在加速或减速信号发出后，没能使振荡平息，测量阻抗继续穿过 3 区进入 4 区，并在 3 区及 4 区停留的时间分别大于 t_3 和 t_4 后，进行失步周期（也称为滑极）计数。当失步周期累计达到一定值，失步保护出口跳闸。

若测量阻抗在任一区内永久停留，则判定为短路。无论在加速过程还是在减速过程，测量阻抗在任一区（1～4 区）内停留的时间小于对应的延时时间（t_1～t_4）就进入下一区，则判定为短路。若测量阻抗轨迹部分穿越这些区域后以相反的方向返回，则判断为可恢复的摇摆振荡。

第十节　大型发电机的其他保护

一、发电机逆功率保护

汽轮机在其主汽门关闭后，发电机变为同步电动机运行，从电机可逆的观点来看，逆功率运行对发电机毫无影响。但是对于汽轮机，其转子将被发电机拖动保持3000r/min高速旋转，叶片将和滞留在汽缸内的蒸汽产生鼓风摩擦，所产生的热量不能为蒸汽所带走，从而使汽轮机的叶片（主要是低压缸和中压缸末级叶片）和排汽端缸温急剧升高，使其过热而损坏，一般规定逆功率运行不得超过1min。因此大型机组都要求装设逆功率保护，当发生逆功率时，以一定的延时将机组从电网解列。

主汽门关闭后，发电机有功功率下降并变到某一负值，几经摆动之后达到稳态值。发电机的有功损耗，一般约为额定值的1%～1.5%，而汽轮机的损耗与真空度及其他因素有关，一般约为额定值的3%～4%，有时还要稍大些。因此，发电机变为电动机运行后，从电力系统中吸收的有功功率稳态值约为额定值的4%～5%，而最大暂态值可达到额定值的10%左右。当主汽门有一定的漏泄时，实际逆功率还要比上述数值小些。

现代大型机组一般设置两套逆功率保护：一套是常规的逆率保护；另一套是程序跳闸专用的逆率保护，用于防止汽轮机主汽门关闭不严而造成飞车危险，当主汽门关闭时用逆功率元件将机组从电网安全解列。

逆功率保护有两种实现方法：①反应逆功率大小的逆功率保护，由于各种原因导致失去原动力，发电机变为电动机运行时逆功率保护动作跳开主断路器。发电机功率用三相电压、三相电流计算得到。②习惯上称为程序跳闸的逆功率保护。发电机在过负荷、过励磁、失磁等各种异常运行保护动作后需要程序跳闸时。程序跳闸的逆功率保护动作出口，先关闭汽轮机的主汽门，然后由程序逆功率保护经主汽门接点闭锁跳开发电机一变压器组的主断路器。在发电机停机时，可利用该保护的程序跳闸功能，先将汽轮机中的剩余功率向系统送完后再跳闸，从而更能保证汽轮机的安全。

该保护是以反应发电机从系统吸收有功功率的大小而动作的，是以主汽门是否关闭的条件来决定动作时间的。程序跳闸逆功率保护动作逻辑框图见图10-40。

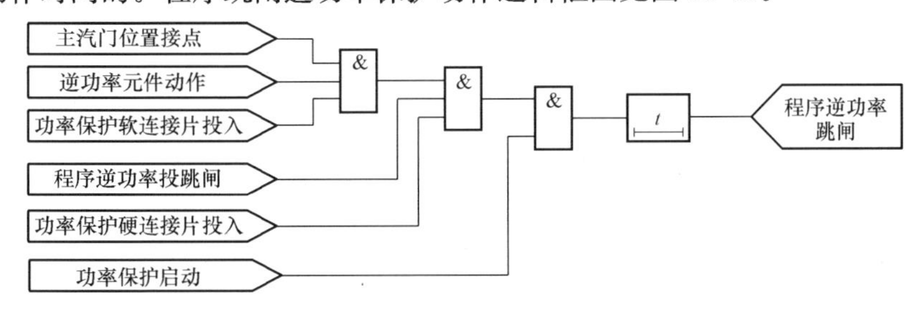

图10-40　程序跳闸逆功率保护动作逻辑框图

二、发电机过励磁保护

由于发电机或变压器发生过励磁故障时并非每次都造成设备的明显破坏，往往容易被人忽视，但是多次反复过励磁，将因过热而使绝缘老化，降低设备的使用寿命。

发电机和变压器都由铁芯、绕组组成，设绕组外加电压为U，匝数为W，铁芯截面积为S，磁通密度为B，则有$U=4.44fWBS$，因为W、S均为常数，故可写成$B=K\dfrac{U}{f}$，式中$K=1/(4.44WS)$，对每一特定的发电机或变压器，K为常数。由式$B=K\dfrac{U}{f}$可知：电压的升高和频率的降低均可导致磁通密度B的增大。

对于发电机，当过励倍数$n=B/B_{\mathrm{N}}=\dfrac{U}{U_{\mathrm{N}}}/\dfrac{f}{f_{\mathrm{N}}}=U^{*}/f^{*}>1$时，要遭受过励磁的危害，主要表现在发电机定子铁芯背部漏磁场增强，在定子铁芯的定位筋中感应电动势，并通过定子铁芯构成闭路，流过电流，不仅造成严重过热，还可能在定位筋和定子铁芯接触面造成火花放电，这对氢冷发电机组十分不利。在发电机运行中，可能因以下原因造成过励磁：

(1) 发电机与系统并列之前，由于操作错误，误加大励磁电流引起励磁，如由于发电机TV断线造成误判断。

(2) 发电机启动过程中，发电机随同汽轮机转子低速暖机，若误将电压升至额定值，则因发电机低频运行而导致过励磁。

(3) 在切除机组的过程中，主汽门关闭，出口开关断开，而灭磁开关拒动。此时汽轮机惰行转速下降，自动励磁调节器力求保持机端电压等于额定值，使发电机遭受过励磁。

(4) 发电机出口断路器跳闸后，若自动励磁调节装置手动运行或自动失灵，则电压与频率均会升高，但因频率升高较慢引起发电机过励磁。

一般来说，发电机承受过励磁能力比变压器要弱一些，更易遭受过励磁的危害，因此，大型发电机需装设性能完善的过励磁保护。当发电机和变压器之间不设断路器时，过励磁保护可按发电机过励磁特性来整定。对于发电机出口装设开关的发电机—变压器组，为了在各种运行方式下两者都不失去保护，发电机和变压器的过励磁保护应分开设置。过励磁保护可采用定时限和反时限两种，对于大型机组一般采用反时限特性。过励磁保护反应过励磁倍数$n=U/f$的增加而动作，n的反时限允许特性曲线见图10-41。

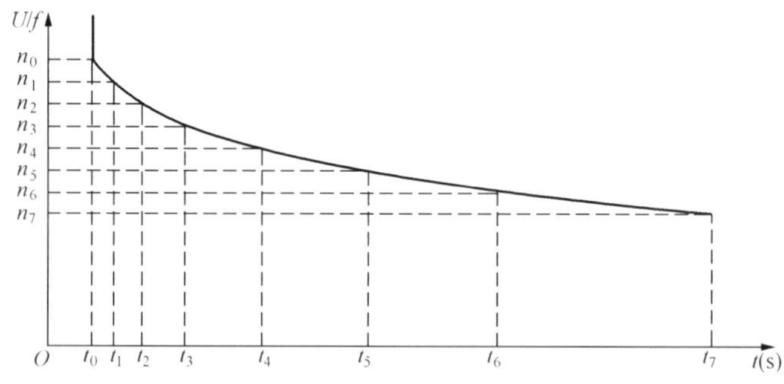

图10-41　过励磁保护反时限允许特性曲线

过励磁保护动作逻辑框图见图10-42。

三、发电机频率异常保护

发电机频率异常保护主要用于保护汽轮机，防止汽轮机叶片及其拉金的断裂事故。汽轮机的叶片，都有一自振频率f_{v}，如果发电机运行频率升高或者降低，当$|f_{\mathrm{v}}-kn|\geqslant7.5\mathrm{Hz}$时叶片将发生谐振，其中$k$为谐振倍率，$k=1，2，3\cdots$，$n$为转速（单位为r/min），叶片承

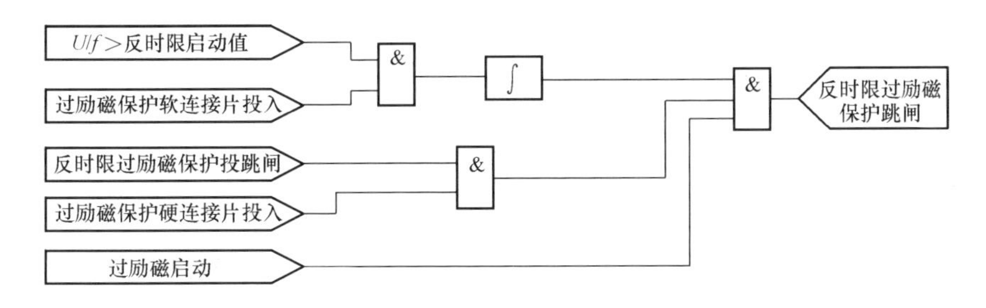

图 10-42　过励磁保护动作逻辑框图

受很大的谐振应力，使材料疲劳，达到材料所不允许的限度时，叶片或拉金就要断裂，造成严重事故。材料的疲劳是一个不可逆的积累过程，所以汽轮机都给出在规定的频率下允许的累计运行时间，如表 10-2 所示。

从对汽轮机叶片及其拉金影响的积累作用方面看，频率升高对汽轮机的安全也是有危险的，所以从这点出发，频率异常保护应当包括反应频率升高的部分。但是，一般汽轮机允许的超速范围比较小；在系统中有功功率过剩时，通过机组的调速系统作用、超速保护及必要切除部分机组等措施，可以迅速使频率恢复到额定值；而且频率升高大多数是在轻负荷或空载时发生，此时汽轮机叶片和拉金所承受的应力，要比低频满载时小得多，所以一般频率异常保护中，不设置反应频率升高的部分，而只包括反应频率下降的部分，并称为低频保护。

表 10-2　　大机组频率异常运行允许时间

频率（Hz）	允许运行时间		频率（Hz）	允许运行时间	
	累计（min）	每次（s）		累计（min）	每次（s）
51.5	30	30	48.0	300	300
51.0	180	180	47.5	60	60
48.5～50.5	连续运行		47.0	10	10

低频保护反应系统频率的降低，当出口断路器辅助触点闭锁（即发电机退出运行）时低频保护也自动退出运行。发电机低频保护动作逻辑见图 10-43。

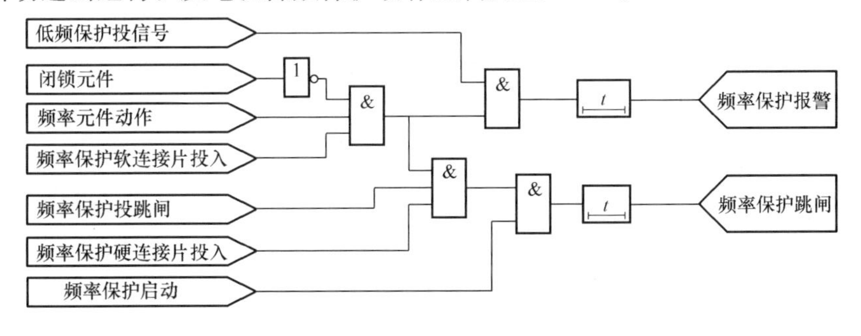

图 10-43　频率保护出口动作逻辑框图

四、发电机对称过负荷保护

发电机对称过负荷通常是由于系统中切除电源，生产过程出现短时冲击性负荷，大型电动机自启动，发电机强行励磁，失磁运行，同期操作及振荡等原因引起的。对于大型发电机，定子和转子的材料利用率很高，发电机的热容量与铜损、铁损之比显著下降，因而热时间常数也比较小。从限制定子绕组温升的角度看，就是要限制定子绕组电流，所以实际上对称过负荷保护，就是定子绕组对称过电流保护。

定子绕组对称过电流保护的设计取决于发电机在一定过电流倍数下允许过电流的时间，而这一点是与具体发电机的结构及冷却方式有关的。汽轮发电机的允许过电流倍数与允许时间的关系见表 10-3。

表 10-3　　发电机过电流倍数与允许时间的关系

过电流倍数	1.5	1.3	1.15
允许时间（s）	30	60	120

由表 10-3 可见，允许时间随电流倍数呈反时限特性。对于发电机过负荷，即要在电网事故情况下充分发挥发电机的过负荷能力，以对电网起到最大程度的支撑作用，又要在危及发电机安全的情况及时将发电机解列，防止发电机的损坏。一般发电机都给出过负荷倍数和相应的持续时间。对于 1000MW 汽轮发电机，发电机具有一定的短时过负荷能力，从额定工况下的稳定温度起始，能承受 1.3 倍额定定子电流下运行至少 1min。

大型发电机定子绕组对称过负荷保护通常由两部分，即定时限过负荷元件和反时限过负荷元件构成。

定时限过负荷元件通常按较小的过电流倍数整定，动作于减出力，如按在允许的长期持续电流下可靠返回整定。

反时限过负荷元件在启动后即报警，然后按反时限特性动作于跳闸。

五、发电机过电压保护

运行实践中，大型汽轮发电机出现危及绝缘安全的过电压是比较常见的现象。若发电机在满负荷下突然甩去全部负荷，电枢反应突然消失，由于调速系统和自动励磁调节装置有一定惯性，转速将上升，励磁电流不能突变，发电机电压在较短时间内升高，其值可能达到 1.3～1.5 倍额定电压，持续时间可能达到几秒。若调速系统或自动励磁调节装置故障或退出运行，过电压持续时间会更长。

发电机主绝缘耐压水平，按通常试验标准为 1.3 倍额定电压持续 60s。实际过电压数值和持续时间有可能超过试验标准，对发电机主绝缘构成直接威胁。励磁调节器在发电机开关断开时，将励磁电流调节器的给定值复归到空载励磁电流值。尽管这样，还是不能完全避免发电机定子过电压的发生。

从发电机主绝缘的安全和寿命出发，发电机实际运行所允许的承受过电压的数值和持续时间通常远低于上述试验标准。发电机实际运行承受过电压的能力随具体机组不同而不同，一般发电机允许过电压的能力（电压值）及持续时间见表 10-4。

表 10-4　　发电机允许过电压能力及持续时间

允许过电压能力 U/U_N	1.05	1.10	1.15	1.20	1.30
持续时间 t（s）	∞	240	60	2	0

由于上述原因，对于大型汽轮发电机，以往国内外都无例外地装设过电压保护，动作电压为 1.3U_N，经 0.5s 延时作用于解列灭磁。

我国通常采用一段式定时限过电压保护，其原因之一是大型发电机—变压器组已装有较完善的反时限过励磁保护，该保护在工频下亦能够反映过电压，因此，单纯过电压保护不宜很复杂。

一段式定时限过电压保护非常简单，由一个过电压元件和一个时间元件构成。可根据发电机的具体要求，依动作电压整定值的大小而取相应的延时。保护动作于解列灭磁或程序跳闸。

六、励磁回路过负荷保护

励磁回路过负荷主要是指发电机励磁绕组过负荷（过电流）。大型汽轮发电机励磁系统通常是由交流励磁发电机经可控或不可控整流装置对励磁绕组提供励磁电流构成的整体，称为励磁主回路。当励磁机或者整流装置发生故障时，或者励磁绕组内部发生部分绕组短路故障时以及在强励过程中，都会发生励磁绕组过负荷（过电流）。励磁绕组过负荷同样会引起过热，损伤励磁绕组。另外，励磁主回路的其他部分也可能发生异常或故障。因此大型机组规定装设完善的励磁绕组过负荷保护，并希望能对整个励磁主回路提供后备保护。

发电机励磁绕组过负荷保护可以配置在直流侧，也可配置在交流侧，但前者往往需要较复杂的直流变换设备（直流电流互感器或分流器）。为了简化保护输入设备，并使励磁绕组过负荷保护能兼作交流励磁机、整流装置及其引出线的短路保护，常把励磁回路过负荷保护配置在交流励磁发电机的中性点侧，不过这时装置的动作电流要计及整流系数，并换算到交流侧。

和定子绕组相同，大型发电机励磁绕组的热容量和热时间常数也相对较小，对于1000MW汽轮发电机，在额定工况稳定温度下，发电机励磁绕组允许在励磁电压为125%额定值下运行1min，允许的励磁电压与持续时间（直到120s）如表10-5所示。

表10-5 发电机允许的励磁电压与持续时间

励磁电压（%）	208	146	125	112
持续时间（s）	10	30	60	120

在发电机过励限制器失灵或强励动作后返回失灵时，为了使发电机励磁绕组不致过热损坏，300MW及以上发电机应装设定时限和反时限励磁绕组过负荷保护，后者作用于解列灭磁。应该指出，现代自动调整励磁装置，针对发电机的各种工况，都设有比较完善的励磁限制环节，为防止励磁绕组过电流，设有过励限制器，与励磁绕组过负荷保护有类似的功能，其可靠性由励磁调节器的性能来保证。

七、发电机误上电保护

发电机在盘车状态下（低速旋转），由于出口断路器误合闸，突然加上三相电压，而使发电机异步启动的情况，在国外曾多次出现过，它能在几秒钟内给机组造成损伤。盘车中的发电机突然加电压后，电抗很小，并在启动过程中基本上不变。计及升压变压器的电抗和系统连接电抗，并且在连接电抗较小时，流过发电机定子绕组的电流可达3～4倍额定值，定子电流所建立的旋转磁场，将在转子中产生差频电流，如果不及时切除电源，流过电流的持续时间过长，则在转子上产生的热效应将超过允许值，引起转子过热而遭到损坏。此外，突然加速，还可能因润滑油压低而使轴瓦遭受损坏。是一种破坏性很大的故障。目前，大型发电机—变压器组广泛采用500kV电压等级、3/2断路器的接线方式增加了误上电的几率。

因此，对这种突然加电压的异常运行状况，应当有相应的保护装置，以迅速切除电源。对于这种工况，逆功率保护、失磁保护、机端全阻抗保护也能反应，但由于需要设置无延时元件；盘车状态，电压互感器和电流互感器都已退出，限制了其兼作突加电压保护的使用。为了大型发电机组的安全，要求装设专用的误上电（误合闸）保护，不易出现差错，维护方便。

误上电保护原理有多种，这里只介绍其中一种。它将启停机过程分为两个阶段，以开机为例。第一阶段：开机→合磁场开关，在这期间，由于无励磁，发电机不可能进行并网操作，因此只要发电机断路器合闸和定子有电流，则必然为误上电，瞬时跳闸。第二阶段：合磁场开关→并网，在这期间，用阻抗元件来区分并网和误上电，并且误上电情况越严重，跳闸也越快。误上电保护运行逻辑框图见图10-44，保护动作的几种情况及判据为：

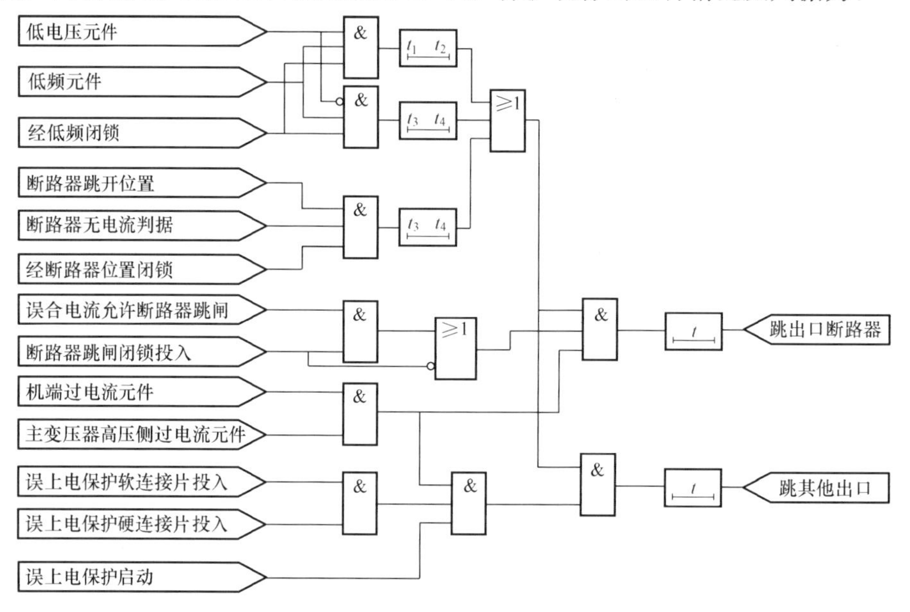

图10-44 发电机误上电保护运行逻辑框图

（1）发电机盘车时，未加励磁，断路器误合，造成发电机异步启动。

采用两组TV均低电压延时t_1投入，电压恢复，延时t_2（与低频闭锁判据配合）退出。

（2）发电机启停过程中，已加励磁，但频率低于定值，断路器误合。

采用低频判据延时t_3投入，频率判据延时t_4返回，其时间应保证跳闸过程的完成。

（3）发电机启停过程中，已加励磁，但频率大于定值，断路器误合或非同期。

采用断路器位置接点，经控制字可以投退。判据延时t_3投入（考虑断路器分闸时间），延时t_4退出，其时间应保证跳闸过程的完成。

当发电机非同期合闸时，如果发电机断路器两侧电动势相差180°左右，非同期合闸电流太大，跳闸易造成断路器损坏，此时闭锁跳出口断路器，先跳灭磁开关，当断路器电流小于定值时再动作于跳出口断路器。

高压厂用变压器低压侧断路器误合，也会导致发电机异步启动，高压厂用变压器侧断路器误合只经过低频判据闭锁。

误上电保护动作，跳开主断路器，若主断路器拒动，应启动失灵保护。误上电保护在发电机并网后自动退出运行，解列后自动投入运行。

八、断路器闪络保护

大型发电机—变压器组在与系统进行并列过程中，断路器主触点两断口之间可能承受两侧电动势绝对值之和（$\delta=180^{\circ}$）的高电压，有时会造成断口闪络事故。在高压侧断路器刚跳开不久的一段时间内，两断口之间也可能短时承受高电压而引起闪络。为尽快消除断口闪络故障而装设断路器闪络保护。

如果断路器未合闸而发电机定子有电流，则认为断路器发生闪络。断口闪络只考虑一相或两相，不会三相同时闪络。判断条件为：

（1）断路器三相位置接点均为断开状态。

（2）负序电流大于整定值。

（3）发电机已加励磁，机端电压大于一固定值。

保护动作首先使发电机灭磁，以降低断口电压，使之停止闪络，无效时再启动失灵保护。

九、启停机保护

有些情况下，由于操作上的失误或其他原因使发电机在启动或停机过程中有励磁电流，而此时发电机正好存在短路或其他故障，由于此时发电机的频率低，许多继电器的动作特性受频率影响较大，在这样低的频率下，不能正确工作，有的灵敏度大大降低，有的则根本不能动作，如谐波制动的变压器差动保护、三次谐波定子接地保护、负序电流保护等均不能正常工作。鉴于上述情况，对于在低转速下可能加励磁电压的发电机通常要装设反应定子接地故障和反应相间短路故障的保护装置。这种保护，一般称为启停机保护。对于发电机、变压器、厂用变压器、励磁变压器的故障，各配置一组差回路过电流保护。对于发电机定子接地故障，配置一套零序过电压保护。上述启停机保护的投入可经低频元件闭锁，也可经断路器位置辅助接点闭锁。

由于发电机启动或停机过程中，定子电压频率很低，因此保护采用不受频率影响的算法，以实现启停机过程中对发电机的保护。

另外，发电机还配置有定子绕组对称过电流/过负荷保护、励磁绕组过电流/负荷保护等。这些保护通常均采用反时限特性。励磁绕组过负荷保护反应励磁绕组的平均发热状况，保护动作量既可以取励磁变压器（励磁机）电流，也可以直接反应发电机转子电流。

第十一章

变压器的继电保护及线路的继电保护基础

第一节 电力变压器的故障类型、不正常运行状态及其保护配置

变压器和发电机与高压输电线路元件相比，故障几率比较小，但其故障后对电力系统和发电厂的正常生产影响很大。对于超大容量三相一体式主变压器，本身结构复杂、造价昂贵、运输检修困难，如果发生故障不能及时消除，将会造成电网冲击、变压器的严重损坏，不仅给发电厂造成巨大的经济损失，而且在很长时间内给电网造成巨大的负荷缺口压力。

一、变压器的故障

变压器的故障主要包括以下几类。

1. 相间短路

这是变压器最严重的故障类型。它包括变压器箱体内部的相间短路和引出线（从套管出口到电流互感器之间的电气一次引出线）的相间短路。由于相间短路会给电网造成巨大冲击，会严重地烧损变压器本体设备，严重时使得变压器整体报废，因此，当变压器发生这种类型的故障时，要求瞬时切除故障。

2. 接地（或对铁芯）短路

显然这种短路故障只会发生在中性点接地的系统一侧。对这种故障的处理方式和相间短路故障是相同的，但同时要考虑接地短路发生在中性点附近时保护的灵敏度。

3. 匝间或层间短路

对于大型变压器，为改善其冲击过电压性能，便广泛采用新型结构和工艺，使匝间短路问题显得比较突出。当短路匝数少，保护对其反应灵敏度又不足时，在短路环内的大电流往往会引起铁芯的严重烧损。如何选择和配置灵敏的匝间短路保护，对大型变压器就显得比较重要。

4. 铁芯局部发热和烧损

由于变压器内部磁场分布不均匀、制造工艺水平问题、绕组绝缘水平下降等因素，会使铁芯局部发热和烧损，继而引发更加严重的相间短路。因此，应检测这类故障并及时采取措施。

二、变压器不正常运行状态

变压器不正常运行状态，是指变压器本体没有发生故障，但外部环境变化后引起的变压器非正常工作状态。

1. 变压器过负荷

变压器有一定的过负荷能力，但若在长期过负荷下运行，会加速变压器绕组绝缘的老

化，降低绝缘水平，缩短使用寿命。

单侧单源的三绕组降压变压器，三侧绕组容量不同时，在电源侧和容量较小的绕组侧装设过负荷保护。对于发电机—变压器组，发电机比变压器的过负荷能力低，一般发电机已装设对称和不对称过负荷保护，故变压器可不再装设过负荷保护。

2. 变压器过电流

过电流一般是由于外部短路后，大电流流经变压器而引起的。如果不及时切除，变压器在这种电流下会烧损，一般要求和区外保护配合后，经延时切除变压器。

3. 变压器零序过电流

中性点接地的变压器发生内部接地故障或外部接地故障，均会使中性点流过零序电流，变压器零序保护能反映这种故障，有选择地将变压器切除，将故障点隔离。

4. 变压器过励磁

变压器和发电机发生过励磁的机理一样，由式 $B=K\frac{U}{f}$ 可知：电压的升高和频率的降低均可导致磁通密度 B 的增大，当超过变压器的饱和磁通密度时，变压器即发生过励磁。现代型变压器，额定工作磁通密度 $B_N=1.7\sim1.8$T，饱和磁通密度 $B_s=1.9\sim2.0$T，两者相差已不大，很容易发生过励磁。

变压器的铁芯饱和后，铁损增加，使铁芯温度上升。铁芯饱和后还要使磁场扩散到周围的空间中去，使漏磁场增强。靠近铁芯的绕组导线、油箱壁以及其他金属结构件，由于漏磁场而产生涡流，使这些部位发热，引起高温，严重时要造成局部变形和损伤周围的绝缘介质。现代某些大型变压器，当工作磁通密度达到额定磁通密度的 1.3～1.4 倍时，励磁电流的有效值可达到额定负荷电流的水平。由于励磁电流是非正弦波，含有许多高次谐波分量，而铁芯和其他金属构件的涡流损耗与频率的平方成正比，所以发热严重。

与系统并列运行的变压器，可能导致过励磁的原因有以下几种：

(1) 电力系统由于发生事故而被分割解列之后，某一部分系统中因甩去大量负荷使变压器电压升高，或由于发电机自励磁引起过电压。

(2) 由于发生铁磁谐振引起过电压，使变压器过励磁。

(3) 由于分接头连接不正确，使电压过高引起过励磁。

(4) 进相运行的发电机跳闸或系统电抗器退出。

(5) 发电机出口装设断路器后，由于发电机端原因造成升压主变压器过励磁的几率大大减少，但是由于系统联络断路器断开，造成主变压器甩负荷时仍有可能造成过励磁。

为了正确地设计过励磁保护，必须知道变压器的过励磁倍数曲线 $n=f(t)$，式中 n 为工作磁通密度和额定磁通密度之比。

5. 变压器冷却器故障

对于强迫油循环风冷和自然油循环风冷变压器，当变压器冷却器故障时，变压器散热条件急剧恶化，导致变压器油温和绕组、铁芯温度升高，长时间运行会导致变压器各部件过热和变压器油劣化。

变压器运行规程规定：变压器满载运行时，当全部冷却器退出运行后，允许继续运行时间至少 20min，当油面温度不超过 75℃时，允许上升到 75℃，但变压器切除冷却器后允许继续运行 1h。

6. 油面下降

由于变压器漏油等原因造成变压器内油面下降，油位下降使液面低于变压器钟罩顶部，变压器上部的引线和铁芯将暴露于空气下，会造成变压器引线闪络，铁芯和绕组过热，造成严重事故。故应在变压器油位下降到危险液面前发出信号，通知值班人员及时处理。

三、变压器的保护配置

变压器保护的任务是对上述的故障和不正常运行状态应作出灵敏、快速、正确的反应。因此，目前在变压器保护中普遍采用的保护方式有：

1. 纵差动保护

纵差动保护是变压器的主保护，能反应变压器内部各种相间、接地以及匝间短路故障，同时还能反应引出线套管的短路故障。它能瞬时切除故障，是变压器最重要的保护。

2. 气体（重/轻瓦斯）保护

气体（重/轻瓦斯）保护能反应铁芯内部烧损、绕组内部短路（相间和匝间）、绝缘逐渐劣化、油面下降等故障，但不能反应变压器本体以外的故障。它的灵敏度高，几乎能反应变压器本体内部的所有故障，但动作时间较长。

差动保护和瓦斯保护是目前变压器内部故障普遍采用的保护，它们各有所长，也各有其不足。瓦斯保护能反应铁芯局部烧损、绕组内部断线、绝缘逐渐劣化、油面下降等故障，但对变压器外部引线短路不能反应，对绝缘突发性击穿的反应不及差动保护快，而且在地震预报期间和变压器新投入的初始阶段等，瓦斯保护不能投跳闸。

新型差动保护虽然在灵敏度、快速性方面大有提高，但对上述的部分故障不能反应。例如，对于有的变压器内部发生一相断线差动保护就不能动作，瓦斯保护则可通过开断处电弧对绝缘油的作用而反应出来。

3. 零序电流保护

能反应变压器内部或外部发生的接地性短路故障。一般是由零序电流、间隙零序电流、零序电压共同构成完善的零序电流保护。

4. 过负荷保护

当变压器过负荷时延时发告警信号。

5. 相间短路后备保护

反应变压器外部相间短路并作瓦斯保护和纵差保护（或电流速断保护）后备的过电流保护、低电压启动的过电流保护、复合电压启动的过电流保护、负序电流保护和阻抗保护，这几种保护方式都能反应变压器的过电流状态。但它们的灵敏度不同，阻抗保护的灵敏度最高，简单过电流保护的灵敏度最低。保护动作后应带时限动作于跳闸。

6. 非电量（开入量）保护

温度保护、油位保护、通风故障保护、冷却器故障保护等。反应相应的温度、油位、通风等故障，这些非电量保护均采用继电器触点形式接入继电保护装置。

第二节　变压器内部故障差动保护

变压器纵差动保护（或差动保护）用于反映变压器绕组的相间短路故障、绕组的匝间短路故障、中性点接地侧绕组的接地故障及引出线的相间短路故障、中性点接地侧引出线的接地故障。发电厂中的主变压器（发电机一变压器组）、高压厂用变压器、高压启动备用变压器均配置有纵差动保护。其保护原理都一样，所不同的主要是引入的电流量有差异。变压器差动保护的灵敏度比发电机差动保护低一些。它不仅能反应变压器内部的相间短路，也能反应变压器内部的匝间短路故障。

一、变压器纵差动保护的基本原理

变压器纵差动保护的基本原理与发电机纵差动保护相同。图 11-1 所示为变压器纵差动保护单相原理接线图，其中变压器 T 两侧电流 $\dot{I}_1$、$\dot{I}_2$ 流入变压器为其电流正方向。

当变压器正常运行或外部短路故障时 $\dot{I}_1$ 与 $\dot{I}_2$ 反相，有 $\dot{I}_1+\dot{I}_2=0$，若两侧电流互感器变比合理选择，则在理想状态下有 $I_d=|\dot{I}_1'+\dot{I}_2'|=0$（实际是不平衡电流），差动元件 KD 不动作。

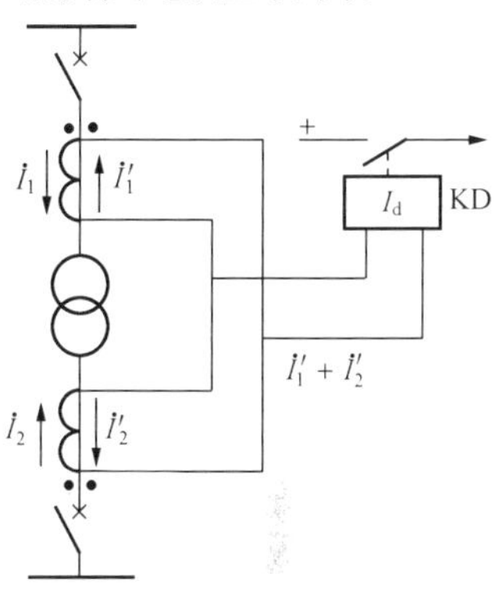

图 11-1　变压器纵差动保护单相原理接线图

当变压器发生短路故障时，$\dot{I}_1$ 与 $\dot{I}_2$ 同相位（假设变压器两侧均有电源），有 $\dot{I}_1+\dot{I}_2=\dot{I}_k$（短路电流），于是 I_d 流过相应短路电流，KD 动作，将变压器从电网中切除。

可以看出，变压器纵差动保护的保护区是两侧 TA 之间的电气部分。

从理论上说，正常运行时流入变压器的电流等于流出变压器的电流，但是由于变压器的内部结构，变压器各侧的额定电压不同、接线方式不同、各侧电流互感器变比不同、各侧电流互感器的特性不同产生的误差及有载调压产生的变比变化等，产生了一系列特有的技术问题。

二、变压器差动保护的不平衡电流问题

在正常运行及区外故障情况下变压器差动保护的不平衡电流均比较大。其原因有：

（1）变压器差动保护两侧电流互感器的电压等级、变比、容量及铁芯饱和特性不一致，使差动回路的稳态和暂态不平衡电流都可能比较大。

（2）变压器正常运行时由励磁电流引起的不平衡电流。变压器正常运行时，励磁电流为额定电流的 3%～5%。当外部短路时，由于变压器电压降低，此时的励磁电流更小，因此，在整定计算中可以不考虑。

（3）空载变压器突然合闸时，或者变压器外部短路切除而变压器端电压突然恢复时，暂态励磁电流的大小可达额定电流的 6～8 倍，可与短路电流相比拟。

（4）正常运行中的有载调压，根据变压器运行要求，需要调节分接头，这又将增大变压器差动保护的不平衡电流。

（5）由于变压器 Yd 接线的关系，变压器两侧电流间存在相位差而产生不平衡电流。

电力系统中变压器常采用 Yd11 接线方式，因此，变压器两侧电流的相位差为 30°，必须补偿由于两侧电流相位不同而引起的不平衡电流。

（6）由电流互感器计算变比与实际变比不同而产生的不平衡电流。

另外，变压器差动保护还要考虑以下两种情况下的灵敏度：

（1）变压器差动保护能反应高、低压绕组的匝间短路。虽然匝间短路时短路环中电流很大，但流入差动保护的电流可能并不大。

（2）变压器差动保护应能反应高压侧（中性点直接接地系统）的单相接地短路，但经高阻接地时故障电流也比较小。

综上所述，差动保护用于变压器，一方面由于各种因素产生较大或很大的不平衡电流，另一方面又要求能反应轻微内部短路，变压器差动保护要比发电机差动保护复杂。微机型的差动保护装置在软件设计上充分考虑了上述因素。

三、微机型变压器差动保护的相位校正

双绕组变压器常采用 Yd11 接线方式，因此，变压器两侧电流的相位差为 30°。为保证在正常运行或外部短路故障时动作电流计算式中的高压侧电流 $\dot{I}'_1$ 与低压侧电流 $\dot{I}'_2$ 有反相关系，必须进行相位校正。对于 Yyd11 及 Yd11d11 接线式的三绕组变压器，也应通过相位校正的方法保证星形侧与三角形侧电流有反相关系。

对于微机型纵差动保护，一种方法是按常规纵差动保护接线，通过电流互感器二次接线进行相位校正，称为外转角方式；另一种方法是变压器各侧电流互感器二次接线同为星形接法，利用微机保护软件计算的灵活性，直接由软件进行相位校正，称为内转角方式。

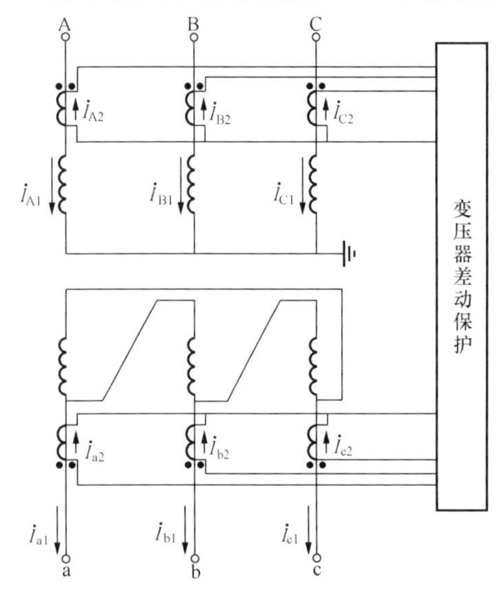

图 11-2　Yd11 接线变压器内转角相位校正接线图

当变压器各侧电流互感器二次均采用星形接线时，可简化 TA 二次接线，增加电流回路的可靠性。因此，微机型变压器差动保护中，一般各侧 TA 都按星形接法接入到微机差动保护装置，TA 的匹配和变压器接线方式引起的各侧电流之间的相位关系全部由微机差动保护装置自动进行处理。即采用内转角方式进行相位校正。

内转角的计算方法又可分为星形侧向三角形侧（称 Y→△）校正的算法及三角形侧向星形侧（称△→Y）校正的算法两种。电流互感器 TA 二次接线如图 11-2 所示。当变压器为 Yd11 连接时，图 11-3（a）示出了 TA 一次电流相量图，为消除各侧 TA 二次电流之间的 30°角度差，必须由保护软件通过算法进行调整。

1. 星形侧向三角形侧（称 Y→△）校正的算法

大部分保护装置采用星形侧向三角形侧（称 Y→△）校正相位的方法，其校正方法

星形侧

$$\left.\begin{aligned}\dot{I}'_{A2} &= (\dot{I}_{A2}-\dot{I}_{B2})/\sqrt{3}\\ \dot{I}'_{B2} &= (\dot{I}_{B2}-\dot{I}_{C2})/\sqrt{3}\\ \dot{I}'_{C2} &= (\dot{I}_{C2}-\dot{I}_{A2})/\sqrt{3}\end{aligned}\right\}\tag{11-1}$$

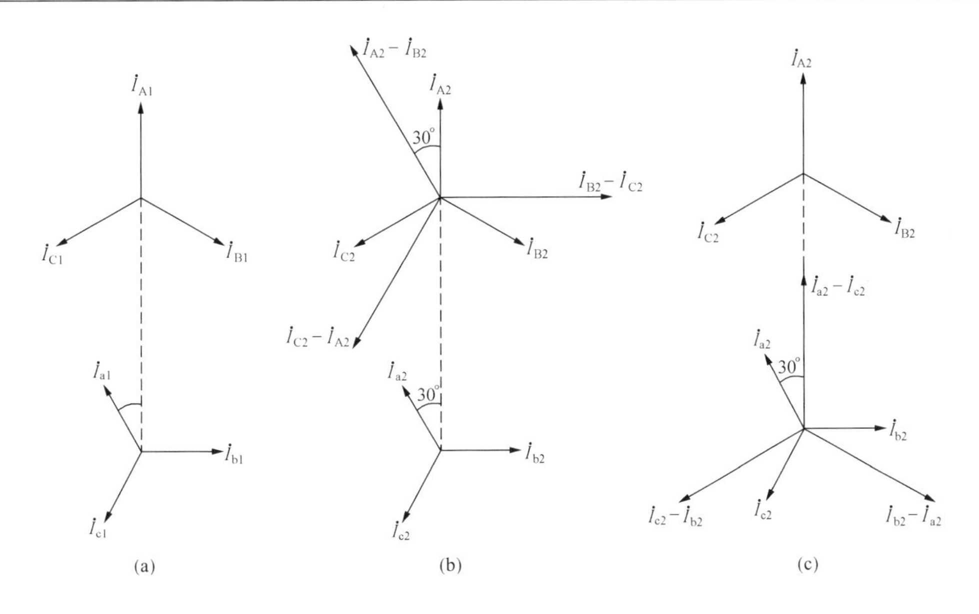

图 11-3　Yd11 接线变压器内转角相位校正相量图

(a) TA 一次电流相量；(b) 星形侧向三角形侧调整；(c) 三角形侧向星形侧调整

三角形侧

$$\left.\begin{aligned}\dot{I}'_{a2}&=\dot{I}_{a2}\\\dot{I}'_{b2}&=\dot{I}_{b2}\\\dot{I}'_{c2}&=\dot{I}_{c2}\end{aligned}\right\}\tag{11-2}$$

式中　$\dot{I}_{A2}$、$\dot{I}_{B2}$、$\dot{I}_{C2}$——星形侧 TA 二次电流；

$\dot{I}'_{A2}$、$\dot{I}'_{B2}$、$\dot{I}'_{C2}$——星形侧校正后的各相电流；

$\dot{I}_{a2}$、$\dot{I}_{b2}$、$\dot{I}_{c2}$——三角形侧 TA 二次电流；

$\dot{I}'_{a2}$、$\dot{I}'_{b2}$、$\dot{I}'_{c2}$——三角形侧校正后的各相电流。

经过软件校正后，差动回路两侧电流之间的相位一致，如图 11-3（b）所示。同理，对于三绕组变压器，若采用 Yyd11 接线方式，两星形侧的相位校正方法都是相同的。

需要说明，采用 Y 侧进行相位校正的方法，当 Y 侧为中性点接地运行发生接地短路故障时，差动回路不反映零序分量电流，保护对接地短路故障的灵敏度将受到影响。

2. 三角形侧向星形侧（称△→Y）校正的算法

保护装置采用三角形侧向星形侧变化（称△→Y）调整差流平衡时，其校正方法如下

星形侧

$$\left.\begin{aligned}\dot{I}'_{A2}&=(\dot{I}_{A2}-\dot{I}_0)\\\dot{I}'_{B2}&=(\dot{I}_{B2}-\dot{I}_0)\\\dot{I}'_{C2}&=(\dot{I}_{C2}-\dot{I}_0)\end{aligned}\right\}\tag{11-3}$$

三角形侧

$$\left.\begin{aligned}\dot{I}'_{a2}&=(\dot{I}_{a2}-\dot{I}_{c2})/\sqrt{3}\\\dot{I}'_{b2}&=(\dot{I}_{b2}-\dot{I}_{a2})/\sqrt{3}\\\dot{I}'_{c2}&=(\dot{I}_{c2}-\dot{I}_{b2})/\sqrt{3}\end{aligned}\right\}\tag{11-4}$$

式中　$\dot{I}_0$——星形侧零序二次电流。

经过软件校正后，差动回路两侧电流之间的相位一致，如图 11-3（c）所示。同理，对于三绕组变压器，若采用 Yyd11 接线方式，星形侧的软件算法都是相同的，三角形侧同样进行相位校正。

四、微机型变压器差动保护的幅值校正

通过相位校正，满足了正常运行和区外短路时电流的反相关系。但由于变压器各侧的额定电压、接线方式及差动 TA 变比都不相同，因此在正常运行时，流入差动保护的各侧电流也不相同。

为保证区外故障时差动保护不误动，微机保护应在相位校正的基础上进行幅值校正（幅值校正通常称为电流平衡调整），将各侧大小不同的电流折算成大小相等、方向相反的等值电流，使得在正常运行时或区外故障时，差动电流（称为不平衡电流）尽可能小。

将各侧不同的电流值折算成作用相同的电流，相当于将某一侧或某两侧的电流乘以一修正系数，称为平衡系数。

设有三绕组变压器，其接线为 Yyd11，变压器各侧 TA 均为星形接线。则各侧流入差动保护某相的一次额定电流计算公式为

$$I_{1N}=\frac{S_N}{\sqrt{3}U_{Nl}} \tag{11-5}$$

式中　S_N——变压器的额定容量；

I_{1N}——变压器计算侧的一次额定计算电流；

U_{Nl}——变压器计算侧的额定线电压。

变压器各侧电流互感器二次额定计算电流为

$$I_{2N}=\frac{I_{1N}}{n_{TA}}=\frac{S_N}{\sqrt{3}U_{Nl}n_{TA}} \tag{11-6}$$

式中　I_{2N}——变压器计算侧的二次额定计算电流；

n_{TA}——变压器计算侧电流互感器的变比。

注意，当式（11-1）和式（11-4）计及$\sqrt{3}$系数后，此处不再计及。否则在计算电流 I_{2N} 时要乘以系数$\sqrt{3}$。

设变压器高、中、低压各侧的额定电压、二次额定计算电流及差动 TA 的变比分别为 $U_{N,h}$、$I_{2N,h}$、n_h、$U_{N,m}$、$I_{2N,m}$、n_m、$U_{N,l}$、$I_{2N,l}$、n_l，一般以高压侧（电源侧）$I_{2N,h}$电流为基准，将其他两侧的电流 $I_{2N,m}$和 $I_{2N,l}$折算到高压侧的平衡系数分别为 $K_{b,m}$及 $K_{b,l}$。

$$K_{b,m}=\frac{I_{2N,h}}{I_{2N,m}}=\frac{U_{N,m}n_m}{U_{N,h}n_h} \tag{11-7}$$

$$K_{b,l}=\frac{I_{2N,h}}{I_{2N,l}}=\frac{U_{N,l}n_l}{U_{N,h}n_h} \tag{11-8}$$

注意，当式（11-1）没有计及$\sqrt{3}$系数时，与电流互感器 TA 外部采用三角形接线类似，使星形侧差动电流增大了$\sqrt{3}$倍，则变压器三角形侧 $K_{b,l}$计算式中要乘以系数$\sqrt{3}$。

变压器纵差动保护各侧电流平衡系数 $K_{b,m}$及 $K_{b,l}$求出后，电流平衡调整自然实现了，即只需将各侧相电流与其对应的平衡系数相乘即可。应当指出，由于微机保护电流平衡系数取

值是二进制方式，不是连续的，因此不可能使纵差动保护达到完全平衡，但引起的不平衡电流极小，完全可以不计。引入平衡系数之后差动电流的计算方法为

$$I_{\mathrm{d}}=|\dot{I}_{\mathrm{h}}+K_{\mathrm{b,m}}\dot{I}_{\mathrm{m}}+K_{\mathrm{b,l}}\dot{I}_{\mathrm{l}}| \tag{11-9}$$

变压器微机保护各侧电流互感器采用星形接线，不仅可明确区分励磁涌流和短路故障，有利于加快保护的动作速度；而且有利于电流互感器二次回路断线的判别。但是，对于中性点直接接地的自耦变压器，变压器外部接地时，高压侧和中压侧的零序电流可以相互流通，为防止纵差动保护误动作，两侧的电流互感器必须接成三角形。

另外，由于变压器绕组开焊或断路器一相偷跳，形成的正序、负序电流对变压器而言是穿越性的，相当于保护区外短路故障，因此纵差动保护不反应。

五、比率制动差动的基本原理

1. 比率制动差动的基本原理

与发电机纵差动保护一样，为避开区外短路不平衡电流的影响，同时区内短路要有较高的灵敏度，理想的办法就是采用比率制动特性。

比率制动的差动保护是分相设置的，以双绕组变压器单相来说明其原理。以流入变压器的电流方向为正方向。差动电流为 $I_{\mathrm{d}}=|\dot{I}_1+\dot{I}_2|$，为了使区外故障时制动作用最大，区内故障时制动作用最小或等于零，制动电流可采用 $I_{\mathrm{res}}=|\dot{I}_1-\dot{I}_2|/2$。

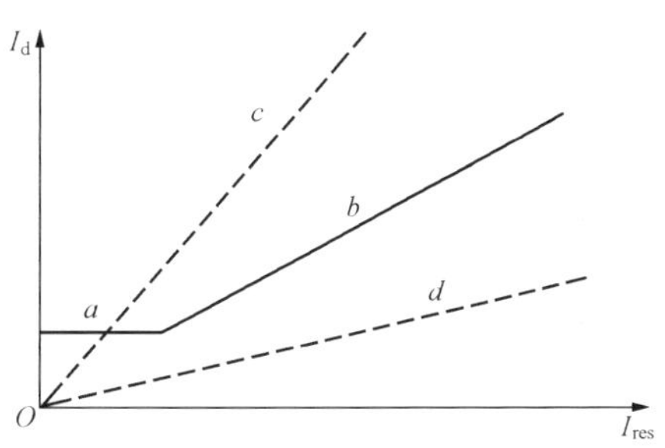

图 11-4　比率制动的微机差动保护的特性曲线

以 I_{d} 为纵轴，I_{res} 为横轴，比率制动的微机差动保护的特性曲线如图 11-4 所示，图中的纵轴表示差动电流，横轴表示制动电流，a、b 线段表示差动保护的动作整定值，这就是说 a、b 线段的上方为动作区，a、b 线段的下方为非动作区。a、b 线段的交点通常称为拐点。c 线段表示区内短路时的差动电流 I_{d}。d 线段表示区外短路时的差动电流 I_{d}。

2. 两折线比率制动特性

微机变压器差动保护中，差动元件的动作特性最基本的是采用具有二段折线形的动作特性曲线，如图 11-5 所示。图中，$I_{\mathrm{op,min}}$ 为差动元件起始动作电流幅值，也称为最小动作电流；$I_{\mathrm{res,min}}$ 为最小制动电流，又称为拐点电流（一般取 0.5～1.0I_{2N}，I_{2N} 为变压器计算侧电流互感器二次额定计算电流）；$K=\tan\alpha$ 为制动段的斜率。

微机变压器差动保护的差动元件采用分相差动，其比率制动特性可表示为

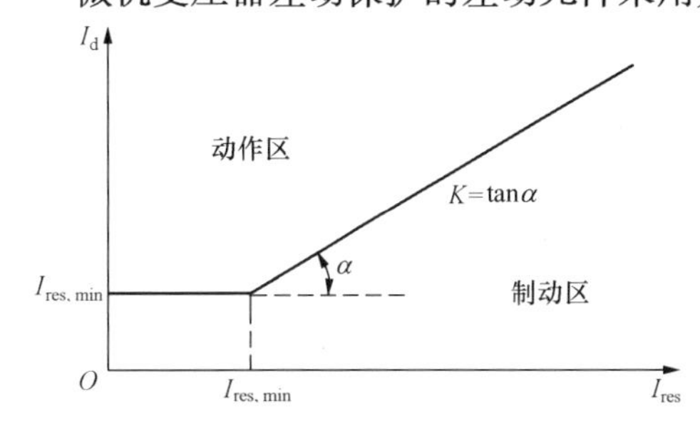

图 11-5　两折线比率制动差动保护特性曲线

$$I_{\mathrm{d}}\geqslant I_{\mathrm{op,min}}\qquad (I_{\mathrm{res}}\leqslant I_{\mathrm{res,min}}) \tag{11-10}$$

$$I_{\mathrm{d}}\geqslant I_{\mathrm{op,min}}+K(I_{\mathrm{res}}-I_{\mathrm{res,min}})\quad(I_{\mathrm{res}}>I_{\mathrm{res,min}}) \tag{11-11}$$

式中　I_{d}——差动电流的幅值；

I_{res}——制动电流幅值。

变压器差动保护的差动电流，取各侧电流互

感器（TA）二次电流相量和的绝对值。对于双绕组变压器

$$I_{d}=|\dot{I}_{1}+\dot{I}_{2}| \tag{11-12}$$

对于三绕组变压器或引入三侧电流的变压器

$$I_{d}=|\dot{I}_{1}+\dot{I}_{2}+\dot{I}_{3}| \tag{11-13}$$

式中　$\dot{I}_1$、$\dot{I}_2$、$\dot{I}_3$——分别为变压器高、中、低压侧TA的二次电流。

在微机保护中，变压器制动电流的取得方法比较灵活，关键是应在灵敏度和可靠性之间作一个最合适的选择。对于双绕组变压器，两侧差动保护一般有以下几种取法：

（1）制动电流为高、低压两侧TA二次电流相量差的一半，即

$$I_{res}=|\dot{I}_{1}-\dot{I}_{2}|/2 \tag{11-14}$$

（2）制动电流为高、低压两侧TA二次电流幅值和的一半，即

$$I_{res}=(|\dot{I}_{1}|+|\dot{I}_{2}|)/2 \tag{11-15}$$

（3）制动电流为高、低压两侧TA二次电流幅值的最大值，即

$$I_{res}=\max(|\dot{I}_{1}|,|\dot{I}_{2}|) \tag{11-16}$$

对于三侧及多侧差动保护一般有以下取法：

（1）制动电流取各侧TA二次电流幅值和的一半，即

$$I_{res}=(|\dot{I}_{1}|+|\dot{I}_{2}|+|\dot{I}_{3}|+|\dot{I}_{4}|)/2 \tag{11-17}$$

（2）制动电流取各侧TA二次电流幅值的最大值，即

$$I_{res}=\max(|\dot{I}_{1}|,|\dot{I}_{2}|,|\dot{I}_{3}|,|\dot{I}_{4}|) \tag{11-18}$$

注意，无论是双侧绕组还是多侧绕组，电流都要折算到同一侧进行计算和比较。

3. 三折线比率制动特性

图11-6示出了三折线比率制动差动保护特性曲线，有两个拐点电流I_{res1}和I_{res2}，通常I_{res1}固定为$0.5I_{2N}$。比率制动特性为三个直线段组成，制动特性可表示为

$$I_{d}>I_{op,min}(I_{res}\leqslant I_{res1}) \tag{11-19}$$

$$I_{d}>I_{op,min}+K_{1}(I_{res}-I_{res1})(I_{res1}<I_{res}\leqslant I_{res2}) \tag{11-20}$$

$$I_{d}>I_{op,min}+K_{1}(I_{res2}-I_{res1})+K_{2}(I_{res}-I_{res2})(I_{res}>I_{res2}) \tag{11-21}$$

式中　K_1、K_2——分别是两个制动段的斜率。

此种制动特性通常I_{res1}固定为$0.5I_{2N}$或$(0.3\sim0.75)I_{2N}$可调，I_{res2}固定为$3I_{2N}$或$(0.5\sim3)I_{2N}$可调，K_2固定为1。这种比率制动特性容易满足灵敏度的要求。

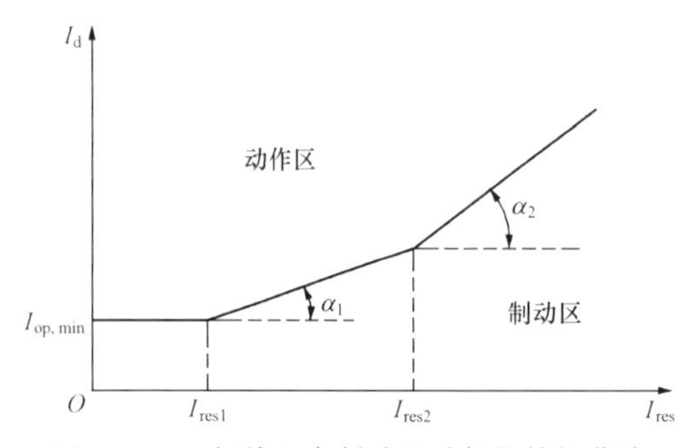

图11-6　三折线比率制动差动保护特性曲线

六、差动速断保护

一般情况下，当发生区内短路，在电流互感器不饱和或饱和不太严重时，比率制动的差动保护作为变压器的主保护均能灵敏快速动作。

如果区内短路电流非常大，电流互感器严重饱和而使传变特性严重恶化，短路电流的二次波形将发生畸变，可能出现间断角和包括二

次谐波的各种高次谐波；对于长线或附近装有静止补偿电容器的场合，在变压器发生区内严重故障时由于谐振也会短时出现较大的衰减二次谐波电流。

上述情况下，间断角原理和谐波制动原理的差动保护均可能拒绝动作。因此，微机差动保护都配置有高定值的差动电流速断保护，这时不需再进行是否是励磁涌流的判断，没有了制动量，改由差动电流元件直接出口。

差动电流速断的动作一般在半个周期内实现，而决定动作的测量过程在 1/4 周期内完成，这时电流互感器还未严重饱和，能实现快速正确地切除故障。差动速断的整定值以躲过最大不平衡电流和空载合闸的励磁涌流最大值来整定，这样在正常操作和稳态运行时差动速断保护可靠不动作。

根据有关文献的计算和工程经验，差动速断的整定值一般不小于变压器额定电流的 6 倍，如果灵敏度够的话，整定值取不小于变压器额定电流的 7～9 倍较好。

第三节 变压器纵差动保护的励磁涌流

一、变压器励磁涌流的特点

正常运行时变压器的励磁电流很小通常只有变压器额定电流的 3%～6%或更小，所以差动保护回路的不平衡电流也很小。区外短路时，由于系统电压下降，变压器的励磁电流也不大，故差动回路的不平衡电流也较小。所以在稳态运行情况下，变压器的励磁电流对差动保护的影响可略去不计。但是，在电压突然增加的特殊情况下，例如在空载投入变压器或区外故障切除后恢复供电等情况下，就可能产生很大的变压器励磁电流，这种暂态过程中的变压器励磁电流通常称为励磁涌流。由于励磁涌流的存在，将使差动保护误动作，所以差动保护装置必须采取相应对策防止差动保护误动作。

三相变压器的励磁涌流与合闸时电源电压初相角、铁芯剩磁、饱和磁通密度、系统阻抗等有关，而且直接受三相绕组的接线方式和铁芯结构形式的影响。此外，励磁涌流还受电流互感器接线方式及其特性的影响。

分析和实践均表明：在 Yd11 或 YNd11 接线的变压器励磁涌流中，差动回路中有一相电流呈对称性涌流，另两相呈非对称性涌流，其中一相为正极性，另一相为负极性。励磁涌流有如下特点：

(1) 励磁涌流幅值大且衰减，含有非周期分量电流。对中小型变压器励磁涌流可达额定电流的 10 倍以上，且衰减较快；对大型变压器，一般不超过额定电流的 4.5 倍，衰减慢，有时可达 1min。当合闸初相角不同时，对各相励磁涌流的影响不同。

(2) 励磁涌流含有大量高次谐波，以二次谐波为主。在励磁涌流中，除基波和非周期电流外，含有明显的二次谐波和偶次谐波，以二次谐波为最大，这个二次谐波电流是变压器励磁涌流的最明显特征，因为在其他工况下很少有偶次谐波发生。二次谐波的含量在一般情况下不会低于基波分量的 15%，而短路电流中几乎不含有二次谐波分量。

(3) 波形呈间断特性。图 11-7 示出了短路电流与励磁涌流波形，由图可见，短路电流波形连续，正半周、负半周的波宽 θ_w 为 180°，波形间断角 θ_j 几乎为 0°，如图 11-7 (a) 所示波形。励磁涌流波形如图 11-7 (b)、(c) 所示，其中图 11-7 (b) 为对称性涌流，波形不连续出现间断；图 11-7（c）为非对称性涌流，波形偏于时间轴一侧，波形同样不连续出现间断。

显然，检测差动回路电流波形的 θ_w、θ_j 可判别出是短路电流还是励磁涌流。通常取 $\theta_{w,set}=140°$、$\theta_{j,set}=65°$，即 $\theta_j>65°$判为励磁涌流，$\theta_j\leqslant65°$同时 $\theta_w\geqslant140°$判为内部故障时的短路电流。

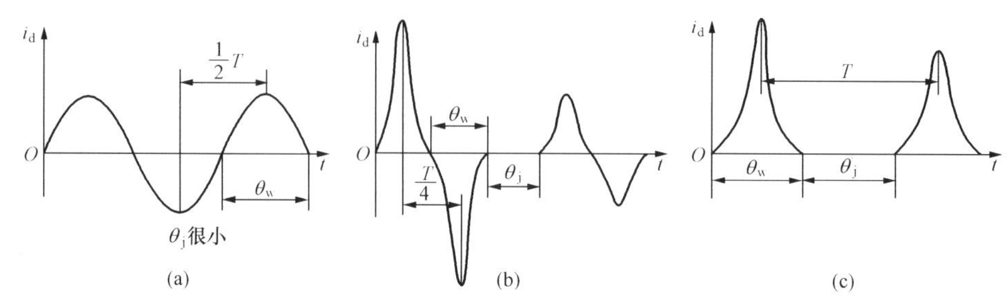

图 11-7 短路电流和励磁涌流波形

（a）短路电流波形；（b）对称性涌流波形；（c）非对称性涌流波形

二、变压器励磁涌流的识别方法

1. 二次谐波电流制动

测量纵差动保护中三相差动电流中的二次谐波含量识别励磁涌流。判别式为

$$I_{d2\varphi}>K_{2\varphi}I_{d\varphi} \tag{11-22}$$

式中 $I_{d2\varphi}$——差动电流中的二次谐波电流；

$K_{2\varphi}$——二次谐波制动系数；

$I_{d\varphi}$——差动电流。

当式（11-22）满足时，判为励磁涌流，闭锁纵差动保护；当式（11-22）不满足时，开放纵差动保护。

二次谐波电流制动原理因判据简单，在电力系统的变压器纵差动保护中获得了普遍应用。

2. 利用波形对称识别原理识别励磁涌流

波形对称识别原理是通过判别差动回路电流波形对称性来识别励磁涌流的。所谓波形对称是指工频半周时间内的差动电流波形延迟半周与相邻半周时间内的电流波形关于时间轴对称。

波形对称的判据为

$$|i_d(\alpha)-i_d(\alpha-\pi)|>K|i_d(\alpha)+i_d(\alpha-\pi)| \tag{11-23}$$

式中 i_d（α）——某一时刻差动电流的瞬时值；

i_d（$\alpha-\pi$）——超前 i_d（α）半个工频周期的差动电流瞬时值；

K——常数。

利用式（11-23）对电流进行连续半周比较，满足式（11-23）的电流波形视为对称，否则视为不对称。对于正弦波形的短路电流，半周内均有 i_d（α）与 i_d（$\alpha-\pi$）大小相等，方向相反，满足式（11-23）。实际上变压器区内短路时，差动回路电流并非理想正弦波，但是适当选择 K 值，仍能满足式（11-23）判据的要求。

波形对称识别元件能有效地识别励磁涌流引起的差动电流波形畸变，使差动保护躲励磁涌流的能力大大提高，并在变压器空载投入伴随区内故障时，差动保护能快速、可靠动作。

3. 判别电流间断角识别励磁涌流

判别电流间断角识别励磁涌流的判据为

$$\theta_j > 65°;\theta_w < 140° \tag{11-24}$$

只要 $\theta_j > 65°$ 就判为励磁涌流，闭锁纵差动保护；而当 $\theta_j \leqslant 65°$ 且 $\theta_w \geqslant 140°$ 时，则判为故障电流，开放纵差动保护。可见，对于非对称性励磁涌流，能够可靠闭锁纵差动保护；对于对称性励磁涌流，虽 $\theta_{j,min} = 50.8° < 65°$，但 $\theta_{w,max} = 120° \leqslant 140°$，同样也能可靠闭锁纵差动保护。

第四节　变压器相间短路的后备保护

为反映变压器外部相间短路故障引起的过电流以及作为差动保护和瓦斯保护的后备，变压器应装设反映相间短路故障的后备保护。根据变压器容量和保护灵敏度要求，后备保护的方式主要有：后备阻抗保护、复合电压启动（方向）过电流保护、低电压启动过电流保护及简单过电流保护等。而复合电压启动（方向）过电流保护应用最广。为防止变压器长期过负荷运行带来的绝缘加速老化，还应装设过负荷保护。

对于单侧电源的变压器，后备保护装设在电源侧，作纵差动保护、瓦斯保护的后备或相邻元件的后备。对于多侧电源的变压器，后备保护装设于变压器各侧。当作为纵差动保护和瓦斯保护的后备时，装设在主电源侧的保护动作后跳开各侧断路器，而且主电源侧的保护对变压器各电压侧的故障均应满足灵敏度的要求。变压器各侧装设的后备保护，主要作为各侧母线保护和相邻线路的后备保护，动作后跳开本侧断路器，如高压厂用变压器低压侧过电流保护作为厂用母线的保护。此外，当变压器的断路器和电流互感器间发生故障时，只能由后备保护反应。

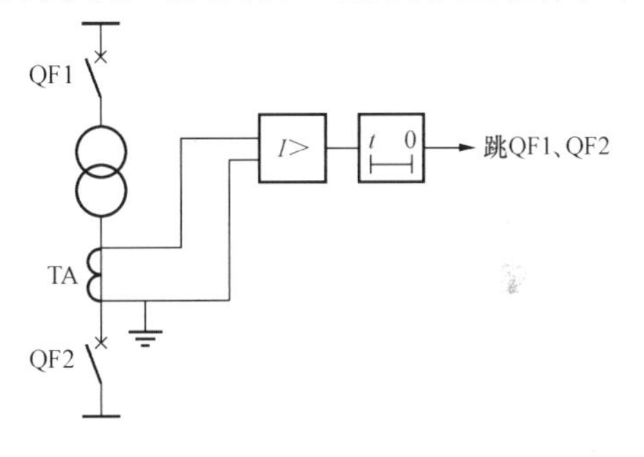

图 11-8　变压器过电流保护的单相原理接线图

一、过电流保护

变压器过电流保护的单相原理接线如图 11-8 所示。其工作原理与线路定时限过电流保护相同。保护动作后，跳开变压器两侧的断路器。保护的启动电流按躲过变压器可能出现的最大负荷电流来整定，即

$$I_{set} = \frac{K_{rel}}{K_{re}} I_{L,max} \tag{11-25}$$

式中　K_{rel}——可靠系数，一般取为 1.2～1.3；

K_{re}——返回系数，取为 0.85～0.95；

$I_{L,max}$——变压器可能出现的最大负荷电流。

变压器的最大负荷电流应按下列情况考虑：

(1) 对并联运行的变压器，应考虑切除一台最大容量的变压器后，在其他变压器中出现

的过负荷。当各台变压器的容量相同时，可按式（11-26）计算

$$I_{L,max}=\frac{n}{n-1}I_{n} \tag{11-26}$$

式中　n——并联运行变压器的最少台数；

I_{n}——每台变压器的额定电流。

（2）对降压变压器，应考虑负荷中电动机自启动时的最大电流，即

$$I_{L,max}=K_{ss}I'_{L,max} \tag{11-27}$$

式中　K_{ss}——综合负荷的自启动系数，其值与负荷性质及用户与电源间的电气距离有关，对110kV降压变电站的6～10kV侧，取1.5～2.5；35kV侧，取1.5～2.0。

$I'_{L,max}$——正常工作时的最大负荷电流（一般为变压器的额定电流）。

保护的动作时限及灵敏系数校验与定时限过电流保护相同。按以上条件选择的启动电流，其值一般较大，往往不能满足作为相邻元件后备保护的要求，为此需要提高灵敏性。

二、低电压启动的过电流保护

过电流保护按躲过最大负荷电流整定，启动电流较大，对升压变压器及大容量降压变压器，灵敏度常常不满足要求，采用低电压启动的过电流保护。低电压启动的过电流保护原理接线如图11-9所示。保护的启动元件包括电流元件和低电压元件。

电流元件的动作电流按躲过变压器的额定电流整定，即

$$I_{set}=\frac{K_{rel}}{K_{re}}I_{N} \tag{11-28}$$

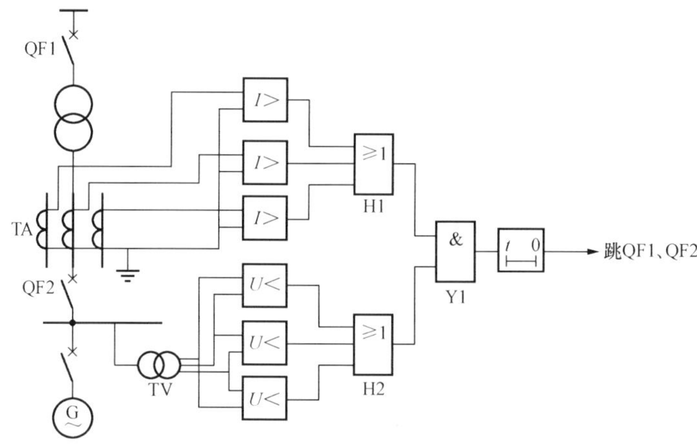

图11-9　低电压启动的过电流保护原理接线图

因而其动作电流比过电流保护的启动电流小，从而提高了保护的灵敏性。

低电压继电器的动作电压U_{set}可按躲过正常运行时最低工作电压整定。一般取$U_{op}=0.7U_{NT}$（U_{NT}为变压器的额定电压）。

对升压变压器，如低电压继电器只接在一侧电压互感器上，则当另一侧短路时，灵敏度往往不能满足要求。为此，可采用两套低电压继电器分别接在变压器高、低压侧的电压互感器上，并将其触点并联，以提高灵敏度。

三、复合电压启动（方向）过电流保护

若低电压启动的过电流保护的低电压继电器灵敏系数不满足要求，可采用复合电压启动

的过电流保护。其原理接线如图 11-10 所示。

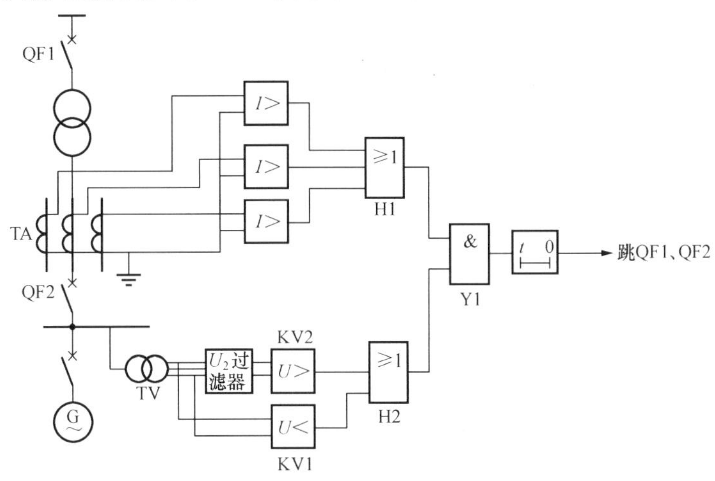

图 11-10　复合电压启动的过电流保护原理接线

复合电压启动过电流保护的复合电压启动部分由负序过电压元件与低电压元件组成。在微机保护中，接入微机保护装置的电压为三个相电压或三个线电压，负序过电压与低电压功能由算法实现。过电流元件的实现通过接入三相电流由保护算法实现，两者相与构成复合电压启动过电流保护。

各种不对称短路时存在较大的负序电压，负序过电压元件将动作，一方面开放过电流保护，当过电流保护动作后经过设定的延时动作于跳闸；另一方面使低电压保护的数据窗的数据清零，使低电压元件动作。对称性三相短路时，由于短路初瞬间也会出现短时的负序电压，负序过电压元件将动作，低电压保护的数据窗的数据被清零，低电压元件也动作。当负序电压消失后，低电压元件可设定在电压达到较高值时才返回，三相短路后电压一般都会降低，若它低于低电压元件的返回电压，则低电压元件仍处于动作状态不返回。在特殊的对称性三相短路情况下，短路初瞬间不会出现短时的负序电压，这时只要电压降低于低电压元件的动作值，复合电压启动元件也将动作。

保护装置中电流元件和相间电压元件的整定原则与低电压启动过电流保护相同。负序电压继电器的动作电压 U_{2set}，按躲开正常运行情况下负序电压过滤器输出的最大不平衡电压整定。据运行经验，取 $U_{2set}=(0.06\sim0.12)U_{NT}$。

与低电压启动的过电流保护比较，复合电压启动的过电流保护具有以下优点：

(1) 由于负序电压继电器的整定值较小，因此，对于不对称短路，电压元件的灵敏系数较高。

(2) 由于保护反应负序电压，因此，对于变压器后面发生的不对称短路，电压元件的工作情况与变压器采用的接线方式无关。

(3) 在三相短路时，由于瞬间出现负序电压，负序电压元件动作，只要低电压元件不返回，就可以保证保护装置继续处于动作状态。由于低电压继电器返回系数大于 1，因此，实际上相当于灵敏系数提高了 1.15～1.2 倍。

由于具有上述优点且接线比较简单，因此，复合电压启动的过电流保护已代替了低电压启动的过电流保护，从而得到了广泛应用。

对于大容量的变压器和发电机组，由于额定电流很大，而在相邻元件末端两相短路时的短路电流可能较小，因此，采用复合电压启动的过电流保护往往不能满足灵敏系数的要求。在这种情况下，应采用负序过电流保护，以提高不对称短路时的灵敏性。

四、负序过电流保护

变压器负序过电流保护由电流元件和负序电流过滤器等组成反应不对称短路；由过电流电流元件和电压元件组成单相低电压启动的过电流保护，反应三相对称短路。

负序电流保护的动作电流按以下条件选择：

（1）躲开变压器正常运行时负序电流过滤器出口的最大不平衡电流，其值一般为(0.1～0.2）I_N。

（2）躲开线路一相断线时引起的负序电流。

（3）与相邻元件上的负序电流保护在灵敏度上配合。

由于负序电流保护的整定计算比较复杂，实用上允许根据下列原则进行简化计算：

（1）当相邻元件后备保护对其末端短路具有足够的灵敏度时，变压器负序电流保护可以不与这些元件后备保护在灵敏度上相配合。

（2）进行灵敏度配合计算时，允许只考虑主要运行方式。

（3）在大接地电流系统中，允许只按常见的接地故障进行灵敏度配合，例如只与相邻线路零序电流保护相配合。

为简化计算，可暂取 I_{2set}＝（0.5～0.6）I_N，然后取在负序电流最小的运行方式下，远后备保护范围末端不对称短路时，流过保护的最小负序电流校验保护的灵敏度。

五、阻抗保护

对发电机或变压器，其后备保护的选型总是首先采用电流、电压型保护，当电流、电压保护不能满足灵敏度要求或根据网络保护间配合的要求，变压器相间故障后备保护可采用阻抗保护。阻抗保护通常应用在 330～500kV 大型升压变压器、联络变压器及降压变压器上，作为变压器引线、母线、相邻线路相间故障的后备保护。通常选用偏移特性阻抗元件或全阻抗元件。由偏移特性造成的反向动作阻抗一般取正向动作阻抗的 5%～10%。

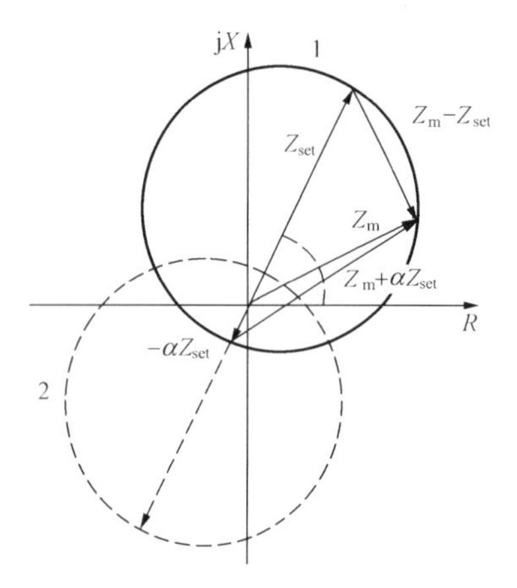

图 11-11　变压器后备阻抗保护动作特性

如主变压器高压侧后备阻抗保护采用偏移特性阻抗元件，正方向由母线指向变压器。正向整定阻抗可按发电机机端故障有足够灵敏度整定；反向整定阻抗应小于本侧母线引出线最短线路距离Ⅰ段定值。阻抗元件的动作特性见图 11-11 中的圆 1。主要用于母线及变压器故障的后备保护。保护设两个时限，第一时限跳母线联络断路器，第二时限动作于解列灭磁。

当偏移特性阻抗元件的正方向由变压器指向母线时，正向整定阻抗应与母线上的引出线阻抗保护段配合；反向整定阻抗保护到本侧变压器引线。此种情况不能作为变压器相间故障后备保护，而主要用于母线及高压侧出线故障的后备保护。动作特性见图 11-11 中的虚线圆 2。

六、过负荷保护（信号）

变压器的过负荷电流在大多数情况下是三相对称的，过负荷保护作用于信号，同时闭锁有载调压。

过负荷保护的安装地点，要能反映变压器所有绕组的过负荷情况。因此，双绕组升压变压器，过负荷保护应装设在低压侧（主电源侧）。双绕组降压变压器应装设在高压侧。一侧无电源的三绕组升压变压器，应装设在发电机电压侧和无电源一侧。三侧均有电源的三绕组升压变压器，各侧均应装设过负荷保护。单侧电源的三绕组降压变压器，当三侧绕组容量相同时，过负荷保护仅装设在电源侧；当三侧容量不同时，则在电源侧和容量较小的绕组侧装设过负荷保护。两侧电源的三绕组降压变压器或联络变压器，各侧均装设过负荷保护。

自耦变压器过负荷保护与自耦变压器各侧的容量比值以及负荷的分布有关，而负荷分布又与运行方式等有关，故自耦变压器的过负荷保护装设地点视具体情况而定。对于仅有高压侧电源的降压自耦变压器，过负荷保护一般装设在高压侧和低压侧。对于高、中压侧均有电源的降压自耦变压器，当高压侧向中压侧及低压侧送电时，高压侧及低压侧可能过负荷；中压侧向高压侧及低压侧送电时，公共绕组先过负荷，而高压侧和低压侧尚未过负荷，因此这种变压器一般在高压侧、低压侧、公共绕组上装设过负荷保护。对于升压自耦变压器，当低压侧和中压侧向高压侧送电时，低压侧和高压侧过负荷，公共绕组可能不过负荷；当低压侧和高压侧向中压侧送电时，公共绕组先过负荷，而高压侧和低压侧尚未过负荷，因此这种变压器一般也在高压侧、低压侧、公共绕组上装设过负荷保护。对于大容量升压自耦变压器，低压绕组处在高压绕组及公共绕组之间，且当低压侧断开时，可能产生很大的附加损耗而产生过热现象，因此应限制各侧输送容量不超过70%的通过容量（即额定容量），为了在这种情况下能发出过负荷信号，应增设低压绕组无电流投入特殊的过负荷保护，其整定值按允许的通过容量选择。

此外，有些过负荷保护采用反时限特性以及测量过负荷倍数有效值来构成。需要指出，变压器过负荷表现为绕组的温升发热，它与环境温度、过负荷前所带负荷、冷却介质温度、变压器负荷曲线以及变压器设备状况等因素有关，因此定时限过负荷保护或反时限过负荷保护不能与变压器的实际过负荷能力有较好的配合。显而易见，前述的过负荷保护不能充分发挥变压器的过负荷能力；当过负荷电流在整定值上、下波动时，保护可能不反应；过负荷状态变化时不能反映变化前的温升情况。较好的变压器过负荷保护应是直接测量计算出绕组上升的温度，与最高温度比较，从而可确定出变压器的真实过负荷情况。

第五节　变压器接地短路的后备保护

在电力系统中，接地故障是主要的故障形式，所以对于中性点直接接地电网中的变压器，都要求装设接地保护（零序保护）作为变压器主保护的后备保护和相邻元件接地短路的后备保护。

电力系统接地短路时，零序电流的大小和分布，是与系统中变压器中性点接地的数目和位置有很大关系的。通常，对只有一台变压器的升压变电站，变压器都采用中性点直接接地的运行方式。对有若干台变压器并联运行的变电站，则采用一部分变压器中性点接地运行的方式。因此，对只有一台变压器的升压变电站，通常在变压器上装设普通的零序过电流保护，保护接于中性点引出线的电流互感器上。

变压器接地保护方式及其整定值的计算与变压器的型式、中性点接地方式及所连接系统的中性点接地方式密切相关。变压器接地保护要在时间上和灵敏度上与线路的接地保护相配合。

一、变压器接地保护的零序方向元件

普通三绕组变压器高、中压侧中性点同时接地运行时，任一侧发生接地短路故障时，在高压侧和中压侧都会有零序电流流通，需要两侧变压器的零序电流保护相互配合，有时需要零序方向元件。对于三绕组自耦变压器，高压侧和中压侧除电的直接联系外，两侧共用一个中性点并接地，自然任一侧发生接地故障时，零序电流可在高压侧和中压侧间流通，同样需要零序电流方向元件以使变压器两侧的零序电流保护配合。双绕组变压器的零序电流保护，一般不需零序方向元件。

二、变压器零序（接地）保护的配置

1. 中性点接地运行的变压器的零序保护

变压器中性点直接接地运行时，零序电流取自中性点回路的零序电流。零序电流保护原理见图 11-12。通常接于中性点回路的电流互感器 TA 一次侧的额定电流选为高压侧额定电流的 1/4～1/3。

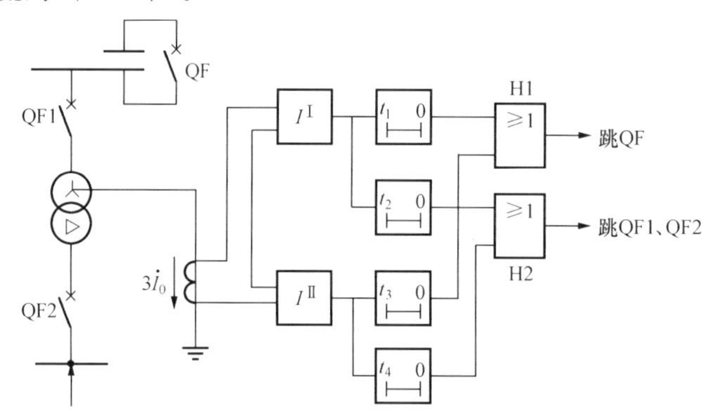

图 11-12 零序电流保护的原理图

零序保护由两段零序电流构成。Ⅰ段整定电流（即动作电流）与相邻线路零序过电流保护Ⅰ段（或Ⅱ段）或快速主保护配合。Ⅰ段保护设两个时限 t_1 和 t_2，t_1 时限与相邻线路零序过电流Ⅰ（或Ⅱ段）配合，取 $t_1=0.5\sim1\mathrm{s}$，动作于母线解列或跳分段断路器 QF，以缩小停电范围；$t_2=t_1+\Delta t$ 断开变压器两侧断路器 QF1、QF2。第Ⅱ段与相邻元件零序电流保护后备段配合；Ⅱ段保护也设两个时限 t_3 和 t_4，时限 t_3 比相邻元件零序电流保护后备段最长动作时限大一个级差，动作于母线解列或跳分段断路器 QF；$t_4=t_3+\Delta t$ 断开变压器两侧断路器 QF1、QF2。

三绕组升压变压器高、中压侧中性点不同时接地或同时接地，但低压侧等值电抗等于零时，装设在中性点接地侧的零序保护与双绕组升压变压器的零序保护基本相同。

2. 中性点不接地运行的分级绝缘变压器的零序保护

对分级绝缘的变压器，中性点一般装设放电间隙。中性点装设放电间隙的分级绝缘变压器的零序保护原理图如图 11-13 所示。当变压器中性点接地（QS 隔离开关接通）运行时，投入中性点接地的零序电流保护；当变压器中性点不接地（QS 隔离开关断开）

运行时，投入间隙零序电流保护和零序电压保护，作为变压器中性点不接地运行时的零序保护。

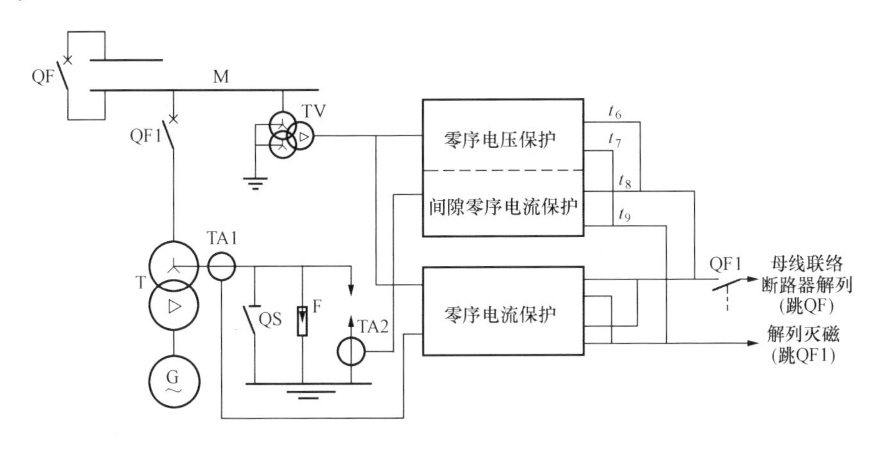

图 11-13　中性点有放电间隙的分级绝缘变压器的零序保护原理图

电网内发生一点接地短路故障，若变压器零序后备保护动作，则首先切除其他中性点直接接地运行的变压器。倘若故障点仍然存在，变压器中性点电位升高，放电间隙击穿，间隙零序电流保护动作，经短延时 t_8（取 $t_8=0\sim0.1$s）先跳开母线联络断路器或分段断路器，经较稍长延时 t_9（取 $t_9=0.3\sim0.5$s）切除不接地运行的变压器；若放电间隙未被击穿，零序电压保护动作，经短延时 t_6（取 $t_6=0.3$s，可躲过暂态过程影响）将母线联络断路器解列，经稍长延时 t_7（取 $t_7=0.6\sim0.7$s）切除不接地运行的变压器。不过，对于 220kV 及以上的变压器，间隙零序电流保护和零序电压保护动作后，经短延时（0.3～0.5s）后也可直接跳开变压器断路器。

间隙零序电流保护一次动作电流值通常取 100A；作为开放间隙零序电流保护的启动元件，动作值比测量元件要高 3～4 倍灵敏度，如动作值取 25～35A。

对于分级绝缘的双绕组降压变压器，零序保护动作后先跳开高压分段断路器或桥断路器；若接地故障在中性点接地运行的一台变压器侧，则零序保护可使该变压器高压侧断路器跳闸；若接地故障在中性点不接地运行的一台变压器侧，则需靠线路对侧的接地保护切除故障。此时，变压器的零序保护应与线路接地保护在时限上配合。

3. 全绝缘变压器的零序保护

全绝缘变压器中性点绝缘水平较高（220kV 变压器可达 110kV），按规定装设零序电流保护外，还应装设零序电压保护。当发生接地故障时，若接地故障在中性点接地运行的一台变压器侧，则零序保护可使该变压器高压侧断路器跳闸；若接地故障在中性点不接地运行的一台变压器侧，再由零序电压保护切除中性点不接地运行的变压器。

当中性点接地运行时，投入零序电流保护，工作原理与图 11-13 相同。当中性点不接地运行时，投入零序电压保护，零序电压的整定值应躲过电网存在接地中性点情况下单相接地时开口三角侧的最大零序电压（要低于电压互感器饱和时开口三角侧的零序电压）。为避免单相接地时暂态过程的影响，零序电压带 $t_6=0.3\sim0.5$s 时限。零序电压保护动作后，切除变压器。

三、自耦变压器零序（接地）保护的特点

自耦变压器高、中压侧间有电的联系，有共同的接地中性点且要求直接接地。当系统在高压或中压电网发生接地故障时，零序电流可在高、中压电网间流动，而流经接地中性点的零序电流数值及相位，随系统的运行方式不同会有较大变化。因此，自耦变压器高压侧和中压侧零序电流保护不能取用接地中性点回路电流，而应分别在高压及中压侧配置，并接在由本侧三相套管电流互感器组成的零序电流过滤器上。自耦变压器中性点回路装设的一段式零序过电流保护，只在高压侧或中压侧断开，内部发生单相接地故障，未断开侧零序过电流保护的灵敏度不够时才用。高压侧和中压侧的零序过电流保护应装设方向元件，动作方向由变压器指向该侧母线，即指向本侧系统。

考虑到自耦变压器的阻抗比较小，当变压器某侧（如中压侧）母线接地，而另一侧（如高压侧）相邻线路对端的零序电流保护第Ⅱ段整定值躲不过而可能动作时，此种情况可在故障母线侧（中压侧）装设两段式零序电流保护来保证选择性。其中的第Ⅰ段与该侧（中压侧）线路零序电流保护第Ⅰ段配合，动作时限为0.5s；第Ⅱ段与其后备段配合。若另一侧相邻线路对端的零序电流保护第Ⅱ段的整定值能躲过该侧母线接地时的故障电流而不动作，则可不设零序电流保护的第Ⅱ段。

第六节 变压器非电量保护

变压器差动保护是电气量保护，在任何情况下都不能代替反映变压器油箱内部故障的温度、油位、油流、气流等非电气量的本体保护。

变压器本体保护通常也称为非电量保护，主要包括变压器本体瓦斯保护、有载调压瓦斯保护和压力释放保护，微机型变压器保护一般采用专门的非电量保护装置。

变压器非电量保护最重要的是瓦斯保护（也称为气体保护）。在油浸式变压器油箱内发生故障时，短路点电弧使变压器油及其他绝缘材料分解，产生气体（含有气体成分），从油箱向储油柜流动，反映这种气流与油流而动作的保护称为瓦斯保护。瓦斯保护的测量元件为气体继电器，气体继电器安装于变压器油箱和储油柜的通道上，为了便于瓦斯的排放，安装时需要有一定的倾斜度，连接管道有2%～4%的坡度，如图11-14所示。

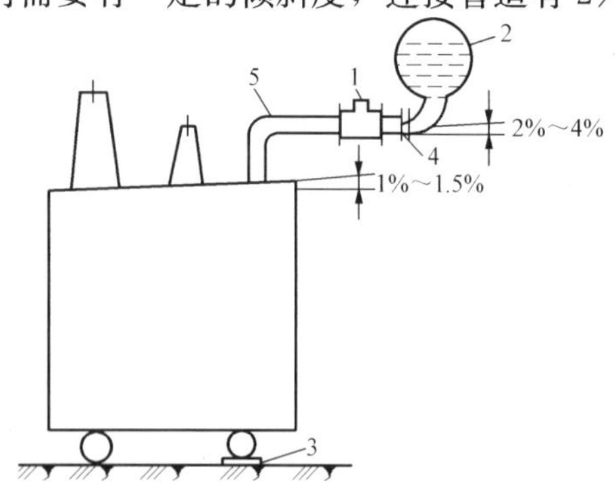

图11-14 气体继电器的安装位置

1—气体继电器；2—储油柜；3—钢垫块；4—阀门；5—导油管

气体继电器上触点为轻瓦斯触点，保护动作后发延时信号。继电器的下触点为重瓦斯触点，保护动作后要跳开变压器的断路器。由于重瓦斯保护反应油流的流速的大小而动作，而油流的流速在故障过程中往往很不稳定，所以重瓦斯保护动作后必须有自保持回路，以保证断路器能可靠跳闸。

瓦斯保护能反应油箱内各种故障，且动作迅速，灵敏度高，特别对于变压器绕组的匝间短路（当短路匝数很少时），灵敏度高于其他保护。所以瓦斯保护目前仍然是变压器必不可少的油箱内

部故障最有效的主保护。但瓦斯保护不能反应油箱外的引出线和套管上的任何故障。因此不能单独作为变压器的主保护，需与纵差动保护或电流速断保护配合使用。

本体重瓦斯、有载调压重瓦斯和压力释放保护有两种方法动作于跳闸。一种是将瓦斯保护接点接到非电量保护装置的开关量光隔输入端，然后通过非电量保护装置的出口继电器来实现保护的出口重动；另一种是把本体重瓦斯、有载调压重瓦斯和压力释放的信号逐一用重动继电器实现保护的出口重动。按照有关规范，后一种方法更好些，因为将重瓦斯和压力释放的动作信号逐一重动更加可靠，而且不易受干扰误动作，这时非电量保护装置的微机只起采集信号和与外部系统通信的作用。非电量保护装置也可采集轻瓦斯信号。但在大多数的情况下，轻瓦斯告警可直接接入到监控系统或远程终端设备（RTU）中去，而不接入微机本体保护装置。

第七节 发电机—变压器组的保护典型配置

一、大型发电机—变压器组微机保护的配置原则

发电机—变压器组保护的配置原则以能可靠地检测出发电机可能发生的故障及不正常运行状态为前提，同时，在继电保护装置部分退出运行时，应不影响机组的安全运行。在对故障进行处理时，应保证满足机组和系统两方面的要求。

为最大限度地保证机组安全，缩小故障范围，避免不必要的停机，大型发电机组继电保护应双重化配置。双重化配置是指：两套独立的 TA、TV 检测元件，独立的保护装置，独立的断路器跳闸机构，独立的控制电缆及独立的蓄电池供电。要有完善的后备保护和异常工况保护，并根据不同故障和异常对机组的影响程度，采用多种保护出口方式。

二、大型发电机—变压器组微机保护的典型配置

对大型发电机—变压器组微机保护装置，保护典型配置见表 11-1。

表 11-1　　大型发电机—变压器组微机保护的典型配置及其出口的控制对象

<table>
<tr><th rowspan="2">序号</th><th rowspan="2" colspan="3">保护装置名称</th><th rowspan="2">组别</th><th colspan="7">保护装置出口</th><th rowspan="2">处理方式</th></tr>
<tr><th>全停</th><th>解列灭磁</th><th>程序跳闸</th><th>解列</th><th>母线解列</th><th>减出力</th><th>发信号</th></tr>
<tr><td>1</td><td rowspan="10">短路故障保护</td><td colspan="2">发电机差动保护</td><td>A</td><td>+</td><td></td><td></td><td></td><td></td><td></td><td></td><td>全停</td></tr>
<tr><td>2</td><td colspan="2">主变压器差动保护</td><td>A</td><td>+</td><td></td><td></td><td></td><td></td><td></td><td></td><td>全停</td></tr>
<tr><td>3</td><td colspan="2">高压厂用变压器差动保护</td><td>A</td><td>+</td><td></td><td></td><td></td><td></td><td></td><td></td><td>全停</td></tr>
<tr><td>4</td><td colspan="2">发电机—变压器组差动保护</td><td>B</td><td>+</td><td></td><td></td><td></td><td></td><td></td><td></td><td>全停</td></tr>
<tr><td rowspan="2">5</td><td rowspan="2">主变压器阻抗保护</td><td>短延时 t_1</td><td>B</td><td></td><td></td><td></td><td></td><td>+</td><td></td><td></td><td>母线解列</td></tr>
<tr><td>长延时 t_2</td><td></td><td></td><td>+</td><td></td><td></td><td></td><td></td><td></td><td>解列灭磁</td></tr>
<tr><td rowspan="2">6</td><td rowspan="2">主变压器零序保护</td><td>短延时 t_1</td><td>B</td><td></td><td></td><td></td><td></td><td>+</td><td></td><td></td><td>母线解列</td></tr>
<tr><td>长延时 t_2</td><td></td><td></td><td>+</td><td></td><td></td><td></td><td></td><td></td><td>解列灭磁</td></tr>
<tr><td>7</td><td colspan="2">定子绕组匝间短路保护</td><td>B</td><td>+</td><td></td><td></td><td></td><td></td><td></td><td></td><td>全停</td></tr>
<tr><td>8</td><td colspan="2">转子回路两点接地保护</td><td>B</td><td>+</td><td></td><td></td><td></td><td></td><td></td><td></td><td>全停</td></tr>
</table>

续表

序号	保护装置名称			组别	保护装置出口							处理方式
					全停	解列灭磁	程序跳闸	解列	母线解列	减出力	发信号	
9	异常运行保护	定子绕组接地保护	Ⅰ段	A							+	发信号
			Ⅱ段	B		△						可选跳闸
10		转子回路一点接地保护		A			△				+	发信号
11		定子过负荷保护	定时限	A							+	发信号
12			反时限	A							+	发信号
13		负序过电流保护	定时限								+	发信号
			反时限	A		+						解列灭磁
14		转子过负荷保护	定时限								+	发信号
			反时限	A		+						解列灭磁
15		低频保护				+						解列灭磁
16		低励失磁保护	t_0	B							+	发信号
			t_1，t_3	A			+			+		程序跳闸
			t_2			+						解列灭磁
17		过电压保护				+						解列灭磁
18		逆功率保护	短延时 t_1	B		+						解列灭磁
			长延时 t_2	A	△							全停
19		失步保护					△	+				程序跳闸
20		过励磁保护		B		+						解列灭磁
21		断路器失灵保护		B		+						解列灭磁
22		非全相保护		B				+				解列

注　+为保护动作结果；△为可选项。

由表11-1可知，对典型的发电机—变压器组单元接线方式，保护装置动作后的控制对象包括以下几种：

（1）全停：停机、停炉、跳主断路器、灭磁、跳高压厂用变压器低压侧断路器、停机炉辅机设备。

（2）解列灭磁：跳主断路器、灭磁、跳高压厂用变压器低压侧断路器。

（3）解列：只跳主断路器。

（4）程序跳闸：保护动作后先关主汽门，待逆功率后由逆功率保护切除发电机。

（5）母线解列：解列并列的母线。

（6）减出力：减少原动机的出力。

（7）发信号：发出声光信号或光信号。

三、发电机—变压器组保护的典型配置图

保护的配置图是指在一次主接线图的基础上用规定的图形符号和文字符号，反映继电保护的配置及模拟量电流、电压的输入情况。

大型发电机—变压器组单元的差动保护典型配置图如图11-15，包括发电机纵差动保护、主变压器差动保护、发电机—变压器组差动保护、高压厂用变压器差动保护、励磁变压器（励磁机）差动保护、发电机匝间短路（横差动）保护。

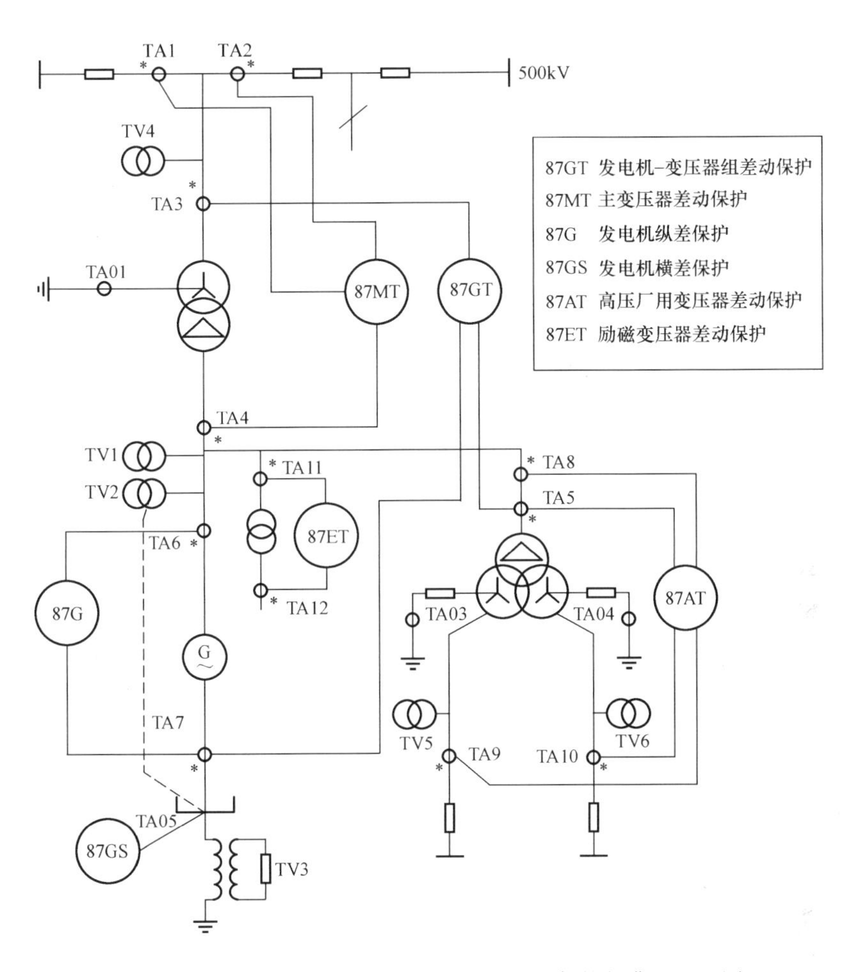

图 11-15　大型发电机—变压器组单元差动保护的典型配置图

发电机纵差保护 87G 由机端电流互感器 TA6 和中性点侧电流互感器 TA7 取得三相电流构成；主变压器差动保护由高压侧电流互感器 TA1、TA2 以及低压侧电流互感器 TA4 构成；由主变压器高压侧电流互感器 TA3、高压厂用变压器高压侧电流互感器 TA5 以及发电机中性点侧电流互感器 TA7 构成发电机—变压器组差动保护 87GT，实现双重化保护。高压厂用变压器差动保护 87AT 由高压侧电流互感器 TA8（TA5）和低压侧电流互感器 TA9、TA10 构成双重化保护。另外，还包括励磁变压器差动 87ET 及发电机匝间短路（横差）保护 87GS。发电机差动、主变压器差动与发电机—变压器组差动分别置于 A 柜及 B 柜的 CPU 中。

大型发电机—变压器组单元后备保护的典型配置图如图 11-16 所示。包括：

变压器后备保护：两段两时限相间阻抗保护 21、两段两时限复合电压过电流保护 51ST、两段两时限零序电流保护 51N、两段两时限过励磁保护 95T、过负荷报警等，以及 TV 断线及 TA 断线判别等功能。

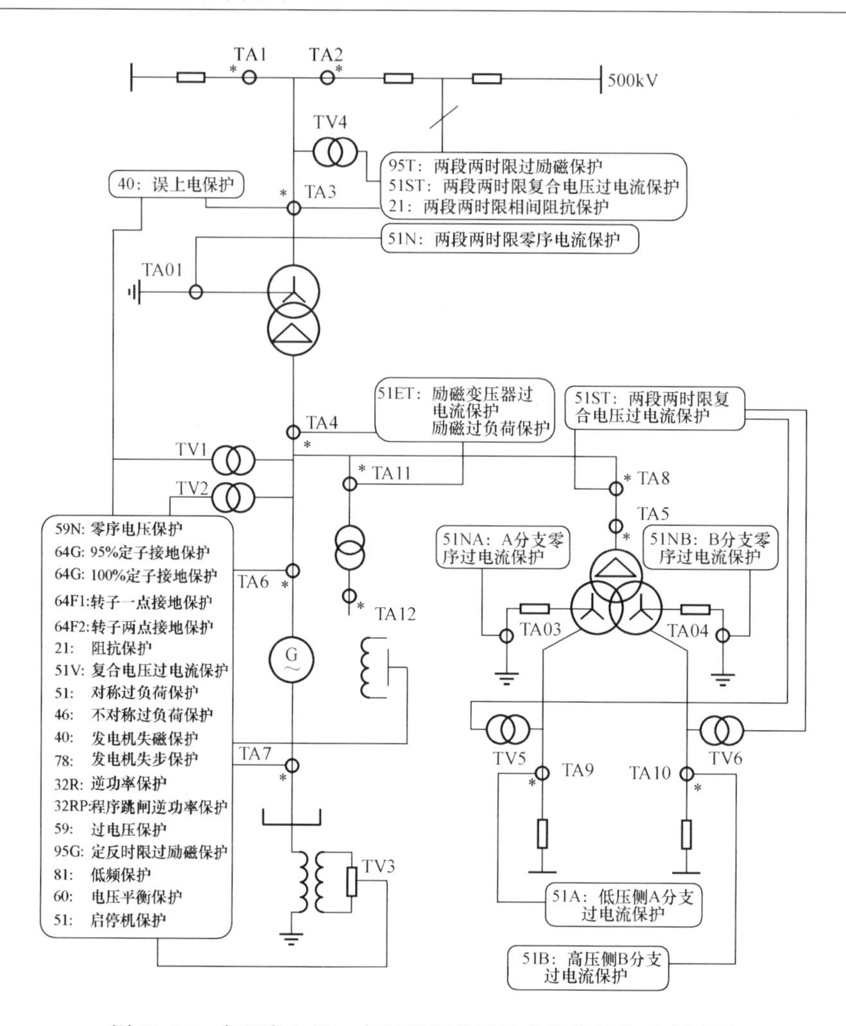

图 11-16 大型发电机—变压器组单元后备保护的典型配置图

发电机后备保护和异常运行保护：两段两时限相间阻抗保护 21、两段复合电压过电流保护 51V、零序电压保护 59N、95%定子接地保护 64G、100%定子接地保护 64G、转子一点接地保护 64F1、转子两点接地保护 64F2、对称过负荷保护 51、不对称过负荷保护 46、发电机失磁保护 40、发电机失步保护 78、过电压保护 59、定反时限过励磁保护 95G、逆功率保护 32R、程序跳闸逆功率保护 32RP、低频保护 81、启停机保护 51、误上电保护 40、TV 断线（电压平衡）及 TA 断线判别等功能。

高压厂用变压器过电流保护：两段两时限复合电压过电流保护 51ST 作为高压厂用变压器的后备保护，低压侧 A 分支过电流保护 51A、低压侧 B 分支（复压）过电流保护 51B 作为厂用电母线短路的保护；A 分支零序过电流保护 51NB、B 分支零序过电流保护 51NB 作为高压厂用变压器接地故障的后备保护。

励磁变压器保护：励磁变压器过电流保护、励磁过负荷保护。

由于一套保护装置包括了所有电量保护，一个发电机—变压器组单元一般配置两套完整的电量保护（A、B 两面屏），配置一套非电量保护及操作回路装置（C 一面屏）。

第八节　母线差动保护及断路器失灵保护

一、母线保护装设基本原则

母线是发电厂、变电站中用于线路、变压器等电气设备之间连接并进行电能分配的元件。母线发生故障的几率较线路低，但故障的影响面很大。这是因为母线上通常连有较多的电气元件，母线故障将使这些元件停电，从而造成大面积停电事故，并可能破坏系统的稳定运行，使故障进一步扩大，可见母线故障是最严重的电气故障之一，因此利用母线保护清除和缩小故障造成的后果，是十分必要的。

1. 母线故障的特点

母线故障大部分由绝缘子对地放电引起，开始阶段表现为单相接地故障，后发展为两相或三相接地短路。

2. 装设母线保护的基本原则

35kV 及以下母线一般不设专门母线保护，由电源侧元件的保护提供保护（电源侧元件的后备保护）。如发电厂厂用电母线由高压厂用变压器的过电流保护提供母线保护。

110kV 及以上双母线和分段母线，为保证有选择切除任一组（一段）母线，使无故障组（段）继续运行，应装专用母线（差动）保护。发电厂升压站高压母线均装设双重化的母线差动保护。

110kV 及以上单母线、35kV 重要母线，如要求快速切除故障时要设专用母线保护。

二、母线差动保护的基本原理

为满足速动性和选择性的要求，母线保护都是按差动原理构成的。所以不管母线上元件有多少，实现差动保护的基本原则仍是适用的，即：

(1) 在正常运行以及母线范围以外故障时，在母线上所有连接元件中，流入的电流和流出的电流相等，或表示为$\sum\dot{I}_{pi}=0$。

(2) 当母线上发生故障时，所有与电源连接的元件都向故障点供给短路电流，而在供电给负荷的连接元件中电流等于零，因此，$\sum\dot{I}_{pi}=\dot{I}_{k}$。

(3) 如从每个连接元件中电流的相位来看，则在正常运行以及外部故障时，至少有一个元件中的电流相位和其余元件中的电流相位是相反的，具体地说，就是电流流入的元件和电流流出的元件这两者的相位相反。而当母线故障时，除电流等于零的元件以外，其他元件中的电流则是同相位的。

母线保护应特别强调其可靠性，并尽量简化结构。对电力系统的单母线保护和双母线保护采用差动保护一般可以满足要求，所以得到广泛应用。

三、断路器失灵保护

所谓断路器失灵保护，是指当保护跳断路器的跳闸脉冲已经发出而断路器却没有跳开（拒绝跳闸）时，由断路器失灵保护以较短的延时跳开同一母线上的其他元件，以尽快将故障从电力系统隔离的一种紧急处理办法。

实现断路器失灵保护的方式很多，但最重要的是如何保证断路器失灵保护的安全性，因为断路器失灵保护的误动所造成的后果是相当严重的。

一般断路器失灵保护的原理是同时满足下面几个条件的。

（1）跳闸脉冲已经发出。

（2）断路器没有跳开。

（3）经延时故障依然存在，可用电流或母线电压来确定。

第九节 高压输电线路的继电保护基础

超高压输电线路由于种种原因会发生各种短路故障。随着输电线路电压等级的提高，为了电网的安全，要求尽快切除故障。高压网络上出现的振荡、串补等问题，又使得高压网络的继电保护更趋复杂化。

本章仅简单介绍高压输电线路的继电保护的整定原则。

一、零序电流保护和方向性零序电流保护

超高压输电线路故障一般可以划分为两类：相间故障和接地故障。相间故障一般指两相（两相接地）或三相短路；接地故障一般指两相接地短路和单相接地短路。用零序电流保护可以灵敏地反应接地故障。

零序电流保护分Ⅰ段、Ⅱ段和Ⅲ段，其保护原理和电流保护相同，本节仅简单说明一下其整定原则。

1. 零序电流速断（零序Ⅰ段）保护

零序电流速断保护的整定原则如下：

（1）躲开下一条线路出口处单相或两相接地短路时可能出现的最大零序电流 $3I_{0,\max}$。

（2）躲开断路器三相触头不同期合闸时所出现的最大零序电流 $3I_{0,\mathrm{bt}}$。

如果保护装置的动作时间大于断路器三相不同期合闸的时间，则可以不考虑条件（2）。

保护整定值应选取（1）、（2）中较大者。但在有些情况下，如按照条件（2）整定将使整定电流过大。因此当保护范围小时，也可以采用在手动合闸以及三相自动重合闸时，使零序Ⅰ段带有一个小的延时（约0.1s），以躲开断路器三相不同期合闸的时间，这样在整定值上就无须考虑条件（2）。

（3）当线路上采用单相自动重合闸时，按上述条件（1）、（2）整定的零序Ⅰ段，往往不能躲开在非全相运行状态下又发生系统振荡时所出现的最大零序电流。而如果按能躲开在非全相运行状态下又发生系统振荡时所出现的最大零序电流来整定，则正常情况下发生接地故障时，其保护范围又要缩小，不能充分发挥零序Ⅰ段的作用。因此，为了解决这个矛盾，通常是设置两个零序Ⅰ段保护。其中：一个是按条件（1）或（2）整定（由于其整定值较小，保护范围较大，因此，称为灵敏Ⅰ段），它的主要任务是对全相运行状态下的接地故障起保护作用，具有较大的保护范围，而当单相重合闸启动时，则将其自动闭锁，需待恢复全相运行时才能重新投入；另一个是按非全相振荡条件整定（由于它的定值较大，因此称为不灵敏Ⅰ段），装设它的主要目的，是为了在单相重合闸过程中，其他两相又发生接地故障时，用以弥补失去灵敏Ⅰ段的缺陷，尽快地将故障切除。当然，不灵敏Ⅰ段也能反应全相运行状态下的接地故障，只是其保护范围较灵敏Ⅰ段小。

2. 零序电流限时速断（零序Ⅱ段）保护

零序Ⅱ段保护的工作原理，其启动电流首先考虑和下一条线路的零序电流速断相配合，并带有高出一个 Δt 的时限，以保证动作的选择性。

但是，应当考虑分支电路的影响，因为它将使零序电流的分布发生变化。

3. 零序过电流（零序Ⅲ段）保护

零序Ⅲ段保护的作用，在一般情况下是作为后备保护使用，但在中性点直接接地电网中的终端线路上，它也可以作为主保护使用。

在零序过电流保护中，对继电器的启动电流，原则上是按照躲开在下一条线路出口处相间短路时所出现的最大不平衡电流 $I_{unb,max}$来整定。同时还必须要求各保护之间的灵敏系数要互相配合，满足灵敏系数和选择性的要求。

因此，实际上对零序过电流保护的整定计算，必须按逐级配合的原则来考虑。具体地说，就是本保护零序Ⅲ段的保护范围，不能超出相邻线路上零序Ⅲ段的保护范围。

4. 方向性零序电流保护

在双侧或多侧电源的网络中，电源处变压器的中性点一般至少有一台要接地，由于零序电流的实际流向是由故障点流向各个中性点接地的变压器，因此在变压器接地数目比较多的复杂网络中，就需要考虑零序电流保护动作的方向性问题。

零序功率方向继电器接于零序电压和零序电流之上，它只反应零序功率的方向而动作。当保护范围内部故障时，按规定的电流、电压正方向看，$3I_0$ 超前于 $3U_0$ 为 90°～110°（对应于保护安装地点背后的零序阻抗角为 85°～70°的情况），继电器此时应正确动作，并应工作在最灵敏的条件下，亦即继电器的最大灵敏角应为－95°～－110°（电流超前于电压）。

二、线路距离保护

1. 距离保护的作用原理

在线路发生短路时阻抗继电器测到的阻抗 $Z_k=U_k/I_k=Z_d$ 等于保护安装点到故障点的（正序）阻抗。显然该阻抗和故障点的距离是成比例的。因此习惯地将用于线路上的阻抗继电器称为距离继电器。

三段式距离保护的原理和电流保护是相似的，其差别在于距离保护反应的是电力系统故障时测量阻抗的下降，而电流保护反应的是电流的升高。

距离保护Ⅰ段：距离保护Ⅰ段保护范围不伸出本线路，即保护线路全长的 80%～85%，瞬时动作。

距离保护Ⅱ段：距离保护Ⅱ段保护范围不伸出下回线路Ⅰ段的保护区。为保证选择性，延时 Δt 动作。

距离保护Ⅲ段：按躲开正常运行时负荷阻抗来整定。

2. 影响距离保护正确工作的因素及防止方法

（1）短路点过渡电阻的影响。电力系统中短路一般都不是纯金属性的，而是在短路点存在过渡电阻，此过渡电阻一般是由电弧电阻引起的。它的存在，使得距离保护的测量阻抗发生变化。一般情况下，会使保护范围缩短。但有时候也能引起保护超范围动作或反方向动作（误动）。

在单电源网络中，过渡电阻的存在，将使保护区缩短；而在双电源网络中，使得线路两侧所感受到的过渡电阻不再是纯电阻，通常是线路一侧感受到的为感性，另一侧感受到的为容性，这就使得在感受到感性一侧的阻抗继电器测量范围缩短，而感受到容性一侧的阻抗继电器测量范围可能会超越。

解决过渡电阻影响的办法有许多。例如：采用躲过渡电阻能力较强的阻抗继电器；用瞬时测量的技术，因为过渡电阻（电弧性）在故障刚开始时比较小，而时间长了以后反而增加，根据这一特点采用在故障开始瞬间测量的技术可以使过渡电阻的影响减少到最小。

（2）系统振荡的影响。电力系统振荡对距离保护影响较大，不采取相应的闭锁措施将会引起误动。防止振荡期间误动的手段较多，下面介绍两种情况。

1）利用负序（和零序）分量元件启动的闭锁回路。电力系统振荡是对称的振荡，在振荡时没有负序分量。而电力系统发生的短路绝大部分是不对称故障，即使三相短路故障也往往是刚开始为不对称然后发展为对称短路的。因此，在短路时，会出现负序分量或短暂出现负序分量，根据这一原理可以区分短路和振荡。

2）利用测量阻抗变化速度构成闭锁回路。电力系统振荡时，距离继电器测量到的阻抗会周期性变化，变化周期和振荡周期相同。而短路时，测量到的阻抗是突变的，阻抗从正常负荷阻抗突变到短路阻抗。因此，根据测量阻抗的变化速度可以区分短路和振荡。

（3）串联补偿电容的影响。高压线路的串联补偿电容可大大缩短其所连接的两电力系统间的电气距离，提高输电线路的输送功率，对电力系统稳定性的提高具有很大作用，但它的存在对继电保护装置将产生不利影响，保护设备使用或整定不当可能会引起误动。

串联补偿电容（简称串补）的存在，使得阻抗继电器在电容器两侧分别发生短路时，感受到的测量阻抗发生了跃变，这种跃变使三段式距离保护之间的配合变得复杂和困难，常常会引起保护非选择性动作和失去方向性。为防止此情况发生，通常采用如下措施：

1）用直线型阻抗继电器或功率方向继电器闭锁误动作区域。即在阻抗平面上将误动的区域切除。但这也可能带来另外一些问题。例如，为解决背后发生短路失去方向性的问题而使用直线型阻抗继电器，就会带来正前方出口处发生短路故障时有死区的问题，为此可以另外加装电流速断保护来补救。

2）用负序功率方向元件闭锁。因为串补电容一般都不会将线路补偿为容性。对于负序功率方向元件，由于在正前方发生短路时，反应的是背后系统的阻抗角，串补电容的存在不会改变原有负序电流、电压的相位关系，因此负序功率方向仍具有明确的方向性。但这种方式在三相短路时没有闭锁作用。

3）利用特殊特性的距离继电器。如利用带记忆的阻抗继电器，可以较好地防止串补电容可能引起的误动。

（4）分支电流的影响。在高压网络中，母线上接有不同的出线，有的是并联分支，有的是发电厂，这些支路的存在对测量阻抗同样有较大影响。

如在本线路末端母线上接有一发电厂，当下回线路发生短路时，由于发电厂对故障点也提供短路电流，使得本线路距离保护测量到的阻抗 Z_k 会因为发电厂对故障有助增作用而增大。同样对于下回线路为双回线路的情况，则又会引起测量阻抗的减少，这些变化因素都必须在整定时充分考虑，否则就有可能发生误动或拒动。

（5）TV 断线。当电压互感器二次回路断线时，距离保护将失去电压，在负荷电流的作用下，阻抗继电器的测量阻抗变为零，因此，就可能发生误动作，对此，应在距离保护中采用防止误动作的TV断线闭锁装置。

3. 距离保护评价

从对继电保护所提出的基本要求来评价距离保护，可以作出如下几个主要的结论：

(1) 根据距离保护的工作原理，它可以在多电源的复杂网络中保证动作的选择性。

(2) 距离保护Ⅰ段是瞬时动作的，它只能保护线路全长的80%～85%。因此，两端合起来在30%～40%的线路长度内的故障不能从两端瞬时切除，在一端须经0.5s的延时才能切除，在220kV及以上电压的网络中有时仍不能满足电力系统稳定运行的要求。

(3) 由于阻抗继电器同时反应于电压的降低和电流的增大而动作，因此，距离保护较电流、电压保护具有较高的灵敏度。此外，距离保护Ⅰ段的保护范围不受系统运行方式变化的影响，其他两段受到的影响也比较小，因此，保护范围比较稳定。

(4) 由于距离保护中采用了复杂的阻抗继电器和大量的辅助继电器，再加上各种必要的闭锁装置，因此接线复杂、可靠性比电流保护低，这也是它的主要缺点。

三、输电线路纵联保护

距离保护虽然能满足超高压电力系统的保护要求，但仍然在线路上有部分故障要经0.5s延时切除，这对于电压等级更高一些的电力系统如500kV线路仍然不能满足要求，距离保护就不能代替线路的主保护。为此，就必须要有全线速动的保护——输电线路纵联保护来实现。

1. 输电线路纵联保护的原理

输电线路的纵联保护是用某种通道将输电线两端的保护装置纵向连接起来，将各端的电气量（电流、功率的方向等）传送到对端，将两端的电气量进行比较，以判断故障在本线路范围内还是在线路范围外，从而决定是否切断被保护线路。理论上具有绝对的选择性。

2. 输电线路纵联保护的分类

纵联保护可以按照所利用通道类型或保护动作原理进行分类：纵联保护按照所利用信息通道的不同类型可以分为4种：① 导引线纵联保护（简称导引线保护）；② 电力线载波纵联保护（简称载波保护）；③ 微波纵联保护（简称微波保护）；④ 光纤纵联保护（简称光纤保护）。

通道虽然只是传送信息的条件，但纵联保护采用的原理往往受到通道的制约。

(1) 导引线通道。这种通道需要铺设导引线电缆传送电气量信息，其投资随线路长度而增加，当线路较长（超过10km以上）时就不经济了。导引线越长，自身的运行安全性越低。在中性点接地系统中，除了雷击外，在接地故障时地中电流会引起地电位升高，也会产生感应电压，所以导引线的电缆必须有足够的绝缘水平，从而使投资增大。一般导引线中直接传输交流二次电量波形，故导引线保护广泛采用差动保护原理，但导引线的参数（电阻和分布电容）直接影响保护性能，从而在技术上也限制了导引线保护用于较长的线路。

(2) 电力线载波通道。这种通道在保护中应用最为广泛，不需要专门架设通信通道，而是利用输电线路构成通道。载波通道由输电线路及其信息加工和连接设备（阻波器、结合电容器及高频收发信机）等组成。输电线路机械强度大，运行安全可靠。但是在线路发生故障时通道可能遭到破坏，为此载波保护应采用在本线路故障、信号中断的情况下仍能正确动作的技术。

（3）微波通道。微波通道是一种多路通信通道，具有很宽的频带，可以传送交流电的波形。采用脉冲编码调制方式后微波通道可以进一步扩大信息传输量，提高抗干扰能力，也更适合于数字式保护。微波通道是理想的通道，但是保护专用微波通道及设备是不经济的，电力信息系统等在设计时应兼顾继电保护的需要。

（4）光纤通道。光纤通道与微波通道具有相同的优点，也广泛采用脉冲编码调制方式。保护使用的光纤通道一般与电力信息系统统一考虑。当被保护的线路很短时，可架设专门的光缆通道直接将电信号转换成光信号送到对侧，并将所接收的光信号变为电信号进行比较。由于光信号不受干扰，在经济上也可以与导引线通道竞争，近年来光纤通道成为短线路纵联保护的主要通道形式。

按照保护动作原理，纵联保护可以分为两类：

（1）方向比较式纵联保护。两侧保护装置将本侧的功率方向、测量阻抗是否在规定的方向、区段内的判别结果传送到对侧，每侧保护装置根据两侧的判别结果，区分是区内故障还是区外故障。这类保护在通道中传送的是逻辑信号，而不是电气量本身，传送的信息量较少，但对信息可靠性要求很高。按照保护判别方向所用的原理可将方向比较式纵联保护分为方向纵联保护和距离纵联保护。

（2）纵联电流差动保护。这类保护利用通道将本侧电流的波形或代表电流相位的信号传送到对侧，每侧保护根据对两侧电流的幅值和相位比较的结果区分是区内故障还是区外故障。可见这类保护在每侧都直接比较两侧的电气量，称为纵联电流差动保护。这类保护的信息传输量大，并且要求两侧信息同步采集，实现技术要求较高。

3. 高频保护原理

高频保护就是将线路两端的电流相位（或功率方向）转化为高频信号，然后利用输电线路本身构成一高频电流通道，将此信号送至对端，以比较两端电流相位（或功率方向）的一种保护装置。就其原理看，它不反应于保护范围以外的故障，在参数选择上也无需和下一条线路相配合，因此，高频保护的动作不带延时。目前，高频保护是 220kV 及以上电压等级复杂电网的主要保护方式。

利用“导线—大地”作为高频通道是最经济的方案，它只需要在一相线路上装设通道的设备，称为高频加工设备。缺点是高频信号的衰耗和受到的干扰都比较大。输电线路高频保护所用的载波装置，其简单构成如图 11-17 所示。

（1）阻波器。阻波器是由一电感线圈与可变电容器并联组成的回路。使高频信号被限制在输电线路的范围以内，而不能穿越到相邻线路上去。但对 50Hz 的工频电流，阻波器仅呈现电感线圈的阻抗，数值很小（为 0.04Ω 左右），不影响它的传输。

（2）结合电容器。结合电容器与连接滤波器共同配合，将载波信号传递至输电线路，同时使高频收发讯机与工频高压线路绝缘。

（3）连接滤波器。连接滤波器是一个可调节的空心变压器。结合电容器与连接滤波器共同组成一个四端网络的“带通滤波器”，使所需频带的高频电流能够通过。

带通滤波器在线路一侧的阻抗与输电线路的波阻抗（约为 400Ω）匹配，而在电缆一侧的阻抗，则应与高频电缆波阻抗（约为 100Ω）相匹配。这样，就可以避免高频信号的电磁

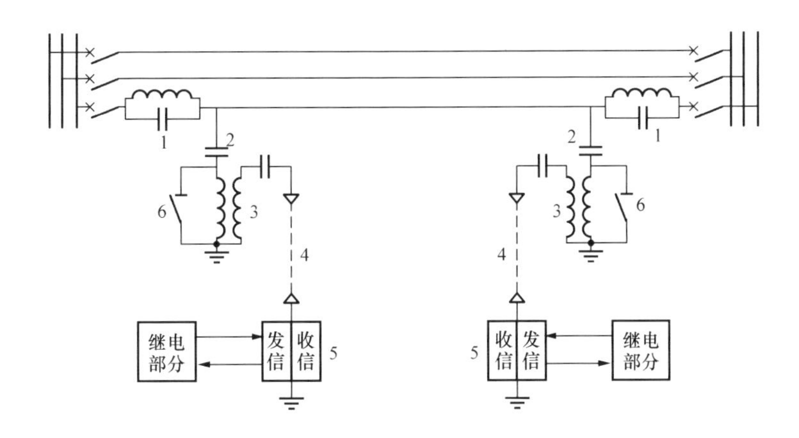

图 11-17　高频通道构成示意图

1—阻波器；2—结合电容器；3—连接滤过器；
4—电缆；5—高频收、发讯机；6—接地开关

波在传送的过程中发生反射，因而可减小高频能量的附加衰耗。

并联在连接滤波器两侧的接地开关 6，是当检修连接滤波器时，作为结合电容器的下面一极接地之用。

（4）高频收、发信机。由继电保护来控制，发信机发出的信号，通过高频通道送到对端的收信机中，也可为自己的收信机所接收，高频收信机接收由本端和对端所发出的高频信号，经过比较判断之后，再动作于继电保护，使之跳闸或将它闭锁。

目前广泛采用的高频保护，按其工作原理的不同可以分为两大类，即方向高频保护和相差高频保护。方向高频保护的基本原理是比较被保护线路两端的功率方向，而相差高频保护的基本原理则是比较两端电流的相位。因而就能区分是区内故障还是区外故障，以实现全线速动。

以高频通道的工作方式，可以分成经常无高频电流（即所谓故障时发信）和经常有高频电流（即所谓长期发信）两种方式。在这两种工作方式中，以其传送的信号性质为准，又可以分为传送闭锁信号、允许信号和跳闸信号三种类型。

（1）闭锁信号，是指："收不到这种闭锁信号是高频保护动作跳闸的必要条件"。结合高频保护的工作原理来看，就是当外部故障时，由一端的保护发出高频闭锁信号，将两端的保护闭锁；而当内部故障时，两端均不发高频闭锁信号，因而也收不到闭锁信号，保护即可动作于跳闸。

（2）允许信号，是指："收到这种允许信号是高频保护动作跳闸的必要条件"。因此，当内部故障时，两端保护应同时向对端发出允许信号，使保护装置能够动作于跳闸。而当外部故障时，则因近故障点端不发允许信号，故对端保护不能跳闸。近故障点的一端则因判别故障方向的元件不动作，也不能跳闸。

（3）跳闸信号，是指："收到这种传送跳闸信号是保护动作于跳闸的充分必要条件"。实现这种保护时，实际上是利用装设在每一端的电流速断、距离保护Ⅰ段或零序电流速断等保护，当其保护范围内部故障而动作于跳闸的同时，还向对端发出跳闸信号，可以不经过其他控制元件而直接使对端的断路器跳闸。

4. 方向比较式纵联保护

方向比较式纵联保护是通过比较被保护线路两侧的功率方向，以判别是被保护线路内部短路还是外部短路。规定以母线指向线路的功率方向为正方向，以线路指向母线的功率方向为反方向。被保护线路两侧都装有方向元件，且采用当线路发生故障时，若功率方向为正，则发信机不发信；若功率方向为负，则发信机发信的方式。

在 11-18 所示的系统中，当 BC 段的 k 点发生短路时，保护 3 和 4 的方向元件反应为正向短路，两侧都不发闭锁信号，因此，断路器 3 和 4 都跳闸，瞬时将短路切除。当 k 点发生短路时，对于线路 AB 和 CD，是保护范围外部发生故障，保护 2 和 5 的方向元件反应为反向短路，它们发出闭锁信号，此信号一方面被自己的收信机接收，同时经过输电线路分别送至对端的保护 1 和 6，使保护装置 1、2 和 5、6 都被信号闭锁，因此，断路器 1、2 和 5、6 都不跳闸。这种方向比较式纵联保护，由于反应反向短路的一侧发出的闭锁信号，闭锁了反应为正向短路一侧保护的断路器跳闸回路，所以称为闭锁式方向纵联保护。

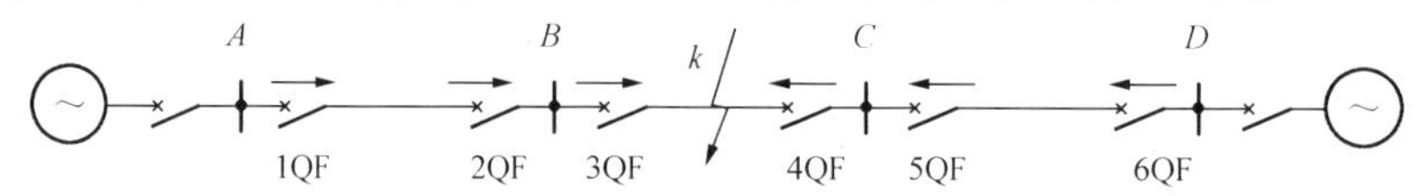

图 11-18 方向比较式纵联保护原理

这种按闭锁信号构成的保护只在非故障线路上才传送纵联信号，而在故障线路上并不传送纵联信号。因此，在故障线路上，由于短路使通道可能遭到破坏时，并不会影响保护的正确动作，这是它的主要优点，也是这种工作方式得到广泛应用的主要原因之一。由于纵联闭锁方向保护的发信机采用短时发信方式，即正常运行时，发信机并不发信，只是在线路上发生短路时发信机才短时发信，故发信机需用启动元件。

第十二章

电动机的继电保护及厂用电源的快速切换

第一节　厂用电动机的故障类型和不正常运行状态

一、异步电动机的故障

发电厂中厂用电动机绝大多数为异步电动机，异步电动机的故障有定子绕组相间短路故障（包括引线电缆的相间短路故障）、绕组的匝间短路故障和单相接地故障等。

定子绕组的相间短路故障对电动机来说是最严重的故障，不仅引起绕组绝缘损坏、铁芯烧毁，甚至会使厂用母线电压显著降低，破坏其他厂用电设备的正常工作，所以应装设反应相间短路故障的保护。容量在2MW以下的电动机装设电流速断保护（保护宜采用两相式），容量在2MW及以上或容量小于2MW但电流速断保护灵敏度不满足要求的电动机装设纵差动保护。保护装置动作于跳闸。

定子绕组的匝间短路破坏电动机的对称运行。理论分析表明，电动机匝间短路故障时，由于负序电流的出现，电动机出现制动转矩，转差率增大，使定子电流增大；与此同时，电动机的热源电流增大，使电动机过热。当然，短路匝数很小时，产生的负序电流也很小，当定子电流增大以及过热，产生的负荷电流也是不大的。但是，故障点电弧要损坏绝缘甚至烧坏铁芯。因此，电动机绕组的匝间短路故障是一种较为严重的故障。然而到目前为止，还没有简单完善的反应匝间短路的保护装置。

定子绕组单相接地对电动机的危害程度取决于供电变压器中性点接地方式以及单相接地电流的大小。380/220V三相四线制，由于中性点是直接接地的，所以电动机应装设单相接地保护，动作于跳闸。对高压电动机，变压器中性点可能不接地、经消弧线圈接地或经小电阻接地，视具体情况单相接地保护装置可动作于信号或跳闸；当变压器中性点经电阻接地时，单相接地保护装置动作于跳闸。

二、异步电动机的不正常运行状态

异步电动机的不正常运行状态有如下几种：

（1）电动机机械过负荷。这将引起电动机定子电流增大，容易引起发热。

（2）供电电压降低和频率降低时，电动机转速下降引起过负荷。

（3）电动机堵转。

（4）电动机启动时间过长。

（5）电动机运行过程中三相电流不平衡或运行过程中发生两相运行。

（6）电动机的供电电压过低或过高。电压过低时，电动机的驱动转矩随电压的平方降低，电动机吸取电流随之增大，供电网络阻抗上压降相应增大，为保证重要电动机的运行，在次要电动机上装设低电压保护。不允许自启动的电动机也应装设低电压保护。低电压保护动作于跳闸。

此外，电动机在投入运行时可能出现相序错的情况，运行中的电动机也可能出现轴承温度过高等异常情况。

上述异步电动机的异常运行状况，导致电动机过负荷（不平衡运行还会出现负序电流），较长时间过负荷的直接后果是使电动机温升超过允许值，加速绕组绝缘的老化、降低寿命甚至将电动机烧坏。

运行中的异步电动机有时还会出现转子鼠笼断条的故障。转子鼠笼断条后，转子绕组失去平衡，电动机运行不平稳。

三、同步电动机的故障和不正常运行状态

异步电动机转子上无励磁，借助转速 n 低于同步转速 n_1 在转子绕组中感应出电流产生旋转磁场维持运行，因此异步电动机的转子绕组是短路的，且转速 n 永远低于同步速 n_1。

同步电动机的驱动转矩与加于电动机上的电压成正比，因此电压的降低对驱动转矩的降低并不像异步电动机那样敏感，转矩特性较好；此外，还可发出无功功率，提高电压水平。

同步电动机的故障和不正常运行状态，与异步电动机基本相同。不过，同步电动机的不正常运行状态还有另外几种情况：

（1）失步。同步电动机励磁电流减小、供电电压降低均导致电动机驱动转矩减小，当转矩最大值小于机械负荷的制动力矩时，δ 角大于 90°，同步电动机失去同步。失步后，同步电动机转速下降，在启动绕组和励磁绕组中感应出交变电流，产生异步转矩，逐步转入异步运行。在异步运行期间，由于转矩交变，所以转子转速和定子电流发生振荡，严重时可能引起机械共振和电气共振，导致同步电动机损坏，故应装设失步保护。失步保护动作后，可作用于再同步控制回路；如不能再同步或不需再同步，则失步保护可动作于跳闸。

（2）失磁。同步电动机励磁消失或部分消失，因驱动转矩消失或减小，所以同步电动机将失步并转入异步运行。为反映同步电动机的失磁，应装设失磁保护。失磁保护动作后应增大励磁，无效时可动作于跳闸。

（3）非同步冲击。供电给同步电动机的电源中断后再恢复时，有可能造成对同步电动机的非同步冲击。当同步电动机不允许非同步冲击时，应装设非同步冲击保护。非同步冲击保护动作后，可动作于再同步回路，或动作于跳闸。

此外，在同步电动机上，还设有强行励磁装置，当供电电压降低到一定程度时，自动将励磁电压迅速上升到顶值；当同步电动机在运行中失步后，为尽快恢复同步运行，在同步电动机上还设有自动再同步装置。

第二节　厂用异步电动机的继电保护

数字式异步电动机保护装置，除保护功能外，还有遥测、遥控、遥信功能，与保护装置综合成一体，构成异步电动机保护测控（一体化）装置。遥测量有各相电流、各相电压、有功功率、无功功率、功率因数、有功电能、无功电能和电能脉冲信号等。在实时监控系统中，遥测量可通过通信接口直接上传给上位机，遥控可实现电动机的远方跳闸和合闸，遥信功能通过无源开关量输入，可实时观察到断路器位置状态、控制回路是否断线。通过温度变送器开关量的输入，还可观察电动机轴承温度是否越限或者对应开关柜温度是否过高等状态。此外，还具有跳闸及合闸次数统计、事件记录、故障录波等功能。某些装置还具有反应电动机电流、有功功率的 4～20mA 输出，供分布式控制系统（DCS）之用。

电动机保护测控装置目前有两种形式，其区别在于反映相间短路故障的保护方式不同。一种是采用电流速断保护的方式，另一种是采用电流纵差动保护的方式。前者的保护测控装置应用在容量小于 2MW 的异步电动机上，后者的保护测控装置主要应用在容量 2MW 及以上的异步电动机上。在容量 2MW 及以上的异步电动机上，也可应用前述第一种保护测控装置再加装一套独立的纵差动保护装置。本节主要介绍其继电保护功能。

一、电流纵差动保护和电流速断保护

1. 电流纵差动保护

电流纵差动保护主要应用在容量 2MW 及以上电动机上；容量在 2MW 以下当电流速断保护灵敏度不足时也用，作电动机定子绕组及电缆引线相间短路故障的保护。电动机容量在 5MW 以下时，采用两相式接线；5MW 以上时采用三相式接线，以保证一点接地在保护区内、另一点接地在保护区外的纵差动保护的快速动作，跳开电动机。

图 12-1 示出了电动机纵差动保护接线（两相式），机端电流互感器与中性点侧电流互感 器型号相同，具有相同变比。规定机端电流 $\dot{I}_{A}$、$\dot{I}_{B}$、$\dot{I}_{C}$ 流入电动机，中性点侧电流 $\dot{I}'_{A}$、$\dot{I}'_{B}$、$\dot{I}'_{C}$ 流入电动机（从中性点 N 流入电动机）为电流正方向，则纵差动保护的动作电流 I_{d}、制动电流 I_{res} 的表示式为

$$I_{d}=|\dot{I}_{a}+\dot{I}'_{a}|,I_{d}=|\dot{I}_{c}+\dot{I}'_{c}| \tag{12-1}$$

$$I_{res}=\frac{1}{2}|\dot{I}_{a}-\dot{I}'_{a}|,I_{d}=\frac{1}{2}|\dot{I}_{c}-\dot{I}'_{c}| \tag{12-2}$$

式中　$\dot{I}_{a}$、$\dot{I}_{c}$ 与 $\dot{I}'_{a}$、$\dot{I}'_{c}$——互感器二次侧电流，方向同 $\dot{I}_{A}$、$\dot{I}_{C}$ 与 $\dot{I}'_{A}$、$\dot{I}'_{C}$ 一致，见图 12-1。

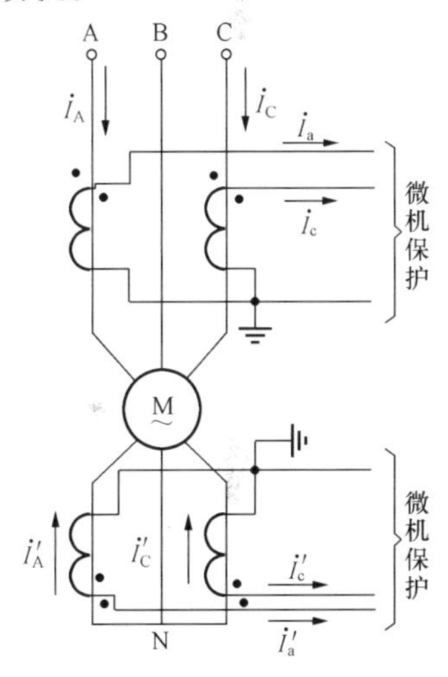

图 12-1　电动机纵差动保护接线

图 12-2 所示为电动机纵差动保护的比率制动特性，其中图 12-2（a）为两折线特性，最小制动电流（拐点电流）$I_{res,min}$ 一般取等于额定电流，斜率 K 在 0.2～0.5 间调整；图 12-2（b）为三折线特性，拐点电流 I_{res1} 一般取 0.5I_{2N}（I_{2N}为额定电流），I_{res2} 取 2.5I_{2N}，斜率 K_1 在 0.2～0.5 间调整，斜率 K_2 在 0.5～1 间调整。图 12-2（a）、（b）动作特性的判据与变压器差动保护相同。需要指出，应用三折线特性容易提高电动机内部相间短路故障的灵敏度。

制动特性斜率的设置应躲过电动机全电压下启动时差动回路最大不平衡电流；同时应躲过外部三相短路电动机向外供给短路电流时差动回路的不平衡电流；最小动作电流 $I_{d,min}$ 应躲过电动机正常运行时差动回路的不平衡电流。

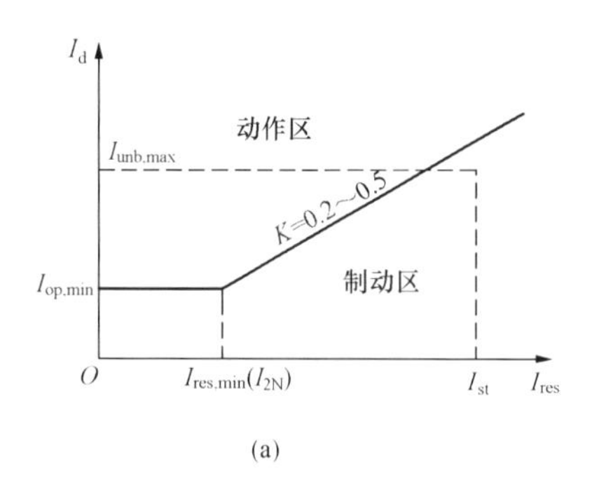

(a)

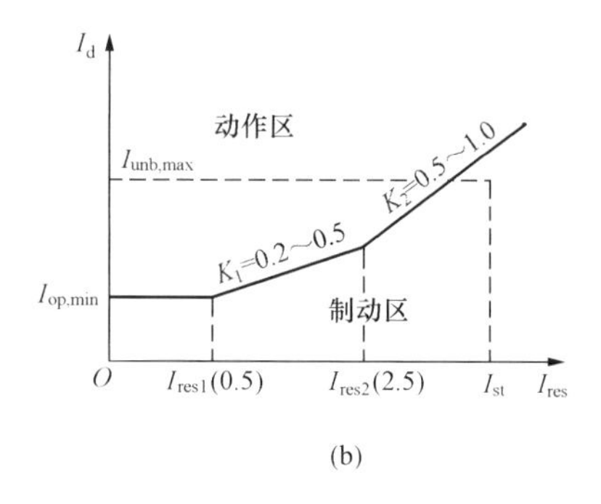

(b)

图 12-2 电动机纵差动保护比率制动特性

(a) 两折线特性；(b) 三折线特性

与变压器纵差动保护相同，TA 二次回路断线应闭锁保护出口并同时发出 TA 二次回路断线告警。因不考虑两个 TA 二次回路同时断线，所以 TA 二次回路断线判据如下：

（1）两侧 TA 的二次电流中有一个小于最小动作电流（启动电流）$I_{d,min}$（或取更小的值），其他三个电流均大于此值或保持不变。

（2）差动回路电流大于 $I_{d,min}$，但小于 1.3 倍额定电流。

当上述两个条件同时满足时判 TA 二次回路断线。

纵差动保护中还设有差动电流速断保护，动作电流一般可取 3～8 倍的额定电流。

2. 电流速断保护

电流速断保护应用在容量 2MW 以下的电动机上，作电动机定子绕组及其引线电缆相间短路故障的保护，保护动作于跳闸。

电流速断保护在电动机启动时不应动作，同时为兼顾保护灵敏度，所以电流速断保护有高、低两个定值，其中低定值电流速断保护在电动机启动结束后才投入。电流速断保护的动作判据为

$$\left.\begin{aligned} I_{max} &= \max(I_a, I_c) \\ I_{max} &\geqslant I_{set,H}(\text{启动过程中投入}) \\ I_{max} &\geqslant I_{set,L}(\text{启动结束后投入}) \end{aligned}\right\} \tag{12-3}$$

式中 $I_{set,H}$——电流速断保护整定电流最高值；

$I_{set,L}$——电流速断保护整定电流最低值。

$I_{set,H}$应躲过电动机的最大启动电流。$I_{set,L}$应躲过外部短路故障切除电压恢复时电动机的最大自启动电流；还应躲过外部三相短路故障电动机向外供出的最大反馈电流。

当电动机采用熔断器—高压接触器（F-C）回路控制时，电流速断保护应设有延时以与熔断器配合，延时时间应大于熔断器熔断时间，并有一定的裕度。

二、负序电流保护（不平衡保护）

负序电流保护作为电动机匝间短路、断相、相序反以及供电电压较大不平衡的保护，对电动机的不对称短路故障也起后备保护作用。负序电流保护动作于跳闸。

各类保护装置的负序电流保护差别较大。某些保护装置设Ⅰ、Ⅱ、Ⅲ段，其中Ⅰ、Ⅱ段为定时限负序电流保护，Ⅱ段为灵敏段，Ⅲ段负序电流保护为反时限特性（也可设定为定时限特性）。某些保护装置设Ⅰ、Ⅱ段，其中的Ⅰ段负序电流保护为定时限特性，Ⅱ段负序

电流保护可设定为反时限特性，也可设定为定时限特性或固定为定时限。某些保护装置在上述两段式负序电流保护基础上，还有第Ⅲ段告警段（可设定为反时限运行，也可设定为定时限运行）。还有的保护装置只设一段负序电流保护，动作特性是带最大和最小定时限的反时限曲线。需要指出，三段式负序电流保护，因整定比较灵活，所以可取得较好的保护效果。另外，对有关负序电流保护的两个问题说明如下。

（1）区内、外两相短路故障时流入电动机的正、负序电流问题。对电动机内部BC相间短路故障的理论分析表明如下：

1）电动机内部相间短路故障时，流入电动机的负序电流总是小于流入的正序电流，即使电动机空载不计负荷电流也总是如此。计及故障点过渡电阻后，也不改变这一结果。

2）电动机外部两相短路故障时，电动机流入负序电流和正序电流，并且负序电流要比正序电流大得多。这一结果不受电动机负荷电流大小、故障点过渡电阻大小的影响。

因此，当电动机的负序电流大于正序电流（如 $I_2>1.5I_1$）时，可判定为外部发生两相短路；当负序电流小于正序电流时，可判定为内部发生两相短路。可见，借助正序、负序电流的比较，可以明确区分出两相短路故障在内部还是在外部。

（2）负序电流保护的动作值问题。电动机较严重的故障和不对称运行，负序电流数值较大，而在较少匝数短路、中性点附近相间短路故障时，负序电流较小。因此，电动机的负序电流随故障类型、严重程度有很大的变化。

控制高压电动机的开断、接通，有真空断路器、少油断路器、SF_6 断路器，还有熔断器一高压接触器。前者不可能出现使电动机两相运行的情况，后者则可能出现熔断器熔断一相且高压接触器未能三相联跳造成电动机两相运行的情况。

作为电动机相序反、较多匝数短路及相间短路故障的后备保护时，负序电流保护动作值较大，可取0.8～1额定电流。

作为断相保护以及匝间短路保护时，负序动作电流可取0.3～0.6额定电流，其中低值对应负载较轻时，高值对应接近额定负载时的运行方式。

作为较少匝数的短路以及中性点附近相间短路保护，负序电流的动作值较小，可按躲过正常运行时最大负序不平衡电流整定，可取0.2～0.3额定电流，动作后发告警信号或用于跳闸。

对于负序电流保护的动作时限，当采用判别区内外两相短路故障的措施时，动作时限不必与外部保护配合；当没有采取判别区内外两相短路故障的措施时，应根据外部短路故障的位置，与相应保护配合，以获得负序电流保护的选择性。

三、启动时间过长保护

电动机启动时间过长会造成电动机过热，当测量到的实际启动时间超过整定的允许启动时间时，保护动作于跳闸。

保护的动作判据为

$$t_m > t_{st,set} \tag{12-4}$$

式中　$t_{st,set}$——整定的允许启动时间，可取 $t_{st,set}=1.2t_{st,max}$，其中 $t_{st,max}$ 为实测的电动机最长的启动时间；

t_m——测量到的实际启动时间，或称为计算启动时间。

当电动机三相电流均从零发生突变时认为电动机开始启动，启动电流达到10%额定电流时开始计时，启动电流过峰值后下降到112%额定电流时停止计时，所测得的时间即为t_m值。

需要指出，t_m值与电动机负荷大小、启动时的电压高低有关，而式（12-4）中的$t_{st,set}$整定后保持不变。为使电动机启动时间过长，保护更符合实际情况，应使$t_{st,set}$随实际启动电流发生变化，注意到电动机发热与电流平方成正比，故较为合理的$t_{st,set}$应为

$$t_{st,set}=\left(\frac{I_{st,N}}{I_{st,max}}\right)^2 t_{yd} \tag{12-5}$$

式中　$I_{st,N}$——电动机的额定启动电流；

$I_{st,max}$——本次电动机启动过程中的最大启动电流；

t_{yd}——电动机的允许堵转时间。

启动时间过长保护在电动机启动完毕后自动退出。

四、堵转保护和正序过电流保护

当电动机在启动过程中或在运行中发生堵转，因为转差率$s=1$，所以电流将急剧增大，容易造成电动机烧毁事故。堵转保护采用正序电流构成，有些保护装置还引入转速开关辅助触点。堵转保护动作于跳闸。

1. 不引入转速开关辅助触点

不引入转速开关辅助触点的堵转保护，与正序过电流保护是同一保护，在电动机启动结束后自动投入，即启动时间过长保护结束后自动计算正序电流。正序电流的动作值一般取1.3～1.5倍额定电流；动作时限即允许堵转时间应躲过电动机自启动的最长启动时间，可取

$$t_{yd}=1.2t_{st,max} \tag{12-6}$$

式中　$t_{st,max}$——电动机的最长启动时间。

正序过电流保护也作为电动机的对称过负荷保护。

当电动机在启动过程中堵转时，由启动时间过长保护起堵转保护作用。

2. 引入转速开关辅助触点

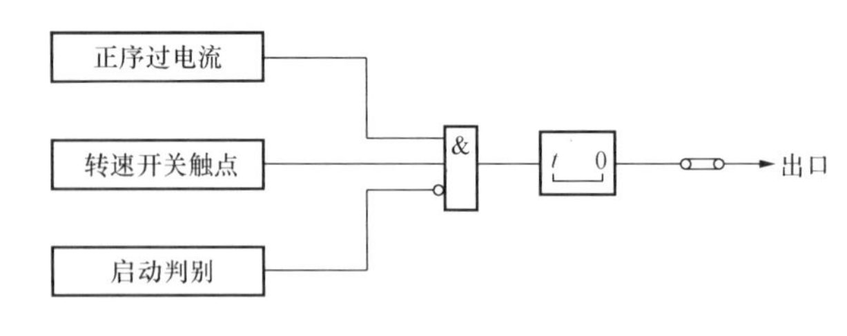

图12-3　引入转速开关辅助触点构成的电动机堵转保护逻辑框图

图12-3所示为引入转速开关辅助触点构成的电动机堵转保护逻辑框图。电动机在运行中堵转，转速开关触点闭合，构成了堵转保护动作条件之一；另一动作条件是正序（或取最大相电流）过电流。因为引入了转速开关触点，所以堵转保护的动作时间可以较短，对电动机是十分有利的。正序电流动作值可取1.5～2倍额定电流，动作时间可取启动时间。

此时的正序过电流保护可作过负荷保护用（有些保护装置不设正序过电流保护，直接采用过负荷保护），动作电流按躲过电动机的正常最大负荷电流$I_{loa,max}$整定，即（K_{rel}取1.15～1.2）

$$I_{1,\mathrm{set}} = K_{\mathrm{rel}} I_{\mathrm{loa,max}} \tag{12-7}$$

动作时限按式（12-6）整定。保护在电动机启动结束后投入，对重要电动机可作用于信号，对不重要电动机可作用于跳闸。

五、过负荷保护

电动机的过负荷保护，动作电流可按式（12-7）整定，动作时限与电动机允许的过负荷时间相配合。动作后一般发信号。有些过负荷保护设两段时限，较短时限动作于信号，较长时限可动作于跳闸。有些保护装置中，以正序过电流保护取代过负荷保护。

六、过热保护

任何原因引起定子正序电流增大、出现负序电流均会使电动机过热。过热保护有过热告警、过热跳闸、过热禁止再启动构成。图 12-4 所示为电动机过热保护逻辑框图。图中 H_{R} 是过热积累告警值，H_{T} 是过热积累跳闸值，H_{B} 是过热积累闭锁电动机再启动值，只有 $H<H_{\mathrm{B}}$电动机才能再次启动，KG1、KG2 分别为投入过热告警、过热跳闸的控制字。热复归按钮闭合时，过热积累强迫为零。电动机过热保护模型为

$$H = [I_{\mathrm{eq}}^2 - (1.05I_{2\mathrm{N}})^2]t > I_{2\mathrm{N}}^2\tau \tag{12-8}$$

$$H_{\mathrm{T}} = I_{2\mathrm{N}}^2\tau \tag{12-9}$$

$$H > H_{\mathrm{T}} \tag{12-10}$$

式中 I_{eq}——发热等效电流，$I_{\mathrm{eq}}^2 = K_1 I_1^2 + K_2 I_2^2$，$I_1$、$I_2$ 分别为正序、负序电流，K_1、K_2 为比例系数；

T——发热时间常数，由厂家提供；

H——电动机的积累过热量。

说明电动机过热积累超过允许值，所以 H_{T} 为过热积累跳闸值。通常过热积累用过热比例 h 表示，h 表示式为

$$h = H/H_{\mathrm{T}} \tag{12-11}$$

可见，$h\geqslant 1$ 时过热保护动作，电动机跳闸。

为了提示运行人员，过热比例通常在 $h=0.7\sim0.8$ 时告警，即过热积累告警值为（如 $h=0.7$）

$$H_{\mathrm{R}} = hH_{\mathrm{T}} \tag{12-12}$$

即电动机的过热积累达到 $70\%H_{\mathrm{T}}$ 时就发出过热告警信号。

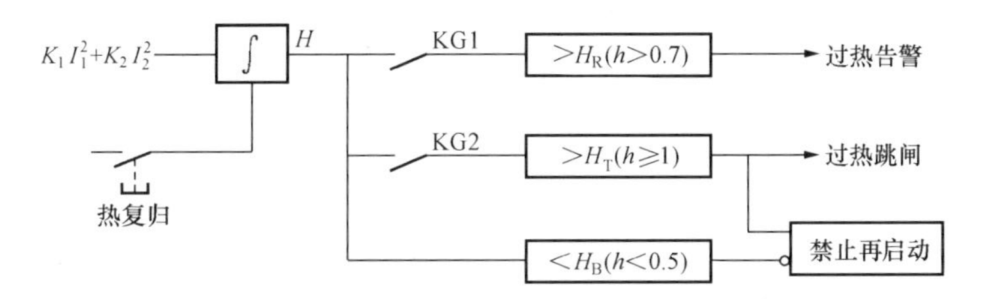

图 12-4 电动机过热保护逻辑框图

电动机被过热保护跳闸后，禁止再启动回路动作，使跳闸继电器处于动作保持状态，电

动机不能再启动。由于电动机已跳闸，故 H 值以散热时间常数 τ' 衰减，H 值逐渐减小，当减小到 H_B 值以下时，禁止再启动回路解除，电动机可以启动，当然启动时电动机过热积累不会超过允许值。通常 H_B 值取 $50\%H_T$ 即 $h=0.5$。在紧急情况下，如在 h 较高时需启动电动机，则可人为按热复归按钮，人为清除记忆的过热积累。注意，实际的过热积累是存在的，并非为零。

七、接地保护

电动机中性点不接地，而供电变压器的中性点可能不接地、经消弧线圈接地、经电阻接地。而在 380/220V 三相四线制供电网络中，供电变压器的中性点是直接接地的。

当供电变压器中性点不直接接地时，电动机可以看作一个元件（相当于一条线路），单相接地的检测与小电流接地系统的线路单相接地检测方法相同。

需要指出，当采用零序电流互感器获取零序电流时，为防止在启动电流下零序不平衡电流引起的误动，可采用最大相电流进行制动。动作特性如图 12-5 所示，动作特性表达式为

$$I_0 \geqslant I_{set}(I_{max} \leqslant 1.05I_{2N}) \tag{12-13}$$

$$I_0 > \left[1+\frac{1}{4}\left(\frac{I_{max}}{I_{2N}}-1.05\right)\right]I_{set}(I_{max} > 1.05I_{2N}) \tag{12-14}$$

式中　I_{2N}——电动机额定二次电流；

I_{set}——零序电流动作值；

I_{max}——最大相电流，$I_{max}=\max$（I_a，I_c）。

虽然引入了最大相电流的制动措施，但正常运行时并不降低接地保护的灵敏度。

对 380V 供电的电动机，因供电变压器中性点直接接地，所以电动机单相接地时，接地相电流较大，很容易检出接地故障的电动机。

当供电变压器中性点经小电阻接地时，如 6kV 系统，接地电流限制在 300A（接地电阻为 12Ω）。接地零序保护按灵敏度大于 2 整定，即可取零序保护定值为 140A，保护有较高的灵敏度。

八、低电压保护

当供电电压降低或短时中断后，为防止电动机自启动时使供电电压进一步降低，以致造成重要电动机自启动困难，所以在一些次要电动机或不需要自启动的电动机上装设低电压保护。

图 12-6 示出了低电压保护逻辑框图。可以看出，当三个相间电压均低于整定值时，保护延时动作。保护经低电流闭锁、TV 断线闭锁和断路器跳闸闭锁。

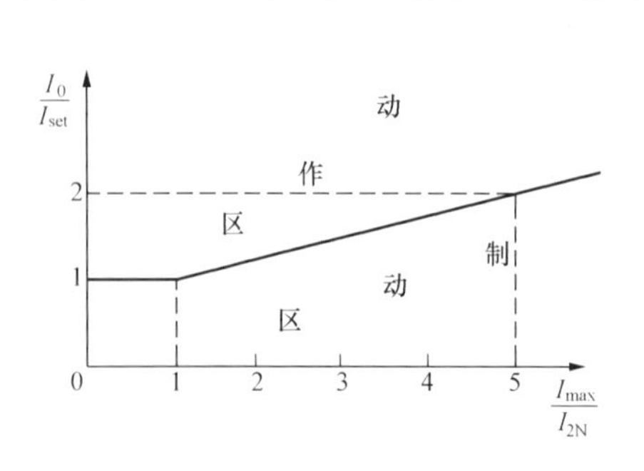

图 12-5　带最大相电流制动的接地保护特性

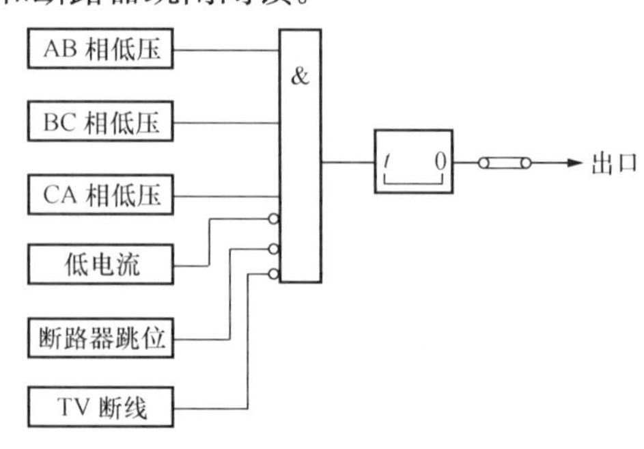

图 12-6　低电压保护逻辑框图

TV断线判据如下：

(1) 电动机三相均有电流而无负序电流，但有负序电压，其值大于8V。

(2) 无正序电压而三相均有电流。

条件(1)判为TV单相断线或两相断线，条件(2)判为TV三相断线。

需要指出，重要厂用电动机的低压保护动作时限，应躲过发电厂与系统发生振荡时的最长振荡周期。

九、过电压保护

供电电压过高时，会引起电动机铜损和铁损的增大，使电动机温升增大。为此，电动机可设有过电压保护。当三个相间电压均大于整定值时，保护经延时动作。

第三节　厂用电源的快速切换

一、概述

大容量机组均采用发电机一变压器组单元接线，厂用工作电源从发电机出口引接，而发电机出口一般又不装设断路器，为了发电机组的启动尚需设置启动电源，并将启动电源兼作备用电源。在此情况下，机组启动时，其厂用负荷需由启动备用变压器供电，待机组启动完成后，再切换至由工作电源（接至发电机出口的工作变压器）供电；而在机组正常停机（计划停机）时，停机前又要将厂用负荷母线从工作电源切换至备用电源供电，以保证安全停机。此外，在厂用工作电源发生事故（包括高压厂用工作变压器、发电机、主变压器、汽轮机等事故）而被切除时，又要求备用电源尽快自动投入。因此，厂用电源的切换在发电厂中是经常发生的。

厂用母线的工作电源由于某种故障而被切除，即母线的进线断路器跳闸后，由于连接在母线上运行的电动机的定子电流和转子电流都不会立即变为零，即母线存在残压。残压的大小和频率都随时间而降低，衰减的速度与母线上所接电动机台数、负荷大小等因素有关。另外，电动机的转速下降。失电后，电动机转速逐渐下降的过程称为惰行。电动机转速下降的快慢主要决定于负荷和机械常数。一般经0.5s后转速约降至0.85～0.95额定转速，若在此时间内投入备用电源，一般情况下，电动机能较迅速地恢复到正常稳定运行。

如果备用电源投入时间太迟，停电时间过长，电动机转速下降多，且不相同，不仅会影响电动机的自启动，而且将对机组运行工况产生严重影响。因此，厂用母线失电后，应尽快投入备用电源。另外，从减小备用电源自动投入时刻开始对参与自启动的电动机的冲击电流进行考虑，还必须分析母线残压与备用电源电压之间的相位关系。

电动机的自启动就是正常运行时，其供电母线电压突然消失或显著降低时，如果经过短时间（一般为0.5～1.5s）在其转速未下降很多或尚未停转以前，厂用母线电压又恢复到正常（比如电源故障排除或备用电源自动投入），电动机就会自行加速，恢复到正常运行。

发电厂中有许多重要设备的电动机都要参与自启动，以保障机、炉运行少受影响。因为有成批的电动机同时参与自启动，很大的电流会在厂用变压器和线路等元件中引起较大的电压降，使厂用母线电压下降很多。这样，就有可能使母线电压过低，导致一些电动机的电磁转矩小于机械阻力转矩而无法启动，还有可能因启动时间过长而引起电动机过热，甚至危及电动机的安全和寿命以及厂用系统的稳定。所以为保证自启动能够实现，根据电动机的容量和端电压或母线电压等条件做了如下措施：

（1）电动机正常启动时，各电动机错开启动时间，厂用母线最低允许值为额定电压的 80%。

（2）自启动时，厂用母线最低允许值为额定电压的 65%～70% 。

（3）限制参与自启动的电动机数量，对不重要设备的电动机加装低电压保护，延时 0.5s 断开，不参加自启动。

（4）阻力转矩为定值的重要设备的电动机，因它只能在接近额定电压下启动，也不参加自启动。对这些机械设备，电动机均可采用低电压保护。当厂用母线电压低于临界值（电动机的最大转矩下降到等于阻力转矩）时，把它们从母线上断开。这样，可改善未曾断开的重要电动机自启动条件。

（5）对重要的机械设备，应选用具有高启动转矩和允许过载倍数较大的电动机。

（6）在不得已的情况下，可切除两段母线中的一段母线，使整个机组能维持 50%负荷运行。

图 12-7 所示为厂用电简化接线图。发电机 G 通过 T1、QF5 向系统送电，厂用电 6kV Ⅰ段由高压厂用变压器 T3 供电，QF1 处合闸状态，QF2 处断开状态，6kV 备用段处于带电状态（QF6、QF4、QF3 处于合闸状态）。当 QF1 因故跳闸时，QF2 因备用电源自动投入装置（APD）动作而合闸，6kV Ⅰ段厂用电由备用电源供电。

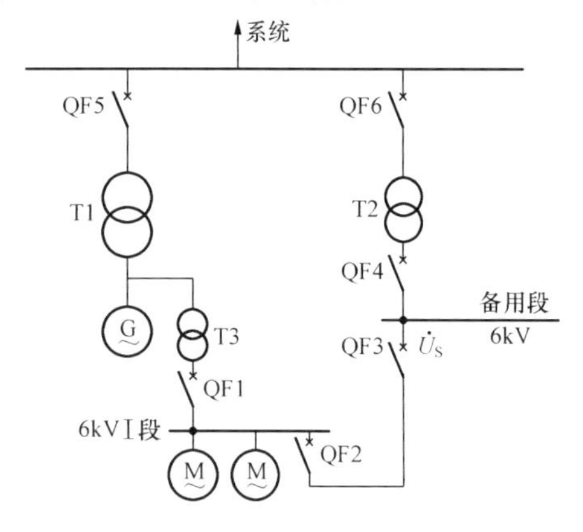

图 12-7 厂用电简化接线图

当 6kVⅠ段上具有高压大容量电动机时，注意到高压大容量异步电动机在断电后残压衰减较慢，若残压较高且 APD 又不检同期合闸，则可能造成对备用变压器和电动机的严重冲击，甚至损坏；同时过大的合闸冲击电流，有可能使备用变压器过电流保护动作，造成上述厂用电切换失败；若等到残压衰减到较小值后 APD 再动作，则由于断电时间过长，将影响厂用机械的正常运行，此外 APD 动作后，成组的异步电动机自启动，启动电流大，电动机电压难以恢复，导致自启动困难，甚至被迫停机停炉。

大机组的厂用备用电源一般接 220kV 及以上电压电网。如果厂内没有装设 500kV 与 220kV 之间的联络变压器，则厂用工作电源与备用电源之间可能有较大的电压差 ΔU 和相角 $\Delta\delta$ 差，ΔU 可以用备用变压器的有载分接开关来调节。$\Delta\delta$ 则决定于电网的潮流，是无法控制的。按照实践经验，当 $\Delta\delta<15°$时，厂用电切换造成电磁环网的冲击电流是厂用变压器所能承受的。否则，就只能改变运行方式或者采用快速自动切换。因此，为提高厂用电切换成功率，一般普通的 APD 在上述情况下难于满足要求，应采用新的切换方式。

二、异步电动机失电后的母线残压

由异步电动机的工作原理可知，异步电动机的转子电流产生的旋转磁场与定子旋转磁场同步，在定子绕组中感应电动势的频率就是供电电源频率 f_1。此时电动机的转差率为 s，电

动机的转速为 $n=(1-s)n_1$；转子电流 i_2 的频率 $f_2=sf_1$；电动机的次暂态电动势 $E''_{[0]}$ 可表示为

$$\dot{E}''_{[0]}=\dot{U}_{M[0]}-jX''\dot{I}_{M[0]} \tag{12-15}$$

式中　$\dot{E}''_{[0]}$——异步电动机断电前的次暂态电动势；

$\dot{U}_{M[0]}$——异步电动机断电前端电压；

$\dot{I}_{M[0]}$——异步电动机断电前流入电动机的电流。

设异步电动机断电前其处额定运行状态，计算表明，$E''_{[0]}$ 的幅值可达0.9。当异步电动机断电后，借助机械惯性仍处转动状态，转子电流要衰减。在这过程中，异步电动机相当于没有原动力的发电机。转子电流保持断电瞬间的频率 $s_{[0]}f_1$ 不变，但幅值以转子回路时间常数 T_f 衰减（$s_{[0]}$ 为断电瞬间的转差率），于是衰减转子电流产生的旋转磁场同样以 T_f 时间常数衰减，该旋转磁场相对转子的速率为 $s_{[0]}n_1$；另外，电动机断电后，电动机开始滑行，转速自然逐渐降低。这样，转子磁场相对定子绕组的速率 n_{fd} 为

$$n_{fd}=n+s_{[0]}n_1 \tag{12-16}$$

在断电瞬间，$n=(1-s_{[0]})n_1$，所以 $n_{fd}=n_1$，即保持同步速；而后，随着 n 的降低，n_{fd} 相应减小。因此，电动机断电后，转子磁场在定子绕组中感应的电动势角频率 ω' 为

$$\omega'=2\pi pn_{fd}=2\pi p(n+s_{[0]}n_1) \tag{12-17}$$

式中　p——电动机的极对数。

所以 ω' 随转速下降不断变化，从同步角频率 ω_1 不断变小，与同步角频率的差值越来越大。由式（12-17）明显看出，ω' 主要取决于电动机断电前的负荷大小和负荷性质。

再分析异步电动机断电后定子绕组中感应电动势幅值的变化。幅值的变化一方面取决于转子磁场的强度，另一方面取决于转子磁场相对定子绕组的速度。注意到两方面均在不断衰减以及角频率为 ω'，当以原有机端电压作参考相量时，则电动机断电后的残压 $u_{M,y}$，可表示为

$$u_{M,y}=E''_{m(0)}\sin(\omega' t-\delta_{[0]})e^{-t/T_a} \tag{12-18}$$

式中　$E''_{m(0)}$——断电前瞬间异步电动机次暂态电动势幅值；

$\delta_{[0]}$——断电前瞬间异步电动机次暂态电动势滞后机端电压的相角；

T_a——残压衰减时间常数，不仅与转子回路时间常数有关，而且也与异步电动机断电前的负荷大小、性质有关。

机端原有电压 $U_{M[0]}$ 的角频率为 ω_1，即相量 $U_{M[0]}$ 逆时针以 ω_1 角速度转动；失电后电动机残压 $U_{M,y}$ 不仅以 T_a 时间常数衰减，同时以 ω_1 角速度逆时针转动。若以 $U_{M[0]}$ 作参考即固定不动，则 $U_{M,y}$ 以 $\omega_1\sim\omega'$ 的相对角速度顺时针转动，同时以 T_a 时间常数衰减。图12-8所示为异步电动机断电后机端残压的变化轨迹。

在图12-8中，断电瞬间为时间 t 的起始点，$t=0$ 时，$U_{M,y}=E''_{[0]}$；$t=t_1$ 时，$U_{M,y}=U_{M,y1}$；$t=t_2$ 时，$U_{M,y}=U_{M,y2}$；$t=t_3$ 时，$U_{M,y}=U_{M,y3}$。可以看出，随着时间 $t\to t_1\to t_2\to t_3$，母线残压 $\dot{U}_{M,y}$ 与电源电压 $\dot{U}_{M[0]}$ 的相量差 $|\dot{U}_{M,y}-\dot{U}_{M[0]}|$ 值，由 $|\dot{E}''_{[0]}-\dot{U}_{M[0]}|\to\Delta U_1\to$

ΔU_2→最大值$U_{M,y3}+U_{M[0]}$。其中t_3时刻因$\dot{U}_{M,y}$、$\dot{U}_{M[0]}$反相，为代数和最大。此外，$\dot{U}_{M,y}$端点沿图12-8中虚线变化时，t越小$U_{M,y}$的衰减速度、转动角速度越小。注意，$U_{M,y}$的衰减时间常数、转动速度是不均匀的。

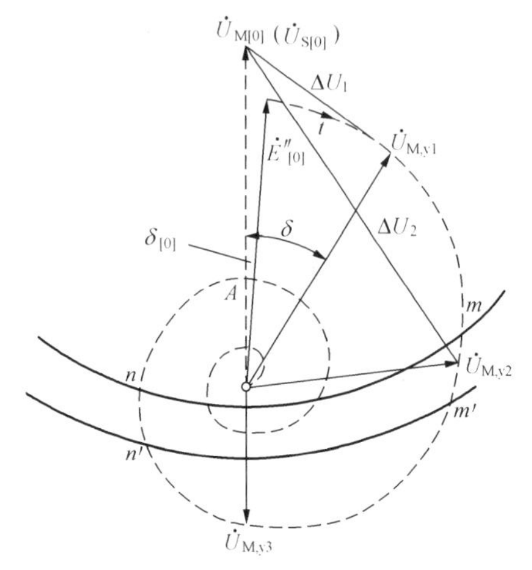

图12-8　异步电动机断电后机端残压的变化轨迹

三、备用电源投入时的冲击电流

异步电动机失电后转速n不断减小，故转差率s不断增大，由断电前的$s_{[0]}$不断增大到停转时的$s=1$。异步电动机断电滑行过程中，等值阻抗急剧减小；当转速降到$70\%n_1$时，等值阻抗已接近启动阻抗。即使APD快速动作，电动机断电时间很短，当备用电源投入时电动机的阻抗用启动阻抗或次暂态电抗代替，也会有较大的冲击电流。

设在图12-7中QF1断开后异步电动机滑行过程中QF2合闸，电动机由备用变压器T2供电，当系统看作无穷大电源系统时，电动机冲击电流可表示为（用标幺值表示）

$$\dot{I}_{imp}=\frac{\dot{U}_S-\dot{U}_{M,y}}{Z_{T2}+Z_{st}} \tag{12-19}$$

式中　$\dot{U}_S$——备用电源系统电压，与电动机正常运行时端电压$\dot{U}_{M[0]}$同相位；

Z_{st}——异步电动机启动阻抗；

Z_{T2}——备用变压器T2阻抗。

考虑到电动机断电前的电压和备用电源电压相等，即$\dot{U}_S=\dot{U}_{M[0]}$，则有

$$I_{imp}=\left|\frac{\dot{U}_{M[0]}-\dot{U}_{M,y}}{Z_{T2}+Z_{st}}\right| \tag{12-20}$$

由式（12-20）可见，当备用电源合闸时间越快，电压差$|\dot{U}_{M[0]}-\dot{U}_{M,y}|$越小，合闸冲击电流越小；反之，合闸冲击电流越大。可见，加快备用电源投入时间，可有效减小冲击电流。由允许的合闸冲击电流可确定备用电源快速投入的时间。

备用电源投入时异步电动机承受电压U_M与式（12-20）中的冲击电流大小有关。设电动机阻抗为Z_{st}（实际可视为电动机组和该母线上其他负荷的等值阻抗）、备用变压器阻抗为Z_{T2}（已归算到电动机电压侧，Z_{T2}理解为备用电源等值阻抗），则电动机承受电压U_M可表示为

$$U_M=\frac{Z_{st}}{Z_{T2}+Z_{st}}(\dot{U}_{M[0]}-\dot{U}_{M,y})=\frac{Z_{st}}{Z_{T2}+Z_{st}}\Delta U \tag{12-21}$$

为保证电动机安全启动，U_M应小于电动机的允许电压，一般设为1.1倍额定电压。

四、厂用电源的切换方式

为减小高压大容量电动机失电后备用电源投入时的冲击电流及电动机承受的电压，提高厂用电切换成功率，广泛采用厂用电快速切换装置，简称厂用电快切。厂用电快切装置可实现多种切换方式，以满足各种不同的运行要求。

一般厂用电源的快速切换，要求工作电源切除后，在母线残压与备用电源电压之间的相角差远未达到第一次反相之前合上备用电源时的相角差，可保证合上备用电源时电动机的转速下降较少，而冲击电流亦较小。

厂用电源的切换方式，除按操作控制分为手动和自动外，还可按运行状态、断路器的动作顺序、切换的速度等进行区分。

1. 按运行状态分

按运行状态分为正常切换和事故切换。

（1）正常切换。在正常运行时，由于运行的需要（如开机、停机等），厂用母线从一个电源切换到另一个电源，对切换速度没有特殊要求。可以手动也可自动，自动时采用启动按钮启动。

（2）事故切换。由于发生事故（包括单元接线中的厂用变压器、发电机、主变压器、汽轮机和锅炉等事故），厂用母线的工作电源被切除时，要求备用电源自动投入，以实现尽快安全切换。自动方式下实现事故切换，一般采用保护或低电压启动。

2. 按断路器的动作顺序分

按断路器的动作顺序分为并联切换和串联切换。

（1）并联切换。在切换期间，工作电源和备用电源是短时并联运行的（先合后断），它的优点是保证厂用电连续供给，缺点是并联期间短路容量增大，增加了断路器的断流要求。但由于并联时间很短（一般在几秒内），发生事故的几率低，所以在正常切换中被广泛采用。

（2）串联切换。其切换过程是，一个电源切除后，才允许投入另一个电源（先断后合）。在图 12-7 中，当 QF1 跳开后才发出 QF2 的合闸脉冲，这种跳闸脉冲和合闸脉冲是串联发出的，故称串联切换。一般是利用被切除电源断路器的辅助触点去接通备用电源断路器的合闸回路。因此厂用母线上出现一个断电时间，断电时间的长短与断路器的合闸速度有关。串联切换时工作母线断电时间相对长一些。

在大容量机组厂用电源的切换中，厂用电源的事故切换一般采用串联切换，在工作电源断路器跳闸后，立即联动合上备用电源断路器。这是一种快速断电切换，但实现安全快速切换的一个条件是：厂用母线上电源回路断路器必须具备快速合闸的性能，断路器的固有合闸时间一般不要超过 5 个周波（0.1s）。

3. 按切换速度分

按切换速度分为快速切换和慢速切换。

（1）快速切换。一般是指在厂用母线上的电动机反馈电压（即母线残压）与待投入电源电压的相角差还没有达到电动机允许承受的合闸冲击电流前，快速地将备用电源合上恢复供电。该切换方式工作母线失电时间很短。

由于实现快速切换的先决条件是必须具备快速动作的断路器，备用电源工作电源间同相位或相位差较小，所以不仅切换时 ΔU 小，而且产生的冲击电流小、电动机上电压不大，有利于厂用电的切换。快速切换的断路器动作顺序可以是先断后合也可以跳合闸命令同时发出，前者也称为快速断电切换，后者也称为快速同时切换。

1）快速断电切换。在这种情况下，QF1 跳闸后，尽可能快地投上 QF2 断路器。由于断路器动作快速，所以 QF2 合上时电动机转速降低很小，当然 $U_{S[0]}$ 与残压 $U_{M,y}$ 间的压差也较小，切换成功率很高。

目前 SN 型少油断路器的合闸时间均在 100～200ms 之间，为提高切换成功率，最好采用合闸时间在 40～50ms 间的真空断路器。

这种快速切换的最大优点是实施简单，但要求备用电源与工作电源同步或者具有很小的初相角差。考虑到异步电动机失电后残压 $U_{M,y}$ 总是以 $\omega_1-\omega'$ 的速度相对 $U_{M[0]}$ 相量顺时针转动并衰减，因此 $U_{S[0]}$ 滞后 $U_{M[0]}$ 的初相角差有利于厂用电的切换。

2）快速同时切换。为缩短工作母线断电时间，在切换时，将切除一个电源和投入另一个电源的命令同时发出。由于同样的断路器合闸时间较分闸时间长，在切换期间一般会有很短的断电时间（实际上仍是断电切换）。图 12-7 中，QF2 的合闸脉冲可在 QF1 跳闸脉冲发出之后（可设置如 10ms）、QF1 跳开之前发出，或两者同时发出。这样工作母线断电时间小于 QF2 的合闸时间，最短时间接近 0ms，$U_{S[0]}$ 与残压 $U_{M,y}$ 间的相角差还未拉开，冲击最小。为与前述串联切换相区别，有时也称这种方式为同时切换，实际上仍是串联切换（先断后合）。

特别强调，快速切换能否成功，关键问题是要有快速动作的断路器，特别是切换电源上的快速合闸断路器；此外，切换电源与工作电源间的初始相角差要小，不应超过 20°；故障类型、保护动作时间和其他断路器的跳闸时间对其也有一定的影响。

（2）同期捕捉切换。在这种情况下，QF1 跳闸后，快切装置检测 U_S 与 $U_{M,y}$ 间的频差大小、相角差大小，当均在设定范围内时，发出 QF2 合闸脉冲，完成厂用电的快速切换。

在图 12-8 中，$U_{M,y}$ 端点过了 m 点后的 mn 区间为不安全区域，不允许切换。过了 n 点后，当 $U_{M,y}$ 与 $U_{S[0]}$ 第一次相位重合（A 点）时，QF2 的主触头闭合，这称为同期捕捉切换。显然，图 12-8 中 A 点位置（实际有一定 δ 角，通常小于 10°）备用电源对工作母线供电，切换肯定是成功的。

这种同期捕捉切换，对压差并无特别要求，只要求在规定频差下 QF2 合闸时 δ 角接近 0°。为实现同期捕捉切换，需实时测量出 $U_{M,y}$ 与 U_S 间的频差、相角差，根据 QF2 的合闸时间，采用“导前相角”或“导前时间”原理，计算出 QF2 合闸脉冲发出的时刻。“导前相角”原理是根据同期捕捉阶段相角差变化的速度和合闸时间（合闸回路总时间），计算出合闸导前相角，当实际的相角差达到合闸导前相角、频差在设定值范围内时，即发出合闸脉冲；频差超过设定值时放弃合闸，一般频差设定值取得较大，如 2～5Hz。“导前时间”原理是根据同期捕捉阶段实时的频差、相角差，按一定的变化规律模型，计算出 $U_{M,y}$ 离图 12-8 中 A 点的时间，当该时间接近合闸回路总时间、频差不超过设定值时，发出合闸脉冲。

应当指出，同期捕捉切换一般在异步电动机失电后的 0.4～0.6s，此时工作母线电压衰减到 65%～70%额定值，电动机转速下降不是很多，当然 δ 角接近 0°。合上备用电源，冲击电流是最小的。

当断路器合闸时间较长，或备用电源与工作电源间的初始相角差较大，即不具备快速切换的条件时，异步电动机失电后失去快速切换的机会。在这些情况下，同期捕捉切换不仅可使工作母线断电时间缩短，而且可提高厂用电切换成功率。

（3）慢速切换。主要是指残压切换，即工作电源切除后，当母线残压衰减到额定电压的 20%～40%后实现的切换。因残压衰减到上述数值一般需 1～2s，故残压切换是慢速切换。

残压切换虽然能保证电动机所受的合闸冲击电流不致过大，但由于停电时间较长，对电动机自启动和机炉运行工况产生不利影响。慢速切换通常作为快速切换的后备切换方式。

最严重的情况是$U_{M,y}$与$U_{S[0]}$反相合闸，当残压为40%U_N时，由式（12-20）得到冲击电流为

$$I_{imp}=\frac{1.4U_N}{Z_{T2}+Z_{st}} \tag{12-22}$$

而启动电流为

$$I_{st}=\frac{U_N}{Z_{T2}+Z_{st}} \tag{12-23}$$

于是，冲击电流是启动电流的1.4倍，考虑到暂态冲击电流作用主要是合闸后的半个工频周期，因此冲击电流作用不危及电动机的安全。可见，残压切换对电动机不构成安全威胁，只是停电时间较长，电动机组自启动将受到影响。

由上分析可见，为保证厂用电切换的成功，可采用快速切换，同期捕捉切换和残压切换，甚至可采用变电站常用的固定延时切换。在具有快速断路器条件下，采用快速切换，在此基础上再设慢速切换、残压切换作后备。当然，采用快速切换时，备用电源和工作电源间的相角差必须合理。

另外，运行方式的变化，可能出现备用电源与工作电源间的相角差不合理，在这种情况下切换，冲击电流较大，但暂态冲击电流衰减很快，作用时间很短，不会造成对电气设备的危害。因此，为保证切换的成功，备用变压器电流速断保护可加100～200ms延时以躲过暂态电流的影响。

第十三章

同步发电机的自动并列控制

第一节　概　　述

一、电力系统并列操作

并列运行的同步发电机，其转子以相同的电角速度旋转，每个发电机转子的相对电角速度都在允许的极限值以内，这种运行方式称为同步运行。一般来说，发电机在没有并入电网前，与系统中的其他发电机是不同步的。

电力系统中的负荷是随机变化的，为保证电能质量，并满足安全和经济运行的要求，需经常将发电机投入和退出运行。把一台待投入系统的空载发电机经过必要的调节，在满足并列运行的条件下经开关操作与系统并列，这样的操作过程称为并列操作（简称同期）。在某些情况下，还要求将已解列为两部分运行的系统进行并列，同样也必须满足并列运行条件才能进行开关操作。这种操作也是并列操作，其并列操作的基本原理与发电机并列相同，但调节比较复杂，且实现的具体方式有一定的差别。图 13-1（a）表示发电机 G 通过断路器 QF 与系统进行并列操作，图 13-1（b）表示系统的两个部分 S1 和 S2 通过断路器 3QF 实现并列操作。

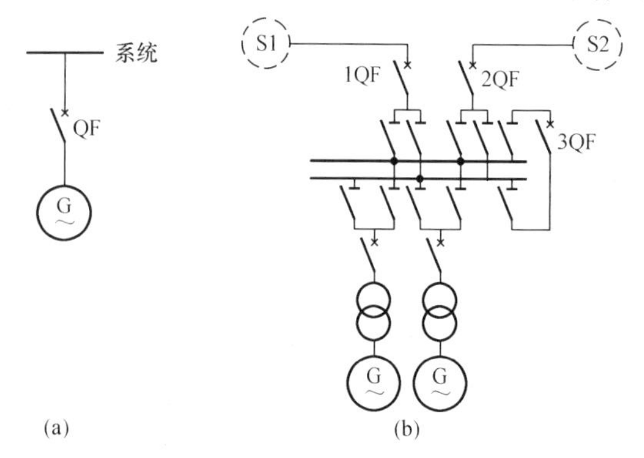

图 13-1　电力系统并列操作基本方式
（a）发电机机端并列；（b）系统两个部分并列

电力系统这两种基本并列操作中，以同步发电机的并列操作最为频繁和常见，如操作不当或误操作，将产生极大的冲击电流，损坏发电机，引起系统电压波动，甚至导致系统振荡，破坏系统稳定运行。采用自动准同期并列装置进行并列操作，不仅能减轻运行人员的劳动强度，也能提高系统运行的可靠性和稳定性。

二、发电厂的同期点

在发电厂内，安装有很多的断路器，凡可以进行并列操作的断路器，都可作为发电厂的同期点。通常发电机的出口断路器都是同期点，见图 13-1（a）；发电机—变压器组用高压侧断路器作为同期点，见图 13-1（b）；双绕组变压器用低压侧断路器作为同期点；母联断路器、旁路断路器都应设为同期点。同期点的设置要考虑系统、发电厂、变电站在各种运行方式下操作得灵活方便，也应具体考虑并列操作过程中调节的可行性。

电力系统中可以并列操作的同期点按并列的特征不同，可分为差频并网和同频并网两类。差频并网的特征是：在并网之前，同期点断路器两侧是没有电气联系的两个独立的系统，它们在并列前是不同步的，存在频率差、电压差。由于频率的不同，使得两电源之间的相角差也不断地变化。在进行并列操作时需要满足电压、频率、相位三个条件。例如在发电厂将同步发电机投入系统参与并列运行，或在变电站内将已完全解列的两个系统连接起来均为差频并网。

同频并网的特征是：并列前同期点断路器两侧电源已存在电气联系，电压可能不同，但频率相同，且存在一个固定的相角差。如图 13-1（b）中，若电源 S1 和 S2 为两个已有联络的系统，再通过断路器 3QF 并列（合环）。在开环点两侧的电压数值不相同，但频率相同，而且两电压间存在一个相角差。这个相角差实质上是正在运行线路等值电路的功角，其数值取决于并列前两个电源间连接电路的电抗和传输的有功功率值，传输功率越大、线路阻抗越大，相角差越大。因此，同频并网主要应考虑相角条件的限制。

三、同步发电机并列操作的方法

在电力系统中，并列方法主要有准同期并列和自同期并列两种。

(1) 准同步并列。先给待并发电机加励磁，使发电机建立起电压，调整发电机的电压和频率，在接近同步条件时，合上并列断路器，将发电机并入电网。若整个过程是人工完成的，称为手动准同期并列；若是自动进行的，称为自动准同期并列。

准同期并列的优点是并列时产生的冲击电流较小，不会使系统电压降低，并列后容易拉入同步，因而在系统中广泛使用。

(2) 自同期并列。自同期并列的操作是将未加励磁电流的发电机的转速升到接近额定转速，首先投入断路器，然后立即合上断路器供给励磁电流，随即将发电机拉入同步。

自同期并列方式的主要优点是操作简单、速度快，在系统发生故障、频率波动较大时，发电机组仍能并列操作并迅速投入电网运行，可避免故障扩大，有利于处理系统事故，但因合闸瞬间发电机定子吸收大量无功功率，导致合闸瞬间系统电压下降较多。

因此，GB 14285—2006《继电保护和安全自动装置技术规程》规定“在正常运行情况下，同步发电机的并列应采用准同期方式；在故障情况下，水轮发电机可以采用自同期方式”。本章重点讨论同步发电机的准同期并列。

四、准同期并列条件分析

并列操作是发电厂的一项主要的操作内容。因为断路器的两端均有电源，电压一般并不相等，因此必须进行某些调整，使符合同期的条件，以便顺利地把发电机并入电网同步运行。

通过安装于母线上的电压互感器和发电机机端的电压互感器，可以得到电网电压和发电机端电压，即同期断路器两侧的电压。通过比较，判断是否符合并列条件，若符合条件，则进行发电机并入电网的断路器合闸操作，即进行同期并列；若条件不满足，则需要进行调整。

1. 准同期并列的理想条件

准同期并列的等值电路见图 13-2（c）。并列前，QF 断路器两侧电压分别为：

$$u_S = U_{mS}\sin(\omega_S t + \varphi_S) \text{ 和 } u_G = U_{mG}\sin(\omega_G t + \varphi_G) \tag{13-1}$$

式中　u_S、U_{mS}、ω_S、φ_S——分别为系统电压、电压幅值、角频率、相角；

u_G、U_{mG}、ω_G、φ_G——分别为发电机电压、电压幅值、角频率、相角。

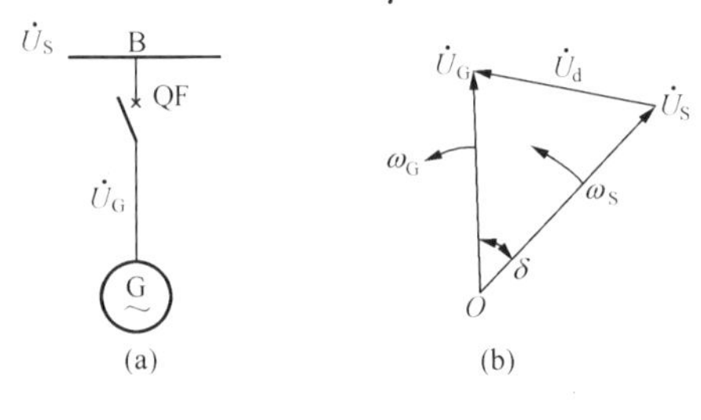

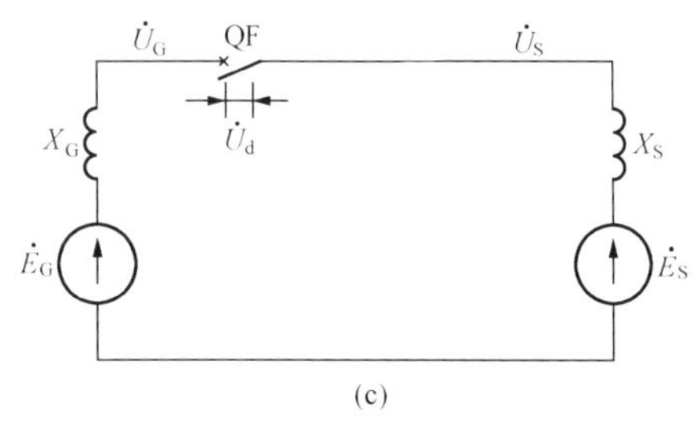

图 13-2　准同期并列

（a）电路示意；（b）相量图；（c）等值电路图

在发电机—变压器组接线方式中，变压器接线方式一般采用 Yd 接线，发电机机端电压量测量可经相位校正，使其可与系统电压量测量进行对比。

一个正弦交流量可由三个参数表达：电压幅值 U_m；角频率 ω；初相角 φ。若系统电压和发电机机端电压各自的三个状态参数对应符合下列条件：

$$U_{mS} = U_{mG} \quad \text{（即电压幅值相等）}$$

$$\omega_S = \omega_G \text{ 或 } f_S = f_G \quad \text{（即频率相等）}$$

$$\varphi_S = \varphi_G \text{ 或 } \delta = \varphi_G - \varphi_S = 0 \quad \text{（即相角差为零）} \tag{13-2}$$

则称为两侧电压处于同步状态，若并列断路器 QF 动静触头此时闭合，由于是等电位状态，断路器中将没有冲击电流，对系统和发电机不产生任何扰动，发电机平稳并入系统。上述断路器两侧电压相量完全相等的条件称为准同期并列的理想条件。

由于调节误差、器件惯性等因素的存在，自动准同期并列装置不可能把两侧电压调整为三个条件同时满足。实际上，QF 动静触头闭合时两侧电压由于幅值不等或有相位差，电压差不为 0，会有冲击电流。

2. 并列断路器两侧电压的分析

同步发电机组并列时遵循如下的原则：

（1）并列断路器合闸时，发电机的冲击电流应尽可能小，瞬时最大值一般不超过 1～2 倍的额定电流。

（2）发电机组并入电网后，应能迅速进入同步运行状态，暂态过程要短，减小对电力系统的扰动。

假设两侧电压的三个参数均不相等，电压差瞬时值 u_d 为

$$u_d = u_G - u_S = U_{mG}\sin(\omega_G t + \varphi_{0G}) - U_{mS}\sin(\omega_S t + \varphi_{0S}) \tag{13-3}$$

$$\dot{U}_d = \dot{U}_G - \dot{U}_S \tag{13-4}$$

式中　U_d——脉动电压。

脉动电压波形图见图 13-3（b）。

应用三角公式可求得 U_d 的值为

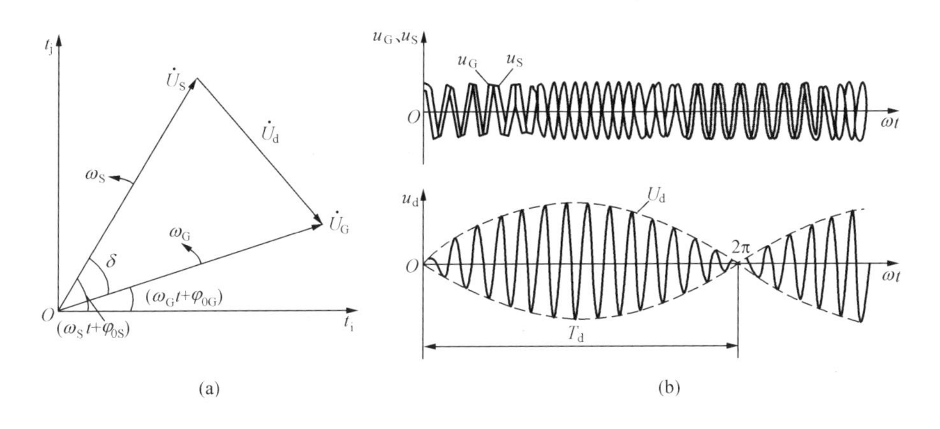

图 13-3　脉动电压

(a) 相量图；(b) 波形图

$$U_d = \sqrt{U_{mG}^2 + U_{mS}^2 - 2U_{mG}U_{mS}\cos\omega_d t} \tag{13-5}$$

式中　ω_d——滑差角频率，$\omega_d=\omega_G-\omega_S$。

取 u_d 的波形包络线见图 13-4。

当 $\omega_d t=0$ 时，$U_d=|U_{mG}-U_{mS}|$ 为两侧电压幅值之差；

当 $\omega_d t=\pi$ 时，$U_d=|U_{mG}+U_{mS}|$ 为两侧电压幅值之和。

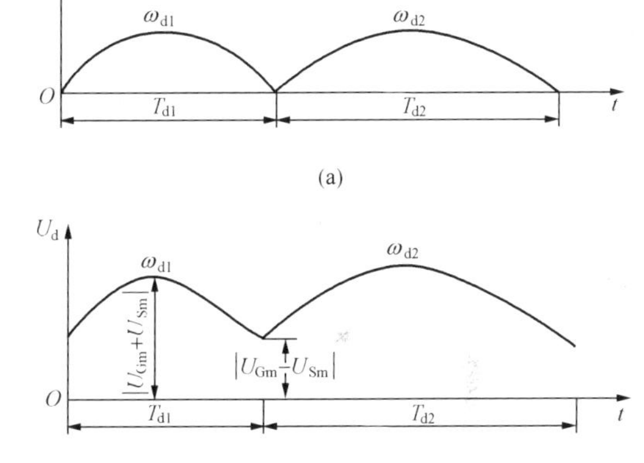

图 13-4　脉动电压波形图

(a) $U_G=U_S$ 时的脉动电压波形；

(b) $U_G\neq U_S$ 时的脉动电压波形

从波形图 13-3、图 13-4 中可以看出，u_d 仍然为正弦波，但其幅值 U_d 是脉动的，故称为脉动电压。U_d 呈周期性变化，变化周期 T_d 称为脉动周期，T_d 与滑差角频率 ω_d 有关，即

$$T_d = \frac{2\pi}{\omega_d} \tag{13-6}$$

滑差角频率 ω_d 与滑差频率 $f_d=f_G-f_S$ 的关系为

$$\omega_d = 2\pi f_d \tag{13-7}$$

在脉动电压 U_d 波形中载有实现准同期并列所需的信息：电压幅值差、角频率差及相位差随时间周期变化的规律，因此对两侧电压量的量测可为自动准同期并列装置提供并列条件的信息和合适的合闸控制信号发出时机。

3. 准同期并列的实际允许条件分析

由于发电机和系统均有一定的抗冲击能力，允许有一定的偏差范围存在，因此，稍偏离理想条件的并列在工程实用上是合理的。下面分析偏离理想条件并列时引起的后果。

待并入电网的发电机已启动，转速升至接近电网同步速，转子已加入励磁，并且发电机端电压为 $\dot{U}_G$，电压幅值接近电网电压。并列断路器合闸之前，两侧电压一般不相等，需要对发电机的励磁和转速进行调整，使符合准同期并列条件，然后在合适的时候发出断路器合

闸命令。准同期并列的等值电路见图 13-2（c）。

当在满足准同期并列条件情况下，断路器动静触头闭合时，冲击电流的大小和性质取决于合闸瞬间的 $\dot{U}_{d}$ 值、发电机参数和电网参数。要求断路器合闸瞬间的 $\dot{U}_{d}$ 值尽量小，以减小对发电机的电动力冲击。应该使冲击电流小于发电机允许的最大电流，并且 ω_{d} 也应得到控制，希望能够在断路器合闸后，发电机在尽量短的时间内进入与电网同步运行状态。若能做到 $\dot{U}_{d}=0$，则冲击电流将为零，而 ω_{d} 很小时，发电机能够以经过短时过渡过程，平稳实现同步运行，基本不产生对电网的任何扰动。

根据发电机所能承受的最大电流 $i''_{imp,m}$，并且考虑断路器合闸后发电机能迅速拉入同步运行，从工程角度上忽略次要因素，分析准同期并列的实际允许条件。

（1）电压幅值差允许值 $(\Delta U)_{set}$。

设并列时 $\omega_{G}=\omega_{S}$，$\delta=\delta_{G}-\delta_{S}=0$，$\Delta U=U_{G}-U_{S}\neq 0$。

设 $i''_{imp,m}$ 为发电机允许冲击电流，由 $\dot{U}_{d}$ 产生的冲击电流有效值为

$$\dot{I}''_{imp}=\frac{\dot{U}_{G}-\dot{U}_{S}}{jX''_{d}+jX_{S}} \tag{13-8}$$

式中　X''_{d}——发电机次暂态电抗；

X_{S}——系统等值电抗。

则合闸冲击电流为

$$i''_{imp,m}=1.8\sqrt{2}I''_{imp} \tag{13-9}$$

要求该冲击电流小于发电机允许冲击电流值，可导出电压幅值差允许值为

$$(\Delta U)_{set}\leqslant\frac{i''_{imp,m}(X''_{d}+X_{S})}{2.55} \tag{13-10}$$

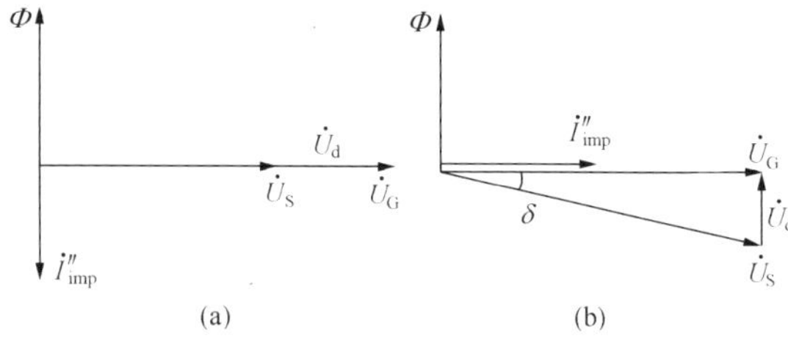

图 13-5　准同期条件分析

（a）$\delta=0$，$U_{G}\neq U_{S}$ 时的相量图；

（b）$U_{G}=U_{S}$，$\delta\neq 0$ 时的相量图

由相量图 13-5（a）可见由电压幅值差引起的冲击电流主要为无功分量，发电机电压高于系统电压，则发电机输出无功功率，反之则发电机从系统吸取无功功率。冲击电流一般限制为 1～2 倍额定电流。相应电压差不超过 5%～10%U_{N}。

（2）合闸相角差允许值 δ_{set}。

设并列时 $\omega_{G}=\omega_{S}$，$\Delta U=U_{G}-U_{S}=0$，$\delta=\delta_{G}-\delta_{S}\neq 0$。

发电机为空载，$U_{G}=E''_{q}$，由相量图 13-5（b）可见合闸时的冲击电流有效值为

$$I''_{imp}=\frac{2E''_{q}}{X''_{q}+X_{S}}\sin\frac{\delta}{2} \tag{13-11}$$

最大瞬时值（冲击值）为

$$i''_{imp,m}=1.8\times\sqrt{2}\,\frac{2E''_{q}}{X''_{q}+X_{S}}\sin\frac{\delta}{2} \tag{13-12}$$

要求其小于发电机允许冲击电流，可导出 δ 允许值 δ_{set} 为

$$\delta_{set} \leqslant 2\arcsin \frac{i''_{imp,m}(X''_q + X_S)}{1.8\sqrt{2} \times 2E''_q} \tag{13-13}$$

δ 控制为较小，合闸相角差冲击电流主要为有功电流分量，见图 13-5（b），并列后发电机与电网即有有功功率的交换，若 $\delta_G > \delta_S$，发电机超前电网，机组立即输出有功功率（发电机状态），反之则从电网吸收有功功率（电动机状态），对机组和电网均产生冲击。从发电机并列时系统对有功功率和无功功率的需求看，选择发电机电压稍高于系统电压和相位稍超前于系统电压是合适的。

（3）滑差角频率允许值 $\omega_{d,set}$。

讨论滑差角频率 ω_d 允许值的主要目的是分析并列后的过渡过程。

设并列时 $\omega_G \neq \omega_S$（$f_G \neq f_S$），$U_G = U_S = U$。

根据图 13-3（a）相量图，及式（13-3）可得断路器两侧电压差为

$$\begin{aligned} u_d &= \sqrt{2}U[\sin(\omega_G t + \varphi_G) - \sin(\omega_S t + \varphi_S)] \\ &= 2U\sin\left(\frac{\omega_G - \omega_S}{2}t\right)\cos\left(\frac{\omega_G + \omega_S}{2}t\right) \\ &= U_d\cos\left(\frac{\omega_G + \omega_S}{2}t\right) \\ &\approx U_d\cos\omega_G t \end{aligned} \tag{13-14}$$

其中脉动电压为

$$U_d = 2U\sin\left(\frac{\omega_G - \omega_S}{2}t\right) = 2U\sin\frac{\omega_d t}{2} = 2U\sin\frac{\delta}{2} \tag{13-15}$$

电压差 u_d 仍为频率接近于工频的交流电压，其幅值即脉动电压 U_d 随时间变化而周期变化，见图 13-4（a）。当 $\omega_G > \omega_S$ 时，$\omega_d > 0$；δ 从 $0 \to \pi/2 \to \pi \to 3/2\pi \to 2\pi$，$U_d$ 值从 0 变到最大值又变为 0。

发电机并列要求电压差小，以使冲击电流尽可能小。此外，若滑差角频率 ω_d 较大将经历较长的过渡过程，严重时甚至失步，造成并列失败。

综上所述，准同期并列的实际允许条件可表示为：

（1）允许电压差：$\Delta U = U_G - U_S <（\Delta U)_{set} \approx（5\% \sim 10\%）U_N$。

（2）允许滑差角频率：$\omega_d = \omega_G - \omega_S < \omega_{d,set}$，或 $\Delta f = f_G - f_S <（\Delta f)_{set} \approx（0.2\% \sim 0.5\%）f_N$。

（3）允许相角差：$\delta = \delta_G - \delta_S < \delta_{set} \approx 10°$。

第二节　同步发电机自动并列的原理

一、准同期并列的控制逻辑分区

由上一节分析可知待并断路器两侧在合闸前为脉动电压，把脉动电压一个周期从控制逻辑上共分三个区域，见图 13-6（a）。

（1）电压差、频率差调整区。δ 从 $0 \sim \pi$ 区间，当电压差或频率差高于允许值时，进行差值方向判别，并进行电压或频率的调整。

（2）电压差、频率差判别区。δ 从 $\pi \sim 2\pi$ 之前的区间，对电压差和频率差是否低于允许

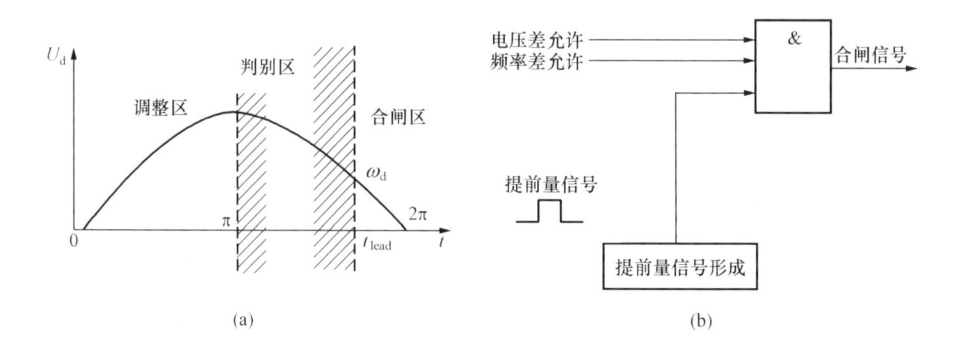

图 13-6　准同期并列控制逻辑分区制

(a) 合闸信号控制逻辑；(b) 合闸控制时间配合

值进行检测，若两差值均低于允许值则逻辑允许开放合闸脉冲作用，若任一差值高于允许值，则对合闸脉冲进行闭锁。

(3) 合闸区。在脉动电压 δ 到达 2π 前产生合闸脉冲，若逻辑允许合闸，则向断路器合闸回路发出合闸脉冲。若逻辑不允许合闸，则合闸脉冲将被闭锁，断路器不会合闸。见图 13-6 (a)。

二、自动准同期并列装置的概述

1. 自动准同期并列装置的构成及功能

图 13-7 所示为典型自动准同期并列装置的构成原理图，由图可见，自动准同期并列装置主要由频率差控制单元、电压差控制单元、合闸信号控制单元和电源部分组成。其中频率差控制单元的任务是自动检测 $\dot{U}_G$ 与 $\dot{U}_S$ 间的滑差角频率，且自动调节发电机转速，使发电机的频率接近于系统频率。各控制部分的作用分述如下：

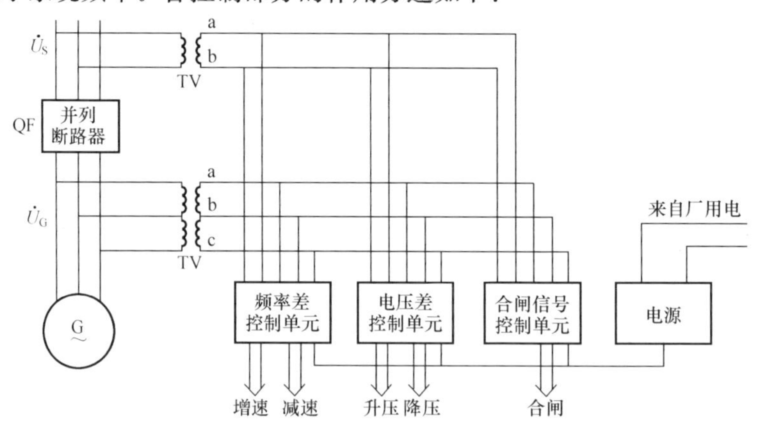

图 13-7　自动准同期并列装置的构成原理图

(1) 频率差控制单元。检测 $\dot{U}_G$ 与 $\dot{U}_S$ 间的滑差角速度 ω_d，若 $\omega_G<\omega_S$，发电机转速过低，则发出增速脉冲；若 $\omega_G>\omega_S$，发电机转速过高，则发出减速脉冲，调节转速，使发电机电压的频率接近于系统频率。

(2) 电压控制单元。检测 $\dot{U}_G$ 与 $\dot{U}_S$ 间的电压差，若 $U_G<U_S$，发电机电压过低，则发出增加励磁信号；若 $U_G>U_S$，发电机电压过高，则发出减少励磁信号，调节电压 U_G 使它与

U_S 的差值小于允许值。

（3）合闸信号控制单元。选择合适的时机，即在相角差 δ=零（2π）的时刻之前，提前一个量发出合闸信号。若频率和电压都满足并列条件，则合闸信号回路开放，控制断路器合闸。

2. 自动准同期并列合闸信号

在准同期并列控制中，断路器的合闸信号并不是在 δ=零（2π）时发出的，原因是控制单元发出合闸信号后，该信号需要放大，以能够驱动断路器的操动机构，信号会有延迟，而断路器的操动机构在收到合闸信号后，机械操动机构动作使断路器动静触头闭合同样会有时间延迟，即断路器存在固有的合闸时间。

在准同期并列操作中，合闸信号控制单元是自动准同期并列装置的核心部件，其控制原则是当频率和电压都满足并列条件的情况下，在 $\dot{U}_G$ 与 $\dot{U}_S$ 重合之前发出合闸信号。以达到在 $\dot{U}_G$ 与 $\dot{U}_S$ 两相量重合（$\delta=2\pi$）时断路器动静触头正好闭合。两电压相量重合之前的信号称为提前量信号。按提前量的不同，自动准同期并列装置可分为恒定越前相角和恒定越前时间两种原理。

（1）恒定越前相角准同期并列。在 δ 到达 0（2π）之前的恒定角度 δ_{lead} 发出合闸信号。不同的频率差（ω_d）情况下，提前的角度相同。

自动准同期并列装置有信号输出动作时间 t_c，断路器有合闸固有时间 t_{QF}，通常令 $t_{lead}=t_c+t_{QF}$。若取 $\omega_{d2}=\omega_{d,set}=\delta_{lead}/t_{lead}$ 时，合闸相位差为 0，称为最佳滑差角频率。当 ω_d 不等于 $\omega_{d,set}$ 时，ω_{d1} 较大，经 t_{QF} 时间合闸在 $\delta=0$ 之后；ω_{d3} 较小，合闸在 $\delta=0$ 之前，见图 13-8。一般情况下合闸时均有相位差存在，即会产生一定的冲击电流。

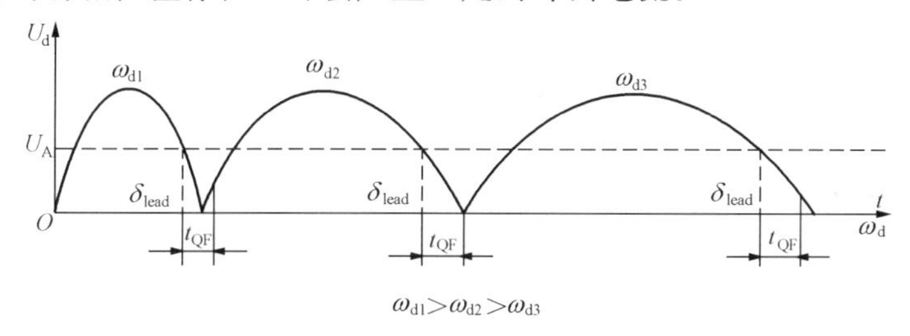

图 13-8　恒定越前相角准同期并列

（2）恒定越前时间准同期并列。在 δ 到达 0（2π）之前恒定时间 t_{lead} 发出合闸信号，不同的频率差（ω_d）情况下，提前的角度是变化的（$\delta_{lead,1}>\delta_{lead,2}>\delta_{lead,3}$）。取 t_{lead} 与合闸回路固有时间 t_c+t_{QF} 相同，见图 13-9。理论上，合闸时正好 $\delta=0$，无冲击电流，因此恒定越前时间准同期并列为目前广泛应用的方法。

$$t_{lead}=t_c+t_{QF} \tag{13-16}$$

式中　t_c——自动准同期并列装置的动作时间；

t_{QF}——并列断路器的合闸时间；

t_{lead}——恒定越前时间，对应的 $\delta_{lead}=\omega_d t_{lead}$ 随 ω_d 变化，成正比关系。

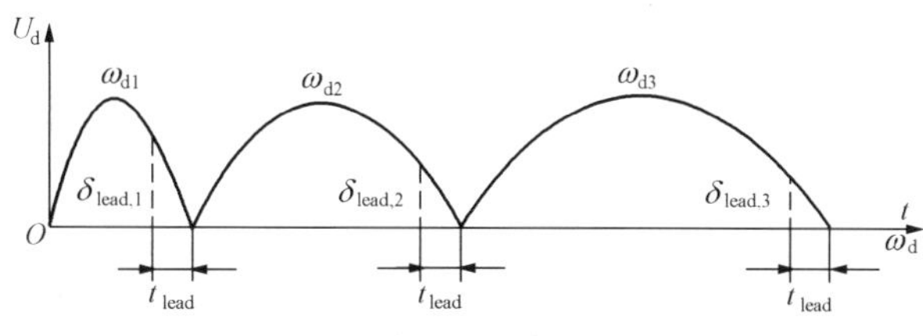

图 13-9　恒定越前时间准同期并列

3. 恒定越前时间自动准同期的并列控制过程

在恒定越前时间到达前完成电压差检测、频率差检测，通过计算机计算电压差 $\Delta U=U_G-U_S$，计算 $\Delta f=f_G-f_s$，判别是否满足合闸条件。若满足，开放合闸脉冲。若不满足，闭锁合闸脉冲，根据 ΔU、Δf 的正负可判别电压及频率调整方向，并发出相应的调整信号。

合闸信号控制单元在每个脉动周期中，在 δ 到达 2π 前，即恒定越前时间到达时，产生一个合闸脉冲信号，但该合闸信号是否起作用，取决于通道是否处于开放状态，即并列电压、频率条件满足，则通道未被闭锁，将驱动断路器合闸，经 t_{lead}时间，断路器动静触头闭合，发电机并入电网；若并列电压、频率条件不满足，则通道被闭锁，进入下一脉动周期，进行调整。

第三节　自动准同期并列装置的原理

一、数字式自动准同期并列装置的构成

1. 硬件构成原理

数字式（微机）自动准同期并列装置功能性原理框图如图 13-10 所示。主要由同期电压输入回路、CPU 系统、开关量输入回路、开关量输出回路、定值输入及显示、通信及 GPS 对时、调试模块等组成。

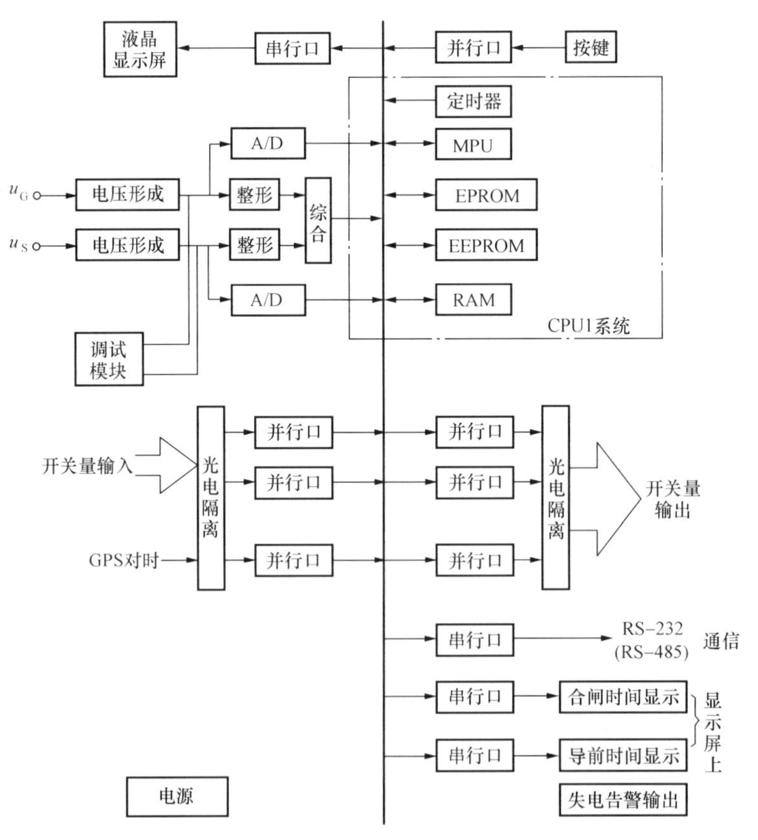

图 13-10　数字式自动准同期并列装置功能性原理框图

（1）同期电压输入回路。由电压形成、同期电压变换组成。同期电压经隔离、变换及有关抗干扰回路变换成较低的适合工作的电压；再经整形电路、A/D变换电路，将同期电压的幅值、相位变换成数字量，供CPU系统识别，以便CPU系统判断同期条件。

（2）CPU系统。CPU系统主要有定时器、MPU、EPROM、RAM、EEPROM等。其中RAM（随机存取存储器）存放采集数据、计算中间结果、标志字、事件信息等内容；EPROM（只读存储器）存放自动准同期并列装置程序；EEPROM（只读存储器）存放自动准同期并列装置同期对象的定值以及一些重要参数等；MPU（微处理器）执行存放在EPROM中的程序，对存放在RAM中的数据进行分析处理，完成自动准同期并列装置的功能。

（3）开关量输入回路。输入开关量有同期对象选择、启动及启动次数控制、合闸允许、同期复位、并列断路器辅助触点和无电压同期。

一个自动准同期并列装置在通常情况下可以实现对不同并列点的断路器准同期并列，但在同一时间内只能对其中一个断路器进行准同期并列，同期对象的选择就由相应的开关量输入实现。当选定某一并列对象后，自动准同期并列装置自动选取这一同期对象的设置参数，以设置的参数为依据完成准同期并列。

自动准同期并列装置输入启动开入量后，自动准同期并列装置就可进行工作。启动次数开入量可使自动准同期并列装置实现单次启动和多次启动，单次启动就是自动准同期并列装置发出合闸脉冲命令后（自动准同期并列装置已完成自动准同期并列工作）需再次启动自动准同期并列装置才能重新工作；多次启动在自动准同期并列装置发出合闸脉冲命令后可自行启动进入工作状态，不断重复。合闸允许开入量使自动准同期并列装置发出合闸命令完成同期并列。但合闸允许开入量一经输入，自动准同期并列装置多次启动自动解除，避免自动准同期并列装置发出合闸命令后并列断路器因机械故障不能合闸而引发事故的扩大。一般情况下，自动准同期并列装置加电启动后进入多次启动状态，以观察自动准同期并列装置是否完好、工作是否正常；确认正常后，自动准同期并列装置可在不断电的状态下通过合闸允许开入量，开放合闸出口，完成同期并列工作。

自动准同期并列装置启动工作后，如因故需退出工作，则通过同期复位开入量实现。并列断路器辅助触点开入量可用来测量并列断路器的合闸时间，作为设定导前时间的依据。

当同期对象为线路型且需要并列点一侧无电压或两侧无电压时，自动准同期并列装置也能工作，此时通过无电压同期开入量即可实现；当同期对象为机组型时，通过无电压同期开入量也能实现一侧无电压的并列合闸。若无电压同期开入量“没有”输入，则自动准同期并列装置认为并列点两侧有电压同期，当因故出现一侧或两侧失电压时（如电压二次回路断线），自动准同期并列装置立即停止工作，发出告警信号并显示失电压侧电压过低的信息。

（4）开关量输出回路。输出开关量有调速脉冲、调压脉冲、合闸出口1、合闸出口2、装置告警、装置失电等。

当频差不满足要求时，通过开出量发出调速脉冲（有时要得到调速系统发出的允许信号后才能发出调速脉冲），发电机频率高时发减速脉冲，发电机频率低时发增速脉冲，直到频差满足要求为止（频差过小要发增速脉冲）。

当压差不满足要求时，通过开出量发出调压脉冲，发电机电压高发降压脉冲，发电机电压低发升压脉冲，直到压差满足要求为止。

合闸出口1（或称为试验出口）、合闸出口2均可输出合闸脉冲命令，只是合闸出口2只有在合闸允许开入量作用下才能发出合闸脉冲命令。一般情况下，合闸出口1作自动准同期并列装置试验出口用，合闸出口2作并列断路器合闸用。当然，如果合闸允许开入量一直接入，则两个合闸出口并无差别。

自动准同期并列装置或同期系统异常时，自动准同期并列装置有开出量输出，告知运行人员，此时自动准同期并列装置自动闭锁，同时在显示屏上告知具体的告警信息。自动准同期并列装置告警并非一定是自动准同期并列装置发生了故障，很多情况下是同期系统有异常情况，如同期超时，同期电压过高或过低、自动准同期并列装置发出调速脉冲后在一定时间内发电机频率没有变化、自动准同期并列装置发出调压脉冲后在一定时间内发电机电压没有变化、对象选择开入量重选等。此时，若告警原因的异常情况消除后，则重新启动后自动准同期并列装置仍照常工作。如果告警内容显示同期电压过低，当同期电压恢复正常值后，则可重新启动进入工作状态。如果重新启动后仍然告警，可以判断自动准同期并列装置发生了故障，故障内容可从显示屏上查看。

自动准同期并列装置工作电源消失，有失电告警输出，告知工作电源发生故障。

此外，自动准同期并列装置检测到同期电压很低时，说明该侧无电压，通过开出量指示该侧处失电压状态，运行人员结合其他信息，决定是否进入无电压同期状态；同期对象为线路型时，有时并列点两侧频率相同但相角差较大，造成无法同期的状况，此时有相角差大的开出量输出，运行人员可调整运行方式或调整功率分配，减小相角差，致使自动准同期并列装置能自动完成并列工作。

（5）定值输入及显示。自动准同期并列装置每个同期对象的定值输入可通过面板上按键实现，或者通过面板上的专用串口由便携计算机输入实现。前者可通过按键修改定值，后者按键不能修改定值，只能查看定值，这可防止其他工作人员修改定值。定值一经输入不受自动准同期并列装置掉电的影响。显示屏除可以显示每个同期对象的定值参数外，还可显示同期过程中的实时信息、装置告警时的具体内容、每次同期时的同期信息等。

在显示屏上可查看定值情况以及定值是否有变化；在同期过程中，显示屏上可显示同期实时信息，如同期电压值、频率值、相角差等实时信息；发出告警时，显示屏上显示告警的具体信息；同期成功或失败，均在显示屏上显示具体内容。此外，还显示同期成功时并列断路器的实际合闸时间以及导前时间脉冲到同期点的实际时间。

（6）通信及GPS对时。自动准同期并列装置在工作过程中，通过自动准同期并列装置上的通信口（RS-485或RS-232）将同期实时信息传送到监控计算机上（通过视频转换器，还可传送到DCS系统画面上）。显示的实时信息有实时同步表（反映实时δ角）、增速或减速、升压或降压、系统侧电压和频率、待并侧电压和频率、合闸脉冲发出情况等。如装置告警，则显示告警的具体信息。

GPS对时，可使自动准同期并列装置内部时钟与系统时钟同步，在自动准同期并列装置显示屏上或传送的同期实时信息中显示具体的时间。

（7）调试模块。自动准同期并列装置内设调试模块，提供两路变频、变幅的模拟量同期电压，可在任何时候对自动准同期并列装置进行试验。当试验开关置“试验”位置时，可对自动准同期并列装置进行升压、降压、增速、减速试验；当两路同期电压调节得频率相同时，可以进行移相，对自动准同期并列装置合环并网角进行试验；两路同期电压满足同期条件时，自动准同期并列装置会自动发出合闸脉冲。试验时同期过程中的实时信息，与真实同期完全相同，通过通信口可上传，在自动准同期并列装置上也同时显示。

试验模块的设置可及时发现自动准同期并列装置的问题，不影响下次同期并列工作。

处于试验位置时，自动准同期并列装置出口自动断开，以免发出不必要的调速、调压、合闸命令。

至于试验时自动准同期并列装置是否正常，在面板上根据发出的指示灯信息完全可判断出来。

试验完毕，应将试验开关置“运行”状态 ，实际上调试模块处于不工作状态。

需要说明，发电机的同期并列是一个重要操作，因此自动准同期并列装置在工作时要求有高度的安全性，通常采用双 CPU 联合工作。自动准同期并列装置的出口应是 CPU1、CPU2 两个独立系统出口回路串联组成。这种双 CPU 工作方式可大幅度地提高自动准同期并列装置工作的安全性。

2. 功能性主程序原理框图

图 13-11 示出了典型数字式自动准同期并列装置的主程序框图。同期未启动时，数字式自动准同期并列装置工作于自检、数据采集的循环中，当某一元件发生故障或程序出现了问题，数字式自动准同期并列装置立即发出告警，并闭锁数字式自动准同期并列装置工作。数字式自动准同期并列装置启动后，如果同期对象为机组，则对机组进行调压、调频，当压差、频差满足要求时，发出导前时间脉冲，命令并列断路器合闸，合闸后在显示屏上显示同期成功时的同期信息；如果同期对象为线路，则不发调压、调速脉冲，在压差、频差满足要求的情况下（如同频，则合环角应在设定的角度内），进行捕捉（等待）同期合闸，完成同期并列。

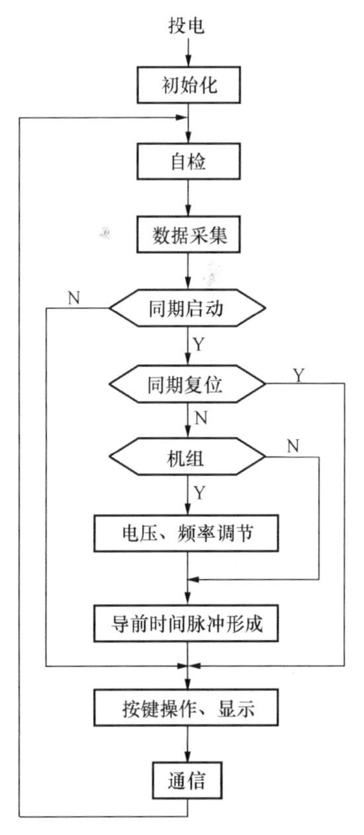

图 13-11　数字式自动准同期并列装置的主程序框图

在同期过程中，如果出现同期电压参数越限、调压或调速脉冲发出后在一定时间内调压机构或调速机构不响应等情况，则闭锁数字式自动准同期并列装置并同时发出告警信号；数字式自动准同期并列装置启动后，若因故要退出数字式自动准同期并列装置工作，则只要输入复位信号即可。

3. 数字式准同期并列装置并列方式的选择

数字式准同期并列装置一般允许采用自动准同期并列方式、半自动准同期并列方式和手动准同期并列方式。

（1）自动准同期并列方式。在选定所需并列的断路器后，数字式准同期并列装置将采集所需信息，自动判断合闸条件是否满足，在条件不满足时自动发出调整信号。在条件满足时，寻找最佳时间实现断路器合闸。

(2) 半自动准同期并列方式。选择半自动准同期并列方式时，其判断和调整均由数字式准同期并列装置自动进行，若条件满足。则合闸允许指示灯亮，由操作人员通过键盘下发合闸指令。

(3) 手动准同期并列方式。选择手动准同期并列方式时，将由操作人员对并列过程进行操作控制。数字式准同期并列装置显示断路器两侧电压与频率，并设置有两侧电压相位差指示表（即同期表）。当电压差不允许时，数字式准同期并列装置指示“电压差闭锁”；当频率差不满足时，数字式准同期并列装置指示“频率差闭锁”，由操作人员根据指示进行相关调整。当调整后条件得到满足，则“闭锁”指示灯灭，操作人员根据相位差指示表指示的相位差变化趋势及是否接近 2π，选择一个提前量，下发合闸指令。手动准同期并列装置基本上也能将同期点断路器的合闸时间控制在一定的范围之内，但存在较大误差。

二、自动准同期并列装置并列参数的测量

1. 频率检测

要求在恒定越前时间到达前完成频率差检测，判别是否满足合闸条件。数字测频方法为：把交流电压降压隔离后，转换为方波，再经二分频，其正脉冲宽度即为原电压的周期。频率测量原理框图见图 13-12。

设计数脉冲频率为 f_c，并由方波脉冲上升沿启动计数，由方波脉冲下降沿停止计数，得到一个周期内对应的计数脉冲个数为 N，则所测交流电周期及频率为

$$T=\frac{1}{f_c}N \tag{13-17}$$

$$f=\frac{f_c}{N} \tag{13-18}$$

2. 相角差 $\delta(t)$ 检测

测量断路器两侧电压相角差的原理电路见图 13-13。

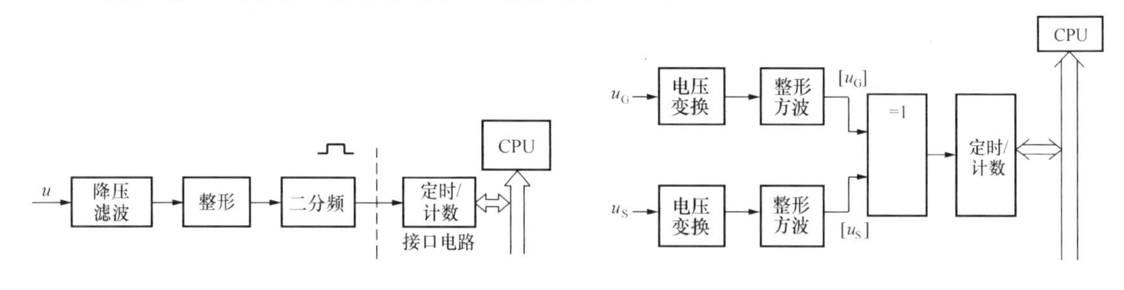

图 13-12 频率测量原理框图

图 13-13 相角差测量原理电路

断路器两侧电压通过电压变换成检测设备能接受的较小电压，并实现电磁隔离；经零电平检测器取正弦波正半周整形为方波；将对应断路器两侧电压的两个方波接入异或门，根据异或门逻辑，相同出“0”，相异出“1”，取得的输出方波宽度即为断路器两侧电压相位差；从图 13-14 中波形可见，δ 从 0 逐渐增大至 π，然后逐渐减小到 0。

由于采用微机化控制，因此需要将 δ_i 数值化。把对应相角差 δ 的矩形波接入一可控计数器，计数器计数脉冲 f_c。波形上升沿开始计数，下降沿停止计数，得到时间 τ（对应计数

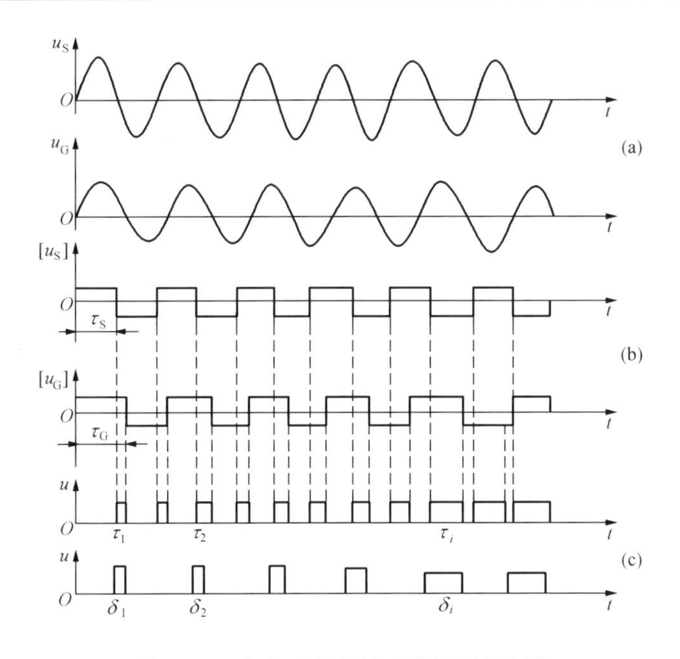

图 13-14　相角差测量波形分析原理电路

(a) u_S、u_G 波形；(b) u_S、u_G 对应的方波；(c) 对应相角差 δ 的矩形波

值 N)，由定时/计数器可取得对应相角差 δ 的数字量。见图 13-15。

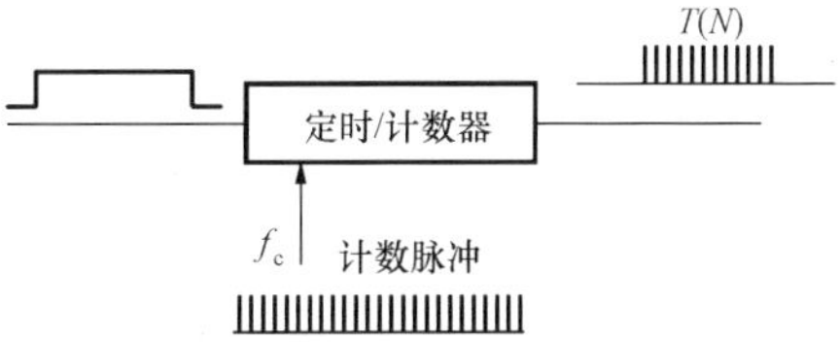

$$\delta_i = \frac{\tau_i}{\tau_S}\pi = \frac{N_i}{N_S}\pi \qquad (13\text{-}19)$$

式中　N_S——对应系统电压半个周期的数字量；

　　N_i——对应电压相角差 δ_i 的数字量。

T(N)
定时/计数器
f_c
计数脉冲

图 13-15　相位差数字转换

分析 δ_i 的变化过程，并把 δ_i 从 0 逐渐增大至 π，然后逐渐减小到 0 的变化转换成从 0 逐渐增大至 2π 的数值计算公式如下

$$\delta_i = \frac{\tau_i}{\tau_S}\pi = \frac{N_i}{N_S}\pi(\tau_i \geqslant \tau_{i-1})$$

$$\delta_i = \left(2\pi - \frac{\tau_i}{\tau_S}\pi\right) = \left(2 - \frac{N_i}{N_S}\right)\pi(\tau_i < \tau_{i-1}) \qquad (13\text{-}20)$$

$\delta(t)$的变化轨迹见图 13-16，包括 ω_d 恒定不变及 ω_d 等速变化两种典型值。

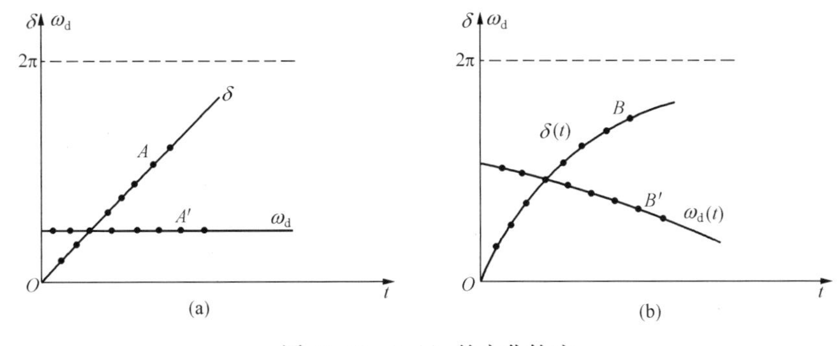

图 13-16　δ (t) 的变化轨迹

(a) ω_d 恒定不变；(b) ω_d 等速变化

三、自动准同期并列装置并列控制与调整

1. 电压差与调整

电压测量可采用傅里叶算法或半周积分算法计算对应电压有效值，有效值 $\Delta U=U_G-U_S$ 对应的数字量（ΔU）$_D$。判别是否满足合闸条件 $\Delta U \leqslant (\Delta U)_{set}$，若满足，开放合闸脉冲，若不满足，闭锁合闸脉冲。

根据（ΔU）$_D$ 的正负可判别电压差调整方向，并发出调整信号。若（ΔU）$_D>0$ 判断为发电机电压 U_G 高于系统电压 U_S，若（ΔU）$_D<0$ 判断为发电机电压 U_G 低于系统电压 U_S。

图 13-17 示出了电压调节程序示意框图。按 PID 调节规律根据压差大小 ΔU 形成调压脉冲宽度 t_U，调压脉冲经开出电路通过继电器触点输出，作用于发电机的自动调节励磁装置，改变自动调节励磁装置的目标电压，通过自动调节励磁装置的调节，使压差快速进入设定范围。

2. 频率差与调整

频率测量用计数器测量周期的方法测 f_G、f_S 对应的 T_G、T_S 及对应计数值 N_G、N_S。判别频率差 $\Delta f=f_G-f_S$ 是否满足合闸条件。若满足 $\Delta f \leqslant (\Delta f)_{set}$ 判断，开放合闸脉冲。若不满足，闭锁合闸脉冲。

根据其正负可判别频差调整方向，并发出调整信号。若 $N_G \leqslant N_S$，判断为 $f_G \geqslant f_S$；若 $N_G \geqslant N_S$，判断为 $f_G \leqslant f_S$。

图 13-18 示出了频率调节程序示意框图。按 PID 调节规律根据频差大小 Δf 形成调频脉冲宽度 t_f，由图可知，只有在频差不满足要求情况下才对发电机进行调频。当频差满足要求但频差甚小（图中示出的是 0.05Hz）时也发出增速脉冲，以加快并列过程。调速脉冲经开出电路通过继电器触点作用于调速回路实现调速。

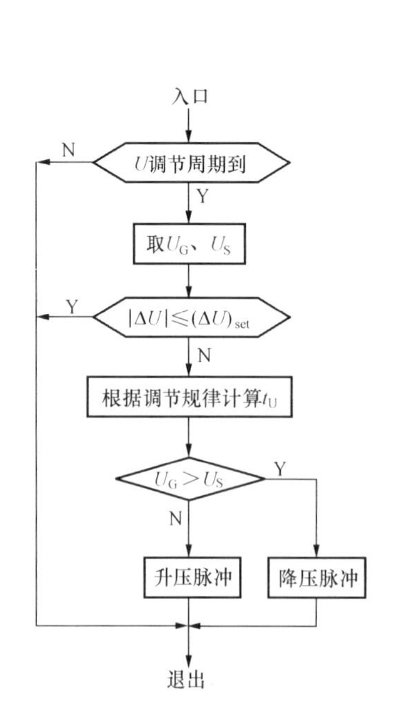

图 13-17　电压调节程序示意框图

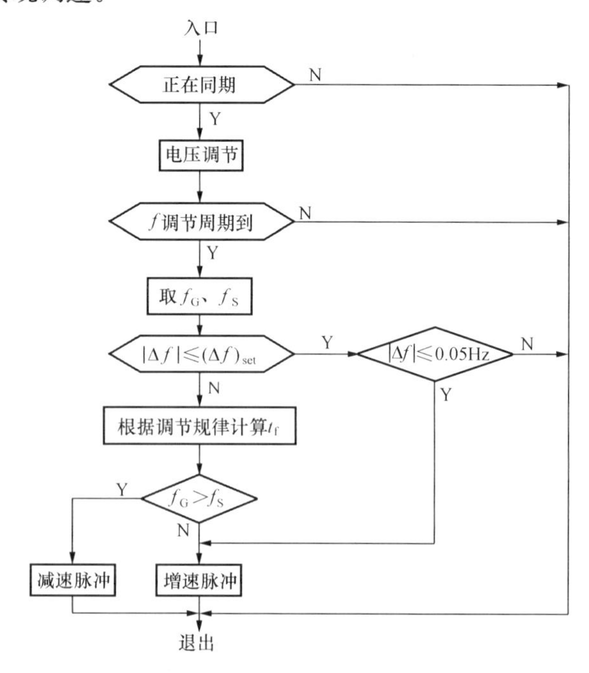

图 13-18　频率调节程序示意框图

3. 恒定越前时间合闸脉冲

根据恒定越前时间 $t_{lead}=t_{DC}$ 计算理想的导前合闸相角 δ_{lead}（可以计及 δ 含有加速度的情况）

$$\delta_{lead}=\omega_{di}t_{DC}+\frac{1}{2}\times\frac{\Delta\omega_{di}}{\Delta t}t_{DC}^{2} \tag{13-21}$$

式中　δ_{lead}——超前于 360°点的一个导前合闸相角；

ω_{di}——滑差角频率；

t_{DC}——发合闸信号到断路器触头闭合所经历的时间；

$\Delta\omega_{di}/\Delta t$——滑差角加速度。

计算点的滑差角速度为

$$\omega_{di}=\frac{\Delta\delta_{i}}{\Delta t}=\frac{\delta_{i}-\delta_{i-1}}{2\tau_{s}} \tag{13-22}$$

式中　δ_i 和 δ_{i-1}——分别是计算点 i 和上一个计算点 $i-1$ 的角度值；

$2\tau_s$——两计算点的时间间隔。

由于两相邻计算点的 ω_d 变化甚微，因此 $\Delta\omega_{di}$ 一般可经若干计算点后才算一次，所以 $\Delta\omega_{di}/\Delta t$ 可表示为

$$\frac{\Delta\omega_{di}}{\Delta t}=\frac{\omega_{di}-\omega_{di-n}}{2\tau_{S}n} \tag{13-23}$$

式中　ω_{di} 和 ω_{di-n}——分别为计算点 i 和前 n 个计算点 $i-n$ 的 ω_d 计算值。

根据式（13-21）可以求出最佳的导前合闸相角 δ_{lead} 值，该值与本计算点的相角 δ_i 按式（13-14）进行比较，若

$$|(2\pi-\delta_{i})-\delta_{lead}|\leqslant\varepsilon \tag{13-24}$$

式中　ε——计算允许误差。

则立刻发出合闸命令。

若不符合条件，不发合闸命令。如果

$$|(2\pi-\delta_{i})-\delta_{lead}|>\varepsilon\text{ 且}(2\pi-\delta_{i})>\delta_{lead} \tag{13-25}$$

则继续进行下一点计算，直到逐渐逼近符合式（13-24）为止。

4. 准同期并列合闸控制流程

在并列操作中，满足并列条件后才允许发出合闸指令，为了防止运行的波动性，电压差、频率差采用定时中断约 20ms 计算一次，因此，并列条件在实时监视之中，以确保并列操作的安全性。Δf、ΔU 只要有一项越限，程序就不进入恒定越前时间发合闸信号的计算 。

设电压、频率都具有自动调节功能或其中一项具有自动调节功能，如频率、电压检测越限，就由频差调整、电压差调整按设定好的调整系数和预定调节准则，输出调节控制信号进行调节，促使其满足并列条件。图 13-19 所示为并列条件检测、合闸控制程序的原理框图。

对于没有电压或频率自动调节功能（合环并网）的自动准同期并列装置，则输出 U_G（或 f_G）与 U_S（或 f_S）间差值的显示信息，供运行操作参考，以利于并列条件尽快实现。

如果 Δf、ΔU 都小于设定限值，运行工况已满足并列条件，则可捕捉最佳并列合闸时机。

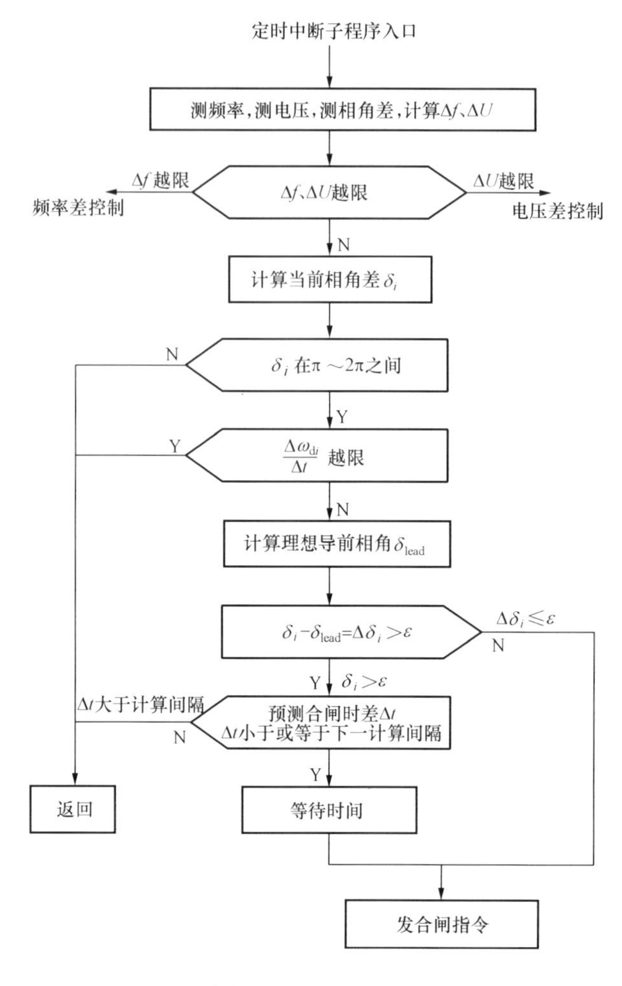

图 13-19 并列条件检测、合闸控制程序的原理框图

首先进行当前相角差 δ 计算，以了解当前并列点间脉动电压 U_d 的状况，δ 是否处于 $\pi\sim2\pi$ 区间。因为恒定越前时间 t_{lead} 一般限定在两相量间相角差逐渐减小区段。因此，如果 δ 的值是在 $0\sim\pi$ 之间，则是相角差 δ 逐渐增大区间，不能作恒定越前时间 t_{lead} 最佳导前相角（δ_{lead}）计算。

如果 δ 是在 $\pi\sim2\pi$ 区间，则要设法捕捉到最佳导前相角时刻，发出合闸指令。如一旦错过这一时机，就得等待到下一个脉动周期才能发出合闸指令，导致合闸延迟，特别是要求快速并网时，能争取几秒钟也可能是对电网的巨大贡献。式（13-21）为恒定越前时间对应最佳导前相角 δ_{lead} 的计算式，式中计及了角加速度，即滑差变化率。如果角加速度过大，不仅表明转速不稳定，还说明转轴的驱动能量较大，合闸后，其暂态过程严重，甚之失步，所以需设置限值加以限制，力求并列后能顺利进入同步运行。在加速度小于设定值条件下，式（13-21）计算得到的 δ_{lead} 与当前的 δ_i 作比较，如果式（13-24）成立，则立刻发合闸脉冲。

如果差值大于 ε，则进行预测合闸时间差 Δt 计算，如大于下一个计算点的间隔，则返回，待下一个计算点重新计算。如果 Δt 小于或等于下一计算点时间，那么就延迟 Δt，发出并列合闸指令，见图 13-19 合闸控制流程。由图可见导前时间脉冲应在 $180°<\delta<360°$，即满足条件 $N_i<N_{i-1}$；角加速度不越限；压差满足要求，即 $|\Delta U|\leqslant(\Delta U)_{set}$；频差满足要求，即 $|\Delta f|\leqslant(\Delta f)_{set}$ 的条件下形成。导前时间脉冲就是同期并列的合闸脉冲命令。

四、准同期控制输出回路接线

在发电厂或网控室、变电站中，一般情况下具有较多并列点，为简化同期接线，可用一个（或两个）自动准同期并列装置来实现并列操作。

数字式自动准同期并列装置一般可实现多对象同期，即可以实现多并列点的准同期并列，但在同一时间内只能对一个并列点进行准同期并列。在自动准同期并列装置内部每个同期对象的整定参数是分别设置的，按同期对象的选择信号自动提取。因此，输入自动准同期并列装置的同期对象选择信号与并列点数是相等的，两者一一对应。自动准同期并列装置的同期对象数不应小于实际的并列点数。

如果并列点数为 N，则同期电压原则上有 $2N$ 个（如有 10 个并列点则同期电压有 20 个），而自动准同期并列装置只有两路同期电压输入，因此输入自动准同期并列装置的两路同期电压应根据对象选择信号自动切换；与此同时，自动准同期并列装置发出的调速脉冲、调压脉冲、合闸脉冲命令也应根据对象选择信号自动切换。

要实现一个自动准同期并列装置多并列点准同期并列，上述自动切换过程是必须的，并且一定要安全可靠。因各并列点的同期电压取自不同电压互感器的二次侧，决不允许不同电压互感器二次侧有短接现象发生。所以要求对象选择信号取消时，同期电压自动退出，不允许有两个及以上对象选择信号输入；即使输入了两个及以上信号，第二对象选择信号应无效，同时发出重选对象选择的信号。以下简要介绍多对象同期接线的手动切换方式。

手动切换是采用同期开关 SS（TK）对同期电压、调速和调压、合闸命令实现切换的，图 13-20 示出了多对象同期手动切换的接线图。同期开关手柄带锁，只配有一把钥匙，当操作某一同期开关时，可用这把钥匙操作；若要操作另一同期开关，则只有将这把钥匙取出（该同期开关断开）后才能操作。保证任何时候只能有一个同期开关可操作，满足了切换要求。

图 13-20（a）示出了同期电压切换电路。操作某一同期开关 SS（图中示出了十个并列点），将该并列点的同期电压接入自动准同期并列装置，与此同时也通过该同期开关接点选择该同期对象，自动准同期并列装置中提取该同期对象的整定参数进行准同期并列（如果该同期对象为线路，则调速继电器 K1 和 K2、调压继电器 K3 和 K4 不动作）。图 13-20（b）示出了同期对象为机组时的调速（调压）出口电路，同样也是通过相应同期开关切换，调压出口电路与此相同。

图 13-20（c）示出了合闸命令切换回路。M721（1THM）、M722（2THM）、M723（3THM）为合闸小母线，+KM 和−KM 为控制断路器合闸电源母线，SSM1（1STK）为手动准同期转换开关，KY（TJJ）为同期检定继电器，SSM（STK）为解除手动准同期闭锁开关，SB 为手动准同期操作合闸按钮，SSA1（DTK）为自动准同期投、切开关，KCO（HJ）为自动准同期并列装置 ASA（ZTQ）输出的合闸继电器，QF1 为并列断路器常闭辅助触点，KM1 为并列断路器的合闸接触器。当操作某同期开关手动准同期并列时，通过操作 SSM1 开关（SSA1 开关处于断开状态），投入同期表和同期检定继电器 KY，当同期检定继电器 KY 的动断触点闭合、操作人员观察同期表判断同期条件已满足时，按下合闸按钮 SB，该并列断路器合闸接触器通电，通过 SSM1、KY、SB、SS1、KM1 令断路器合闸，此时相角差 δ 不会偏离 0°很多，断路器合闸后，断路器动断辅助触点 QF 断开，切断合闸接触器线圈电流，回路中无电流。并列完成后，退出 SSM1 开关，退出同期开关。如果并列点一侧无电压，则 KY 动断触点不可能闭合，为使并列工作（即无电压同期）顺利进行，应将 SSM 投入，解除 KY 闭锁（合闸后要及时退出）。

当自动准同期并列时，切换 SSM1 开关，投入 SSA1 开关（自动准同期并列装置投入，SSA1 开关不在试验位置），自动准同期并列装置启动 ASA 正常，投入相应并列点同期开关。当满足同期条件时，合闸出口继电器 KCO 动作，通过 SSM1、SSA1、KCO、SS1、KM1 令断路器并列合闸，合闸过程与手动准同期相同，只是 KCO 触点取代了手动按钮 SB 的操作。

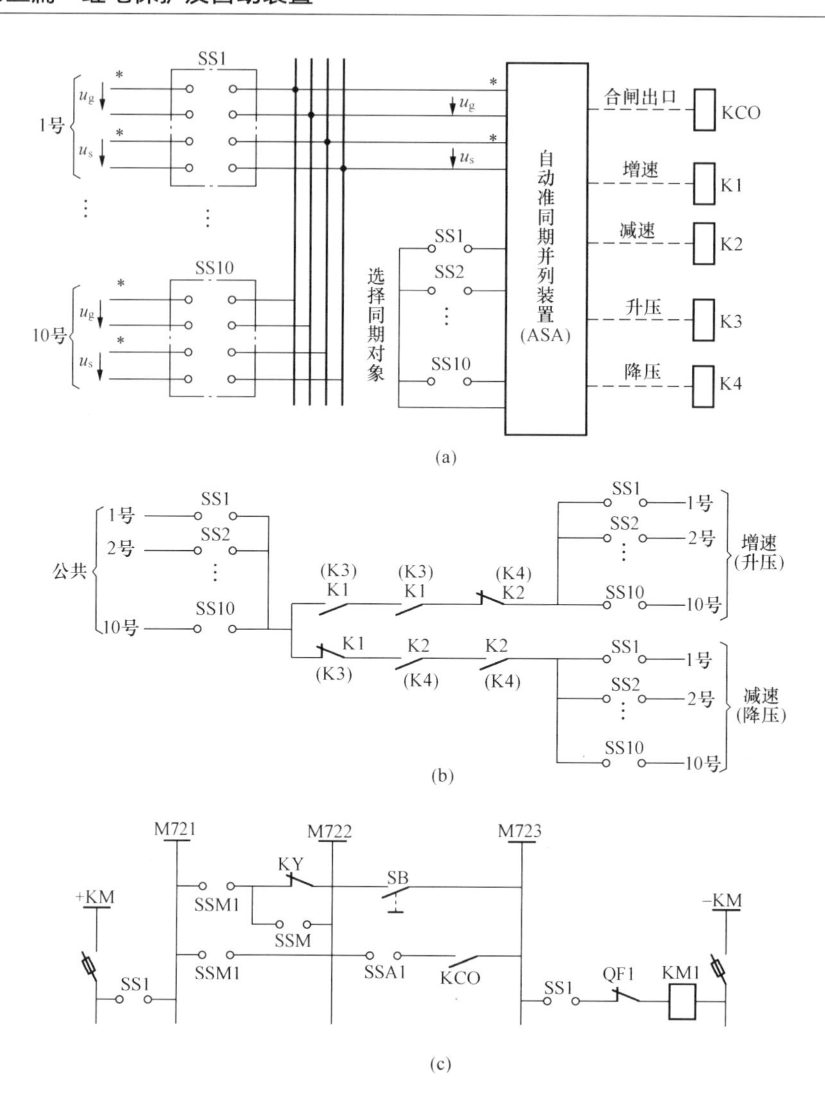

图 13-20　多对象同期手动切换的电路接线图

(a) 同期电压切换电路；(b) 调速、调压切换电路；

(c) 合闸命令切换电路

第十四章

同步发电机的励磁控制

第一节　同步发电机励磁系统

一、概述

同步发电机通入直流电流的转子绕组在汽轮机拖动下高速旋转时，将在定子对称三相绕组中感生三相电动势。由于负荷特性的功率需求，同步发电机向系统（负荷）输出分为两部分，从发电机输出电流来看，与发电机端电压同相的称为电流的有功分量，该分量与电压构成发电机输出的有功功率；与发电机端电压相差90°的称为电流的无功分量，该分量与电压构成发电机输出的无功功率。同步发电机是电力系统中最重要的无功功率电源。

要实现同步发电机将机械功率转化为电磁功率输出，必须有提供直流励磁电流的励磁功率单元。励磁功率单元的容量约为同步发电机的0.2%～0.6%，额定电压为400～2000V。

同步发电机的励磁功率单元作为发电机的专用可控的直流电源，应具有高度的可靠性、足够的调节容量以及一定的强励倍数和励磁电压响应速度等特点。同步发电机的励磁功率单元目前主要是自励整流供电和交流励磁机经整流供电两种方式。

早期励磁功率单元曾经采用直流励磁机励磁系统作为励磁功率单元，容量小于450kW。当前600、1000MW机组，作为励磁功率单元在形式上只有交流励磁机励磁系统和静止励磁系统（自励）。

二、交流励磁机励磁系统

交流励磁机励磁系统的特征是由交流励磁机提供励磁功率，经整流成直流电流后输入同步发电机转子绕组。从整流器的安排上可以分成静止整流和旋转整流两种方式。

1. 他励交流励磁机静止整流器励磁系统

他励交流励磁机静止整流器励磁系统的励磁机由两部分构成：主交流励磁机和副交流励磁机，见图14-1。两励磁机的转子轴与同步发电机主轴连接，以相同转速旋转。

主交流励磁机采用他励形式，即其自身需要的励磁功率是由副交流励磁机提供的；而副交流励磁机采用自励形式（也可采用永磁机），即其自身需要的励磁功率是由副交流励磁机机端取得。

主交流励磁机和副交流励磁机输出的三相交流电压经整流器整流成直流电流，分别输入同步发电机转子绕组和主交流励磁机转子绕组。发电机励磁的调节通过控制副交流励磁机晶闸管整流器以调节励磁机励磁电流来实现。

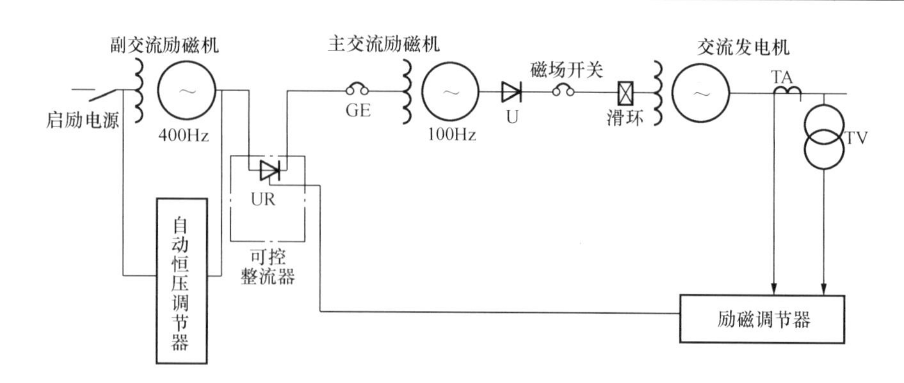

图 14-1　他励交流励磁机静止整流器励磁系统

由于发电机转子是高速旋转的，将直流电流送入旋转的发电机转子中的方法是采用电刷，将其紧贴在转子绕组的滑环上，提供直流电流通路。该种方法需经常更换被磨损的电刷，需采取有效的防电火花措施。这在当前大量使用氢气进行机组冷却方式下尤为重要。

为减少整流后直流电压中含有的纹波及提高效率，主交流励磁机和副交流励磁机增加磁极对数，所输出的三相交流电的频率分别为 100Hz 和 400Hz。

2. 交流励磁机旋转整流器励磁系统（无刷励磁）

为解决将直流电流送入旋转的发电机转子中的问题，产生了旋转整流的方式。方案是将主交流励磁机改为主磁场固定不动（定子），而把励磁机交流绕组跟随同步发电机的主轴同速旋转，并在主交流励磁机交流绕组（旋转的）与同步发电机的转子之间安装整流器，该整流器与发电机大轴固定并同步旋转，主交流励磁机交流绕组所产生的三相电压经整流器变成直流电压，无转速差地加在同步发电机的转子绕组上，无需电刷的静止→旋转传递，这种方式不需要电刷，故也称为无刷励磁。副交流励磁机采用永磁发电机，不需要启动电源，励磁系统见图 14-2。发电机励磁的调节仍是通过控制副交流励磁机晶闸管整流器以调节励磁机励磁电流来实现的。

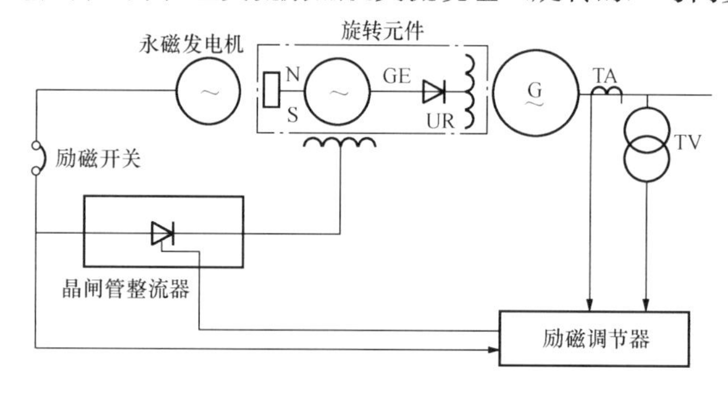

图 14-2　交流励磁机无刷励磁系统原理图

该方式也是目前百万机组的典型励磁方式之一。采用无刷励磁方式解决了电刷问题，有以下特点：

（1）无炭刷和滑环，维护工作量可大为减少。

（2）发电机励磁由励磁机独立供电，供电可靠性高。并且由于无刷，整个励磁系统可靠性更高。

（3）发电机励磁控制是通过调节交流励磁机的励磁来实现的，因而励磁系统的响应速度较慢。为提高其响应速度，除前述励磁机转子采用叠片结构外，还采用减小绕组电感、取消极面阻尼绕组等措施。另外，在发电机励磁控制策略上还采取相应措施——增加励磁机励磁绕组顶值电压，引入转子电压深度负反馈以减小励磁机的等值时间常数。

（4）发电机转子及其励磁电路都随轴旋转，因此在转子回路中不能接入灭磁设备，发电机转子回路无法实现直接灭磁，也无法实现对励磁系统的常规检测（如转子电流、电压，转子绝缘，熔断器熔断信号等），必须采用特殊的测试方法。

（5）要求旋转整流器、快速熔断器等有良好的机械性能，能承受高速旋转的离心力。

（6）因为没有接触部件的磨损，所以也就没有炭粉和铜末引起的对发电机绕组的污染，故发电机的绝缘寿命较长。

三、静止励磁系统

静止励磁系统（发电机自并励系统）中发电机的励磁电源不用励磁机，而由机端励磁变压器供给整流装置。这类励磁装置采用大功率晶闸管元件，可直接调节发电机励磁电流，由于没有转动部分，故称为静止励磁系统。由于励磁电源是发电机本身提供，又称为发电机自并励系统。

静止励磁系统如图 14-3 所示。它由机端励磁变压器供电给整流器电源，经三相全控整流桥直接控制发电机的励磁。

该方式是目前百万机组的主要励磁方式。静止励磁系统的主要优点是：

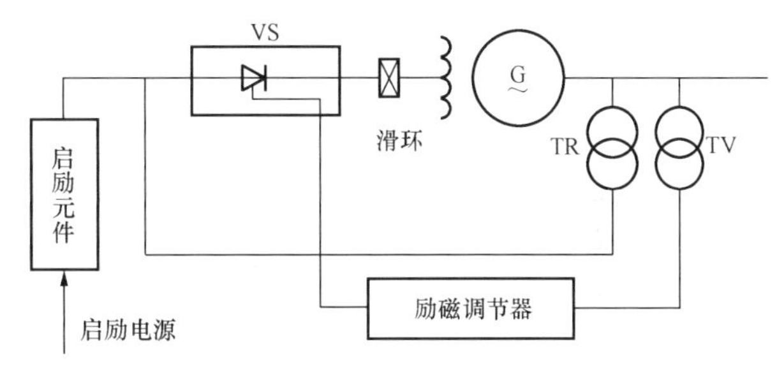

图 14-3　静止励磁系统
（发电机自并励系统）

（1）励磁系统接线和设备比较简单，无转动部分，维护费用省，可靠性高。

（2）不需要同轴励磁机，可缩短主轴长度，这样可减少基建投资。

（3）直接用晶闸管控制转子电压，可获得很快的励磁电压响应速度，可近似认为具有阶跃函数那样的响应速度。

（4）由发电机机端取得励磁能量。机端电压与机组转速的一次方成正比，故静止励磁系统输出的励磁电压与机组转速的一次方成比例。而同轴励磁机励磁系统给出的励磁电压与转速的平方成正比。这样，当机组甩负荷时静止励磁系统机组的过电压就低。

静止励磁系统特别适宜用于发电机与系统间有升压变压器的单元接线中。由于发电机引出线采用封闭母线，机端电压引出线故障的可能性极小，设计时只需考虑在变压器高压侧三相短路时励磁系统有足够的电压即可。

四、励磁系统中的整流电路

1. 三相全控桥整流电路

以下结合励磁控制介绍三相电压经三相全控桥整流电路变为可控的直流电压。

三相全控桥整流电路由 6 个晶闸管构成，其触发导通换相角是可控的，见图 14-4（a）。通过控制触发角 α 的大小，可以改变直流电压的大小。确定同步电压由负变正过零点滞后 α 角触发，依次 6 个触发脉冲。图 14-4（b）中的 a、b、c 是 VSO1、VSO3、VSO5 控制触发角 α 的起始点（$\alpha=0$）；a'、b'、c'是 VSO4、VSO6、VSO2 控制触发角 α 的起始点。VSO1～VSO6 触发脉冲依次间隔 60°，顺序为 a、c'、b、a'、c、b'，并要依次与 u_{ab}、u_{ac}、u_{bc}、

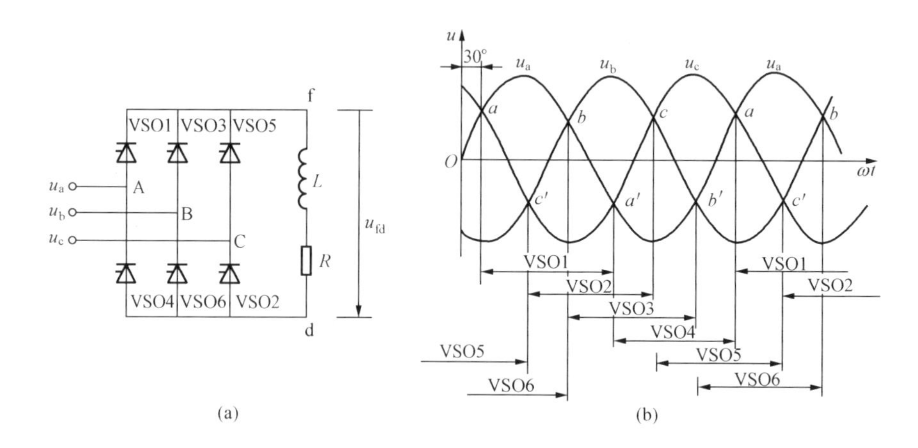

图 14-4 三相全控桥整流电路及其触发脉冲

（a）三相全控桥整流电路；（b）控制触发脉冲

u_{ba}、u_{ca}、u_{cb}电压保持同步。为保证后一晶闸管触发导通时前一晶闸管处导通状态，在给后一晶闸管触发脉冲的同时也给前一晶闸管以触发脉冲，形成双脉冲触发。

三相全控桥整流电路输出电压与控制角 α 的关系为

$$U_d = 1.35E\cos\alpha \tag{14-1}$$

式中 E——输入交流线电压。

当 $\alpha<90°$时，$U_d>0$，改变控制角就可以改变直流电压，实现励磁调节装置（AER）功率单元的控制要求。

2. 整流换相过程

三相全控桥整流过程中，同一时刻应有两个晶闸管处于导通状态。在受到正向电压和控制触发脉冲作用下，预导通的晶闸管由截止进入导通状态，而预关断的晶闸管由导通进入截止状态，形成换相过程。由于整流电路的负载是发电机的转子绕组，换相回路存在大电感，换相电流不能瞬时变化，以 VSO6 向 VSO2 换相过程为例，i_6 逐渐从 I_{fd}衰减为 0，VSO6 关断。i_2 逐渐从 0 上升为 I_{fd}，见图 14-5（b）。

在换相过程中，u_b、L_T、u_c、L_T 经 VSO6 和 VSO2 短路（见图 14-6），由于短路环存在，输出电位为 2 个 L_T 的中点，直到 VSO6 关断，在输出波形上留下缺口，换流角为 γ。见图 14-5（a）。

由交流回路等值电抗 X_T 所引起的换相过程使直流输出电压平均值为

$$U_d = 1.35E\cos\alpha - \frac{3}{\pi}X_T I_{fd} \tag{14-2}$$

由式（14-2）可得到整流电路的外特性见图 14-7。

式（14-2）表示虽然 X_T 是交流侧参数，但其在换相过程的作用效果等值于直流电流在其上的直流压降。由此可见在某一固定触发角 α 时（E_{01}或 E_{02}），直流侧输出电压 U_d 随励磁电流 I_{fd}的特性是下倾的，见图 14-7 中特性 1 和特性 2。励磁绕组的伏安特性为特性 3（带有一定非线性），其与全控桥外特性的交点即为运行点，而改变控制触发角 α 可以使外特性上下平移，相应改变励磁电压的工作点，见图 14-7。

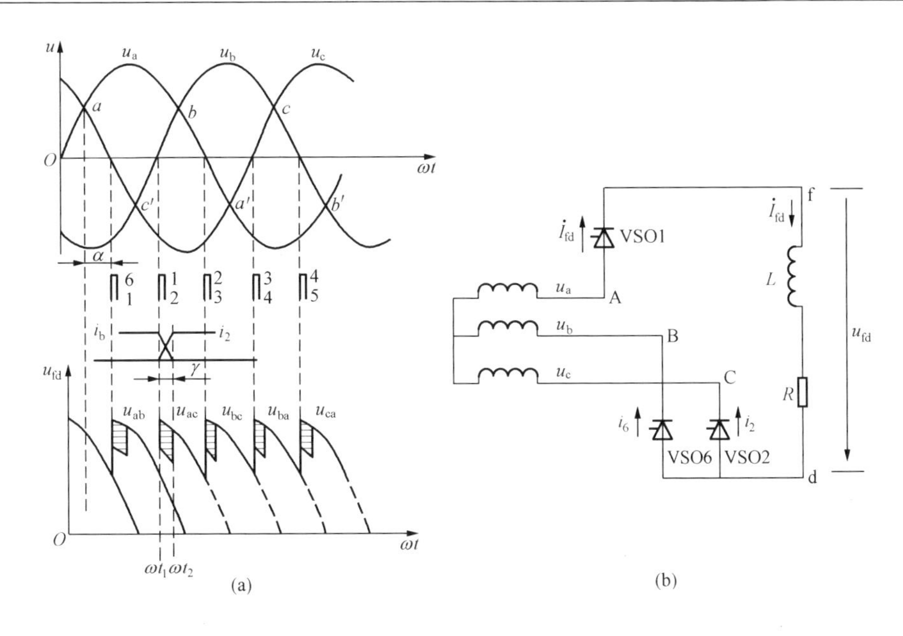

图 14-5　电源电感对换流的影响

（a）输出电压波形；（b）换流时的电路

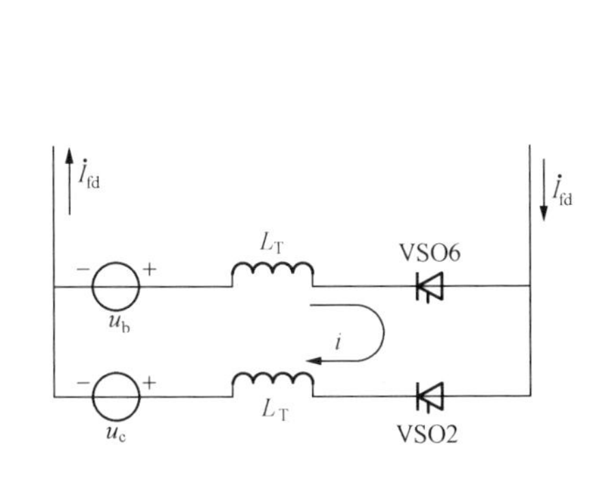

图 14-6　换流期间的等值电路

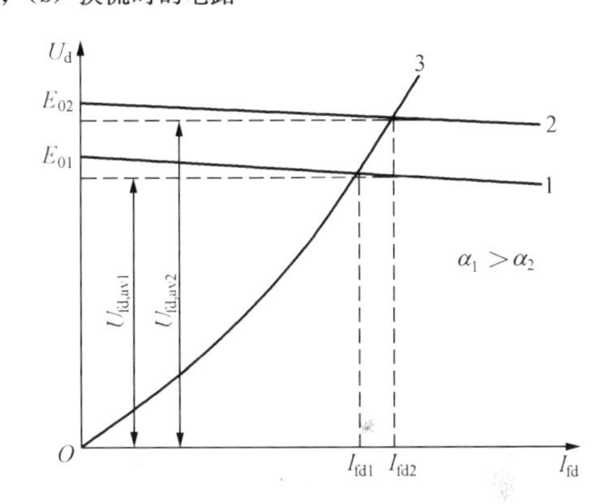

图 14-7　三相全控桥整流电路的外特性

3. 逆变工作状态

当移相触发角 $\alpha>90°$时，直流侧输出电压将为负电压。转子绕组磁场能量向交流侧释放，直到能量释放完毕，这种移相触发角 $\alpha>90°$，能量向交流侧释放的作用，称为“逆变”，逆变过程用于在发电机需要停机时灭磁。

（1）逆变工作原理。设三相全控桥原工作在整流状态，在励磁绕组中建立电流 I_{fd}方向如图 14-8（a）中所示。当交流侧电源 u_{ab}变为负值时，电感 L 中的 I_{fd}方向不变，于是电感 L 中的储能反馈到电源中，即交流电源吸取直流侧 L 反馈的能量，实现了逆变。

如图 14-8（a）所示设 VSO1、VSO6 导通，此时 $u_{ab}<0$，但负载电感 L 中原有电流 I_{fd}在逆变过程中在 L 两端产生的感应电动势较大，抵消 u_{ab}后仍然可使 VSO6、VSO1 处于正向电压，保持导通状态。于是输出电压 U_{fd}等于 u_{ab}（负值）。当 L 中储能不能维持逆变时，晶闸管中电流中断，逆变结束。显然，$U_{fd,av}$负值越大，逆变过程越短。

（2）实现逆变的条件。根据上述分析，三相全控桥实现逆变工作的条件如下：

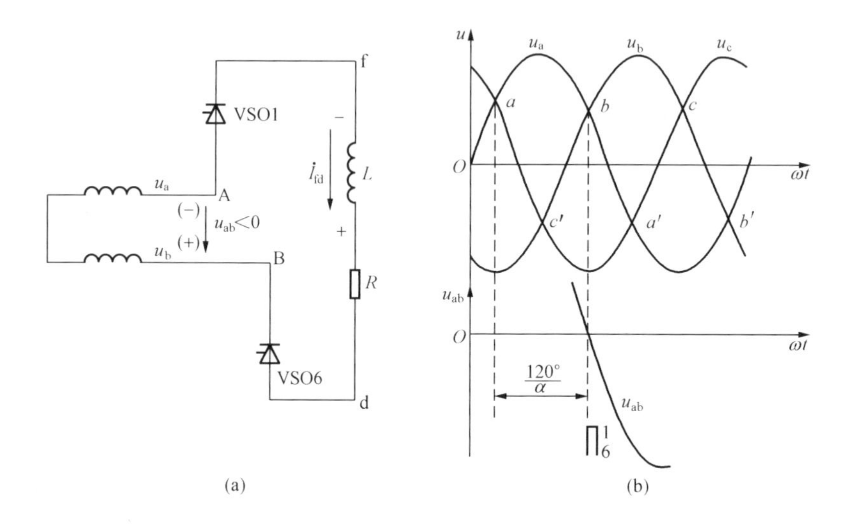

图 14-8　三相全控桥逆变过程说明

(a) 电路图；(b) 波形图

1) $U_{fd,av}$应为负值，所以控制角 $\alpha=90°\sim180°$。

2) 负载必须为电感性（如发电机的励磁绕组），且原先三相全控桥处整流状态下工作，即负载电感原先储有能量。当然，纯电阻负载时三相全控桥不能实现逆变。

3) 交流电源电压不能消失。因逆变时负载两端电压被限制在电源电压水平，所以电源电压越高或控制角 α 越大时，在同样条件下逆变过程越短。

(3) 逆变角 β。三相全控桥工作在逆变状态时，每个晶闸管元件连续导通 120°电角度，每隔 60°有一个晶闸管换流，在输入电压一个周期内，每个晶闸管的导通角是固定的，与控制角 α 大小没有关系。定义逆变角 $\beta=180°-\alpha$，考虑换流角 γ 的存在，β 角不能过小。逆变时一般固定取 $\beta=40°$，即 $\alpha=140°$。

第二节　同步发电机励磁控制

一、励磁控制系统的构成

电力系统中运行的同步发电机，其运行特性与空载电动势 E_q密切相关，而空载电动势 E_q 是发电机励磁电流 I_{fd}的函数（发电机的空载特性），所以改变励磁电流就可改变同步发电机在系统中的运行特性。因此，对同步发电机励磁电流进行调节是同步发电机运行中的一个重要内容。实际上，同步发电机在正常运行、系统发生故障的情况下，励磁电流都要进行调节。发电机正常运行时进行励磁电流调节，可维持机端电压或系统中某点电压水平，并使机组间无功功率达到合理分配；系统发生故障情况下的励磁电流调节，可提高系统运行稳定性。因此，同步发电机励磁电流进行自动调节，不仅可提高电能质量，合理分配机组间无功功率，而且还可提高系统运行稳定性。励磁电流的自动调节是由同步发电机自动励磁调节装置实现的。

同步发电机的励磁调节系统是同步发电机的一个重要组成部分，它通常由两部分组成：第一部分是励磁功率单元，它向同步发电机的励磁绕组提供可靠的直流励磁电流；第二部分是励磁调节器（AVR），它根据发电机及电力系统运行的要求，自动调节控制励磁功率单元输出的励磁电流。整个励磁系统是由励磁调节器、励磁功率单元和发电机构成的一个反馈控制系统，如图 14-9 所示。

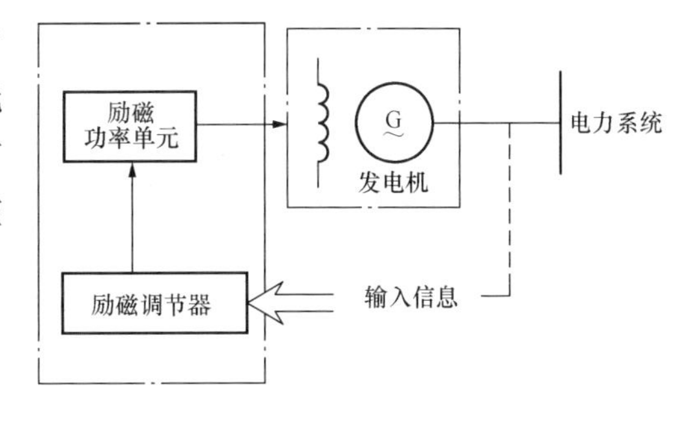

图 14-9　同步发电机励磁控制系统构成框图

二、励磁控制系统的任务

1. 维持机端或系统中某点电压水平

电力系统在正常运行时，随着负荷的波动，需要对励磁电流进行调节以维持机端或系统中某一点的电压在给定水平（电压控制）。励磁自动控制系统担负了维持电压水平的任务，这是励磁系统最基本的任务。为了阐明其基本概念，可用最简单的单机系统来分析。

图 14-10（a）所示为同步发电机运行原理图，其中 U_{fd}、I_{fd} 为发电机励磁电压、电流。图 14-10（b）所示为稳态运行情况下的等值电路，其中 E_q 为发电机空载电动势，X_d 为直轴同步电抗，U_G、I_G 为发电机端电压、电流。图 14-11 为对应相量图。图中 δ_G 为 $\dot{E}_q$ 与 $\dot{E}_G$ 之间的夹角，即功率角；I_Q 为发电机电流无功分量。

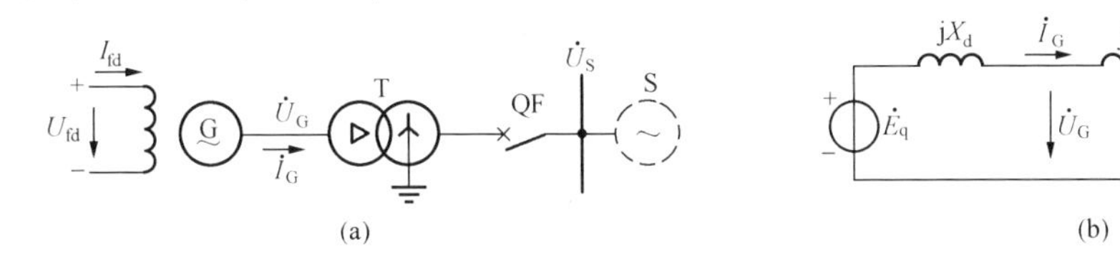

图 14-10　同步发电机系统示意图

（a）运行原理图；（b）稳态运行情况下的等值电路

图 14-11 中，由于一般 δ_G 很小，$\cos\delta_G \approx 1$，可得发电机电动势与端电压的关系为

$$E_q \approx U_G + I_Q X_d \tag{14-3}$$

可见当发电机励磁电流保持不变时机端电压降低主要是由发电机的感性无功电流引起的。当励磁电流一定时，无功电流输出增加，则发电机端电压下降；无功电流输出减少，则发电机端电压上升。发电机的外特性 $U_G = f(I_Q)$ 必然是下降的，如图 14-12 所示。要维持发电机端电压不变，需要随电压的变化改变励磁电流。

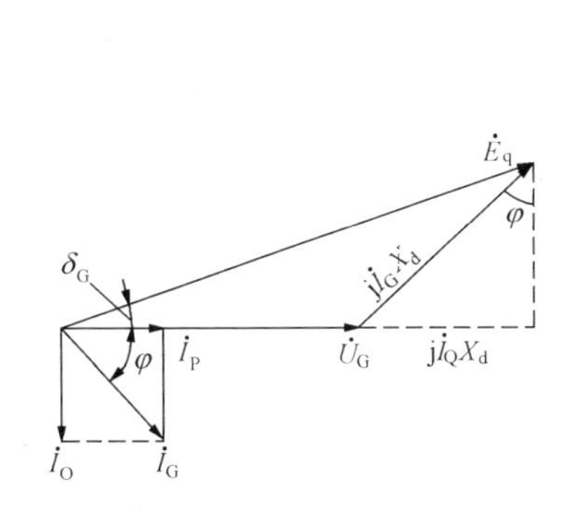

图 14-11　同步发电机稳态运行相量图

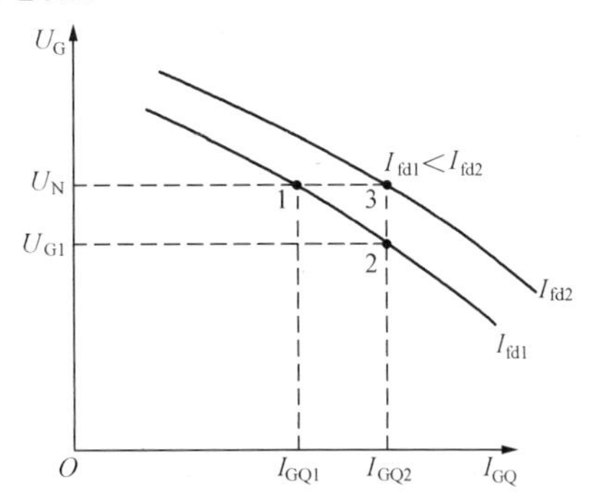

图 14-12　同步发电机无功电压外特性

设发电机的励磁电流为 I_{fd1}，此时发电机无功电流为 I_{Q1}，机端电压为额定电压 U_N，如图 14-12 中的 1 点；当无功电流增大到 I_{Q2} 时，若励磁电流仍为 I_{fd1}，则机端电压降到 U_{G1}，如图 14-12 中的 2 点；为要保持机端电压为额定值运行，应增大励磁电流到 I_{fd2}，如图 14-12 中的 3 点，即将外特性曲线上移。同样，无功电流减小时，为要保持机端额定电压运行，励磁电流应减小，即外特性曲线下移。

这种机端电压维持额定电压的励磁电流调节，可以手动进行，也可以自动进行。自动进行励磁电流调节的装置是 AER（也称为 AVR）。励磁功率单元提供同步发电机正常运行、系统故障情况下的励磁电流，AER 根据输入信号和给定的调节准则控制励磁功率单元的输出。如果 AER 足够灵敏，调节结束时总有 $\Delta U \rightarrow 0$，从而使发电机 U_G 正常运行时维持给定电压水平。

2. 控制无功功率的分配

当发电机与无穷大容量母线并联运行时，根据无穷大系统定义，系统阻抗为零，发电机与系统相联的母线电压恒定。

发电机输出功率由原动机输入功率决定，与励磁电流大小无关。当原动机输入功率不变时，发电机输出有功功率为常数；另一方面，对隐极发电机，发电机输出有功功率可由功角特性得到。则发电机有功功率为

$$P_G = U_G I_G \cos\varphi = \frac{E_q U_G}{X_d} \sin\delta \tag{14-4}$$

当 U_G 保持不变时，即有

$$I_G \cos\varphi = K_1(\text{常数}) \tag{14-5}$$

$$E_q \sin\delta = K_2(\text{常数}) \tag{14-6}$$

式中，发电机 X_d 是常数，K_1、K_2 均为常数。

由相量图 14-13 可见，机端电压恒定不变，改变励磁，仅改变电动势 E_q，E_q 端点将始终在 AA' 线上；E_q 变化，将使 δ 跟随变化。例如增大励磁，E_q 增大，δ 角减小，I_G 滞后于电压的角度 φ 将增大，由于 I_G 端点应始终在 BB' 线上，所以发电机对应无功功率输出增加；相反，减小励磁将使发电机输出无功功率减小；当减小励磁使发电机电动势低于母线电压后，发电机将从系统中吸收无功功率，这种运行方式即为“进相运行”。

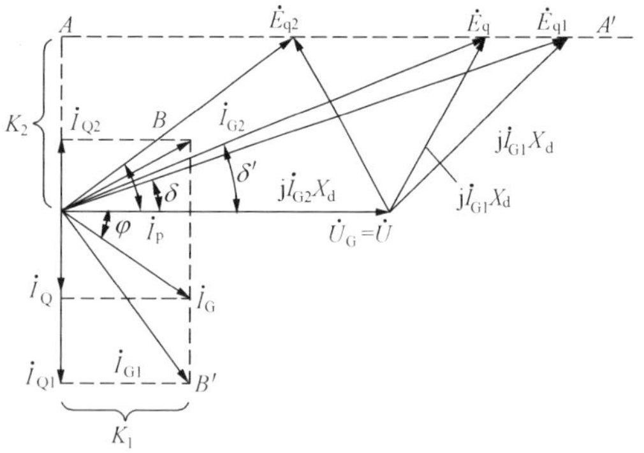

图 14-13　同步发电机与无穷大系统并联运行相量图

由此可见，当发电机与大系统并联运行时，通过改变发电机励磁，可控制发电机的无功功率输出，使机组间的无功功率合理分配。

3. 提高同步发电机并联运行的稳定性

（1）提高静态稳定性。

同步发电机并列于电力系统运行，系统中经常存在小的干扰。静态稳定讨论发电机在小干扰作用下，能否具备恢复至原运行点的能力。设发电机经升压变压器与系统相联，系统电

压为 U_S 恒定不变，等值电路见图 14-14。

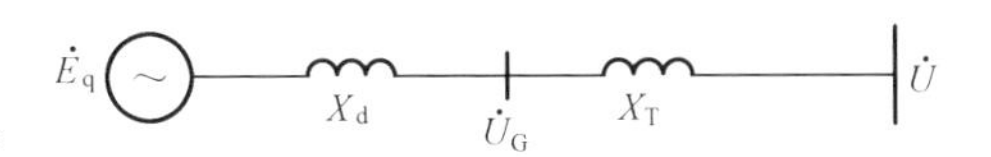

图 14-14　同步发电机与系统并联运行的等值电路图

当发电机输入功率为 P_0，与发电机功角特性相交于 a 点，输出电磁功率 P_{G3} 对应的功角为 δ_0。不同的励磁对应不同的 E_q 值，$E_{q1}<E_{q2}<E_{q3}$，见图 14-15。

从电力系统知识可知 a 点为稳定工作点，在该点上系统负荷有小干扰，能够恢复至 a 点运行；而 b 点为不稳定工作点。无自动励磁调节时，励磁电流不变，保持 E_q 恒定。功角特性最高点对应发电机输出最大电磁功率 P_m，$\delta=90°$ 为静态稳定极限。P_m 与 P_0 之间的差值与发电机额定有功容量的比值为稳定裕度。

当有自动励磁调节器，发电机功率变化时，为维持端电压，必须调节 E_q 值。即具有 AER 的发电机的有功功率变化时，式（14-4）示出的功角特性中 E_q 与 δ 都是变化量。

分析表明，对具有 AER 的隐极式同步发电机，功角特性也可表示为

$$P_G=\frac{E'_qU}{X'_d+X_T}\sin\delta+\frac{U^2}{2}\left(\frac{1}{X_q}-\frac{1}{X'_d}\right)\sin2\delta \tag{14-7}$$

式中　E'_q——发电机直轴暂态电动势（AER 可保持 E'_q 恒定）；

X'_d——发电机直轴暂态电抗；

X_q——发电机交轴同步电抗。

虽然 $E'_q<E_q$，但由于 X'_d 远小于 X_d，故功角特性要比式（14-4）的功角特性高，作出功角特性如图 14-15 中虚线所示，功率极限出现在 $\delta>90°$ 的区域。

当发电机不装设 AER 时，功角 δ 极限为 90°；当发电机装设 AER 后，功角 δ 极限 $\delta_{lim}>90°$，发电机可以稳定运行在 $90°<\delta<\delta_{lim}$ 的区域，该区域是人工稳定区，静稳定水平提高。有无自动励磁调节器的比较见图 14-15。

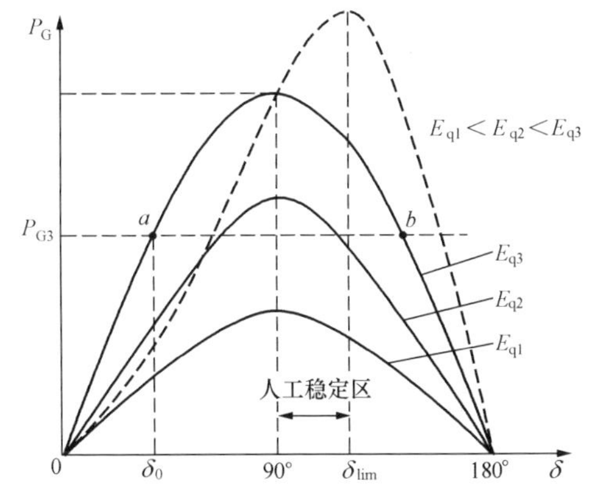

图 14-15　同步发电机功角特性

（2）对暂态稳定的作用。发电机与系统并列运行受到大干扰后是否能够保持同步运行状态，称为暂态稳定分析。包括发生各种类型的能够影响系统稳定的短路故障、继电保护切除故障的时间。这里讨论发电机的励磁调节系统在电网发生故障后，对电压下降所作出的强行励磁的作用。暂态稳定分析的系统接线如图 14-16 所示。

图 14-16　系统接线示意图

系统正常运行时，发电机功角特性曲线为图 14-17 中的 Ⅰ 曲线，即

$$P_G=\frac{E_qU}{X_\Sigma}\sin\delta \tag{14-8}$$

在双回线路中一回线路发生故障后，系统母线电压急剧降低，发电机功角特性曲线下降

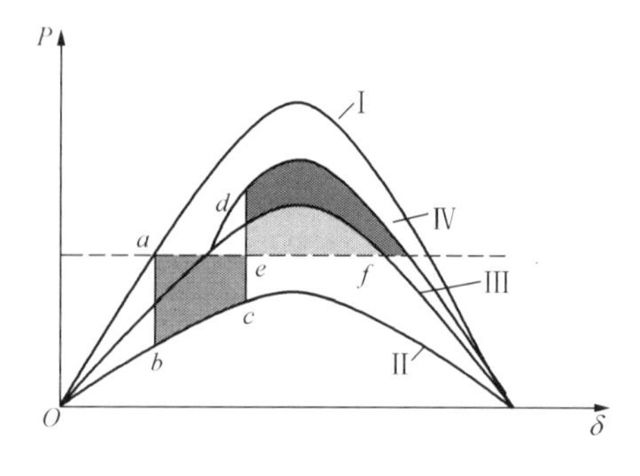

图 14-17　系统暂态稳定的功角特性

为功角特性曲线Ⅱ，运行点从 a 点变为 b 点。由于短暂时间内发电机调速装置不可能迅速反应，可假设发电机输入机械功率不变，此时，发电机输入机械功率大于输出电磁功率，发电机有正的角加速度，且角速度高于系统同步速，发电机功角从 b 点增大向 c 点变化。由于线路继电保护动作，断开故障线路，系统母线电压恢复，但线路单回路阻抗较大，发电机功角特性曲线上升为Ⅲ曲线，虽然此时发电机输入机械功率小于输出电磁功率，角加速度变负，但由于发电机角速度高于系统同步速，发电机功角从 e 点增大向 f 点变化。若发电机功角 δ 增大而越过 f 点，发电机又将进入加速过程，从而导致发电机与系统之间失去同步，该过程认为是暂态不稳定的。若发电机功角 δ 在越过 f 点之前角速度减小到低于系统同步速，发电机功角 δ 从增大变为减小，向发电机与系统之间稳定方向变化，经多次阻尼振荡，最终稳定在新的同步运行点，该过程认为是暂态稳定的。在线路发生故障后，形成 $abce$ 围成的区域是发电机加速，动能、势能增加的区域，称为加速面积；而 def 围成的区域是发电机减速，剩余动能转化为势能的区域，称为减速面积。根据发电机与电力系统暂态稳定的面积定则判据，当加速面积大于减速面积时，系统是暂态不稳定的，反之，加速面积小于减速面积时，系统是暂态稳定的。

以下分析发电机励磁系统强行励磁的作用。线路故障使发电机端电压过低，于是强行励磁动作，升高励磁电压，增加转子励磁电流，使发电机电动势提高，即发电机功角特性曲线不再是曲线Ⅲ，而变为曲线Ⅳ，使减速面积增加了一大块，提高了系统暂态稳定性。

4. 改善电力系统运行条件

(1) 改善电动机自启动条件。在发电机外部系统发生故障时，由于短路电流较大，使发电机机端电压降低，而现代大型发电机厂用电均取自于发电机端，厂用电压降低将使电动机减速，电动机将出力不足，从而使发电机的工作状态不稳定。当故障切除后，机端电压得以恢复，电动机则进入自启动过程，更希望厂用电电压能够在电动机自启动过程中有较高的电压水平，这种过程应该能够尽快完成。

发电机励磁系统装设了励磁调节器后，能够快速响应机端电压的变化，见图 14-18 中的曲线 2。从而可保持机端电压的稳定，即改善了电动机自启动条件。

(2) 改善其他发电机失磁后异步运行条件。一个现代电力系统中，有很多发电机并在电网中同步运行，保持系统的无功功率平衡也是各台发电机的任务。若电网中的某台发电机由于失磁而进入异步运行，此时这台发电机不但不能继续向系统提供无功功率，反而会从系统中吸收无功功率，来维持其异步运行，因此系统需要有大量无功功率支援，才能达到保持系统的无功功率平衡和维护各母线电压的要求。设系统正常运行时 G1 发电机发出 Q_1 无功功率；G2 发电机发出 Q_2 无功功率，系统无功功率是平衡的，满足电压变换和负荷对无功的需求。若 G2 发电机发生失磁，需要从系统吸收 Q'_2 无功功率，见图 14-19。

则 G1 发电机所发无功功率应为 $Q'_1=Q_1+\Delta Q=Q_1+Q_2+Q'_2$。所需增大的无功功率是较大的，因此要求发电机励磁系统应该有较大的无功功率提供能力。

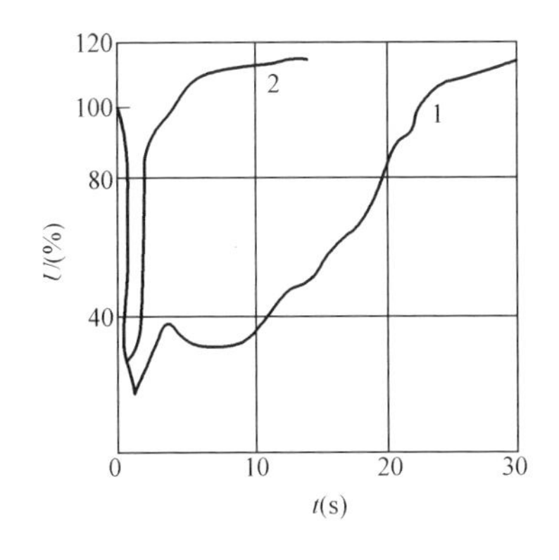

图 14-18　励磁调节对电压恢复的作用

1—无励磁电压控制；2—有励磁电压控制

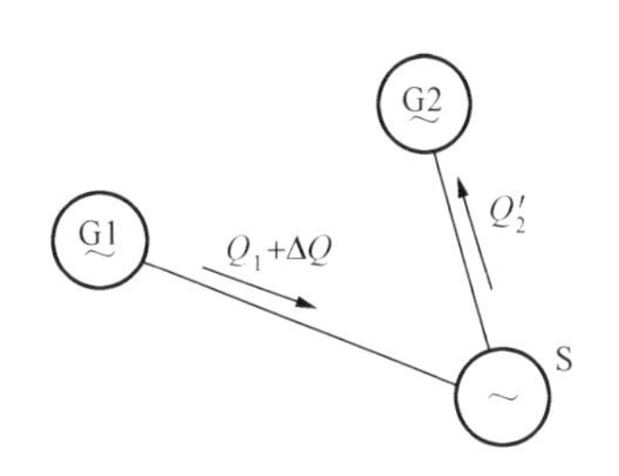

图 14-19　无功功率变化示意图

(3) 提高继电保护的正确性当电力系统中发生故障时，继电保护装置对电流的突然增大做出响应，动作于跳闸。短路电流越大，继电保护装置对故障的灵敏性越高。当短路发生时，发电机端电压降低，励磁调节装置自动作出增加发电机励磁的反应，提高了机端电压，从而增大了短路电流，见图 14-20。只要断路器的开断容量允许和电气设备动热稳定允许，励磁调节装置对短路电流的增加对提高继电保护正确性是有利的。

三、对励磁控制系统的基本要求

1. 对励磁调节器的基本要求

(1) 系统正常运行时，励磁调节器应能反映发电机电压高低以维持发电机电压在给定水平。

(2) 励磁调节器应能合理分配机组的无功功率，为此，励磁调节器应保证同步发电机端电压调差系数可以在10%以内进行调整。

(3) 励磁调节器应能迅速反应系统故障，具备强行励磁等控制功能以提高暂态稳定和改善系统运行条件。

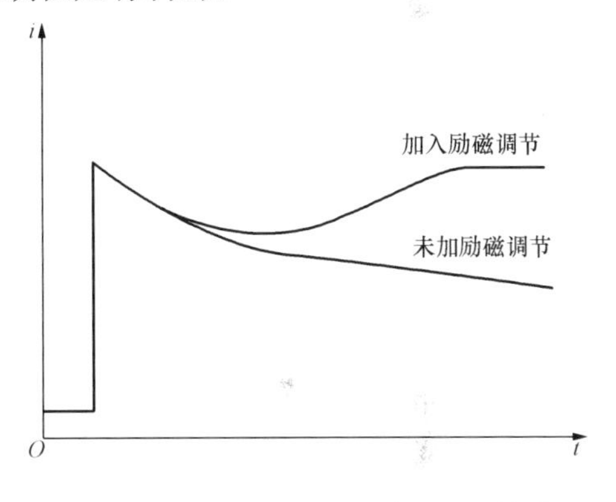

图 14-20　励磁调节对短路电流的影响

(4) 具有较小的时间常数，能迅速响应输入信息的变化。

(5) 能正确反映发电机运行状态，对过大励磁和过小励磁、过高电压和过低频率进行限制与控制。

2. 对励磁功率单元的要求

(1) 要求励磁功率单元有足够的可靠性并具有一定的调节容量。在电力系统运行中，发电机依靠励磁电流的变化进行系统的电压和本身无功功率的控制。因此，励磁系统应具有足够的调节容量，以适应电力系统中各种运行工况的要求。

(2) 具有足够的励磁顶值电压和电压上升速度。从改善电力系统的运行条件和提高电力系统暂态稳定性来看，希望励磁功率单元具有较大的强励能力和快速的响应能力。强励倍数与励磁电压响应比是反映励磁系统强励性能的两项重要技术指标。

1) 励磁顶值电压（强励倍数）。发电机的励磁控制系统均应有强励作用，即当机端电压降低到一定程度时，为了提高电力系统暂态稳定性，以最快的速度将发电机的励磁电压升高到顶值。

励磁顶值电压是励磁功率单元在强行励磁期间可能提供的最高输出电压值 $U_{fd,max}$。该值与额定工况下励磁电压 $U_{fd,N}$ 之比为强励倍数。

$$K_Q = U_{fd,max}/U_{fd,N} \tag{14-9}$$

强励倍数高，可使 E_q 升高，使输出功率增加，从而增大减速转矩，使功角 δ 摆动的最大幅度减小，有利于暂态稳定。强励倍数一般取 1.6～2，它主要受到造价和结构的制约。

2）励磁电压响应比。励磁电压响应比是说明发电机转子磁场建立过程的粗略参数。反映了励磁磁场建立速度的快慢。

早期直流励磁机励磁系统将励磁电压在最初 0.5s 内上升的平均速度定义为励磁电压响应比，如图 14-21（a）所示。即使图中阴影部分的面积和三角形 acb 面积相等所确定的 ac 线的斜率。图中取额定工况下的励磁电压值 $U_{fd,N}$ 为强行励磁初始值，于是励磁电压响应比可以定义为

$$R_p = (U_c - U_b)/(U_{fd,N} \times 0.5s) = 2U_{cb}^* (1/s) \tag{14-10}$$

现在一般大容量机组往往采用快速励磁系统，用响应时间作为动态性能评定指标。励磁系统电压响应时间是指：发电机励磁电压为额定励磁电压 $U_{fd,N}$，从施加阶跃信号起，至励磁电压达到 0.95（$U_{fd,max} \sim U_{fd,N}$）所花费的时间，该时间一般要小于 0.1s。如图 14-21（b）所示。

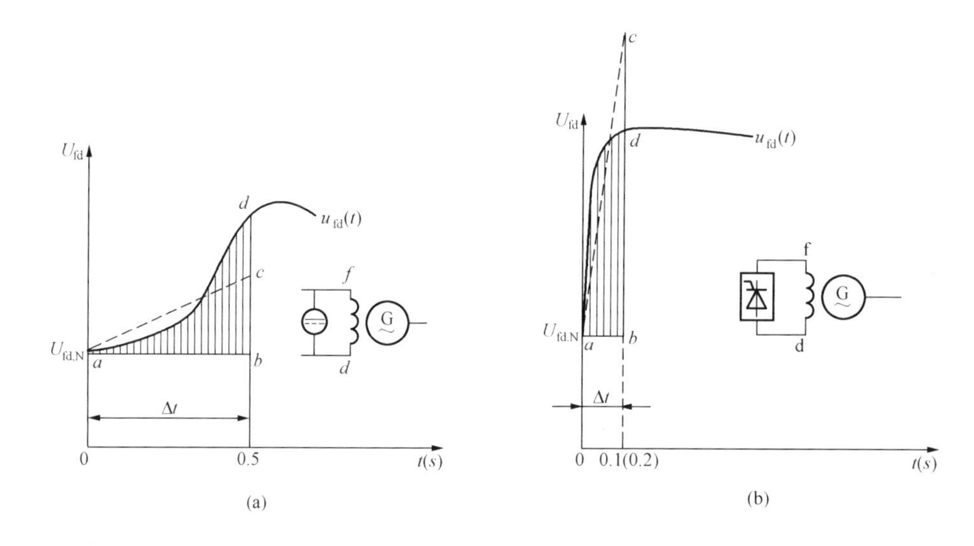

图 14-21 强励时发电机励磁电压变化曲线

（a）直流励磁机励磁系统；（b）快速励磁系统

励磁系统电压响应时间小于或等于 0.1s 的励磁系统，称为高起始响应的励磁系统。静止晶闸管励磁系统属于高起始响应的励磁系统。

另外，对励磁系统还要求应有足够的强励持续时间，采用晶闸管励磁时，一般为 10～20s；应有足够的电压调节精度与电压调节范围，应能保证同步发电机端电压静差率小于 1%；当发电机内部故障或停机时，快速动作的灭磁性能可迅速将磁场减小到最低，保障发电机的安全。

四、同步发电机的灭磁

1. 灭磁的含义

当发电机或发电机—变压器组发生故障时，继电保护动作在跳开发电机主断路器的同时，还应迅速将发电机灭磁。所谓灭磁就是将发电机励磁绕组的磁场尽快地减弱到最小程度，最快的方法是将励磁绕组断开，但因励磁绕组是一个大的电感，突然断开必将在直流侧产生很高的电压，危及转子绕组绝缘、整流桥的安全。因此，实用方法是在断开励磁绕组与励磁电源回路的同时，将一个电阻接入励磁绕组，让磁场储能迅速耗尽。整个过程由自动灭磁装置来实现。

对发电机的灭磁要求，首先灭磁时间应尽可能短，其次励磁绕组两端的过电压不应超过额定励磁电压的 4～5 倍。

为同时满足上述要求，假设灭磁开始时的转子励磁电流为 I_{fd0} 且以某一变化率 di_{fd}/dt 衰减，而磁通的变化率在转子滑环间（也即是励磁绕组两端）产生的电压值刚好等于允许值，以后电流 i_{fd} 保持这一速率直线衰减到零，如图 14-22 中虚线所示，为理想灭磁曲线。实际的灭磁曲线可能是曲线 1 线性电阻灭磁或曲线 2 非线性电阻灭磁。用它们与理想曲线接近的程度，可以评价灭磁方案的优劣。

2. 灭磁的方法

灭磁方法种类较多，有对线性电阻放电灭磁、对非线性电阻放电灭磁、采用灭弧栅灭磁等，当采用全控桥的半导体励磁系统时，还可利用全控桥逆变灭磁。以下介绍几种常用的灭磁方法。

(1) 对线性电阻、非线性电阻放电灭磁。当发电机内部发生短路故障时，即使把发电机从母线上断开，短路电流依然存在，使故障造成的损坏继续扩大；只有将转子回路的电流也降为零，使发电机的感应电动势尽快地减至最小，才能使故障损坏限制在最小的范围内。最常用的方法是在转子回路内加装灭磁开关，利用放电电阻灭磁。

利用线性电阻灭磁的接线示意图如图 14-23 所示。同步发电机正常运行时，灭磁开关 Q 处于合闸状态。Q 的主触头 Q1 闭合，使励磁机能正常地向发电机转子供给励磁电流；触头 Q2 断开灭磁电阻 R 回路。

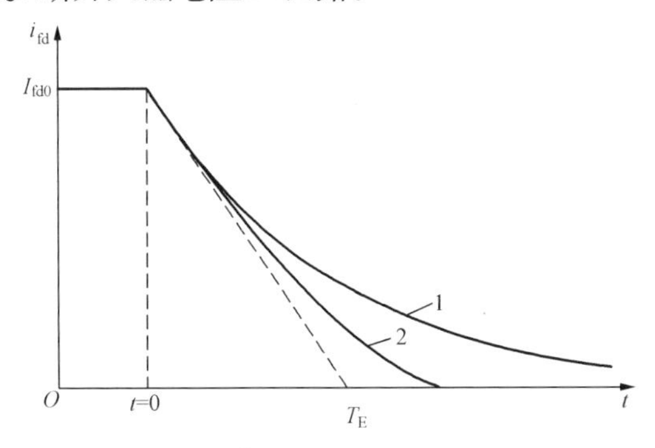

图 14-22　灭磁时励磁电流的衰减过程

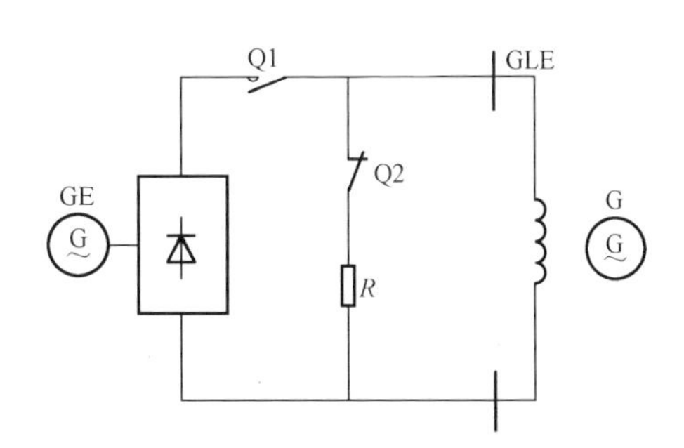

图 14-23　利用线性电阻灭磁的接线示意图

当灭磁时，Q 跳闸，Q2 先闭合，使发电机转子的励磁绕组接入 R；然后 Q1 断开，这就保证励磁绕组接入放电电阻 R（即灭磁电阻）时没有开路状态出现，避免了过电压的产生。发电机转子绕组并联了灭磁电阻 R 后，转子绕组的电流就按照指数曲线衰减，并将转子绕组中的磁场能量几乎全部转变成热能，消耗在 R 上。

在灭磁过程中，灭磁的时间与 R 有关，R 越大，灭磁过程越快，反之，灭磁过程就慢些。手册规定 R 的数值一般为转子绕组热状态电阻值的 4～5 倍，灭磁时间为 5～7s。

由于线性放电电阻 R 不能取很大，从而加长了灭磁时间。当将 R 改为非线性电阻，其特性是通过其中的电流较大时，动态电阻小；电流较小时，动态电阻大。合适选择非线性电阻，可以做到灭磁初态时，转子电压不超过允许值，而灭磁时间减小，见图 14-22。

（2）采用灭弧栅灭弧。

以上（1）方法中，灭磁开关并不承受耗能的主要任务。应用最广泛的灭磁方法是利用带有灭磁栅的快速灭磁开关，它利用串联短弧的端电压不变的特性控制灭弧过程，将磁场储能主要消耗在灭磁开关内，灭磁速度较快，几乎接近理想灭磁。

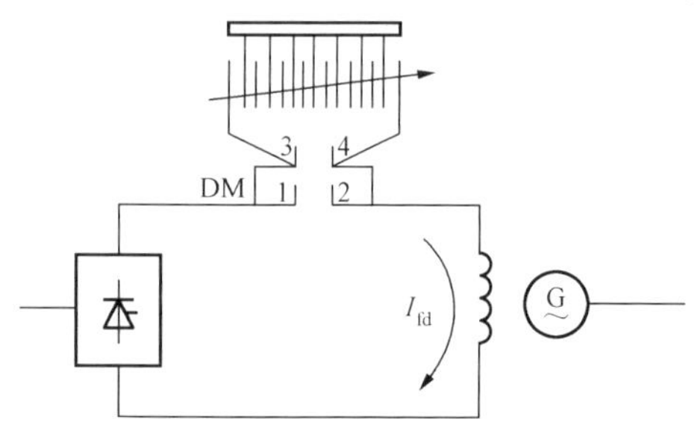

图 14-24　应用灭磁开关灭磁的原理示意图

其原理示意图如图 14-24 所示。在灭磁过程中，快速灭磁开关 DM 的主触头 1－2 先断开，3－4 仍关闭，故不产生电弧；经极短的时间以后，灭弧触头 3－4 断开，在它上面产生了电弧。由于横向磁场的作用，电弧被驱入灭弧栅中，电弧被分割成很多串联的短弧，在灭弧栅内燃烧，直到励磁绕组中电流下降到零时才熄灭。在产生允许的过电压倍数条件下，利用灭弧栅灭磁的灭磁时间仅为放电电阻方式灭磁时间的 24%左右。

近年来，国内外已普遍采用双断口直流开关（双断口磁场断路器），配以非线性电阻的方法来灭磁。非线性电阻采用氧化锌元件，有良好的压敏特性，灭磁过程中两端电压始终维持在灭磁电压控制值上，因此非常接近理想灭磁，灭磁速度快；氧化锌元件作为过电压保护元件，过电压动作值可灵活整定；氧化锌元件非线性电阻系数很小，正常电压下漏电流很小，可直接跨接在励磁绕组两端，灭磁可靠；采用双断口直流开关，灭磁过程中励磁电源与励磁绕组完全断开，有利于加快灭磁过程；可靠灭磁，非线性电阻的总电能量应大于励磁绕组的最大储能。因此，这种灭磁方法具有灭磁速度快、灭磁可靠、结构简单、运行维护方便、灭磁过电压动作值可灵活整定等特点。

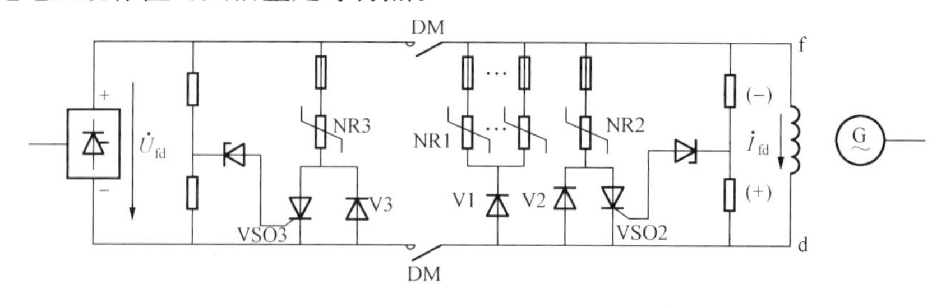

图 14-25　双断口直流开关、非线性电阻元件灭磁的原理图

图 14-25 示出了双断口直流开关、非线性电阻元件灭磁的原理图。图中 DM 为双断口直流开关，NR1、NR2、NR3 为氧化锌非线性电阻，NR1 的动作电压低于 NR2、NR3 的动作电压。

正常运行时，发电机的励磁电压为U_{fd}，晶闸管VSO2、VSO3不导通，二极管V1、V2、V3不导通，所以NR1、NR2、NR3中无电流。励磁绕组发生正向过电压，当达到触发晶闸管的动作整定值时，VSO2、VSO3导通，能量迅速消耗在非线性电阻NR2、NR3中，过电压值限制由正向过电压保护整定值确定，能量被吸收后，过电压消失；励磁绕组发生反向过电压，V1迅速导通，能量迅速消耗在非线性电阻NR1中，反向过电压值限制由NR1动作值确定，过电压能量被吸收后，反向过电压即消失，在此过程中，因NR1的动作值低，所以NR2、NR3不承担反向过电压保护任务。

发电机正常停机时，通过可控整流桥逆变灭磁，并不需要断开灭磁开关DM。发电机事故紧急停机时，跳灭磁开关DM，DM断开后，励磁电流I_{fd}强迫分断，励磁绕组发生反向过电压，极性是d端为正、f端为负，此时磁场能量通过二极管V1消耗在NR1中，完成灭磁过程。需要指出，灭磁过程中NR1上电压基本不变，所以很接近理想灭磁，灭磁速度快。DM断开后，整流桥侧的正向过电压或反向过电压，均由非线性电阻NR3吸取过电压能量，直到过电压消失，过电压值受NR3动作值的限制。

（3）利用全控桥逆变灭磁。如果采用晶闸管整流桥向转子供应励磁电流时，就可以应用逆变灭磁。在主回路内不增添设备就能进行快速灭磁。这一方式简单、经济、无触点，得到广泛采用。

在现代发电机的自动励磁调节系统中，几乎都采用了三相全控桥对AER的输出信号进行功率放大，实现对发电机励磁的自动调节。三相全控桥的负载是发电机励磁绕组或励磁机的励磁绕组，符合逆变条件。当发电机故障或停机需要灭磁时，只要将控制角α增大到某一合适的角度（如140°）就可进行逆变灭磁。当励磁机或发电机有他励电源时，由于逆变灭磁过程中交流电压不变，励磁电流等速减小，灭磁过程相当迅速。当励磁机或发电机采用自励方式时，随着灭磁过程的进行，交流电压随之降低，灭磁速度也就减慢。

事实上，逆变灭磁到一定程度时，负载电感L中的能量不能维持逆变，此时要借助灭磁电阻（与励磁绕组并接）使L中的储能释放进行灭磁。

如前所述，在现代大型发电机自并励励磁方式中，逆变灭磁只是在发电机正常停机时使用，发电机故障进行灭磁是采用灭磁装置或非线性电阻进行灭磁的。

（4）自并励静止励磁系统的灭磁。图14-26所示为大型自并励励磁系统中的灭磁回路。

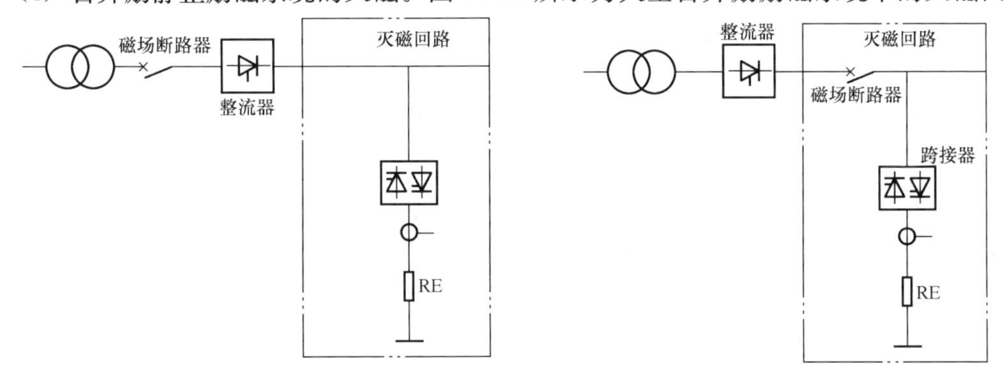

图14-26　大型自并励励磁系统中的灭磁回路

（a）交流侧磁场断路器；（b）直流侧磁场断路器

包括：整流桥交/直流侧磁场断路器、晶闸管跨接器、非线性灭磁电阻以及触发回路等，灭磁电阻与跨接器（静态泄能装置）相串联，连接到磁场绕组两端。

图 14-26（a）中磁场开关位于励磁变压器和整流桥的交流侧之间。当磁场开关打开时，整个励磁系统的功率部分与电源隔离，为检修和维护提供了更安全的保证。交流侧磁场开关不仅能断开整流桥出口的故障电流，还能切断整流桥的内部故障，防止事故扩大。磁场能量泄放是通过跨接器实现的。

图 14-26（b）中磁场开关安装在整流桥的直流侧和发电机磁场绕组之间。磁场开关不配备灭磁辅助触头，灭磁通过静态灭磁回路实现的。使用安装在整流桥直流侧的磁场开关，可以在包括发电机机端短路在内的任何工况下实现快速灭磁。

磁场断路器可布置在整流桥交流侧或/和直流侧，可以是多断口直流断路器或单断口快速直流断路器，具体配置取决于机组参数和对励磁系统的要求。

对于中型机组，可使用放置在直流侧或交流侧的多断口直流断路器。当收到来自发电机保护或者内部的励磁保护跳闸命令后，在断开交流侧断路器的同时触发晶闸管跨接器导通以接通灭磁电阻。使励磁变压器二次侧交流电压被叠加到磁场断路器的电弧电压上，可以缩短灭磁时间。

对大型机组，设在直流侧的单断口快速断路器是首选方案，其动作速度快，弧压水平高达 2800V，且在弧压均衡方面比多断口断路器有明显优势。

对于特大型机组，根据要求，也可考虑在交流侧和直流侧同时使用断路器的方案，其使用条件是，交流侧断路器仅用于开断交流侧的短路故障，而直流侧断路器则单独用于断开磁场电流和直流侧短路电流。

第三节　并列运行机组间无功功率的分配

一、具有自动励磁调节的发电机的外特性

同步发电机的外特性是指在某一励磁电流下端电压 U_G 与输出无功电流 I_Q（无功功率 Q）的关系曲线，用 $U_G = f(I_Q)$ 或 $U_G = f(Q)$ 表示。图 14-27 所示为具有自动励磁调节的发电机外特性。当发电机具有自动励磁调节时，励磁电流将随机端电压发生变化，因此外特性也要发生变化。

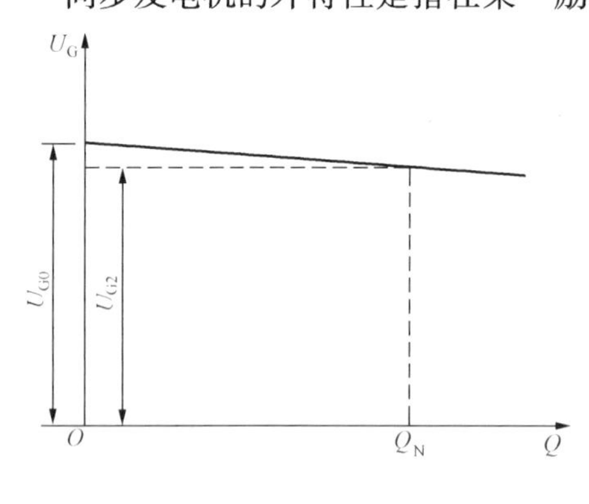

图 14-27　发电机外特性

发电机安装自动励磁调节器后，随无功电流变动时，一般电压有一定变化量。即发电机外特性 $U_G = f(I_Q)$ 稍有下倾，用斜线表示，见图 14-27。外特性下倾的程度是表征发电机励磁控制系统运行特性的一个重要参数，称为调差系数，其定义为

$$\delta = \frac{U_{G0} - U_{G2}}{U_{GN}} = U_{G0}^{*} - U_{G2}^{*} = \Delta U_{G}^{*} \tag{14-11}$$

式中　U_{G0}——发电机空载（无功负载为零时）电压；

U_{G2}——发电机额定无功负载 Q_N 时的机端电压，一般为额定电压；

δ——发电机调差系数。

由式（14-11）可见，调差系数 δ 表征无功电流从零增加到额定值时，发电机电压的相对变化。

由于发电机运行需要，调差系数需要调整。通过调差环节的设置可以改变调差系数 δ，以适应发电机各种运行方式。在发电机励磁调节器中需要设置调差环节，以获得所需的调差系数。不同调差系数的发电机外特性如图 14-28 所示。

具有调差环节的发电机外特性（或调节特性）分为以下三种类型。

（1）正调差。调差系数 $\delta>0$，发电机端电压随无功功率增大而降低。

（2）负调差。调差系数 $\delta<0$，发电机端电压随无功功率增大而升高。

（3）无差。调差系数 $\delta=0$，发电机端电压不受无功功率影响，恒定不变。

当设发电机并网运行时，系统母线电压维持不变，调整增大励磁给定值 U_{ref}，即平移发电机外特性曲线可以改变发电机所承担的无功功率，见图 14-29。设发电机并入系统时机端电压为 U_M 外特性曲线如图 14-29 中特性曲线 3，此时发电机不承担无功功率；当给定电压逐渐增大时，发电机外特性曲线由特性曲线 3 上移到特性曲线 2、特性曲线 1，相应的发电机的无功功率上升到 Q_1、Q_2。可见，增大励磁调节器的给定电压，并列于系统上的发电机所承担的无功功率逐渐增大，此时的机端电压由系统电压确定。

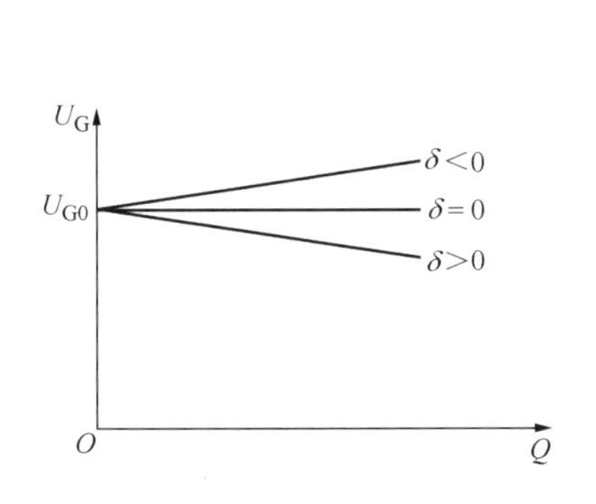

图 14-28　不同调差系数的发电机外特性

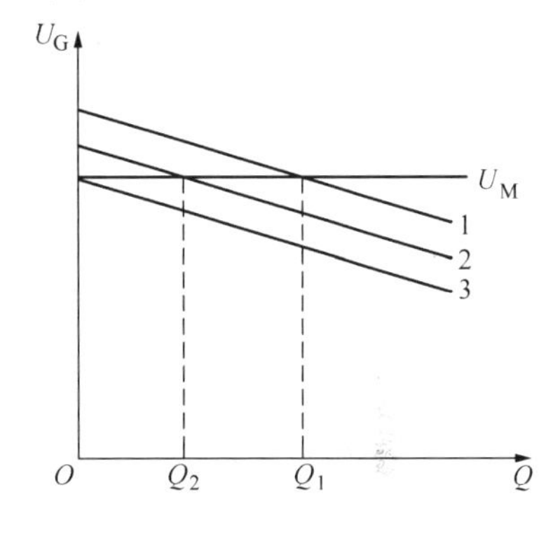

图 14-29　外特性平移与无功功率的关系

当发电机停机时，可先减小给定电压，将外特性曲线向下移动，无功功率逐渐减小。当外特性曲线为图 14-29 中特性曲线 3 时，无功功率已减至零，此时断开发电机不会造成对系统无功功率的冲击。可以看出，减小给定电压，并列在系统上的发电机所承担的无功功率会逐渐减小。

由上分析可见，增大或减小励磁调节器的给定电压，可平稳增大或减小发电机的无功功率，实现发电机无功功率的转移。

二、不同组成的并列运行机组间无功功率的分配

并列运行机组指的是在同一母线上并列运行的发电机，或在同一高压母线上并列运行的发电机—变压器组。当改变并列运行中一台发电机的励磁电流时，该机的无功功率就会变化，同时还会影响并列运行机组间无功功率的分配，甚至还会引起并列运行的母线电压改变。这些变化与同步发电机的外特性密切相关，对外特性有一定要求。

1. 无差特性的发电机与正调差特性的发电机并列运行

如图 14-30 所示，1 号发电机为无差特性 1，2 号发电机为正调差特性 2。当两台发电机在同一母线并列运行时，母线电压等于 1 号发电机端电压并保持不变。2 号发电机无功功率为 Q_2。1 号发电机的无功功率取决于用户所需的无功功率。当无功负荷变动时，2 号发电机的无功功率保持不变仍为 Q_2，1 号发电无差机将承担全部无功负荷的变动。

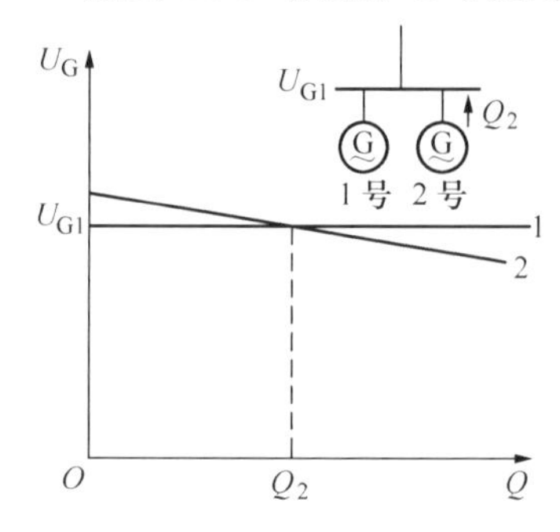

图 14-30　无差特性机组与正调差特性机组并列

移动 2 号发电机特性曲线 2，可改变两台发电机间无功功率的分配。移动 1 号发电机特性曲线 1，不仅母线电压要发生变化，而且 2 号发电机的无功功率也要发生变化。

由上分析可见，一台无差特性发电机可以与一台或多台正调差特性发电机在同一母线上并列运行，但机组间的无功功率分配是不合理的，所以实际上很少采用。

两台无差特性的发电机，即使端电压调得完全相同，也不能在同一母线上并列运行，因为两台发电机间无功功率分配是任意的，所以两台发电机间会发生无功功率的摆动，不能稳定运行。

2. 负调差特性的发电机与正调差特性的发电机并列运行

如图 14-31 所示，1 号发电机为负调差特性 1，2 号发电机为正调差特性 2。当两台发电机在同一母线上并列运行时，若并列点母线电压为 U_{G1}，则 1 号发电机无功功率为 Q_1；2 号发电机无功功率为 Q_2，但这是不能稳定运行的。因为当无功功率需求增加时，1 号发电机将升高电压，2 号发电机将降低电压，导致 AER 处上限工作；同样，当无功功率需求减小时，导致 AER 处下限工作。或者在两机组间无功功率发生摆动，机组无法稳定运行。因此，不允许负调差特性发电机参与直接并列运行。

3. 两台正调差特性的发电机并列运行

两台正调差特性的发电机并列运行时，各台发电机承担的无功功率由各自的调差系数 δ_i 确定，同时各台机组无功功率之和等于总无功功率，由此也确定了电压。

如图 14-32 所示，两台发电机均具有正调差系数。若并列点母线电压为 U_{G1}，则两台发

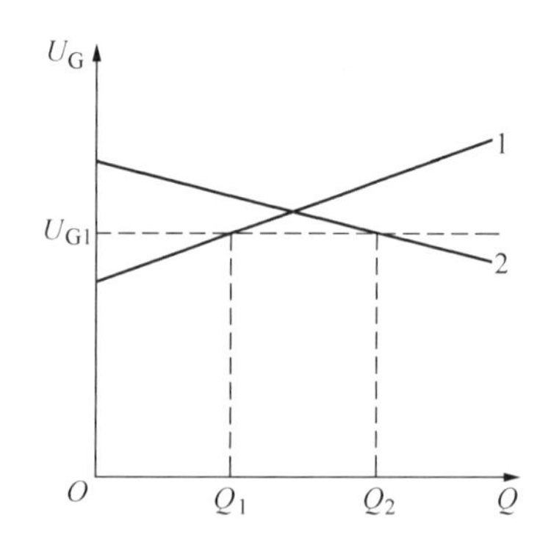

图 14-31　负调差特性机组与正调差特性机组并列

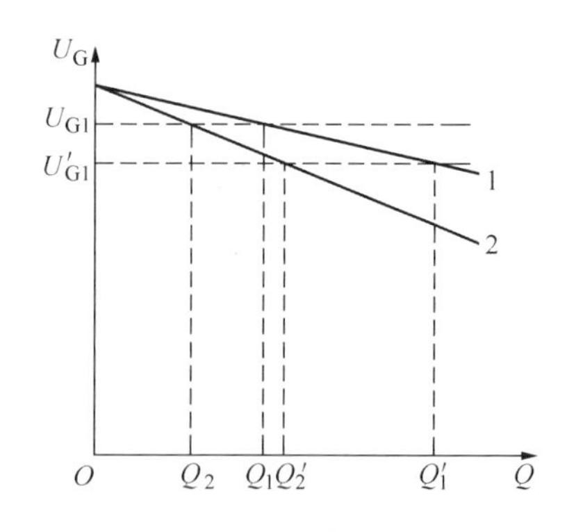

图 14-32　两台正调差特性机组并列运行

电机无功功率分别为Q_1、Q_2，Q_1与Q_2具有确定的关系。如果由于某种原因无功功率发生了变化，如无功功率增加，电压下降为U'_{G1}，两台发电机无功功率分别为Q'_1、Q'_2。

无功功率减小时，也有类似过程。这说明，两台或两台以上均具有正调差特性的发电机并列运行可维持无功功率的稳定分配，能稳定运行，保持并列点母线电压在给定值水平。

理想的情况是，机组间无功功率的分配与机组容量成正比，无功功率增量也应与机组容量成正比。对其中的任一台发电机，当机端电压为U_G、无功功率为Q时，在图14-32中根据相似三角形原理可写出关系式

$$\frac{Q}{Q_N}=\frac{U_{G0}-U_G}{U_{G0}-U_{GN}} \tag{14-12}$$

当机端电压为U'_G、无功功率为Q'时，同样可得

$$\frac{Q'}{Q_N}=\frac{U_{G0}-U'_G}{U_{G0}-U_{GN}} \tag{14-13}$$

式（14-12）减式（14-13），可得

$$\frac{Q-Q'}{Q_N}=\frac{U'_G-U_G}{U_{G0}-U_{GN}} \tag{14-14}$$

用标幺值表达为

$$\Delta Q^*=-\frac{U'_G/U_{GN}-U_G/U_{GN}}{(U_{G0}-U_{GN})/U_{GN}}=-\frac{\Delta U_G^*}{\delta} \tag{14-15}$$

式中 ΔQ^*——以额定无功功率为基准的无功功率变化量标幺值，$\Delta Q^*=(Q'-Q)/Q_N$；

ΔU^*——机端电压变化量标幺值，$\Delta U^*=(U'_G-U_G)/U_{GN}=\Delta U_G/U_{GN}$。

或写成

$$\Delta U_G^*=-\delta\Delta Q^* \tag{14-16}$$

当母线电压波动时，发电机无功功率（电流）的增量与电压偏差成正比，与调差系数成反比，而与电压整定值无关。式中“－”号表示无功功率增加时端电压降低，无功功率减小时端电压升高（$\delta>0$）。

将式（14-12）改写为

$$Q_N^*=\frac{(U_{G0}-U_G)/U_{GN}}{\delta} \tag{14-17}$$

由式（14-17）可以看出，要使机组间无功功率按机组容量分配（即两台发电机的Q^*值相等），其条件是：两台发电机（或多台发电机）的调差系数δ相等，同时两台发电机（或多台发电机）的U_{G0}相等（因机组并联，U_{G0}一定相等）。调差系数δ不相等时，调差系数越小，发电机承担的无功功率比例越大。

4. 多台机组并列运行

下面分析多台发电机并列运行时，各台机组的无功功率增量与各机组无功调差系数δ_i的关系。当总无功功率增量为ΔQ_Σ时，母线电压下降，各调节器动作增加励磁电流，相应输出无功功率的增加量，调差系数小的机组承担的无功负荷增量标幺值较大。

总无功功率增量标幺值为

$$\Delta Q_{\Sigma}^{*}=\frac{\Delta Q_{1}^{*}Q_{GN1}+\Delta Q_{2}^{*}Q_{GN2}+\Delta Q_{3}^{*}Q_{GN3}}{Q_{GN1}+Q_{GN2}+Q_{GN3}}$$

$$=-\Delta U^{*}\frac{\frac{Q_{GN1}}{\delta_1}+\frac{Q_{GN2}}{\delta_2}+\frac{Q_{GN3}}{\delta_3}}{Q_{GN1}+Q_{GN2}+Q_{GN3}}$$

$$=-\Delta U^{*}\Big/\frac{Q_{GN1}+Q_{GN2}+Q_{GN3}}{\frac{Q_{GN1}}{\delta_1}+\frac{Q_{GN2}}{\delta_2}+\frac{Q_{GN3}}{\delta_3}} \tag{14-18}$$

由单台机组无功功率增量标幺值与电压增量标幺值关系对比，可得多台机组无功功率总增量标幺值与电压增量标幺值的关系，即多台机组并联运行，可等值为一台机组，其等值发电机调差系数为

$$\delta_{\Sigma}=\frac{\sum Q_{GNi}}{\sum\frac{Q_{GNi}}{\delta_i}} \tag{14-19}$$

总无功功率增量率为

$$\Delta Q_{\Sigma}^{*}=-\frac{\Delta U_{G}^{*}}{\delta_{\Sigma}} \tag{14-20}$$

总无功负荷变化时引起的母线电压变化为

$$\Delta U_{G}^{*}=-\delta_{\Sigma}\Delta Q_{\Sigma}^{*} \tag{14-21}$$

各机组无功功率的变化量为

$$\Delta Q_i=\Delta Q_i^{*}Q_{Ni}=-(\Delta U_{G}^{*}/\delta_i)\,Q_{Ni} \tag{14-22}$$

5. 发电机—变压器组并列运行

当采用发电机—变压器组并列运行时，若发电机采用正调差特性，母线电压将随无功功率的增加而变得很低。发电机采用负调差特性，电压随无功功率的增加而上升，而变压器上由无功功率产生的压降也增加，因此发电机—变压器组在高压侧母线上为正调差特性，有利于维持电压。

如图 14-33（a）所示，若将变压器 T1、T2 的阻抗合并到发电机 G1、G2 的阻抗中，则对并列点高压母线来说，仍可看作两台发电机并列运行，故发电机的外特性曲线必须是下倾的，如图 14-33（b）中实线 1 和实线 2，这样才能稳定两台发电机无功功率的分配。

注意到励磁调节器输入电压为机端电压 U_{G1}、U_{G2}，考虑到变压器压降 $jI'_{GQ1}X_{T1}$、$jI'_{GQ2}X_{T2}$，高压侧并列母线的电压为

$$U=U'_{G1}-I'_{GQ1}X_{T1} \tag{14-23}$$

$$U=U'_{G2}-I'_{GQ2}X_{T2} \tag{14-24}$$

式中 U——高压侧并列母线电压值；

U'_{G1}、U'_{G2}——折算到高压侧的机端电压值；

I'_{GQ1}、I'_{GQ2}——折算到高压侧的发电机 G1、G2 的无功电流；

X_{T1}、X_{T2}——折算到高压侧的变压器 T1、T2 的电抗值。

根据式（14-23）、式（14-24）可作出分别以 U'_{G1}、U'_{G2} 为纵坐标的发电机外特性曲线，如图 14-33（b）中虚线 1′、2′所示，具有负调差系数。容易看出，若外特性 1′、2′具有正调

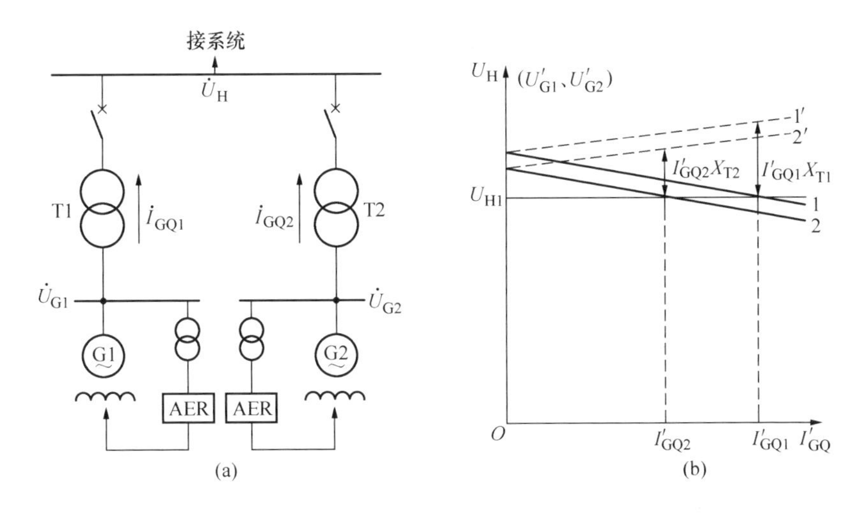

图 14-33 两台发电机—变压器组并列运行

(a) 接线图；(b) 外特性

差特性，相对并列点电压的发电机外特性曲线 1、2 倾斜角会更大，于是无功功率的变化会引起高压母线有较大的波动。一般情况，并列点电压外特性的调差系数在 5%左右，所以图 14-33（b）中特性曲线 1′、2′为负调差系数，这样可维持并列点高压母线的电压水平，对提高电力系统的稳定性是很有益的。

总之，对于机端直接并列运行的发电机，无差特性的发电机不得多于一台，负调差特性的发电机不允许参与并列运行；为使无功功率按机组容量分配，并列运行的发电机的外特性曲线 $U_G = f(Q^*)$ 应重合，并具有正调差系数；发电机—变压器组在高压母线上并列运行，对并列点电压来说仍应有正调差系数。为维持高压母线的电压水平，对机端电压来说可以是负调差特性，仍能稳定无功功率的分配。

第四节 数字式励磁调节装置

一、励磁调节装置的基本构成

不论是模拟式 AER 还是数字式 AER，基本功能是相同的，只是数字式 AER 有很大的灵活性，可实现和扩充模拟式 AER 难以实现的功能，充分发挥了数字式 AER 的优越性。

图 14-34 所示为数字式 AER 基本功能性框图，由调差环节、测量比较、PID 调节、移相和脉冲放大、可控整流等基本部分组成，构成以机端电压为被调量的自动励磁调节的主通道系统。此外，为保证发电机运行的安全，还设有各种励磁限制；为便于发电机运行，装置设有电压给定值系统。除上述主通道调节外，还可切换为以励磁电流（见图 14-34 中虚线，通过 TA2 测量）为被调量的闭环控制运行。由于采用自动跟踪系统，切换不会引起发电机无功功率的摆动。以励磁电流为被调量的闭环控制运行（通常称为手动运行），通常应用于发电机零起升压以及自动控制通道故障时。

在图 14-34 的主通道自动励磁调节中，若由于某种原因使发电机电压升高时，偏差电压 ΔU 经 PID 调节后得到控制量 y，使移相触发脉冲后移，控制角 α 增大，可控整流输出电压

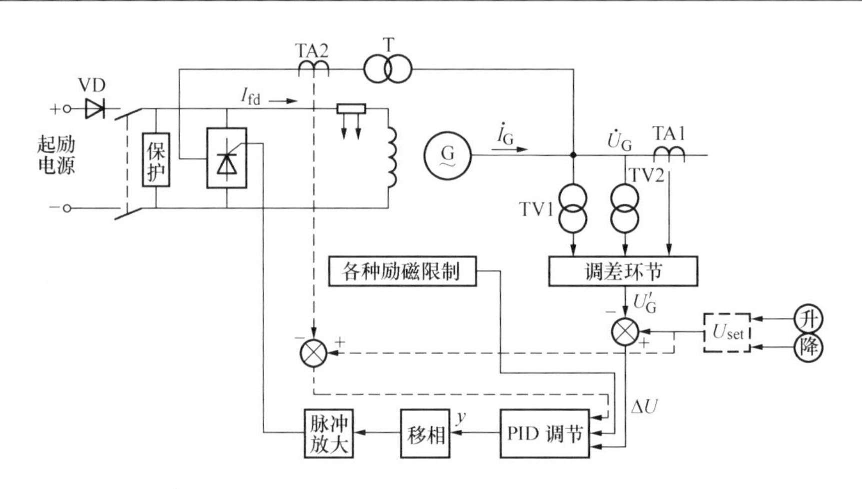

图 14-34　数字式 AER 基本功能性框图

减小，减小发电机的励磁，机端电压随之下降。反之，发电机电压下降时，控制量 y 使移相触发脉冲前移，控制角 α 减小，可控整流输出电压增大，增大发电机的励磁，机端电压随之升高。因此，调节结果可使机端电压在给定值水平。

数字式励磁调节装置原理与模拟式是基本相同的，一般是专用微机励磁控制的系统，其框图如图 14-35 所示。微机的核心是主机，主机通过系统总线、接口电路与具体控制对象的过程通道连接，也就是采集发电机组的运行状态信息和输出脉冲调节励磁功率柜（晶闸管），实现对发电机组励磁的综合调节控制。

由于计算机具有强大的运算和逻辑判别能力，可以方便地实现各种控制策略，可以实现模拟式励磁调节装置较难实现的控制策略（例如各种优化控制算法），且便于修改，灵活性强。数字式励磁调节装置在信息技术的推动下获得了很大的发展。

图 14-35 其实也是计算机控制系统通用的框图模式。其中主机（CPU）、系统总线和接口电路是一台通用的微机硬件；而数据采集输入过程通道、脉冲输出通道、控制输出过程通

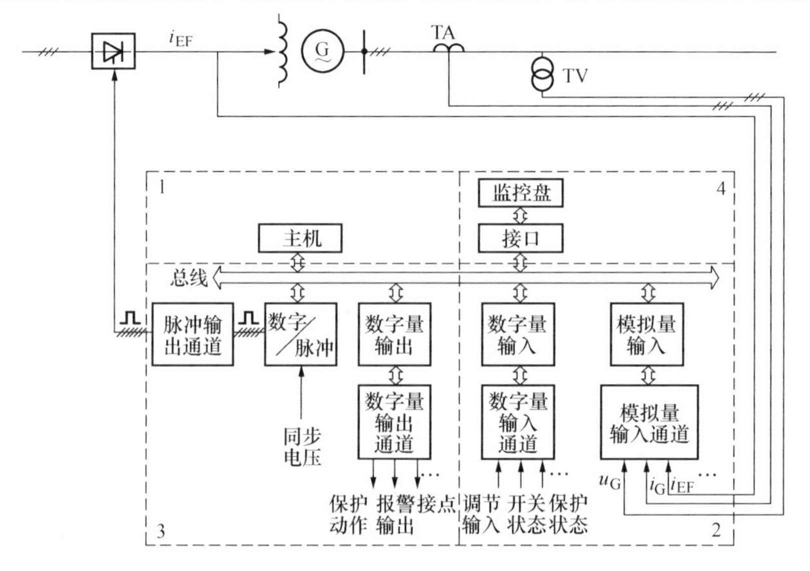

图 14-35　数字式磁调节装置构成原理框图

道和人—机接口，是与控制对象具体有关的硬件电路。主机装有系统软件、应用软件等，就是一套专用的微机的励磁调节装置，能够用数值计算与判断达到精度高、响应快的控制效果。

数字式励磁调节装置的组成可分为主控制单元（主机）、信息采集单元、控制输出（移相触发）单元和人—机接口单元等四个部分，在图 14-35 中分别用虚线框 1～4 表示。

二、数字式励磁调节装置的工作原理

AER 工作过程中，需将发电机的各种电气量转换成微机能识别的数字量，不仅调节控制计算时要采用，限制程序中同样要采用。因此，电压调节计算程序、限制控制程序中均有采样程序，获取各种电气量的数字量。被采集的电气量有机端电压 U_G、有功功率 P、无功功率 Q、定子电流 I_G、励磁电压 U_{fd}、励磁电流 I_{fd}、发电机频率 f（空载时反映发电机转速）、励磁变压器低压侧电流。

（一）电气量测量

1. 发电机机端电压测量

发电机机端电压测量要求有较高的测量精度，因为其是励磁调节的最重要依据，应当采用交流采样方式实现。由于发电机结构的原因，电动势中存在各种谐波，可以在采样电路的交流侧配备级联式有源滤波器滤除高次谐波，低通效果要好。A/D 变换的位数取用高位数。在电压有效值计算程序中，采用滤波效果好的计算方法，滤除低次谐波，提高测量精度。

通过图 14-34 中电压互感器 TV1（专用电压互感器）、TV2（仪用电压互感器）可测量机端电压。采用两只电压互感器的目的是防止专用电压互感器高压侧熔丝熔断引起 AER 误强励。

机端电压测量有两种方式：①将经输入电路隔离变换后的三相电压进行整流、滤波变成直流电压，再经 A/D 变换，变成微机可识别的数字量；②将隔离变换后的三相电压先进行 A/D 变换，变换成数字量后，取出正序电压，再进行数字滤波获得微机能识别的数字量。采用发电机的正序电压反映机端电压可提高系统发生不对称短路故障时 AER 的检测灵敏度。

2. 定子电流测量

定子电流数字量可采用富氏算法直接求得。也可通过整流、滤波变换成直流量，再经 A/D 变换测量三相电流。

3. 有功功率和无功功率的测量

在 AER 中，有功功率和无功功率的测量有两种方式：①采用功率变送器，直接获得三相有功功率和三相无功功率的数字量；②应用定子电压、定子电流的采样值直接计算出发电机三相有功功率和三相无功功率。前者要增加硬件设备，后者不增加硬件设备，完全由软件实现。

4. 励磁电流测量

励磁电流可通过接在励磁回路中的分流器、直流/直流变换器、滤波器后，经 A/D 变换就可测得励磁电流。在自并励励磁系统中，由于桥式整流电路两侧的电流具有一定的比例关系，因此测量整流电路交流侧电流可以推算出直流侧的转子电流。即测量励磁变压器低压侧电流（图 16-34 中 TA2 的二次电流）来反应励磁电流。

（二）发电机电压调节计算

电压调节计算主要由采样、调差计算、测量比较、PID计算等组成。其中采样就可获得有关发电机的各种电气量，供电压调节计算时使用。

1. 调差计算（调差环节）

将电压测量值U_G与整定值U_{ref}直接比较，得到电压差值ΔU_G，即无差调节特性。

$$\Delta U_G = K_1(U_G - U_{ref}) \tag{14-25}$$

式中　U_G——发电机机端测量电压；

U_{ref}——发电机电压给定值；

K_1——比例系数$K_1<0$。

当发电机端电压高于整定值时，输出将是一个负的电压差值。

考虑调差系数的有差特性为

$$\Delta U_G = K_1(U_G + \delta Q_G - U_{ref}) \tag{14-26}$$

式中　Q_G——发电机机端无功功率测量值；

δ——发电机调差系数。

经数值采样后机端电压表达为$U_G(kT)$，调节器对机端电压的设定值为$U_{ref}(kT)$。

无差特性为

$$\Delta U(kT) = K_p[U_G(kT) - U_{ref}(kT)] \tag{14-27}$$

在电压差计算公式中加入调差系数δ与发电机输出的无功功率Q_G的乘积。改变发电机的调差系数δ，即取$\pm\delta Q(kT)$，可以得到不同的发电机有差特性

$$\Delta U(kT) = K_p[U_G(kT) \pm \delta Q_G(kT) - U_{ref}(kT)] \tag{14-28}$$

式中　$U_G(kT)$——发电机机端电压采样值；

$Q_G(kT)$——发电机无功功率采样值；

$U_{ref}(kT)$——电压给定值的采样值；

K_p——励磁调节装置的放大倍数；

δ——调差系数。

从式（14-28）可以看出，考虑调差系数后，测量比较的电压为$U_G \pm \delta Q$。当δ前取“+”号时，若Q_G增加，测量比较的输入电压比机端电压给定值要高，则调节器将减少励磁，使调差特性下倾即正调差；若取“−”号，则使测量比较的电压比机端电压设定值低，调节器将加大励磁，使电压升高，结果是调差特性上翘即负调差。

当发电机输出无功功率Q_G（电流）变化时，其变化量乘以调差系数δ，相应影响测量比较的结果，由此影响发电机电压的相对变化。

2. PID计算

PID计算环节输入的是偏差信号电压$\Delta U(n)$，输出的是信号电压$Y(n)$。PID计算就是比例、积分、微分运算，在模拟式控制装置中，PID的调节规律为

$$Y(t) = K_p\Delta U(t) + K_i\int_0^t \Delta U(t)\mathrm{d}t + K_D\frac{\mathrm{d}\Delta U(t)}{\mathrm{d}t} \tag{14-29}$$

式中　K_p——比例放大系数；

K_i——积分系数；

K_D——微分系数。

比例调节用以提高 AER 调节灵敏度，K_p 越大，AER 灵敏度越高；积分调节用以提高调节精度，即使 $\Delta U(t)$ 很小，但经一段时间积分后，就有一定量的 $Y(t)$，AER 调节结果使 $\Delta U(t)$ 更小，即机端电压更趋近给定电压，当然增大 K_i 可进一步提高调节精度；微分调节可提高调节速度，特别是在机端电压发生突变时，可使 AER 快速作出反应。K_p、K_i、K_D 系数的选择，应保证 AER 稳定运行，并处最佳匹配状态。在数字式 AER 中，可在线（发电机空载时）修改参数。

用离散采样值计算时，差分方程为

$$Y(n) = K_p \Delta U(n) + K_i T_y \sum_{k=1}^{n} \Delta U(k) + \frac{K_D}{T_y}[\Delta U(n) - \Delta U(n-1)] + Y(0) \quad (14\text{-}30)$$

式中　T_y——采样计算周期；

$\Delta U(n)$——$t = nT_y$ 时刻偏差电压 $\Delta U(t)$ 采样值；

$\Delta U(k)$——$t = kT_y$ 时刻偏差电压 $\Delta U(t)$ 采样值；

$Y(n)$——$t = nT_y$ 时刻 PID 计算输出值；

$Y(0)$——初始输出值。

可以看出，$Y(n)$ 与过去的状态有关。为使 AER 调节平稳、无冲击，广泛采用增量算法。即将 n 时刻和 $n-1$ 时刻的 $Y(t)$ 值相减，可得增量算法表达式为

$$\begin{aligned}\Delta Y(n) &= Y(n) - Y(n-1) \\ &= K_p[\Delta U(n) - \Delta U(n-1)] + K_i T_y \Delta U(n) + \frac{K_D}{T_y}\Delta^2 U(n)\end{aligned} \quad (14\text{-}31)$$

式中　$\Delta^2 U(n) = [\Delta U(n) - \Delta U(n-1)] - [\Delta U(n-1) - \Delta U(n-2)]$

其中 $\Delta Y(n)$ 为 $t = nT_y$ 时刻输出电压增量，故 $Y(n)$ 可表示为

$$Y(n) = Y(n-1) + \Delta Y(n) \quad (14\text{-}32)$$

$Y(n)$ 即为数字移相的输入控制信号。

（三）数字移相及触发脉冲形成

数字移相就是将 PID 计算输出的数字量 Y 转换为控制角 α，并在规定的角度区间内形成脉冲，经功率放大后形成触发脉冲，给相应晶闸管触发。对三相全控桥触发脉冲，控制角 α 有上、下限，即 $\alpha_{min} \leqslant \alpha \leqslant \alpha_{max}$，如取 $\alpha_{min}=5°$、$\alpha_{max}=150°$，并需采用双脉冲触发。

1. 数字移相工作原理

数字移相就是将前述电压控制信号 Y 对应的数字量 D 在规定的角度区间内转换成时间 t_α，再由 t_α 转换为工频电角度 α，从而实现数字移相。利用减法计数器在一定计数脉冲 f_c 下对 D 作减计数运算，从计数开始到减计数器出现 0 为止的时间就是 t_α。显然，t_α 等于 D 个计数脉冲周期，即

$$t_\alpha = D\frac{1}{f_c} \quad (14\text{-}33)$$

将式中的延时转换成对应的电角度，即控制角 α

$$\alpha = \omega_1 t_\alpha = \frac{360}{T_1} \times \frac{D}{f_c} \tag{14-34}$$

式中 T_1——交流电源的周期，对应角频率 ω_1，工频 50Hz。

2. 数字移相实现

根据式（14-1）直流励磁电压 U_d 与延迟触发角 α 之间关系。首先需确定延迟触发角 α 的计算起始点，全控整流桥六个晶闸管依次相隔 60°被触发换相，对应有六个电源电压为同步电压，各同步电压由负变正，过零点的时刻即为 $\alpha=0°$ 的计算起始点。

图 14-4 示出了三相全控桥触发脉冲形成的角度区间及触发脉冲的时序关系。在图 14-36 所示为 VSO1～VSO6 六个晶闸管同步电压形成的区间，方框中标示有 VSO1～VSO6 晶闸管触发脉冲形成区间，对应同步电压分别是 u_{ac}、u_{bc}、u_{ba}、u_{ca}、u_{cb}、u_{ab}，各自正半周的起点即是 $\alpha=0°$ 起始点。方框中带括弧的编号表示双脉冲触发时另一晶闸管的编号。当图14-36 中的方框开始出现时（即同步电压正半周开始时），减计数器就对置入的数字量 D 开始进行减计数。

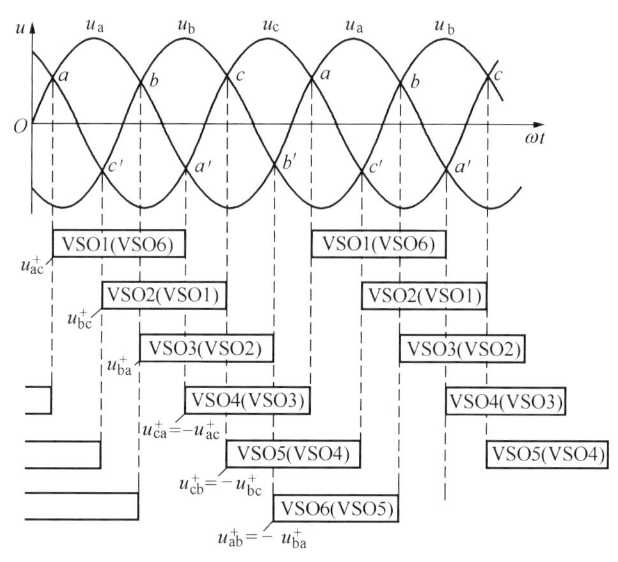

图 14-36 图 14-4 中 VSO1～VSO6 六个晶闸管同步电压形成的区间

数字移相触发电路如图 14-37 所示。u_{ac}、u_{bc}、u_{ba} 经方波形成电路后，得到正半周高电位的方波电压 $[u_{ac}^+]$、$[u_{bc}^+]$、$[u_{ba}^+]$，经反相器后分别得到 u_{ca}、u_{cb}、u_{ab} 正半周高电位的方波电压 $[u_{ca}^+]$、$[u_{cb}^+]$、$[u_{ab}^+]$，这些高电位方波电压就是晶闸管 VSO1～VSO6 的同步电压。同步电压作用于减计数器的“Gate”端，在时钟脉冲 f_c 作用下，减计数器对“D”端置入到计数器的数字量 D 作减法运算，当计数器为 0 时，输出端“out”由高电位突变为低电位 0V。“out”突变低电位时刻与控制角 α 对应，从而获得了与控制角 α 相对应的低电位脉冲。

“out”的低电位脉冲经光电隔离、电平转换，再经放大就可得到晶闸管的触发脉冲。

在自并励励磁系统中，触发脉冲要经脉冲变压器放大后输出，所以脉冲变压器一、二次绕组间应有足够高的隔离耐压水平。自并励励磁系统电流大，可控整流柜一般为多个并联，

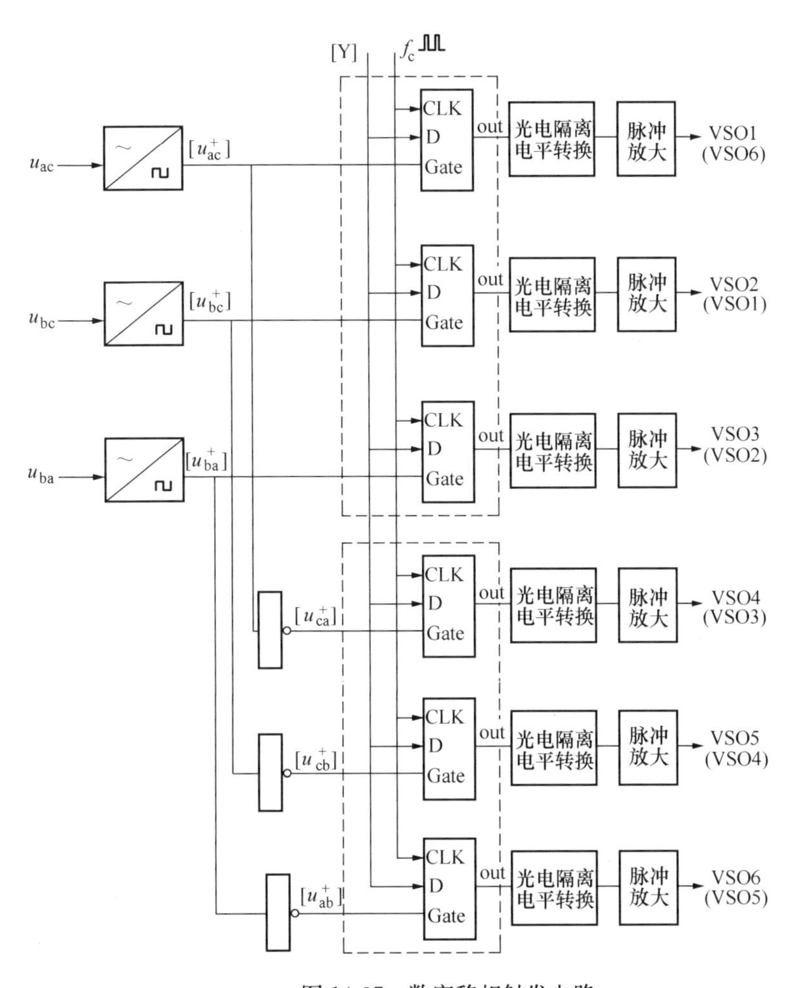

图 14-37　数字移相触发电路

故触发脉冲输出数量要满足要求，输出功率要足够大以保证晶闸管触发导通。

由上述控制过程可知，输入数字量从 D 减至 0，经历时间为 t_α，把延时 t_α 换算成对应的延时触发角 α，计数脉冲个数 D 与 α 形成对应关系，见式（14-34），或写成

$$D = t_\alpha f_c = \frac{\alpha}{360} T_1 f_c \tag{14-35}$$

例如，当发电机励磁电压 $U_d = 1000V$，$\alpha = 18°$，计数脉冲频率为 500kHz，交流电源为 50Hz 时，对应数字控制量 D 为 500。若将励磁电压 U_d 调至 985V，数字控制量 D 应调到 569，对应触发角 α 是 20.5°。

（四）励磁系统中的辅助控制

1. 励磁限制

大型同步发电机运行的安全性极为重要，继电保护装置是保证发电机安全的不可缺少的措施，AER 的限制功能与继电保护两者的配合保证了发电机运行的安全。大型同步发电机上 AER 的限制功能有强励反时限限制、过励延时限制、欠励瞬时限制、电压/频率限制、最大励磁电流瞬时限制等。

（1）强励反时限限制。发电机励磁绕组允许的励磁电流与持续时间呈反时限特性，即励磁电流越大，允许作用的时间越短；励磁电流减小时，允许作用的时间增加。为使AER起到强励反时限限制功能，应根据发电机励磁绕组特性，将允许强励倍数（如取2.0）、允许强励时间（如10s）、稍低于强励允许的反时限特性曲线输入到AER中。允许强励倍数和允许强励时间的设置，实际上就限制了强励允许反时限特性的峰值（最大强励电压、最短的允许时间）不超过发电机的允许限值。

电力系统发生短路故障时，发电机机端电压可能大幅度降低，AER将发电机处强励状态。此时AER根据测到的励磁电流，计算该励磁电流的持续时间，当持续时间达到设置强励反时限特性曲线相应允许时间时，AER停止强励并将励磁电流限定在限额值，见图14-38。可见，AER的强励反时限限制可使发电机励磁绕组过热不超过允许值，保证了发电机的安全。

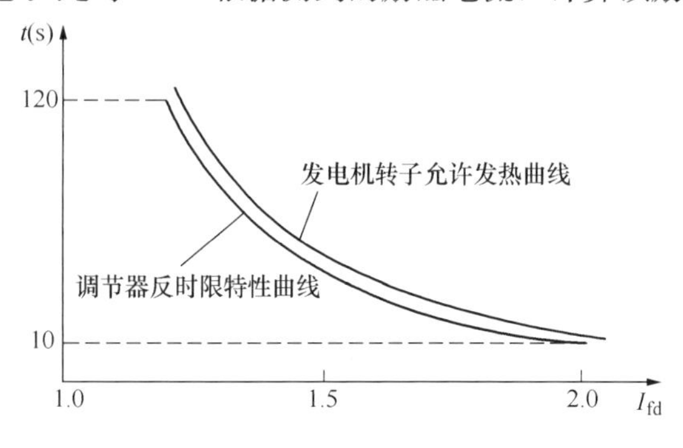

图14-38　反时限过励磁限制特性

发电机励磁绕组过负荷时，强励反时限限制同样可起到保护作用。

（2）过励延时限制。发电机在运行中，转子电流（励磁电流）和定子电流都不能长期超过额定值运行，图14-39示出了发电机励磁电流限制区域及定子电流限制区域。因发电机的空载电动势E_q与转子励磁电流成正比，所以以M点为圆心、转子电流允许值（如$1.1I_{fd,N}$）相应的E_q为半径的圆弧CD即为过励延时限制线。发电机在运行中，AER不断实时测量发电机的P、Q值，当Q值大于该点的允许值且持续时间达设定时间（如2min）时，过励延时限制动作，减小发电机励磁，将无功功率限制在设定曲线的无功功率值。

（3）欠励瞬时限制。由于电力系统运行需要，同步发电机在运行中，可能发生进相运行，即吸收感性无功功率和发出有功功率。由图14-15的功角特性可见，在某一有功功率下，励磁电流的减小意味着功率角增大，当δ大于90°时发电机可能失去静态稳定。为此，AER中设有欠励瞬时限制，当发电机进入设定的欠励限制线时，AER瞬时欠励限制动作，增大发电机励磁，以保持发电机与系统的静态稳定性，使发电机定子端部发热在允许的范围内。

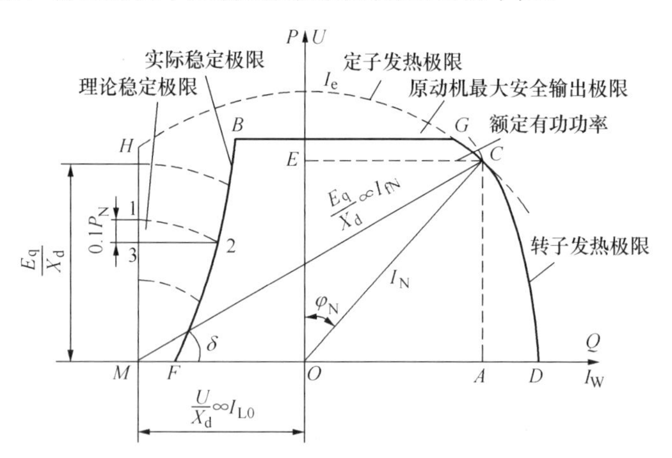

图14-39　发电机静态稳定性限制

隐极机的静态稳定极限的理论值是$\delta=90°$，因此，MH是理论上的静态稳定运行边界。在突然过负荷时，为了维持发电机的稳定运行，实际的静态稳定运行边界应留有一定的余量。图14-39中BF曲线是考虑了能承受$0.1P_N$过负荷能力的实际静稳定极限。曲线BF是这样作出来的：先在理论边界上取一些点（如点 1），然后保持励磁电流（E_q/X_d）不变，作圆弧 12，再找出实际功率比理论功率低 $0.1P_N$ 的点的集合直线 23，曲线 12 和直线 23 的交点就在实际稳定极限上。用同样的方法将能找到实际稳定极限的所有的点，连接这些点可得实际稳定极限的边界。

（4）电压/频率（U/f）限制。根据发电机的端电压的计算公式

$$U = 4.44fBNS \times 10^{-8} \tag{14-36}$$

式中　B——磁感应强度；

f——系统频率；

N——绕组匝数；

S——每极有效截面积。

式中，$4.44NS$ 为常数，设为系数 K，则有

$$B = K\frac{U}{f} \tag{14-37}$$

设额定运行时（对应 U_N、f_N）的磁感应强度为 B_N，则有

$$n = \frac{B}{B_N} = \frac{U^*}{f^*} \tag{14-38}$$

式中　U^*、f^*——分别为电压、频率的标幺值。

测量 n 值大小就可判定发电机过励磁的程度。

当发电机电压升高或系统频率降低时，发电机过励磁，n 增大，表现为铁芯饱和，励磁电流急剧增大，涡流损耗增大；谐波磁场增强，使附加损耗加大，引起局部发热；同时定子铁芯背部漏磁场增强，在定位筋附近引起局部过热，过热程度随 n 值增大急剧增加。防止发电机及变压器由于电压过高或频率过低而铁芯饱过热，采取对电压与频率比值进行限制。

AER 中的过励磁限制可起到发电机过励磁保护作用，当然过励磁限制值应与发电机过励磁保护动作值相配合。应当指出，水轮发电机突然甩负荷时（如线路故障跳闸），因调速系统关闭导水叶有较大的惯性，所以转速急剧上升，导致机端电压升高，危及定子绝缘。在这种情况下过电压限制可抑制机端电压的迅速上升。

（5）最大励磁电流瞬时限制。电力系统稳定要求发电机励磁系统有高的电压上升速度。交流励磁机励磁系统在通常情况下很难满足要求。而采用提高励磁顶值电压的方法，可以使电压响应比增大。如图 14-40 所示，当励磁顶值电压提高时，即 $U_{fdmax2} > U_{fdmax1}$，对同一时间 t_1 有 $U_{fd2} > U_{fd1}$，即励磁顶值电压越高，励磁电压上升速度越快。电压响应速度得到了改善，但是高励磁顶值电压将会危及励磁机及发电机安全。

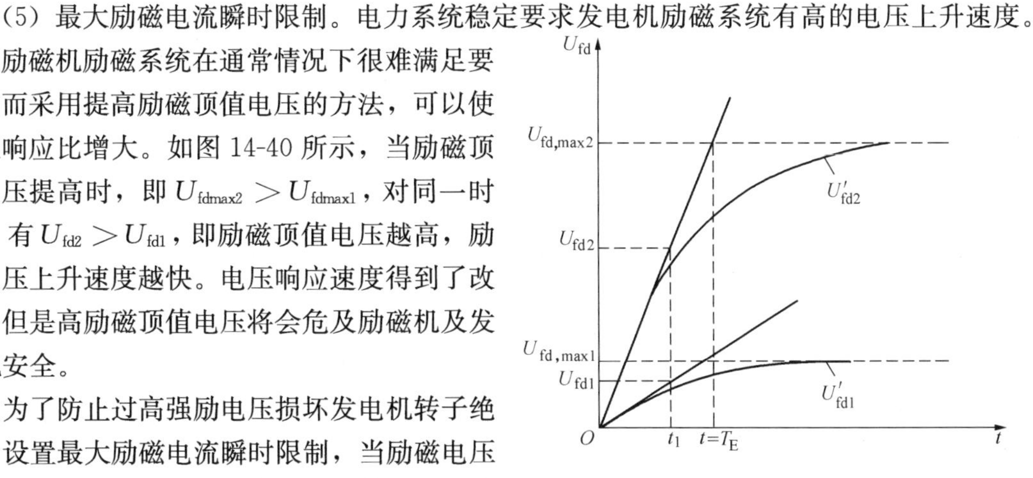

图 14-40　高励磁顶值电压与电压上升速度

为了防止过高强励电压损坏发电机转子绝缘，设置最大励磁电流瞬时限制，当励磁电压达到发电机允许的励磁顶值电压倍数时，应由

励磁调节装置动作立刻对励磁进行限制，使励磁电流限制在 $I_{fd,max}$。

2. 电力系统稳定器

当发电机通过远距离输电线与电网连接，而线路传输功率又较大时，会出现低频振荡，这对维护发电机稳定运行是不利的，因此，投入电力系统稳定器（Power System Stabilizer, PSS)，增大系统对振荡的阻尼，可以抑制低频振荡。

(1) 正阻尼力矩与负阻尼力矩。发电机正常运行时，输入功率等于输出功率，发电机为额定转速，δ 不发生变化。如在图 14-15 中，发电机稳定运行在 a 点，$\delta=\delta_0$ 不变化。

当发电机受扰动时，如系统电压降低或升高，则功角特性相应降低或升高，在输入功率不变的情况下，发电机要加速或减速，δ 增大或减小。

发电机转速变化过程中，发电机系统对这种转速变化而产生的力矩即阻尼力矩的性质有着重要作用。阻尼力矩有正阻尼力矩和负阻尼力矩。正阻尼力矩作用的方向与转速变化的方向相反，起阻止（阻尼）转速变化的作用，即发电机转速升高超过额定转速时，正阻尼力矩起制动作用；发电机转速低于额定转速时，正阻尼力矩起加速作用。所以正阻尼力矩可使发电机稳定运行，就发电机本身结构，水轮发电机转子上的阻尼绕组、汽轮发电机转子本身在转速变化时产生正的阻尼力矩。当然，转速不发生变化时，不产生阻尼力矩。

负阻尼力矩与正阻尼力矩完全不同，负阻尼力矩作用的方向与转速变化的方向相同，起推动转速变化的作用，使之转速不断增大，造成发电机失去动态稳定，或引起发电机低频振荡，影响系统稳定运行。

(2) AER 的负阻尼作用。由于发电机励磁回路是一个大电感回路，励磁电压中存在某一交变分量时，相应于这一交变分量的励磁电流，其相位应滞后交变分量励磁电压 90°。另外，机端电压 U_G 与功率角 δ 间的关系为：发电机 δ 角增大时，机端电压 U_G 会降低；δ 角减小时，机端电压 U_G 升高。

当发电机受到某种干扰，使转速增加（减小），即 $\Delta\omega>0(\Delta\omega<0)$，于是 δ 增加（减小）；机端电压 U_G 降低（升高）；AER 测得这一机端电压变化，基本无延时放大若干倍以增加（减小）励磁电压 U_{fd}；相应的励磁电流 I_{fd}缓慢增加（减小），发电机空气隙中的磁场相应缓慢增加（减小），以升高（降低）机端电压，实现机端电压的调节。

要使发电机动态稳定，必须要有正的阻尼力矩，即必须有与 $\Delta\omega$ 同相位的阻尼力矩。当发电机装设快速 AER 时，由于干扰使 $\Delta\omega>0$（$\Delta\omega<0$），上述调节过程驱使 U_G 升高（降低），U_G 升高（降低）引起发电机输出功率增大（减小），对发电机起制动（增速）作用。

再进一步讨论 $\Delta\omega$ 与 ΔU_G 变化间的相位关系。由于 $\Delta\omega$ 变化，必然引起 δ 的变化。$\Delta\omega$ 的相位超前 $\Delta\delta$ 相位 90°。快速 AER 当机端电压变化时励磁电压瞬时响应，ΔU_{fd}与 $\Delta\delta$ 同相位。考虑到励磁回路是一个大电感回路，ΔI_{fd}变化滞后 ΔU_{fd}变化 90°，即 ΔU_G的变化滞后 ΔU_{fd}变化 90°，$\Delta\omega$ 与 ΔU_G 有反相关系。

ΔU_G 变化与 $\Delta\omega$ 变化有反相关系，即 ΔU_G 引起的功率变化具有负阻尼力矩性质。也就是说，$\Delta\omega>0$ 时，AER 调节结果使 ΔU_G 升高产生的制动力矩为负，使发电机进一步增速；当 $\Delta\omega<0$ 时，AER 调节结果使 ΔU_G 降低产生的增速力矩为负，使发电机进一步减速。

因此，当 AER 放大倍数过大，产生的负阻尼作用超过发电机转子本身的正阻尼作用时，发电机容易失去动态稳定，或引起系统低到 0.3Hz 的低频振荡。

（3）动态失稳的抑制。抑制发电机动态失稳最有效的方法是：在 AER 的输入回路中引入能反应发电机转速变化的附加环节，并使机端电压变化能够与转速变化同相位，以达到由 AER 提供正阻尼力矩的目的。引入 AER 的这个附加量，可直接取自发电机的转速，也可取自发电机输出有功功率变化量 ΔP，或者取自机端电压的频率。当然，引入 AER 的这一附加调节量必须经过一定的相位超前回路，使在该系统低频振荡频率下达到机端电压变化与转速变化同相位。这一措施也称为附加反馈。

减小 AER 的放大系数，也可在一定程度上抑制发电机的失稳。在 AER 中，为提高 AER 的调节品质，使在外部干扰情况下迫使在平衡点的动态误差为零，可采用零动态的最优励磁控制和非线性最优励磁控制，同时也可提高 AER 系统的动态阻尼。

（五）自动励磁调节装置的其他功能

1. 自动励磁调节装置 Watchdog 功能

为监视 CPU 运行，防止受电气干扰而死锁或停运，AER 设有专门的 Watchdog（硬件监视器）。

在控制调节程序返回中断前，将一个自检信号送到监视器，以确认 CPU 工作正常，从而可继续下一循环工作。若因电气干扰程序走错路径或停止执行，则监视器接收不到自检信号，系统给出故障信号，AER 自动切换到备用通道。在 CPU 死锁或停运时，触发脉冲数据不会被更新，因而 CPU 死锁或停运不会导致发电机失磁。

2. 数字式电压给定系统

数字式电压给定系统，采用软件给出机端电压给定值。当以励磁电流为被调量时给出励磁电流值，可就地或远方（主控室）给出给定值，实现升高或降低机端电压；升、降电压速度可选择，以实现电压平稳调节，不发生跳变。此外，给定电压值具有上、下限限制，每次停机时给定值自动置零电压，为下次开机作准备。

数字式电压给定系统具有很强的抗干扰能力，避免受干扰而导致发电机失磁或发生误强励。

3. 两个自动控制通道间的切换

大型发电机的 AER，通常采用双自动控制通道以提高运行可靠性。一个自动控制通道工作时，另一个自动控制通道处备用方式。每个自动控制通道有两种工作方式：①以机端电压为被调量的自动控制通道；②以励磁电流为被调量的手动控制通道。

于是，AER 两个控制通道间的切换可以是自动切换到自动、自动切换到手动、手动切换到自动或手动切换到手动四种。AER 中的备用工作通道不断跟踪工作通道，当工作通道发生故障时自动切换到备用通道工作。

励磁调节装置的双重化配置原理见图 14-41，包括主控制单元的双重化、励磁功率单元的双重化、励磁电流测量的双重化、双重电源配置及 TV 的双重化。

4. 备用通道对工作通道的自动跟踪

所谓备用通道对工作通道的自动跟踪，就是采用高速同步串行通信实现两个通道的计算机间交换信息，使上述切换不发生电压波动或无功功率的摆动。

考虑到工作通道发生故障时计算的可控整流桥的控制角有问题，所以备用通道跟踪工作通道 3s 前的工作状态。

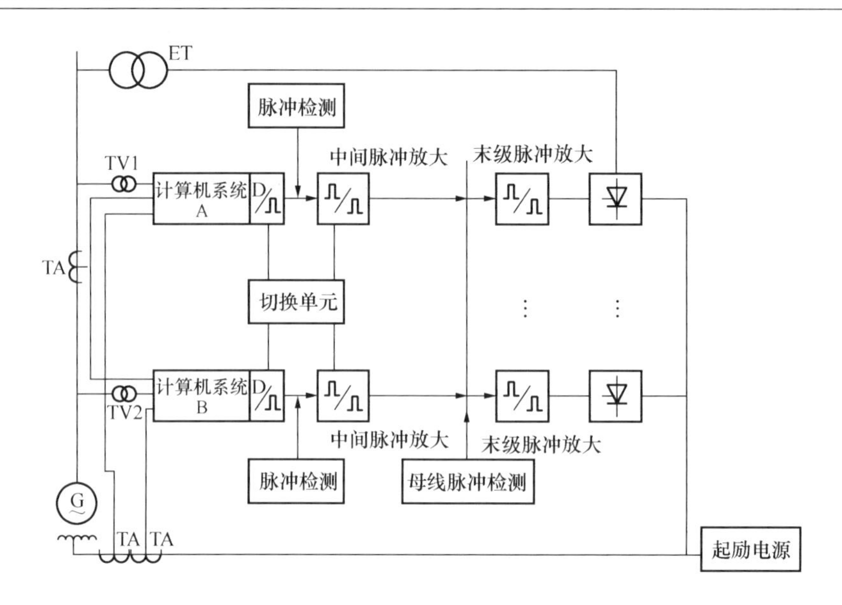

图 14-41　励磁调节装置的双重化配置原理

除上述专用功能外，AER 还具有与上位计算机通信、在线显示和修改参数、自检和自诊断、事件和故障记录等功能。

第五节　数字式励磁调节装置的应用实例

目前大型发电机使用最广的励磁调节装置为 ABB 公司的 UNITROL®5000 系列双通道励磁调节器。UNITROL®5000 励磁调节器由 UNITROL®F 和 UNITROL®P 平台升级而成，其特点有：双自动通道＋双后备独立手动通道的冗余控制系统；完善的系统监测和保护功能；智能均流，无需多路并联电缆和电抗器，均流系数大于 0.95；控制模块和晶闸管桥可以根据不同冗余要求自由组态；友好的人机界面；提供与发电厂 DCS 系统多种形式的接口；便捷的调试维护工具（CMT）等。

UNITROL®6000 励磁调节器是 UNITROL 系列的新一代励磁调节器，也被用于同步发电机静止励磁系统。与 UNITROL®5000 的 4 通道结构相比，UNITROL®6000 减少了一个后备手动通道。每个自动通道采用双 CPU 并行控制，其中采样、滤波、TV 断线和发电机短路判别等计算由一个 CPU 完成；调节、限制、PSS、逻辑控制、监视和保护运算则由另一个 CPU 以高效多任务方式完成，双机数据通信基于存取延时极短的双端口 RAM 或高速光纤通信。UNITROL®6000 控制硬件全新升级，采用最先进的硬件和设计，极大提高了运算速度。控制循环时间仅 400μs，在励磁应用领域率先实现了准连续控制。

一、UNITROL®5000 系统

1. 系统概述

静态励磁系统利用晶闸管整流器通过控制励磁电流来调节同步发电机的端电压和无功功率。图 14-42 所示为 UNITROL®5000 励磁系统框图，整个系统可以分成四个主要的功能模块：①励磁变压器（T02）；②两套互相独立的励磁调节器（A10、A20）；③晶闸管整流单元（G31～G34）；④起励单元（R03、V03、Q03）和灭磁单元（Q02、F02、R02）。

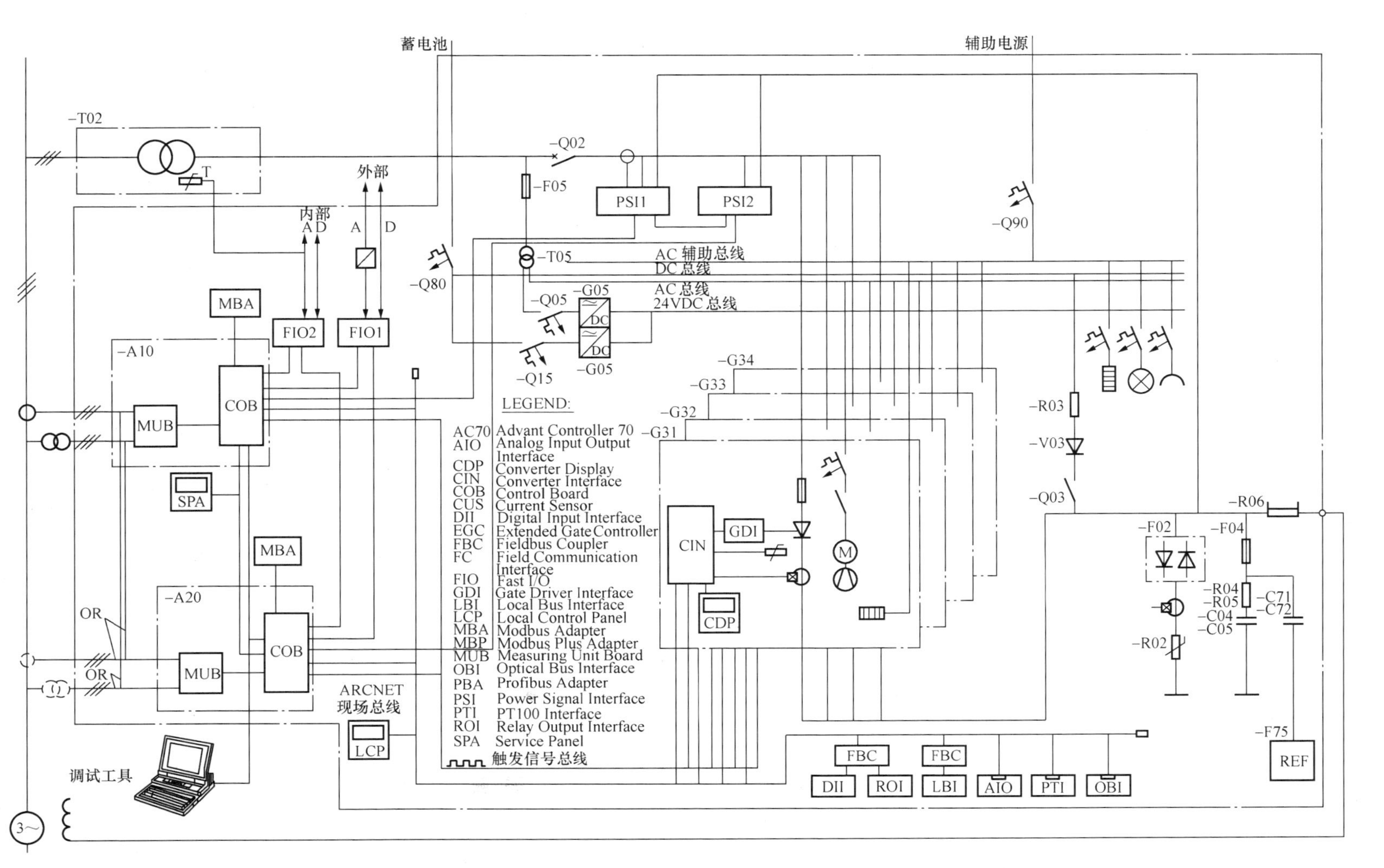

图 14-42　UNITROL®5000 励磁系统框图

在静态励磁系统中，励磁电源取自发电机机端。同步发电机的励磁电流经由励磁变压器T02、磁场断路器Q02和晶闸管整流器G31～G34供给。

励磁变压器将发电机端电压降低到晶闸管整流器所要求的输入电压，在发电机端电压和励磁绕组之间提供电气隔离，并起晶闸管整流器的整流阻抗作用。

在起励过程开始时，励磁能量来源于发电机端残压。晶闸管整流器的输入电压达10～20V后，晶闸管整流器和励磁调节器就即可正常工作，其后是AVR控制的软起励过程。并网后，励磁系统可以在AVR模式下工作，调节发电机的端电压和无功功率，或者工作于其他调节方式，如恒功率因数调节、恒无功调节等。此外，它也可以接受发电厂的成组调节指令。

灭磁设备的作用是将磁场回路断开并尽可能快地将磁场能量释放掉。灭磁回路主要由磁场断路器Q02、灭磁电阻R02和晶闸管跨接器F02（以及相关的触发元件）组成。

励磁调节器采取双通道（A10和A20）的结构。一个通道主要由一个控制板（COB）和测量单元板（MUB）构成，形成一个独立的处理系统。每个通道含有发电机端电压调节、励磁电流调节、励磁监测/保护功能和可编程逻辑控制的软件。除励磁调节器外，一些接口电路如快速输入/输出（FIO）模块和功率信号接口模块（PSI）也用于提供测量和控制信号的电隔离。此外，每个晶闸管整流桥都配备一套整流器接口电路，包括整流器接口单元（CIN）、门极驱动接口单元（GDI）和整流器显示单元（CDP）。

UNITROL®5000励磁调节器还具有强大的串行通信功能。一方面，它可以通过串行通信实现与电站监控系统的接口，支持Modbus、Modbus＋和Profibus等协议。另一方面，在励磁系统内，控制和状态信号的交换是通过ARCnet网实现的。磁场断路器跳闸回路还附加了硬件回路。

系统为高起始响应励磁系统，能在小于0.1s内励磁电压增长值达到顶值电压和额定电压差值的95％。当发电机的励磁电压和电流不超过其额定值的1.1倍时，励磁系统应保证能连续运行。励磁系统具有短时过载能力，在机端电压降至80％时，其强励倍数为2.0，允许强励时间为20s，励磁系统电压响应时间小于0.1s。发电机电压控制精度（从空载到满载电压变化）为0.2％的额定电压。在空载额定电压下，当电压给定阶跃响应为±5％时，发电机电压超调量不大于阶跃量的30％，振荡次数不超过3次，发电机定子电压的调整时间不超过5s。发电机零起升压时，自动电压调节器保证定子电压的超调量不超过额定值的10％，调节时间不大于10s，电压振荡次数不大于3次。其电压一频率特性为在发电机空载运行情况下，频率每变化±1％，发电机电压的变化不大于额定电压值的±0.25％。在发电机空载运行状态下，自动电压调节器的调节速度不大于每秒1％额定电压；不小于每秒0.3％额定电压。发电机甩额定无功功率时，定子电压不超过额定值的115％。励磁系统在发电机近端发生对称短路时应当保证正确工作。励磁系统应能承受发电机任何故障和非正常运行冲击而不损坏。

所有与发电机转子绕组在电气上相连的设备，绝缘水平均为10倍额定励磁电压，时间连续1min。励磁电流不大于1.1倍额定值时，发电机转子绕组两端所加的整流电压最大瞬时值应不大于转子绕组出厂工频试验电压幅值的30％。

其可靠性指标为因励磁系统故障引起的发电机强迫停运次数不大于0.25次/年，励磁系统强行切除率不大于0.1%，整套励磁系统保证平均无故障时间（MTBF）不小于30000h，自动励磁调节器（包括PSS）投入率不低于99%。

工作电源波动范围，交流电压380/220V，波动范围−15%～+10%，频率偏差−6%～+4%；直流控制电压波动范围−20%～+10%。励磁系统能接受自动准同期装置及DCS的调节及控制信号，能实现启、停的自动控制。

用输入/输出板提供一切必需的状态运行指示及信号报警用的干接点，干接点容量为DC220V、1A。该系统还提供下列模拟信号供用户使用。

用于励磁电流：两个分流器及两个变送器具有4路输出，输出4～20mA，精度0.2级。

用于励磁电压：两个变送器具有4路输出，输出4～20mA，精度0.2级。

励磁电压经熔断器输出至接口供发电机—变压器组保护用。具有与发电机控制盘操作回路接口、计算机控制系统的DEH及DCS硬接线接口以及具有与DCS通信的接口软件和硬件设备。在调节器面板上设有必要的参数显示，如励磁电压、励磁电流等。能进行就地及远方的灭磁开关分合、调节方式和通道的切换以及增减励磁的操作。励磁系统装设相应的滤波设备以限制谐波引起的轴电压。励磁系统控制电源为直流110V，励磁系统动力电源为直流220V，励磁系统交流电源为AC 380/220V。

励磁变压器采用干式变压器，Yd11接线，一、二次绕组间设置可靠的屏蔽层并引出接地。励磁变压器已充分考虑整流负载电流分量中高次谐波所产生的热量。励磁变压器能通过6.3kV厂用电，满足对发电机——变压器组进行空载试验时130%额定机端电压和短路试验时110% 额定电流的要求。励磁变压器的高压侧接至发电机机端。励磁变压器在高压侧装2组（其中每组二次侧每相2个绕组），低压侧装1组TA（二次侧每相2个绕组）用于保护和测量表计。励磁变压器的容量满足强励和发电机各种运行工况的要求，在环境温度为−50～45℃下保证连续运行不超温。励磁变压器采用F级绝缘，B级温升考核。励磁变压器高压侧的绝缘等级按35kV制造。

UNITROL®5000励磁调节器是基于微机控制的数字式控制系统，主要用于大型静态励磁系统的控制和调节。

UNITROL®5000的控制电路增加新的技术，如晶闸管整流桥动态的、智能化的均流方法，残压起励以及完善的通信功能和多种调试手段。UNITROL®5000还可用于供电电源频率为16.67Hz的励磁装置和供电电源取自于频率高达500Hz的交流励磁机的励磁装置。

2. 励磁调节器组成

UNITROL®5000励磁调节器的核心是一块被称为COB的控制板。所有的调节和控制功能以及脉冲生成等均由COB实现。此外，还有一块带数字信号处理器（DSP）的测量单元板（MUB），用于快速处理实际的测量值。这两块板按上下层结构安装，并装入一个金属箱中，形成一个独立的调节通道。

每个通道都有一个自动调节方式（AUTO）和一个手动调节方式（MAN），见图14-43。在自动方式中能达到机端电压为给定值。在手动方式中必须手动调整励磁电流给定值才能使发电机电压不变。在手动方式下必须由熟练的操作人员来监视。如果在自动方式下检测到故障会紧急切换到手动方式，手动调节自动跟随自动调节并具有延迟功能，在各种情况下都能保证无扰动切换。

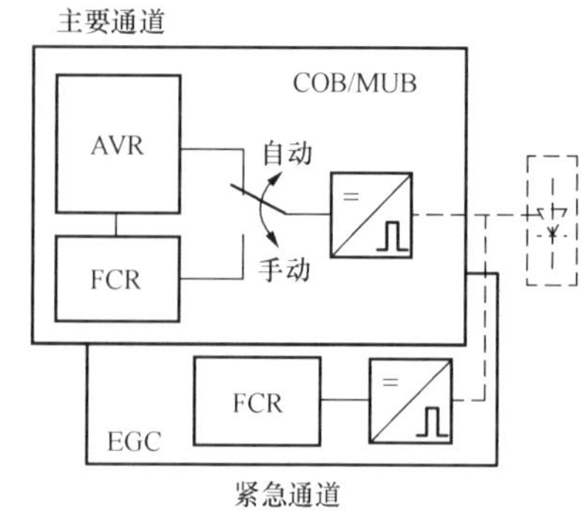

图 14-43　具有应急通道的主通道

在该配置中，利用一个扩展的门极控制器（结构上是独立的 EGC）作为应急通道（见图 14-43），应急通道的励磁电流调节器与主通道的励磁电流调节器的作用是相同的。应急通道的励磁电流调节器自动地跟随主通道，在主通道发生故障的情况下可自动地进行无扰动切换。

另外一种配置是采用两套调节器组成一个完全冗余的系统。两个通道是完全独立的，可以在线维护。两个完全相同的调节器和控制通道（通道 1 及通道 2），可以自由地选择通道 1 或通道 2 作为工作通道或备用通道，不工作的通道总是自动跟踪工作通道，以实现通道 1 与通道 2 之间无扰切换，见图 14-44。

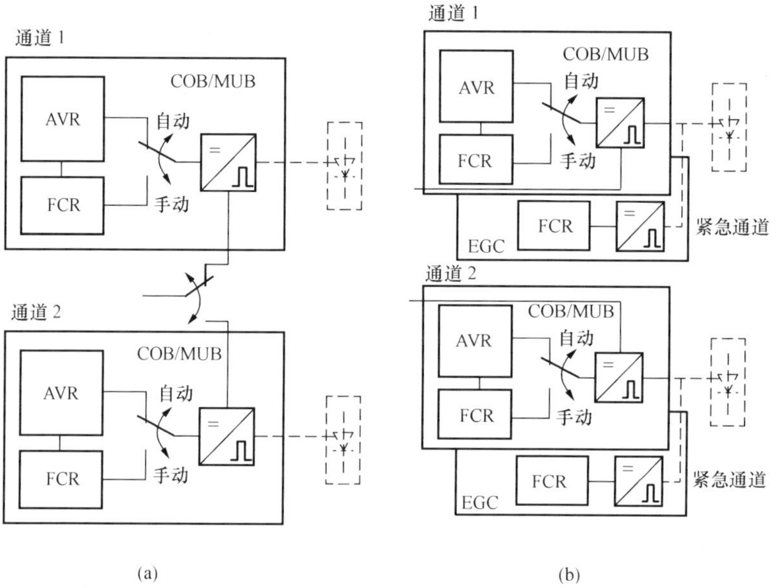

(a)　　(b)

图 14-44　双通道结构

(a) 双通道结构；(b) 双通道＋紧急通道

每个通道可以控制一个或多个并联的整流桥，输出励磁电流可达 10 000A，见图 14-45。采用了诸如快速 I/O 卡和功率柜接口板（CIN）等接口装置，用于电气隔离和信号转换。这些接口装置一般都放置在信号源附近，如功率柜接口板（CIN）安装在功率柜内。励磁系统内的信号处理，若无需实时处理，则通过 ARCnet 执行。

励磁系统内的通信。励磁系统内的通信是通过 ARCnet 实现的。这个内部的通信线路用于交换来自于或传递到晶闸管整流器的控制和状态信号。此外，测得的数值、现地控制面板（LCP）的报警及本地控制的命令也通过这条通信线路发送。

励磁系统与电站控制系统的接口：

（1）常规 I/O 接口方式（利用光电耦合输入和继电器输出），数字量和模拟量命令以及一些状态信号是通过快速输入/输出板（FIO）传递的。每个快速输入/输出板（FIO）包括：16 个带光电隔离的数字量输入信号，用于 24V 回路；18 个输出继电器，带有转换触点用于

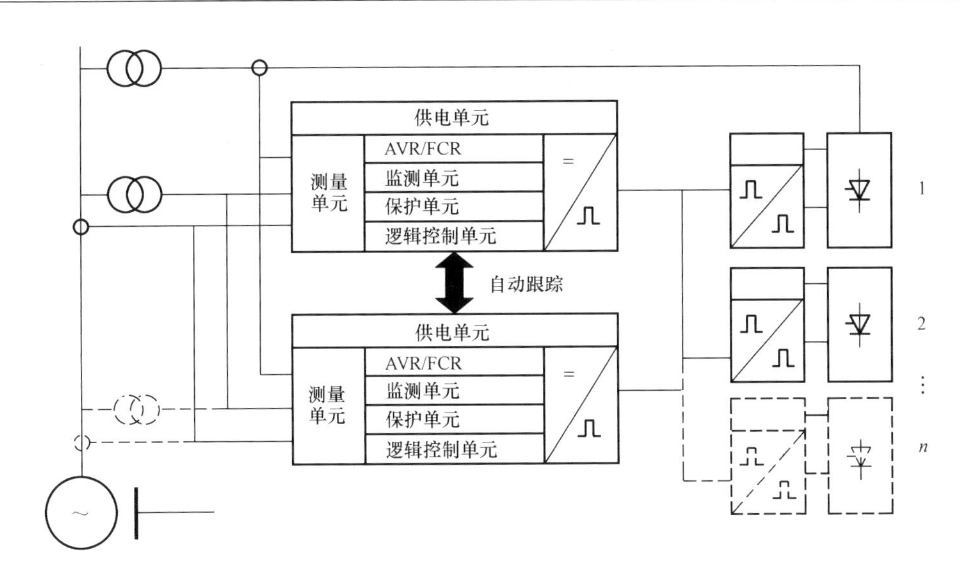

图 14-45　UNITROL®5000 双通道及并联整流桥

状态指示和报警；4 个多功能模拟量输入，输入信号为±10V 或±20mA；4 个多功能模拟量输出，输出信号为±20mA；3 个温度测量回路用于励磁变压器温度测量，测温电阻为 PTC 或 Pt100。

每个系统最多可配置两块快速输入/输出板（FIO）。对于大多数系统是足够用的，在要求有更多的数字量输入和输出的情况下，可以增加数字量输入接口（DII）和继电器输出接口（ROI）。这两个接口由 ARCnet 控制。

励磁系统还提供了两个独立的内部跳闸信号用于发电机保护。来自发电机保护的两个跳闸信号直接作用于磁场断路器的跳闸回路。

（2）串行通信方式。UNITROL®5000 励磁系统除了常规的 I/O 接口方式，还配有串行通信方式用于与更高层次的、不同规约的控制系统通信。所有运行所需要的信号包括转换的模拟量信号，都可以通过这种方式接收或发送。

3. 主要的控制单元

（1）控制板（COB）。在 COB 中集成了自动电压调节、各种限制、保护和控制功能。COB 所使用的 CPU 是增强型的微处理器 AN80186AM，在 32MHz 时钟下工作。一个专用的集成芯片（ASIC）负责交换和储存数据、控制脉冲生成、A/D 和 D/A 转换以及与励磁系统内的其他装置接口（ARCnet 网络控制器）。

COB 支持与本地控制单元（LCP）、手持编程器（SPA）和 CMT 工具的通信。此外，它提供串行端口，具有自诊断功能（看门狗）。为了便于快速诊断和故障查找，COB 配有一个七段数码显示管。此外，COB 还配有一个瞬时记录器和故障记录器。这些记录可通过 CMT 工具（调试和维护工具）处理。故障记录器和瞬时记录器还可以与实时时钟保持同步。

（2）测量单元板（MUB）。MUB 由数字信号处理器（DSP）和 IntelDSP56303 构成。它能提供对实际测量值的快速处理、电气隔离以及信号转换。

MUB 板上能实现的功能包括：滤波和数字化交流采样，计算励磁电流和电压、晶闸管整流器的输入电流和电压、有功功率和无功功率、功率因数和发电机的频率。具有加速功率和频率输入信号的电力系统稳压器（PSS），其控制算法以 IEEE Std. 421-2A 型为基础，为自适应电力系统稳定器。

（3）扩展的门极控制器（EGC）。EGC 在单通道配置中作备用通道，并在额定频率不同于 50/60Hz 的系统中用于生成脉冲。在后者情况中，它的典型应用是配合供电电源频率高达 500Hz 的励磁装置生成脉冲。此外，它还用于铁路电网中发电机（162/3Hz）的励磁装置。EGC 连同 COB、MUB 一起安装在金属控制箱中，但结构上是独立的。

EGC 还具有下述功能：励磁电流调节通道跟踪，以便在 COB 故障时实现平稳的切换；备用瞬时过电流保护；备用反时限过电流保护；直流短路保护；根据波形监测原理进行晶闸管整流器导通监视；自带电源。

（4）功率信号接口（PSI）。PSI 用于电气隔离，以及在磁场测量信号被送到 MUB 之前的转换。

（5）励磁调节器的电源。所有的电路板的供电电源取自于 24V 直流母线。24V 直流母线源自于两个全冗余电源组：由直流电源供电的 DC/DC 电源组，由励磁变压器的二次侧供电的 AC/DC 电源组。

4. 电压调节（软件）功能

自动电压调节器（AVR）的主要目的是精确地控制和调节同步发电机的端电压和无功功率。为了实现这个目的，磁场电压必须快速地对运行条件的变化作出反应，即响应时间不超过几毫秒。为此需要一个快速的控制器，不断地将给定值与反馈值进行比较，在尽可能短的时间内进行调节计算，最终去改变晶闸管整流器的触发角度。UNITROL®5000 励磁调节器的调节周期相当短，相对于模拟式励磁调节器而言，其延迟是可忽略的。调节计算完全由软件实现。模拟量信号如端电压和电流，通过模/数（A/D）转换器被转换成数字信号，模/数转换器是 MUB 的一部分。给定值及其上、下限也是由软件实现的。图 14-46 给出了 UNITROL®5000 的全部软件功能。为了更好地理解这些软件功能，将它们分成了不同的功能模块，并加以简短的功能说明。功能模块内的号码与以下文字说明的号码是相对应的。

（1）利用数字输入命令或模拟输入信号，通过串行通信线路，可实现 AVR 给定值的增、减或预置，此功能由模块①AVR-setpoint 实现。电压偏移时间，在上、下限之间是可调整的，与控制点值范围无关。

（2）为了补偿由单元变压器或传输线路上的有功功率或无功功率引起的电压降，模块②P-staic、③Q-staic 将与静态的有功功率和无功功率成正比的信号叠加到发电机电压给定值。同时，为了保证多台并联运行的发电机组之间的无功功率合理分配，还必须附加调差功能，具体实现方法是将发电机电压给定值减去与静态无功功率增加成正比的信号。功率补偿范围和调差范围均为－20％～＋20％，且是可调的。

（3）为了避免发电机组和励磁变压器的铁芯磁通过于饱和，在系统中配置了 U/f 限制器，即模块④U/f-limiter。在调节器内预置了 U/f 特性曲线，如果发电机电压对某一频率而言太高了，则调节器自动地减小给定值以降低发电机电压使其符合 U/f 特性曲线。

（4）模块⑤Soft-start 为软起励功能，是为了在起励时防止机端电压超调。励磁系统接收到开机令后即开始起励升压，当机端电压大于 10％额定值后，调节器以一个可调整的速

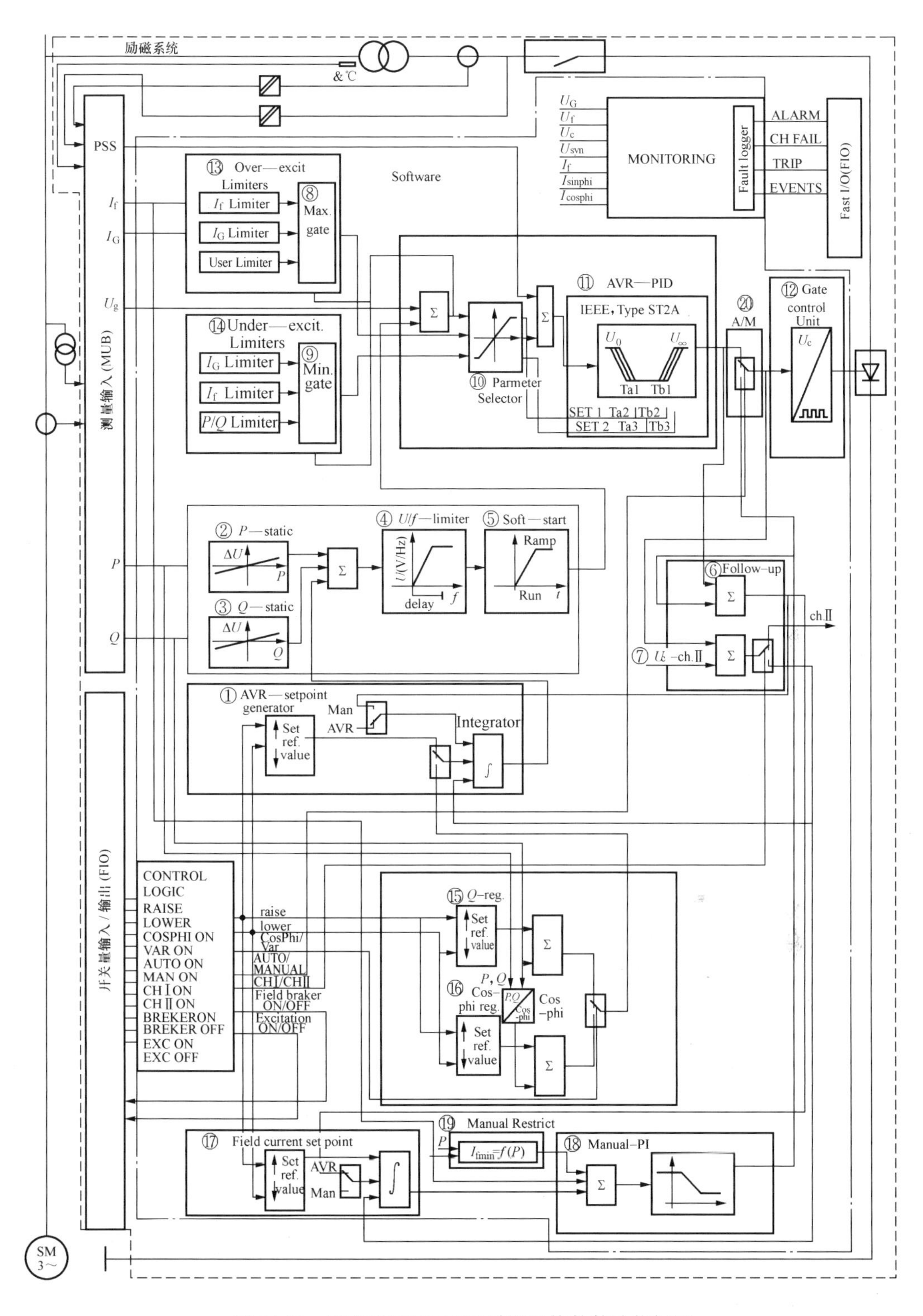

图 14-46　UNITROL®5000 励磁系统软件功能框图

度逐步增加给定值使发电机电压逐渐上升直到额定值。

（5）模块⑥Follow-up 设定了自动跟踪功能，保证从自动电压控制模式（AUTO）到励磁电流调节模式（MAN，也称为手动调节方式）的平稳切换。切换可能是由于故障引起的自动切换（如 TV 断线）或人工切换。在单通道系统中，AVR 的控制信号与 FCR 的控制信号之间的差值被用作调节器的跟踪控制。

（6）在双自动通道配置中（模块⑦U_c-chⅡ），跟踪通常是指两个独立的自动通道之间的跟踪，跟踪信号来源于运行通道控制信号和备用通道控制信号的差值。若两个通道都不能正常工作，励磁系统就会发出跳闸命令。在单通道附加手动通道的配置中，手动通道（BFCR）自动跟踪 COB。在 COB 故障时，自动跟踪保证了从 COB 切换到手动通道时波动较小。

（7）限制功能（模块⑧Max. gate、⑨Min. gate）的优先权是指过励限制或欠励限制的优先权。为了避免两个限制器同时处于激活状态（只有在故障情况下才会出现），可设定一个优先标志，选择哪组限制器（过励限制或欠励限制）先起作用。

（8）PID 控制器，即模块⑪ AVR-PID 的输入是实际值和给定值之差。PID 控制器的输出电压，即是所谓的控制电压 U_c 作为门极控制单元⑫ Gate-control Unit 的输入信号。

PID 控制器的调节参数可以在两组设定值中自动选择，取决于哪个限制功能是有效的。这有助于同步发电机的瞬时稳定性。

（9）模块⑬ Over-excit Limiters、⑭ Uder-excit Limiters 为限制器。限制器的目的是维护发电机的安全稳定运行，以避免由于保护器的动作而出现的事故停机。在额定端电压下凸极同步发电机的典型功率圆图及对应的运行限值见图 14-47。

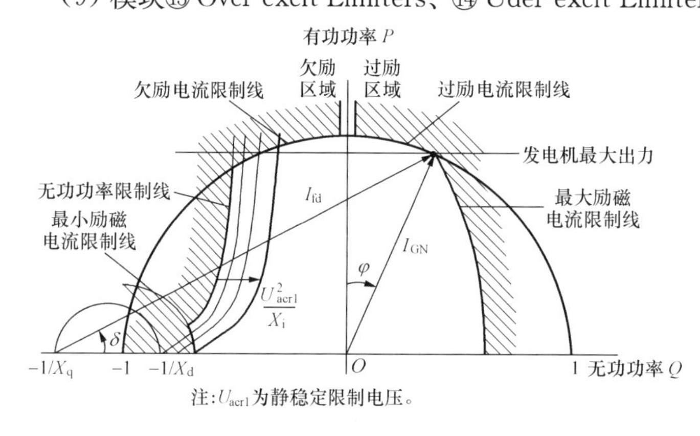

图 14-47　典型的凸极同步发电机功率圆图

（10）模块⑮ Q-reg、⑯ Cosphi-reg 为无功功率控制或功率因数控制，可视作对自动电压调节器的叠加控制。在无功功率（Q）控制的调节功能、功率因数（Cos）控制的调节功能这两种情况下，控制信号来源于实际值和被选控制模式的控制点值之间的差值。另外，控制信号通过一个积分器作用到自动电压调节器的求和点上。

所选叠加调节方式的给定值可通过下述方式设定：

1）通过就地控制面板（LCP）或手持编程器（SPA）。

2）通过远方增、减命令。

3）通过远方一个毫安信号设定。

4）通过远方的串行通信连接。

（11）电力系统稳定器 PSS（在 MUB 中）是 UNITROL®5000 的一个标准功能。这个功能包含于 MUB 的软件中。PSS 的目的是通过引入一个附加的反馈信号，以抑制同步发电机的低频振荡，有助于整个电力系统的稳定。PSS 的控制算法是以 IEEE Std. 421-2A 为基础的，是一个双输入型的 PSS。附加的反馈信号为机组的加速功率（由电功率信号和转子角频率信号综合而产生）。

APSS 为自适应电力系统稳定器。APSS 可用于替换 PSS。APSS 用于抑制电力系统中长期存在的有功功率低频振荡。对于以前定义的一种电力系统的线性模型，APSS 的作用是提高整个系统的阻尼特性。APSS 具有调整自身参数的功能，采用了电力系统的 3 次幂线性模型算法，在稳压质量和计算时间之间提供了一种折中。在运行过程中通过使用控制器对模型参数进行估算，调节算法计算闭环的特征方程。此外，APSS 实施了一种称为“白噪声”的编程算法，产生一种随机的采样序列，平均值为零且量值相当小，在系统稳定时需要这个信号。

(12) 模块⑱ Mannual-PI 为手动控制。手动控制模式主要用于调试，或者是作为在 AVR 故障时（如 TV 故障）的备用控制模式。在手动控制模式下运行时，UNITROL®5000 以同步发电机的励磁电流作为反馈量进行调节。手动控制模式的给定功能（模块⑰ Field current set point）与 AVR 控制模式的给定功能相同，可调整最大给定值和最小给定值。在手动模式下运行时，磁场电流的给定值可以通过增、减命令来调整。

为了避免在手动模式下突然甩负荷引起的过电压，手动模式具有自动返回空载的功能。在发电机断路器跳闸的情况下，一个脉冲信号传送给调节器，使手动给定值立即恢复到预定值，该预定值一般与同步发电机空载励磁电流的 90%～100% 相对应。如果需要手动限制（模块⑲ Manual Restrict）的功能，手动控制的最小给定值和最大给定值可以是当前有功功率和无功功率或发电机实际电压的函数。手动限制功能需要发电机的 TV 和 TA 所测得的数值。

一个自动跟踪控制器（模块⑥Follow-up）保证了从自动模式向手动模式切换时无扰动。在自动模式下运行时，来自于自动模式和手动模式的控制信号之差，被用于自动跟踪控制。合成误差信号被作用于信号选择器，信号选择器再把 AVR（自动模式）的 U_c 信号或励磁电流控制器的 U_c 信号发送到门控制单元，而发送哪个信号取决于在逻辑控制（模块⑳ A/M，自动/手动选择）中已经选取了哪种控制模式。

5. 监测和保护功能

(1) 控制板（COB）的软件功能，实际电压值监测（TV 故障探查）。对 TV 故障的检测是通过对测量的发电机端电压与励磁变压器二次侧电压进行比较来实现的。如果这两个电压的差值超过了预先调整的临界值（发电机额定端电压的 15%），那么逻辑控制器将会启动切换。如果仅有一组 TV 是可用的，那么就会从自动模式切换到手动模式运行。在两组 TV 都是可用的情况下，每个通道可用一组，那么将会从出现错误的通道（如果它处于工作状态）的自动模式切换到备用通道的自动模式。如果，两组 TV 都出现故障，那么就会切换到手动模式。

可以通过计算励磁绕组的电阻实现转子温度测量，转子温度的测量结果可以在就地显示和远方显示，并可用于报警指示。

过电流保护主要包括两个保护功能：①反时限特性的过电流保护；②瞬时过电流保护。过电流保护与最大励磁电流限制功能的工作特性相似，但过电流保护的特性曲线高于最大磁场电流限制器的特性曲线。失磁保护（P/Q 保护）在发电机超出其稳定极限之外工作的情况下，断开同步发电机。

利用功率圆图内的 5 个工作点来设定所需要的工作特征曲线。工作特征曲线相似于 P/Q 限制器的工作特征曲线。两个特征曲线经调整使 P/Q 保护特征曲线从 P/Q 限制器特征曲线向左移动 5～10 个百分点。由于同步发电机的稳定极限取决于发电机的端电压，所以工作特征曲线也要根据发电机端电压成比例地进行校正。发电机的工作点一超过工作特征曲线，一个定时器即被触发启动，并在可调的时间延迟后发出断开发电机的命令。定时器启动信号也可以用于报警的目的。过励磁保护（U/f 继电器）的目的是防止同步发电机和变压器的磁通密度过于饱和，保护功能是根据与基准电压的比较来实现的，基准电压取决于在发电机实际电压值下的发电机频率。如果实际电压超过基准值，一个定时器将被触发启动。如果在可调的时间延迟结束后，电压仍没有返回到允许值，那么跳闸信号会发出。

（2）励磁变压器温度测量。在 UNITROL®5000 的软件内执行励磁变压器绕组温度的测量。温度测量采用 PTC 或 Pt100 传感器。这些传感器都嵌装在励磁变压器二次侧绕组内。如果选用了 PTC 传感器，每相使用两个串联传感器，并连接到快速输入/输出板（FIO）的两个模拟量输入点。调节器检测当前励磁变压器的温度是否满足两个预定的温度临界值：第 1 段定值和第 2 段定值。超出第 1 段定值报警，超出第 2 段定值则励磁系统跳闸。

如果选用 Pt100 传感器，每相使用一个传感器，并连接到快速输入/输出板（FIO）的三个模拟量输入点。温度测量值可在就地控制面板（LCP）、手持编程器（LSP）上显示，或者可传送到控制室中。与前面 PTC 传感器方法相似的是，在软件中探测温度条件是否满足两个预定的温度临界值，分别用于报警和跳闸。

（3）其他监测和保护功能：励磁调节器自检功能，通过软件看门狗实现，特殊故障会显示在 COB 的七段数码管上。

此外，还有监测调节器工作电源的相应电路。晶闸管整流器具有下述监控功能。

1）快速熔断器带有熔断指示、桥臂电流监测、风机监测、整流器温度监测、整流柜门位置监测、交流侧过电压保护熔断器熔断指示。

2）交流侧过电压保护。置于每个整流桥的交流侧过电压保护回路吸收由晶闸管整流而引起的电压尖峰。AC 过电压保护主要由一个三相二极管整流桥和一个连接在 DC 侧的电容器组成。对于高频过电压而言，其电容代表一个低阻抗并且起滤波器的作用。与电容器并联的有一个放电电阻，在电容器放电时吸收能量。这种用途的电容器应能支持较高的 di/dt。二极管整流桥的 AC 侧由带接点指示的熔断器保护。

3）直流侧过电压保护。发电机端出现故障，如短路、错误的同步或异步运行，会引起反向的感应励磁电流，该电流在转子回路中会产生过电压。过电压必须被限制到足够安全的水平，而且应低于整流器晶闸管的峰值反向电压。跨接器电路通常用于直流侧过电压保护。该电路采用雪崩二极管用于探测转子回路中的正向和反向过电压。当雪崩二极管被击穿，相连的晶闸管则被触发，立即将灭磁电阻器并联连接到转子回路上，同时发出跳闸命令使磁场断路器立即断开。

4）转子接地保护的目的是监测转子绕组对地的绝缘水平。如果这个功能要求包含在励磁系统设备中，提供接地故障继电器 UNS3020。测量原理基于惠斯顿电桥，由两个电容器建立起测量桥的平衡，一个电容器连接在正引线和地之间，另一个连接在负引线和地之间。利用这个继电器，不仅能探测到励磁绕组的绝缘水平，而且还能探测到所有电力设备包括励磁变压器的二次侧绕组的隔离水平。它由两时段或两个不同定值组成，这两个在故障电阻和时间延迟方面都是分别可调的。无论何时发出了接地故障报警，报警都会保存在继电器中，并用模块前面的复位按钮对报警作出应答。该继电器在励磁接通时可以测试。

6. 晶闸管整流器

静态励磁系统的晶闸管整流器系统见图14-48，根据电流大小一般由多组并联而成。静态励磁系统的晶闸管整流器满足以下要求：

(1) 晶闸管整流器能连续提供1.1倍的额定励磁电流；晶闸管整流器能提供用户所要求的短时（通常10～20s）强励顶值电流；晶闸管整流器能承受由于发电机端或主变压器高压侧上的三相短路而产生的感应电流；晶闸管整流器的重复峰值反向电压和断开电压应不低于励磁变压器二次侧峰值电压的2.7倍。

(2) 根据系统对冗余度的要求，晶闸管整流器的配置可以是一个晶闸管整流器（经济设计——没有冗余）、两个晶闸管整流器（每个整流器允许独立工作双配置）或$n-1$配置，即n个晶闸管整流器并联，因故障退出一个晶闸管整流器仍能满足1.1倍励磁电流和强励要求。

(3) 每个晶闸管整流器都是由模块化的部件构成的一个独立单元，因此一个晶闸管整流器出现了故障，并不会影响其他并联的晶闸管整流器的工作。

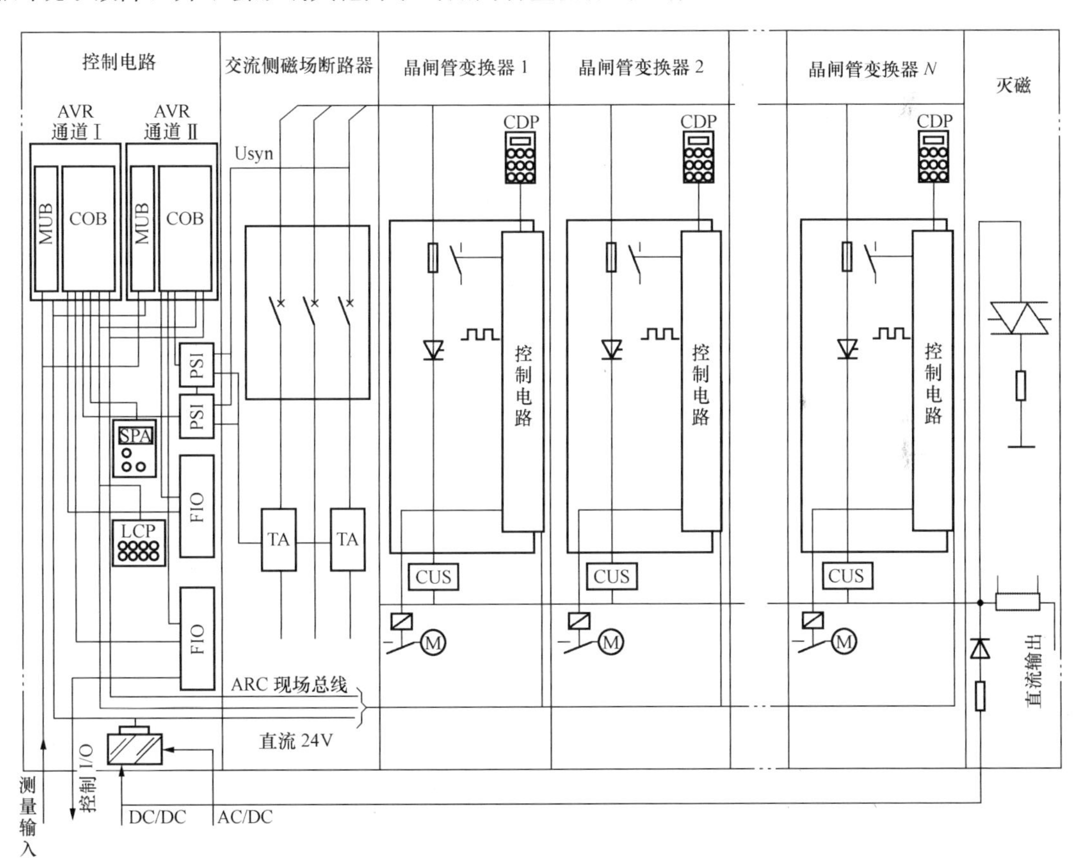

图14-48 静态励磁系统的晶闸管整流器系统

晶闸管整流器的配置及构成如下：

(1) 晶闸管元件。每个晶闸管整流器由一个全控整流桥组成，包括6个双侧冷却的晶闸管。每个晶闸管上串联一个快速熔断器，用于将分支和有故障的晶闸管隔离，保护其他晶闸管及其快速熔断器免受破坏。快速熔断器一旦熔化，通过弹簧启动一个微动开关（熔断器的一个组成部分）用于指示报警。为了减少整流过程中尖峰电压，采用了RC吸收回路。该回路连接到整流桥的AC侧。它还吸收出现在晶闸管整流桥副边的过电压。脉冲变压器是门极驱动接口单元（GDI）的一个组成部分，用于主回路和控制回路之间的电气隔离。

晶闸管的散热采用交流电动机驱动离心式风机进行强迫风冷。通过测量晶闸管整流器的温度而间接地监测风机的故障，是整流器接口单元（CIN）的一个功能。冗余的双风机强迫风冷可作为选择方案。离心式风机安装在风机盒内便于拆装。

自然冷却方式主要适用于机械保护等级为IP20的系统中。如果要求有较高的防护等级，则必须安装有门风机，以便在柜内产生空气对流。

并联工作的晶闸管整流器间电流的平均分配，是由智能化均流功能来保证的，是整流器接口单元（CIN）的一个软件功能。为此，需安装霍尔传感器用于单个整流桥输出电流测量。同时，霍尔传感器还用于桥臂电流监测。利用可调的双挡热传感器来监测晶闸管整流器的温度。

（2）双配置结构。双配置结构由两个独立的晶闸管整流器组成，每个晶闸管整流器能满足所有的运行工况，保证了100%的冗余度。同一时刻只有一个整流器处于工作状态，而另一个整流器的触发脉冲被截止。整流器接口单元（CIN）探测到主晶闸管整流器（在线整流器）故障，该整流器的脉冲即被截止。同时，备用整流器的脉冲被开放并投入运行。

（3）$n-1$配置结构。$n-1$配置结构是指同时有三个或以上的晶闸管整流器并联工作。当图14-49中某一个晶闸管整流桥退出时，仍可以满足所有的运行工况。CIN监测晶闸管整流器的工作状况，并负责故障评价。例如，如果在不同的晶闸管整流器中的两只晶闸管出现故障，即图14-49中的R+和T+（但这两只晶闸管应属于不同的分支），励磁系统仍能保持运行。只有在处于同一分支的两个或以上的晶闸管出现故障时，才会启动跳闸，见图14-49中的2个T+。

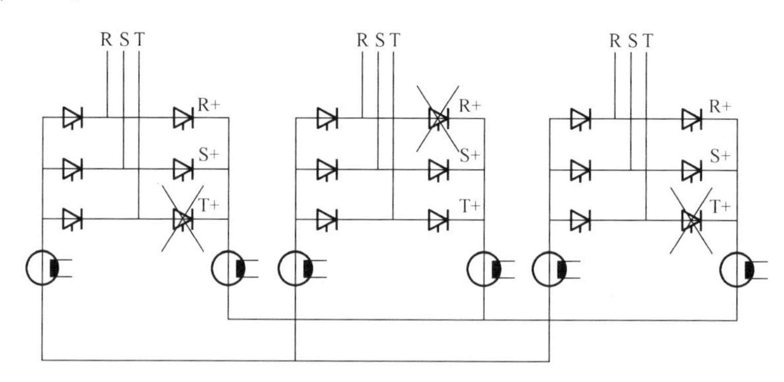

图14-49　$n-1$晶闸管整流器配置原理

（4）整流器接口单元（CIN）。CIN是一个独立的控制和调节装置，并且与门极驱动接口（GDI）、电流传感器（CUS）和整流器显示单元（CDP）配合使用，是整流柜的一个组成部分。它的主要功能是向GDI发送一系列触发脉冲，用于三相全控整流桥的工作。此外，该装置还包括以下功能；在COB和GID之间为触发脉冲和控制信号提供电气隔离；测量整流桥的输出电流，并监测桥臂电流。这些信号还用于CDP，提供与ARCnet网络接口与

COB 连接，监控晶闸管整流器部件如熔断器的状态、温度等，这些信号被逐次地通过 ARC-net 发送到 COB 。传送来自 COB 的命令，如脉冲截止/导通、风机接通等；调节并联运行的晶闸管整流桥间的电流分配，并使其最优化，即智能化均流。

(5) 门极驱动接口单元（GDI)。GDI 用于放大脉冲，使之与晶闸管触发脉冲的需求相匹配。脉冲变压器是该装置的一部分。然而，对于隔离水平超过 5kV 的专用类型，脉冲变压器是独立提供的，并且单独地安装到晶闸管整流桥上。

(6) 电流传感器（CUS)。电流传感器用于测量晶闸管整流桥的分支电流。它的输出信号直接连接到 CIN。

(7) 整流器显示单元（CDP)。CDP 安装在整流器柜门上，指示整流器的工作状况。它提供以下功能：利用 LED 显示每个晶闸管支臂的导通状态，有故障的支臂可在其指定的 LED 上显示出来；利用 LED 显示 CIN 的状态或 CIN 故障信号；显示整流器输出电流。

7. 灭磁

ABB 的标准解决方案是交流灭磁，包括安装于整流桥交流侧的磁场断路器、晶闸管跨接器、灭磁电阻以及脉冲截止回路等。如有需要，磁场断路器也可以置于整流桥的直流侧。当整流器内部出现短路的情况下，交流侧的磁场断路器能可靠地将整流器从电源上断开，防止事故扩大。此外，从电源侧断开为检修和维护提供了更安全的保证。交流灭磁方案一般用于励磁电流小于 4500A 的发电机组。对于更大的励磁电流，还是采用直流灭磁方案。

当收到来自发电机保护或者内部的励磁保护跳闸命令，在断开交流磁场断路器的同时并触发晶闸管跨接器以接通灭磁电阻。由于采取了脉冲截止的措施，励磁变压器二次侧交流电压被叠加到磁场断路器的电弧电压上，可以缩短灭磁时间。

如采用直流灭磁方案，则采取逆变的措施而不是脉冲截止。

8. 起励

UNITROL®5000 正常能够从残压起励。在起励过程中，在晶闸管整流器的输入端仅需要 10～20V 的电压即可正常工作。如果电压低于 10V，晶闸管整流器就会被连续地触发（二极管工作模式）以达到该值。然而，如果在几秒内残压起励失败，则启动备用起励回路（R03、V03 、Q03)。这些备用回路设计用于达到所需要的 10～20V 电压。在机端电压达到发电机电压的10％时，备用起励回路自动退出，立即开始软起励过程并建压到预定的电压水平。整个起励过程和顺序控制通过 AVR 软件实现。

由于备用起励回路仅需要一个较小的电流，这对电站的蓄电池电源系统没有冲击。灭磁电阻的设计要考虑磁场断路器的电弧电压和励磁绕组允许的最大电压以及励磁绕组中的可能的最大灭磁能量。

二、UNITROL®6000 系统

（一）UNITROL®6000 系统的构成

1. 接口单元

PC D232 型组合输入输出单元（CIO）用于为发电厂信号提供接口。包括：12 路开关量输入，24/48V；18 路开关量输出；3 路模拟量输入；3 路模拟量输出；3 路 PT100 或 2 路 PTC 输入，用于励磁变压器温度检测；以太网接口；到绝缘监视器的串行连接（RS-485)。

2. 人机接口（HMI）

（1）励磁控制终端 ECT。用于监视和控制励磁系统，安装在励磁系统柜门上的工业PC，中文显示，15in（1in=25.4mm）彩色触摸屏，通过以太网与通道连接，多级访问口令，提供强大的分析工具。

（2）励磁控制终端软件-PC（ECT-PC）。安装在笔记本上，预装视窗操作系统，通过以太网与通道连接，功能有：参数设定、信号和状态监视、故障登录、应用程序显示、趋势图可显示6路信号、自启动的事故录波可录制6路信号。

（3）整流桥控制屏（CCP）。安装在每个整流桥上，用于：实测值显示，如温度、输出电流等；故障报警；整流桥试验（对抽出式14300桥）。

3. 串行接口

UNITROL®6000可以使用下列通信链路与远方控制及监视设备相连接。

（1）将远方励磁控制终端ECT或励磁控制终端软件ECT-PC安装在发电厂控制室，包括光缆和连接，最长1000m。

（2）通过OPC服务器提供UNITROL®6000标准数据集，可访问所有的参数、所有报警、事件及相关的时间标签，集成在DCS系统之中，包括OPC服务器软件。

（3）通过Modbus TCP协议传输ABB标准数据集。用光纤或RJ45电缆经以太网连接到就地以太网开关，不包括外部连接。

（4）通过Modbus RTU协议传输ABB标准数据集，通用RS-485连接。内部多支路连接到通道1和2，不包括外部连接。

（5）通过Profibus DP协议传输ABB标准数据集，通用RS-485连接。内部多支路连接到通道1和2，不包括外部连接。

（6）通过位于上位控制系统内的简单网络时间协议服务器SNTP提供时钟同步。上位控制系统具有SNTP服务器（用光纤或RJ45电缆经以太网连接到就地以太网开关，不包括外部连接）。独立的服务器（包括GPS、DCF77或IRIG-B接收器和以太网时间服务器，不包括天线）。

4. 控制电路电源

电源单元PSU包括输入处理单元、稳压电源和电源分配单元。多路供电，带输入保护，无间断备用；可靠的DC24V稳压电源；DC24V输出级冗余（全冗余）；电源分配单元各输出限流，带故障单元指示。

5. 整流桥

4台晶闸管整流桥UNL14300（+EG1～+EG4），每桥包含下列元件：6只ABB制造的平板式晶闸管；6只快速熔断器；绝缘等级5kV；可切出的交流侧过电压保护回路；使用压差继电器监视气流；抽屉式结构，允许在安全测试位置做在线维护（备选）；冗余风机，可在线更换（备选）。

6. 整流桥控制

整流桥控制的构成见图14-50。

（1）UNS0881型脉冲变压器板GDI。晶闸管整流桥的末极脉冲放大（6只脉冲变压器，到CCI的接口）。

(2) UA D209 型整流桥信号接口 CSI。用于晶闸管整流桥的测量(三相电压测量、三相电流测量、磁场电压测量、TA 去饱和、到 CCI 的接口)。

(3) PC D231 型整流桥控制接口 CCI。用于整流桥监视、控制和保护(U_{syn}、U_f 和 I_f 测量,整流桥控制所需开关量 I/O,整流桥温度测量,均流控制,到过电压吸收控制所需的光缆接口,以太网和 CAN 接口,到 GDI 的接口)。

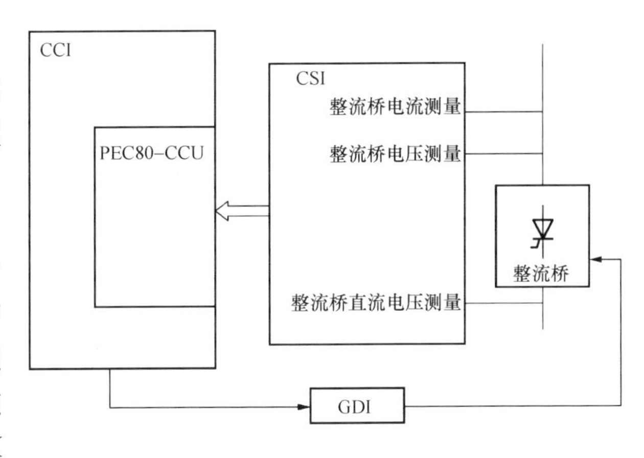

图 14-50 整流桥控制的构成

7. 灭磁和磁场过电压保护

(1) 单极 DC 断路器(-Q02)。型号:GERAPID8007 2X2;额定电流:8000A;弧压:2800V;最大断开能力:120kA。

(2) 跨接器(-F02)。由两只反并联晶闸管和一只冗余的灭磁晶闸管组成,当接收到外部分磁场断路器的触发命令或出现磁场正向或反向过电压时,将磁场绕组连接到灭磁电阻。

(3) 线性或非线性灭磁电阻(-R02)。灭磁电阻能容:6MJ。

8. 其他硬件

分流器 6000A/60mV(-R06)、用于轴电压抑制的对称滤波器、转子接地保护继电器 UNS3020(-F75)、耦合电容(-F04)。

直流起励装置包括:接触器(-A03;K03)、二极管桥(-A03;V01/V02)、限流电阻(-A03;R01~R04)。

(二) UNITROL®6000 系统的功能

UNITROL®6000 系统由以下功能模块组成,见图 14-51。

控制电路中每个自动通道包括 AC800PEC 控制器、CCM,型号 UC D240;后备手动通道包括 CCM,型号 UC D240,通道构成见图 14-52。可完成所有的调节和控制功能。

1. 基础调节器功能

(1) 信号采集功能。包括单相或三相发电机机端电压和电流(U、I);单相系统侧端电压和电流(U_B、I_B);晶闸管整流桥输入电压(U_{SYN});晶闸管整流桥输出电压(U_E);晶闸管整流桥电流(I_E),从入端 TA 上测量。

(2) 自动电压调节型式为符合 IEEE421.5:2005 标准的 ST5B 型超前滞后校正。

(3) Q 或 P 调差(考虑有功/无功功率影响)。

(4) 电力系统稳定器 PSS,具有有功功率和频率双输入信号。

(5) AVR 过励侧限制器,包含:

1) 两段励磁电流限制器。顶值和延时的发热电流限制。定时限或与过电流倍数相关的反时限、强反时限或重反时限符合 ANSI、IEC 标准。

2) 两个定子电流限制器。一个在过励侧,另一个在欠励侧,启动延时可选,定时限或反时限可选,只有在并网时才起作用。

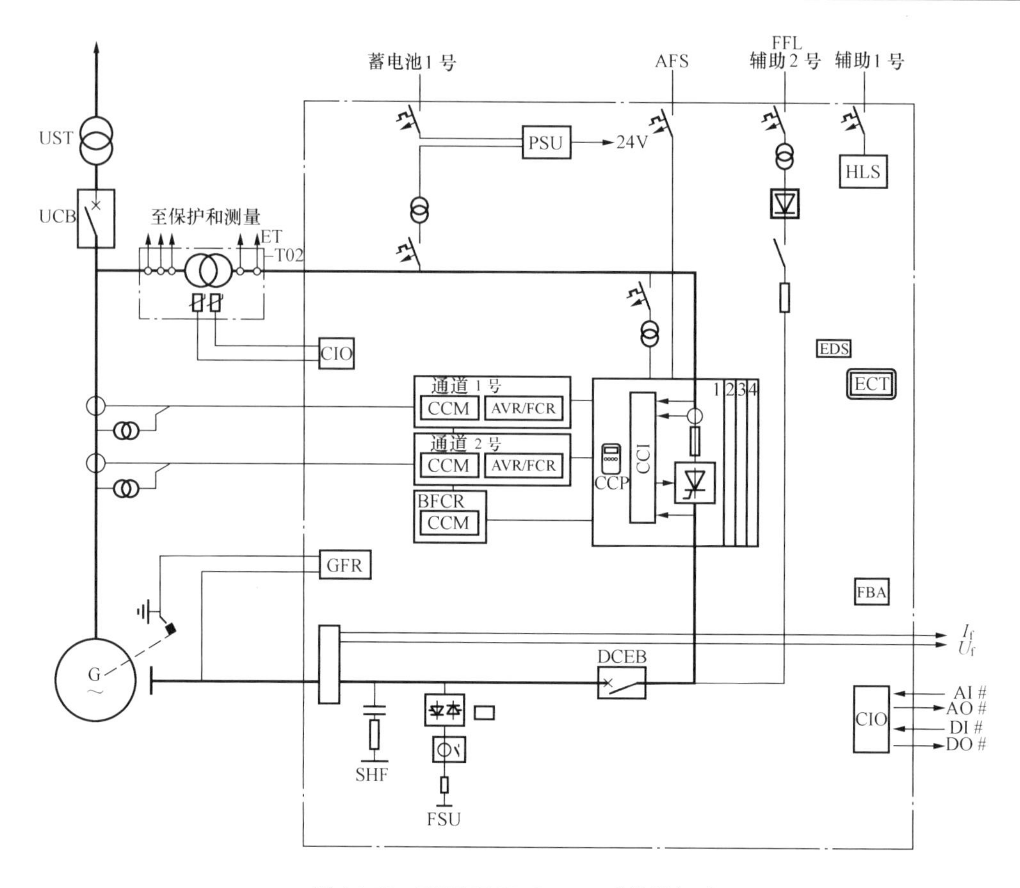

图 14-51　UNITROL®6000 系统的组成

3）U/f_z 限制器。定时限或与过励磁倍数相关的反时限、强反时限或重反时限。

（6）AVR 欠励侧限制器。

1）基于 $Q(P)—U^2$ 的欠励限制器。全电压补偿，瞬时动作，只有并网时才起作用。

2）最小磁场电流限制器。瞬时动作，只有并网时才起作用。

（7）功率因数或无功功率控制。通过改变 AVR 设定值实现，其给定值可以是：固定预置值，通过增磁、减磁输入，通过 4～20mA 模拟量输入信号，通过现场总线网络设置。

（8）手动控制（励磁电流调节 FCR）。励磁电流测量各通道相互独立，给定范围一般为（0～110%）I_{fN}。

（9）手动限制器。手动限位。防止误操作将电流减到曲线 $I_{f,ref}$ 以下，U/f_z 限位。

（10）三相六脉冲晶闸管整流桥的门控。（0.1～2）f_N 全范围频率补偿，可选电压补偿。

2. 操作控制功能

（1）控制励磁系统中的所有设备。包括：磁场断路器分/合，磁场放电回路（跨接器），起励回路（只有在剩磁很低或磁场极性倒换后使用），从主电源到后备电源的切换（停机时手动切换，在线手动切换，在线故障自动切换），晶闸管整流桥风机（风机在启动流程中自动开启），风机电源失电自动切换。

（2）励磁系统的顺序控制功能。辅助设施就绪；励磁就绪（FCB 在合位）；在起励装置的帮助下，投励升压到预设给定值；软起励，电压逐渐加到预设的给定值或中压母线电压；

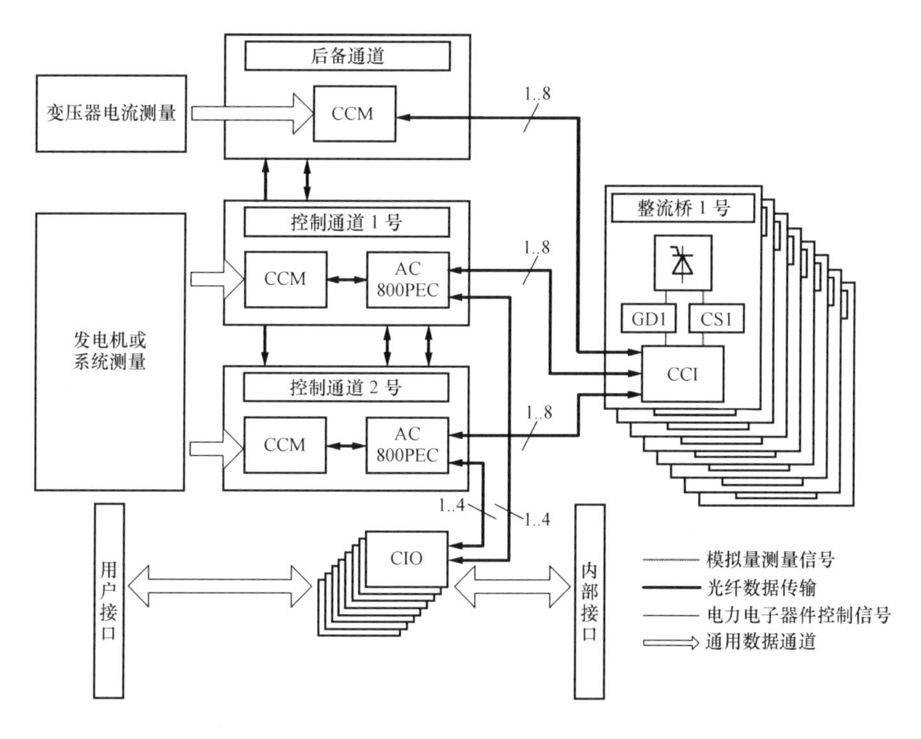

图 14-52 控制通道的组成

自动、手动、备用通道、叠加功率因数控制或无功控制在非运行状态下的闭环控制和自动跟踪；通过增磁、减磁命令调整运行调节闭环的给定值；并网时自动投入 PSS、叠加控制和与发电机功率有关的限制器；甩负荷给定值自动复归；逆变停机，在发电机端电压为零前提供反向磁场电压；分磁场断路器（FCB）。

3. 监视和保护功能

（1）发电机和母线 TV、TA 监视。使用可靠的信号监视原理，如 ADC 限幅、ADC 冻结、全故障、和数非零、单相故障、相位检测等进行监视。

（2）发电机电枢监视。U/f_z 监视，可选定时限、标准反时限、强反时限、重反时限不同的延时特性；失励监视，定时限可调；在冗余系统中通道切换先于系统跳闸。

（3）发电机转子或旋转励磁机监视。两段转子温度监视（1、2 段报警，1 段报警 2 段跳闸，1、2 段试验输出可选）；过电流监视（瞬动，带微小延时、标准反时限、强反时限或重反时限），在冗余系统中通道切换先于系统跳闸；转子接地故障继电器（惠斯顿电桥，电容耦合，接地阻抗），不均衡时动作（1 段报警、2 段跳闸），灵敏度限制在 5kΩ 以内；输出过电压保护（跨接器），BOD 动作触发跨接器相应晶闸管导通，或跨接器电流大于零检测动作。

（4）整流桥监视（保护）。任何监视动作均首先作用于切换；晶闸管整流桥支臂故障保护（整流桥受快速熔断器的保护，通过软件计算，可以保证可靠的故障清除，保证在双通道配置下的通道切换）；输出短路保护（可以区分出是支臂短路还是外部输出短路，如是后者，将执行电流关闭—开通时序直至跳闸，以便排除故障，节省停机时间）；主电路信号 U_1、U_E、I_E 监视（使用可靠的信号监视原理如 ADC 限幅、ADC 冻结进行监视）；散热器温度监视 1 段报警、2 段跳闸；导通监视（脉动监视，晶闸管整流桥中的一个支臂不导通）；输入电压（U_{SYN}）监视，定时限；输入电压相序监视。

（5）励磁变压器监视（保护）。每相一组 PT100 温度测量，对其中的最高温度设置 1 段报警、2 段跳闸；过电流（过负荷）保护，由于变压器与磁场绕组串联在一起，且额定值比磁场绕组高，所以过负荷保护是由前文所述的磁场电流限制器和过电流监视器（ANSI50/51 保护）完成的；过电流保护（后备通道提供 ANSI50/51 保护功能，使用 2 个或 3 个变压器一次侧 TA 跳闸。变压器内部故障由发电机的差动保护解决）；二次侧接地保护，由转子绝缘监视检测或转子接地故障继电器覆盖。

（6）自检测（保护）。光纤监视（2 个通道间光纤冗余），后备通道光纤监视（每通道 1 路光纤），CIO 光纤监视（每通道 1 路），I/O（CIO）配置检查，工作电源断电，CPU 看门狗，所有配置和校准用参数，整流桥接受外部命令退出（闭锁脉冲），FCB 偷跳，接收到励磁跳闸 1 或 2 命令，起励失败（规定时间内无法建立起电流），断路器操作失败（断路器响应错误），24V 配电系统故障（某 APD 输出侧短路），辅助设备就绪；Control IT（CIT）版本错误，各 CCM 的 DI 状态不符，通道配置检查，某 24V 冗余电源失电，现场总线断链，零偏模拟量信号断线，温度传感器故障，灭磁不成功。

参 考 文 献

[1] 陈启卷. 电气设备及系统. 北京：中国电力出版社，2006.

[2] 涂光瑜. 汽轮发电机及电气设备. 2版. 北京：中国电力出版社，2007.

[3] 倪安华. 电气设备及其系统. 2版. 北京：中国电力出版社，2007.

[4] 宋志明，李洪战. 电气设备与运行. 北京：中国电力出版社，2008.

[5] 陈季权，肖鸿杰，等. 电机学 . 北京：中国电力出版社，2008.

[6] 熊信银. 发电厂电气部分. 北京：中国电力出版社，2009.

[7] 许民，等. 发电厂电气主系统. 北京：机械工业出版社，2006.

[8] 高亮. 发电机组微机继电保护及自动装置. 北京：中国电力出版社，2009.

[9] 高亮. 电力系统微机继电保护. 北京：中国电力出版社，2007.

[10] 贺家李，宋从矩. 电力系统继电保护(增订版). 北京：中国电力出版社，2004.

[11] 王维俭，王祥珩，王赞基. 大型发电机变压器内部故障分析与继电保护. 北京：中国电力出版社，2009.

[12] 张保会，尹项根. 电力系统继电保护. 北京：中国电力出版社，2005.

[13] 王维俭. 发电机变压器继电保护应用. 北京：中国电力出版社，2005.

[14] 马长芳. 电力系统继电保护原理及新技术. 北京：科学出版社，2003.